jQuery实战案例精粹

吴绍兴 李 勇 明廷堂 编著

清华大学出版社
北 京

内 容 简 介

本书从Web开发的实际应用角度出发，结合当下热门的jQuery插件技术，深入浅出地介绍了jQuery高性能开发的技巧，是前端开发、设计人员的绝佳选择。

本书共22章，介绍了jQuery框架的基础知识与jQuery插件的开发方法；包含用户评级、图片展示、日历日期、表单提交、表单验证、网页表格、树状列表、对话框、图片放大器、文件上传、导航菜单、网页动画、可拖放布局、页面便条、图形图表、网页多媒体、谷歌地图等性能应用案例；并通过几个完整的应用实例，展示了HTML5结合jQuery实现的完美开发，加深了读者对未来Web技术发展方向的理解。

本书适用于所有前端初学者和网页设计入门者，可以作为日常开发的参考书，也可以辅助一些基础网页教材进行上机实践。

图书在版编目（CIP）数据

jQuery实战案例精粹 / 吴绍兴，李勇，明廷堂编著. 一 北京：清华大学出版社，2014

ISBN 978-7-302-36604-1

I. ①j… II. ①吴… ②李… ③明… III. ①JAVA语言一程序设计 IV. ①TP312

中国版本图书馆CIP数据核字（2014）第112170号

责任编辑：夏非彼
封面设计：王 翔
责任校对：闫秀华
责任印制：刘海龙

出版发行：清华大学出版社
网 址：http://www.tup.com.cn，http://www.wqbook.com
地 址：北京清华大学学研大厦A座　　邮 编：100084
社 总 机：010-62770175　　邮 购：010-62786544
投稿与读者服务：010-62776969，c-service@tup.tsinghua.edu.cn
质 量 反 馈：010-62772015，zhiliang@tup.tsinghua.edu.cn
印 刷 者：清华大学印刷厂
装 订 者：北京市密云县京文制本装订厂
经 销：全国新华书店
开 本：190mm×260mm　　印 张：35　　字 数：896千字
版 次：2014年7月第1版　　印 次：2014年7月第1次印刷
印 数：1～3000
定 价：79.00元

产品编号：056339-01

前　言

读懂本书

你还在用JavaScript一行一行写脚本代码吗？jQuery框架早已大行其道了

jQuery是继prototype之后又一个非常优秀的JavaScript框架。jQuery为轻量级js库，兼容CSS 3，兼容全部的主流浏览器（IE 6.0+、Firefox 1.5+、Safari 2.0+、Opera 9.0+等），能使开发设计人员更方便地处理HTML documents和events、实现动画效果，方便为网站提供AJAX交互等功能。

jQuery框架有哪些优势？WRITE LESS, DO MORE

jQuery框架的宗旨是——WRITE LESS,DO MORE，写更少的代码，做更多的事情，这点是其强于其他js框架最显著的优势。举例来说，jQuery框架能够使用户的HTML页面保持代码和HTML内容分离，也就是说，不用再在HTML里面插入一堆js来调用命令了，只需定义id即可。同时，jQuery框架自身API文档很全面，范例代码注释很详细，还有许多成熟的插件可供选择。

基于jQuery框架的插件到底有多少？也许永远不会有最终答案了

从当前情况来看，互联网上基于jQuery框架开发的插件数量仍在井喷式地增长。目前已有的jQuery插件几乎涵盖了Web开发的方方面面，打个比方来说，就好像病毒一样已经渗透到各个细胞中了。jQuery框架的官方插件是jQuery UI，开发者可以任意扩展jQuery的函数库或者按照自己的需求开发UI组件。此外，第三方插件也是多如牛毛，功能强大，例如页面控件、数据表格、动态列表、XML工具、拖曳操作、cookie处理、弹出层、Ajax辅助、HTML5扩展等。

本书真的适合你吗？

本书帮你从JavaScript脚本时代过渡到jQuery框架时代；提供现实生活中的应用，包括网页应用和移动应用；涉及jQuery框架的原理、架构、插件和案例；从现实的Web应用场景出发，详细探讨了jQuery插件的使用方法；介绍了HTML5标准下jQuery插件的最新发展及其成果；随书还提供了书中全部Web应用案例的源代码及解决方案。

本书是一本最全的jQuery插件应用图书，是一本最全的jQuery高性能开发图书，所有的技术和框架在这里给读者做一个预览。

本书涉及的技术或框架

- jQuery
- PHP
- DOM
- jRating
- FullCalendar
- jQuery.Form
- jsTree
- jQuery UI
- SQL
- Slides
- DatePicker
- jQuery.Validity
- jBox
- HTML5
- Ajax
- JSON
- Google Maps
- Flexigrid
- jQzoom
- FancyBox
- jQuery File Upload
- jQuery Plupload
- Uploadify
- jQuery-gzoom
- AnythingZoomer
- jQuery.mmenu
- Color Fading Menu
- Kwicks
- Motio
- jAni
- gridster.js
- Masonry
- Layoutit
- jStickyNote
- StickyNotes
- jqChart
- HighchartsTable
- jPlayer
- jQuery Media Plugin
- Gmap3
- ImageMapster
- jQuery HTML5 Uploader
- FileDrop.js
- MediaElement.js
- video.js
- jquery.deviantartmuro
- Canvas

本书涉及的示例和案例

- jQuery第三方插件开发原理
- 基于jRating插件开发图书点评网站
- 基于Slides插件开发一个多功能相册
- 行事日历Web应用
- Ajax效果的通信录
- 具有验证功能的用户注册表单
- 基于Flexigrid插件联系人列表应用
- 资源管理器页面应用
- 弹出式发送消息窗口应用
- 购物网站商品展示橱窗页面应用
- 网站导航菜单管理Web应用
- 360度全景动画网页应用
- 可拖放的商品橱窗网页应用
- 多种风格页面便条应用
- 模拟股票指数实时图应用
- 基于jPlayer插件在线视频播放网页应用
- 基于Gmap3地图插件地图应用
- 基于Gmap3地图插件实现集群功能应用
- 网页拖曳式文件上传应用
- 基于MediaElement.js插件播放器应用
- 基于jquery.deviantartmuro插件绘图应用
- HTML5 Canvas绘图应用
- 多功能图片文件上传Web应用

本书特点

- 不论是基础理论知识的介绍，还是综合案例应用的开发，都从实际应用角度出发，讲解细致，分析透彻。
- 深入浅出、轻松易学，以实例为主线，激发读者的阅读兴趣，让读者能够真正学习到jQuery插件最实用、最前沿的技术。
- 技术新颖、与时俱进，较为全面地覆盖了时下最热门的jQuery插件技术。在介绍插件官方网站的同时，还给出了其GitHub资源库的详细地址以供参考。

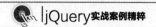

- 贴近读者、贴近实际，详细阐述了jQuery插件的文档说明、使用方法与应用案例，帮助读者快速找到问题的最优解决方案。
- 根据需要对各章知识重点作出了详细分析说明，让读者可以在学习过程中更轻松地理解相关知识点及概念。

本书读者

- 前端开发入门人员
- jQuery开发初学者
- 初级前端开发工程师
- 从事后端开发对前端有兴趣的人员
- 想把网站移植到jQuery技术上来的网页设计人员或站长
- 喜欢网页设计的大中专院校的学生
- 从JavaScript向jQuery过渡的开发人员

本书的第1~7章由南阳理工学院的吴绍兴编写；第8~14章由南阳理工学院的李勇编写；第15~22章由河南大学的明廷堂编写。若有意见与建议，请电子邮件联系booksaga@163.com。

本书源代码下载地址：http://pan.baidu.com/s/1eQqvt4I。

编 者

2014.6

目 录

第 1 章 jQuery入门

jQuery是一套优秀的JavaScript库，它的高效性、高兼容性让其倍受网页开发人员的青睐，而且jQuery是一个开源的项目，任何人都可以修改和扩充这个库，这使得jQuery的发展比较迅猛，现在已经成为网页开发者必不可少的工具库之一。

1.1 什么是jQuery

jQuery的创始人是美国的John Resig，他于2006年1月创建了jQuery项目。jQuery库的目的是使得网站开发人员用较少的代码完成更多的功能（即write less,do more）。它具有极其简洁的语法并且克服了不同浏览器平台之间的兼容性，极大地提高了程序员编写网站代码的效率。随着人们对jQuery的了解以及开源特性，越来越多的人开始使用jQuery创建项目，并且对jQuery进行完善和优化。

1.1.1 jQuery的功能

随着Web网站的流行，JavaScript语言又重新得到了重视，并且其功能被日益强化。在过去，JavaScript仅仅被网页设计人员用来创建一些小特效，可以将它看作一门编写动态页面的装饰性的语言。如今，JavaScript已经被用于各种场合，比如现在流行的Ajax技术就是使用JavaScript让动态网页具有了无刷新的效果，此外，HTML 5等技术的出现，让JavaScript可以在网页上绘制图形、控制多媒体等，它的重要性已经不言而喻了。

注意 JavaScript虽然有一个前缀Java，与Java语言却不相干，它具有自己的一套语法。

由于JavaScript属于一门动态编程语言，因此在学习与使用时，极容易引起错误，并且目前也没有特别好的代码检查工具，最重要的是各种不同浏览器之间的代码兼容性，比如同样的代码在IE中可以运行，在Firefox中却无法显示，这常常令程序员们抱怨不已。jQuery的出现恰恰解决了这些问题，要了解jQuery代码的简洁易用性，下面新建一个名为JavaScript_dom.html的网页，它演示了如何使用JavaScript操纵网页上的控件，页面的效果如图1.1所示。

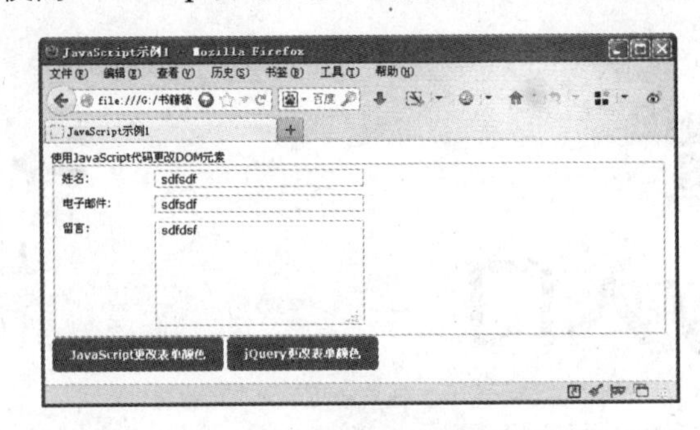

图1.1 JavaScript代码和jQuery库代码的示例页面

这个页面包含一个HTML的表单，在表单外面有两个按钮用来更改表单中input元素和textarea元素的背景色，HTML的定义如代码1.1所示。

代码1.1 HTML布局代码

```
<body>
使用JavaScript代码更改DOM元素
<!--表单元素-->
 <form action="" id="contacts-form">
    <fieldset>
      <label><span>姓名:</span><input type="text" /></label>
      <label><span>电子邮件:</span><input type="text" /></label>
      <div class="wrapper"><span>留言:</span><textarea></textarea></div>
    </fieldset>
</form>
<!--操作按钮-->
<div class="wrapper">
<a href="#" class="button" onClick="javascript:setColorByJs();">JavaScript
更改表单颜色</a>
<a href="#" class="button" onClick="javascript:setColorByjQuery();">jQuery
更改表单颜色</a>
</div>
</body>
```

HTML页面上放置了一个表单标签form，在form内部有两个input元素和一个textarea元素，在form元素的外面放置了两个按钮，分别为这两个按钮定义了onClick事件，“JavaScript更改表单颜色”按钮将调用setColorByJs函数，而“jQuery更改表单颜色”按钮将调用setColorByjQuery函数，这两个函数在HTML的head部分实现，如代码1.2所示。

代码1.2 更改表单颜色的JavaScript和jQuery代码

```
<head>
<meta http-equiv="Content-Type" content="text/html; charset=utf-8">
<!--添加对表单样式设置文件-->
<link rel="stylesheet" type="text/css" href="style.css">
```

```
<!--添加对jQuery库的引用-->
<script type="text/javascript" src="jquery.js"></script>
<title>JavaScript示例1</title>
<script type="text/javascript">
   //使用JavaScript更改表单背景色
   function setColorByJs(){
       //获取input元素集合
       var inputs=document.getElementsByTagName("input");
       //循环元素集合，为每一个元素设置背景色
       for(var i=0;i<inputs.length;i++){
             inputs[i].style.background="#efefef";
       }
       //获取textarea元素集合
       var textareas=document.getElementsByTagName("textarea");
       //循环元素集合，为每一个元素设置背景色
       for(var i=0;i<textareas.length;i++){
             textareas[i].style.background="#efefef";
       }
   }
   //使用jQuery更改表单背景色
   function setColorByjQuery(){
       $(":input").css("background","#efefef");
        //更改input元素的背景色
       $(":textarea").css("background","#efefef");
        //更改textarea元素的背景色

   }
</script>
</head>
```

通过比较JavaScript代码和jQuery的代码，会发现使用jQuery只需要极其精简的代码来完成用JavaScript需要数行代码完成的工作，JavaScript代码使用了getElementsByTagName函数，返回一个数组，然后通过循环这个数组从而得到每个元素，在得到元素之后为其style属性指定背景色。而jQuery通过其表单选择器，可以用非常简单的语句来实现getElementsByTagName所实现的类似功能，其css方法可以针对一个选中的集合进行操作，这大大简化了需要循环执行的操作。

jQuery使用了CSS的选择器，并且具有隐式迭代功能，这就简化了原本需要循环处理代码完成的操作。从功能性上来说，jQuery提供了如下特色来完成对网页的操作。

- 快速获取文档元素：jQuery的选择机制构建于CSS的选择器，它提供了快速查询DOM文档中元素的能力，而且大大强化了JavaScript中获取页面元素的方式。
- 提供漂亮的页面动态效果：jQuery中内置了一系列的动画效果，可以开发出非常漂亮的网页，目前许多知名的网站都使用jQuery的内置的效果，比如淡入淡出、元素移除等动态特效。
- 创建AJAX无刷新网页：AJAX是异步的JavaScript和XML的简称，可以开发出非常灵敏无刷新的网页，特别是开发服务器端网页时，比如PHP网站，需要往返地与服务器通信，如果不使用AJAX，每次数据更新不得不重新刷新网页，而使用AJAX特效

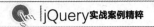

后，可以对页面进行局部刷新，提供动态的效果。

- 提供对JavaScript语言的增强：jQuery提供了对基本JavaScript结构的增强，比如元素迭代和数组处理等操作。
- 增强的事件处理：jQuery提供了各种页面事件，它可以避免程序员在HTML中添加太多事件处理代码，最重要的是，它的事件处理器消除了各种浏览器兼容性问题。
- 更改网页内容：jQuery可以修改网页中的内容，比如更改网页的文本、插入或者翻转网页图像，jQuery简化了原本使用JavaScript代码需要处理的方式。

jQuery之所以如此优秀，是因为它整合了非常多优秀的特征，其中主要有如下几个方面：

- 利用CSS的选择器提供高速的页面元素查找行为。
- 提供了一个抽象层来标准化各种常见的任务，可以解决各种浏览器的兼容性问题。
- 将复杂的代码精简化，提供连缀编程模式，大大简化了代码的操作。

以上列出的只是jQuery的主要功能，它还为JavaScript语言增加了不少完善的特性，通过jQuery完善的文档可以获取jQuery更多的功能信息。

1.1.2 配置jQuery运行环境

为了开始使用jQuery，首先必须从jQuery官网下载最新的jQuery库，jQuery的官方网站地址如下：

```
http://jquery.com
```

进入官网后，在右上角的位置可以看到Download jQuery按钮，如图1.2所示。

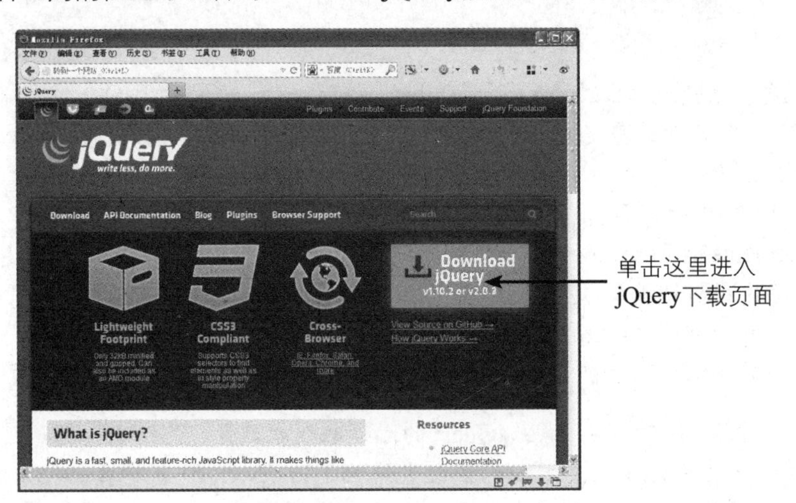

图1.2 下载jQuery库

jQuery是一个不断开发的JavaScript库，因此其版本也在不断地发生变化，可以看到Download jQuery下面具有v1.10.2或v2.0.3这两个版本可供选择。其中jQuery1.x是jQuery的旧版本的升级，jQuery 2.x具有与jQuery 1.x相同的API，但是不支持Internet Explorer 6/7/8，因此一般建议下载jQuery 1.x。

无论是jQuery 1.x还是jQuery 2.x，官方网站都提供了3个下载文件，如图1.3所示。

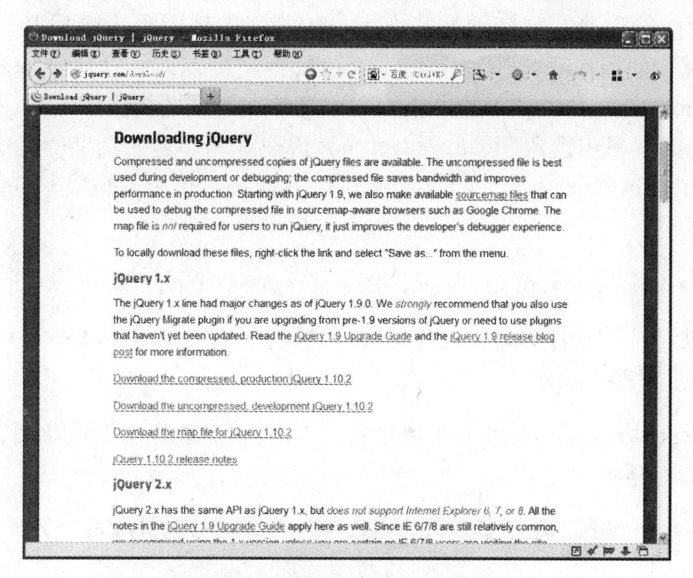

图1.3 jQuery不同的版本下载页面

可以看到jQuery 1.10.2具有3个可供下载的文件，分别如下。

- Production jQuery版：优化压缩后的版本，具有较小的体积，主要用于部署网站时使用。
- Development jQuery版：未压缩版本，有252KB的大小，一般在网站建设时使用这个版本以便调试。
- jQuery map文件：map文件能够被用来在源代码感知的浏览器上调试压缩后的jQuery文件，比如Google Chrome，它可以增强调试的体验，对于使用jQuery的用户来说，一般不需要下载该文件。

建议同时下载这3个文件，并放在一个统一的位置，这样可以在需要时进行切换，将鼠标悬停在要下载的链接上，右击鼠标并从弹出的菜单中选择“另存为”，即可将选中的jQuery文件保存起来。

与自行编写的其他js文件一样，jQuery库实际上就是一个扩展JavaScript功能的外部js文件，因此引用jQuery库的方式与引用其他外部js文件相似，在网页上引用jQuery库的代码如下所示：

```
<!--引用jQuery脚本库-->
<script src="jQuery/jquery-1.10.2.js" type="text/javascript" ></script>
```

在网站开发阶段，可以直接引用开发版，即jquery-1.10.2.js版本，当网站要部署到正式环境时，可以引用压缩后的jquery-1.10.2.min.js版本，这个压缩版本只有91K大小，可以保持网页尽可能地快速。

1.1.3 使用Dreamweaver编写jQuery代码

网站开发的工具多种多样，比如我们可以直接使用记事本或Notepad++等工具来编写网页，但是这些工具不提供代码提示功能，比如在编写jQuery代码时，如果能够有一款具有jQuery代码提示功能的工具，会使网站开发人员的开发效率得到大幅提升，特别是对于网站开发的初学者来说，使用具有代码提示功能的编辑器，可以让初学者快速添加jQuery API。Dreamweaver是Adobe公司的一款可视化网页设计工具，它原生就附带了对jQuery的代码提示功能，因此笔者将在本书中选用Dreamweaver作为代码编写环境。

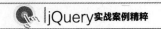

笔者使用的Dreamweaver版本为CS 6，通过如下网址，可以获取关于Dreamweaver工具的更多详细信息：

```
http://www.adobe.com/cn/products/dreamweaver.html
```

接下来将通过一个使用jQuery的网站示例，来演示如何在Dreamweaver中创建一个使用jQuery库的网页，步骤如下所示。

（1）打开Dreamweaver，单击主菜单中的“站点｜新建站点”菜单项，Dreamweaver将弹出如图1.4所示的对话框。

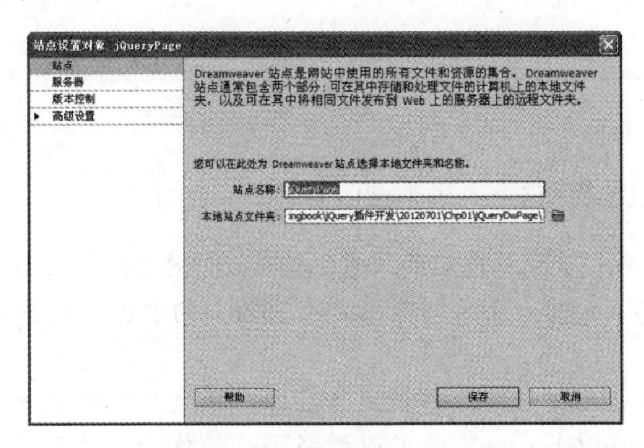

图1.4 新建Dreamweaver网站

在“站点名称”文本框中，输入jQueryPage作为网站的名称，在本地站点文件夹文本框中，使用右侧的按钮选择一个本地文件夹。

（2）将下载回来的jQuery复制到本地站点文件夹中，现在的站点管理器树状视图如图1.5所示。

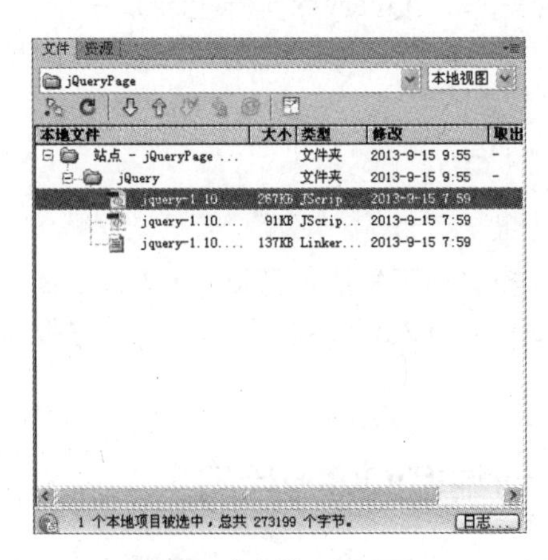

图1.5 站点管理器视图

右击树状视图的根节点，也即“站点”节点，从弹出的菜单中选择“新建文件”菜单项，在站点管理器中将新添加的文件重命名为index.html，双击该文件，在Dreamweaver文档视图中将显示该文件的设计视图或源代码视图。

（3）切换到Dreamweaver的源代码视图，将光标停在源代码的<head>和</head>之间的位置，从站点管理器中拖动jquery-1.10.2.js到源代码视图，Dreamweaver会自动添加对jQuery的引用，如图1.6所示。

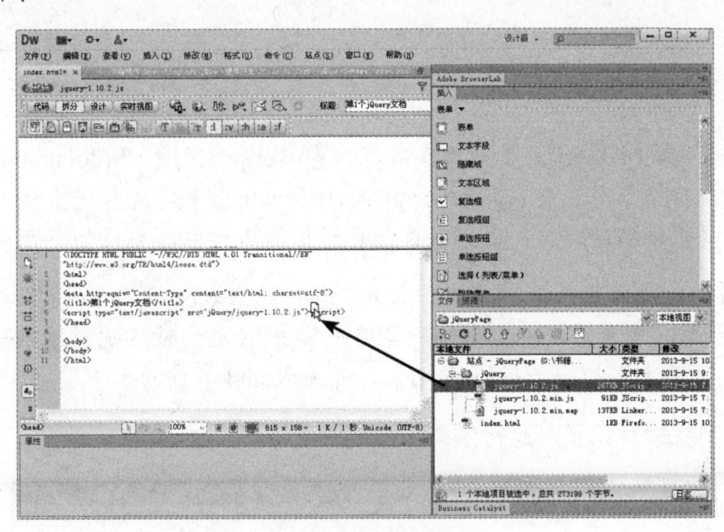

图1.6 添加对jQuery库的引用

（4）接下来通过一段jQuery的代码来看一看如何在页面上使用jQuery进行网页元素的控制，首先在页面的<body>和</body>之间放置一个div元素，如下所示：

```
<body>
  <div id="msg">欢迎阅读jQuery网页实战案例大全</div>
</body>
```

在<head>和</head>之间，添加代码来使用jQuery操纵这个div元素，如代码1.3所示。

代码1.3 使用jQuery操纵网页元素

```
<head>
<meta http-equiv="Content-Type" content="text/html; charset=utf-8">
<title>第1个jQuery文档</title>
<script type="text/javascript" src="jQuery/jquery-1.10.2.js"></script>
<script type="text/javascript">
  //jQuery的页面加载事件
  $(document).ready(function(e) {
     $("#msg").css("font-size","9pt");          //更改div元素的字体
    //向div中添加一个单击事件
    $("#msg").click(function(e) {
         alert($(this).html());
    });
   //向页面上添加一个新的div元素
   $("<div>", {
```

```
        style:"font-size:9pt",                          //设置div的样式
        text: "单击这里更改颜色",                        //设置div的文本内容
        //为文本添加单击事件
        click: function(){
            $(this).css("background","#9F3");
        }
    }).appendTo("body");                               //将div添加到body中

});
</script>
</head>
```

$表示当前使用的是jQuery对象来操纵网页，在<script>区域，$(document).ready是jQuery的页面加载事件，这个事件是传统JavaScript中window.load事件的替代方法，当DOM载入就绪时，就会执行在括号中定义的代码，在这个页面加载事件中，完成如下几项工作：

- 使用jQuery的选择器选择div元素，使用jQuery的函数css更改div的字体，大小为9pt。
- 为页面上的div元素添加click事件，当用户单击div元素时，就会弹出一个消息框。
- 向HTML页面上添加一个新的div元素，并关联click事件。

至此这个示例就编写完了，运行效果如图1.7所示。

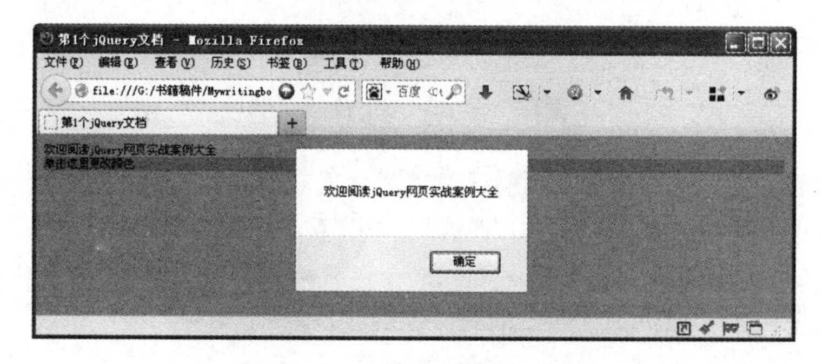

图1.7 jQuery网页示例运行效果

在编写jQuery代码时，可以发现Dreamweaver提供了方便的代码提醒功能，例如在创建一个选择器之后，Dreamweaver将自动显示一系列可供操作的方法，如图1.8所示。

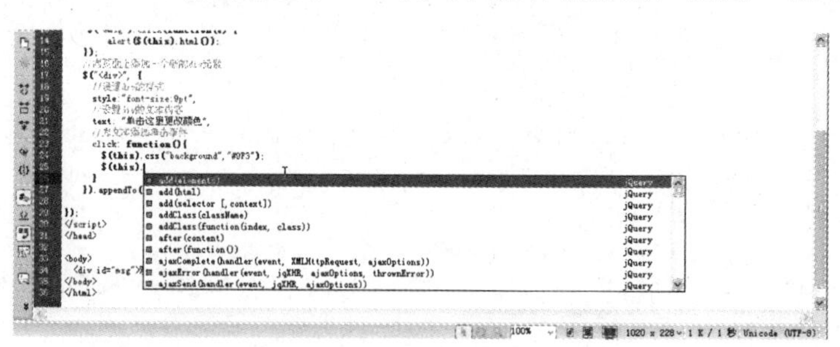

图1.8 Dreamweaver的代码提示功能

可以看到，像很多标准的代码编辑器一样，Dreamweaver提供了jQuery的函数列表，这大大方便了对于jQuery不是特别熟悉的用户。

1.1.4 认识jQuery对象

在上一小节使用jQuery时，随处可见符号$，这个符号表示jQuery对象，因此也可以直接使用jQuery来取代$符号，比如上一小节的示例代码1.3中的$("#msg").css("font-size", "9pt")也可以写为：

```
jQuery("#msg").css("font-size","9pt");
```

jQuery可以看作是一个函数，这个函数将返回一个jQuery封装后的对象，比如使用选择器时，jQuery("#msg")这样的代码将返回一个jQuery选择的HTML元素，返回jQuery对象后就可以调用由jQuery提供的丰富的API来完成操作了。

jQuery的操作基本上都以$()或jQuery()开始，所有的选择器都放在这个括号中，然后就可以对匹配的元素应用jQuery的函数，$函数通常也被称为jQuery的工厂函数，用来选择HTML对象，它通常包含一个DOM对象的集合，可以在这个集合上应用jQuery的方法，jQuery在内部会使用隐式迭代对每一个集合元素进行操作。

工厂函数$内部一般包含jQuery的选择符，用来选择HTML上面的页面元素进行操作，可以说工厂函数是进行jQuery代码编写必不可少的部分，举个例子，当DOM加载就绪时，为了创建一个所有浏览器都能运行的页面加载事件，就可以为文档关联jQuery的ready事件，一般会通过jQuery封装document来实现，如下面的代码所示：

```
$(document).ready(function(){
  //编写页面加载代码
});
```

通过$工厂函数，将document封装为jQuery对象，这样就可以为页面应用jQuery的ready事件处理代码了。

由于jQuery对象的面向集合的特性，可以将jQuery对象看作是包含DOM对象的数组，要想访问数组中的DOM元素，可以使用类似数组下标的语法将jQuery对象转换为DOM对象，如下所示：

```
var doc2=$("#idDoc2")[0];
//转换jQuery对象为DOM对象
doc2.innerHTML="这是jQuery中的第1个DOM对象！";        //调用DOM对象的属性
```

也可以使用jQuery对象本身提供的get函数来返回指定集合位置的DOM对象，因此上面的代码也可以使用下面的写法：

```
var doc2=$("#idDoc2").get(0);
doc2.innerHTML="这是jQuery中的第1个DOM对象！";
```

这种写法具有更好的可读性，完成的效果与通过下标访问基本一致，经过这样的设置之后才能直接访问DOM对象中的属性，很多时候，在需要直接访问DOM对象提供的属性和方法时，可以使用这种方式将jQuery对象转换成DOM对象数组来操作。

如果DOM对象需要使用由jQuery提供的方法，也可以直接将一个DOM对象转换成一个jQuery对象。只需要使用工厂方法$()将DOM对象包装起来，就能获得一个jQuery对象，比如在为页面关联ready事件时，就将document这个DOM对象转换成了jQuery对象。

jQuery选择器

jQuery的选择器是其核心功能，可以说是使用jQuery的重中之重，只有灵活掌握了选择器，才能游刃有余地操纵jQuery。在jQuery中，选择器按照选择的元素类别可以分为如下4种。

- 基本选择器：基于元素的id、CSS样式类、元素名称等使用基于CSS的选择器机制查找页面元素。
- 层次选择器：通过DOM元素间的层次关系获取页面元素。
- 过滤选择器：根据某类过滤规则进行元素的匹配，又可以细分为简单过滤选择器、内容过滤选择器、可见性过滤选择器、属性过滤选择器、子元素过滤选择器以及表单对象属性过滤选择器。
- 表单选择器：可以在页面上快速定位某类表单对象。

jQuery的选择器支持CSS规范中的多数选择符，只要浏览器启用了JavaScript，就能够使用这种选择符，这样不用担心各种浏览器的兼容性，而且jQuery的CSS选择器具有较高的选择性能，同时jQuery继承了Path语言的部分语法，这样可以对DOM元素进行快速而准确的选择。

1.2.1 基本选择器

jQuery的基本选择器与CSS的选择器相似，有如下3种。

- 标签选择器：按HTML元素的标签名称进行选择。
- id选择器：取得文档中指定id的元素。
- 类选择器：根据CSS类来进行选择。

jQuery还包含一个使用“*”的通配符选择器，用于选择所有的页面元素，几个元素之间还可以进行组合，jQuery基本选择器的描述参见表1.1。

表1.1 jQuery基本选择器说明

名称	说明	举例
id选择器	根据元素id选择	$("divId") 选择id为divId的元素
元素名称选择器	根据元素的名称选择	$("a") 选择所有<a>元素
CSS样式类选择器	根据应用到DOM元素的CSS类进行选择	$(".bgRed") 选择所用CSS类为bgRed的元素
“*”通用选择器	选择所有元素，使用通配符“*”	$("*")选择页面所有元素
selector1, selector2, selectorN	可以将几个选择器用“，”分隔开，然后再拼成一个选择器字符串，会同时选中这几个选择器匹配的内容	$("#divId, a, .bgRed")

现在打开在1.1.3小节中创建的jQueryPage网站，在该网站中添加一个新的页面，命名为base_selector.html，添加对jQuery库的引用，接下来通过示例来查看jQuery基本选择器的作用，HTML元素定义如代码1.4所示。

代码1.4 用于基本选择器示例的HTML代码

```
<!DOCTYPE HTML PUBLIC "-//W3C//DTD HTML 4.01 Transitional//EN" "http://
www.w3.org/TR/html4/loose.dtd">
<html>
<head>
<meta http-equiv="Content-Type" content="text/html; charset=utf-8">
<title>基本选择器</title>
<script type="text/javascript" src="jQuery/jquery-1.10.2.js"></script>
<style type="text/css">
  body{
     font-size:9pt;
  }
  .divclass{
     font-style:italic;
  }
  .spanclass{
     font-weight:bold;
  }
</style>
</head>
<body>
<div id="div1">我是第1个div</div>
<div id="div2">我是第2个div</div>
<div class="divclass">我是第3个div</div>
<span id="span1">我是第1个span</span>
<span id="span2">我是第2个span</span>
<span class="spanclass">我是第3个span</span>
</body>
</html>
```

HTML代码定义了3个div和3个span，并且定义了两个CSS样式，接下来看一看如何通过jQuery基本选择器来实现选择效果。

1. 标签选择器

首先必须在页面的head区添加对jQuery库的引用，接下来使用标签选择器选中所有的div标签，更改其字体大小为18px，如下面的代码所示：

```
//使用标签选择器更改字体大小
$("div").css("font-size","18px");
```

标签选择器会同时更改3个div的字体大小，因此运行时可以看到3个div的字体都变成了18px。

2. id选择器

使用id选择器选择id为div2的div，将其背景色更改为红色，如下面的代码所示：

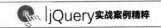

```
//使用id选择器更改背景色
$("#div2").css("background","red");
```

可以看到，运行之后第2个div已经更改了背景色，如图1.9所示。

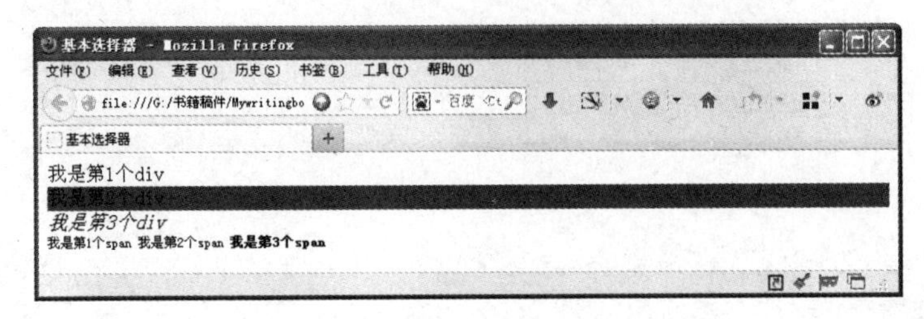

图1.9 使用id选择器更改背景色

注意 id选择器中，id前面必须跟一个#号，以表明这是jQuery的id选择器。

3. 类选择器

选择CSS类为spanclass的所有元素，将其字体样式更改为斜体，如下面的代码所示：

```
//使用类选择器设置字体样式
$(".spanclass").css("font-style","italic");
```

类选择器与id选择器的不同在于使用前缀“.”表示是一个类选择器，无论是类选择器还是id选择器，都与CSS选择器具有相同的语法。

4. 使用选择器组合

通过同时使用多个选择器的组合，可以同时更改选中标签的样式或内容，比如要更改id为div2和span为span2的元素，可以使用如下组合选择器：

```
//使用选择器组合
$("#div2,#span2").css("background","#9F0");
```

通过在括号内包含两个不同的选择器，就可以同时选中两个不同的元素进行样式设置，效果如图1.10所示。

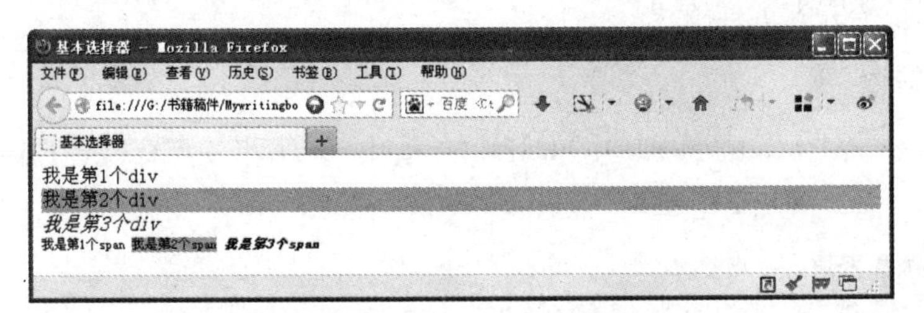

图1.10 使用选择器组合效果

5. 通配符选择器

通配符也就是“*”号选择器，表示一次性选中页面上的所有元素，比如可以通过通配符选择器一次性选中所有的元素，将其字体颜色更改为红色，如下面的代码所示：

```
//通配符选择器
$("*").css("color","red");
```

使用通配符选择器后，所有的元素字体都变成了红色。

1.2.2 层次选择器

网页的DOM结构表现为树状结构，在选择元素时，通过DOM元素之间的层次关系，可以获取需要的元素，比如当前节点的后代节点、父子关系的节点、兄弟关系的节点等，层次选择器的选择规则如表1.2所示。

表1.2 层次关系的选择规则

名称	说明	举例
ancestor descendant 后代选择器	使用form input的形式选中form中的所有input元素，即ancestor（祖先）为from，descendant（子孙）为input	$(".bgRed div") 选择CSS类为bgRed的元素中的所有<div>元素
parent > child 父子选择器	选择parent的直接子节点child，child必须包含在parent中并且父类是parent元素	$(".myList>li") 选择CSS类为myList元素中的直接子节点<li>对象
prev + next 相邻选择器	prev和next是两个同级别的元素，选中在prev元素后面的next元素	$("#hibiscus+img")选择id为hibiscus元素后面的img对象
prev ~ siblings 平级选择器	选择prev后面的根据siblings过滤的元素（siblings是过滤器）	$("#someDiv~[title]")选择id为someDiv的对象后面所有带有title属性的元素

在jQueryPage网站中新建一个名为level_selector.html的网页，在该页面中添加几个具有层次关系的HTML元素，如代码1.5所示。

代码1.5 用于层次选择器示例的HTML代码

```
<body>
<ul id="nav">
<li><a href="#">产品介绍</a>
    <ul id="product">
    <li><a href="#">产品一</a></li>
    <li><a href="#">产品一</a></li>
    <li><a href="#">产品一</a></li>
    <li><a href="#">产品一</a></li>
    <li><a href="#">产品一</a></li>
    <li><a href="#">产品一</a></li>
    </ul>
</li>
<li><a href="#">服务介绍</a>
    <ul id="services">
    <li><a href="#">服务二</a></li>
    <li><a href="#">服务二</a></li>
    <li><a href="#">服务二</a></li>
```

```
        <li><a href="#">服务二服务二</a></li>
        <li><a href="#">服务二服务二服务二</a></li>
        <li><a href="#">服务二</a></li>
        </ul>
    </li>
    </ul>
    </body>
```

在HTML中使用ul、li和CSS构建了一个下拉菜单，菜单效果如图1.11所示。

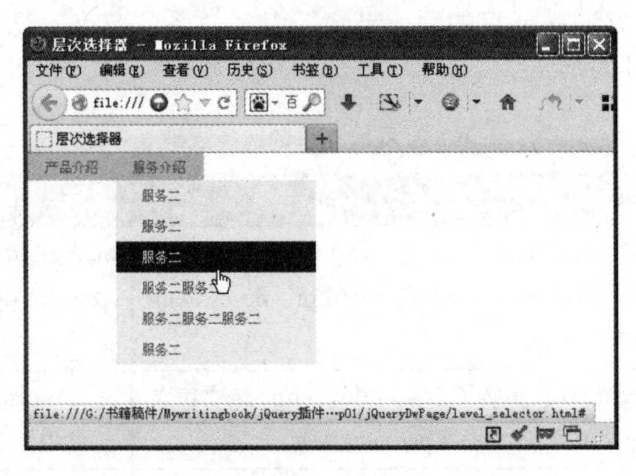

图1.11 HTML+CSS菜单效果

在示例HTML中，使用ul和li构建了层次结构的菜单项，接下来演示层次选择器的用法。

1. 后代选择器

使用后代选择器，可以选择祖先下面所有的子元素，比如示例中构建了一个两层嵌套的ul和li菜单结构，如果要使所有的li字体都变为粗体，无论是嵌套在哪一个层次，都可以使用后代选择器，如下所示：

```
<script type="text/javascript" src="jQuery/jquery-1.10.2.js"></script>
<script type="text/javascript">
$(document).ready(function(e) {
  //根据ul元素匹配所有的li元素，设置所有li元素的字体为粗体
  $("ul li").css("font-weight","bold");
  $("#services li").css("background","#9F9");     //让服务介绍的背景li为绿色
});
</script>
```

示例中使用了后代选择器，第一个jQuery选择器选中所有的li元素，更改CSS使其字体为粗，第二个后代选择器祖先使用了id选择器，后代指定为li，可以看到祖先可以指定不同的选择器选择元素，而后代指定要选择的标签。

2. 父子选择器

后代选择器会匹配所有的后代元素，而父子选择器只会匹配当前父元素下的所有子元素，比如要使菜单的主菜单项显示14px的字体，可以使用如下的父子选择器：

```
//为了避免父元素的CSS继承到子元素，这里先单独设置了子元素的字体
```

```
$("#product,#services").css("font-size","9pt");
//根据父子元素规则设置子元素
$("#nav>li").css("font-size","14px");
```

第一行是为了避免设置了父类的li之后，CSS会继承到子元素，因此为子元素单独指定了CSS，这样在设置id为nav的子元素li之后，就可以看到顶层菜单已经变成了14号字体，如图1.12所示。

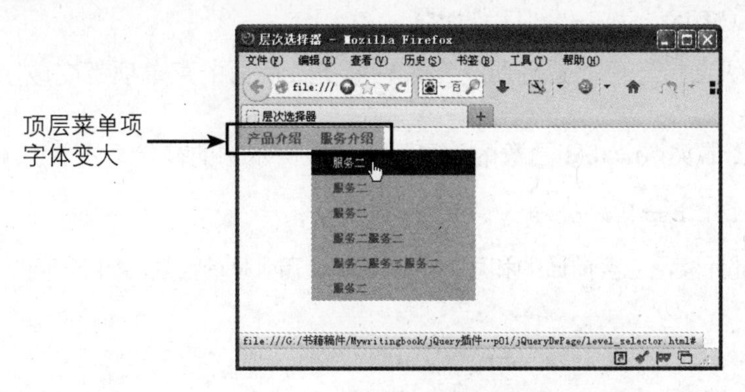

图1.12 父子选择器的效果

> 注意 与后代选择器不同的是，父子选择器只会选择其父子关联的元素，而后代选择器会选择所有的子元素。

3. 相邻选择器

相邻选择器允许选择相邻的元素，它匹配指定元素的后面的元素，比如产品三后面紧跟的是产品四，要选中产品四，可以用产品三的相邻选择器来进行选择，如下面的代码所示：

```
("#prod1+li").css("font-style","italic");  //使用相邻选择器选择元素
```

示例将相邻的元素设置字体样式为斜体，结果如图1.13所示。

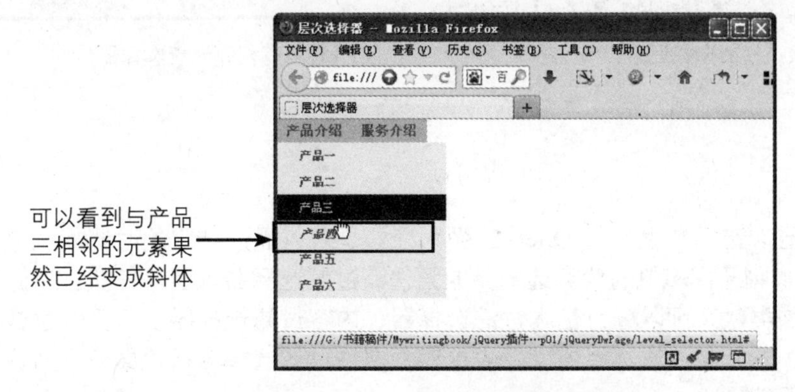

图1.13 使用相邻选择器

与相邻元素选择器相似的是next函数，它用来选中当前元素的下一个元素，因此可以使用next函数进行替换，如下所示：

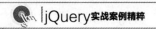

```
$("#prod1").next().css("font-style","italic");
```

4. 平级选择器

与相邻选择器不同的是，平级选择器会选择当前元素的平级元素，下面通过一个例子来说明，要选择id为srv2的所有平级元素，可以使用如下语句：

```
//使用平级选择器选择元素
$("#srv2~li").css("font-style","italic");
```

通过将id为srv2的平级选择，可以看到所有出现在服务二后面的菜单项都变成了斜体，如图1.14所示。

使用“~”的平级选择器类似nextAll函数的效果，因此上面示例的替代语法如下所示：

```
$("#srv2").nextAll().css("font-style","italic");
```

如果要选择所有的相邻元素，包含前面的和后面的，可以使用siblings函数，如下所示：

```
//选择所有的相邻元素
$("#srv2").siblings("li").css("font-style","italic");
```

除了服务二没有变成斜体之外，可以看到所有的菜单项都变成了斜体，如图1.15所示。

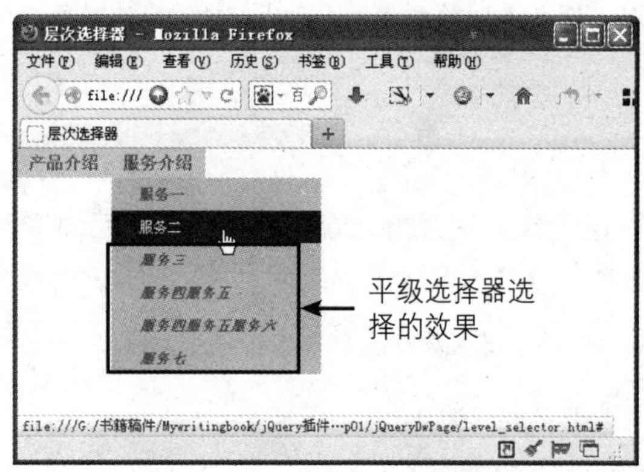

图1.14 使用平级选择器选择元素

图1.15 所有相邻元素选择器

1.2.3 过滤选择器

除了基本选择器和层次选择器之外，jQuery的强大之处是可以通过特定的过滤规则来筛选出所需的DOM元素。类似于CSS中的伪类选择器的语法，过滤选择器以冒号开头。过滤选择器根据其过滤规则的种类，又可以分为基本过滤选择器、内容过滤选择器、可见性过滤选择器、属性过滤选择器、子元素过滤选择器以及表单对象属性过滤选择器，下面分别对这几种不同的过滤选择器进行介绍。

1. 基本过滤选择器

基本过滤选择器也可以称为简单过滤选择器，它是过滤选择器中使用最为广泛的一种，主要用来选择首、尾、指定索引、奇数或偶数位等。基本过滤选择器的规则列表如表1.3所示。

表1.3 基本过滤选择器规则列表

名称	说明	举例
:first	匹配找到的第一个元素	查找表格的第一行：$("tr:first")
:last	匹配找到的最后一个元素	查找表格的最后一行：$("tr:last")
:not(selector)	去除所有与给定选择器匹配的元素	查找所有未选中的input元素：$("input:not(:checked)")
:even	匹配所有索引值为偶数的元素，从0开始计数	查找表格的1、3、5……行：$("tr:even")
:odd	匹配所有索引值为奇数的元素，从0开始计数	查找表格的2、4、6……行：$("tr:odd")
:eq(index)	匹配一个给定索引值的元素（index从 0 开始计数）	查找第二行：$("tr:eq(1)")
:gt(index)	匹配所有大于给定索引值的元素（index从 0 开始计数）	查找第二第三行，即索引值是1和2，也就是比0大：$("tr:gt(0)")
:lt(index)	选择结果集中索引小于N的 elements（index 从 0 开始计数）	查找第一第二行，即索引值是0和1，也就是比2小：$("tr:lt(2)")
:header	选择所有h1、h2、h3一类的header标签	给页面内所有标题加上背景色：$(":header").css("background", "#EEE");
:animated	匹配所有正在执行动画效果的元素	只有对不在执行动画效果的元素执行一个动画特效： $("#run").click(function(){$("div:not(:animated)"). animate({ left: "+=20" }, 1000); });

在日常工作中，基本过滤选择器常用于表格类型的选择，在jQueryPage网站中添加一个名为simple_filter_selector.html的网页，在网页上添加一个6行2列的表格，初始效果如图1.16所示。

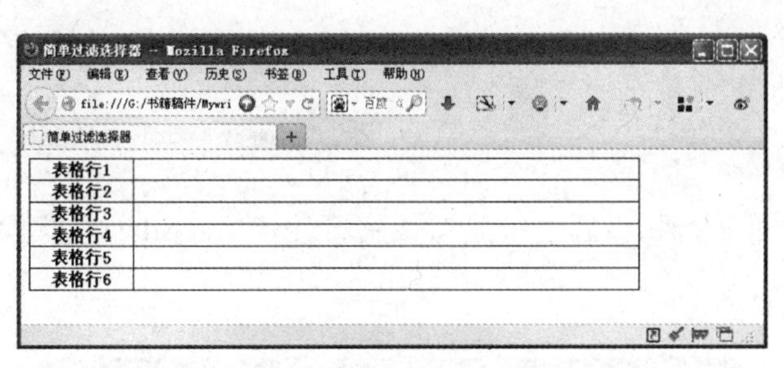

图1.16 在应用jQuery选择器之前的效果

先使用first和last选中表格行的首尾，并设置不同的颜色，如下面的代码所示：

```
$("tr:first").css("background","#FF0");     //表格第一行显示黄色
$("tr:last").css("background","#FCF");      //表格的最后一行显示暖红
```

通过first和last设置首尾行不同的颜色后，运行效果如图1.17所示：

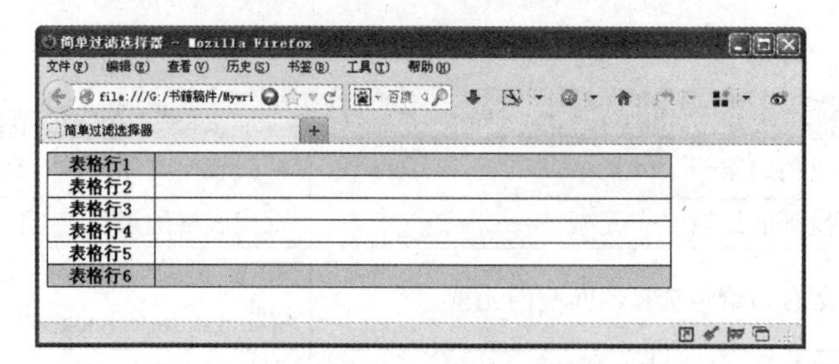

图1.17 设置首尾行的颜色

在设置表格隔行颜色效果时，even和odd是另外两个非常有用的过滤器，可以过滤出奇数行和偶数行的元素，比如要对表格的奇数行和偶数行显示不同的颜色，则可以使用如下代码：

```
$("tr:even").css("background","#BBBBFF");     //表格的奇数行显示蓝色
$('tr:odd').css('background', '#DADADA');     //表格的偶数行显示灰色
```

运行效果如图1.18所示。

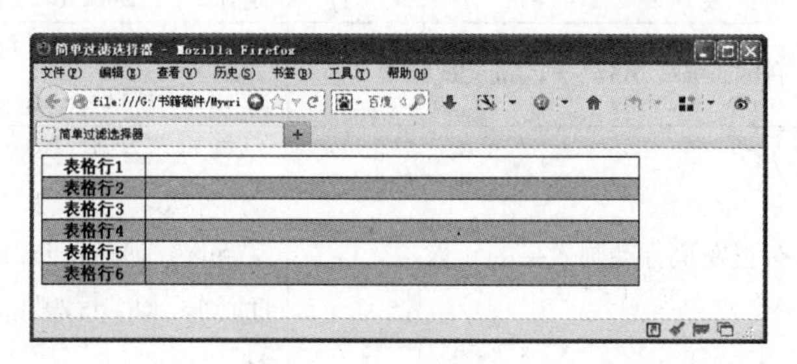

图1.18 隔行颜色效果

在应用了even和odd选择器之后，发现它们将前面使用first和last过滤器设置的颜色也覆盖了，为了保留首尾行的颜色，可以使用not过滤器，它可以过滤指定的行，首尾行过滤的示例如下：

```
$("tr:even:not(:first)").css("background","#BBBBFF");
//奇数行，但滤除第一行
$("tr:odd:not(:last)").css("background","#DADADA");
//偶数行，但滤除最后一行
```

运行后可以发现第一行和最后一行果然保留了使用first和last过滤规则的设置，如图1.19所示。

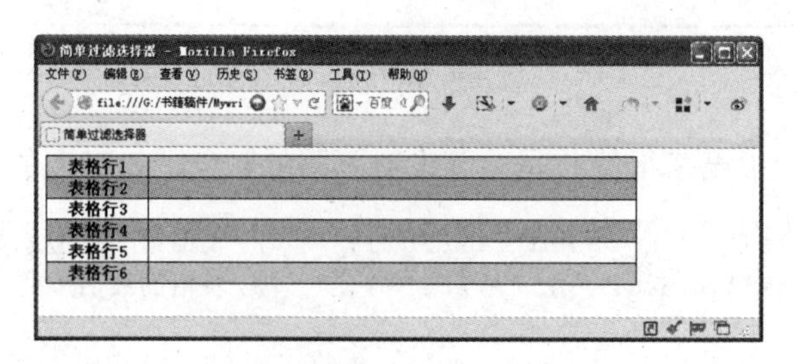

图1.19 not过滤器的效果

除了first、last、even和odd这类相对比较固定的过滤规则之外，还可以使用eq等于规则，选择特定索引位置的元素，gt和lt分别返回大于或小于指定索引值的元素。

举例来说，想让表格中的第4行背景为红色，小于第2行的显示黄色，大于第4行的显示黑色，可以使用如下语句：

```
$("tr:eq(4)").css("background","#F00");                //让第4行的背景为红色
$("tr:gt(4)").css("background","#000");                //大于第4行的显示黑色
$("tr:lt(2)").css("background","#FFC");                //小于第2行显示黄色
```

示例运行效果如图1.20所示。

图1.20 eq、gt和lt运行效果

2. 内容过滤选择器

内容过滤选择器可以根据HTML文本内容进行过滤选择，包含的过滤规则如表1.4所示。

表1.4 内容过滤器规则列表

名称	说明	举例
:contains(text)	匹配包含给定文本的元素	查找所有包含John的div元素：$("div:contains('John')")
:empty	匹配所有不包含子元素或者文本的空元素	查找所有不包含子元素或者文本的空元素：$("td:empty")
:has(selector)	匹配含有选择器所匹配的元素的元素	给所有包含p元素的div元素添加一个text类：$("div:has(p)").addClass("test");
:parent	匹配含有子元素或者文本的元素	查找所有含有子元素或者文本的td元素：$("td:parent")

为了演示内容过滤选择器，新建一个名为content_filter_selector.html的网页，在该HTML网页中添加了一个6行3列的表格，并且加入一些内容，初始效果如图1.21所示。

接下来添加内容过滤选择器的代码，读者可以打开本书配套的源代码，用注释的方式一次保留一行来查看其效果，限于本章的篇幅，这里列出了示例的代码：

```
<script type="text/javascript">
   $(document).ready(function(e) {
   $("td:contains('张')").css("background","#FFC");
   //将文字中含“张”的背景设置为淡黄
   $("td:empty").css("background","#060");
   //单元格中不包含内容、也不包含空格的空单元格的颜色
```

```
    $("td:has(p)").css("background","#9F0");      //单元格中包含子元素<p>的颜色
    $("td:parent").css("color","#060");           //单元格中包含文本的前景色
    });
</script>
```

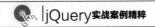

第1行使用contains查找表格中姓张的人，设置背景为淡黄色，第2行设置单元格中为空的单元格的颜色，第3行设置单元格中包含段落标记p的颜色，第4行中设置单元格中包含文本的前景色，运行效果如图1.22所示。

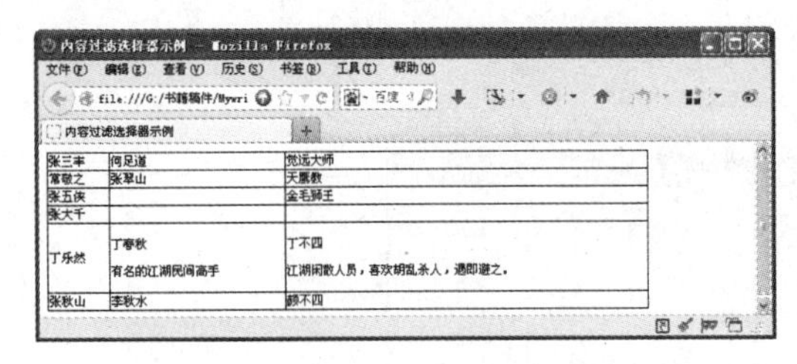

图1.21 内容过滤选择器的初始网页

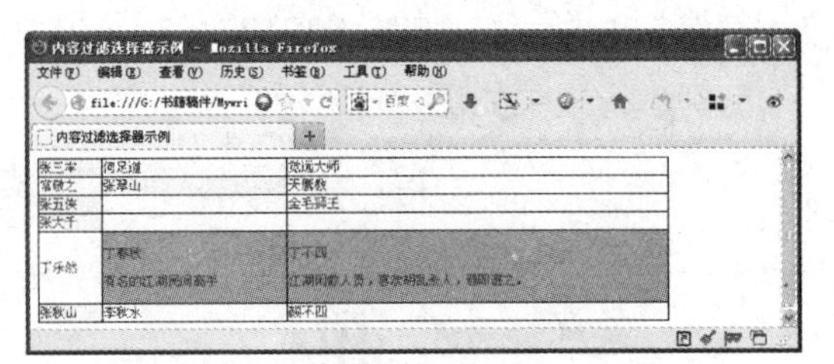

图1.22 内容过滤选择器的运行效果

3. 可见性过滤选择器

可见性过滤器根据元素是否可见来查找元素，主要是查找隐藏的元素和可见的元素，其选择规则如表1.5所示。

表1.5 可见性选择器规则列表

名称	说明	举例
:hidden	匹配所有的不可见元素	查找所有不可见的 tr 元素：$("tr:hidden")
:visible	匹配所有的可见元素	查找所有可见的 tr 元素：$("tr:visible")

:hidden匹配如下几种格式的元素：

- 具有CSS属性display属性值为none的值。
- HTML表单元素中的隐藏域即type="hidden"的元素。
- 宽度和高度被显式设置为0。
- 由于祖先元素为隐藏而导致无法显示在页面上。

:visible是指在屏幕上占用布局空间的元素，可见性元素的宽度和高度大于0。

注意 CSS属性visibility:hidden或者是opacity:0被认为可见，这是由于它们仍然会占用布局空间。如果在动画期间隐藏一个元素，元素会被考虑为可见直到动画终止，在动画期间显示一个元素，元素在动画开始时被认为可见。

新建一个名为hidden_filter_selector.html的网页，然后添加几个隐藏和显示的元素，如代码1.6所示。

代码1.6 用于可见性过滤器示例的HTML代码

```
<body>
<span></span>
<div></div>
```

```
<div style="display:none;">隐藏的元素</div>
<div></div>
<div class="starthidden">隐藏的页面元素</div>
<div></div>
<form>
    <input type="hidden" />
    <input type="hidden" />
    <input type="hidden" />
</form>
<span></span>
<button>显示隐藏元素</button>
</body>
```

其中starthidden类指定div的display属性为none，表示一个隐藏的div，接下来添加如代码1.7所示的可见性过滤选择器代码。

代码1.7 可见性过滤选择器代码

```
<script type="text/javascript">
$(document).ready(function(e) {
    //在一些浏览器中，隐藏元素也包含 <head>、<title>、<script>等元素
    //获取隐藏元素但排除<script>
    var hiddenEls = $("body").find(":hidden").not("script");
    $("span:first").text("找到" + hiddenEls.length + "个隐藏元素");
    //$("div:hidden").show(3000);  //动态地显示隐藏元素
    $("span:last").text("找到" + $("input:hidden").length + "个表单隐藏");
    //为可见的按钮元素关联事件处理代码
    $("div:visible").click(function () {
         $(this).css("background", "yellow");
    });
    //为按钮关联事件处理代码，显示隐藏页面元素
    $("button").click(function () {
         $("div:hidden").show("fast");
    });
});
</script>
```

代码的实现步骤如下所示。

（1）第1行代码选中了页面上所有的隐藏元素，但是不包含script元素，这样就可以选取页面上所有非页面元素的隐藏元素，然后在第1个span中显示找到的隐藏元素，这里使用了:first基本过滤选择器。

（2）第3行代码选取隐藏的div元素，调用jQuery的show方法动态地显示隐藏元素。

（3）第4行代码显示隐藏的表单元素个数。

（4）第6行代码为当前显示出来的div元素关联单击事件，在单击时将背景色设为黄色。

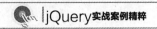

（5）第10行代码为按钮关联事件，在事件处理代码中，将隐藏的div元素调用show函数动态地显示出来。

示例的运行效果如图1.23所示。

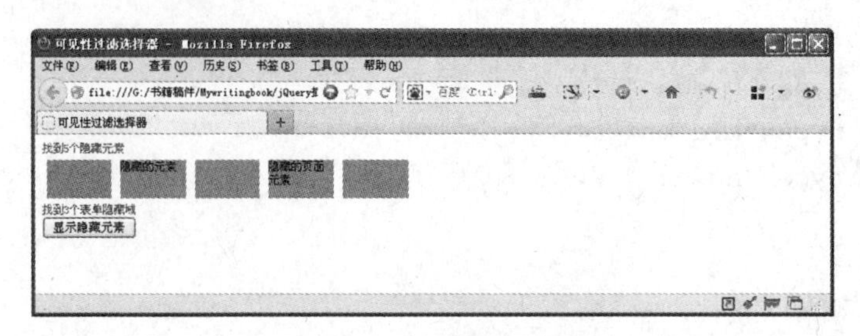

图1.23 可见性过滤器示例效果

4. 属性过滤选择器

属性过滤选择器是jQuery中非常有用的一种选择器，它可以基于HTML元素的属性来选择特定的元素，除了根据不同的属性来选择元素，还可以根据不同的属性值来选择元素，属性选择器的选择规则如表1.6所示。

表1.6 属性过滤器规则列表

名称	说明	举例
[attribute]	匹配包含给定属性的元素	查找所有含有 id 属性的 div 元素：$("div[id]")
[attribute=value]	匹配给定的属性是某个特定值的元素	查找所有 name 属性是 newsletter 的 input 元素：$("input[name='newsletter']").attr("checked", true);
[attribute!=value]	匹配给定的属性是不包含某个特定值的元素	查找所有 name 属性不是 newsletter 的 input 元素：$("input[name!='newsletter']").attr("checked", true);
[attribute^=value]	匹配给定的属性是以某些值开始的元素	$("input[name^='news']")
[attribute$=value]	匹配给定的属性是以某些值结尾的元素	查找所有 name 以letter结尾的 input 元素：$("input[name$='letter']")
[attribute*=value]	匹配给定的属性是包含某些值的元素	查找所有 name 包含man的 input 元素：$("input[name*='man']")
[attributeFilter1][attributeFilter2][attributeFilterN]	复合属性选择器，需要同时满足多个条件时使用	找到所有含有 id 属性，并且它的 name 属性是以 man 结尾的：$("input[id][name$='man']")

由表中可以看到，不仅可以根据属性名称进行选择，还可以根据属性与属性值的匹配规则来选择元素。接下来创建一个示例页面，在jQueryPage网站中添加一个名为attribute_filter_selector.html的页面，在该页面上添加几个HTML元素，然后在JavaScript代码块中使用属性过滤器来选择元素，如代码1.8所示。

代码1.8 属性过滤器示例页面

```
<!DOCTYPE HTML PUBLIC "-//W3C//DTD HTML 4.01 Transitional//EN" "http://
```

```
www.w3.org/TR/html4/loose.dtd">
<html>
<head>
<meta http-equiv="Content-Type" content="text/html; charset=utf-8">
<title>属性过滤选择器</title>
<script type="text/javascript" src="jQuery/jquery-1.10.2.js"></script>
<script type="text/javascript">
  $(document).ready(function(e) {
   $("div[id]").css("background","#0F0");          //具有id属性的元素的背景色
   $('div[id="hey"]').css("font-size","14px");     //id属性为hey元素的字体
   $('div[id!="hey"]').css("font-size","16px");    //id属性不为hey元素的字体
   $('div[id^="the"]').css("color","#090");        //id属性以the开头的前景色
   $('div[id$="be"]').css("color","#C00");         //id属性以be结束的前景色
   $('div[id*="er"]').css("color","#360");         //id属性值中包含er的前景色
  });
</script>
</head>
<body>
  <div id="hey">具有id属性hey的元素</div>
  <div id="there">具有id属性there的元素</div>
  <div id="adobe">具有id属性adobe的元素</div>
  <div>无id属性</div>
</body>
</html>
```

在HTML的body区定义了4个div元素，分别为前3个div指定了不同的id，并且具有一个无任何属性的div元素，在JavaScript代码部分，分别使用了属性过滤选择器的不同设置来选择元素并且设置其颜色或字体，运行后的效果如图1.24所示。

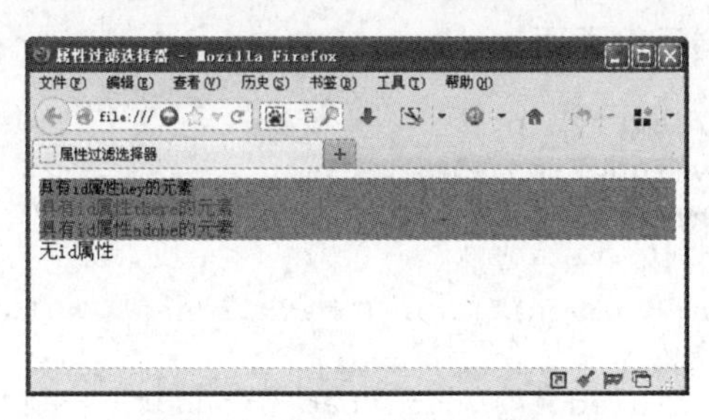

图1.24 属性选择器运行效果

5. 子元素过滤器

这个过滤器是指根据父元素中的某些过滤规则来选择子元素，例如可以选择父元素的第一个子元素（:first-child）或者是最后一个子元素（:last-child），或者是父元素中特定位置的子元素，其规则如表1.7所示。

表1.7 子元素过滤器规则列表

名称	说明	举例
:nth-child(index/even/odd/equation)	匹配其父元素下的第N个子或奇偶元素 ':eq(index)'只匹配一个元素，而它将为每一个父元素匹配子元素。:nth-child是从1开始的，而:eq()是从0算起的 可以使用： :nth-child(even) :nth-child(odd) :nth-child(3n) :nth-child(2) :nth-child(3n+1) :nth-child(3n+2)	在每个 ul中查找第二个li： $("ul li:nth-child(2)")
:first-child	匹配第一个子元素 ':first'只匹配一个元素，而此选择符将为每个父元素匹配一个子元素	在每个 ul 中查找第一个 li： $("ul li:first-child")
:last-child	匹配最后一个子元素 ':last'只匹配一个元素，而此选择符将为每个父元素匹配一个子元素	在每个 ul 中查找最后一个 li： $("ul li:last-child")
:only-child	如果某个元素是父元素中唯一的子元素，那将会被匹配 如果父元素中含有其他元素，那将不会被匹配	在 ul 中查找是唯一子元素的li：$("ul li:only-child")

nth_child可以根据指定的索引位置、奇数位、偶数位等来匹配元素，这个选择规则常用来选择某些特定集合性质的元素中的子元素，接下来在jQuery中创建一个名为child_filter_selector.html的网页，在其中添加一个5行4列的HTML表格。接下来看一看jQuery的子元素过滤器如何选择其中的元素，如代码1.9所示。

代码1.9 子元素过滤器示例页面

```
<script type="text/javascript">
  $(document).ready(function(e) {
    $("tr td:nth-child(2)").css("background","#090");
    //让表格单元格第2列显示绿色背景
    $("tr td:nth-child(even)").css("background","#CCC");
    //奇数单元格显示灰色
    $("tr td:nth-child(odd)").css("background","#9F0");
    //偶数单元格显示淡绿色
   $("table tr:first-child").css("background","#F00");
   //让表格第一行显示红色背景
   $("table tr:last-child").css("background","#99F");
   //让表格最后一行显示紫色背景
   $("td p:only-child").css("background","#0F0");
   //单元格中含有唯一元素<p>的背景设置
});
</script>
```

第1个选择器使用的是索引选择器，这将使得它选择表格行的第2个单元格，也就是第2列显示为绿色；第2个和第3个使用奇数和偶数选择器选择奇数和偶数单元素设置颜色；第4个和第5个选择器选择表格的第一行和最后一行设置背景色；最后一个选择器选择具有p元素的单元格，运行效果如图1.25所示。

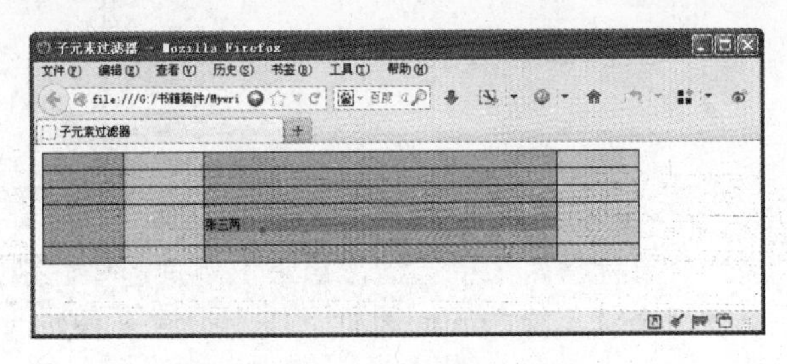

图1.25 子元素过滤器的示例效果

如果注释掉奇数和偶数选择器，则可以看到第4个和第5个选择器的效果，如图1.26所示。

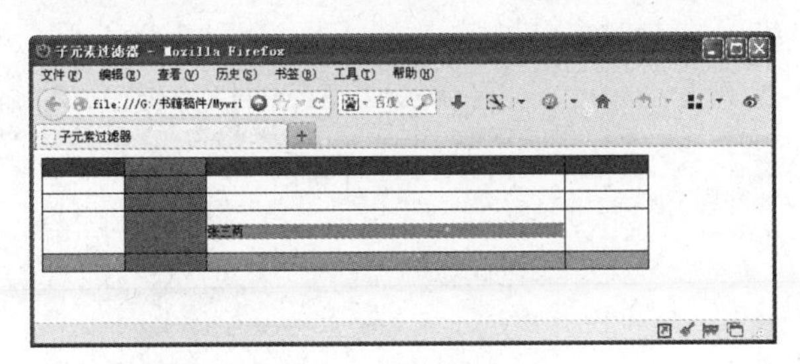

图1.26 首尾行的选择效果

6. 表单对象属性过滤选择器

这种类型的过滤器可以根据表单中某对象的属性特征来获取表单元素，比如表单元素的enabled、disabled、selected以及checked属性，其过滤规则如表1.8所示。

表1.8 表单对象属性过滤器规则列表

名称	说明	举例
:enabled	匹配所有可用元素	查找所有可用的input元素：$("input:enabled")
:disabled	匹配所有不可用元素	查找所有不可用的input元素：$("input:disabled")
:checked	匹配所有被选中元素（复选框、单选框等，不包括select中的option）	查找所有选中的复选框元素：$("input:checked")
:selected	匹配所有选中的option元素	查找所有选中的选项元素：$("select option:selected")

可以看到，使用表单对象属性过滤器，可以对表单中的控件元素的可用（enabled）、不可用（disabled），Checkbox控件的选择（checked）与select控件的选中（selected）这些属性进行选择，这使得在开发表单时可以快速地选中所需要的控件。

在jQueryPage网站中新建一个名为form_filter_selector.html的网页，然后在该网页中构建一个表单，效果如图1.27所示。

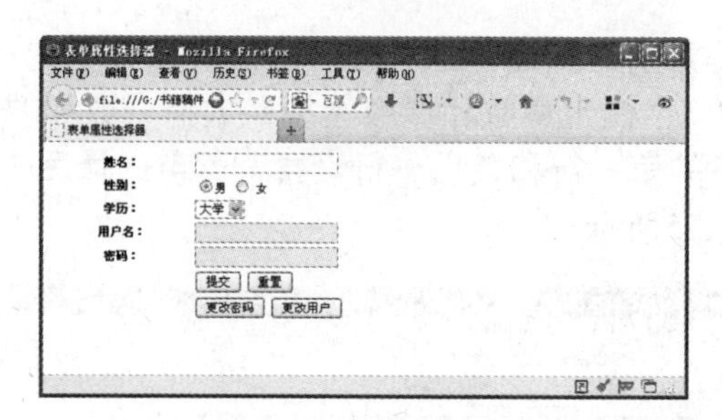

图1.27 表单界面

由图中可以看到，这个表单包含两个单选框，用来供用户选择性别；一个select下拉列表框，供用户选择学历；以及两个禁用掉的input控件。接下来看一看如何使用表单属性过滤器来选择元素，如代码1.10所示。

代码1.10 表单属性过滤选择器页面

```
<script type="text/javascript">
$(document).ready(function(e) {
  $("input:enabled").css("background","#FFF");   //已启用控件的背景色设置
  $("input:disabled").css("background","#CFF"); //已禁用控件的背景色设置
  $("input:disabled").attr("disabled",false);
     //将禁用的文本框更改为enabled
  $("input:checked").click(                       //选中的单选框的关联事件
    function(){
      alert("我被选中了");
    }
  );
  $("select option:selected").css("background","#FF0");
  //选中的列表框背景变色
});
</script>
```

在ready事件主体中，代码完成的功能分别如下所示。

- 第1行和第2行代码，分别使用enabled和disabled来选中禁用和启用的input控件，然后使用css函数来设置其背景色。
- 第3行代码使用attr将已经被禁用掉的input控件设置为enabled，即将disabled属性设置为false。
- 第4行代码为具有checked属性的控件关联了click事件。
- 最后一行代码将select控件中option集合具有selected属性的元素的背景色更改为黄色。

应用了表单属性过滤选择器的效果如图1.28所示。

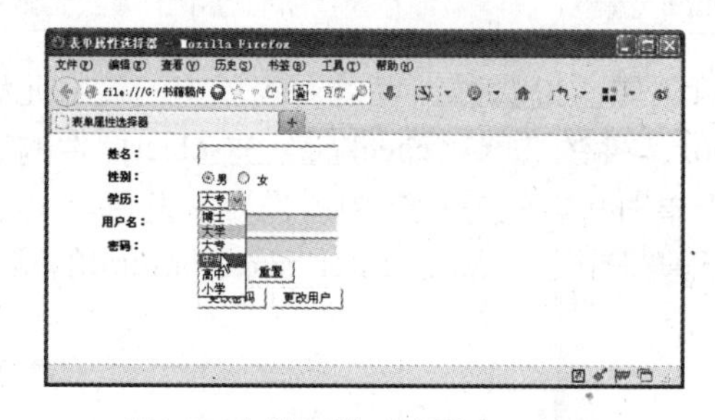

图1.28 表单属性过滤器应用效果

可以看到表单属性在根据表单的属性设置来选择表单方面确实比较强大。

1.2.4 表单选择器

在学习表单属性过滤器之后，接下来看一看jQuery的表单选择器，表单选择器提供了灵活的方法来选择表单中的元素，举例来说，如果要统一为表单中的input控件设置样式或者是属性，使用表单选择器可以快速一次到位地进行设置，jQuery中可供使用的表单选择器如表1.9所示。

表1.9 表单选择器规则列表

名称	说明	举例
:input	匹配所有input、textarea、select和button元素	查找所有的input元素： $(":input"|)
:text	匹配所有的文本框	查找所有文本框： $(":text")
:password	匹配所有密码框	查找所有密码框： $(":password"|)
:radio	匹配所有单选按钮	查找所有单选按钮
:checkbox	匹配所有复选框	查找所有复选框： $(":checkbox")
:submit	匹配所有提交按钮	查找所有提交按钮： $("|:submit")
:image	匹配所有图像域	匹配所有图像域： $(":image")
:reset	匹配所有重置按钮	查找所有重置按钮： $("|:reset")
:button	匹配所有按钮	查找所有按钮： $(":button")
:file	匹配所有文件域	查找所有文件域： $(":file")

可以看到，表单选择器可以匹配当前文档或者是某一个表单内部的所有的表单元素，比如可以同时选中所有的按钮或者是输入框，下面以上一小节中创建的表单为例，演示一下表单选择器的使用效果，新建一个名为form_selector.html的网页，然后复制在上一小节中创建的表单HTML代码，接下来使用表单选择器来选择表单中的元素，如代码1.11所示。

代码1.11 表单选择器页面

```
<script type="text/javascript" src="jQuery/jquery-1.10.2.js"></script>
<script type="text/javascript">
  $(document).ready(function(e) {
   $(":input").css("background","#FFC");   //设置所有input元素的背景色
   $(":text").hide(3000);                  //隐藏所有文本框对象
   $(":text").show(3000);                  //显示所有文本框对象
   $(":password").hide(3000);              //隐藏所有密码框对象
   $(":password").show(3000);              //显示所有密码框对象
```

```
    $(":button").css("font-weight","bold");         //显示按钮对象的字体
    $(":radio").css("background","#0F0");           //设置单选框按钮的背景色
});
</script>
```

整个代码由如下几个选择器组成：

- 选中文档界面中的所有input元素，设置其背景色为黄色。
- 用了两个text选择器，选中所有的文本框对象，先使用hide函数让其动态地隐藏，然后使用show函数让其慢慢地显示。
- 使用两个password选择器，先隐藏所有的密码框元素，然后显示所有的密码框元素。
- 为网页上所有的按钮指定字体为加粗显示。
- 为网页上所有的单选按钮设置背景色。

使用了表单选择器的页面效果如图1.29所示。

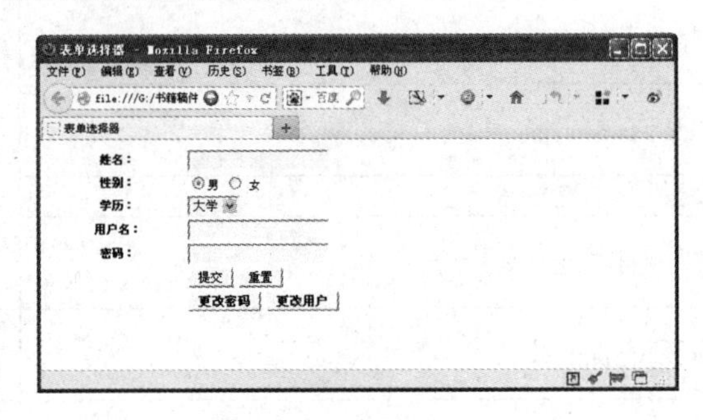

图1.29 表单选择器效果

在运行时可以看到，文本框会慢慢地隐藏和显示，这是jQuery的hide和show这两个函数的效果，这两个函数可以动态地显示和隐藏页面上的元素，在实际的工作中非常有用。

1.3 操纵DOM

在使用JavaScript编写网页代码的过程中，多数时间都在操纵DOM，比如Ajax返回json数据、动态地向DOM添加显示节点或者是动态地更改页面上元素的CSS和属性等。DOM的全称是Document Object Model，即文档对象模型，是一种与浏览器、平台和语言无关的接口，它可以让用户代码访问任何浏览器中呈现的元素，可以将DOM看作是网页呈现的一种标准。

1.3.1 修改元素属性

要使用jQuery操纵DOM，必须先使用选择器选中一个或多个元素，由于jQuery是对结果集进行隐式迭代的操作，因此一个jQuery对象可以同时对多个元素进行属性更改。

获取属性值

获取和设置属性使用jQuery的attr方法，而移除属性使用removeAttr方法，其中获取元素属性的attr语法如下所示：

```
$(selector).attr(attribute)
```

其中selector是jQuery的选择器，attr中的参数attribute是指定要获取的元素的属性名称，举个简单的例子，要想获取图像的地址，可以使用如下语句：

```
$("img").attr("src");
```

下面在jQueryPage网站下面新建一个名为get_set_attributes.html的网页，在这个网页中演示如何获取和设置DOM元素的属性值，如代码1.12所示。

代码1.12 获取或设置属性的HTML设置

```
<body>
<ul id="nav">
<li><a href="http://www.xxx.com/companyinfo" id="company_info" title="介绍
公司的相关资讯">公司信息</a></li>
<li><a href="http://www.xxx.com/productinfo" id="product_info" title="公司
的产品信息">产品简介</a></li>
<li><a href="http://www.xxx.com/companyculture" id="culture_info" title="
公司的文化信息">公司文化</a></li>
<li><a href="http://www.xxx.com/contactus" id="contactus" title="联系方式">
联系我们</a></li>
</ul>
<div id="content"></div>
<!--属性的信息显示如下-->
<div id="attr_info">
<input id="btn_getAttr" type="button" value="显示属性信息">
</div>
</body>
```

在这里构建了一个菜单，用作网站的导航栏，id为btn_getAttr的按钮将获取页面上的DOM的不同的属性值，如代码1.13所示。

代码1.13 获取HTML元素的属性值

```
<script type="text/javascript">
  $(document).ready(function(e) {
    $("#btn_getAttr").click(function(e) {
      var str="<br\>"+$("#company_info").attr("title");
      //显示id为company_info的title属性值
      str+="<br\>"+$("#product_info").attr("href");
      //显示id为product_info的href属性值
      str+="<br\>"+$("#culture_info").attr("id");
      //显示id为culture_info的id属性值
      str+="<br\>"+$("#btn_getAttr").attr("value");
      //显示id为btn_getAttr的value属性值
        $("#attr_info").append(str);
```

```
        //在div中显示属性的值
        });
    });
</script>
```

在示例代码中，使用attr分别获取了4个HTML元素的属性值，保存到str字符串中，通过运行可以看到不同的属性的值已经成功地显示到了页面上，如图1.30所示。

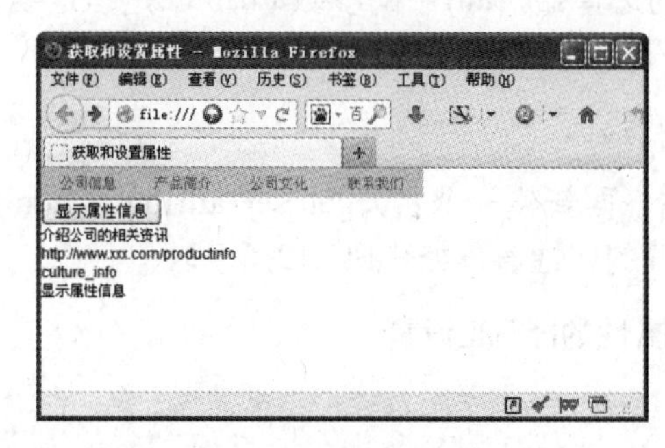

图1.30 获取DOM元素的属性值

要设置元素的属性，同样使用attr函数，语法如下：

```
$(selector).attr(attribute,value)
```

其中attribute用来指定属性的名称，value用来指定属性的值。下面在代码1.12所在的页面中添加一个新的按钮，在jQuery的页加载事件中设置DOM元素的属性，如代码1.14所示。

代码1.14 设置属性值

```
$("#btn_setAttr").click(function(e) {
  $("company_info").attr("title","公司的发展历程和发展经验");
  //设置title属性
  $("#product_info").attr("href","http://www.microsoft.com");
  //设置href属性
  $("#culture_info").attr("id","btn_culture_info");
  //设置id属性
  $("#contactus").attr("title","欢迎联系我们来获取更多信息");
  //设置联系人的title属性

});
```

可以看到，使用attr设置属性是使用“属性名称：属性值”匹配的语句，attr还可以同时设置两个以上的属性值，如下面的代码所示：

```
//同时设置两个属性的值
$("#company_info").attr({
  "href":"http://www.microsoft.com/",
  "title":"欢迎进入微软公司网站"
});
```

可以看到，通过属性名/值对的方式，示例同时为href和title这两个属性设置了属性值。

1.3.2 修改元素内容

有如下3个方法可以用于获取HTML元素的内容。

- text()：设置或返回所选元素的文本内容。
- html()：设置或返回所选元素的内容（包括 HTML 标记）。
- val()：设置或返回表单字段的值。

text和html的明显区别是text只返回元素的文本内容，而html返回的是将HTML解析后的内容。val返回的是表单的内容。在jQueryPage网站中新建一个名为get_set_content.html的网页，在该网页中添加如下HTML代码，如代码1.15所示。

代码1.15 获取或设置元素内容示例HTML代码

```
<body>
<p id="test">
    有3个方法可以用于获取<strong>HTML元素</strong>的内容，分别是：<br/>
    <strong>text()：设置或返回所选元素的文本内容</strong><br/>
    <strong>html()：设置或返回所选元素的内容（包括 HTML 标记）</strong><br/>
    <strong>val()：设置或返回表单字段的值</strong><br/>
</p>
<textarea name="textvalue" cols="80" rows="5"></textarea>
<div>
<button id="btn1">显示文本</button>
<button id="btn2">显示 HTML</button>
</div>
</body>
```

在HTML中放置了一个id为test的p元素，在段落内部设置了一些HTML代码，在段落下面添加一个textarea元素，用于显示文本的btn1和显示HTML的btn2。接下来对btn1编写代码，使其获取p元素内部的文本内容，并显示到textarea中。btn2将显示HTML内容到textarea元素，这两个按钮的事件处理实现如代码1.16所示。

代码1.16 使用html()和text()获取元素的内容

```
<script type="text/javascript">
$(document).ready(function(e) {
    $("#btn1").click(function(e) {
        var textStr=$("p").text();           //获取段落的文本内容
        $("#textvalue").text(textStr);       //在textarea中显示文本内容
    });
    $("#btn2").click(function(e) {
        var htmlStr=$("#test").html();       //获取段落的HTML内容
        $("#textvalue").text(htmlStr);       //在textarea中显示HTML内容
    });
});
```

按钮btn1使用text获取了段落的文本内容，并显示到textarea中，显示效果如图1.31所示。

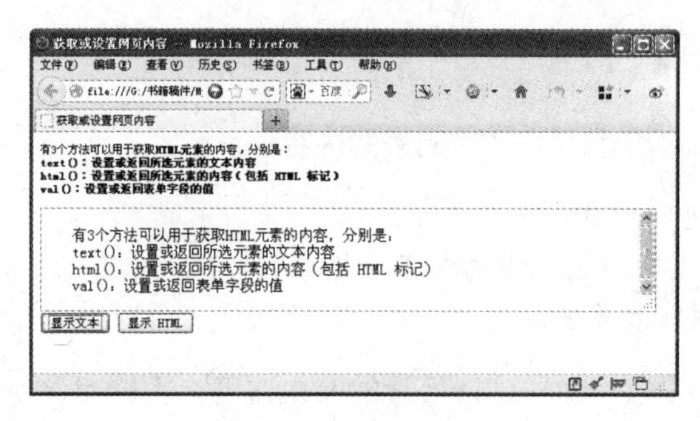

图1.31 显示文本内容

可以见到即便段落标记内部包含了HTML字符串，但是text()仅仅只是取出其中的文本内容，在为textarea赋值时，也使用了带参数的text函数，这个参数将作为文本内容设置给textarea，因此在textarea中显示了HTML文本内容。

btn2按钮使用了html()方法，用来获取HTML格式的内容，其输出结果如图1.32所示：

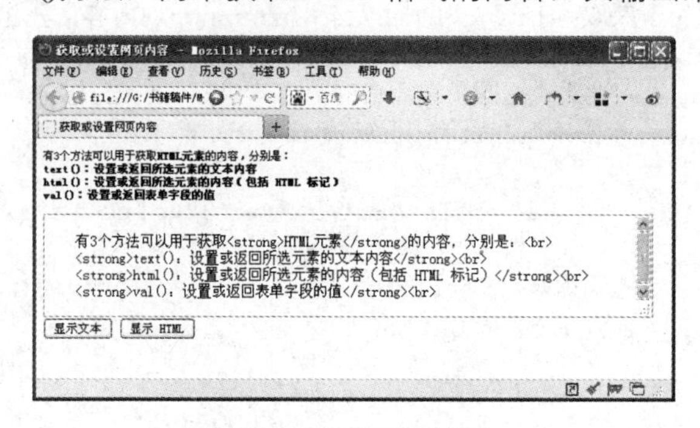

图1.32 显示HTML内容

html()方法显示了段落标签中的HTML元素，可以看到它包含了HTML标记，同样，如果为html()方法带了一个参数，表示将为指定的目标元素设置HTML内容，比如可以编写如下代码：

```
$("#test2").html(htmlStr);       //将HTML内容设置到id为test2的div中
```

这就使HTML代码设置给了名为test2的div，这样就可以动态地为div添加新的HTML内容。

1.3.3 动态创建内容

jQuery还允许开发人员动态地为页面添加内容，类似于JavaScript语言中的CreateElement，jQuery动态创建HTML元素使用工厂函数$()实现，语法如下：

```
$(html)
```

其中参数html是要动态创建的HTML标记，它会动态创建一个DOM对象，但是这个DOM对象并没有添加到DOM对象树中，可以使用如下几个jQuery函数来添加到DOM对象树。

- append()：在被选元素的结尾插入内容。
- prepend()：在被选元素的开头插入内容。

- after()：在被选元素之后插入内容。
- before()：在被选元素之前插入内容。

在下一小节会介绍这些方法的具体使用，本小节主要关注如何使用工厂方法$()来动态创建页面元素，举个例子，要向页面中插入一个新的div元素，可以使用如下语句：

```
$("<div>", {
  text: "这是动态创建的页面元素",
  click: function(){
    $(this).toggleClass("test");           //设置其toggleClass为test
  }
}).appendTo("body");                       //将其添加到body元素中其他元素的后面
```

可以看到，在工厂函数$()中不仅可以指定要创建的标签，还可以为其设置各种不同的属性，最后的appendTo将这个新创建的div元素添加到页面。

1.3.4 动态插入节点

动态创建的节点如果不插入到DOM对象树中，是不会在页面上呈现的，要动态插入节点，可以使用如表1.10所示的几种方法。

表1.10 动态插入方法列表

方法名称	方法描述
append()	在被选元素的结尾（仍然在内部）插入指定内容
appendTo()	在被选元素的结尾（仍然在内部）插入指定内容
prepend()	在被选元素的开头（仍位于内部）插入指定内容
prependTo()	在被选元素的开头（仍位于内部）插入指定内容
after()	在被选元素后插入指定的内容
before()	在被选元素前插入指定的内容
insertAfter()	把匹配的元素插入到另一个指定的元素集合的后面
insertBefore()	把匹配的元素插入到另一个指定的元素集合的前面

注意 append和appendTo以及prepend和prependTo具有相同的描述，它们的不同之处在于内容和选择器的位置。

接下来在jQueryPage网站中新建一个名为insert_elements.html的页面，在其中添加HTML代码，如代码1.17所示。

代码1.17 动态插入节点HTML页面

```
</head>
<style type="text/css">
body,td,th,input {
   font-size: 9pt;
}
</style>
</head>
```

```
<body>
<div id="idbtn">
<input type="button" name="idAppend" id="idAppend" value="append方法" /> 
<input type="button" name="idappendTo" id="idappendTo" value="appendTo方法" /> 
<input type="button" name="idpredend" id="idpredend" value="predend方法" /> 
<input type="button" name="idpredendTo" id="idpredendTo" value="predendTo方法" /> 
<input type="button" name="idbefore" id="idbefore" value="before方法" /> 
<input type="button" name="idafter" id="idafter" value="after方法" /> 
<input type="button" name="idinsbefore" id="idinsbefore"
value="insertBefore方法" />
 
<input type="button" name="idinsafter" id="idinsafter" value="insertAfter
方法" />
</div>
<div id="idcontent">使用不同的按钮，用不同的方法插入页面<br/></div>
</body>
```

代码中构建了多个不同的按钮，其中每个按钮对应一种不同的插入方法，为每个按钮关联的事件处理语句如代码1.18所示。

代码1.18 插入按钮的事件处理代码

```
<script type="text/javascript">
  $(document).ready(function(e) {
    $("#idAppend").click(
      function(){
            //追加内容
           $("#idcontent").append("<b>使用append添加元素</b><br/>");
      }
    );
    $("#idappendTo").click(
      function(){
            //追加内容，语法与append颠倒
           $("<b>使用appendto添加元素</b><br/>").appendTo("#idcontent");
      }
    );
    $("#idpredend").click(
      function(){
            //插入前置内容
            $("#idcontent").prepend("<b>使用prepend插入前置内容</b><br/>");
      }
    );
    $("#idpredendTo").click(
      function(){
            //在元素中插入前缀元素，与prepend的操作语法颠倒
            $("<b>欢使用prependTo添加元素</b><br/>").
           prependTo("#idcontent");
      }
    );
    $("#idbefore").click(
      function(){
```

```
                    //在指定元素的前面插入内容
                    $("#idcontent").before("<b>使用before添加元素</b><br/>");
                }
            );
            $("#idafter").click(
                function(){
                    //在指定元素的后面插入内容
                    $("#idcontent").after("<b>使用after添加元素</b><br/>");
                }
            );
            $("#idinsbefore").click(
                function(){
                    //在指定元素前面插入内容，与before语法颠倒
                    $("<b>使用insertBefore添加元素</b><br/>").
                    insertBefore("#idcontent");
                }
            );
            $("#idinsafter").click(
                function(){
                    //在指定元素的后面插入内容，与after的语法颠倒
                    $("<b>使用insertAfter添加元素</b><br/>").
                    insertAfter("#idcontent");
                }
            );
    });
    </script>
```

可以看到，每个按钮的事件处理代码中分别调用了不同的插入方法，通过这个示例可以看到各种不同的插入语句的使用方式和语法结构，比如append和appendTo以及prepend和prependTo就只是选择器的不同，示例的运行效果如图1.33所示。

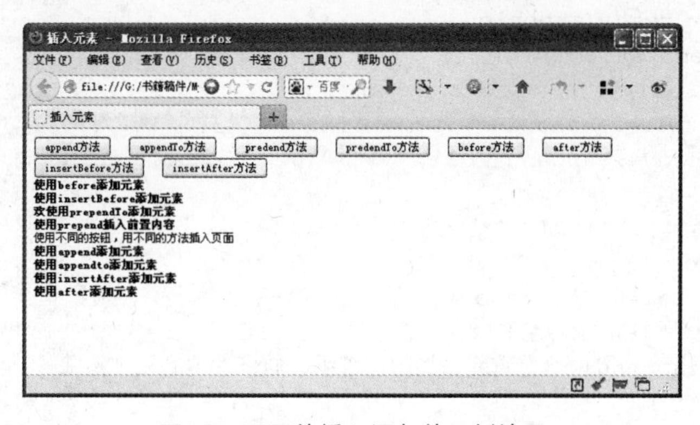

图1.33 不同的插入语句的示例效果

1.3.5 动态删除节点

从网页上删除节点也是日常工作中经常遇到的一种操作，jQuery提供了两个可以用来从DOM元素树中移除节点的方法。

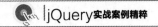

- remove()方法：用来删除指定的DOM元素，它会将节点从DOM元素树中移除，但是会返回一个指向DOM元素的引用，因此它并不是真正地将jQuery引用到的元素对象删除，可以通过这个引用来继续操作元素。
- empty()方法：该方法也不会删除节点，只是清空节点中的内容，DOM元素依然保持在DOM元素树中。

remove()方法会将元素从DOM对象树中移除，但是不会把引用了这些对象的jQuery对象删除，因此还可以使用jQuery对象来进行一些操作。而empty()只是将元素中的内容进行清空，接下来创建一个名为dynamic_remove.html的网页，向其中插入一些HTML元素，然后分别演示使用remove和empty的效果，其HTML定义如代码1.19所示。

代码1.19 移除元素的HTML页面

```
<body>
<div id="idwelcome">演示使用remove和empty方法<br/></div>
<div id="idtip"><b>remove方法会从DOM树中移除节点</b><br/></div>
<div id="idsenc"><b>empty方法只是清除元素的内容</b><br/></div>
<div><input name="btnremove" type="button" id="btnremove" value="remove方法" />
 
<input name="btnempty" type="button" id="btnempty" value="empty方法" />
</div>
</body>
```

在body区，可以看到有3个div用来显示消息，另外两个div中放置了两个按钮，分别用来调用remove方法和empty方法，这两个按钮的事件处理代码如代码1.20所示。

代码1.20 移除元素的jQuery代码

```
<script type="text/javascript" src="jQuery/jquery-1.10.2.js"></script>
<script type="text/javascript">
  $(document).ready(function(e) {
    $("#btnremove").click(
        function(){
          var id1=$("#idtip").remove();      //移除DOM对象
          $("body").append(id1);             //重新添加已被移除的DOM对象
    });
  $("#btnempty").click(
       function(){
          var id1=$("#idsenc").empty();      //清除DOM对象
          //重新添加DOM对象的内容
          id1.append("这是重新添加的内容哦，原来的内容已被清除了！");
  });
});
</script>
```

Remove按钮内部调用了remove方法，尽管这个元素已经从DOM中移除了，但是jQuery仍然引用着这个对象，因此又可以将其添加到body中，使之经历了删除又添加的过程。Empty只是清除了DOM中的内容，又重新向div中添加了元素，单击两个按钮后的效果如图1.34所示。

图1.34 移除元素后的效果

1.4 jQuery的事件处理

jQuery也扩展了JavaScript的事件处理机制，不仅提供了更加简洁的处理语法，同时也具有更好的兼容性，这使得开发人员使用jQuery的事件处理后，就不用担心各种不同浏览器之间的兼容性了。一些常见的事件类型如下所示。

- $(document).ready(function)：将函数绑定到文档的就绪事件（当文档完成加载时）。
- $(选择器).click(function)：触发或将函数绑定到被选元素的点击事件。
- $(选择器).dblclick(function)：触发或将函数绑定到被选元素的双击事件。
- $(选择器).focus(function)：触发或将函数绑定到被选元素的获得焦点事件。
- $(选择器).mouseover(function)：触发或将函数绑定到被选元素的鼠标悬停事件。

在jQuery中具有bind和unbind函数用来绑定事件，同时还可以使用切换事件机制在多个事件之间进行切换。

1.4.1 页面初始化事件

本章的大多数示例都使用了页面加载事件来演示jQuery的功能，也就是$(document).ready这个事件。页面加载事件是jQuery提供的事件处理模块中最重要的一个函数，可以极大地提高Web应用程序的响应速度。简而言之，该方法就是对window.load事件的替代，通过使用该方法，在DOM载入就绪且能够读取并操纵时，就可以调用在ready事件中定义的函数代码，页面加载事件的语法如下所示：

```
$(document).ready(function(){
  // 在这里写页面加载事件的代码
});
```

注意 为了能正确使用ready事件，必须确保<body>标签中没有定义onload事件，否则不会触发ready事件。而且onload事件必须要等到所有元素下载完成后才会执行，这会影响执行的效率。

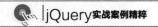

还可以使用比较简洁的语法：

```
$().ready(function)
```

或者直接书写为：

```
$(function)
```

其中function表示在页面加载时要执行的函数，在一个页面内可以同时定义多个read()事件处理代码，它们会在页面加载时依照定义的先后次序统一得到执行，就好像是在一个函数体内执行了多段代码一样。

为了理解页面初始化事件的编写方式和执行方式，下面在jQueryPage网站中新建一个名为document_ready.html的页面，并编写页面加载事件语句，如代码1.21所示。

代码1.21 页面初始化事件代码

```
<script type="text/javascript" src="jQuery/jquery-1.10.2.js"></script>
<script type="text/javascript">
    //使用最简单的加载事件语法
    $(function(){
          alert("你好，这个提示框最先弹出！");
    });
    //完整的页面加载事件语法
    $(document).ready(function(e) {
        alert("这个对话框会按定义的次序在前一个对话框之后弹出！");
    });
    //第3种页面加载事件语法
    $().ready(function(e) {
        alert("简单的页面加载事件的写法");
     });
    //第4种页面加载事件语法
    jQuery().ready(function(e) {
        alert("这个对话框会在最后被弹出！");
    });
</script>
```

这个代码示例分别演示了4种不同的页面加载事件的写法，它们都用于弹出对话框，运行时会看到，所有的页加载事件都得到了执行，而如果是多次关联window.load事件，则只有最后一个会被执行。

1.4.2 绑定事件

一般会在页面加载事件中为DOM中的元素关联事件，jQuery封装了DOM元素的事件处理方法，jQuery提供了一些绑定标准事件的简单方式，比如本章多次使用$("#button1").click()这样的绑定方式，jQuery还提供了一个名为bind的方法，专门用于事件的绑定，其语法如下所示：

```
$(selector).bind(event,data,function)
```

各个参数的作用如下所示：

- event参数可以是所有的JavaScript事件对象，事件处理类型blur、focus、focusin、

focusout、load、resize、scroll、unload、click、dblclick、mousedown、mouseup、mousemove、mouseover、mouseout、mouseenter、mouseleave、change、select、submit、keydown、keypress、keyup、error可以作为event参数传入。

- 可选的data参数作为event.data属性值传递给事件对象的额外数据对象。
- function则是用来绑定的处理函数，一般事件处理代码就写在这个函数的函数体内。

注意 与JavaScript的事件处理类型相比，jQuery的事件处理类型少了on前缀，比如JavaScript中的onclick，在jQuery中为click。

举个例子，为按钮关联click事件处理代码，可以使用简单的事件关联语句：

```
$("#button").click(function(){
//在这里编写代码
});
```

也可以使用bind函数来编写事件处理代码，接下来在jQueryPage网站中新建一个名为bind_event.html的网页，在该网页内部添加两个按钮，并使用bind方法绑定事件，绑定事件的HTML页面如代码1.22所示。

代码1.22 bind示例的HTML代码

```
<style type="text/css">
body,td,th,input {
    font-size: 9pt;
}
#content {
    /*jQuery的show方法仅对display:none有效果*/
    display: none;
    /*设置div边框*/
    border: 1px solid #060;
}
</style>
<body>
<input name="btn1" type="button" id="btn1" value="显示消息" /><br />
<input name="btn2" type="button" id="btn2" value="特效动画" />
<div id="content">
<pre>
$(selector).bind(event,data,function)
参数的作用如下所示：
□    event参数可以是所有的javaScript事件对象，有如下事件处理类型：blur, focus, focusin,
focusout, load, resize, scroll, unload, click, dblclick, mousedown,
mouseup, mousemove, mouseover, mouseout, mouseenter, mouseleave, change,
select, submit, keydown, keypress, keyup, error可以作为event参数传入。
□    可选的data参数作为event.data属性值传递给事件对象的额外数据对象。
□    function则是用来绑定的处理函数，一般事件处理代码就写在这个函数的函数体内。
</pre>
</div>
</body>
```

在示例的HTML代码中，放置了两个按钮，分别是btn1和btn2，将用来显示消息以及动态地画显示或隐藏消息。而消息是定义在div中一段用pre元素包裹的描述文本，接下来使用bind

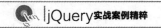

方法来为这两个按钮添加事件处理代码，如代码1.23所示。

代码1.23 bind示例的jQuery代码

```
<script type="text/javascript" src="jQuery/jquery-1.10.2.js"></script>
<script type="text/javascript">
   $(document).ready(function(e) {
      //绑定到按钮的click事件，动态显示div内容
      $("#btn1").bind("click",function(){
           $("#content").show(3000);
      });
      //绑定到按钮的click事件，动态显示或隐藏div内容
      $("#btn2").bind("click",function(){
           //如果DIV当前已经显示
          if ($("#content").is(":visible")){
                $("#content").hide(1000,showColor);        //隐藏div的显示
          }
          else
          {
                //否则动态显示div元素
                $("#content").show(3000,showColor);
                //设置显示时的颜色为黄色，动画显示完成使用回调函数设置为绿色
                $("#content").css("background-color","yellow");
          }
      });
    });
    //动画显示时的回调函数
   function showColor()
   {
     $("#content").css("background-color","green");
   }
</script>
```

示例中使用bind语句分别为btn1和btn2关联了事件处理代码，在第1个bind事件中调用div元素content的show方法，让其渐渐显示，第2个按钮btn2将判断content是否显示，如果显示则让其隐藏，否则让其慢慢显示，运行效果如图1.35所示。

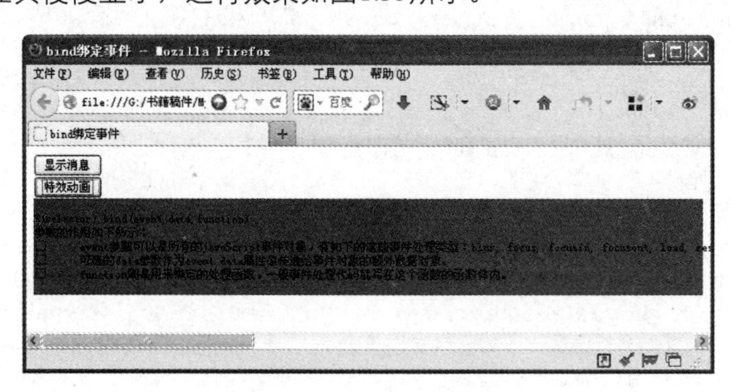

图1.35 bind事件处理效果

bind方法还可以同时关联多个事件处理代码，这样可以一次性为同一个元素关联多种不同的事件处理程序，例如，可以对btn1按钮既绑定click事件，又绑定mouseover和mouseout事件，如下面的代码所示：

```
$("#btn1").bind({
    click:function(){$("#content").show(3000);},    //绑定按钮单击事件
    mouseover:function(){$("#content").css("background-color","red");},
    //绑定鼠标移入事件
    mouseout:function(){$("#content").css("background-color","#FFFFFF");}
    //绑定鼠标移出事件
});
```

可见bind的功能与简单的直接关联相比，还是非常方便的。

1.4.3 移除事件绑定

移除事件关联使用与bind方法对应的unbind方法，该方法会从指定的元素上删除一个或多个事件和处理程序，其语法如下所示：

```
$(selector).unbind(event,function)
```

如果不指定unbind的任何参数，将移除选定元素上所有的事件处理程序，参数event指定要删除的事件，多个事件之间用空格分隔，function用来指定取消绑定的函数名。

下面新建一个名为unbind_event.html的网页，将上一小节的示例bind_event.html的内容拷贝到该网页上，然后添加两个新的按钮，用来移除事件的绑定，新添加的按钮HTML代码如下：

```
<input type="button" name="btn3" id="btn3" value="移除按钮1的事件" /><br/>
<input name="btn4" type="button" id="btn4" value="移除按钮2的事件" />
```

接下来在页面加载事件中添加代码来移除按钮1和按钮2的事件绑定，如下面的代码所示：

```
$("#btn3").click(
    function(){
    $("#btn1").unbind("click");        //移除btn1的click事件处理
});
$("#btn4").click(
    function(){
    $("#btn2").unbind();                         //移除btn2的所有的事件处理
});
```

btn3的单击事件处理代码中，unbind指定了click参数，表示仅移除click事件处理器，而btn4的unbind没有指定任何参数，则表示移除btn2的所有的事件处理代码。

1.4.4 切换事件

当两个以上的事件绑定到一个元素上时，可以定义元素的不同的动作行为在不同的动作间进行切换，比如超级链接<a>标签，当鼠标悬停时可以触发一个事件，鼠标移出时触发另一个事件。jQuery中有两个方法用来定义事件的切换。

- hover方法：元素在鼠标悬停与鼠标移出的事件中进行切换，这个方法实际上是mouseenter和mouseleave事件的合并，用来模仿鼠标悬停的效果。

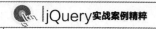

- toggle方法：可以依次调用多个指定的函数，直到最后一个函数，接下来重复地对这些函数进行轮流调用。

hover方法模拟鼠标悬停效果，其声明语法如下所示：

```
hover([over,]out)
```

可选的over表示鼠标经过时要执行的事件处理代码，out表示鼠标移出时要执行的事件处理代码。为了演示hover方法的效果，在jQueryPage网站中新建一个名为hover_event.html的网页，编写如代码1.24所示的HTML代码段。

代码1.24 hover示例的HTML代码

```
<body>
<div id="container">
<h2 style="margin:0px">关于hover方法的作用</h2>
<div id="content">
    hover方法：当鼠标移动到元素上或者是移出元素时执行事件处理代码，hover方法实际上是对
   mouseenter和mouseleave事件的合并，用来模仿一种鼠标悬停的效果。
</div>
</div>
</body>
```

接下来使用hover来定义事件切换效果，hover方法的使用如代码1.25所示。

代码1.25 hover示例的jQuery代码

```
<script type="text/javascript" src="jQuery/jquery-1.10.2.js"></script>
<script type="text/javascript">
  $(document).ready(function(e) {
     //为h2元素定义切换事件
     $("h2").hover(
      //当鼠标移动到h2里面时，调用show方法
      function(){
            $("#content").show("fast");
      },
      //当鼠标移出h2元素时，调用hide方法
      function(){
            $("#content").hide("fast");
      }
    );
});
</script>
```

可以看到hover方法内部定义了两个函数，分别表示悬停和移出的事件处理代码，悬停时会快速显示id为content的div内容，移出时会隐藏div中的内容，因此运行时可以发现hover实际上就是mouseenter和mouseleave事件的合并。

toggle功能是在每次单击后依次调用函数，它会根据函数定义的先后顺序依次轮流进行调用，其语法如下所示：

```
$(selector).toggle(function1(),function2(),...,functionN())
```

语法中的function1、function2、functionN表示要进行切换的事件处理代码。

注意 toggle会根据定义时的先后次序进行调用，因此必须要确保将先执行的代码定义在前面，后执行的代码定义在后面。

为了演示toggle的用法，在jQueryPage网站中新建一个名为toggle_event.html的页面，在该页面上放置一个div元素，希望当用户单击div时，可以变换不同的颜色，比如第1次单击绿色、第2次单击红色、第3次单击黄色，实现页面如代码1.26所示。

代码1.26 toggle事件的示例代码

```
<style type="text/css">
#div1 {
    background-color: #9FF;
    height: 300px;
    width: 400px;
    border: 1px solid #000;
}
</style>
<script type="text/javascript" src="jQuery/jquery-1.10.2.js"></script>
<head>
<script type="text/javascript">
    $(document).ready(function(e) {
        //鼠标单击时改变背景颜色
        $("#div1").toggle(
        //第1次单击更改为绿色
        function(){
        $("#div1").css("background-color","green");},
        //第2次单击更改为红色
        function(){
        $("#div1").css("background-color","red");},
        //第3次单击更改为黄色
        function(){
        $("#div1").css("background-color","yellow");}
    );
});
</script>
</head>
<body>
<div id="div1">此处显示新div标签的内容</div>
</body>
```

由代码中可以看到通过为div1应用toggle方法，使之在每次单击时显示不同的颜色，显示的颜色顺序是按照所定义的函数顺序来执行的。当单击超过3次时，会循环执行toggle中定义的函数。toggle方法经常用来动态改变图像的显示，比如当用户单击某个img元素时，就可以依顺序显示不同的图像。

注意 在jQuery 1.9版本中，toggle方法已经被移除，因此上述代码在1.9以上的版本中运行时，将不会看到任何效果。

1.5 小结

本章讨论了jQuery的基本使用方法，首先介绍了jQuery的功能和环境，讨论了如何在Dreamweaver中编写jQuery代码，以及jQuery对象和DOM对象的区别。在jQuery选择器部分，介绍了4种主要的选择器类型：基本、层次、过滤和表单择器。接下来介绍了如何使用jQuery来操作网页文档，包含属性、内容的修改、动态向网页创建和插入内容、动态删除网页上的元素。最后简要介绍了事件处理机制，介绍了$(document).ready事件，也就是页面初始化事件、绑定事件以及移除事件绑定，并讨论了切换事件。jQuery的内容远非一章所能介绍完成，建议读者参考jQuery的在线文档以获取最新的jQuery的功能信息。

第 2 章 jQuery插件的应用开发

jQuery是一种开放的可扩展的JavaScript库，正如JavaScript语言中的对象可扩展性一样，jQuery工厂函数$()是jQuery库的核心，因此通过为该函数添加方法，可以为jQuery扩充功能。由于jQuery这种灵活的可扩展性，现在互联网上存在大量由第三方开发人员实现的直接可用的插件，而灵活使用这些插件可以快速地为网页添加丰富多彩的效果，比如经典的jQuery UI界面库就是以jQuery插件的形式开发的一套丰富网页界面效果的插件库。

2.1 认识jQuery插件

在jQuery中，工厂函数是整个jQuery库的核心，所有其他的API都通过工厂函数进行调用，因此jQuery的插件以工厂函数为核心，对其进行扩展，可以将工厂函数当作一个JavaScript对象，通过对工厂对象进行扩充就可以创建自己的jQuery插件。

2.1.1 什么是插件

jQuery的插件以jQuery的核心代码为主，通过一系列的规范编写出jQuery应用程序，并对程序进行打包，在调用时仅需要将打包后的js文件和jQuery核心代码库加入到网页中，就可以使用jQuery插件，可以通过如下网址看到众多已经开发好的jQuery插件信息：

```
http://plugins.jquery.com/
```

在该网站中包含jQuery开发者们开发的数以千计的插件，网站界面如图2.1所示。

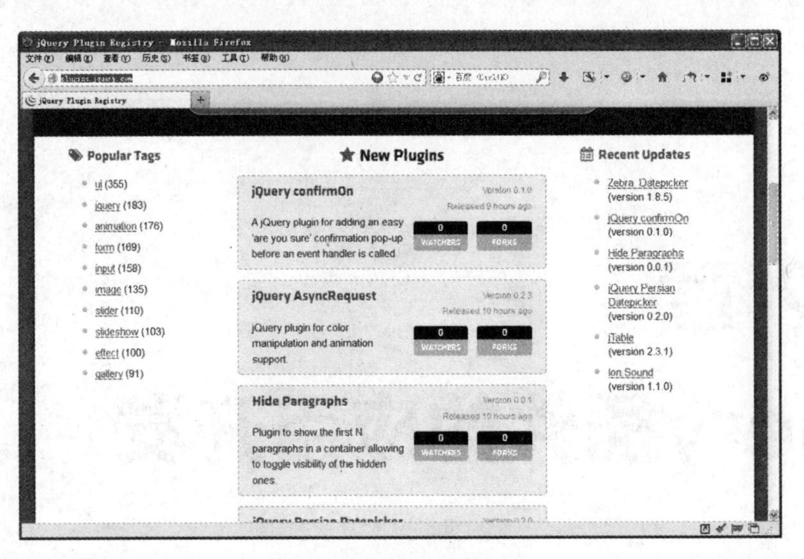

图2.1 jQuery插件库网页

为了演示如何使用插件，这里在Dreamweaver中创建一个网站，命名为PluginDemoSite，本章后面的内容都将在该网站中进行页面的添加。网站创建好之后，将jQuery库添加到网站文件夹中。为了理解如何使用jQuery的插件，接下来以图2.1网站中的confirmOn插件为例，演示如何在自己的网页中引用jQuery插件，步骤如下所示。

（1）在jQuery Plugin网站中找到confirmOn插件，当前该插件位于页面顶部，单击jQuery confirmOn将进入该控件的详细页面。单击详细页面右上角的Download now链接，将下载jQuery confirmOn插件。

注意 jQuery Plugins插件网站中的插件是不断更新和变换的，也许在本书出版时，读者需要使用搜索功能才能找得到该插件。

（2）下载的confirmOn是一个winrar压缩包，将其解压缩到本地硬盘，可以看到在根文件夹下包含如下几个文件。

- jquery.confirmon.css：confirmOn的样式表文件。
- jquery.confirmon.js：confirmOn的JavaScript源代码文件。
- jquery.confirmon.min.js：经过压缩后的confirmOn文件。

同时在下载文件夹中还包含一个sample文件夹，里面包含jquery.confirmon的使用示例，有兴趣的读者可以看一看。

（3）在PluginDemoSite网站中新建一个名为confirmOn的文件夹，将上面的3个文件拷贝到该文件夹中，至此在Dreamweaver中网站结构应该如图2.2所示。

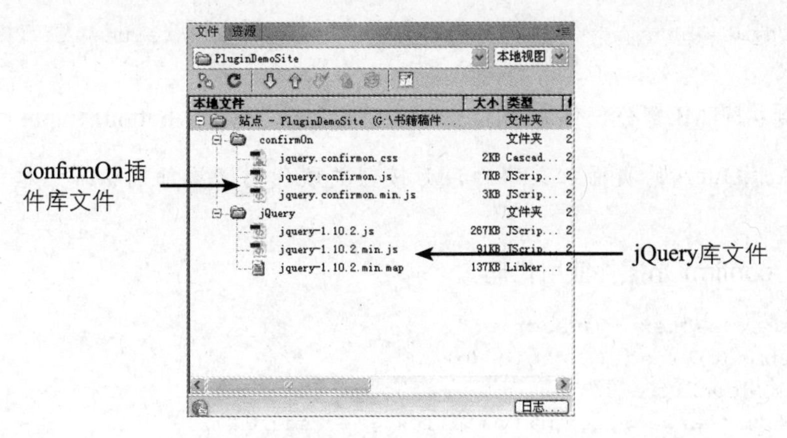

图2.2 PluginDemoSite网站文件夹结构

（4）新建一个名为confirmOnDemo.html的HTML网页，在head区添加对jQuery库的引用，然后添加jquery.confirmon.css和jquery.confirmon.js的引用，如代码2.1所示。

代码2.1 添加引用的confirmOn插件的代码

```
<head>
<meta http-equiv="Content-Type" content="text/html; charset=utf-8">
<title>confirmOn插件示例</title>
<!--jQuery库引用-->
<script type="text/javascript" src="jQuery/jquery-1.10.2.js"></script>
<!--jQuery插件库文件引用-->
<script type="text/javascript" src="confirmOn/jquery.confirmon.js"></script>
<!--jQuery插件引用的CSS文件引用-->
<link rel="stylesheet" type="text/css" href="confirmOn/jquery.confirmon.
css">
</head>
```

（5）在HTML的body区，添加一个div和一个button，假定这个按钮被单击时，可以改变div中的元素内容，但前提是用户必须要确认才能更改，看一看confirmOn插件如何轻松地实现这个功能，HTML代码如下所示。

代码2.2 confirmOn示例的HTML代码

```
<style type="text/css">
   body,input{
      font-size:9pt;
   }
   #test{
      width:500px;
      height:50px;
      border: 1px solid #090;
   }
</style>
</head>
<body>
<div id="test">这个示例演示了confirmOn插件的使用方法</div>
```

```
    <input name="change" type="button" id="btnchange" value="更改内容">
    </body>
```

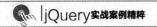

可以看到在HTML部分仅仅添加了一个div元素和一个type为button的input元素。

（6）添加jQuery的页面加载事件，为按钮关联代码来添加确认提示框，如代码2.3所示。

代码2.3 confirmOn插件使用代码

```
<script type="text/javascript">
  $(document).ready(function(e) {
    //使用confirmOn插件
   $('#btnchange').confirmOn('click', function() {
      $("#test").html("我的内容被改变了");
   });
  });
</script>
```

可以看到，jquery.confirmon.js被引用后，它就作为jQuery的一个扩展而存在，因此jQuery的工厂函数可以直接调用confirmOn方法，它的第一个参数click表示在单击事件触发后弹出确认框，随后的function是按钮被单击后的事件处理函数，运行该网页的显示效果如图2.3所示。当单击页面上的“更改内容”按钮之后，就会弹出一个默认的确认对话框。单击Yes按钮，确认对话框关闭，并执行在click中编写的事件处理代码，单击No按钮，只是关闭对话框，不会执行按钮事件处理代码。

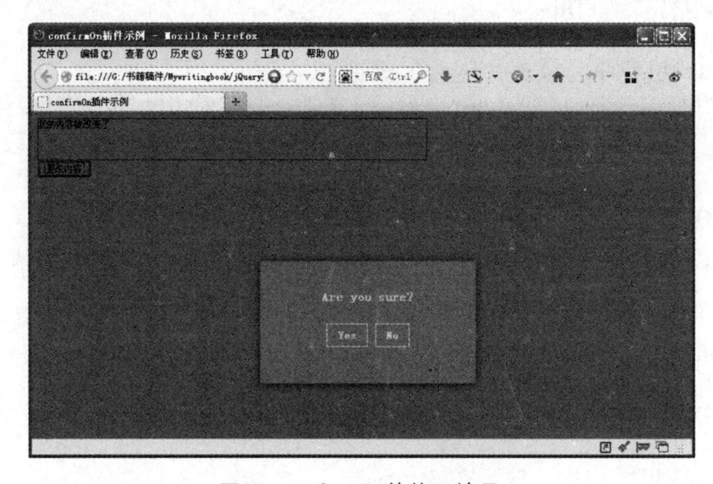

图2.3 confirmOn的使用效果

confirmOn的默认的对话框提示信息能满足中文环境的要求，还好这个插件也提供了很多不同的调用方式，将上面的代码换成如下confirmOn的调用，可以自定义提示消息和按钮文本，如代码2.4所示。

代码2.4 confirmOn定制显示文本

```
<script type="text/javascript">
  $(document).ready(function(e) {
   $('#btnchange').confirmOn({
```

```
            questionText: '确实要更改其中的内容吗?',
            textYes: '确定',
            textNo: '取消'
    },'click', function() {
        $("#test").html("我的内容被改变了");
    });
});
</script>
```

questionText是提示的文本，textYes是确认按钮文本，textNo是取消按钮文本，运行效果如图2.4所示。

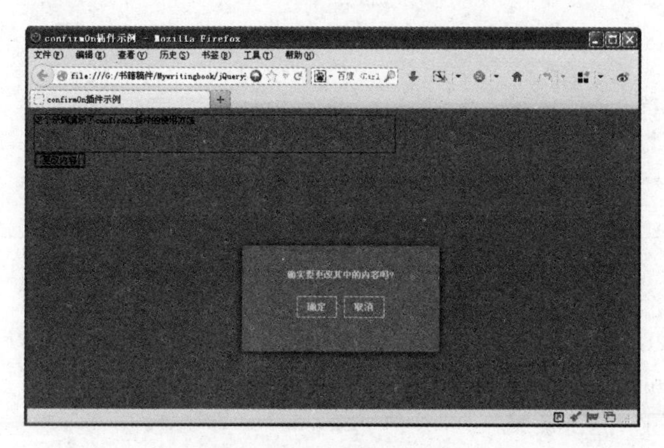

图2.4 显示中文提示文本

可以看到，使用了jQuery的插件后，确认提示功能被大大简化，如果使用JavaScript来写这个配置框，也许要花费不少的精力，而且代码的可维护性也会受制于不同水平的开发者。最重要的是互联网上成千上万的开源的插件可以拿来即用，确实大大方便了广大的网页开发者。

2.1.2 常用的插件网站

jQuery的插件库是一个非常有用的寻找插件的网站，在这个网站上，除了可以下载插件之外，对于自己编写的插件，还可以进行发布，以便于网站上的其他用户共享。除了这种类似于插件收集列表的网站之外，还有一些专门开发jQuery插件的网站，比如知名的jQuery UI网站，不仅提供了jQuery UI的列表，还包含每一个jQuery插件的使用示例和使用代码，jQuery UI的网站地址如下：

```
http://jqueryui.com/
```

jQuery UI是一个以jQuery为基础的用户界面插件库，它与jQuery相比重点在于网页的前台界面的显示，jQuery UI提供了很多优秀的可以直接使用的控件，在其网站上可以看到各种不同类型的jQuery插件，选择其中一个就可以查看其控件的详细信息，如图2.5所示。

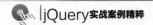

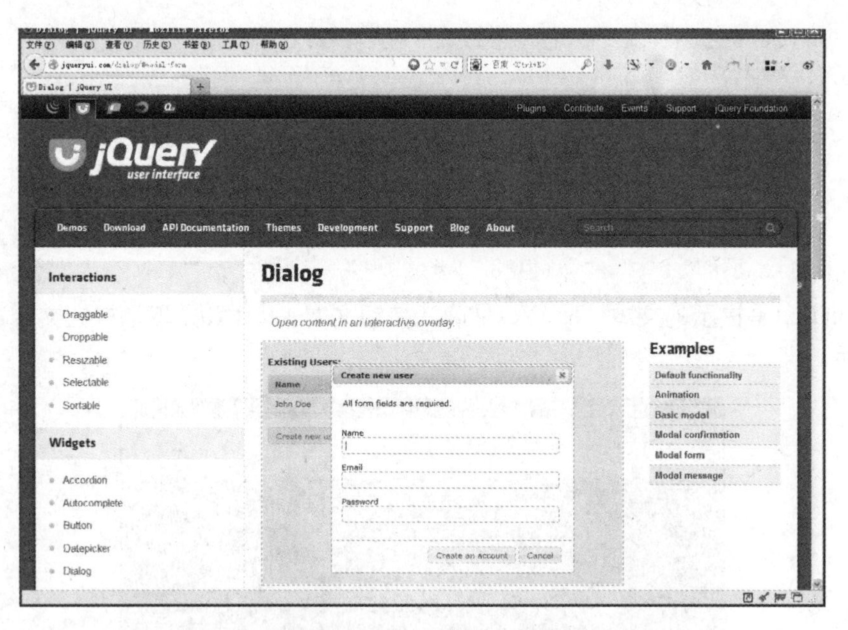

图2.5 jQuery UI的网站示例

图2.5是jQuery UI中对话框的示例，该对话框使得有需求的用户可以先在jQuery UI网站上查看控件的功能和效果，再进而决定是否使用，并且在jQuery UI网站上也具有参照的源代码，这样可以方便用户进行参照。

jQuery UI虽然不错，但毕竟是英文版，对于习惯使用中文的用户来说，目前也有一些纯中文的jQuery推荐网站。比如“jQuery插件库”就是其中一个不错的插件推荐网站：

```
http://www.sd131.com/
```

在该网站中不仅可以预览到各种不同插件的效果，单击某个插件的详细页面时，还可以看到其中文使用教程，确实为从事网站开发的用户提供了便利，如图2.6所示。

图2.6 jQuery插件库页面

纯中文的网页看起来轻松多了，而且页面上提供了每个控件的使用演示和中文使用文档，对于要查找jQuery插件的用户来说，是非常好的网站。

最后再介绍一个开源中国的jQuery插件库，这个插件库比较全面，查找起来也比较方便，其网址如下所示：

```
http://www.oschina.net/project/tag/273/jquery/
```

开源中国的jQuery插件库左侧为树状分类，选择合适的分类类型后，就可以在右侧的页面上看到详细的jQuery插件列表，每一个插件都带有预览图，如图2.7所示。

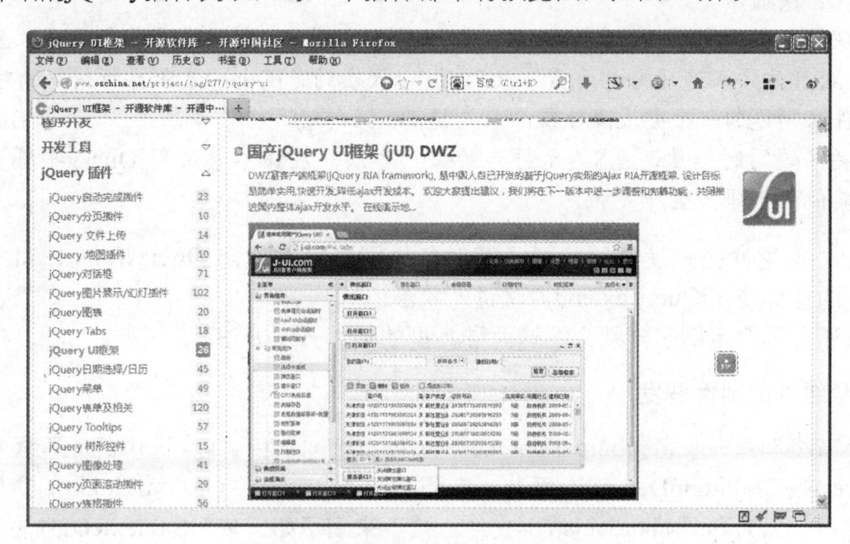

图2.7 开源中国的jQuery插件库

进入每个插件的详细页面后，可以看到插件的下载地址和主页信息，可以进入插件所在的主页获取插件最新的版本信息和插件的源代码信息。

2.1.3 开发自己的插件

虽然有大量的开源插件可以免费使用，但是在实际开发工作中，很有可能开发人员需要创建自己的jQuery插件，比如具有公司特定风格的插件系列，以供公司团队中的其他人使用。这一小节来简单介绍一下如何开发自己的插件。

jQuery的插件开发方法分为两类。

- 对象级别的插件开发：这类插件是指在jQuery的选择器对象上添加对象方法，只有存在一个jQuery对象的实例时，才能调用该插件。比如confirmOn这个插件，可以看作是一个对象级别的插件。
- 类级别的插件开发：这类插件是指在类级别添加静态方法，并且可以将函数置于jQuery的命名空间中，比如经典的$.ajax()、$.trim()等就属于类级别的插件。

还有一类是jQuery的选择器插件，这种类型的插件在实际工作中一般较少使用，因此在本节中不再介绍。

在开始进行jQuery的插件开发之前，下面是必须要理解的插件开发的注意事项。

- 插件文件的命名必须要遵循jquery.插件名.js的规则，比如上一小节中的jquery.confirmon.js，就是一个标准的命名规范。表明confirmOn插件是一个基于jQuery的插件文件。
- 对象级别的插件，所有的方法都应依附于jquery.fn对象；而类级别的插件，所有的方法都应依附于jQuery工厂对象。如果熟悉面向对象的类与对象实例的话，就比较容易理解对象级别与类级别插件的不同了。
- 无论是对象级别还是类级别的插件，结尾都必须以分号结束，否则文件被压缩时会出现错误提示。
- 要理解插件内部的this的作用域，比如要访问jQuery选择器的每个元素，就可以使用this.each方法来遍历全部元素。此时的this代表的是jQuery选择器所获取的对象。
- 插件必须返回一个jQuery对象，以支持jQuery的链式操作语法。
- 在插件编写时尽量避免$美元符号的工厂方法，应该尽量使用jQuery字符串，以避免与其他的代码产生冲突。

在开始进行插件的开发之前，要了解对象级别的插件使用jQuery.fn.extend方法进行扩展，类级别的插件使用jQuery.extend方法进行扩展。

接下来通过两个示例来分别介绍这两种类型的插件开发方法。

1. 对象级别的插件开发

这一小节将创建一个名为border的jQuery插件，这个插件可以为选中的元素添加边框，在Dreamweaver中打开PluginDemoSite网站，在网站中添加有一个CustomPlugin的文件夹，在文件夹中新建一个名为jquery.border.js的js文件，接下来演示如何使用$.fn.extend方法实现这个插件，步骤如下所示。

（1）首先编写插件的框架代码，这里定义了一个匿名函数，并使之立即执行，这样可以使得在js文件加载时就附加在jQuery对象上，如下面的代码所示：

```
;(function($){
    $.fn.extend({
        "border":function(value){
          //这里写插件代码
        }
    });
})(jQuery)
```

这里使用了$.fn.extend表示要创建一个对象级别的插件，在匿名函数前面也放了一个分号，这是出于兼容性的考虑，一般建议在创建自己的插件的时候在函数前面也放一个分号。

注意 在$.fn.extend内部的json代码中添加了一个名为border的方法，这个方法在运行时将被合并到jQuery库中，因此不能与现有的jQuery库的对象方法同名，否则会覆盖现有的方法。

（2）了解插件的编写规则之后，接下来开始为border插件添加代码，以实现为选中的元素添加边框的功能，同时也支持链式语法，即插件要返回自身，border插件的实现如代码2.5所示。

代码2.5 jquery.border.js插件实现代码

```
;(function($){
  $.fn.extend({
      //为jQuery添加一个实例级别的border插件
      "border":function(options){
          //设置属性
         options=$.extend({
            width:"1px",
            line:"solid",
            color:"#090"
         },options);
      this.css("border",options.width+' '+options.line+' '+options.
      color);           //设置样式
     return this;                              //返回对象，以便支持链式语法
     }
   });
})(jQuery)
```

可以看到，border方法接收一个options参数，在函数体内命名用$.extend对传入的options与现有默认属性进行了合并，这允许用户用如下语法来设置border：

```
$("#test").border({width:"2px","line":"dotted",color:"blue"});
```

可以看到，通过传入一个json对象，包含对边框的定义，可以更改掉插件的默认值设置。在代码结尾使用了return this语句，用来返回当前jQuery选择器选中的对象列表，以便支持链式操作，比如下面的语句是支持的：

```
$("#test").border().css("color","#0C0");
```

（3）现在已经创建了一个简单的jQuery插件，接下来通过一个示例演示这个插件是否真的可以运行，在PluginDemoSite根目录下新建一个名为border_plugin_demo.html的网页，接下来添加如下代码来引用插件，如示例代码2.6所示。

代码2.6 使用自定义的jquery.border.js插件

```
<!DOCTYPE HTML PUBLIC "-//W3C//DTD HTML 4.01 Transitional//EN" "http://www.
w3.org/TR/html4/loose.dtd">
<html>
<head>
<meta http-equiv="Content-Type" content="text/html; charset=utf-8">
<title>自定义插件使用示例</title>
<style type="text/css">
   #test{
       font-size:9pt;
       width:500px;
       height:50px;
   }
</style>
<!--首先添加对jQuery库的引用-->
<script type="text/javascript" src="jQuery/jquery-1.10.2.js"></script>
<!--然后添加对jQuery插件库的引用-->
```

```
<script type="text/javascript" src="CustomPlugin/jquery.border.js">
</script>
<script type="text/javascript">
   //在页面加载时，定义div的外边框
   $(document).ready(function(e) {
       //应用自定义的border插件
       $("#test").border({width:"5px","line":"dotted",color:"blue"}).
css("background","green");});
</script>
</head>
<body>
<div id="test">这个示例演示了自定义对象级别的插件的使用方法</div>
</body>
</html>
```

为使用这个插件，首先在页面上添加对jQuery库的引用，然后添加对jquery.border.js插件的引用，在页面加载事件中，选中id为test的div，然后对其应用border插件方法，在方法中传入options参数用来指定边框的样式，通过链式语法又关联了css样式，运行效果如图2.8所示。

图2.8 border插件使用效果

2．类级别的插件开发

类级别的插件实际上就是在jQuery命令空间内部添加函数，一般主要用于功能性的函数而非UI级别的函数，比如$.trim()或者是$.ajax都属于功能性的函数，它们是对jQuery类本身的扩充，类似于在jQuery中添加全局函数，因此也称为全局函数插件。

全局函数使用$.extend()，其代码结构如下所示：

```
;(function($){
   $.extend({
       "modalwindow":function(value){
          //这里写插件代码
       }
   });
})(jQuery)
```

在调用时只需要直接使用$. modalwindow这样的语句就可以调用，它不需要先具有jQuery选择器的实例。

举个例子来说，可以使用jQuery创建一个打开浏览器模式窗口的全局函数，这样就可以让用户方便地用jQuery代码打开浏览器窗口。在PluginDemoSite网站中新建一个名为jquery.modalwindow.js的js文件，然后添加类级别的插件代码，如代码2.7所示。

代码2.7 定义类级别的jquery. modalwindow.js插件

```
;(function($){
    $.extend({
        "modalwindow":function(options){
            //设置属性
            options=$.extend({
                url:"http://www.micorsoft.com",      //打开的网址
                vArguments:null,                     //参数
                dialogHeight:"200px",                //对话框高度
                dialogWidth:"500px",                 //对话框宽度
                dialogLeft:"100px",                  //左侧位置
                dialogTop:"50px",                    //顶部位置
                status:"no",                         //是否显示状态条
                help:"no",                           //是否显示帮助按钮
                resizable:"no",                      //是否允许调整尺寸
                scroll:"no"                          //是否显示滚动条
            },options);
             //弹出窗口
             var retVal = window.showModalDialog(options.url,options.
vArguments,"dialogHeight:"+options.dialogHeight+";dialogWidth:"+o
ptions.dialogWidth+";dialogLeft:"+options.dialogLeft+";dialogTop:
"+options.dialogTop+";status:"+options.status+"; help:"+options.
help+";resizable:"+options.resizable+";scroll:"+options.scroll+";");
          //返回弹出式窗口
          return retVal;                             //返回窗口引用值
          }
    });
})(jQuery)
```

这个示例中，使用$.extend扩展了jQuery类，可以看到，它首先定义了一个options对象，用来为模式窗口定义参数，然后调用window.showModalDialog函数，在浏览器上显示一个模式窗体，最后返回模式窗口的结果值。

在网页根目下新建一个名为jquery_modalwindow.html的网页，在该网页中添加如下代码来实现对jquery.modalwindow.js插件的使用，如代码2.8所示。

代码2.8 使用类级别的jquery. modalwindow.js插件

```
<!DOCTYPE HTML PUBLIC "-//W3C//DTD HTML 4.01 Transitional//EN" "http://www.
w3.org/TR/html4/loose.dtd">
<html>
<head>
<meta http-equiv="Content-Type" content="text/html; charset=utf-8">
<title>弹出窗口插件使用示例</title>
<style type="text/css">
   body,input{
       font-size:9pt;
   }
   #test{
       font-size:9pt;
       width:500px;
```

```
            height:50px;
        }
    </style>
    <!--首先添加对jQuery库的引用-->
    <script type="text/javascript" src="jQuery/jquery-1.10.2.js"></script>
    <!--然后添加对jQuery插件modalwindow文件的引用-->
    <script type="text/javascript" src="CustomPlugin/jquery.modalwindow.js">
    </script>
    <script type="text/javascript">
        //在页面加载时，为按钮关联事件处理代码
        $(document).ready(function(e) {
            //应用自定义的modalwindow插件
            $("#modalwindow").click(function(e) {
              $.modalwindow({url:"http://www.ibm.com"});
          });
    });
    </script>
    </head>
    <body>
    <div id="test">这个示例演示了自定义类级别的插件的使用方法</div>
    <input type="button" name="getdata" id="modalwindow" value="单击弹出窗口">
    </body>
    </html>
```

在这个示例的HTML代码部分，添加了一个div和一个input元素，在页面的head部分，首先添加了jQuery库的引用，然后添加了对jquery.modalwindow.js库的引用，接下来关联jQuery的ready事件，在DOM就绪事件中为按钮modalwindow关联了单击事件处理代码，使之显示url为www.ibm.com的网页，运行效果如图2.9所示。

图2.9 类级别的插件运行效果

可以看到，类级别的插件通过调用$.modalwindow，成功地调用了模式窗口，并且显示了IBM公司的主页。

本节讨论了简单的jQuery插件的实现方法和示例，jQuery的插件开发需要积累相当多的CSS、HTML、jQuery知识，因此有志于从事插件开发的朋友应该多看一些成熟插件的实现代码，了解其中的精髓，从而为自己的插件开发积累知识。

2.2 用第三方插件创建自己的网站

大多数网站都不同程度地使用了第三方插件来使网站更具现代感、更易于使用，因此学会使用jQuery的众多插件，是成为一名有经验的网站设计师非常重要的一步，每个设计人员都应该与时俱进让网站无论从视觉还是使用功能上都能满足大众的操作体验，而jQuery插件常常是迎合大众需要而产生的一些功能，本节将通过一个使用了几个jQuery插件的网站来介绍如何使用第三方插件开发自己的网站。

2.2.1 网站结构设计

这一节将创建一个用来展示产品性质的网站，这个网站将使用一些jQuery的第三方插件来美化网页的设计，整个网站的结构如图2.10所示。

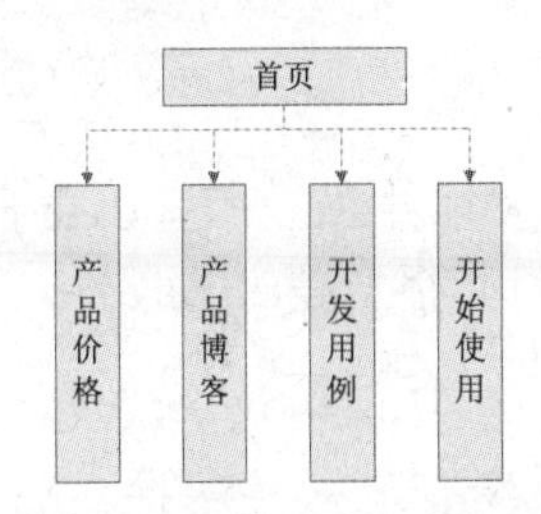

图2.10 产品展示网站结构

在首页中，将包含一个图片轮播的第三方插件number_slideshow.js，这个插件将在首页轮流显示一些产品相关的图片。还将使用一个名为jquery.fancybox的弹出层效的插件。number_slideshow.js将呈现的效果如图2.11所示。

图2.11 图片轮播插件的使用效果

jquery.fancybox将用来弹出一些交互操作的层，比如用户单击“开发用例”中的某个开发视频时，将跳出一个显示视频的弹出层，如图2.12所示。

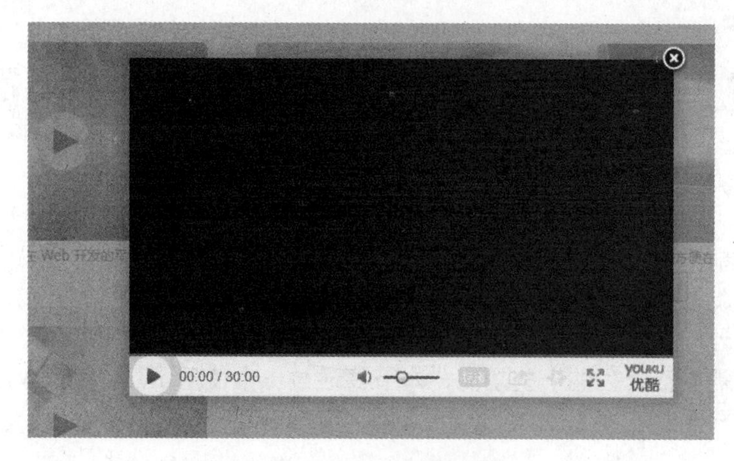

图2.12 fancybox的使用效果

在这一节中，笔者将重点介绍第三方jQuery插件为网页带来的效果，而网页的具体实现细节，请大家参考本书的配套源代码。

2.2.2 下载第三方插件

由于本网站需要一个幻灯片播放插件和一个弹出层插件，在幻灯片播放方面，选中了number slideshow这个简单易用的幻灯片播放第三方插件，该插件的网址如下所示：

```
http://www.htmldrive.net/go/to/number-slideshow
```

在该网站上，可以看到number-slideshow这个插件的使用说明和使用效果，如图2.13所示。

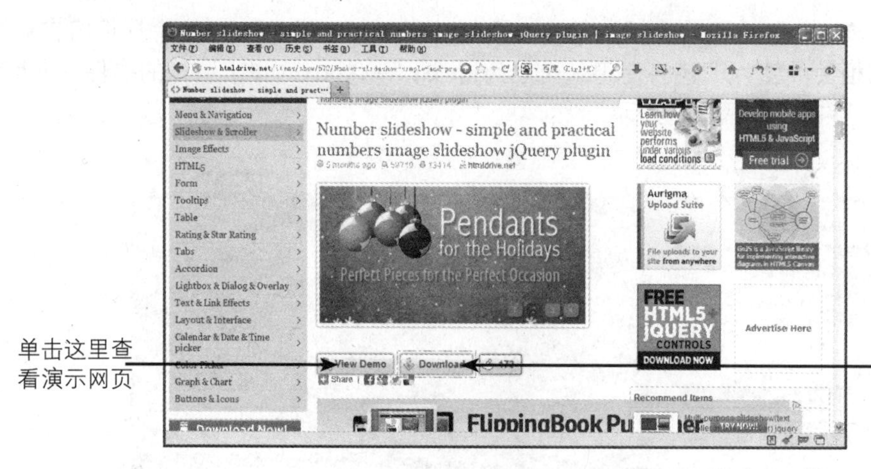

图2.13 number-slideshow插件网站

建议读者先单击View Demos按钮，看一看number-slideshow这个插件的演示效果。下载这个插件后，将其解压缩到示例网站jQueryPluginSite的third_party文件夹中。

fancybox是一款优秀的弹出层效果的jQuery插件，它可以提供丰富的弹出层效果，功能比较全面，它可以加载div、图片、图片集、Ajax数据、swf影片以及iframe页面等，fancybox

的下载网址如下所示：

```
http://fancybox.net/
```

在该网站上不仅可以下载fancybox插件，还可以看到各种各样的fancybox的演示示例，如图2.14所示。

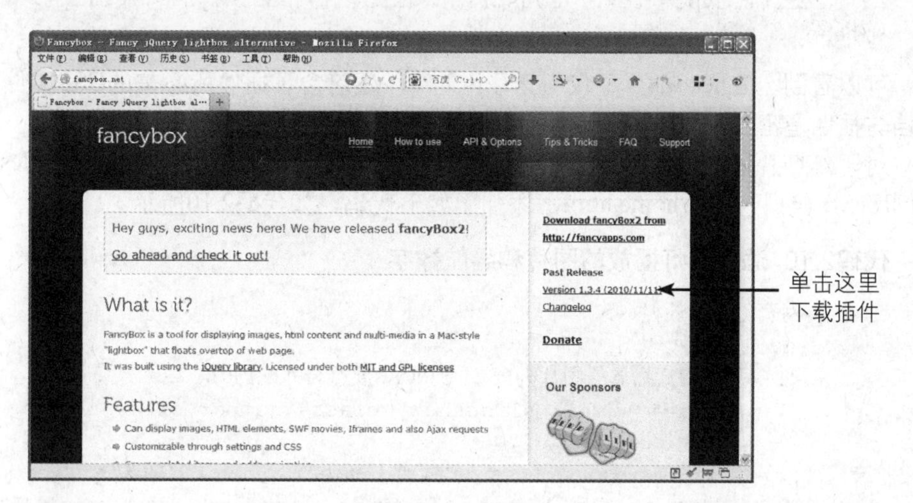

图2.14 fancybox下载页面

在fancybox网页下载了fancybox 插件后，将其放到示例网站jQueryPluginSite的third_party文件夹中，至此网站所需要的插件已经下载完成。

2.2.3 使用第三方插件

现在已经准备好第三方插件，接下来看一看如何在页面上应用这两个插件来增强网页的效果，对于首页来说，将使用number-slideshow来显示幻灯播放效果的图片，因此在home.html中首先添加对jQuery和number-slidershow的CSS和js的引用，由于在首页也使用了fancybox插件，因此也必须添加对该插件的引用，home.html的head部分定义如代码2.9所示。

代码2.9 在head区添加对第三方插件的引用

```
<head>
    <meta http-equiv="Content-Type" content="text/html; charset=utf-8" />
    <title>首页</title>
     <!--添加对于第三方插件的引用-->
    <link rel="stylesheet" type="text/css"
href="third_party/jquery-number-slideshow/css/number_slideshow.css" />
    <link rel="stylesheet" type="text/css"
href="third_party/jquery-fancybox-1.3.4/fancybox/jquery.fancybox-
1.3.4.css" />
    <link rel="stylesheet" type="text/css" href="css/main.css" />
    <script type="text/javascript" src="third_party/jquery-1.4.3.min.js">
</script>
    <script type="text/javascript" src="third_party/jquery-number-
slideshow/js/number_slideshow.js"></script>
```

```
    <script type="text/javascript"
  src="third_party/jquery-fancybox-1.3.4/fancybox/jquery.fancybox-
1.3.4.pack.js"></script>
     <!--自己编写的代码定义在如下两个js文件中-->
    <script type="text/javascript" src="js/home.js"></script>
    <script type="text/javascript" src="js/popup.js"></script>
</head>
```

可以看到，在head部分不仅引用了js文件，还包含了插件所必需的CSS文件，插件的CSS文档与插件是密不可分的，否则将达不到插件的效果。

对于幻灯片播放效果，需要定义要进行播放的图片，可以参考number-slideshow网站上的示例HTML代码，对于home.html，添加了如下代码，如代码2.10所示。

代码2.10 添加幻灯播放的图片和导航数字

```
  <!--网页幻灯播放栏-->
    <div class="right">
       <!--要进幻灯播放的图片列表，id和CSS要符合匹配的CSS-->
           <div id="number_slideshow" class="number_slideshow">
                <ul>
                        <li><a href="javascript:void(0);">
                <img src="images/banner/example1.jpg" width="680"
                height="330" alt="" />
                </a></li>
                        <li><a href="javascript:void(0);">
                <img src="images/banner/example2.jpg" width="680"
                height="330" alt="" />
                </a></li>
                        <li><a href="javascript:void(0);">
                <img src="images/banner/example3.jpg" width="680"
                height="330" alt="" />
                </a></li>
                        <li><a href="javascript:void(0);">
                <img src="images/banner/example4.jpg" width="680"
                height="330" alt="" />
                </a></li>
                </ul>
             <!--幻灯播放右下角的导航数字栏，CSS要匹配number-sildeshow的CSS定义-->
                <ul class="number_slideshow_nav">
                        <li><a href="javascript:void(0);">1</a></li>
                        <li><a href="javascript:void(0);">2</a></li>
                        <li><a href="javascript:void(0);">3</a></li>
                        <li><a href="javascript:void(0);">4</a></li>
                </ul>
                <div style="clear: both"></div>
           </div>
    </div>
```

number-slideshow的定义比较简单，整体而言分为两部分，一部分是要进行幻灯显示的图片的定义；所有的图片都放到ul和li元素中，但是外层div的id和class必须要匹配number-slideshow的规则，否则可能不能正常显示；另一部分是导航数字栏的定义，这部分的li个数要与图片匹配，它用来按顺序对图像进行导航。

在设置好HTML内容之后，还需要在页面加载事件中对number-slideshow进行配置，使之能够正常幻灯播放图片，定义代码位于home.js文件中，如代码2.11所示。

代码2.11 在页加载事件中定义幻灯播放参数

```
$(document).ready(function() {
    $('#number_slideshow').number_slideshow({
         slideshow_autoplay: 'enable',                      //允许自动播放
         slideshow_time_interval: 5000,                     //自动播放间隔
         slideshow_window_background_color: '#ffffff',     //播放背影色
         slideshow_window_padding: '0',                     //图片与div的内边距
         slideshow_window_width: '680',                     //播放窗口宽度
         slideshow_window_height: '330',                    //播放窗口高度
         slideshow_border_size: '0',                        //边框尺寸
         slideshow_transition_speed: 500,                   //转场速度
         slideshow_border_color: '#006600',                 //边框颜色
         slideshow_show_button: 'enable',                   //允许显示按钮
         slideshow_show_title: 'disable',                   //不显示图片标题
         slideshow_button_text_color: '#ffffff',            //导航按钮的样式设置
         slideshow_button_current_text_color: '#ffffff',
         slideshow_button_background_color: '#000066',
         slideshow_button_current_background_color: '#669966',
         slideshow_button_border_color: '#006600',
         //动态加载图像时的加载进度图像
         slideshow_loading_gif: 'third_party/jquery-number-slideshow/
         loading.gif',
         slideshow_button_border_size: '0'
    });
});
```

在页面加载事件中，定义了一系列number-slideshow的配置参数，比如定义了幻灯播放的大小和边框、是否显示导航按钮、是否自动播放以及自动播放时的间隔等，定义完之后可以在Dreamweaver中按下F12键在浏览器中查看效果，应该可以看到现在已经开始幻灯播放。

fancybox的使用比较简单，在添加对插件的引用后，在HTML中定义fancybox要打开的链接，比如一个视频文件，如下面的代码所示：

```
<a class="video" href="http://player.youku.com/player.php/sid/
XNjA0MzIwODEy/v.swf">
<img alt="" width="300" height="200" src="images/video/example1.
jpg" />
<div class="btn"></div>
</a>
```

在定义好视频文件之后，在页加载事件中为链接关联事件处理代码，以便在单击按钮之后就弹出一个视频播放的层，如代码2.12所示。

代码2.12 使用fancybox弹出视频播放窗口

```
//为video按钮关联事件处理代码
$('#video').fancybox({
```

```
    'padding': 0,                                   //视频内边距为0
    'autoScale': false,                     //不允许自动缩放
    'transitionIn': 'none',                 //不使用转入和转出的转场效果
    'transitionOut': 'none'
});
```

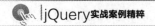

实际上fancybox有很多参数可以用来控制弹出层的样式和效果，但是本网站出于简化的目的，仅仅使用了默认的几个参数，可以在如下网址中找到这些参数的具体作用：

```
http://fancybox.net/api
```

至此，这个网站的第三方插件的使用部分就介绍完了，在完成网站的其他部分后，可以预览一下网站的整体效果。

2.2.4 网站最终效果

这个网站是一个纯静态的HTML网站，但是使用jQuery的插件之后，整个网站更具现代化，首页的幻灯播放效果让网站呈现动感体验，如图2.15所示。

图2.15 幻灯播放的首页

首页左侧的“演示视频”按钮使用了fancybox插件，因此单击该按钮，将显示一个视频演示窗口，如图2.16所示。

图2.16 fancybox弹出视频播放窗口

可以单击fancybox窗口右上角的关闭图标来关闭视频播放窗口，在“开发用例”页面中，也就是sample.html页面，包含一个视频播放列表，用来展示网站产品的用例，单击每一个按钮都会弹出一个fancybox窗口进行视频播放，如图2.17所示。

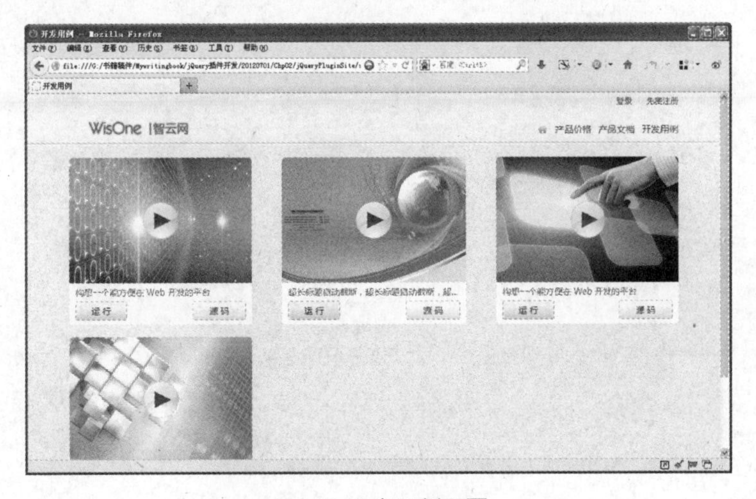

图2.17 开发用例页面

在这个页面中，每一个链接按钮都关联了fancybox函数，以便在单击时显示一个播放窗口，可以看到在使用插件之后，网站的效果变得灵活多样，增强了用户体验。

2.3 小结

本章简单介绍了jQuery插件开发的基础知识，首先讨论了jQuery插件的概念，介绍了

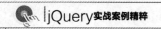

jQuery插件的作用，通过常用的插件网站去寻找自己想要的插件，还介绍了如何开发自己的插件。在2.2节讨论了一个使用jQuery插件实现的网站，通过对网站的结构介绍，分析了网站要使用的jQuery插件，然后介绍了如何通过第三方插件网站来下载插件，下载插件后，根据第三方插件网站的说明一步一步地将插件应用到网页上，通过插件的引入，来增强网站的整体用户体验。从下一章开始，将学习jQuery中一些主流插件的具体应用。

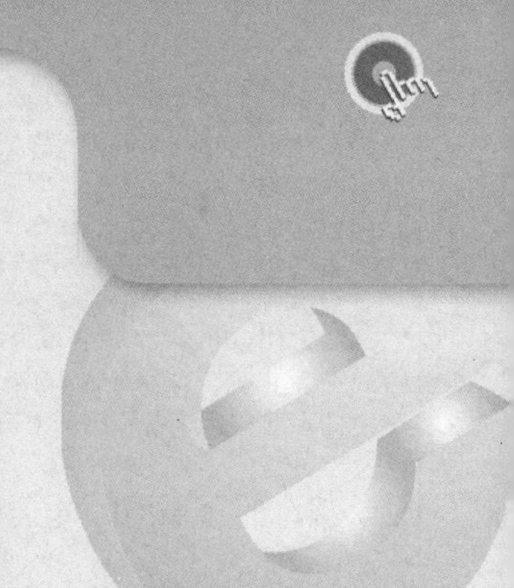

第 3 章 五星评级插件jRating

在网站开发与建设过程中，经常需要用到评分或评级效果，比如博客网站需要使用评分效果来让浏览者对文章的作用进行评分、电影展示网站对影片的评分等，经常购物的朋友在对淘宝商品进行评价的时候，也可以对商品和服务进行评分，如图3.1所示。

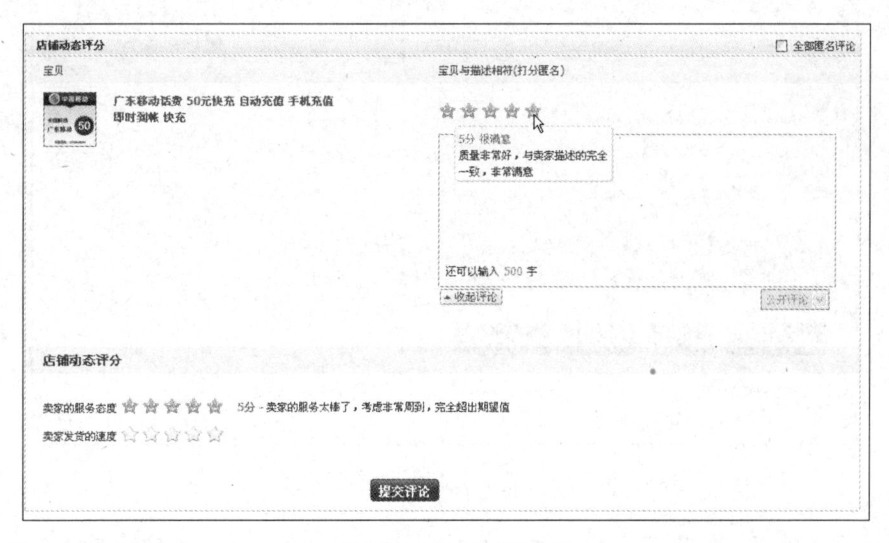

图3.1 淘宝商品评分效果

由图中可以看到，用户可以使用图形化的方式进行评分，点中几颗星，即表示对于商品或服务的满意程度，这种图形化的评分方式简单直观，便于使用，是目前互联网较为流行的评分方式，本章将讨论完成这种效果的一个jQuery插件——jRating，使用它可以轻松地实现功能丰富的评分效果。

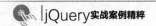

3.1 准备jRating插件

jRating是一款非常灵活的评分插件，它可以快速地创建一个基于AJAX的星形评分系统，也被广泛用于互联网上的各类网站中，这个插件是开源且免费使用的，它灵活、可配置，可被用于各种脚本语言，比如可以使用PHP和jRating来轻松地创建评分系统。

3.1.1 下载jRating插件

jRating插件的主页网址如下：

```
http://www.myjqueryplugins.com/jquery-plugin/jrating
```

在该网站上，既包含jRating插件的下载地址，也包含jRating的使用方式和参数说明，要下载jRating，可以单击网站首页的DOWNLOAD按钮，如图3.2所示。

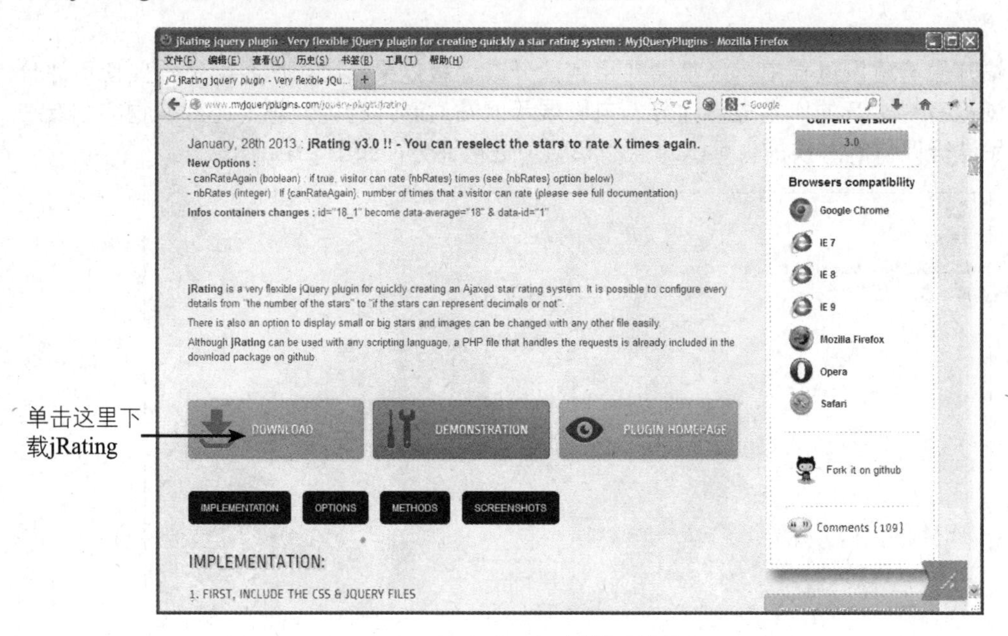

图3.2 jRating插件网站首页

jRating插件的源代码实际上是放在github.com网站上的，DOWNLOAD按钮将会导航到github.com的jRating项目页面，单击该页面右下角的Download ZIP按钮，可以下载包含jRating和例子的压缩包，如图3.3所示。

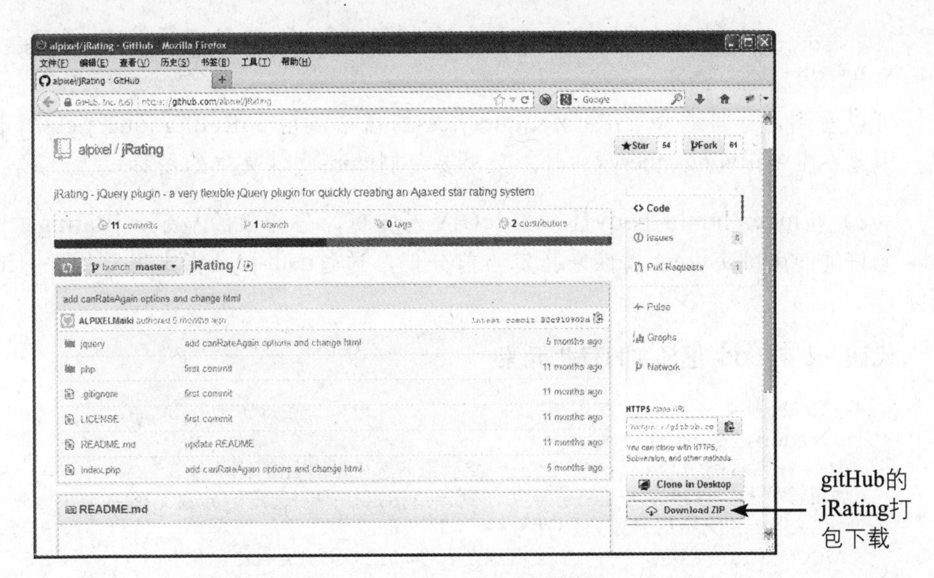

图3.3 GitHub上的jRating插件下载页面

解压下载的jRating-master.zip文件，它包含两个文件夹：jquery文件夹中包含jQuery和jRating文件；php文件夹中包含使用jRating的示例PHP脚本。要运行这个示例PHP脚本，必须要安装PHP的运行环境，在稍后的小节中，将讨论如何使用jRating，以及如何配置PHP环境以便在PHP中使用jRating，并最终实现AJAX效果的评分系统。

3.1.2 jRating的使用方法

在这一节先通过一个简单的评分示例介绍jRating的使用步骤，下一节将讨论jRating的具体参数的含义。

jRating的使用分为3个步骤，下面创建一个简单的HTML页面来介绍如何通过这3个步骤使用jRating。新建一个名为Demo1的文件夹，将jRating下载包中的jquery文件夹拷贝到Demo1文件夹下面，然后在Demo1下面新建一个名为index.html的网页，使用如下步骤来创建jRating评分效果。

（1）在index.html页面的head区，添加对jQuery.js和jRating.jquery.js以及jRating.jquery.css的引用，如代码3.1所示。

代码3.1 在head区添加对jRating的引用

```
<head>
    <meta http-equiv="Content-type" content="text/html;
    charset=utf-8">
    <title>JRating使用示例</title>
    <!--在这里包含jRating要使用的 -->
    <!-- CSS文件 -->
    <link rel="stylesheet" type="text/css" href="jquery/jRating.
    jquery.css" media="screen" />
    <!-- jQuery文件 -->
    <script type="text/javascript" src="jquery/jquery.js"></script>
    <!--jRating插件文件-->
```

```
    <script type="text/javascript" src="jquery/jRating.jquery.js"></script>
</head>
```

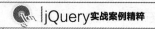

可以看到，这里添加了jRating.jquery.css的引用，由于jRating.jquery.css需要引用星形图案，因此在复制jRating.jquery.css时，必须要复制icons文件夹中的图标。

（2）在index.html的body区，添加DIV来实现评分插件的显示，jRating扩展了DIV的属性，允许通过data-average属性来指定当前分值，通过data-id来指定当前的评分id，如代码3.2所示。

代码3.2 在body区添加HTML元素

```
<!--基本示例-->
<div class="exemple">
    <!--在该示例中，data-average表示当前选中的评比的比率值，
    如果设置jRating的length为20，则该值指定初始的选定的分数比率-->
    <!--data-id指定为评分id行号-->
    <div class="basic" data-average="12" data-id="1"></div>
     <!-- 在该示例中，8为当前评分比例值，data-id指定当前行为2-->
    <div class="basic" data-average="8" data-id="2"></div>
</div>
```

（3）在设置HTML元素后，最后处理页面加载事件，在jQuery的$(document).ready事件处理函数中，使用jRating函数开始设置评分插件，如代码3.3所示。

代码3.3 使用jRating插件创建五星评分效果

```
<script type="text/javascript">
$(document).ready(function(){
      //最简单的jRating调用
      $(".basic").jRating();
      //稍稍复杂的jRating调用
      $(".basic").jRating({
           step:true,
           length:20,                  //五角星个数，默认为5个
           onSuccess:function(){
             alert('成功，您的评分已经被保存:)');
           }
       });
      // 可以评分3次，之后的评分将被禁用
      $(".basic").jRating({
           canRateAgain:true,          //是否可以重复评分
           nbRates:3                   //可重复评分的次数
       });
});
</script>
```

在这个示例中，使用不同的参数调用了jRating数3次，第一次是最简单的调用方式，它会产生5颗星评分效果，如果注释掉后面的两个jRating的调用，其最终效果如图3.4所示。

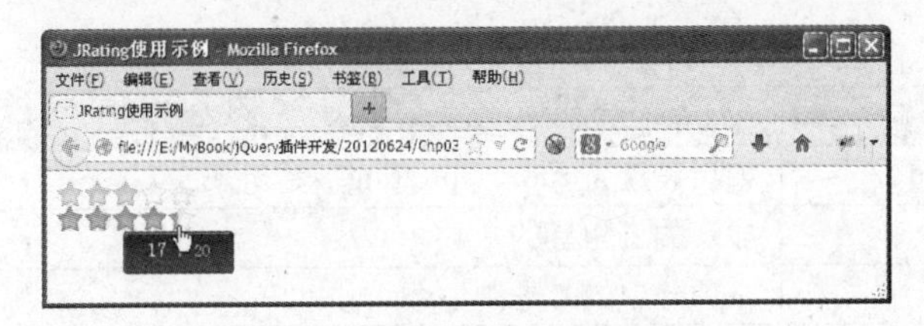

图3.4 默认的五星效果示例

可以看到，默认情况下显示5颗星，当前黄星所在的位置是根据DIV中的data-average来设定的，将鼠标悬停在五星评分插件上面，可以选择分值，这里最大的分值为20，可以通过rateMax来进行设置。

第二个对jRating的调用使用length属性指定星星的最大个数为20，step是一种填充星星的方式，设置为true表示一颗一颗地填充，使得用户可以看到评分的总体效果。onScueess是指当评分被发送到服务器端，由服务器端返回评分成功的结果之后触发的事件，与之相似的还有一个onError事件。通过注释掉第一个和第三个对jRating的调用，可以看到运行效果，如图3.5所示。

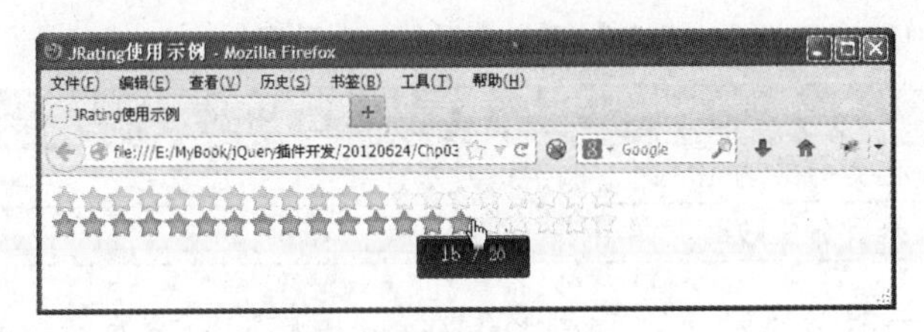

图3.5 20个星的评分效果示例

第三个jRating的调用，设置canRateAgain属性为true，表示可以重复地进行评分，重复次数为3，即nbRates的设置为3，也就是指可以重复评分3次，超过3次则不允许再评分。

3.1.3 jRating的参数介绍

在了解jRating的使用方法后，接下来看一看jRating的选项列表，也就是可供使用的属性和方法的列表，其中属性列表如表3.1所示。

表3.1 jRating插件属性列表

属性名称	值类型	描述	默认值
showRateInfo	Boolean	禁止显示评分信息，可以设置true或false	true
bigStarsPath	String	五星大图的相对路径	jquery/icons/stars.png
smallStarsPath	String	五星小图的相对路径	jquery/icons/small.png
phpPath	String	PHP页面的相对路径，在此可以指定任何服务器端脚本页面，比如ASP、ASP.NET等	php/jRating.php
type	String	呈现的类型，可以设置为small或big	big
step	Boolean	如果设置为true，则一星一星地进行填充	false

（续表）

属性名称	值类型	描述	默认值
isDisabled	Boolean	如果设置为true，则jRating被禁用	false
length	Integer	显示的五角星的个数	5
decimalLength	Integer	在评分中的二进制位数	0
rateMax	Integer	评分最大值	20
rateInfosX	Integer	以像素为单位，当鼠标移动时，信息框的左侧相对位置	45
rateInfosY	Integer	以像素为单位，当鼠标移动时，信息框的顶部相对位置	5
canRateAgain	Boolean	如果为True，则访问者可以进行重复评分	False
nbRates	Integer	如果canRateAgain被设置为true，则用这个属性指定访问者重复评分的次数	1
sendRequest	Boolean	每次评分时，发送评分结果到服务器	true

jRating还有两个回调方法，当评分被发送到服务器端之后，可以通过这两个方法来获取成功或失败的结果，如表3.2所示。

表3.2 jRating插件方法列表

方法名称	方法描述
onSuccess	当评分成功完成时，调用该方法
onError	当评分失败时，调用该方法

这两个方法是在与服务器端进行异步的AJAX调用后的回调方法，默认情况下，当完成评分，即单击鼠标左键后，将完成一个到phpPath后台页面的提交，提交成功表示成功评分，则调用onSuccess方法，如果评分失败，则调用onError方法返回失败信息。

3.1.4 jRating的效果展示

如果要了解这些属性和方法的使用效果，可以参考jRating网站的演示页面，网址如下：

```
http://demos.myjqueryplugins.com/jrating/
```

在这个示例网页上，可以看到不同的属性的具体应用效果，同时演示了不同的data-average和data-id的作用，如图3.6所示。整个页面由9个不同的jRating案例组成，这些案例演示了jRating各种属性和方法的使用，通过标题信息可以看到示例的属性应用介绍，每个示例的最终呈现效果也显示在页面上，可以使用鼠标来单击五星插件，对评分进行设置。

在jRating评分效果图片下面是jRating评分的实现代码，通过对这些代码的学习，可以更加深入地理解jRating中各个属性和方法的使用效果。由于jRating的phpPath属性默认指向php/jRating.php文件，而且在下载的jRating源代码中就包含了这个文件，通过查看jRating.php，可以了解jRating服务器端的代码，而示例页面正是使用这个页面来返回服务器端的回应信息。

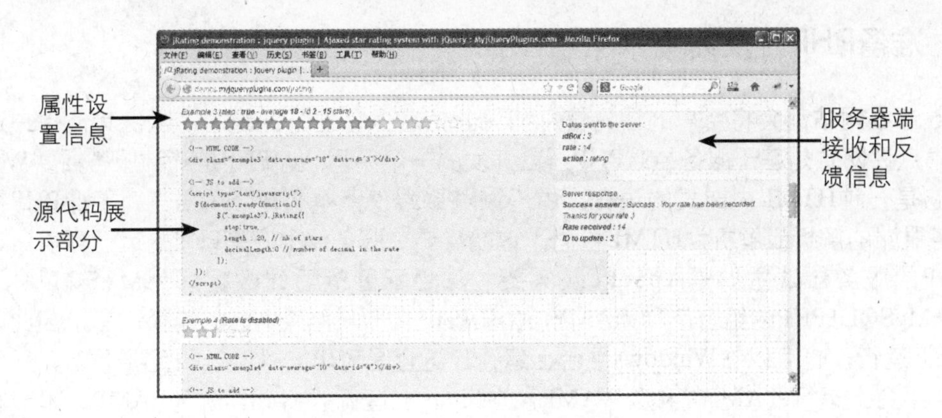

图3.6 五星评分效果示例演示

3.2 开发图书点评网站

目前，基本上所有的在线书城或网上书店都具有图书点评功能，从用户可用性来考虑，图书点评功能可以让潜在的购买者了解到其他人对某图书的反馈信息，从而决定是否购买，比如在国内知名的电子商务网站当当网站上，可以对已经购买的图书进行评分，如图3.7所示。

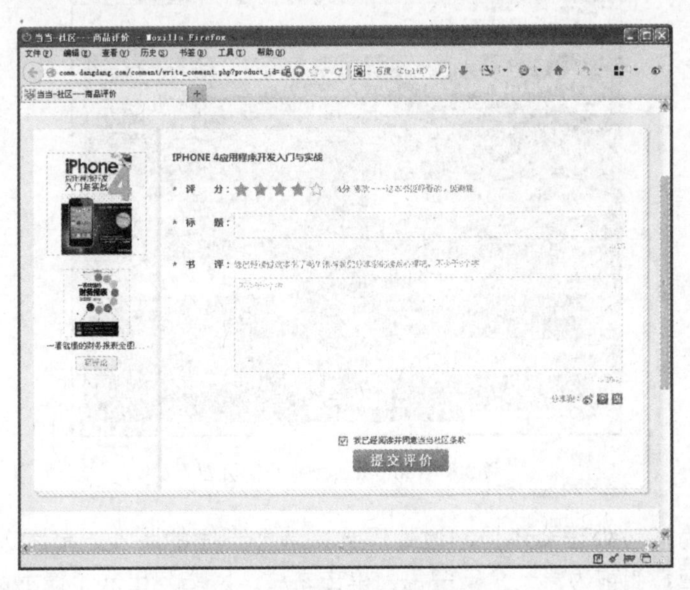

图3.7 当当网站上的评分系统

本节将介绍如何开发一个简单的图书评分网站，这个网站由评论和显示评分结果两个页面组成。评论页面允许用户输入评论信息，使用jRating插件来选择评分，评分结果页面将显示不同的用户的评论信息和评分值。

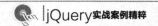

3.2.1 准备PHP开发环境

多数评级网站都会将用户的评论信息和评分信息保存到服务器端，以供其他用户进行参考。图书点评网站是基于服务器端PHP语言开发的一个小网站，PHP是一种服务器端Web编程语言，它是一种HTML内嵌式的语言，由于浏览器端仅能解析HTML语言，因此PHP需要被Web服务器端的解析器解析为HTML代码，这就需要在服务器上安装PHP的运行环境。

PHP的服务器端主要是Apache服务器，与之配置的后端数据库为MySQL，通常将Apache+MySQL+PHP的组合简称为AMP，由于PHP属于一种跨平台的编程语言，因此既可以在Linux上运行，也可以在Windows平台上运行，这也是PHP得以流行的重要原因。通常将在Windows平台上运行的AMP简称为WAMP，在Linux上运行的AMP简称为LAMP。本节将介绍WAMP的开发组合。

PHP的运行环境至少要安装PHP、Apache和MySQL，单独完成每一项安装都需要大量的配置，这导致环境配置的复杂性，因此在互联网上出现了很多简易整合软件包，比如XAMPP或WampServer等安装包，本节将以WampServer为例，介绍如何安装PHP的运行环境。

WampServer是一个基于Windows平台的PHP平台整合软件包，它整合了Apache2、PHP和MySQL数据库，同时也包含了一些相关的管理工具，比如MySQL管理工具PhpMyAdmin等。可以在如下网站上下载WampServer：

```
http://www.wampserver.com/
```

在WampServer首页单击DOWNLOAD按钮，将会进入WampServer的下载区域，在这里可以看到各种不同版本和不同配置的安装包，如图3.8所示。

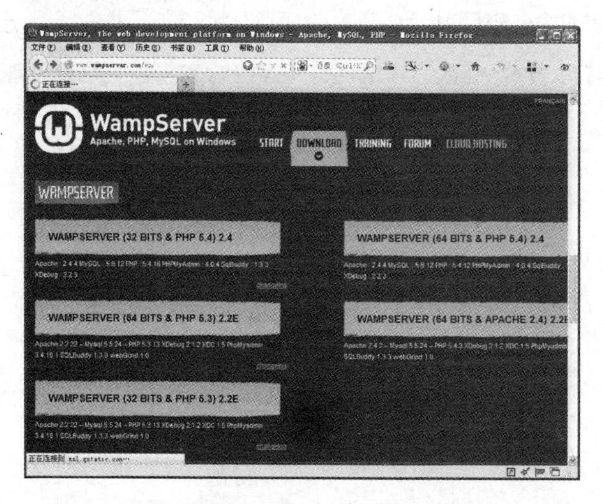

图3.8 WampServer的下载页面

根据计算机为32位处理器还是64位处理器来选择不同的版本，笔者选择了32位版本的PHP5.4作为下载包，当前为第一个安装包，单击之后，网站弹出一个提示窗口，提示用户可以直接下载，如果没有安装Visual C++ 2010 SP1，可再分发软件包，必须下载进行安装，如图3.9所示。

WampServer是一个单独的exe文件，需要双击进行安装，安装过程如下。

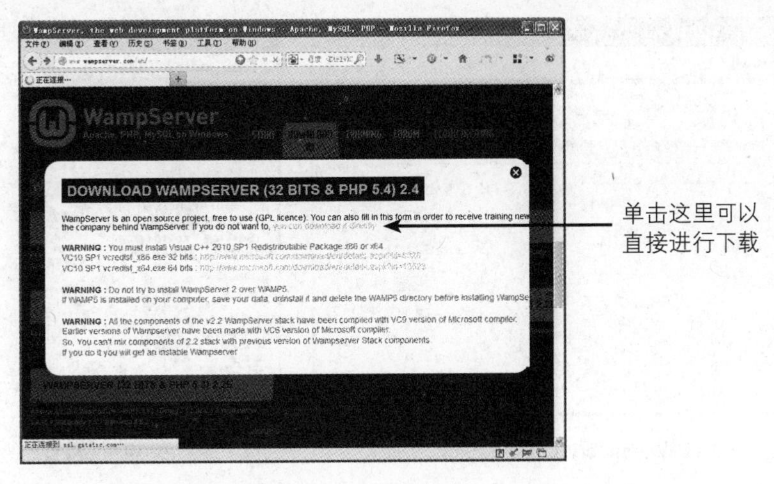

图3.9 下载WampServer软件包

（1）双击下载的exe文件，将进入WampServer的欢迎界面，在该界面上可以看到WampServer安装包的组成部分，如图3.10所示。

（2）单击Next按钮后，将进入授权协议页面，选中I accept the agreement单选按钮，单击Next按钮，将进入选择目标文件夹页面，可以使用默认的c:\wamp文件夹，如图3.11所示。

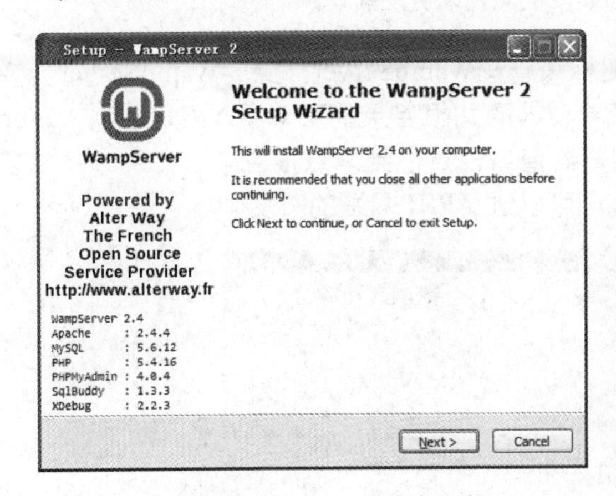

图3.10 WampServer安装欢迎窗口

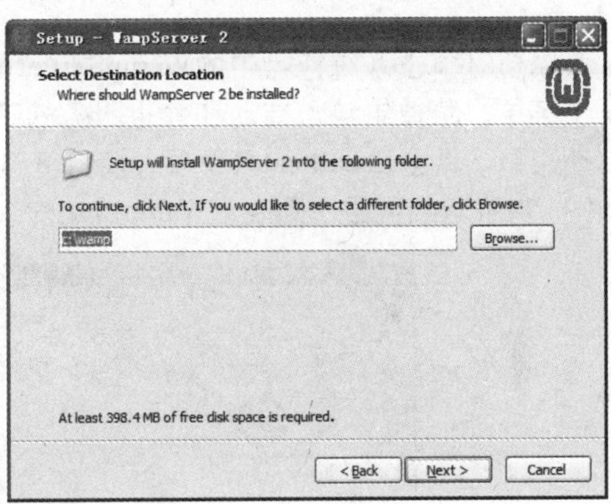

图3.11 选择目标文件夹

（3）接下来连续单击两次Next按钮，将进入正在安装界面，此时可以看到WampServer的安装进度提示，如图3.12所示。

（4）在安装完成后，安装程序会进入设置页面，首先设置PHP的SMTP服务器，这里使用默认值即可，单击Next按钮，此时WampServer提示安装完成，单击Finish按钮完成WampServer的安装，如图3.13所示。

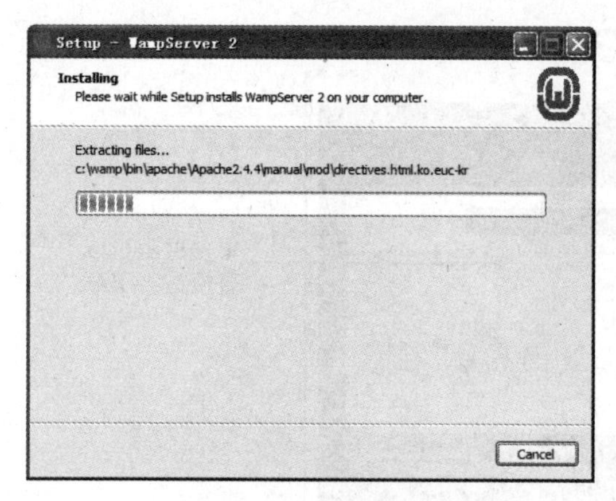

图3.12 WampServer的安装进度界面

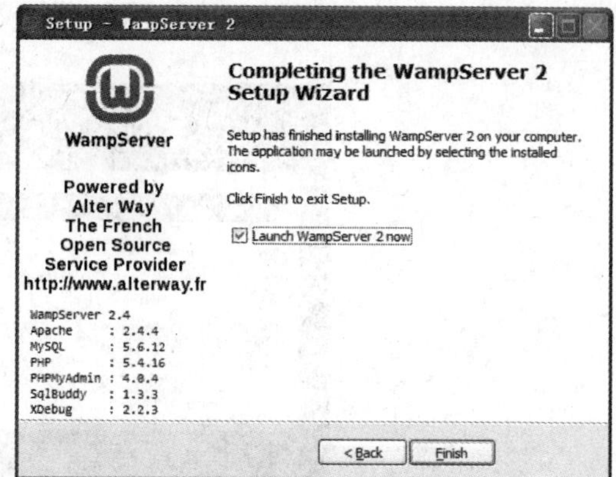

图3.13 WampServer的安装完成按钮

复选框Launch WampServer 2 now指示将在完成安装后，启动WampServer，在启动后，会看到系统拖盘上有一个绿色的图标，表示WampServer已经成功启动。

注意 默认情况下Apache使用80端口作为默认的Web站点端口，如果该端口被其他的应用程序（比如IIS）占用，则可能导致WampServer无法正确启动，WampServer呈现黄色图标，则需要停用其他的应用程序，或者是通过Apache的httpd.conf配置文件来更改端口。

可以随时单击系统拖盘中的WampServer图标来管理WampServer，此时WampServer会弹出一个菜单，菜单中包含启动和停止服务的菜单项、网站根目录的菜单项以及PhpMyAdmin的启动菜单。单击Localhost菜单项，将打开浏览器窗口，定位到站点根目录，如果成功地显示如图3.14所示的页面，则表示Wamp成功安装，可以进行PHP网站的开发了。

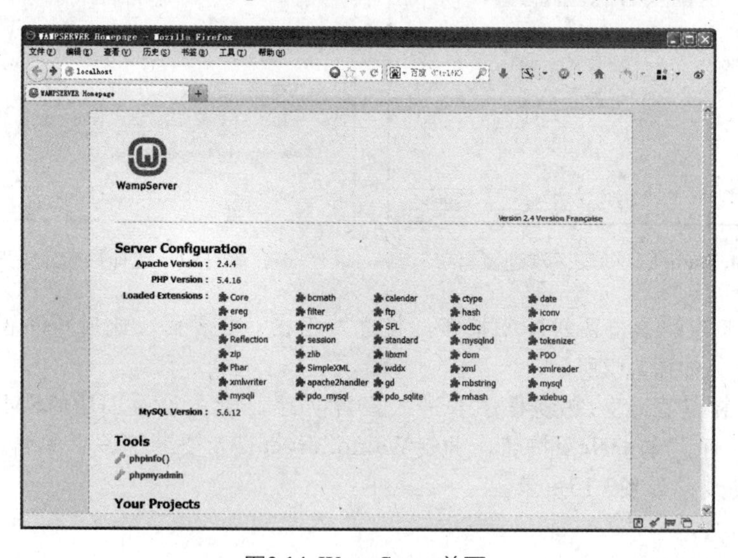

图3.14 WampServer首页

可以单击Tools栏中的phpinfo()项查看当前已经安装的PHP详细信息，也可以单击phpmyadmin来启动MySQL管理工具。

3.2.2 创建图书点评页面

首先使用Dreamweaver工具创建一个PHP网站，将该网站保存到WampServer的www目录下，笔者的电脑中为c:\wamp\www文件夹。打开Dreamweaver，单击主菜单中的“站点 | 新建站点”菜单项，指定网站的名称为“图书点评网站”，指定文件存放位置为C:\wamp\www\bookRating文件夹，如图3.15所示。

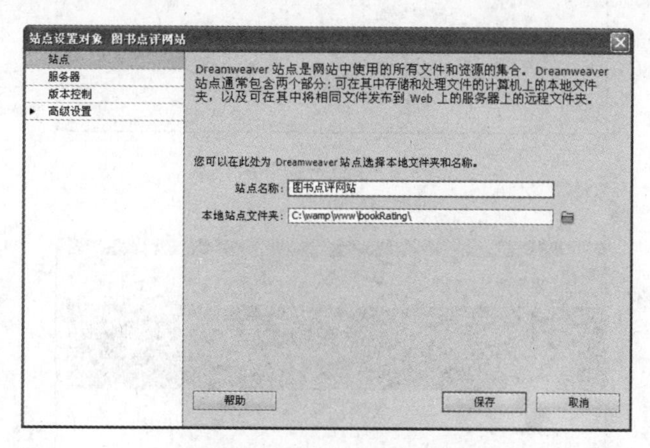

图3.15 创建图书点评网站

单击如图3.16中所示的“高级”按钮，添加一个PHP/MySQL的测试服务器模型，以便于在Dreamweaver中按F12键自动连到服务器网页进行测试，如图3.17所示。

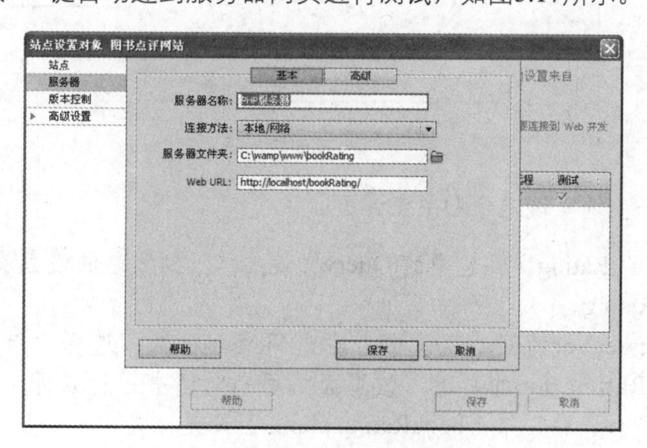

图3.16 设置服务器基本信息

单击“保存”按钮后，最后记得勾选“测试”复选框，允许在Dreamweaver中直接对PHP页面进行测试。

创建完网站后，请按如下步骤开始创建图书点评页面，出于简化的目的，此示例将通过硬编码的方式显示一本图书，提供一个可供评论的表单，以供用户进行评论，点评页面的示例效果如图3.18所示。

在新建站点的服务器选项页，按如图3.16所示的设置来指定服务器基本信息。

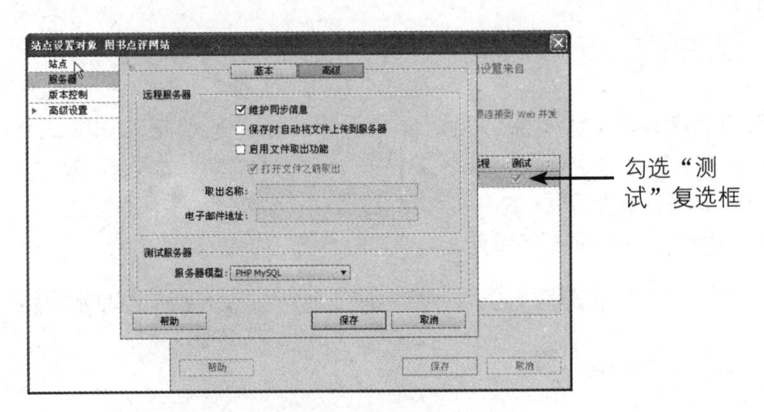

图3.17 设置服务器高级信息

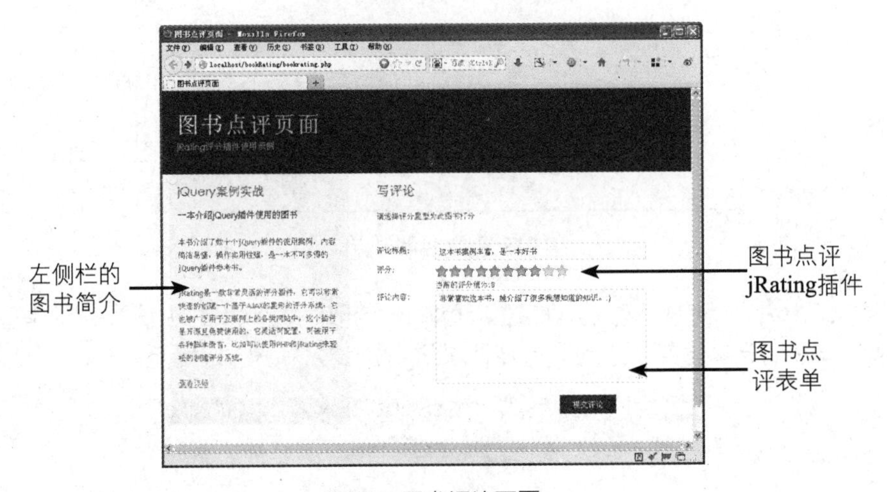

图3.18 图书评论页面

下面开始一步一步地实现这个图书点评页面。

（1）请将下载的jRating文件包中的jQuery文件夹拷贝到网站的根目录下，笔者的目录为c:\wamp\www\bookRating。

（2）在Dreamweaver的网站视图中，右击网站根目录，选择“新建文件”菜单项，创建一个名为bookRating.php的页面，该页面将用来对图书进行点评。同时创建一个名为bookstyle.css的CSS文件，将用来为bookRating.php页面设置样式。

（3）在bookRating.php的页面头区域，添加对jQuery和jRating插件的引用，并添加对CSS的引用，如代码3.4所示。

代码3.4 bookRating.php页面头代码

```
<head>
<meta http-equiv="Content-Type" content="text/html; charset=utf-8">
<!--页面使用的CSS样式-->
<link rel="stylesheet" type="text/css" href="bookstyle.css">
<!--在这里包含jRating要使用的 -->
<!--CSS文件 -->
<link rel="stylesheet" type="text/css" href="jquery/jRating.jquery.css"
```

```
media="screen" />
<!-- jQuery文件 -->
<script type="text/javascript" src="jquery/jquery.js"></script>
<!--jRating插件文件-->
<script type="text/javascript" src="jquery/jRating.jquery.js"></script>
<title>图书点评页面</title>
</head>
```

由代码可以看到，这里添加了对jRating插件和其所需要的CSS文件的引用，同时也添加了对bookstyle.css的引用，当前这个CSS文件为空，稍后将会为其添加CSS样式。

（4）使用DIV和CSS构建一个如图3.18所示的页面，整个页面的DIV组成结构如代码3.5所示，

代码3.5 bookRating.php的DIV布局代码

```
<!--页面容器DIV-->
<div id="main">
   <!--标题区域-->
  <div id="header">
     <div id="logo">
        <div id="logo_text">
          <h1><a href="bookrating.php">图书
           <span class="logo_colour">点评页面</span></a></h1>
          <h2>jRating评分插件使用示例</h2>
        </div>
      </div>
    </div>
  <!--内容区域-->
  <div id="site_content">
      <!--左侧的图书介绍栏-->
      <div class="sidebar">
        <!-- insert your sidebar items here -->
        <h3>jQuery案例实战</h3>
        <h4>一本介绍jQuery插件使用的图书</h4>
        <h5> </h5>
        <p>本书介绍了数十个jQuery插件的使用案例，内容简洁易懂，
            操作实用性强，是一本不可多得的jQuery插件参考书。</p>
        <p>jRating是一款非常灵活的评分插件，
           ……
           比如可以使用PHP和jRating来轻松地创建评分系统。
         </p>
         <p><a href="#">查看详细</a></p>
      </div>
      <!--正文的图书评价栏-->
      <div id="content">
        <!-- insert the page content here -->
        <h1>写评论</h1>
        <p>请选择评分星型为此图书打分</p>
        <!--评分表单-->
        <form action="bookdetail.php" method="post">
```

```
            <div class="form_settings">
              <p><span>评论标题:</span>
              <input class="contact" type="text" name="ipt_title" value=""
              /></p>
              <p><span>评分:</span>
              <div class="basic" data-average="12" data-id="1">
              </div></p><div style="margin-left:100px" id="start_text">
              </div>
              <p><span>评论内容:</span>
              <textarea class="contact textarea" rows="8" cols="50"
              name="ipt_content"></textarea>
              <input type="hidden" name="ipt_jrating" id="ipt_jrating">
              </p>
              <p style="padding-top: 15px"><span> </span>
               <input class="submit" type="submit" name="contact_submitted"
               value="提交评论" /></p>
            </div>
          </form>
          <p> </p>
        </div>
      </div>
  </div>
```

以上代码将页面分为两个主要区域：一个是页面顶部的标题栏header；一个是页面内容区域site_content。其中内容区域又分为显示图书信息的sidebar和显示表单信息的content部分，通过使用CSS来控制这些DIV的显示，就可以实现本示例的评论表单效果。

（5）向bookstyle.css添加CSS代码来控制页面的显示方式，由于bookstyle.css中既包含布局的样式代码，也包含用于控制表单显示样式的CSS代码，出于节省篇幅的考虑，这里主要介绍DIV布局的实现，如代码3.6所示。

代码3.6 控制布局的CSS代码

```
/*内部底边距为20px*/
#main
{
     padding-bottom: 20px;
}
/*设置标题部分的背景和标题部分的高度*/
#header
{
     background: #3A332D;
     height: 140px;
     margin-bottom: 0px;
}
/*Logo样式设置*/
#logo
{
     width: 878px;
     position: relative;
     height: 134px;
     background: #3A332D url(logo.png) no-repeat;}
```

```
/*主要容器区域的样式*/
#site_content
{
    width: 878px;
    overflow: hidden;
    margin: 0 auto 0 auto;
    padding: 0 20px 20px 10px;
    background: #FFF;
    border-left: 1px solid #ECECE0;
    border-right: 1px solid #ECECE0;
}
/*图书详细信息左边栏的样式，居左浮动*/
.sidebar
{
    float: left;
    width: 280px;
    height: 400px;
    padding: 0 15px 20px 15px;
    background-color: #FCFCDC;
}
/*图书评价表单的样式，居右浮动*/
#content
{
    text-align: left;
    width: 520px;
    padding: 0;
    float: right;
}
```

可以看到，作为容器的main标签，仅仅指定了内边距，而header和site_content这两个DIV分别指定了高度和宽度来限制网页的显示样式，其中site_content的margin设置为0 auto 0 auto，表示左右居中显示，因此site_content的内容会水平居中显示。sidebar是内容中的左边栏，将用来显示图书信息，它的float属性设置为left指示向左浮动。而容器的内容区域即content，它的float指向为right，表示向右浮动显示，content部分将用来放置表单和评分插件。

3.2.3 引入五星评级插件

bookRating.php的布局和CSS样式实现完成后，接下来就可以开始使用jRating插件来创建五星评级效果了。在代码3.5的表单form定义代码中可以看到已经在评分栏中放置了DIV，这个DIV将用来显示五星评级插件。

在页面底部的jQuery页面加载事件处理代码中，调用了jRating插件代码来实现显示五星评级插件，如代码3.7所示。

代码3.7 添加jRating插件

```
<script type="text/javascript">
        $(document).ready(function(){
                $(".basic").jRating({
                        step:true,    //显示步进效果
                        length : 10, //五角星个数，默认为5个，在这里指定为10个
```

```
                    rateMax:10, //指定最大评分分数为10
                    canRateAgain:true, //可以重复评分
                    nbRates:20,         //可以重复评分20次
                    sendRequest:false, //不向服务器端发送数据
                    //当五星被单击时，设置表单隐藏域的值
                    onClick : function(ele,rate){
                           if(rate){
                            $("#ipt_jrating").val(rate);
                            //设置隐藏域的值为评分分值
                            $("#start_text").html("当前的评分值为
                            :"+rate);     //在表单上显示当前评分值
                            }
                    }
                });
           });
    </script>
```

以正常情况下的10分为准，在示例中使用了10为分值，多数网站使用5颗星，但是很多时候使用10颗星更能表达精确的评分标准，比如多数影视评论网站都以10分作为满分来评论。canRateAgain设置为true表示允许重复进行评分，指定nbRates为20表示用户可以连续评20次。sendRequest指定是否向服务器端发送评分数据，由于示例将使用表单的提交按钮提交分值，因此不会向服务器发送评分分值。

在jRating的设置中，当五角星图标被单击时，会触发onClick事件，这个事件具有两个参数。

- ele：指定当前的五星评分插件自身。
- rate：当前在五星评分插件中选中的评分值。

示例代码中，将rate值赋给表单中一个名为jpt_jrating的隐藏域，这个隐藏域中包含评分控件的评分值，它将作为表单数据的一部分被提交，同时在用户选择了评分值后，会显示一行评分值的信息。

3.2.4 评分查看页面

在图书评论页面，表单中的数据将被提交到bookdetail.php页面，这个页面将会保存在bookrating.php文件中，表单提交数据到数据库中，然后从数据库中读取评分值进行显示，页面效果如图3.19所示。可以看到在评分查看页面中，左侧依然是图书简介，但是它包含了一个五星评分控件，显示的是当前已经评论的评分值的平均值，从而得到该本图书总体的评分值。右侧显示的是评分的详细信息列表，它包含来自数据库中的评论和评分信息。

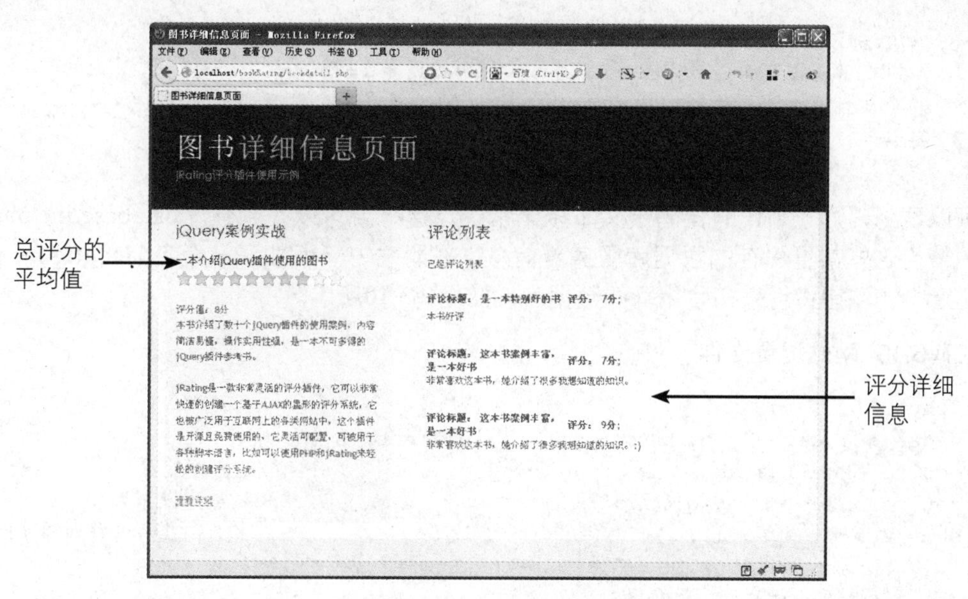

图3.19 显示评分结果页面

用户在评分表单页面选择的评分值以及评论内容将会保存到数据库中，这是目前大部分评分类型的网站所使用的存储评论信息的方式，图书评论示例使用了MySQL数据库来存储评论信息，可以通过如下的建表脚本在任何现有的数据库中创建一个评分表，如代码3.8所示。

代码3.8 创建评论保存表

```
--创建一个保存评论信息的表
CREATE TABLE IF NOT EXISTS `rating` (
  --自动增长的评分编号
  `rating_id` int(11) NOT NULL AUTO_INCREMENT,
  --评论标题
  `rating_title` varchar(200) CHARACTER SET utf8 COLLATE utf8_unicode_ci
   NOT NULL,
  --评分值
  `rating_value` int(11) NOT NULL,
  --评论内容
  `rating_content` varchar(2000) CHARACTER SET utf8 COLLATE utf8_unicode_
   ci NOT NULL,
  PRIMARY KEY (`rating_id`)
) ENGINE=InnoDB  DEFAULT CHARSET=latin1 COMMENT='评分表' AUTO_INCREMENT=6 ;
```

在创建表之后，接下来在网站根目录下创建一个database.inc.php的包含文件，定义几个保存数据库配置信息的常量，之所以要在一个单独的文件中设置数据库的配置，主要是为了便于当数据库发生更改时，可以仅更改单个文件，使程序便于维护，该文件的实现如代码3.9所示。

代码3.9 数据库服务器信息配置

```
<?php
    //数据库配置文件
    define ('DB_TYPE','mysql');        //数据库名称
    define ('DB_HOST','localhost');    //服务器名称
```

```
    define ('DB_USER','root');          //数据库用户名
    define ('DB_PWD','888888');         //数据库连接密码
    define ('DB_NAME','test');          //数据库名
    define ('DB_CHARSET','utf8');       //数据库的编码格式
?>
```

可以看到，通过PHP的代码定义了多个常量，这样就可以在包含了database.inc.php文件之后，使用这些常量保存的数据库服务器信息，在网站中又添加了一个名为config.inc.php的网站配置文件，它将用来初始化网站数据库，如代码3.10所示。

代码3.10 网站配置文件

```
<?php
header('Content-Type: text/html; charset=utf-8');
require_once 'database.inc.php';                    //数据库配置文件
require_once 'db_mysql.php';                        //数据库操作类
$db = new db_mysql();                               //构建数据库操作对象实例
$db->connect(DB_HOST,DB_USER,DB_PWD,DB_NAME,DB_CHARSET);
//连接到数据库，保存连接为变量$db
/*防止 PHP 5.1.x 使用时间函数报错*/
if(function_exists('date_default_timezone_set')) date_default_timezone_set('PRC');
?>
```

在config.inc.php中，首先输出了页面的编码，统一输出页面编码有助于在需要时进行更改，而不用一个HTML接一个HTML的方式进行设置。Require_once引入了database.inc.php和db_mysql.php，这两个文件包含数据库服务器设置和一个用来操纵数据库的PHP类，这个类简化了在PHP中操纵MySQL数据库的复杂性，限于篇幅，在这里将不会列出该类的代码，请读者参考本书的配套源代码。Config.inc.php最后实例化db_mysql类，并调用其connect方法连接到数据库，将db_mysql的实例保存为$db变量，这样就可以在页面上调用简单易用的数据库访问类了。

3.2.5 保存评分信息到数据库

bookdetail.php页面既可以单独的打开，也可以通过bookrating.php页面提交的方式重定向到bookdetail.php页面。当用户添加一条评论信息后，会看到评论成功的消息，然后跳转到bookdetail.php页面，bookdetail.php页面会接收到post数据请求，然后调用db_mysql类的相关方法将评分信息插入到数据库中，保存评分信息到数据库中的实现代码位于页面顶部，如代码3.11所示。

代码3.11 保存表单数据

```
<?php
session_start();                                        //打开会话设置
header('Content-Type: text/html; charset=utf-8');       //输入UTF-8文档类型
//包含网站配置文件和通用的函数文件
include_once 'config.inc.php';
include_once 'common.function.php';
//如果包含提交的数据
if(isset($_POST['ipt_jrating'])){
```

```
    $record = array(                                        //构造更新数组
          'rating_title'                          =>$_POST ['ipt_title'],
          'rating_value'                          =>$_POST ['ipt_jrating'],
          'rating_content'                        =>$_POST ['ipt_content'],
    );
    $id = $db->insert('rating',$record);              //调用insert方法进行更新
    if($id){
          echo "<script>alert('评分成功！')
          window.location='bookdetail.php';</script>";
    }
}
  $rating=getAvgRating ();                                     //获取评分平均值
?>
```

这段代码位于bookdetail.php的开始位置，首先调用session_start表示开始一个PHP会话，然后调用header函数输出UTF-8的编码信息，接下来调用include_once包含config.inc.php和common.function.php这两个文件，其中common.function.php用来将插入数据库或者是获取评分值等相关的数据库操作定义在一个通用函数文件中，比如getAvgRating是用来获取评分表中的平均值的函数，它就定义在common.function.php文件中。

在PHP中，$_POST数组用来保存表单POST的数据，在示例中将表单以POST方式提交的数据保存到一个数组中，然后调用db_mysql的insert函数，将这个数组插入到rating表中，插入完成后会返回id值，然后提示用户评分成功，调用JavasScript的window.location重定向到bookdetail.php页面。最后定义了一个$rating变量，通过调用getAvgRating来为该变量赋值。

3.2.6 从数据库读取评分信息

getAvgRating函数从数据库中查询平均评分值，它定义在common.function.php中，这个函数非常简单，它调用db_mysql类中的getOneRow函数来获取SELECT查询的结果，并返回其中的avgrating字段，其实现如代码3.12所示。

代码3.12 获取平均分值

```
/**
 * 获取平均评分记录
 */
function getAvgRating(){
   global $db;           //声明函数体内使用的$db变量为global全局变量
   //调用getOneRow函数返回SELECT函数的查询结果
   $row=$db->getOneRow("SELECT IFNULL(AVG(rating_value),0) avgrating FROM
   `rating` WHERE 1");
   //返回其中的AVG平均计算结果
   return $row["avgrating"];
}
```

获取平均分值主要通过执行一个AVG的分组查询，对整个表的rating_value进行平均值计算，在实际的项目中，这个查询可能要附带很多WHERE条件，比如对指定的图书进行平均值计算或者是特定日期范围内的平均评分值计算。

除了获取平均评分值函数getAvgRating外，在common.function.php中还包含getRatingList

函数，它直接查询所有的rating中的数据，接下来在bookdetail.php中，通过foreach循环的方式，将这个表中的数据输出到一个HTML表格中，如代码3.13所示。

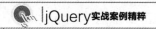

代码3.13 显示评分记录

```
<h1>评论列表</h1>
<p>已经评论列表</p>
<?php
//查询rating表中已经存在的评论
$mlist = getRatingList();
//循环查询结果
foreach($mlist as $list){
?>
 <table width="515" border="0" cellpadding="0" cellspacing="0">
   <tr>
     <!--输出评论标题-->
     <th width="261" height="30" align="left">
     <span>评论标题：</span>
        <?php echo $list['rating_title']?></th>
     <th width="437" align="left">
     <!--输出评分值-->
     <span>评分：</span>
         <?php echo $list['rating_value']?>分;
    </tr>
    <tr>
      <!--输出评论内容内容-->
      <td height="50" colspan="2" align="left" valign="top">
        <?php echo $list['rating_content']?> </td>
     </tr>
</table>
<?php
}
?>
```

代码的实现步骤如下：

（1）通过调用getRatingList获取评论记录的列表，保存到$mlist变量中，此时该变量中保存的是一个包含所有记录的数组。

（2）通过foreach语句开始循环$mlist数组变量，将每一条记录保存为名为$list的数组，然后输出了一个HTML的表格，每条评论输出一张表格，包含评论标题、评分值以及评论内容等信息。

经过上述的代码编写，用户的评论信息就会显示到页面上了。

在bookdetail.php上还有一个显示总评论值的jRating插件的应用，这是一个只读的jRating应用。示例中通过指定jRating的data-average属性的值为$rating变量，来设置当前图书的总体评分值，如代码3.14所示。

代码3.14 显示总体评分值

```
<h3>jQuery案例实战</h3>
```

```
<h4>一本介绍jQuery插件使用的图书</h4>
<h5><div class="basic" data-average="<?php echo round($rating)*2 ?>"
data-id="1"></h5><br/>
    评分值：<?php echo round($rating) ?>分
<script type="text/javascript">
//页面加载时执行的代码
$(document).ready(function(){
      //在页面加载时，显示五星评分插件
     $(".basic").jRating({
          showRateInfo:true,          //显示评分信息
          length:10,                  //长度为10颗星
          isDisabled : true           //禁止选择评分
      });
  });
</script>
```

代码由两部分组成：

- 在HTML中定义了jRating将要显示的DIV元素，指定其data-average为从MySQL数据库中取回的平均值。
- 使用jRating插件来定义jRating的显示方式，这里指定length为10，表示显示10颗星，isDisabled为true，表示将禁止用户进行选择，这样就使得页面上具有一个仅供查看的评分条。

至此已经实现了一个简易的图书评分站点，对于电子商务网站来说，除了数据库表结构的变化之外，评分的实现方式基本上与本章介绍的示例相似，有了jRating插件，就可以轻松地在自己的网站中整合评分效果了。

3.3 小结

本章开始介绍一些常用的插件，这些插件一般在网站中代表一个很小的功能，但如果自己开发这个功能就会耗费不少时间，如果直接使用一些开源的、免费的插件，则事半功倍。本章的这款jRating评级插件，应用特别广泛，希望读者在使用的同时，也能研究该插件的原理，以达到举一反三的效果。

第 4 章 流行的图片展示插件Slider

Slider是一个图片幻灯片展示插件，它可以将多个图片依其顺序逐张进行切换显示，而且它支持循环、自动播放、淡入、淡出幻灯片切换效果，以及交叉淡入淡出、图片预加载和自动产生分页等功能，可以说Slider是网站首页展示最为流行的jQuery插件之一，比如某玩具网站在首页通过Silder控件展示了多张儿童玩具的图片，如图4.1所示。

图4.1 图片展示插件的效果

4.1 准备Slider.js插件

目前互联网上有很多图片幻灯片控件，它们基本上都是开源免费的，用于个人甚至商业使用，其中比较流行的是Slider.js插件，它使用了jQuery、CSS 3和最新的HTML 5技术来实现，功能强大，使用简单，并且提供了较其他插件更强大的特效和更容易使用的特性，比如可以为图片设置文件标题、设置超级链接、可以分页显示图片、向前或向后链接浏览图片，并且可以对这些界面进行灵活的定制。

4.1.1 下载Slides.js插件

Slider.js是一个完全开源的、功能完善的图片幻灯播放插件，可以从github.com网站下载到该插件的最新版本，网址如下所示：

```
https://github.com/gre/slider.js
```

在GitHub网站上，可以看到slider.js和相关的演示文件（即demo文件夹中的内容），单击GitHub页面上的ZIP图标可以将所有的文件打包下载到本地，如图4.2所示。

注意 Slider.js需要使用最新的HTML 5和CSS 3技术才能实现灵活的转场和播放效果，因此需要确保目标用户使用支持HTML 5和CSS 3的浏览器，对于低版本的浏览器，Slider.js不支持CSS和HTML 5画布的转场效果，但是可以实现幻灯片的播放效果。

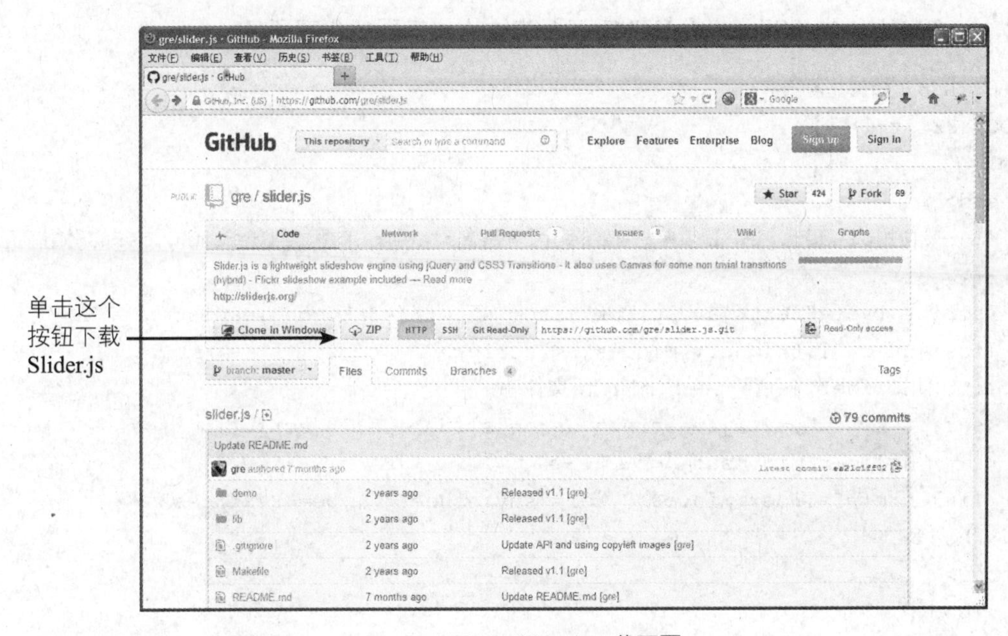

图4.2 Slider.js下载页面

Slider.js具有如下特性：

- 除了在每个幻灯页面上显示图片外，也可以有文本标题和链接。
- 幻灯导航条可以有分页栏、上一页和下一页导航效果，可以通过主题来定制显示的导航外观。
- 在开始幻灯片之前加载所有的图片。
- 可以从本地或者是远程的JSON对象中加载图像。
- Slider.js提供了13种CSS的转场效果和10种内置的HTML 5画布转场函数，用户也可以编写自己的转场函数。
- 可以选择或定制图片幻灯片的显示主题。
- 体积小巧，不影响网页加载速度，压缩后的Slider.js仅11KB，slider.min.css仅8.2KB。

相较于其他的图片幻灯片插件，Slider.js具有高度可扩展性和灵活性，比如可以通过CSS来创建属于自己的转场效果或者是通过编写HTML 5画布动画函数来定制转场效果，可以通过扩展现有的API来实现新的功能。由于Slider.js并不会操纵DOM样式属性实现转场，它使用CSS 3转场效果和HTML 5 Canvas的动画来实现转场效果，因此它具有更好的性能。

4.1.2 参数说明

要使用Slider.js创建图片幻灯片，必须先引用jQuery 1.6以上的版本，并且加入对下载的slider.min.js和slider.min.css的引用。

注意 slider.min.js是slider.js的压缩版本，如果想要在FireDebug中调试slider.js，则可以引用slider.js文件。

因此，一个基本的使用Slider.js的HTML页面头结构如下面的代码所示：

```
<!--HTML 5文档类型标签-->
<!DOCTYPE html>
<html>
  <head>
    <!--要使用Slider.js，必须要先在head区中包含slider.js和slider.min.css的引用
    -->
    <script type="text/javascript" src="http://AJAX.googleapis.com/AJAX/
    libs/jquery/1.6/jquery.min.js"></script>
    <!—引用slider.js或slider.min.js文件-->
    <script type="text/javascript" src="slider.js"></script>
    <!—引用slider.min.css样式表文件-->
    <link href="slider.min.css" rel="stylesheet" type="text/css" />
    </head>
  <body>
    </body>
</html>
```

Slider.js必须要创建一个Slider对象实例，这个对象实例将作为页面的全局变量存在，以便于对图片幻灯片效果进行设置，一般建议在一个单独的.js文件中实例化Slider对象，实例化代码如下所示：

```
var slider = new Slider($('#sliderContainer'));      //实例化一个Slider对象
```

其中，#sliderContainer是用来放置图片幻灯片的DIV容器，比如可以是HTML文档中的如下代码：

```
<div id="sliderContainer"></div>
```

在构造了一个Slider对象实例后，就可以设置图片、幻灯片大小、主题和转场CSS等，几个主要的API函数如表4.1所示。

表4.1 Slider对象的函数

函数名称	作用	示例
setPhotos	通过一个JSON对象来设置幻灯片图片信息。JSON对象的格式是一个{src、name（可选）、link（可选）}组成的对象数组	slider.setPhotos([{ "src" : "images/evil-frank.png", "name": "Big Buck Bunny" }, { "src" : "images/s1_proog.jpg", "name": "Elephant Dreams" }]);
fetchJson	使用AJAX方法提取本地或者是远程位置的json文件内容	slider.fetchJson('photos.json');
setSize	设置幻灯片图片的尺寸，这一步骤不能忘记	slider.setSize(600, 800);
setTheme	设置一个在CSS中已经定义好的主题样式	slider.setTheme('theme-dark');
setTransition	设置一个在CSS 3中已经定义好的转场效果	slider.setTransition('transition-zoomin');
setTransitionFunction	设置一个转场函数来实现转场效果	slider.setTransitionFunction(SliderTransitionFunctions.clock);
stop	停止幻灯播放	slider.stop();
start	重新开始幻灯播放	slider.start();
next	手动切换到下一张幻灯片	slider.next();
prev	手动切换到上一张幻灯片	slider.prev();
slide	跳转到指定的幻灯片位置	slider.slide(4);
setDuration	设置延迟间隔时间	slider. setDuration(3000);
slide	获取指定索引位置的幻灯片	slider.slide(4);

可以看到，setPhotos允许构造一个JSON数组来指定幻灯图片，这是最简单的图片设置方式，Slider对象的fetchJson方法允许从一个远程或本地的Json文件中获取图片数据。Slider通过setTransaction来设置已经在CSS文件中定义好的转场效果，在silder.min.css文件中内置了多种可供使用的转场特效，转场名称及其作用如表4.2所示。

表4.2 Slider的预置CSS转场效果

CSS转场名称	作用
transition-opacity	透明转场效果
transition-simple1	简单切换转场效果
transition-zoomin	由大到小缩放效果
transition-zoomout	由小到大缩放效果
transition-flip	翻动效果
transition-cardflip	卡片式翻动效果
transition-rotatezoomin	旋转由大到小缩放效果

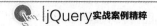

（续表）

CSS转场名称	作用
transition-rotatezoomout	旋转由小到大缩放效果
transition-topfade	顶部淡出效果
transition-skewflip	歪斜翻转效果
transition-left	左右转场效果
transition-top	上下转场效果
transition-oblique	半透明转场效果

setTransitionFunction则用来设置使用HTML 5的画布函数设置的转场函数，预置的函数转场效果如表4.3所示。

表4.3 Slider的预置画布转场效果

函数名称	作用
circles	多个圆形转场效果
squares	矩形转场效果
circle	单个圆形转场效果
diamond	菱形转场效果
verticalSunblind	垂直遮阳帘转场效果
verticalOpen	垂直打开转场效果
clock	时钟转场效果
horizontalOpen	水平打开转场效果
horizontalSunblind	水平遮阳帘转场效果

为了理解Slider插件的具体使用方式，接下来创建一个使用Slider插件的示例，实现过程如下面的步骤所示。

（1）新建一个名为slider_demo的文件夹，将下载的slider.js文件夹中的lib子文件夹拷到该文件夹下，lib子文件夹中包含slider.min.js、slider.min.css以及相关的图片资源文件。同时拷贝一个jQuery的库文件到该文件夹下，笔者拷贝了jquery-1.9.0.min.js文件到该文件夹。

（2）在silder_demo文件夹下新建一个images文件夹，拷贝一些图片到该文件夹下，这些图片将用来进行幻灯播放。

（3）在slider_demo文件夹下新建一个名为slider_demo.html的HTML 5网页，在该页面中，添加几个DIV标签进行布局，其中最重要的是需要添加一个id为slider的DIV，Slider.js将以此DIV作为幻灯播放的容器，如代码4.1所示。

代码4.1 slider_demo.html页面代码

```
<!DOCTYPE html>
<html>
  <head>
    <meta content="text/html; charset=utf-8" http-equiv="Content-Type" />
    <title>Slider.js 使用示例</title>
    <!--jquery库文件放在最前面-->
    <script type="text/javascript" src="lib/jquery-1.9.0.min.js"></script>
```

```
    <!--Slider插件-->
    <script type="text/javascript" src="lib/slider.min.js"></script>
    <link href="lib/slider.min.css" rel="stylesheet" type="text/css" />
   <!--控制页面布局的CSS样式-->
    <style type="text/css">
       body {
        font-family: Delicious;
       }
      html, body {
        margin: 0; padding: 0;
        background: white;
        color: black;
      }
      nav a {
        color: black;
      }
      #container {
        margin: 50px auto;
        width: 600px;
      }
    </style>
  </head>

  <body>
  <div id="container">
    <nav>
      <!--导航栏-->
      <a href="#">Slider.js幻灯片示例</a>
    </nav>
   <!--相册标题-->
    <h1>我的生活机册</h1>
     <!--相册容器-->
    <div id="slider"></div>
  </div>
  </body>
</html>
```

在这个示例中，首先添加了对jQuery以及Slider库的引用，在页面的body区，构造了一个容器DIV元素container，用来进行页面布局，nav元素显示导航栏，最重要的是id为slider的这个DIV，它将被用来作为Slider插件显示幻灯图片的容器。

（4）在slider_demo文件夹下新建一个slider_demo.js的JavaScript文件，在该文件中，将完成实例化Slider对象，并且设置幻灯片图片的实现，如代码4.2所示。

代码4.2 slider_demo.js实现代码

```
$(function(){
  //新建一个Slider对象实例，并且设置幻灯持续间隔为3000ms
  var slider = new Slider("#slider").setDuration(3000);
  //设置幻灯片的大小
  slider.setSize(600, 400);
  //从photos.json这个本地的json文件中加载幻灯片图像
```

```
    slider.fetchJson('photos.json');
    //定义一个转场数组
    var transitions = ['squares', 'circles', 'circle', 'diamond',
    'verticalSunblind',
    'verticalOpen', 'clock', 'transition-flip', 'transition-left',
    'transition-zoomout']
    //使用setInterval定时设置每隔5555ms随机更改转场效果
    setInterval(function(){
      //随机获取转场效果名称
      var transition = transitions[Math.floor(Math.random()*transitions.
      length)];
      if(SliderTransitionFunctions[transition])
        slider.setTransitionFunction(SliderTransitionFunctions[transiti
        on])       //设置Canvas转场效果
      else slider.setTransition(transition);             //设置CSS转场效果

    }, 5555);
  });
```

这个js代码文件首先创建了一个新的Slider实例，其构造函数的参数接收一个在HTML中定义好的DIV容器，setDuration指定每一个幻灯片持续的时间。使用setSize函数指定了幻灯片的高度和宽度，否则幻灯播放效果不能正常显示。接下来调用fetchJson函数，从本地的photos.json文件中获取图片信息，photos.json文件的格式设置将在稍后说明。

为了定时切换转场格式，代码中定义了一个名为transitions的数组，数组中的每一个元素都是一个转场效果字符串。setInterval用来在指定的间隔时间内，切换转场效果，使用了JavaScript函数Math.random和Math.floor随机获取transitions数组中的元素，然后调用setTransitionFunction或者是setTransition设置画布转场效果或CSS 3的转场效果。

（5）接下来在slider_demo文件夹下定义一个名为photos.json的文件，json文件中包含图片的JSON数组格式，它的组成如下所示：

```
  { src, name （可选), link （可选） }
```

其中src指定图片文件的路径，可选的name和link属性分别指定图片的标题信息和链接信息，本示例中photos.json文件的代码如代码4.3所示。

代码4.3 photos.json图片位置定义

```
  [
    { "src" : "images/pic1.jpg", "name": "风景如画的城市夜景", "link":
    "http://www.baidu.com/" },
    { "src" : "images/pic2.jpg", "name": "城市夜景", "link":
    "http://www.baidu.com/" },
    { "src" : "images/pic3.jpg", "name": "黄昏时分",
    "link": "http://www.baidu.com/" },
    { "src" : "images/pic4.jpg", "name": "火烧云", "link":
    "http://www.baidu.com/" },
    { "src" : "images/pic5.jpg", "name": "夜幕时分", "link":
    "http://www.baidu.com/" },
    { "src" : "images/pic6.jpg", "name": "夕阳西下", "link":
    "http://www.baidu.com/" },
    { "src" : "images/pic7.jpg", "name": "残柳夜风", "link":
    "http://www.baidu.com/" },
    { "src" : "images/pic8.jpg", "name": "热情似火", "link":
    "http://www.baidu.com/" },
    { "src" : "images/pic9.jpg", "name": "城市森林", "link":
```

```
    "http://www.baidu.com/" },
    { "src" : "images/pic10.jpg", "name": "晨曦时分", "link":
    "http://www.baidu.com/" },
    { "src" : "images/pic11.jpg", "name": "灯火之夜", "link":
    "http://www.baidu.com/" },
    { "src" : "images/pic12.jpg", "name": "森林之光", "link":
    "http://www.baidu.com/" }
]
```

可以看到，以上是一个JSON对象的数组，分别定义了图片的链接位置、标题名称和链接。

（6）最后需要将slider_demo.js添加到slider_demo.html文件的JavaScript引用列表中，如下面的代码所示：

```
<title>Slider.js 使用示例</title>
<!--jquery库文件放在最前面-->
<script type="text/javascript" src="lib/jquery-1.9.0.min.js"></script>
<!--Slider插件-->
<script type="text/javascript" src="lib/slider.js"></script>
<link href="lib/slider.min.css" rel="stylesheet" type="text/css" />
<!--引用相册脚本-->
<script type="text/javascript" src="slider_demo.js"></script>
```

至此，就完成了一个简单的图片幻灯片播放效果的设置，接下来就可以在浏览器中查看这个幻灯片播放效果了。

4.1.3 图片轮播效果展示

上一节介绍了Slider插件的各种参数以及一个简单图片轮播的示例，该示例在浏览器中的运行效果如图4.3所示。

图4.3 图片轮播效果示例

可以看到，Slider将标题信息显示在页面的右上角，单击标题文字可以进入目的链接位置。页面底部具有导航按钮和图片分页按钮，单击可以切换到上一张、下一张或指定的位置。

下载的压缩包中包含一个demo文件夹，该文件夹中包含非常有用的示例，其中index.html是Slider的说明信息，这个页面包含可供选择查看的Slider的转场效果和主题效果，如图4.4所示。

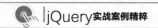

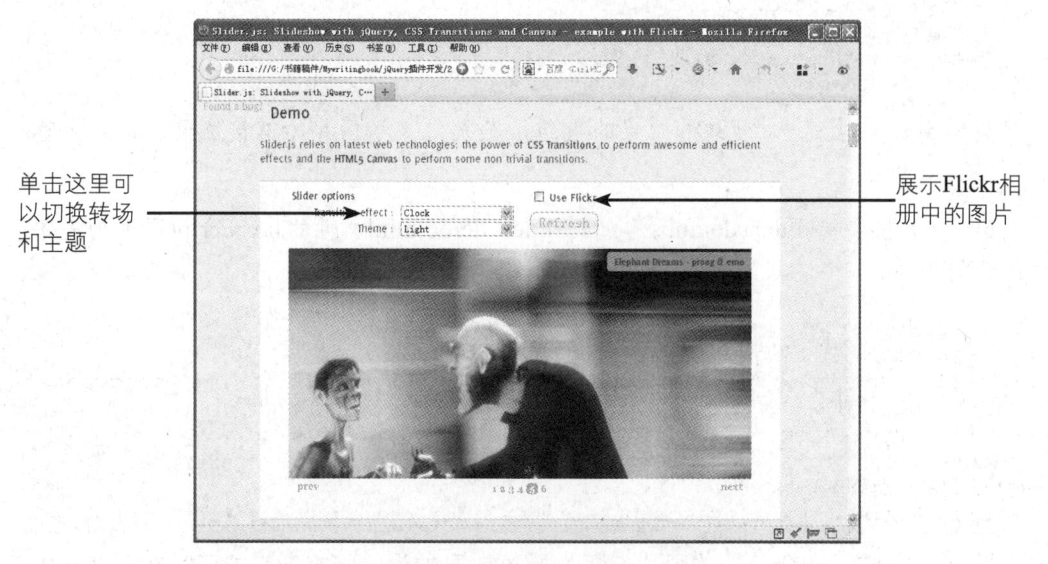

图4.4 Slider 自带的转场和主题示例效果

其中Use Flickr复选框用于获取Flickr上的相片，对于国内的用户来说并不是特别实用，不过可以扩展Slider的API，来实现从特定的相册程序中获取自己的相片。

如果想要了解每种预定义转场的具体效果，可以打开overview.html，这个页面用多个Slider实例显示了不同的转场效果，对于想了解转场具体细节的用户来说，非常有用，如图4.5所示。

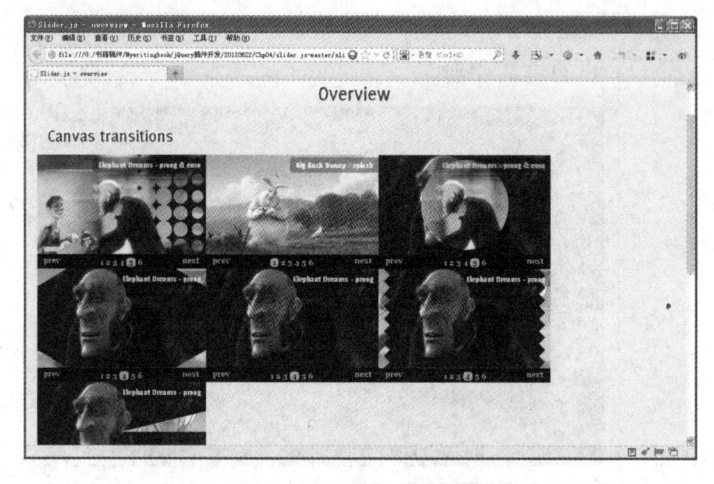

图4.5 Slider转场效果预览

Slider允许用户编写自定义的CSS 3代码或操纵HTML 5画布的转场函数来实现自定义的效果，而且对于导航、分页等外观，也可以通过自定义的样式控制，只需要调用Slider提供的函数即可实现。

4.2 开发一个AJAX网络相册

目前互联网上有很多网络相册系统，它们基本上都使用类似Slider的插件来实现轮播效果，通过使用本章学习的Slider.js插件，也可以创建非常专业的网络相册，下面将开始创建一个带轮播功能的主题相册，通过本章的学习，可以看到，使用Slider.js创建吸引人的网络相册实在非常容易。

4.2.1 创建相册页面

一个相册系统应该允许用户管理一套或者是多套相关的照片，比如“海边风景”或“日出照片”等，相册管理系统在用户选择了一个主题后，将开始轮播该主题中的所有图片，用户可以单击缩略图切换到不同的图片或切换不同的主题相册进行图片浏览。带幻灯功能的相册结构如图4.6所示。

图4.6 AJAX网络相册结构

在接下来的几个小节中，将讨论如何使用Slider、AJAX和jQuery来实现这个漂亮的电子相册。首先新建一个名为photo_album的文件夹，在该文件夹中创建一个名为index.html的HTML 5网页，然后将slider.js下载包中的lib文件夹拷贝到photo_album文件夹中，以便在网站上引用slider.js和slider.min.css文件。

在photo_album文件夹下，分别新建js和css文件夹，用来存放自定义的JavaScript脚本和CSS文件。接下来为index.html创建布局代码，用来实现相册的整体框架，笔者的实现如代码4.4所示。

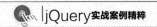

代码4.4 相册的页面结构定义

```
<!DOCTYPE html>
<html>
  <head>
    <meta content="text/html; charset=utf-8" http-equiv="Content-Type" />
    <title>多功能相册薄</title>
   <!--jquery库文件放在最前面-->
    <script type="text/javascript" src="lib/jquery-1.9.0.min.js"></script>
    <!--Slider插件-->
    <script type="text/javascript" src="lib/slider.js"></script>
    <link href="lib/slider.min.css" rel="stylesheet" type="text/css" />
   <!--控制页面布局以及缩略图显示的CSS样式表文件-->
    <link rel="stylesheet" type="text/css" href="css/style.css" />
   <!--控制相册的显示JavaScript文件-->
    <script type="text/javascript" src="js/main.js"></script>
  </head>
  <body>
    <div class="photo_album">
        <h2>基于AJAX、Slider的多功能相册</h2>
        <div id="gallery">
               <!--相册分类显示区域-->
            <ul id="sets"></ul>
               <!--AJAX加载状态的显示信息-->
            <div id="loading"></div>
                 <!--用于轮播相册的容器DIV-->
                <div id="slider"></div>
                 <!--显示缩略图的部分-->
            <ul id="thumbs"></ul>
        </div>
    </div>
   <!--浮动清除部分-->
    <div style="bottom:0;position:fixed;">
        <hr style="clear:both;" />
    </div>
  </body>
</html>
```

（1）可以看到，在HTML 5页面的head区添加了对jQuery、slider.js、slider.min.css等文件的引用，同时添加了对main.js和style.css的引用，这两个文件将在后面的小节中继续实现，style.css用来实现页面的CSS布局结构；main.js将包含相册的核心实现代码。

（2）在页面的body部分，使用一个容器DIV控件photo_album进行DIV+CSS方式的布局，id为gallery的DIV将作为相册展示区域，在这个DIV中包含id为sets的ul元素，用来显示相册分类主题，id为loading的DIV用来显示AJAX异步加载信息，id为slider的DIV将用来显示幻灯播放的相片，id为thumbs的ul元素用来显示相册集的缩略图。

（3）为了避免浮动的DIV产生折叠效果，在页面底部使用clear:both进行了浮动清除工作。

完成页面的整体结构后，就可以向style.css中填入基本的CSS布局代码，以便于页面可以呈现出基本的相册外观，style.css中使用CSS 3的圆角特性来实现漂亮的圆角效果，代码4.5列出了style.css中布局相关的代码。

代码4.5 style.css页面布局样式代码

```
/*全局的页面边距和内边距都为0，即所有元素的内外边距都为0*/
* {
    margin:0;
    padding:0;
}
/*指定背景色和边距为0*/
body {
    background:#eee;
    margin:0;
    padding:0;
}
/*容器样式，指定定位方式、宽度和圆角*/
.photo_album {
    position:relative;                /*相当定位方式*/
    background-color:#fff;            /*背景色*/
    width:850px;                      /*宽度*/
    overflow:hidden;                  /*溢出处理*/
    border:1px #000 solid;            /*边框*/
    margin:20px auto;                 /*居中显示设置*/
    padding:20px;
    border-radius:3px;                /*圆角CSS相式设置*/
    -moz-border-radius:3px;
    -webkit-border-radius:3px;
}
/*相册显示样式*/
#gallery {
    background-color:#888;            /*背景颜色*/
    height:630px;                     /*相册高度*/
    overflow:hidden;                  /*溢出处理*/
    position:relative;                /*相当定位方式*/
    width:800px;                      /*相册宽度*/
    /*圆角CSS相式设置*/
    border-radius:10px;
    -moz-border-radius:10px;
    -webkit-border-radius:10px;
}
```

可以看到，容器和相册DIV都使用了相对定位的对齐方式，并且超出DIV的内容部分将被隐藏（由overflow）样式属性设定，在容器和相册外框都使用了CSS 3的样式指定圆角显示，对于IE的早期版本或者是不支持CSS 3的浏览器来说可能看不到圆角的效果。

4.2.2 实现AJAX图像加载

对于幻灯片播放来说，为了获得流畅的用户体验，一般建议在相册图片加载到本地后再开始播放，Slider插件本身提供了图片加载提示功能，友好的相册应该也能提供一个下载进度提示，为了实现这个效果，在示例中使用jQuery的load方法来异步加载图片，该方法是jQuery对AJAX的友好封装。

在接下来的实现过程中，将开始向main.js文件写入代码，该文件已经添加到了index.html的引用列表中，相册要完成的工作步骤如下。

（1）需要获取相册文件列表，在实际项目中通常将图片文件及相关信息保存到数据库中，比如PHP+MySQL服务器端使用MySQL来存储图片数据。通过数据库中的字段值指向具体的图片位置。程序只需要读取MySQL数据库提取数据即可。本节的示例出于简单性考虑，将图片数据硬编码到一个JSON对象数组中。

（2）加载相册主题类别，根据图片分类结构将相册类别显示在相册页面上以便用户进行选择。

（3）加载相册缩略图片，相册缩略图有助于用户快速浏览所需要的图片。

接下来分别讨论这几部分的实现细节。

4.2.3 定义图片列表数据

如果已经在photo_album文件夹下创建了images文件夹，请在该文件夹下添加一系列相片，接下来打开main.js文件，定义一个JSON对象，用来保存分类的图片数据，如下面的代码所示。

```
// 定义一个JSON对象，保存分类的照片
var images = {
    '海南游玩照片' : [
        'pic1.jpg',
        ...
        'pic10.jpg'
    ],
    '日本风光' : [
        'pic2.jpg',
        ...
        'pic8.jpg'
    ],
    '意大利景色' : [
        'pic1.jpg',
        'pic2.jpg',
        ...
        'pic6.jpg'
    ]
};
```

这个示例定义了一个JSON对象，每个属性都是一个数组，因此也可以将这个对象看作是一个二维数组。可以将属性看作是图像的主题分类，第二维的数组元素是相册文件，用来进行幻灯播放。

4.2.4 显示相册主题分类

在HTML页面上，分类是一个id为sets的ul元素表示，要实现主题分类的显示，只需要在ul中添加li元素，然后应用CSS样式实现水平排列的效果即可。为了向ul中添加子元素，在

main.js中扩展了jQuery的实例类型，即通过$.fn.gallery定义一个jQuery实例级别的方法。

注意 $.fn一般常使用$.fn.extend来进行扩展，它只对jQuery的实例进行扩展，并不会对类级别进行扩展，有兴趣的读者可以参考jQuery的官方文档。

在main.js中，使用$.fn定义了一个名为gallery的函数，它将用于加载主题分类和缩略图，其中加载主题部分的实现如代码4.6所示。

代码4.6 加载主题分类

```
//jQuery的实例扩展
$.fn.gallery = function() {
    //获取该实例的调用对象
    var self = this;
    //保存图像列表
    var setimgs;
    //保存JSON图像信息的数组
    var data=[];
    //使用jQuery的each方法，对$('#gallery')进行循环，仅执行一次
    this.each(function() {
        var g = this;
        //定义一个load_sets方法加载图片分类和缩略图
        g.load_sets = function(el) {
            //调用jQuery的each方法循环images数组，el指传入的<ul>标签
            $.each(images, function(key, value) {
                    //向HTML的ul元素中加入li子元素
                $(el).append('<li><a id="'+key+'" href="#"
                title="'+key+'">'+key+'</a></li>');
            });
            //使用jQuery的find函数查找每种图片分类
            var sets = $(el).find('li a');
                //统一为每种分类的a元素添加事件处理代码
            $(sets).click(function() {
                var set = $(this).attr('id');      //获取链接的id属性值
                g.setimgs = images[set];           //根据id属性得到图片集数组
                $(g).find('#thumbs').html('');     //清除缩略图子元素
                data=[];                           //重置图片数组
                g.load_thumbs($(g).find('#thumbs')[0], 0);
                //加载缩略图
                //显示加载信息
                $(g).find('#loading').html('正在加载<strong>1</strong> of
                '+g.setimgs.length+' 图片');
            });
            sets[0].click();           //单击第一个相册分类以便开始幻灯播放效果
        }
        g.load_thumbs = function(el, index) {
            //……加载缩略图，稍后将会详细介绍
        }
        g.load_sets($(g).find('#sets')[0]);  //页面初始化时，加载相册分类和缩略图
    });
};
```

这段代码使用$.fn构建了jQuery实例级别的扩展gallery方法，这样当在jQuery中构建一个jQuery的封装后，就可以使用gallery函数来加载主题分类和缩略图了。上面的代码隐藏了load_thumbs函数的实现，将在本节后面的内容中详细讨论，上面代码的实现细节如下。

（1）首先将当前作用域范围的this对象保存为self，因为在后面的函数定义中，this将会被js改变，为了避免使用错误的this，一般会将this赋给其他变量。setimgs用来保存主题分类中的相片信息的数组，data是用来保存图片地址信息的JSON数组。

（2）接下来使用jQuery的each方法，它用来循环jQuery实例中的多个元素，不过本示例中只会用一个容器来存放相册集，$.fn返回的是一个包含多个元素的jQuery实例，那么这里就会循环多次。

（3）在jQuery的内部，同样先将this保存到变量g中，此时的this是指循环体中的某个元素，在示例中是指一个DIV元素，load_sets方法用来加载相册集，这个函数接收一个名为el的变量，el实际上就是指向id为set的ul容器。

（4）在each循环体内部，由于是对二维数组的循环，因此key表示第一维数组，value就是一维数组元素，示例中向el元素添加了代表相册集的key元素，也就是向<ul>标签添加了<li>子标签。

（5）接下来为ul中的每个li中的<a>标签定义了单击事件，通过jQuery的find函数查找li元素中的a子元素，然后使用click添加了单击事件。在事件处理代码内部，获取指定的<a>标签的id所指向的索引值，从images图片数组中获取图片列表，然后调用load_thumbs加载第一张图片，图片加载是一个异步的过程，因此紧随load_thumbs后面的是向加载信息div中写入“正在加载”这样的信息。

可以看到，load_sets既加载了相册分类信息，同时也加载了相册的缩略图信息，当相册的缩略图载加完毕后，就会使用Slider插件来幻灯播放照片。

4.2.5 加载相册缩略图

加载相册缩略图是一个异步AJAX的过程，在加载缩略图的过程中，同时会向data这个JSON数组中添加JSON对象，以便Slider插件的setPhotos可以使用这个JSON数组来播放相片，load_thumbs的实现如代码4.7所示。

代码4.7 加载缩略图

```
//加载缩略图，el表示缩略图ul元素，index是缩略图索引
g.load_thumbs = function(el, index) {
     //向ul追加缩略图li标签
     $(el).append('<li><img id="' + index + '" src="images/thumb_
     ' + g.setimgs[index] + '" /></li>');
    //向data数组添加JSON缩略图信息
    data.push({ "src" : "images/"+g.setimgs[index], "name":
    g.setimgs[index], "link": "#" });
    //在内存中构建一个Image对象
    var tn = new Image();
    //调用jQuery的load方法异步加载缩略图
    $(tn).load(function() {
```

```
        var a = $($(el).find('li')[index]).find('img')[0];
        //获取图像对象

         $(a).append(this);                              //加载到Image对象中
         //为<li>标签添加click事件
         $(a).click(function() {
         var i = $(this).attr('id');                     //获取图片索引值
          slider.slide(i)  //调用slider的slide方法播放指定的相片
         return false;
         });
         //如果当前索引值小于图片数组总长度
         if ((index + 1) < g.setimgs.length) {
          //递归调用load_thumbs加载图像
         g.load_thumbs(el, (index + 1));
         $(g).find('#loading strong').html(index + 2);
         } else {
          //如果加载完成则显示成功加载的信息
         $(g).find('#loading').html('已经成功加载<strong>'
         + g.setimgs.length + '</strong> 张图片');
         //此时调用Slider的setPhotos播放JSON数组
         slider.setPhotos(data);
         slider.slide(0);                          //跳到第一张相片位置
         }
      });
      tn.src = 'images/thumb_' + g.setimgs[index]; //指定图片的src属性
   }
```

load_thumbs的实现过程如下所示。

（1）函数接收缩略图容器el，即一个id为thumbs的ul元素，index参数是索引值，表示所要加载的缩略图的索引。在代码第一行调用jQuery的append方法向ul元素中添加了图片的li子元素，li元素内部是一个<img>标签，指向到缩略图的链接，接下来调用data数组的push方法，定义一个新的JSON对象，插入到data数组中。

（2）接下来构建了一个新的Image对象实例，当为这个Image对象指定src属性后，就会开始加载图像，代码为Image对象定义了load事件处理代码，该事件在带有url属性的元素加载完成后触发，用来显示加载进度信息，同时在加载完成后，为图片对象关联click事件。

（3）在load事件处理代码内部，查找el内部指定索引位置的li元素，获取li元素内部的img元素，调用img元素的append方法，将Image图片对象实例添加到img元素内部，以便显示缩略图。接下来的click事件处理代码先获取img元素的id属性值，在click内部的this表示img标签，然后调用全局变量slider，即Slider插件的实例的slide方法播放指定索引位置的图片。

（4）接下来的代码定义了一个递归方法，当索引值小于分类相片集合中的总相片数时，递归调用load_thumbs加载图像，并显示加载信息，当所有的图像都加载完成后，则调用slider的setPhotos设置Slider插件的图片来源，并调用slide方法从第一张开始播放。

（5）最后一行代码指定Image实例的src属性，让图片开始异步加载。

4.2.6 使用Slider幻灯播放相片

在main.js中，响应了jQuery的页加载事件，即编写了$(document).ready()方法，当页面的内容加载完成后，ready中定义的函数将得到执行，在这个示例中，定义了一个全局的window级别的slider对象，在DOM结构中，window对象处于DOM层次结构的顶层，因此可以将它看作一个全局变量。接下来设置了全局的slider对象的大小和转场效果，最后通过调用jQuery的实例方法gallery来播放图像，页面加载事件如代码4.8所示。

代码4.8 定义Slider对象轮播相片

```
//页面加载完成后，执行此代码
$(document).ready(function(){
    var slider = window.slider = new Slider("#slider").setDuration(3000).
    stop();
   //设置幻灯片的大小
    slider.setSize(800, 450);
   //定义一个转场数组
    var transitions = ['squares', 'circles', 'circle', 'diamond',
   'verticalSunblind',
   'verticalOpen', 'clock', 'transition-flip', 'transition-left',
   'transition-zoomout']
   //使用setInterval定时设置每隔5555ms随机更改转场效果
    setInterval(function(){
      //随机获取转场效果名称
      var transition = transitions[Math.floor(Math.random()*transitions.
      length)];
      if(SliderTransitionFunctions[transition])
        slider.setTransitionFunction(SliderTransitionFunctions[transiti
        on])     //设置Canvas转场效果
      else slider.setTransition(transition);             //设置CSS转场效果
    }, 5555);
    $('#gallery').gallery();                             //开始加载并播放图像
});
```

代码的实现过程如下所示。

（1）在页面加载事件处理代码中，首先定义了slider变量，并且指定window.slider为Slider对象实例，这样就可以将slider作为一个全局变量，在任何的作用域范围内使用，使用jQuery的连接语法调用setDuration来设置动画延迟时间，stop函数用来先停止Slider的幻灯片播放。

（2）接下来调用setSize来设置幻灯播放的尺寸，这是必需的步骤，否则将无法看到幻灯播放效果。

（3）接下来定义了一个转场数组，然后定义了延迟5555ms重复的setInterval函数，在setInterval内部的调用函数中，通过随机切换transactions转场数组中的转场效果来显示多种转场的特效。

（4）将slider定义好之后，最后一行代码，在容器gallery级别的jQuery对象实例上调用gallery函数，就可以开始加载图像并进行播放了。

经过main.js的代码编写，就实现了一个简单的基于Slider的电子相册，它具有AJAX加载、相册切换、幻灯播放功能，基本上与目前互联网上流行的大多数相册具有相同的效果。

4.2.7 最终的多功能相册

这个示例重点演示了Slider在实际工作中的使用，目前幻灯播放效果主要还是应用在产品展示或网站封面的展示上，当这个示例运行时，可以看到首先将显示图片加载信息，此时并不会立即播放幻灯片，以避免图像的加载导致的不连贯效果。

当鼠标放在缩略图上时，缩略图列表会高亮显示并显示动态移动的效果，这个特效应用了CSS 3的转场效果，它让图像从底部向上移动，并且透明度由0.5变为1，如图4.7所示。

图4.7 相册缩略图预览效果

这种动态效果是使用CSS 3的动态转场（也称为过渡效果）效果实现的，相较于早期使用JavaScript实现来说，这种方式灵活易用，而且功能强大，关于CSS 3过渡效果的更多知识，请参考如下网址：

```
http://www.w3school.com.cn/css3/css3_transition.asp
```

目前有很多第三方jQuery相册插件集成了缩略图的效果，不过Slider的重要特点是灵活和可扩展性，比如可以通过使用Slider插件提供的各种API函数来编写自己的相册外观，通过定义CSS 3转场或者是对HTML的Canvas进行操作来自己定制转场效果，而且还可以编写自定义主题，这都是很多第三方幻灯播放插件无法实现的。

4.3 其他图片展示插件

互联网上有很多优秀的幻灯播放插件，这些插件简单易用，而且功能不俗，本节将讨论除Slider之外其他一些插件的效果和使用方法。

4.3.1 简单易用的Easy Slider

Easy Slider是一个简单易用的jQuery图片轮播插件，它体积小巧，整个插件仅有6KB，但是功能强大，可以从如下网址中获取Easy Slider插件。

```
http://cssglobe.com/easy-slider-17-numeric-navigation-jquery-slider/
```

将下载的Easy Slider压缩包解压缩后，可以看到它提供了3个html的页面示例，在js文件夹中的easySlider1.7.js是Easy Slider的源代码，它只有6KB的大小。

Easy Slider下载包中的3个html示例分别演示了简单连续播放效果、具有数字显示的连续播放效果以及在同一页面中多个幻灯播放的效果，简单的连续播放效果如图4.8所示。

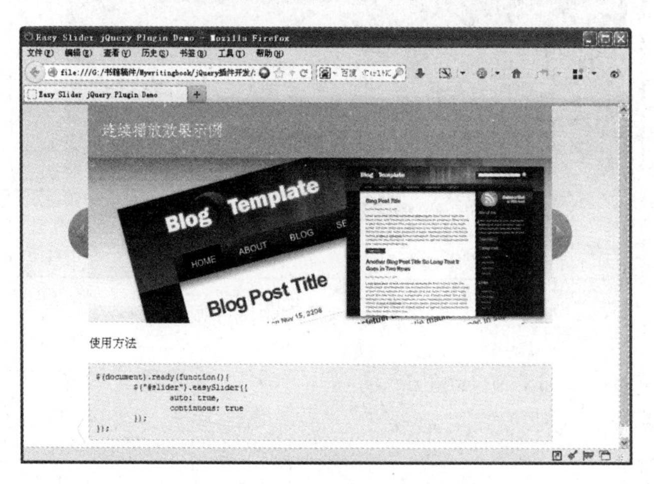

图4.8 Easy Slider的连续播放效果示例

Easy Slider的使用非常简单，下面以下载包中的演示为例，来讨论Easy Slider的具体使用方法。

（1）首先必须要在页面的head区中添加对jQuery和easySlider1.7.js的引用，如下：

```
<script type="text/javascript" src="js/jquery.js"></script>
<script type="text/javascript" src="js/easySlider1.7.js"></script>
```

（2）接下来需要创建所要动态播放的图像列表，这里要用到一个DIV元素和一个ul元素，如代码4.9所示。

代码4.9 在HTML页面定义图像轮播

```
<!--定义一个Easy Slider需要使用的DIV-->
<div id="slider">
    <ul>
   <!--定义轮播图像-->
         <li><a href="http://templatica.com/preview/30">
              <img src="images/01.jpg" alt="Css Template
              Preview" /></a>
         </li>
         <li><a href="http://templatica.com/preview/7">
             <img src="images/02.jpg" alt="Css Template
             Preview" /></a>
         </li>
         <li><a href="http://templatica.com/preview/25">
             <img src="images/03.jpg" alt="Css Template
             Preview" /></a>
         </li>
         <li><a href="http://templatica.com/preview/26">
              <img src="images/04.jpg" alt="Css Template
              Preview" /></a>
        </li>
         <li><a href="http://templatica.com/preview/27">
               <img src="images/05.jpg" alt="Css Template
               review" /></a>
        </li>
    </ul>
</div>
```

这段代码定义了一个DIV容器，容器内部是ul元素和一系列的li元素，li中的img元素指向的图片将被用来进行幻灯显示。

（3）最后在jQuery的页面加载事件定义中，添加代码来实现图像幻灯播放，如代码4.10所示。

代码4.10 使用Easy Slider实现图像轮播

```
<script type="text/javascript">
    $(document).ready(function(){
        //使用Easy Slider播放图片
         $("#slider").easySlider({
                auto: true,             //自动播放
                continuous: true        //连续播放
         });
    });
</script>
```

当页面加载时，通过为容器DIV应用easySlider函数，指定auto属性和continuous为true，来实现自动和连续播放，这样就轻松地实现了图像轮播效果，如果指定numeric属性为true，还可以实现数字指示符播放效果，如图4.9所示。

Easy Slider提供了很多控制选项，比如可以控制图片轮播是按水平还是垂直方向的

orientation、指定图片播放速度的speed以及是否允许控制显示的controlsShow等，可以参考Easy Slider下载页面的使用说明来进行设置。

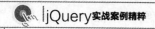

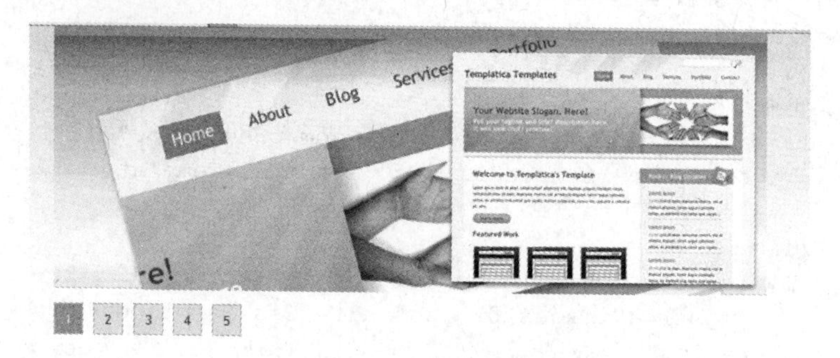

图4.9 带数字提示的轮播效果

4.3.2 相册插件Galleriffic

Galleriffic是一个功能比较完善的相册插件，它的独特之处在于提供了各种不同风格的缩略图显示，这与目前互联网上流行的相册展示效果非常相似，可以说使用Galleriffic，用户可以轻松地创建属于自己的专业相册。

可以在如下网址中下载Galleriffic：

```
http://www.twospy.com/galleriffic/index.html
```

在打开的页面中，包含Galleriffic的介绍和例子，找到Download子标题，便可以看到Galleriffic的下载链接以及例子下载链接，如图4.10所示。

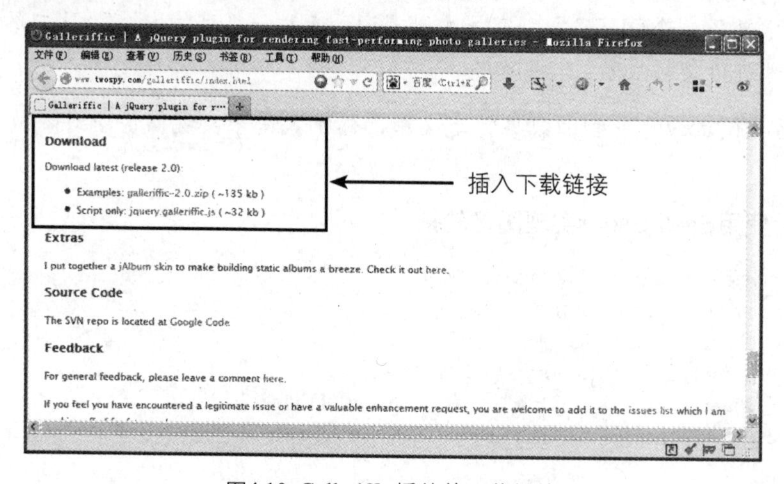

图4.10 Galleriffic插件的下载链接

其中Examples中包含一些使用Galleriffic的例子，建议大家选择Examples进行下载，可以通过学习这些示例来了解Galleriffic的具体用法。

从网页上可以看到Galleriffic具有如下特性：

- 当页面加载之后智能预加载图像。

- 具有分页功能的缩略图导航。
- 通过整合jQuery.history插件，使得每个图像都可以支持书签设置。
- 支持图像轮播效果（即幻灯片播放），并且具有可选的自动更新URL书签的功能。
- 键盘导航支持。
- 具有添加自定义的转场（或者是过渡）效果的事件支持。
- 具有API支持使用自定义的控制UI。
- 支持图像标题。
- 灵活的配置选项。
- 在不支持JavaScript的网页上可以无优雅降级使用。
- 支持一个页面上的多个图库。

与Slider.js或Easy Slider相比，Galleriffic具有更加灵活的相册展示功能，其使用效果如图4.11所示。可以看到，Galleriffic的缩略图也具有分页的功能，而且在与jQuery.history整合之后，可以通过浏览器的回退和前进按钮，来播放之前和之后的图像，这更加便于相册的展示。

图4.11 Galleriffic相册效果

与Easy Slider的实现方式类似，由于同属于jQuery的插件，因此需要先在head区添加对于jQuery库的引用，接下来引用galleriffic插件，然后定义HTML页面结构和所要展示的图片，最后使用galleriffic插件来定义要播放的效果。

本节以galleriffic示例包中的example-3.html为例，介绍如何实现这个具有相似功能的相册展示页面，整个实现步骤如下。

（1）在HTML页面的head部分添加对galleriffic脚本库的引用，如代码4.11所示。

代码4.11 添加对galleriffic脚本库的引用

```
<!--jQuery库文件的引用-->
```

```
<script type="text/javascript" src="js/jquery-1.3.2.js"></script>
<!--这个插件可以让相册支持浏览器历史功能-->
<script type="text/javascript" src="js/jquery.history.js">
</script>
<!--相册幻灯播放插件-->
<script type="text/javascript" src="js/jquery.galleriffic.js">
</script>
<!--透明滚动插件，实现相片的透明滚动-->
<script type="text/javascript" src="js/jquery.opacityrollover.
js"></script>
```

在这里不仅引用了galleriffic插件和jQuery插件，而且还引用了opacityrollover和history插件，opacityrollover插件用来实现缩略图移动时的透明过渡效果，history插件可以实现浏览器历史记录功能。

（2）接下来在HTML部分，需要构建两个DIV容器，一个是相册的内容显示区域，一个是所要显示的图片和缩略图的定义部分。所要显示的图片和缩略图的定义部分是隐藏的，它用来供Galleriffic将缩略图和具体的图片显示在第一个DIV的内容显示区域。

代码4.12 相册播放容器HTML定义

```
<!--相册显示容器区域-->
<div id="gallery" class="content">
  <!--相册显示控件区-->
   <div id="controls" class="controls"></div>
   <!--幻灯播放的容器-->
   <div class="slideshow-container">
        <!--进度显示DIV-->
          <div id="loading" class="loader"></div>
          <!--幻灯播放内容区-->
          <div id="slideshow" class="slideshow"></div>
   </div>
</div>
```

上面的这些DIV将被Galleriffic插件用来控制相册的播放样式，在稍后讨论代码实现部分时将会用到这些DIV。

相册的图片是放在另一个DIV中的，Galleriffic的内容显示区域的定义如代码4.12所示，在这里可以定义相册的标题、相册的缩略图、相册所要显示的大图以及相册的描述等信息，相册的图片是放在一个隐藏的ul元素中的，以其中一个节点为例，其定义如代码4.13所示。

代码4.13 相册图像定义

```
<!--相册图像定义-->
  <div id="thumbs" class="navigation">
    <!--隐藏的ul元素，其中noscript是display:none指定内容不显示的CSS定义-->
      <ul class="thumbs noscript">
         <li>
              <!--指定原始的图像-->
```

```
                <a class="thumb" name="leaf" href="images/pictures1.
                jpg" title="Title #0">
              <!--指定缩略图像-->
                    <img src="images/picture_thumb.jpg"
                    alt="Title #0" />
                </a>
                <!--图像标题定义容器-->
                <div class="caption">
                <!--图像下载链接-->
                    <div class="download">
                        <a href="images/pictures1.jpg">下载原始
                    图像</a>
                </div>
                <!--图像的标题-->
                    <div class="image-title">Title #0</div>
                <!--图像的描述-->
                    <div class="image-desc">描述</div>
                </div>
            </li>
        </ul>
    </div>
```

可以看到，在容器DIV中，必须要有一个ul元素，在该元素的每一个列表项<li>标签内部，包含对于相片图像和相片标题、描述等内容的定义。

（3）接下来开始应用galleriffic插件，来设置相册幻灯播放的效果，如代码4.14所示。

代码4.14 使用galleriffic插件

```
<script type="text/javascript">
    jQuery(document).ready(function($) {
        // 使用galleriffic显示相册功能
        var gallery = $('#thumbs').galleriffic({
            delay:2500,    //相册延迟时间
            numThumbs:15,   //每一页显示的缩略图个数
            preloadAhead:10,
            //预加载图像个数，设置-1表示预加载所有的图像
            enableTopPager:true,   //允许页面顶部显示分页条
            enableBottomPager: true,   //允许页面底部显示分页条
            maxPagesToShow:7,   //允许显示的最大页数
            imageContainerSel:'#slideshow',
            //图像所在的容器，以CSS选择器表示
            controlsContainerSel:'#controls',
            //控制项所显示的容器位置
            captionContainerSel:'#caption',
```

```
            //图像标题所在的容器位置
            loadingContainerSel: '#loading',
            //加载状态显示的容器位置
            renderSSControls:true,
            //是否显示播放和暂停按钮
            renderNavControls:true,
            //是否显示导航按钮
            playLinkText:'幻灯播放',
            //播放按钮文本
            pauseLinkText:'暂停播放',
            //暂停按钮文本
            prevLinkText:'&lsaquo; 上一幅',  //上一幅文本
            nextLinkText:'下一幅 &rsaquo;',  //下一幅文本
            nextPageLinkText:'下一页 &rsaquo;',//上一页文本
            prevPageLinkText:'&lsaquo; 上一页',//下一页文本
            enableHistory: true,      //是否允许浏览器历史
            autoStart: false,         //是否自动播放
            syncTransitions: true,   //是否异步转场
            defaultTransitionDuration: 900,
            //默认的转场时间
            //当幻灯片切换时触发
            onSlideChange:function(prevIndex, nextIndex) {
                   // 当页面变化时显示淡入淡出效果
                   this.find('ul.thumbs').children()
                          .eq(prevIndex).fadeTo('fast',
                           onMouseOutOpacity).end()
                          .eq(nextIndex).fadeTo('fast',
                          1.0);
            },
            //当相片转场退出时调用的函数
            onPageTransitionOut:unction(callback) {
                   this.fadeTo('fast', 0.0, callback);
            },
            //当相片转场进入时调用的函数
            onPageTransitionIn:function() {
                   this.fadeTo('fast', 1.0);
            }
      });
```

可以看到，galleriffic插件提供了很多控制选项来控制相册的显示效果， 其中相册的容器显示区域，是通过imageContainerSel、controlsContainerSel、captionContainerSel等几个CSS选择器来设置的，它们指定DIV中的id值，在galleriffic插件中可以指定自定义的页面和导航文本，还可以指定分页大小，可以通过事件设置当幻灯片切换、页面过渡进入或者是页面过渡

退出时的事件处理代码。

注意 enableHistory设置允许浏览器历史的选项，是与jQuery.history.js插件整合使用的，还必须要定义一系列的事件来支持历史记录定位效果，请参考配套源代码的实现。

4.4 小结

本章讨论了流行的图片展示插件Slider的使用。首先介绍了Slider插件的基础知识、如何下载Slider以及Slider插件的参数API的说明，接着通过一个AJAX网络相册示例，讨论了如何使用流行的Slider来实现一个网络相册。除介绍Slider.js插件之外，在其他的图片展示插件部分，还介绍了Easy Slider和Galleriffic插件的使用，通过本章的学习，相信读者可以轻松地创建出功能丰富的电子相册。

第 5 章 日历和日期插件

日历和日期在进行网页或者是Web应用程序开发时随处可见，比如在最常用的火车票订票网站上就可以看到日期选择控件的使用，如图5.1所示。

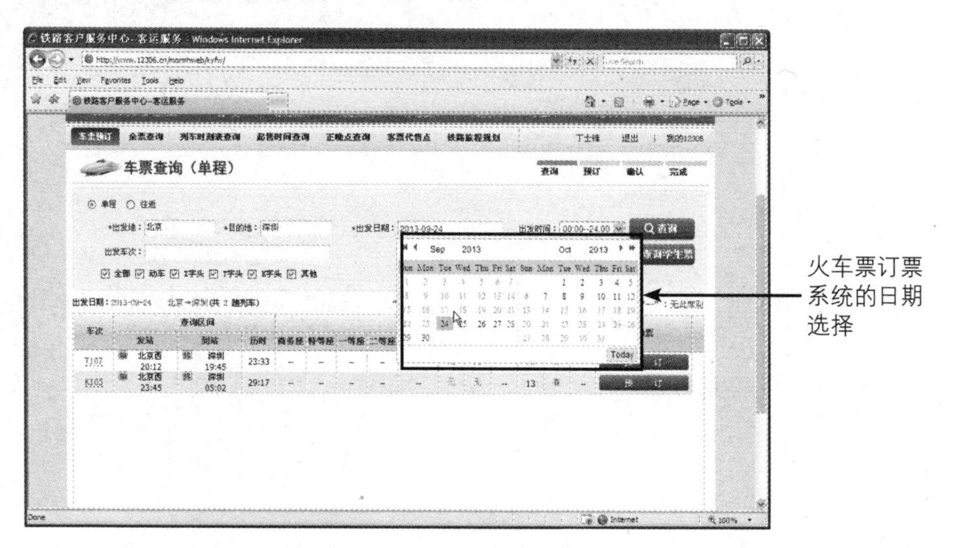

图5.1 火车票订票系统的日期选择器

然而要编写一个自己的日期选择器是非常繁琐的工作，第三方的jQuery插件开发人员实现了这种复杂的工作，提供了大量免费开源的日期选择控件，从而大大简化了网站中日期选择功能的实现。

5.1 日期选取插件Datepicker

jQuery的日期选择器插件是非常丰富的，在开源中国的jQuery日期选择器插件列表中，可以看到总共有45个日期选择器插件，可以说每一个都可以满足自己的需求。在这一节将以经典的jQuery UI中的Datepicker为例，来介绍一下如何在自己的网站中加入日期选择器。

5.1.1 下载Datepicker插件

jQuery UI的Datepicker插件是一款功能丰富，使用起来又非常简单的日期选择器插件，可以在如下网站中了解该插件的详细信息：

```
http://jqueryui.com/Datepicker/
```

在示例页面上，可以看到很多关于Datepicker的使用效果和源代码，例如选择右侧的Select a Date Range示例，可以看到如图5.2所示的日期选择效果。

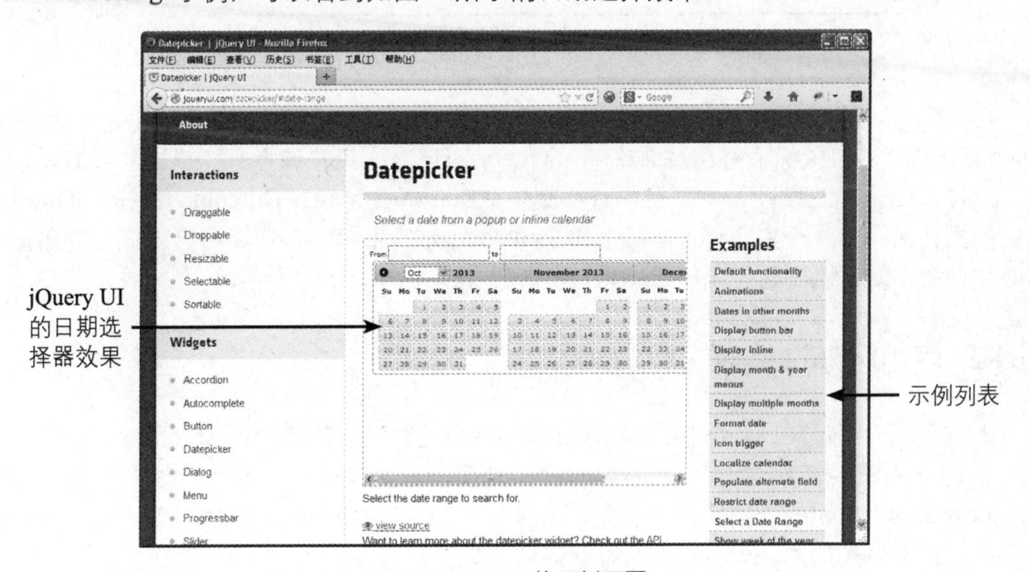

图5.2 Datepicker的示例页面

jQuery UI作为jQuery UI界面套件的一个小插件，要能够在自己的网站中使用，可以直接下载整个jQuery UI套件，然后使用Datepicker API来操纵日期选择器。jQuery UI的下载地址如下所示：

```
http://jqueryui.com/download/
```

jQuery UI的下载页面实际上是一个称为Download Builder的Web应用，在该页面上，既可以选择下载整个jQuery UI界面套件，也可以只选择自己需要的插件，比如单独选择Datepicker插件，如图5.3所示。

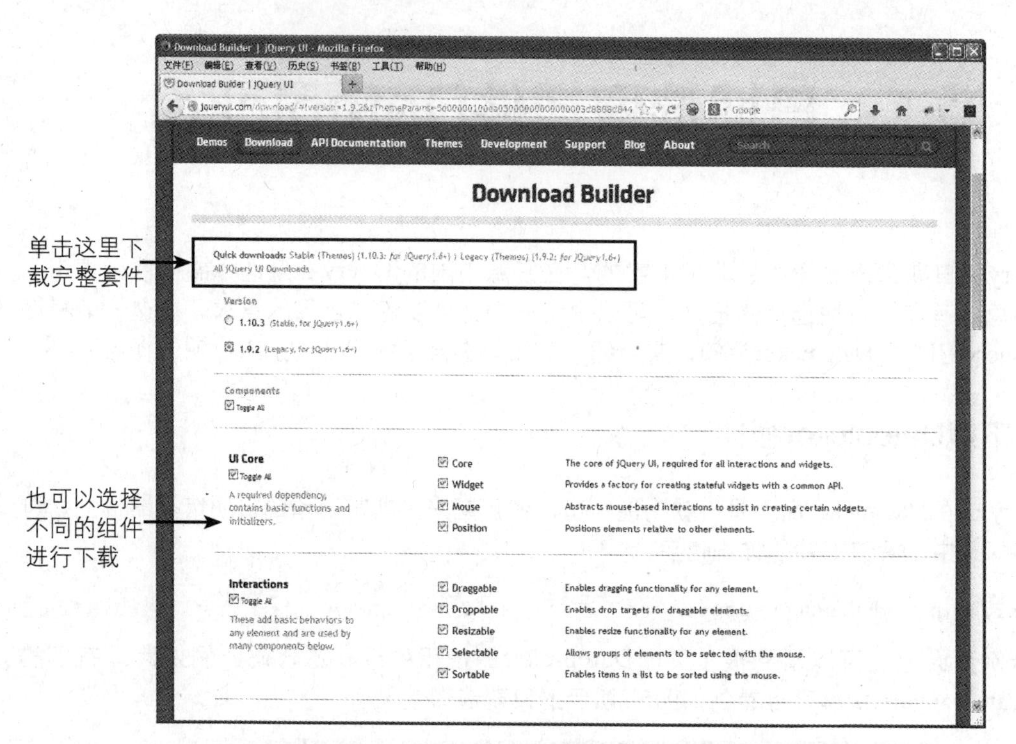

图5.3 使用jQuery Ui的下载构建器下载jQuery UI组件

在示例中，将只下载Datepicker插件，选中UI Core中的所有选项，仅选中Widgets中的Datepicker插件，将鼠标下拉到页面底部，jQuery UI还允许用户选择一个样式，或者是使用自定义的样式设计器来设计一个样式，选择其中的Start样式，单击Download按钮，jQuery会将选中的插件保存为一个名为jquery-ui-1.10.3.custom.zip的压缩包，通过将这个压缩包解压缩到网站文件夹，就可以开始使用Datepicker插件了。

5.1.2 使用日期选择器

现在已经下载了一个包含Datepicker的压缩包，它使用主题Start作为其显示的样式，在这一小节中，将创建一个示例网站DateCalendarDemo，在该网站中创建一个名为DatepickerDemo.html的示例网页。首先，新建一个名为Plugins的文件夹，将下载的Datepicker解压后，将文件夹中的css和js文件拷贝到该文件夹中。

注意 jQuery UI的下载构建器（Download Builder）也会构建一个development-bundle的文件夹，在这里包含详细的开发信息，如果需要单独引用Datepicker的js文件，可以从这个文件夹中找到示例。

现在，应该具有了如图5.4所示的文件夹结构。

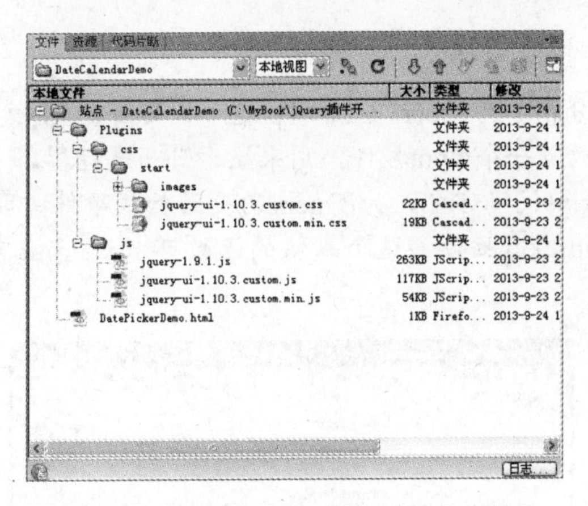

图5.4 DateCalendarDemo网站的文件夹结构

双击DatepickerDemo.html，在head区添加对jQuery UI的js和CSS文件的引用，然后在HTML页面上放置一个input输入框，在页面加载事件中为其关联Datepicker事件，如代码5.1所示。

代码5.1 简单的Datepicker使用示例

```
<!DOCTYPE HTML PUBLIC "-//W3C//DTD HTML 4.01 Transitional//EN" "http://
www.w3.org/TR/html4/loose.dtd">
<html>
<head>
<meta http-equiv="Content-Type" content="text/html; charset=utf-8">
<title>Datepicker示例</title>
<!--Datepicker插件的CSS链接-->
<link rel="stylesheet" type="text/css" href="Plugins/css/start/jquery-ui-
1.10.3.custom.css">
<!--jQuery库的引用-->
<script type="text/javascript" src="Plugins/js/jquery-1.9.1.js"></script>
<!--jQuery UI自定义下载库的引用-->
<script type="text/javascript" src="Plugins/js/jquery-ui-1.10.3.custom.
js"></script>
<style type="text/css">
    body,input{
        font-size:9pt;
    }
</style>
<script type="text/javascript">
    $(document).ready(function(e) {
      //调用Datepicker插件在鼠标单击时显示日期选择框
        $("#idDate").Datepicker();
});
</script>
</head>
<body>
<label for="idDate">选择一个日期:</label>
<input type="text" name="idDate" id="idDate">
</body>
</html>
```

整个网页由如下几个部分组成：

- 在页面的head部分添加对jQuery UI库的js文件以及相关CSS文件的引用。
- 在HTML页面上放置一个input控件，用来显示日历选择器。
- 在页面的JavaScript代码部分，为jQuery的页面加载事件关联事件处理代码，为input输入框调用Datepicker函数，这个默认的函数可以让input单击时显示一个日期选择框，如图5.5所示。

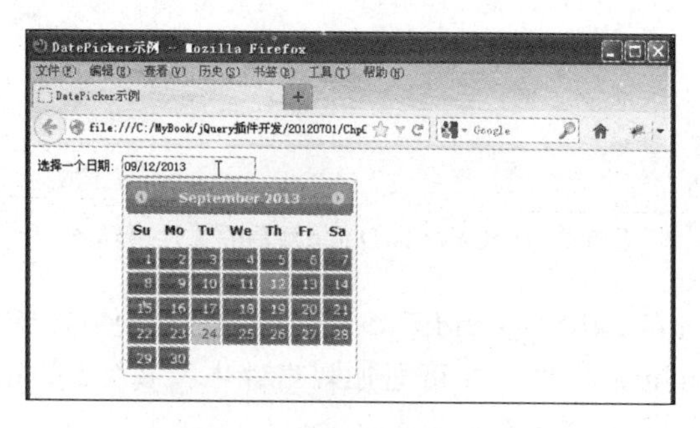

图5.5 Datepicker示例效果

可以看到，当鼠标单击文本框时，就会显示日历选择器，选中一个日期后，就会自动将选中的日期值显示在文本框中，Datepicker不仅支持鼠标选择日期，还可以通过键盘来控制日期的选择，可用的键如表5.1所示。

表5.1 Datepicker键盘操作列表

键名	操作效果
Page Up/Down	上一月、下一月
Ctrl+Page up/Down	上一年、下一年
Ctrl+Home	当前月或最后一次打开的日期
Ctrl+←/→	上一天、下一天
Ctrl+↑/↓	上一周、下一周
Enter	确定选择日期
Ctrl+End	关闭并清除已选择的日期
Esc	关闭并取消选择

虽然默认的效果也很不错，但是对于正式的开发场景来说，易用性是应该重点考虑的事项，比如默认的文本框中，除非用户单击文本框中的内容，否则可能不是那么容易理解，如果在文本框的旁边出现一个选择按钮，就直观多了，而且日期格式也需要更改为“YYYY-MM-DD”这种样式。

使用Datepicker创建这样的效果也比较容易，下面在HTML页面上添加一个新的input文本框，HTML代码如下所示：

```
<div style="margin-top:100px">
   <label for="idDate">使用图标选择，并更改日期格式：</label>
   <input type="text" name="idDateIcon" id="idDateIcon">
</div>
```

接下来在页面加载事件中为idDateIcon文本框添加Datepicker代码，如代码5.2所示。

代码5.2 设置Datepicker的按钮显示和格式

```
//设置文本框的日期选择效果
$( "#idDateIcon" ).Datepicker({
     //显示文本按钮
    showOn: "button",
    buttonImage: "images/calendar.gif",             //文本按钮图标
    buttonImageOnly: true,                    //仅显示图标，而不用在按钮上显示图标
    dateFormat:"yy-mm-dd"                     //指定Datepicker的日期样式
});
```

可以看到，这次使用一些参数来控制Datepicker的显示，showOn表示显示一个按钮，buttonImage指定按钮图像，buttonImageOnly指定仅显示图像而不用在一个单独的按钮上显示图像。在最后一行代码为Datepicker指定选项，即dateFormat选项为yy-mm-dd，以便让Datepicker显示中文格式的日期，运行效果如图5.6所示。

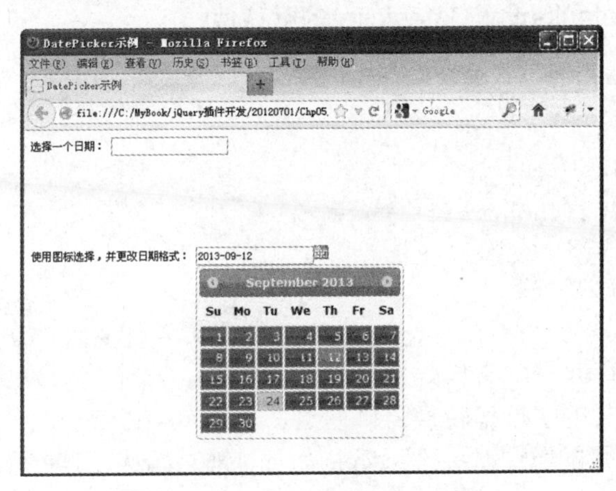

图5.6 格式化日期控件选择器效果

可以看到，现在日期选择器效果已经可以满足日常需求，Datepicker还提供了大量的可选设置项，在下一小节将进行详细的讨论。

5.1.3 Datepicker参数说明

Datepicker包含大量的选项可以用来改变默认的日期选择器的行为，它还包含一系列的方法和事件，以供用户在一些特定的场合中使用，jQuery UI网站提供了关于Datepicker的属性和方法的列表：

```
http://api.jqueryui.com/Datepicker/
```

这个网址包含了关于属性、方法和事件的详细使用描述与示例，是一份非常值得参考的资料，本节将简要规纳Datepicker的一些属性、方法和事件，更多详细的资料可参考Datepicker API网页。

Datepicker包含如下几个方法，这几个方法可以改变呈现的格式或更改Datepicker的默认值设置，如表5.2所示。

表5.2 Datepicker方法列表

函数名称	描述
$.Datepicker.setDefaults(settings)	更改应用到所有Datepicker的默认值，使用option()方法可以更改单个实例的设置值
$.Datepicker.formatDate(format, date, settings)	使用指定的格式格式化一个日期为字符串值
$.Datepicker.iso8601Week(date)	给出一个日期，确定该日期是一年中的第几周
$.Datepicker.parseDate(format, value, settings)	按照指定格式获取日期字符串
$.Datepicker.noWeekends	作为beforeShowDay属性的值，用来避免选中周末

其中setDefaults用来设置所有的Datepicker实例的默认值，比如代码5.3将更改所有的Datepicker默认的一些参数值。

代码5.3 使用setDefaults设置Datepicker的默认值

```
//指定所有Datepicker的默认设置
.Datepicker.setDefaults({
  showOn: "both",
  buttonImageOnly: true,
  buttonImage: "calendar.gif",
  buttonText: "Calendar",
  dateFormat:"yy-mm-dd"
});
```

formatDate和parseDate可以看作是两个对立的方法，一个将日期类型转换为特定格式的字符串，一个将特定格式的字符串转换为日期值。

Datepicker提供了大量的属性以更改Datepicker的外观或行为，这些属性如表5.3所示。

表5.3 Datepicker属性列表

属性名称	类型/默认值	描述
altField	String : ''	将选择的日期同步到另一个域中，配合altFormat可以显示不同格式的日期字符串
altFormat	String : ''	在设置了altField的情况下，显示在另一个域中的日期格式
appendText	String : ''	在日期插件的所属域后面添加指定的字符串
buttonImage	String : ''	设置弹出按钮的图片，如果非空，则按钮的文本将成为alt属性，不直接显示
buttonImageOnly	Boolean : false	是否在按钮上显示图片，true表示直接显示图片，不会将图片显示在按钮上
buttonText	Boolean : false	设置触发按钮的文本内容
changeMonth	Boolean : false	设置允许通过下拉框列表选取月份
changeYear	Boolean : false	设置允许通过下拉框列表选取年份
closeTextType	StringDefault: 'Done'	设置关闭按钮的文本内容，此按钮需要通过showButtonPanel参数的设置才显示
constrainInput	Boolean : true	如果设置为true，则约束当前输入的日期格式

（续表）

属性名称	类型/默认值	描述
currentText	String : 'Today'	设置当天按钮的文本内容，此按钮需要通过showButtonPanel参数的设置才显示
dateFormat	String : 'mm/dd/yy'	设置日期字符串的显示格式
dayNames	Array : ['Sunday', 'Monday', 'Tuesday', 'Wednesday', 'Thursday', 'Friday', 'Saturday']	设置一星期中每天的名称，从星期天开始。此内容用于dateFormat时显示，以及日历中当鼠标移至行头时显示
dayNamesMin	Array : ['Su', 'Mo', 'Tu', 'We', 'Th', 'Fr', 'Sa']	设置一星期中每天的缩语，从星期天开始，此内容用于dateFormat时显示，以及日历中的行头显示
dayNamesShort	Array : ['Sun', 'Mon', 'Tue', 'Wed', 'Thu', 'Fri', 'Sat']	设置一星期中每天的缩语，从星期天开始，此内容用于dateFormat时显示，以及日历中的行头显示
defaultDate	Date, Number, String : null	设置默认加载完后第一次显示时选中的日期。可以是Date对象，或者是数字（从今天算起，例如+7），或者是有效的字符串('y'代表年, 'm'代表月, 'w'代表周, 'd'代表日, 例如：'+1m +7d')
duration	String, Number : 'normal'	设置日期控件展开动画的显示时间，可选择'slow', 'normal', 'fast', ''代表立刻，数字代表毫秒数
firstDay	Number : 0	设置一周中的第一天。星期天为0，星期一为1，以此类推
gotoCurrent	Boolean : false	如果设置为true，则点击当天按钮时，将移至当前已选中的日期，而不是今天
hideIfNoPrevNext	Boolean : false	设置当没有上一个/下一个可选择的情况下，隐藏掉相应的按钮（默认为不可用）
isRTL	Boolean : false	如果设置为true，则所有文字都是从右自左显示
maxDate	Date, Number, String : null	设置一个最大的可选日期。可以是Date对象，或者是数字（从今天算起，例如+7），或者是有效的字符串('y'代表年, 'm'代表月, 'w'代表周, 'd'代表日, 例如：'+1m +7d')。
monthNames	Array : ['January', 'February', 'March', 'April', 'May', 'June', 'July', 'August', 'September', 'October', 'November', 'December']	设置所有月份的名称

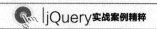

（续表）

属性名称	类型/默认值	描述
monthNamesShort	Array : ['Jan', 'Feb', 'Mar', 'Apr', 'May', 'Jun', 'Jul', 'Aug', 'Sep', 'Oct', 'Nov', 'Dec']	设置所有月份的缩写
navigationAsDateFormat	Boolean : false	如果设置为true，则formatDate函数将应用到 prevText、nextText和currentText的值中显示，例如显示为月份名称
nextText	String : 'Next'	设置“下个月”链接的显示文字
numberOfMonths	Number, Array : 1	设置一次要显示多少个月份。如果为整数则是显示月份的数量，如果是数组，则是显示的行与列的数量
prevText	String : 'Prev'	设置“上个月”链接的显示文字
shortYearCutoff	String, Number : '+10'	设置截止年份的值。如果是0~99的数字则以当前年份开始算起，如果为字符串，则相应地转为数字后再与当前年份相加。当超过截止年份时，则被认为是上个世纪
showAnim	String : 'show'	设置显示、隐藏日期插件的动画的名称
showButtonPanel	Boolean : false	设置是否在面板上显示相关的按钮
showCurrentAtPos	Number : 0	设置当多月份显示的情况下，当前月份显示的位置。自顶部/左边开始第x位
showMonthAfterYear	Boolean : false	是否在面板的头部年份后面显示月份
showOn	String : 'focus'	设置什么事件触发显示日期插件的面板，可选值有focus、button和both
showOptions	Options : {}	如果使用showAnim来显示动画效果，可以通过此参数来增加一些附加的参数设置
showOtherMonths	Boolean : false	是否在当前面板显示上、下两个月的一些日期数（不可选）
stepMonths	Number : 1	当点击上/下一月时，一次翻几个月
yearRange	String : '-10:+10'	控制年份的下拉列表中显示的年份数量，可以是相对当前年（-nn:+nn），也可以是绝对值（-nnnn:+nnnn）

通过使用这些参数，可以控制日期选择器的格式，当然也可以定制自己的显示文本，这样就可以让日期的显示更加个性化。

Datepicker还包含一系列的事件，这些事件在Datepicker中的日期显示前或选中时或日期选择器关闭时都会被触发，开发人员可以利用这些事件来创建响应日期选择器的行为，日期选择器的事件如表5.4所示。

表5.4 Datepicker事件列表

事件名称	描述
beforeShow : function(input)	在日期控件显示面板之前，触发此事件，并返回当前触发事件的控件的实例对象

（续表）

事件名称	描述
beforeShowDay : function(date)	在日期控件显示面板之前，每个面板上的日期绑定时都触发此事件，参数为触发事件的日期。调用函数后，必须返回一个数组：[0]此日期是否可选（true/false），[1]此日期的CSS样式名称（“”表示默认），[2]当鼠标移至上面出现一段提示的内容
onChangeMonthYear : function(year, month, inst)	当年份或月份改变时触发此事件，参数为改变后的年份月份和当前日期插件的实例
onClose : function(dateText, inst)	当日期面板关闭后触发此事件（无论是否有选择日期），参数为选择的日期和当前日期插件的实例
onSelect : function(dateText, inst)	当在日期面板中选中一个日期后触发此事件，参数为选择的日期和当前日期插件的实例

这些事件的使用方法也比较简单，只需要直接在Datepicker函数中添加一个json函数即可，用来响应Datepicker事件触发时的行为。

5.1.4 同时显示多个月份

从表5.3中可以看到，numberOfMonths属性允许指定要在日期选择器中显示的月份数，下面在DatepickerDemo.html页面上添加一个input文本框，然后编写代码来同时显示3个月份，如代码5.4所示。

代码5.4 同时显示多个月份

```
$( "#idMultiMonths" ).Datepicker({
  numberOfMonths: 3,          //同时显示3个月份的日期选择器
  showButtonPanel: true       //在日期选择框底部显示按钮面板
});
//设置日历语言区域为简体中文
$( "#idMultiMonths" ).Datepicker( "option",$.Datepicker.regional["zh-
CN"] );
```

id为idMultiMonths的元素是在HTML页面中添加的一个input元素，在jQuery选择器对象上调用Datepicker函数并设置属性之后，运行页面就可以看到同时显示了多个月份，代码中的最后一行设置了日历选择器的语言区域为zh-CN，表示使用的语言为简体中文，此时必须要在head区添加对语言资源的引用，如下面的代码所示：

```
<!--添加简体中文的日历-->
<script type="text/javascript" src="Plugins/js/i18n/jquery.ui.Datepicker-
zh-CN.js"></script>
```

注意 可以从下载的压缩包的development-bundle\ui\i18n文件夹中找到所有的语言资源文件，Datepicker会根据当前系统的语言自动选择相应的语言包和日期格式。

示例运行效果如图5.7所示。

图5.7 同时显示多个月份的效果

5.1.5 限制日历的选择范围

限制日历可供选择的范围是一个非常常见的需求，比如要选择暑假中的一个日期，那么就要求用户只能在暑假的起始日期范围内进行选择，这可以避免用户选择不符合约束的数据，在jQuery中，限制日历的选择使用两个属性，即minDate和maxDate，用这两个属性来设置起始日期和结束日期。

minDate和maxDate的设置规则如下：

- 可以为起始和结束日期分别设置具体的日期，比如new Date(2013,1-1,26)。在JavaScript中，0表示1月，因此这里月份用了1减去1。
- 使用数字设置从今天开始的起始偏移量，负数表示今天以前的偏移日期，正数表示今天之后的偏移日期。
- 使用期间字符串和单元，比如（'+1M +10D'），其中D表示天数，W表示周数，M表示月份数，Y表示年数。

在DatepickerDemo.html页面中添加一个input元素，然后编写Datepicker函数， 设置其仅能选择9月23号到11月23号的日期，如代码5.5所示。

代码5.5 设置日期选择范围

```
$( "#idDateRange" ).Datepicker({
    numberOfMonths: 3,                          //同时显示3个月份的日期选择器
    showButtonPanel: true,                      //在日期选择框底部显示按钮面板
    minDate: new Date(2013,9-1,23),             //指定起始限制日期
    maxDate: "+2M"                              //指定结束限制日期
});
//设置日历语言区域为简体中文
$( "#idDateRange" ).Datepicker( "option",$.Datepicker.regional["zh-
CN"] );
```

在这个示例中，minDate使用JavaScript的Date函数构造日期2013-09-33，maxDate使用偏移字符串+2M，表示添加两个月之后的日期，同时指定了显示3个月的日期，并且设置语言为简体中文，运行效果如图5.8所示。

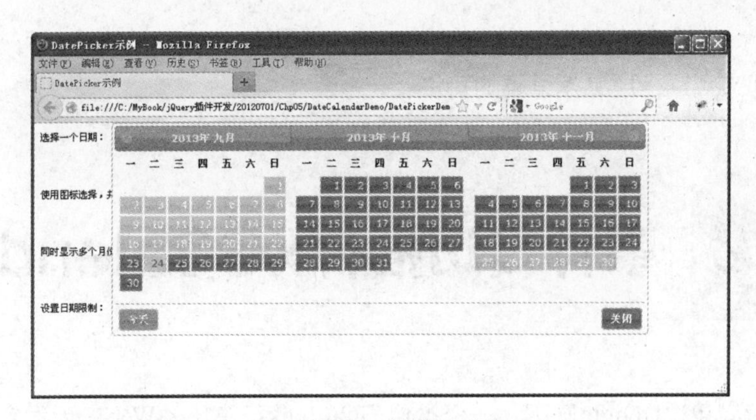

图5.8 设置日期选择范围

可以看到，对于不能选择的部分，Datepicker显示为不可选择的灰色，这样就限制了用户选择不正确的日期。

5.1.6 动画显示日历

Datepicker也可以具有动态显示效果，这对于需要为用户提供动态效果的网站来说，非常具有吸引力，可以使用showAnim，这个选项用来为日期选择器设置要显示的动态效果，默认情况下其值为show，还可以设置如下值。

- slideDown：滑动向下显示
- fadeIn：淡入显示
- blind：闪动显示
- bounce：弹跳显示
- clip：裁切显示
- drop：拖动显示
- fold：折叠显示
- slide：滑动显示

这里以代码5.5为例，在其中添加一行代码用来设置其动画显示，如代码5.6所示。

代码5.6 设置日期选择器的动画显示

```
$( "#idDateRange" ).Datepicker({
  numberOfMonths: 3,                        //同时显示3个月份的日期选择器
  showButtonPanel: true,                    //在日期选择框底部显示按钮面板
  minDate: new Date(2013,9-1,23),           //指定起始限制日期
  maxDate: "+2M",                           //指定结束限制日期
  showAnim:" slideDown"                     //设置日期选择器的动画显示
});
```

由最后一行代码可以看到，通过添加showAnim为slideDown，表示使用向下滑动的方式显示或隐藏日期选择器，通过运行该示例，可以看到现在日期选择器果然已经具有滑动的显示和隐藏效果了。

Datepicker还有很多有用的功能，限于本章的篇幅不再详细讨论，读者可以参考jQuery UI网站中的演示和文档，了解更多有趣的特性。

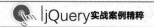

5.2 事件日历插件xGCalendar

相信很多读者用过Google日历，一个类似于Outlook行事历的Web应用程序，让用户可以管理自己的日常事务，基于Web的管理方式让用户在任何地方都可以轻松地管理日程，如图5.9所示。

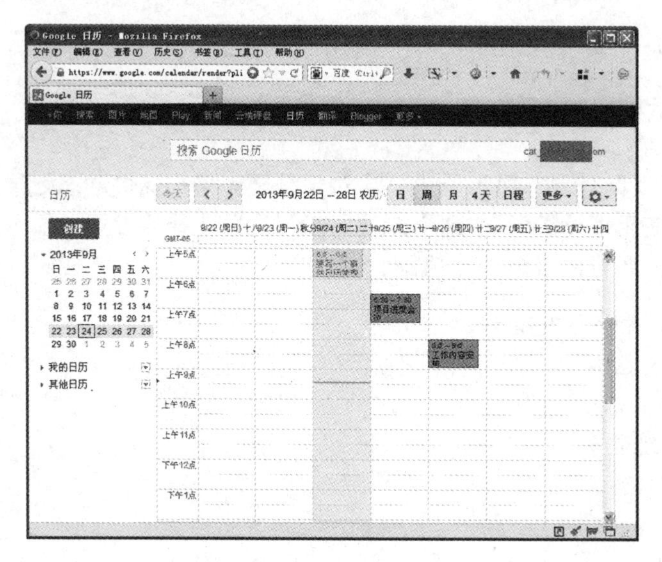

图5.9 Google日历效果

jQuery的第三方插件开发者们也开发了类似Google日历效果的jQuery插件，使得开发人员也可以很轻松地创建自己的事件日历程序。xGCalendar是其中一款比较优秀的日历插件，本节将以该插件为例，介绍如何使用日历插件来创建自己的行事历程序。

5.2.1 下载xGCalendar插件

xGCalendar是由中国人开发的一款优秀的模仿Google日历的日期插件，它功能强大、使用简单，特别符合中国人的日历模式，是笔者非常喜欢的一款插件。作者的博客中包含了最新的更新信息，博客问答中也包含很多作者的问答记录，对于要使用这款插件的用户来说，作者问答记录非常值得参考。

xGCalendar的博客地址如下：

```
http://www.cnblogs.com/xuanye/archive/2009/11/24/Xuanye_jQuery_Calendar_
Google_Like.html
```

在xGCalendar的博客上，不仅可以看到xgCalendar的一些开发的日志，它还包含了xGCalendar的一些功能特色，如图5.10所示。

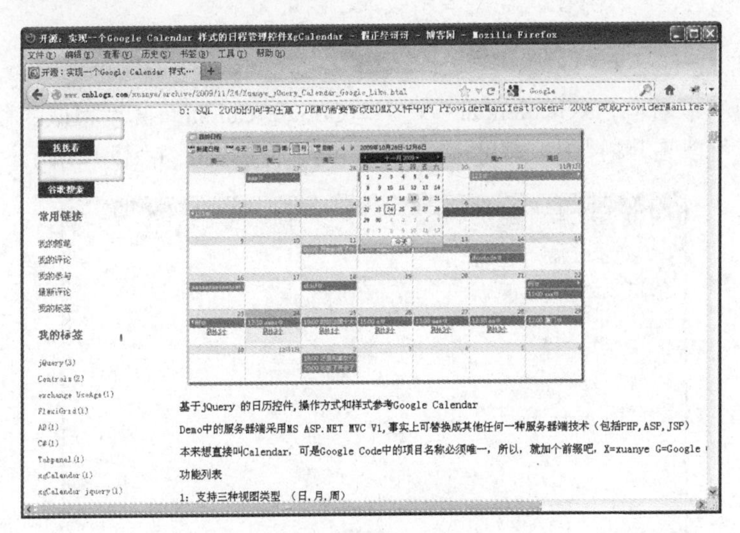

图5.10 xGCalendar的博客地址

xGCalendar是遵循GPL开源协议的jQuery插件，可以免费下载并用于商业用途，前提条件是必须要注明版权归属。如果需要进行定制更改，可能需要与作者联系，可以从github网站中获取xGCalendar的源代码，网址如下：

```
https://github.com/xuanye/xgcalendar
```

单击github页面右侧的Download ZIP按钮，将xGCalendar的所有内容打包下载，如图5.11所示。

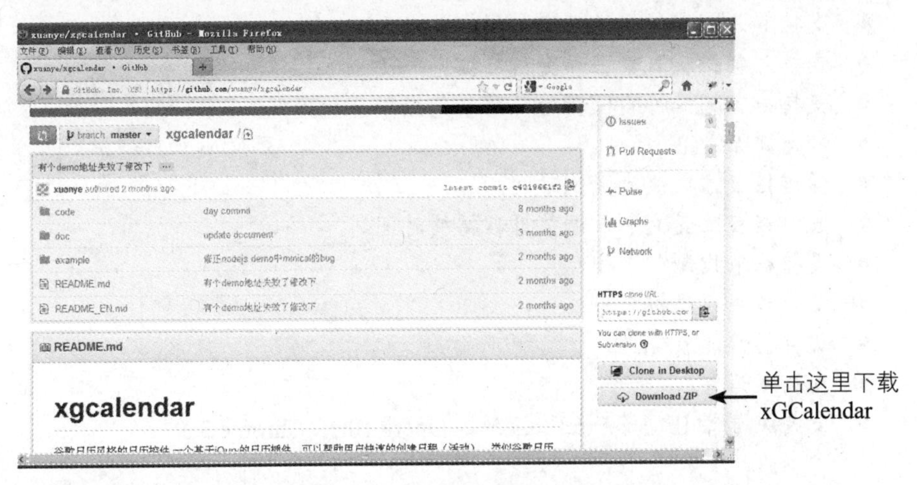

图5.11 从github中下载xGCalendar

将下载的zip包解压缩后，可以看到xGCalendar的压缩包中共包含3个文件夹。

- code：包含xGCalendar插件的jQuery实现代码。
- doc：xGCalendar的文档部分，暂时作者没有添加详细的文档，通过根目录下的README.md文件，可以看到一份简单的xGCalendar介绍文本。

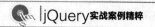

- example：包含各种服务器端语言的样例文件，比如ASP.NET、PHP、Python、NodeJs等。

xGCalendar也包含一个线上可用的演示版本，网址如下：

```
http://xgcal.sinaapp.com/demo/
```

从这个网址可以看到，xGCalendar是一个与Google Calendar高度相似的插件，通过单击添加日历事件，可以在3种视图，即月、周、日之间进行切换，如图5.12所示。

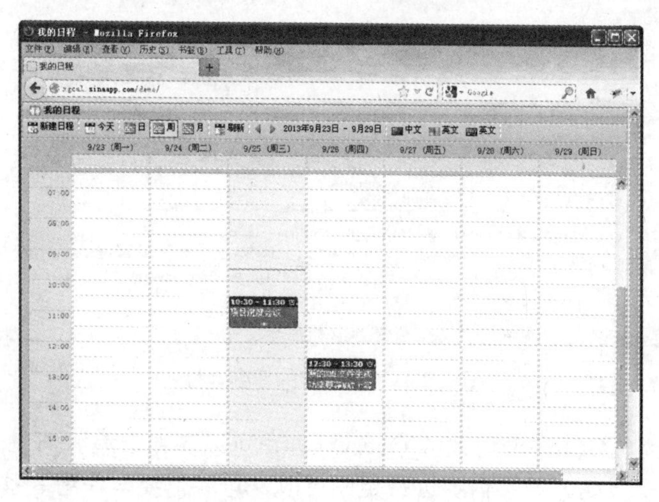

图5.12 xgCalendar的线上实例效果

归纳起来，xGCalendar的功能如下：

- 支持3种视图类型（日、月、周）。
- 支持定义一周的开始日期（周一或者周日）。
- 支持无刷新获取数据和更新数据。
- 支持拖曳选择时间段新增日程（包括单日和跨日）。
- 快速删除。
- 通过拖曳方式快速修改时间。
- 通过拖曳改变大小来调整日程持续时间。
- 支持权限控制。
- 支持多主题风格。
- 优异的性能表现。
- 支持多语言。
- 支持浏览器 IE6+、FireFox3.5+、Opera 10+、Chrome 3+。

5.2.2 使用xGCalendar插件

xGCalendar的使用分为3步：

（1）定义一个用来放置日历的div元素。

（2）添加对xGCalendar插件的js文件以及jQuery库的引用。

（3）通过xgCalendar的API函数来定义事件日历的呈现方式以及相关事件的处理代码。

由于涉及事件日历数据的保存工作，通常需要后端服务器语言比如PHP、ASP.NET等的处理，xGCalendar提供了一系列对于$.ajax的封装，用于向服务器端获取或保存数据。

接下来演示如何使用xGCalendar来创建一个简单的事件日历，在DateCalendarDemo网站上创建一个名为CalendarEvent.html的网页，将xgcalendar-master解压缩后，从其中的xgcalendar-master\example\php\static子文件夹中将所有文件拷贝到DateCalendarDemo网站的新建文件夹calendarjs里面。按如下步骤在CalendarEvent.html中添加事件日历。

（1）添加xGCalendar所需要的对CSS和js文件的引用，以便于可以引用xGCalendar插件来显示日历，如代码5.7所示。

代码5.7 在页面中添加对xGCalendar文件的引用

```
<meta http-equiv="Content-Type" content="text/html; charset=utf-8">
<!--指定日历的样式文件-->
<link href="Calendarjs/theme/Default/calendar.css" rel="stylesheet"
type="text/css" />
<!--添加对jQuery库的引用-->
<script src="Calendarjs/javascripts/jquery.min.js" type="text/
javascript"></script>
<!--添加对Common.js通用脚本库的引用-->
<script src="Calendarjs/javascripts/Common.js" type="text/javascript">
</script>
<!--添加对事件日历的语言文件的引用-->
<script src="Calendarjs/javascripts/Plugins/xgcalendar_lang_zh_CN.js"
type="text/javascript"></script>
<!--添加对xGCalendar库的引用-->
<script src="Calendarjs/javascripts/Plugins/xgcalendar.js?v=1.2.0.4"
type="text/javascript"></script>
<title>事件日历</title>
```

可以看到，在代码中包含了对calendar.css的引用，这个CSS文件是事件日历的样式表文件，不可缺少，接下来是jQuery库的引用。Common.js是一个通用的JavaScript函数库文件，包含了一些公共的函数信息。最后两个文件是事件日历所要用到的语言文件和库文件。

（2）在HTML代码中添加两个div，一个用来显示事件日历顶部的信息，一个用来显示事件日历，如代码5.8所示。

代码5.8 添加显示日历的div元素

```
<body>
  <!--日历头信息-->
  <div id="calhead" style="padding-left:1px;padding-right:1px;">
  </div>
  <!--显示日历的日期范围信息-->
  <div class="fshowdatep fbutton">
    <div>
        <input type="hidden" name="txtshow" id="hdtxtshow" />
        <span id="txtdatetimeshow">Loading</span>
    </div>
  </div>
  <!--显示事件日历的主体区域-->
  <div style="padding:1px;">
```

```
    <div id="dvCalMain" class="calmain printborder">
        <div id="gridcontainer" style="overflow-y: visible;">
        </div>
    </div>
  </div>
</body>
```

示例中包含3个div元素，calhead用来显示日历标题头信息，在这里省略为空。第2个div内部的id为txtdatetimeshow的span元素将用来显示当前的日历范围。而第3个div内部的gridcontainer将用来显示事件日历效果。

（3）添加xGCalenar插件的调用代码，用来在网页上显示一个事件日历，如代码5.9所示。

代码5.9 添加javaScript代码来显示事件日历

```
<script type="text/javascript">
        $(document).ready(function() {
           var view="week";
             //定义一个op对象，用来为事件日历设置参数
            var op = {
                view: view,               //默认是周视图 `day`,`week`,`month`
                theme:3,                  //默认使用第一套主题,可设置范围为0~21
                showday: new Date(),        //显示日期，默认为当天
                timeFormat:" hh:mm t",
                //t表示上午下午标识,h表示12小时制的小时，H表示24小时制的小时,m表示分钟
                  tgtimeFormat:"ht",                   //时间格式
                  url: "/calendar/query" ,
                  //**必填** 请求数据的Url,通过ajax post来请求数据
                  quickAddUrl: "/calendar/add" ,
                  //快速添加日程响应的 Url 地址
                  quickUpdateUrl: "/calendar/update" ,
                  //拖曳更新时响应的 Url 地址
                  quickDeleteUrl:  "/calendar/delete"
                  //快速删除日程时响应的Url 地址
            };
            var $dv = $("#calhead");
            //获取顶部的div实例
            var _MH = document.documentElement.clientHeight;
            //获取当前文档的高度
            var dvH = $dv.height() + 2;
            //将顶部div的高度+2
            op.height = _MH - dvH;
            //设置xGCalendar将要显示的宽度

            //为页面上的div关联xGCalendar，以当前的op作为参数
            var p = $("#gridcontainer").bcalendar(op).BcalGetOp();
            //显示当前的日历范围
            if (p && p.datestrshow) {
                $("#txtdatetimeshow").text(p.datestrshow);
            };
        });
</script>
```

示例中首先定义了op对象，这个对象中包含xGCalendar的参数信息，其中url、quickAddUrl、quickUpdateUrl、quickDeleteUrl分别指向服务器端的地址，用来向服务器端添加、更新和删除日历的事件数据，可以是任何提供数据增、删、改的服务器端网址或者是相关的Web服务。

接下来的代码用来设置op对象的height属性，以指定xGCalendar将要显示的高度，调用bcalendar，传入参数op，并使用链式语法调用BcalGetOp来获取当前日历的信息，显示在id为txtdatetimeshow的input控件上。

至此，就完成了这个基本的xGCalendar的定义，虽然服务器端的Url还没有得以实现，不过已经有了一个可以在客户端运行的xGCalendar实例，效果如图5.13所示。

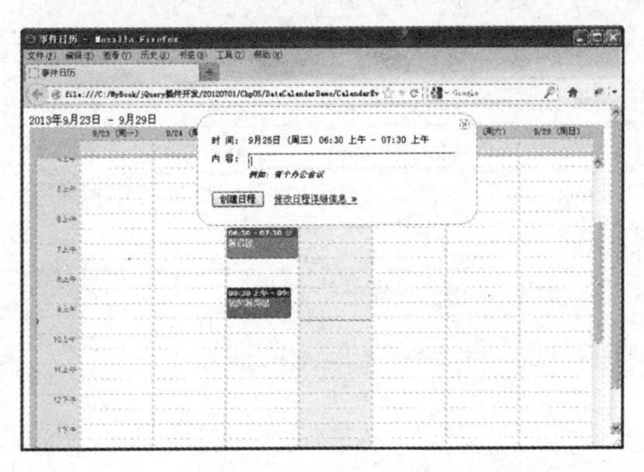

图5.13 基本的xGCalendar事件日历界面

在了解xGCalendar的使用方法后，接下来学习xGCalendar参数的用法，掌握参数的用法之后，就可以利用它的功能来创建自己的事件日历了。

5.2.3 xGCalendar参数说明

要使用xGCalendar，需要在一个Json对象中定义好xGCalendar需要使用的各种参数，xGCalendar提供的参数如表5.5所示。

表5.5 xGCalendar参数列表

参数名称	描述
view	指定事件日历的显示视图，默认是周视图，可供选择的有day、week和month
weekstartday	一周的开始日，默认星期一开始，即为1，如果设置为0则为从星期日开始
theme	使用的主题设置，默认使用第一套主题，可设置范围为0~21
height	视图的高度，如果不设置，则默认获取所在页面的高度
url	请求数据的Url地址，这是必填项
eventItems	日程数据，是一个数组，可通过此参数设置初始化数据。eventItems本身是个数组，数组的项本身又是一个数组，结构如下所示： [主键,标题,开始时间,结束时间，是否全天日程，是否跨天日程,是否循环日程,颜色主题,是否有权限,地点,参与人] 对应的数据类型为：[String,String,Date,Date,1/0,1/0,1/0,0-21,0/1,String,String]
method	异步提交数据的方式，默认为POST，建议不要修改
showday	显示日期，默认为当天
quickAddHandler	快速添加的拦截函数，该参数设置后，quickAddUrl参数的设置将被忽略
quickAddUrl	快速添加日程响应的Url地址

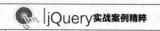

（续表）

参数名称	描述
quickUpdateUrl	拖曳更新时响应的Url地址
quickDeleteUrl	快速删除日程时响应的Url地址
autoload	自动使用url参数加载数据，如果eventItems参数没有配置，可启用该参数，默认第一次获取数据
readonly	是否只读，某些情况下，可设置整个视图只读
extParam	额外参数数组{name:"",value:""}，在所有异步请求中，都会附加的额外参数，可配置其他扩展的查询条件
enableDrag	默认为true，是否可拖曳，和readonly参数不同的只是不能拖曳
timeFormat	默认为HH:mm，t表示上午下午标识，h表示12小时制的小时，H表示24小时制的小时，m表示分钟
tgtimeFormat	HH:mm，与timeFormat的解释是一样的

xGCalendar提供了一些方法以便于程序员可以操纵事件日历，调用方式比较简单，如下面的语法所示：

```
$("#calendarid").functionName(params)
```

xGCalendar提供的方法如表5.6所示。

表5.6 xGCalendar方法列表

方法名称	描述
BCalSwtichview(viewtype)	切换视图参数viewtype值为day、week、month之一
BCalReload	重新加载当前视图也即刷新操作
BCalGoToday(day)	将时间回到day参数所在的时间段，不切换视图
BCalPrev	往前一个时间段，这个时间的范围由当前视图决定，如周视图即为往前一周
BCalNext	同上，往后一个时间段
BcalGetOp	获取当前参数，在切换视图的时候，会获取某些文字提示，比如显示当前的日期范围
BcalSetOp(p)	设置参数，p为额外的参数值，参考{p1:p1value}，可动态设置参数

除了这些方法之外，xGCalendar还提供了一些事件，通过这些事件为xGCalendar添加更多的控制效果，如表5.7所示。

表5.7 xGCalendar事件列表

事件名称	描述
onBeforeRequestData(type)	在请求数据之前触发，type为数字，表示事件的类型（1：加载，2：新增，3：删除，4：更新）
onAfterRequestData(type)	在请求数据之后触发，type为数字，表示事件的类型（1：加载，2：新增，3：删除，4：更新）
onRequestDataError(type,data)	在请求数据出错时触发，type同上，data为错误信息，如果存在的话
onWeekOrMonthToDay(p)	当周视图切换到日视图时触发，p为当前的参数值，可从p.dayshow 获取提示信息

在xGCalendar的下载包中，包含很多各种不同语言的示例，比如有PHP、ASP.NET、NodeJs、Pytho等，下一节将通过一个PHP事件示例来看一看如何使用xGCalendar轻松地创建一个在线事件日历。

5.2.4 创建在线事件日历

xGCalendar提供了一个功能全面的在线事件日志的示例，稍加修改就可以用来创建自己的在线事件日志网站。这一节讨论如何将已经有的PHP示例集成到自己的网站中。

首先确保已经具有PHP的运行环境，如果没有安装WAMP，请参考本书第三章3.2.1小节中的介绍来安装WAMP。接下来将xGCalendar根目录php文件下的所有文件拷贝到WAMP的网站根目录下，使用如下步骤完成配置，就可轻松地拥有一个在线事件日志网页。

（1）首先必须要在MySQL数据库中添加一个保存日程信息的表，可以单独创建一个数据库，或者是使用网站中已经有的数据库。笔者将创建一个新的名为jqCalendar的数据库，打开phpMyAdmin，以root身份登录，切换到“数据库”标签页，新建一个名为jqCalendar的数据库，如图5.14所示。

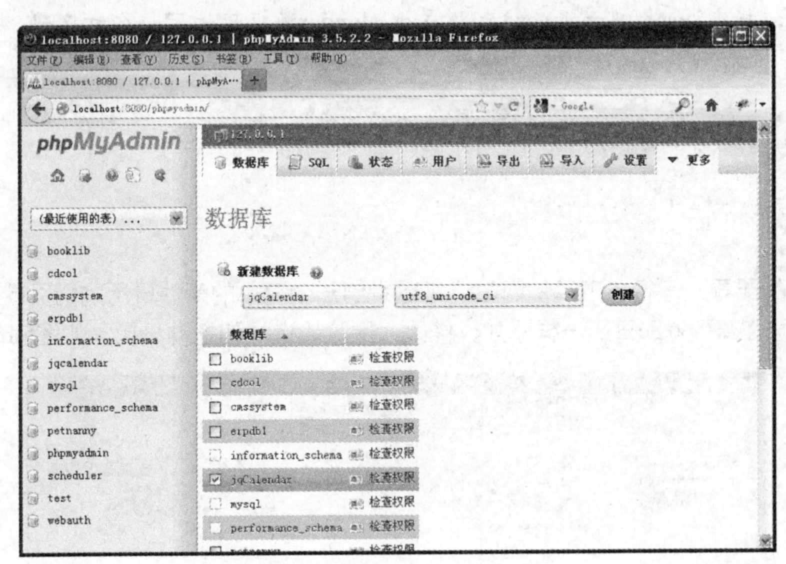

图5.14 创建jqCalendar数据库

（2）在phpMyAdmin左侧选中新创建的jqCalendar数据库，切换到SQL标签页，将xGCalendar示例网站中的createtable_mysql.sql文件中的SQL语句复制到SQL编辑器中，这个SQL脚本中包含详尽的注释，可以了解到每个字段存储的数据信息。执行完成后，在jqCalendar数据库中应该能看到新创建的表，如图5.15所示。

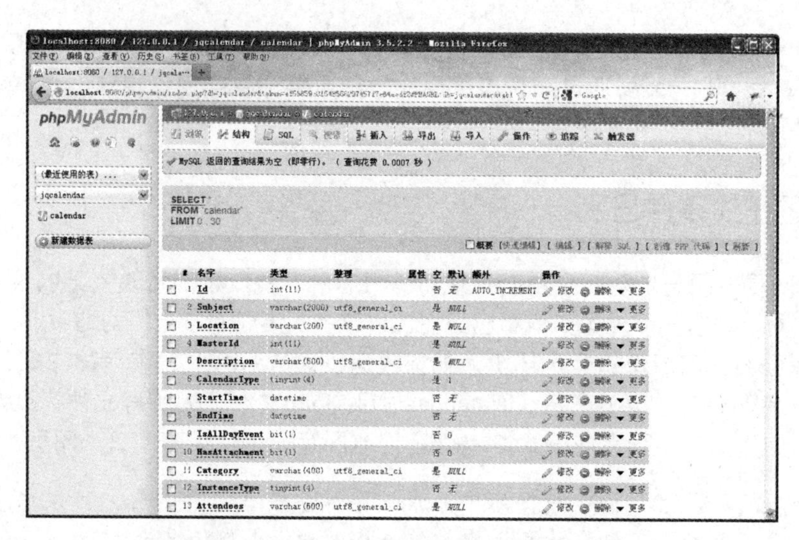

图5.15 在jqCalendar数据库中查看calendar表结构

（3）打开网站目录下includes文件夹中的conf.inc文件，修改其中的host地址为服务器所在的IP或域名，指定$user和$password为当前jqCalendar数据库的用户名和密码，如下所示：

```
<?php
    $dsn = 'mysql:dbname=calendar;
    host=jqlocalhost';
    $user = 'root';
    $password = '******';
?>
```

通过简单的配置，运行一下示例网站，可以看到一个简单的事件日历的网页就显示出来了，在该页面上，可以像Google日历一样添加、修改、删除、选择和拖动日历，如图5.16所示。

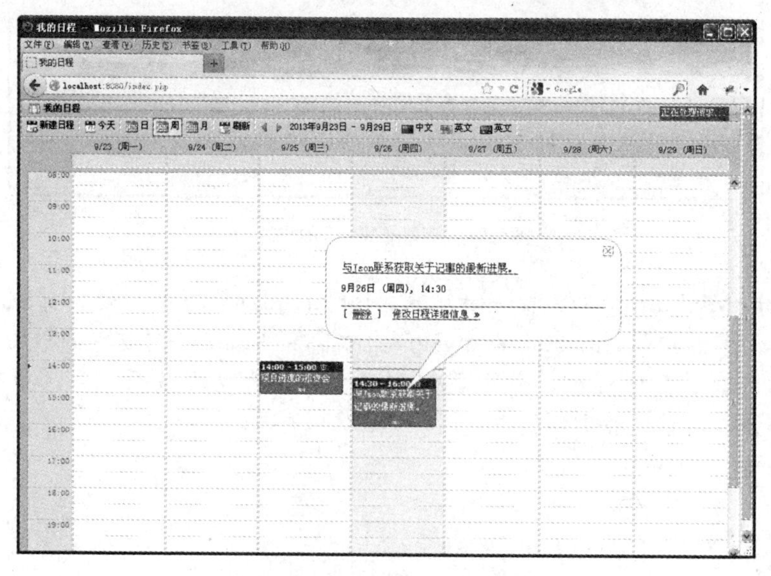

图5.16 示例的事件日历效果

可以看到，实现一个简单的在线事件日历如此简单，理解其中的实现对于学习者来说非常有必要，下一小节将分析PHP的后台如何实现以满足xGCalendar实现对数据库信息的读取和保存工作。

5.2.5 在线事件日历实现方法

在线日历的实现核心是对于xGCalendar的几个Url的指定，使之可以指向特定的PHP方法，这样以便于xGCalendar进行异步的Ajax请求用来初始化事件日历或者是新增、修改、删除事件日历。以index.php文件的$(document).ready事件中的xGCalendar来说，在代码中定义了这些url来指定要进行Ajax调用的目标地址，如代码5.10所示。

代码5.10 xGCalendar调用代码

```
$(document).ready(function() {
        //_CURRENTDATA变量格式：[id,title,start,end，全天日程，跨日日程，
        循环日程,theme,'','']
        var view="week";
        <?php include("_part.php"); ?>//初始化_CURRENTDATA变量，定义初始
        事件日志数据
        var op = {
                view: view,                     //周视图
                theme:3,
                showday: new Date(),            //显示当前日期
                EditCmdhandler:Edit,            //编辑事件处理器
                DeleteCmdhandler:Delete,        //删除事件处理器
                ViewCmdhandler:View,            //查看事件处理器
                onWeekOrMonthToDay:wtd,                  //周切换事件处理器
                onBeforeRequestData: cal_beforerequest,
                //Ajax请求之前的事件处理
                onAfterRequestData: cal_afterrequest,
                //Ajax请求之后的事件处理
                onRequestDataError: cal_onerror,
                //Ajax请求出现异常的事件处理
                url: "calendar.php?mode=get" ,              //获取数据的url
                quickAddUrl: "calendar.php?mode=quickadd" ,
                //快速添加事件的url
                quickUpdateUrl: "calendar.php?mode=quickupdate" ,
                //快速更新事件的url
                quickDeleteUrl:  "calendar.php?mode=quickdelete"
                //快速删除事件的url
        };
        var $dv = $("#calhead");                        //事件日历头部信息
        var _MH = document.documentElement.clientHeight;
        var dvH = $dv.height() + 2;
        op.height = _MH - dvH;
        op.eventItems =_CURRENTDATA;            //指定事件日历的初始信息
        …..
});
```

在页面的开始部分，使用PHP的include包含了_part.php文件，这个文件用来查询数据库，获取起始和结束日期之间的事件，初始化为_CURRENTDATA变量，_CURRENTDATA具有一定的格式，赋给op的eventItems属性，以便用来初始化日历。

当用户单击某一没有添加事件日历的日期时，xGCalendar将弹出一个对话框，允许用户输入事件信息，单击“创建日程”按钮，将会向数据库中插入一条数据。这一事件是通过$.ajax异步地对calendar.php中的QuickAdd方法的调用来添加数据的，在calendar.php中，会根据传入的mode字符串来调用完成数据添加的具体PHP方法，QuickAdd方法的实现如代码5.11所示。

代码5.11 xGCalendar调用代码

```
//添加一个新的日程
function QuickAdd()
{
    $ret = array();                          //用来返回json数据的数组
    //调用getPref获取POST过来的数据
    $subject = getPref("CalendarTitle");
    $strStartTime = getPref("CalendarStartTime");
    $strEndTime =  getPref("CalendarEndTime");
    $isallday =  getPref("IsAllDayEvent");
    $clientzone = getPref('timezone');
    //获取服务器时区
    $serverzone= TIMEZONE_INDEX;
    //计算服务器与客户端时区的差异
    $zonediff = $serverzone-$clientzone ;
    //计算开始时间
    $start_date = DateTime::createFromFormat(msg("datestring").
    " H:i",$strStartTime);
    if ($start_date==null) {
          $ret["IsSuccess"] =false;
          $ret["Msg"] =msg("notvoliddatetimeformat").":".$strStartTime;
          echo json_encode($ret);
          return;
    }
    //计算结束时间
    $end_date = DateTime::createFromFormat(msg("datestring")."
    H:i",$strEndTime);
    if ($end_date==null) {
          $ret["IsSuccess"] =false;
          $ret["Msg"] =msg("notvoliddatetimeformat").":".$strEndTime;
          echo json_encode($ret);
          return;
    }
    try
    {
        //构建用来插入calendar表的数组
          $cal = array(
          "CalendarType" => 1,
          "InstanceType" => 0,
          "Subject" => $subject,
          "StartTime" => addtime($start_date,$zonediff,0,0),
          "EndTime" => addtime($end_date,$zonediff,0,0),
          "IsAllDayEvent" => $isallday == "1"?1:0,
          "UPAccount" => GetClientIP(),
          "UPName" => msg("admin"),
```

```
            "UPTime" => new DateTime(),
            "MasterId" => $clientzone
            );
            //插入新的日程，并返回插入的id值
            $newid = DbInsertCalendar($cal);
            //根据返回的id值构建返回数组消息
            if($newid>0)
            {
                    $ret["IsSuccess"] =true;
                    $ret["Msg"] =msg("successmsg");
                    $ret["Data"] = $newid;
            }
            else
            {
                    $ret["IsSuccess"] =false;
                    $ret["Msg"] =msg("dberror");
            }
        }
        catch(Exception $e)
        {
            $ret["IsSuccess"] =false;
            $ret["Msg"] = $e->getMessage();
        }
         //输出经过json编码的数组内容
        echo json_encode($ret);
    }
```

代码的实现可以分为如下几个部分：

- 调用getPref从表单提交的数据中获取相应的日程信息。getPref是在prefs.inc.php中定义的一个辅助方法。
- 计算起始和结束日期，这里考虑到客户端和服务器端的时间差，因此在提交给数据库的起始和结束日期时，均添加了时间差数据。
- 构建了一个用来向数据库插入记录的数组，调用DbInsertCalendar方法向calendar表中插入数据，并返回插入后的id值。
- 将输出的结果数据调用json_encode编码为json数据，输出给客户端，以便jQuery的JavaScript代码可以进行处理。

calendar.php文件中包含其他的几个被xGCalendar调用的函数，限于篇幅，请读者自行参考本书配套的源代码。

5.3 其他日历插件——jTimepicker

除了jQuery UI系列的Datepicker插件以及xGCalendar功能强大的日程插件外，在开源世界还有很多非常优秀的日历插件，比如在选择日期的同时，很多网页也会要求选择时间，而jTimepicker是一个非常有用的时间选择插件，它提供了非常方便的方法来选择时间。

jTimepicker是一个用于设置小时、分钟和秒的小插件，它利用jQuery UI中的Slider来拖动对时间的调节，其网址如下所示：

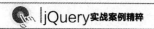

```
http://www.radoslavdimov.com/jquery-plugins/jquery-plugin-timepicker/
```

在jTimepicker的官方网站上，可以看到详细的参数介绍和使用示例，如图5.17所示。

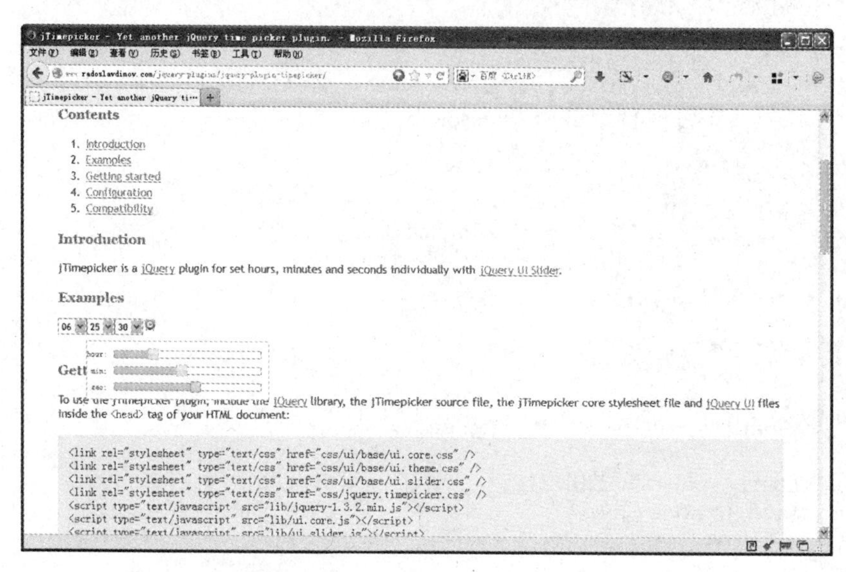

图5.17 jTimpicker网站的示例效果

从官网上可以下载一个103KB的jTimepicker压缩包，解压缩之后就可以看到jTimepicker的插件源文件和示例文件，下面在DateCalendarDemo网站中新建一个名为TimePickerDemo.html的网页，演示如何在网页上加入时间选择器，步骤如下所示。

（1）在DateCalendarDemo网站中新建一个名为Timpickerjs的文件夹，将jTimepicker插件中包含的所有文件和文件夹复制到新建的文件夹中。

（2）打开TimePickerDemo.html网页，添加引用代码，如代码5.12所示。

代码5.12 引用jTimerpicker插件的文件

```
<head>
<meta http-equiv="Content-Type" content="text/html; charset=utf-8">
<title>时间选择器示例</title>
<!--添加对jQuery UI中的样式引用-->
<link rel="stylesheet" type="text/css" href="Timpickerjs/css/ui/base/
ui.core.css" />
<link rel="stylesheet" type="text/css" href="Timpickerjs/css/ui/base/
ui.theme.css" />
<link rel="stylesheet" type="text/css" href="Timpickerjs/css/ui/base/
ui.slider.css" />
<!--添加对jTimepicker的样式引用-->
<link rel="stylesheet" type="text/css" href="Timpickerjs/css/jquery.
timepicker.css" />
<!--添加对jQuery库的引用-->
<script type="text/javascript" src="Timpickerjs/lib/jquery-1.3.2.min.
```

```
js"></script>
<!--添加对jQuery UI库的引用-->
<script type="text/javascript" src="Timpickerjs/lib/ui.core.js"></script>
<!--添加对jQuery UI Slider插件的引用-->
<script type="text/javascript" src="Timpickerjs/lib/ui.slider.js">
</script>
<!--添加对jQuery jtimepicker插件的引用-->
<script type="text/javascript" src="Timpickerjs/lib/jquery.jtimepicker.
js"></script>
</head>
```

可以看到，jTimepicker要引用jQuery UI中的Slider插件，因此在引用列表中也包含了对jQuery UI的样式和库文件的引用。

注意 如果网页中已经添加了对jQuery UI库完整套件的引用，则可以取消示例中对jQuery UI的引用。

（3）在网页中添加一个id为timepicker的div元素，用来作为jTimepicker的容器，如下面的代码所示：

```
<body>
  <!--时间选择器容器-->
  <div id="timepicker"></div>
</body>
```

（4）在jQuery的页面加载事件中添加如下代码来实现时间选择器：

```
<script type="text/javascript">
    $(document).ready(function() {
        $('#timepicker').jtimepicker({
            //在这里配置jTimepicker的参数，指定12小时制
            hourMode:12,
            //指定时间选择图标
            clockIcon:"Timpickerjs/images/icon_clock_1.gif"
        });
    });
</script>
```

在代码中，可以看到指定了两个参数，hourMode指定是24小时制还是12小时制，clockIcon指定显示在时间选择器右侧的图标，运行效果如图5.18所示。

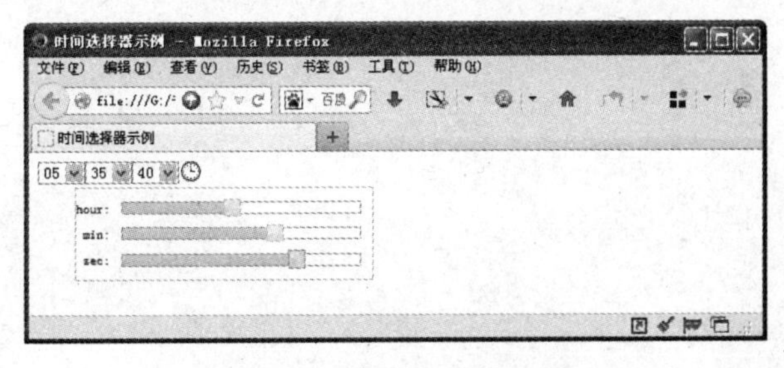

图5.18 时间选择器示例效果

jTimepicker提供了很多参数，用来控制它的显示样式和显示风格，可以参考下载的示例页面的jTimepicker的参数列表，其实大多数时，不需要任何的配置就可以使用jTimepicker。

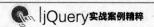

5.4 小结

本章介绍了jQuery日期选择插件，讨论了jQuery UI系列中的Datepicker插件，这个日期选择器提供了灵活的多主题的弹出式日期选择框，本章还讨论了Datepicker插件的下载、使用方法以及详细的参数说明，然后讨论了如何同时显示多个月份、限制日历选择的范围以及如何动画显示日历等功能。接着介绍了xGCalendar这个事件日历插件，它可以实现类似Google Calendar这样的日程表功能，讨论了如何下载和使用xGCalendar插件，详细介绍了xGCalendar插件的参数，讨论了如何使用xGCalendar创建事件日历以及一些核心的实现方法。最后使用一个jTimepicker插件来实现时间的选择。

第6章 表单插件

Ajax的全称是异步JavaScript和XML，这门技术可以实现HTML网页内容无刷新显示或提交的效果，目前已经成为网页开发的主流技术。Ajax可以实现与服务器数据的异步交互，即异步地从服务器中获取或刷新来自服务器上的数据，要实现这项技术需要编写一定数量的JavaScript代码，特别是在编写异步的Ajax表单时，往往需要一定数量的代码获取表单中各个控件的值，然后调用$.ajax来完成异步提交。jQuery的表单插件可以让这些工作变得非常简单，它简化了表单Ajax操作，本章将主要介绍jQuery Form表单插件的功能。

6.1 准备jQuery.form插件

jQuery.form是一个由第三方开发人员开发的jQuery插件，它可以让表单的提交自动改写成Ajax无刷新的方式，这使得对于已有的表单，可以使用这个插件轻松地实现Ajax迁移，而且jQuery.form也提供了众多的控制项，可以让用户对表单里的数据做到完全控制，让表单使用Ajax变得相当简单。

6.1.1 下载jQuery.form插件

jQuery.form的官方网址如下所示：

```
http://www.malsup.com/jquery/form/
```

在该网站中，可以看到jQuery.form众多的API和操作示例，选择Download链接，将进入jQuery.form的下载页面。在下载页面中，可以下载jQuery.form的完整js文件，也可以下载精简版的jquery.form.min.js文件，如图6.1所示。

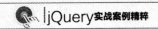

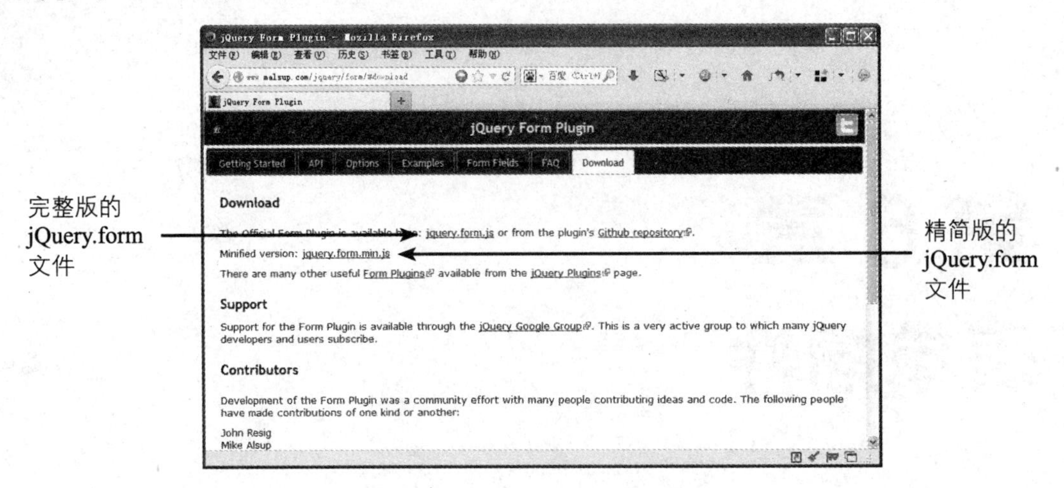

图6.1 jQuery.form的下载页面

下载方法非常简单，在文件名上右击鼠标，选择“链接另存为”即可将目标文件存储到本地文件夹中。

为了查看jQuery.form的效果，接下来创建一个非常简单的表单示例，演示一下如何使用这个强大的插件将一个传统的表单提交变成具有Ajax的表单提交效果，示例的步骤如下所示。

（1）打开Dreamweaver，单击主菜单中的“站点｜新建站点”菜单项，由于这个示例涉及服务器端的数据提交工作，因此示例将创建一个PHP的服务器端网站，服务器设置如图6.2所示。

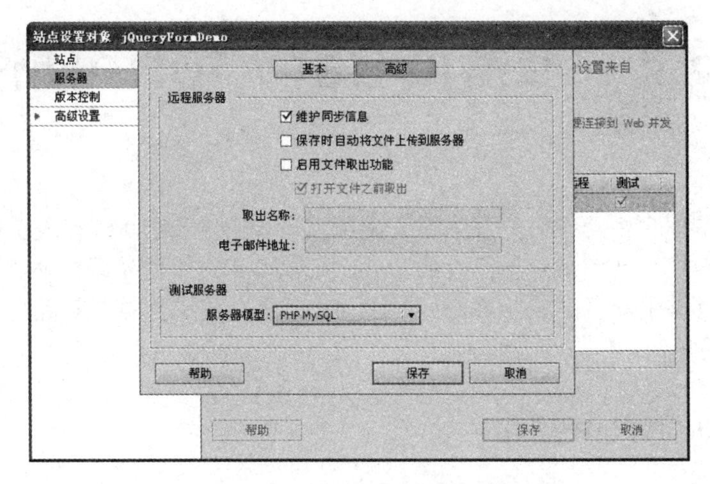

图6.2 jQueryFormDemo示例的服务器端设置

（2）将下载的jQuery和jQuery.form文件拷贝到网站根目录下，笔者分了两个目录，一个用来存放jQuery库文件的jQuery文件夹；一个用来存放jQuery.form插件的文件夹。

（3）在网站根目录下新建两个文件，名为guest_form.html和guest_server.php，guest_form.html用来创建留言表单页面，而guest_server.php是表单页面提交到的服务器端网页。guest_form.html表单界面如图6.3所示。

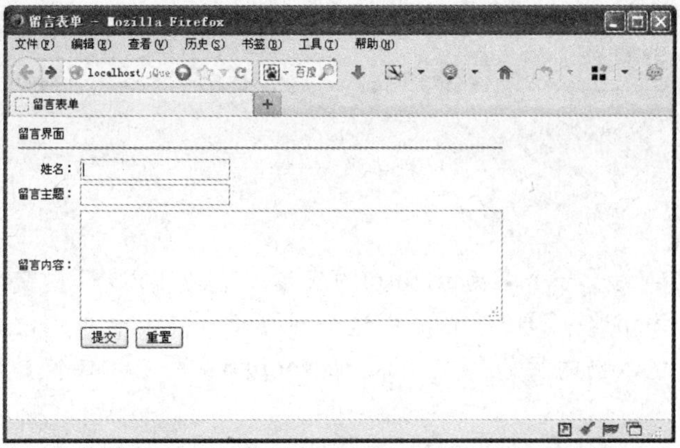

图6.3 表单界面

这里构建了一个简单的留言表单，它可以收集用户的姓名、留言主题和留言内容，当用户单击“提交”按钮时，表单会以POST方式被提交给guest_server.php页面，定义的HTML如代码6.1所示。

代码6.1 guest_form.html表单定义代码

```
<body>
<!--标准的HTML表单定义-->
<form action="guest_server.php" method="post" name="myform" id="myform">
  <table width="500" border="0">
    <tr>
      <td colspan="2">留言界面
        <hr/></td>
    </tr>
    <tr>
      <td align="right">姓名：</td>
      <td width="405"><label for="ipt_name "></label>
      <input name="ipt_name" type="text" id="ipt_name" size="20"
      maxlength="100" /></td>
    </tr>
    <tr>
      <td align="right" nowrap="nowrap">留言主题：</td>
      <td><input type="text" name="ipt_subject" id="ipt_subject" /></td>
    </tr>
    <tr>
      <td align="right">留言内容：</td>
      <td><label for="txt_memo"></label>
      <textarea name="txt_memo" cols="50" rows="5" id="txt_memo">
      </textarea></td>
    </tr>
    <tr>
```

```
        <td> </td>
        <td><input type="submit" name="btnsubmit" id="btnsubmit" value="提交" />
        <input type="reset" name="btnreset" id="btnreset" value="重置" /></td>
      </tr>
      <tr>
        <td> </td>
        <td><input type="hidden" name="idNumber" id="idNumber"/></td>
      </tr>
    </table>
</form>
</body>
```

可以看到，这里定义了一个名为myform的表单，它使用POST提交方式，将表单中的数据提交给guest_server.php这个PHP网页，由这个网页负责提取表单中的数据，然后向数据库中插入数据。出于简化示例的目的，在guest_server.php页面中，仅仅显示了一条提示消息，如代码6.2所示。

代码6.2 guest_server.php服务器端页面定义代码

```
<head>
<meta http-equiv="Content-Type" content="text/html; charset=utf-8">
<title>服务器端网页</title>
</head>
<body>
留言已经成功提交 !
</body>
</html>
```

现在可以试着运行guest_form.html网页，输入一些留言并单击“提交”按钮，可以看到已经重定向到了guest_server.php网页。

（4）前面的步骤演示了一个标准的HTML表单的做法，在引入jQuery.form插件之后，可以无缝地将这个示例表单提交以Ajax方式来进行，打开guest_form.html网页，在head区添加如下对jQuery和jQuery.form的引用：

```
<head>
<meta http-equiv="Content-Type" content="text/html; charset=utf-8">
<title>留言表单</title>
<!--对jQuery库的引用-->
<script type="text/javascript" src="jQuery/jquery-1.10.2.js"></script>
<!--对jQuery.form插件的引用-->
<script type="text/javascript" src="jQueryformplugin/jquery.form.js">
</script>
</head>
```

（5）在添加了对jQuery库和jQuery.form插件的脚本引用后，在jQuery的页面加载事件中定义如下代码来实现一个Ajax提交的表单，如代码6.3所示。

代码6.3 使用jQuery.form实现Ajax方式的表单

```
<script type="text/javascript">
  $(document).ready(function(e) {
     //为表单添加Ajax的效果
```

```
        $('#myform').ajaxForm(function() {
                alert("谢谢您提交的留言！");
            });
});
</script>
```

这段代码使用了jQuery.form中的函数ajaxForm，用来实现Ajax方式的异步表单提交，当表单中的值被提交给guest_server.php，并且服务器端返回成功的状态后，用户将可以看到一个提示消息框，如图6.4所示。

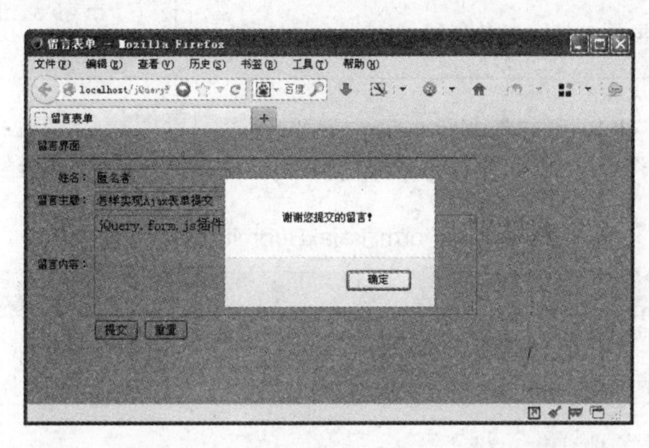

图6.4 使用jQuery.form实现Ajax风格的表单提交效果

可以看到，使用ajaxForm函数之后，表单并没有被刷新，而是由jQuery.ajaxForm异步地向服务器端发送了一个提交动作，将表单中的内容提交给了guest_server.php页面，当服务器端页面提交成功之后，就会显示一条提示消息。

这个示例演示了一个最简单的jQuery.form的用法，jQuery.form提供了很多API函数用来控制表单提交的方方面面，下一小节将讨论这些API的具体作用。

6.1.2 参数说明

上一小节介绍了一个不带任何参数的ajaxForm函数的应用，在使用该函数之后，为表单添加了Ajax异步提交的能力，jQuery.form提供了很多可以用来控制表单数据的API，如表6.1所示。

表6.1 jQuery.form函数列表

函数名称	描述	调用示例
ajaxForm	为表单关联异步提交事件，使得在单击提交按钮时，可以用Ajax的方式进行	$('#myFormId').ajaxForm();
ajaxSubmit	用Ajax的方式直接提交表单，这个函数相当于在表单上进行了一个提交动作	$(this).ajaxSubmit();
formSerialize	将表单提交的内容序列化为一个查询字符串	这个方法将返回一个形如：name1=value1&name2=value2的字符串
fieldSerialize	类似于formSerialize，但是它可以只选择将部分表单域序列化为查询字符串	这个方法将返回一个形如：name1=value1&name2=value2的字符串

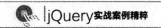

（续表）

函数名称	描述	调用示例
fieldValue	提取匹配jQuery选择器条件的表单域的值。这个方法始终返回一个数组。 如果没有符合条件的域，这个数组将会是个空数组，否则它将会包含至少一个值	var value = $('#myFormId :password').fieldValue();
resetForm	将表单上所有的域重置为初始状态	$('#myFormId').resetForm();
clearForm	清空表单上所有元素的值	$('#myFormId').clearForm();
clearFields	清空表单上某个域的值	$('#myFormId .specialFields').clearFields();

ajaxForm和ajaxSubmit支持大量的可选参数，使得用户可以精细地控制表单的提交，所以这些参数可以通过定义一个options对象来进行提交，ajaxForm和ajaxSubmit的参数如表6.2所示。

表6.2 ajaxForm和ajaxSubmit的参数列表

参数名称	描述	默认值
target	用server端返回的内容更换指定的页面元素的内容。 这个值可以用jQuery选择器来表示，或者是一个jQuery 对象、一个 DOM 元素	null
url	表单提交的地址	表单的action的值
type	表单提交的方式，GET或POST	表单的method的值（如果没有指明则认为是GET）

beforeSerialize	在表单被序列化之前触发的回调函数，这使得可以在值被接收之前进行操作，它需要两个参数，表单的jQuery对象和传递给ajaxForm或ajaxSubmit的可选对象，调用方法如下所示：
	beforeSerialize: function($form, options) {
	// 要取消表单提交，返回false即可
	}
		null

beforeSubmit	表单提交前执行的方法。这个可以用在表单提交前的预处理，或表单校验。如果beforeSubmit指定的函数返回false，则表单不会被提交。beforeSubmit函数调用时需要3个参数：数组形式的表单数据，jQuery 对象形式的表单对象，可选的用来传递给ajaxForm/ajaxSubmit 的对象。 数组形式的表单数据是下面这样的格式： [{ name: 'username', value: 'jresig' }, { name: 'password', value: 'secret' }]	null
success	当表单提交后执行的函数。 如果success回调函数被指定，当server端返回对表单提交的响应后，这个方法就会被执行。 responseText 和 responseXML 的值会被传进这个参数 （这要依赖于dataType的类型）	null
data	包含要提交给服务器端的额外的数据对象，如下面的示例所示： data: { key1: 'value1', key2: 'value2' }	null

（续表）

参数名称	描述	默认值
dataType	指定服务器响应返回的数据类型。其中之一: null, xml, script或者 json。这个 dataType 选项用来指示用户如何去处理server端返回的数据。它和Query.httpData 方法直接相对应。下面就是可以用的选项。 xml: 如果 dataType == 'xml'，则 server 端返回的数据被当作是 XML 来处理，这种情况下success指定的回调函数会被传进去 responseXML 数据 json: 如果 dataType == 'json'，则server端返回的数据将会被执行，并传进success回调函数 script: 如果 dataType == 'script'，则server端返回的数据将会在上下文的环境中被执行	null
semantic	一个布尔值，用来指示表单里提交的数据的顺序是否需要严格按照语义的顺序。一般表单的数据都是按语义顺序序列化的，除非表单里有一个type="image"元素，所以只有当表单里必须要求有严格顺序并且表单里有type="image"时才需要指定这个	false
resetForm	布尔值，指示表单提交成功后是否需要重置	null
clearForm	布尔值，指示表单提交成功后是否需要清空	null
iframe	布尔值，用来指示表单是否需要提交到一个iframe里。这个用在表单里有file域要上传文件时	false

对于熟悉jQuery的$.ajax方法的用户来说，这些参数可能会很熟悉，在内部，ajaxForm和ajaxSubmit实际上就是关联到了对$.ajax的调用，当然ajaxForm和ajaxSubmit的参数列表中包含了对于表单参数的内部调用。

注意 随着jQuery.form版本的不断更新，这个参数列表也许还会发生改变，建议大家在阅读本书时，也关注一下jQuery.form的官方网站以查看最新的参数信息。

6.1.3 无刷新表单的简易制作

在6.1.1小节中已经看到了一个留言簿表单的简单异步提交方式，接下来对这个示例进行进一步的增强，使用ajaxForm和一系列相关的可选参数来实现更加精细化的异步提交效果，如下面的步骤所示。

（1）打开guest_server.php网页，清除所有的HTML内容，这次使用PHP代码获取表单数据，并且使用echo函数向客户端输出结果数据，如代码6.4所示。

代码6.4 获取表单数据并返回结果

```
<?php
    $record = array(                                    //从提交的表单中获取数据
          'name' =>$_POST ['ipt_name'],
          'subject'=>$_POST ['ipt_subject'],
          'content'=>$_POST ['txt_memo']
    );
    //返回表单数据
```

```
    echo '姓名:'.$record['name'].'<br/>留言标题:'.$record['subject'].'<br/>
    留言内容:'.$record['content'].'<br/>';
?>
```

示例中构造了一个$record数组变量，其元素值为使用$_POST从表单中获取数据，并且使用echo函数向客户端输出获取到的表单数据。

（2）打开guest_form.html，在页面底部添加一个id值为guest_info的div元素，以便显示从服务器端返回的数据信息，如下面的代码所示：

```
<!--显示从服务器返回的信息-->
<div id="guest_info"></div>
```

（3）在guest_form.html的head区添加如下代码，实现带参数的ajaxForm调用示例，如代码6.5所示。

代码6.5 使用带参数的ajaxForm调用示例

```
<script type="text/javascript">
  $(document).ready(function(e) {
   var options = {
        target:        '#guest_info',      //要显示返回内容的div元素的id号
        beforeSubmit:  showRequest,        //提交之前的回调函数
        success:       showResponse        //提交之后的回调函数
        //其他的可用的选项
        //url:       url      //覆盖form的action属性
        //type:      type     //'get'或者是'post',覆盖form的method属性
        //dataType:  null     //'xml'、 'script'或'json' (依据服务器返回类型进行设置)
        //clearForm: true     //在成功提交后清除所有的表单域内容
        //resetForm: true     //在成功提交后重置所有的表单域内容
        // $.ajax也能在这里进行设置，比如:
        //timeout:   3000
    };
     //为表单关联Ajax提交方法
    $('#myform').ajaxForm(options);
});
//表单提交之前触发的事件
function showRequest(formData, jqForm, options) {
   //formData是一个数组，在这里使用$.param将其转换为一个字符串用于显示
   //可以在这里对这个数组进行验证以判断传入服务器端的数据的准确性
    var queryString = $.param(formData);
    alert('表单提交的数据如下: \n\n' + queryString);     //显示查询字符串的内容
    return true;               //如果要避免表单被提交，可以在这里返回false

}
 //表单提交之后触发的事件
function showResponse(responseText, statusText, xhr, $form)  {
    //查看表单返回的数据
    alert('状态: ' + statusText + '\n\n返回的文本内容: \n' + responseText +
        '\n\n在div元素中已经显示了这部分内容');
}
</script>
```

整个代码段可以分为3部分。

- 在页面的加载事件中，首先定义了一个options对象，用来为ajaxForm设置参数信息，可以看到在这个对象中，包含target，指向要显示服务器端返回结果的div元素。beforeSubmit用于指定提交之前的回调函数，success指定当成功提交表单之后的回调函数。在options中被注释掉的部分，允许程序员设置其他可用的ajaxForm或ajaxSubmit选项，并且程序员还可以使用jQuery的$.ajax中的选项来进行设置。
- 函数showRequest是在表单提交之前的函数，其中的formData参数包含了要提交的表单数据的数组，程序员可以对这个数组进行验证以确保提交的数据的准确性，并且可以通过指定return false来取消对表单的提交。
- 函数showResponse是表单被提交之后，并且目标div已经被设置之后执行的函数，可以通过statusText来查看当前表单提交之后返回的状态，也可以通过responsetext查看服务器端返回的文本元素。

通过对ajaxForm参数的设置，可以看到jQuery.form其实提供了很灵活的功能以供程序员控制表单提交的方方面面，运行效果如图6.5所示。

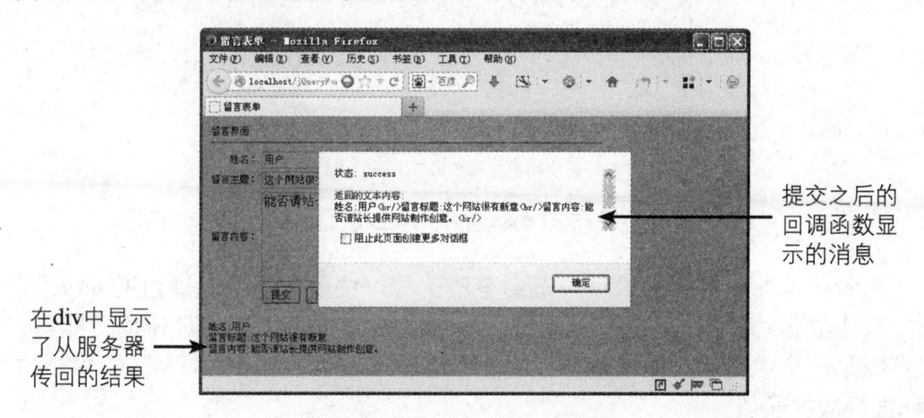

图6.5 Ajax表单提交效果示例

6.2 开发一个Ajax效果的留言簿

在上一节中通过一个简单的留言簿的示例演示了ajaxForm的基本应用，如果认真阅读jQuery.form网站上的示例，会发现jQuery.form还具有验证功能，同时还提供了文件上传功能，在这一节将通过一个真实的示例来看一下如何在自己的网站中应用jQuery.form中的众多功能，以打造自己的Ajax留言簿。

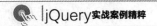

6.2.1 留言簿页面设计

Ajax风格的留言簿的设计跟传统的表单式提交风格的留言簿设计有些不同，传统的非Ajax的留言簿，一般是创建一个前台的PHP页面，将PHP页面的代码嵌在HTML代码中用来显示留言的内容，然后构建一个表单界面，用来允许用户输入留言，表单提交时，会刷新留言显示页面。整个示意结构如图6.6所示。

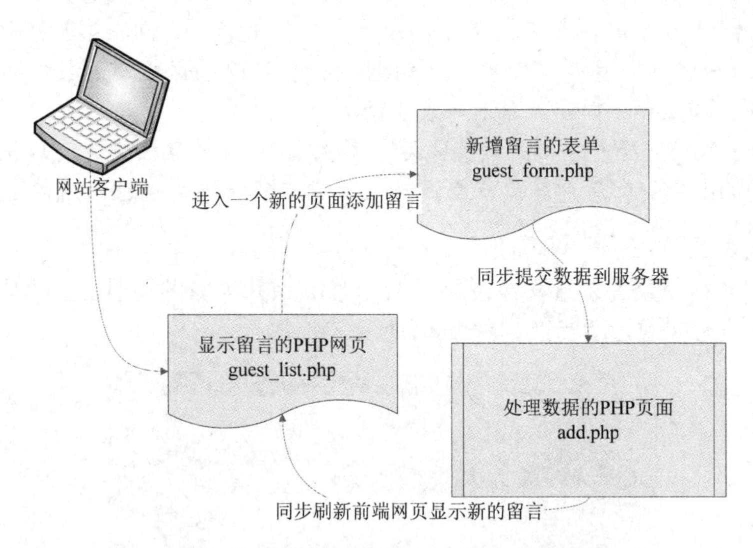

图6.6 传统的非Ajax风格的留言簿页面设计

当使用Ajax技术后，页面的设计方式会有些不同，由于一切都是通过jQuery采用异步的方式提交或获取数据的，因此显示留言的页面只需要是一个静态的HTML网页即可，添加留言的表单可以是一个单独的页面，也可以是整合在显示留言页面的一个部分，前端与后台之间通过json进行数据通信。

注意　json的全称是JavaScript Object Notation，是一种轻量极的基于JavaScript的数据交换格式，它采用独立于语言的文本格式，易于阅读和编写。

使用异步的Ajax技术后，客户端页面与后台页面就可以进行隔离了，它们之间通过json进行通信，因此客户端网页可以与任何支持json接收的服务器端进行通信，而不用与特定的后台语言绑定在一起，如图6.7所示。

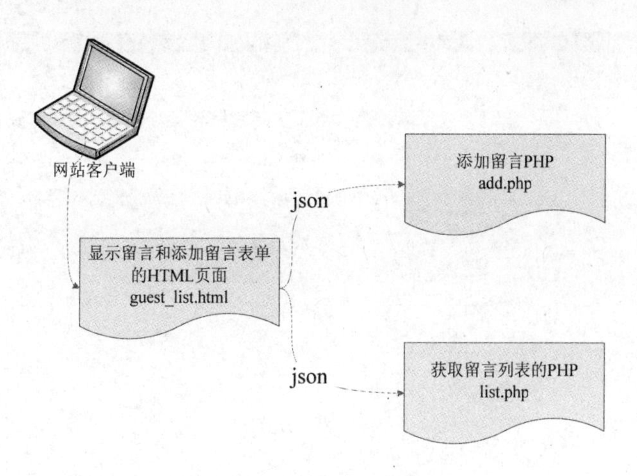

图6.7 使用Ajax方式的留言簿

这种方式让客户端只管理网页的呈现代码，服务器端只管理其业务逻辑的处理，实现了更好的可维护性、可响应性和可扩展性。

本节的示例将采用如图6.7所示的结构，构建一个完全Ajax风格的留言簿。

6.2.2 创建留言簿网站

留言簿示例网站使用Dreamweaver进行创建，首先必须要创建一个名为guestbook的网站，然后将所需的库文件比如jQuery.form、jQuery等拷贝到该网站，实现的步骤如下所示。

（1）打开Dreamweaver，单击主菜单中的“站点 | 新建站点”菜单项，将弹出创建站点窗口，创建一个新的网站，然后单击“服务器”选项，指定服务器配置，创建一个使用PHP服务器端的网站，如图6.8所示。

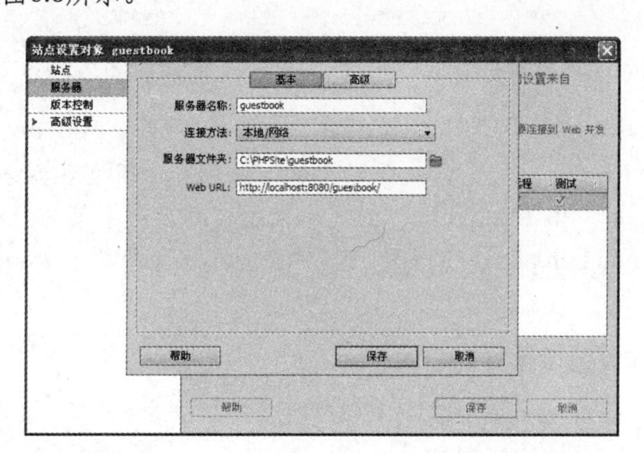

图6.8 创建一个名为guestbook的PHP服务器端网站

（2）将所需要的jQuery、jQuery.form以及一个用来弹出窗口的fancybox拷贝到网站根目录下，以便进行引用。

（3）由于留言的内容会被保存到MySQL数据库中，因此使用phpMyAdmin创建一个名为guestbook的数据库，然后添加一个名为guestbook的数据表，phpMyAdmin的创建页面如图6.9所示。

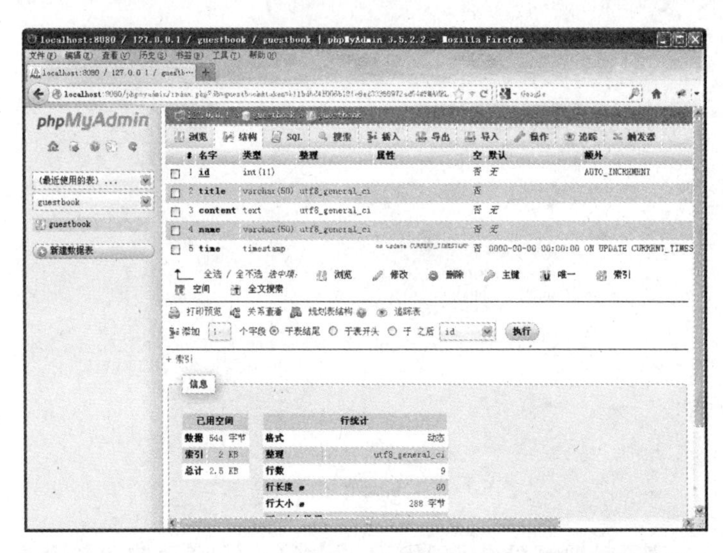

图6.9 在phpMyAdmin中创建guestbook数据库和guestbook数据库表

guestbook表将用来存储留言信息，其建库脚本如代码6.6所示。

代码6.6 guestbook表的代码

```
CREATE TABLE IF NOT EXISTS `guestbook` (
  `id` int(11) NOT NULL AUTO_INCREMENT,     --自动增长的id
  `title` varchar(50) NOT NULL DEFAULT '',          --留言标题
  `content` text NOT NULL,                        --留言内容
  `name` varchar(50) NOT NULL,                   --留言人
   --留言时间
  `time` timestamp NOT NULL DEFAULT '0000-00-00 00:00:00' ON UPDATE
   CURRENT_TIMESTAMP,
  PRIMARY KEY (`id`)                             --以id为主键
) ENGINE=MyISAM  DEFAULT CHARSET=utf8 AUTO_INCREMENT=31 ;
```

可以看到，guestbook表会保存留言人姓名、留言人的标题和内容以及留言时间等信息。

（4）使用PHP连接数据库的代码，笔者使了一个封装好的类db_mysql.php，要使用这个类，需要先在database.inc.php中配置好数据库常量信息即可。请读者参考配套源代码中config.inc.php、database.inc.php和db_mysql.php中的代码以及注释，限于篇幅，在这里不详细列出。

（5）在common.function.php这个PHP页面中，包含用于获取guestbook表中数据的两个封装方法，如代码6.7所示。

代码6.7 通用的留言簿操作代码

```
<?php
/**
 * 公用函数库
 */
 /**
 * 获取所有的留言记录
 */
 function getGuestbookCount(){
    global $db;
    //查询guestbook表，并返回查询结果数组
```

```
    $arr=$db->getList("select * from guestbook");
    //返回数组的元素个数
    return count($arr);
  }
 /**
  * 从数据库表中获取分页后的留言数据
  */
 function getGuestbookList($StartPage=1,$PageSize=10){
    global $db;           //声明函数体内使用的$db变量为global全局变量
    //调用getList函数返回SELECT函数的查询结果
    return $db->getList("select id,title,content,name,time from guestbook
    order by id asc limit
    $StartPage,$PageSize");
 }
 ?>
```

代码中包含两个函数，其作用分别如下所示：

- getGuestbookCount调用了定义在db_mysql.php中的getList方法，查询guestbook表中的所有元素，并将其结果写到数组中，然后返回数组的元素个数，也就是记录的条数。这个方法也可以用db_mysql.php中的getOneRow方法，通过一个SELECT COUNT(*)查询来实现。
- getGuestbookList接收两个参数，$StartPage表示起始页面，$PageSize表示每页显示的记录条数，在函数体内也使用了getList的函数，不过在SELECT语句中使用了MySQL的LIMIT子句来限制返回的记录数，以便实现分页的显示。

至此，已经完成了留言簿的网站基础实现，接下来将重点看一看如何进行Ajax留言簿的页面设计。

6.2.3 构建留言簿网页

为了显示留言内容，示例中构建了一个静态的名为guestbook.html的页面，这个页面包含了纯HTML+JavaScript代码来显示服务器端的信息，这个页面的显示效果如图6.10所示。

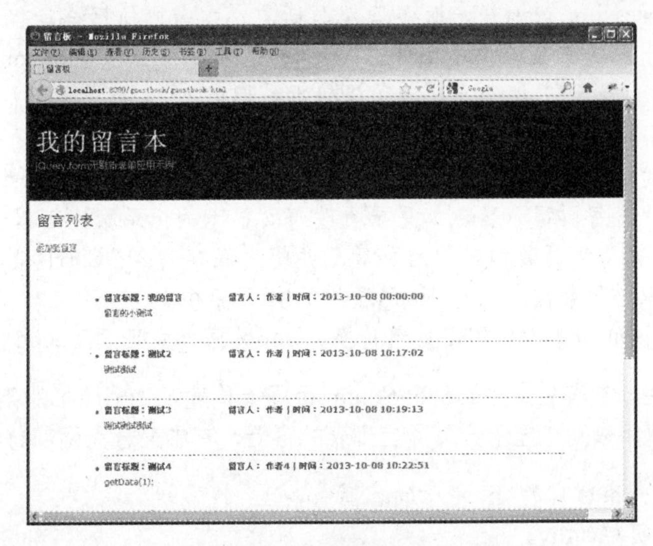

图6.10 带分页功能的留言显示页面

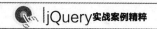

这是一个带分页显示功能的留言显示页面，这个页面会动态地提取服务器上的留言数据，以每页6条记录的方式显示在网页中，并且自带了客户端分页导航，允许用户通过单击“上一页”和“下一页”进行浏览。

显示留言列表的功能使用的是jQuery的$.ajax函数，它将请求list.php，为其返回一个分页的浏览列表，默认从第一页开始（也就是首次打开guestbook.html时）。list.php将会向客户端返回留言列表的json对象，其实现如代码6.8所示。

代码6.8 list.php返回分页留言列表

```
<?php
//打开会话设置
session_start();
//输入UTF-8文档类型
header('Content-Type: text/html; charset=utf-8');
//包含网站配置文件和通用的函数文件
include_once 'config.inc.php';
include_once 'common.function.php';
$page = intval($_POST['pageNum']);              //获取分页的页码数
$total = getGuestbookCount();                   //总记录数
$pageSize = 6;                                  //每页显示数
$totalPage = ceil($total/$pageSize);            //总页数
$startPage = $page*$pageSize;                   //计算起始记录位置
$arr['total'] = $total;                         //构建一个PHP数组
$arr['pageSize'] = $pageSize;
$arr['totalPage'] = $totalPage;
//调用getGuestbookList获取指定位置的记录
$arr['list']= getGuestbookList($startPage,$pageSize);
//返回被json序列化后的数组数据到客户端
echo json_encode($arr);
?>
```

代码的实现细节如下面的步骤所示。

（1）首先调用session_start开始服务器端会话，这在需要使用会话保存数据时一般都需要首先在第一行加上。接下来输出一个HTTP头信息。同时使用include_once包含了网站的配置文件和通用的函数文件，以便于对后面的代码进行调用。

（2）因为使用了分页来显示记录，因此list.php中将调用$_POST函数判断是否传入了pageNum数据，也就是起始页码。接下来调用getGuestbookCount获取guestbook表中总的记录数。$pageSize用来保存每页显示数，如果要更改每页显示的记录数，可以在这里进行更改。

（3）接下来计算总共页数和起始的页数，并将之保存到名为$arr的数组中，并且，调用getGuestbookList获取结果数据，保存到$arr数组的list元素中。

（4）通过调用json_encode将PHP数组转换为json数据，并且调用echo发送到客户端。

服务器端完成后，在客户端的guestbook.html页面上构建了一个简单的用来显示留言信息的页面，重点是要构建用来动态显示分页留言列表的容器，其中又分为两部分：

- 用来显示每一条留言的<li>元素的容器<ul>。
- 用来显示分页栏的div。

在guestbook.html中显示留言和分页的容器实现如代码6.9所示。

代码6.9 guestbook.html中显示分页留言的容器

```
<div id="site_content">
    <div id="content">
      <!-- 用来显示留言内容-->
      <h1>留言列表</h1>
      <a id="addnewmessage" href="#inline1">添加新留言</a>
        <!--显示留言列表的div-->
       <div id="list">
             <!--显示留言列表的ul容器-->
           <ul></ul>
       </div>
          <!--显示分页信息的容器-->
       <div id="pagecount"></div>
    </div>
</div>
```

可以看到，其实所有的留言都显示在ul元素内部，每一条记录都是一个li，在li内部通过添加HTML代码来实现留言的格式化显示功能。分页导航栏显示在一个名为pagecount的div容器中，接下来将介绍如何请求服务器，以获取分页的留言内容。

6.2.4 使用jQuery进行客户端分页

客户端guestbook.html请求list.php中的数据是通过$.ajax进行的，因此必须首先在页面的head区添加对jQuery库的引用。在页面的head区中，定义了4个全局变量，用来保存当前的分页信息，定义了两个函数，分别用来获取留言数据和显示分页导航栏，其中getData函数是获取服务器端留言的主要函数，实现如代码6.10所示。

代码6.10 Ajax获取留言分页记录实现脚本

```
var curPage = 1;                                   //保存当前页码的全局变量
var total,pageSize,totalPage;                      //保存总记录数、页大小和总页数的全局变量
//使用jQuery的$.ajax函数，异步地获取数据
function getData(page){
   $.ajax({
         type: 'POST',                             //提交类型为POST
         url: 'list.php',                          //请求地址为list.php
         data: {'pageNum':page-1},                 //页码数为传入的页码数
         dataType:'json',                          //请求类型为json
         beforeSend:function(){                    //在发送之前显示一个进度条
                $("#list ul").append("<li id='loading'>加载中...</li>");
         },
         //成功获取服务器端的响应后，将向页面上的ul中添加元素
         success:function(json){
                $("#list ul").empty();             //清空ul元素
                total = json.total;                //总记录数
                pageSize = json.pageSize;          //每页显示条数
                curPage = page;                    //当前页
```

```
                totalPage = json.totalPage;     //总页数
                var li = "";
                var list = json.list;                       //得到留言记录列表
                $.each(list,function(index,array){  //遍历json数据列
                    //每一条留言构建一个li，在每一个li内部构建一个表格显示留言的详细信息
                        li+= "<li>"
                        li+='<table width="515" border="0" cellpadding="0"
                        cellspacing="0">';
                        li+='  <tr> ';
                        li+='    <th width="261" height="30" align="left">';
                        li+='    <span>留言标题：</span>';
                        li+= array['title'];
                        li+='    <th width="437" align="left">';
                        li+='      <span>留言人：</span> ';
                        li+= array['name'];
                        li+='  | 时间：'+ array['time'];
                        li+='  </tr> ';
                        li+='  <tr> ';
                        li+='  <td height="50" colspan="2" align="left"
                        valign="top"> ';
                        li+=array['content'];
                        li+='     </tr> ';
                        li+='     </table>   ';
                        li+='     <hr/>      ';
                        li+="</li>";
                });
                //将构建的li追加到ul元素中
                $("#list ul").append(li);
            },
            //在成功完成请求后，更新页面底部的分页条
            complete:function(){
                getPageBar();
            },
            //在出现请求错误时提示数据加载失败
            error:function(){
                alert("数据加载失败");
            }
        });
    }
```

下面的步骤详细介绍了getData函数的具体实现。

（1）首先可以看到4个JavaScript全局变量的定义，这是因为guestbook.html一经显示，就不会被程序内部进行同步刷新，所有的操作都是异步进行的，因此在页面上用全局变量来保存分页的信息。

（2）getData接收一个名为page的参数，这个参数用来指定要显示的页码。在函数内部，调用了$.ajax异步地以POST方式调用list.php页面，在上一节中已经介绍过，list.php页面最终会返回一个json数组。$.ajax的data参数向list.php传递了当前要显示的页码，以便list.php中的数据库调用代码只会提取所需要的数据。

（3）beforeSend会显示一个正在加载中的进度条，这样可以给用户直观的提示效果。

（4）当成功提交并收到服务器的返回数据后，success事件触发，在这个事件中，收到由服务器端返回的json数组，然后对json数组中的元素进行拆解，使用$.each对留言列表进行遍历，为每一条留言构建一个HTML的呈现元素，示例中构建了table元素来显示留言的详细信息。

（5）在循环结束后，li变量中包含的HTML内容将被添加到ul中，构成DOM树的一部分进行显示。

（6）complete事件在成功接收到服务器端数据后触发，这个事件中调用了getPageBar来更新进度条的内容。

（7）error事件在请求出现错误时，简单地调用alert显示一行错误消息。

可以看到，$.ajax的success事件触发时，不仅会从json数据中获取留言记录，而且获取到了分页信息，比如总页数、当前页的记录数、当前页数等信息，将之赋给全局变量，这样便于getPageBar函数根据全局变量中的信息来设置分页导航条的显示，getPageBar的实现如代码6.11所示。

代码6.11 设置分页导航条

```
//设置分页导航条的显示
function getPageBar(){
    //页码大于最大页数
    if(curPage>totalPage) curPage=totalPage;
    //页码小于1
    if(curPage<1) curPage=1;
    pageStr = "<span>共"+total+"条</span><span>"+curPage+"/"+totalPage+"
    </span>";

    //如果是第一页
    if(curPage==1){
            pageStr += "<span>首页</span><span>上一页</span>";
    }else{
        //为链接添加rel属性，以记录分页位置
            pageStr += "<span><a href='javascript:void(0)' rel='1'>首页</a>
            </span><span><a
            href='javascript:void(0)' rel='"+(curPage-1)+"'>上一页</a>
            </span>";
    }

    //如果是最后页
    if(curPage>=totalPage){
            pageStr += "<span>下一页</span><span>尾页</span>";
    }else{
        //为链接添加rel属性，以记录分页位置
            pageStr += "<span><a href='javascript:void(0)'
            rel='"+(parseInt(curPage)+1)+"'>下一页
            </a></span><span><a href='javascript:void(0)'
            rel='"+totalPage+"'>尾页</a></span>";
    }
```

```
        //将HTML字符串插入到显示分页的容器div中
        $("#pagecount").html(pageStr);
    }
```

getPageBar的实现原理很简单，就是根据curPage、totalPage的值来设置一些用于进行“上一页”和“下一页”导航的链接，在getPageBar中并没有为链接指定具体的目标位置，仅仅使用了javascript:void(0)这样无意义的函数调用，而在页面加载事件中，为链接关联了click事件处理代码，以便在链接被单击时，可以调用getData获取指定分页的数据。

注意 在构建导航链接时，为a元素添加了rel属性，使其保存当前的分页号，这样就可以在click事件中获取这样的属性，让其调用特定分页的数据。

接下来看一看页面加载事件，它会首先调用getData获取当前页的数据，然后为链接关联click事件处理代码，以便其单击时可以调用getData获取指定页面的数据，如代码6.12所示。

代码6.12 设置分页导航条链接并加载分页数据

```
$(document).ready(function() {
    getData(curPage);                    //在页面加载时，获取当前页的数据
    //为分页导航栏关联单击事件处理代码
    $("#pagecount span a").live('click',function(){
        //判断其是否存在rel属性
          var rel = $(this).attr("rel");
          if(rel){
                getData(rel);
                //如果存在，在单击时则调用getData(rel)异步地获取分页的数据
          }
    });
});
```

在页面加载事件中，首先调用getData函数，获取由curPage指定的页数据，由于curPage初始值为1，因此在页面首次加载时，将显示第一页的数据。接下来为分页导航条中的链接关联了click事件，这个事件内部判断当前的链接内部是否包含rel属性，如果包含，则调用getData函数，传入rel属性，因为rel属性中保存的就是当前分页的数据，分页的效果如图6.11所示。

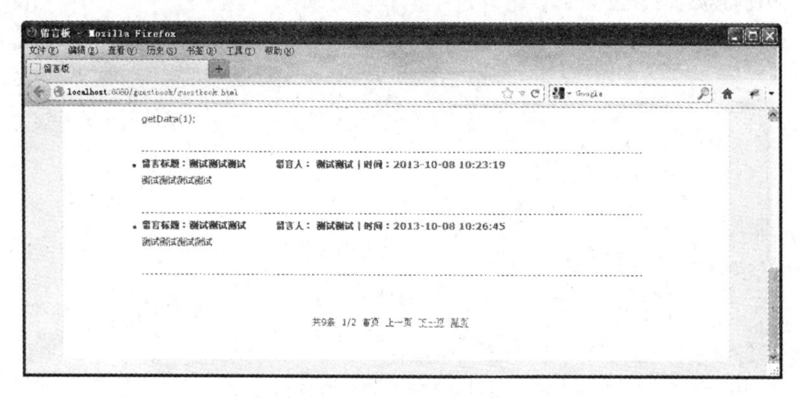

图6.11 留言簿Ajax分页效果页面

6.2.5 构建留言簿表单

在留言页面上，有一个“添加新留言”的链接，单击该链接，将弹出一个窗口，显示一个留言的表单，如图6.12所示。弹出式窗口的效果使用了第三方的jQuery插件fancybox，可以在如下网址找到关于该插件的更多介绍：

```
http://fancybox.net
```

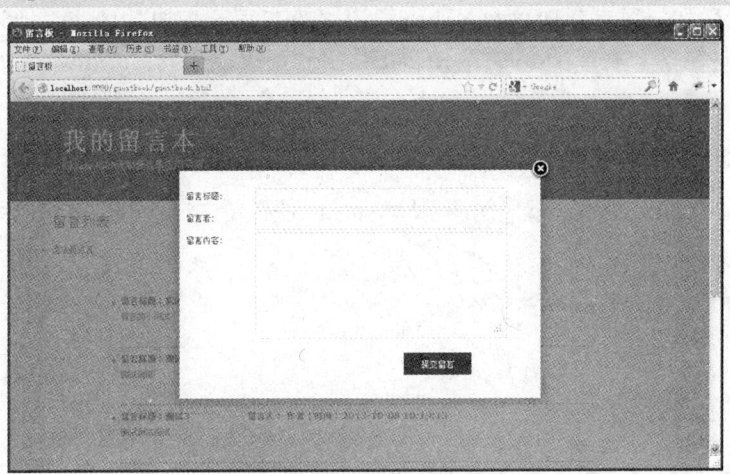

图6.12 输入留言的表单

fancybox可以在网页上创建各种有趣的弹出式窗口，使用简单，效果不俗，也是众多网站建设者喜欢的插件之一。

依据fancybox文档的介绍，可以弹出式地显示表单的内容，表单必须放在一个display:none的div中，因此构建了如下代码，如代码6.13所示。

代码6.13 设置表单HTML代码

```
<!--一个隐藏的div，用来设置弹出式表单-->
<div style="display: none;">
    <!--弹出式表单的div内容元素-->
      <div id="inline1" style="width:500px;height:300px;overflow:auto;">
        <!--留言表单-->
      <form id="guestform" action="add.php" method="post">
      <div class="form_settings">
          <p><span>留言标题:</span>
          <input class="contact" type="text" name="ipt_title" value=
          "" /></p>
          <p><span>留言者:</span>
          <input class="contact" type="text" name="ipt_name" value=
          "" /></p>
          <p><span>留言内容:</span>
          <textarea class="contact textarea" rows="8" cols="50"
          name="ipt_content"></textarea>
          </p>
          <p style="padding-top: 15px"><span> </span><input
```

```
            class="submit" type="submit" name="contact_submitted" value="提交
留言" /></p>
            </div>
          </form>
        </div>
    </div>
```

可以看到，表单的内容放在一个隐藏的div元素中，这样可以避免表单在一开始就被显示，仅在单击“添加新留言”时由fancybox弹出式窗口显示表单的内容。“添加新留言”链接的href属性指向包含了表单的div，这使得fancybox可以提取到这个div中的内容进行显示，链接代码如下所示：

```
    <a id="addnewmessage" href="#inline1">添加新留言</a>
```

在页面加载事件中，使用如下代码调用fancybox以便在单击链接时可以显示弹出式窗口：

```
    //显示一个插入新留言的表单提示框
    $("#addnewmessage").fancybox({
        'titlePosition'          : 'inside',
        'transitionIn'           : 'none',
        'transitionOut'          : 'none'
    });
```

有关fancybox的更多使用方法请参考fancybox的官方网站，在这里仅仅使用了其中最简单的几个参数，这使得单击链接时能够显示出一个漂亮的Ajax风格的窗口。

6.2.6 使用Ajax无刷新提交表单

无刷新表单是使用jQuery.form中的ajaxForm来实现的，这里使用了较多的ajaxForm的参数来实现异步表单提交，实现如代码6.14所示。

代码6.14 使用ajaxForm异步提交表单数据

```
    //设置表单提交按钮事件
    var options = {
            beforeSubmit:  showRequest,         //提交之前的回调函数
            success:       showResponse,        //提交之后的回调函数
            error:         showerror,
            //其他可用选项
            url:       'add.php',               //覆盖了form的action属性
            type:      'post',          //'get'或者是'post',覆盖form的method属性
            dataType:  'json',//'xml','script'或'json'(依据服务器返回类型进行设置)
            clearForm: true,                    //在成功提交后清除所有的表单域内容
            resetForm: true,                    //在成功提交后重置所有的表单域内容
            timeout:   3000
    };
    //为表单关联Ajax提交方法
    $('#guestform').ajaxForm(options);
    //表单提交之前触发的事件
    function showRequest(formData, jqForm, options) {
        var queryString = $.param(formData);
        //在这里可以进行验证工作，在此省略
        return true;
```

```
}
//表单提交之后触发的事件
function showResponse(responseText, statusText, xhr, $form)  {
    //关闭fancybox窗口
    $.fancybox.close();
    //responseText包含服务器端传回的json数据，在这里重新刷新留言列表数据
    if (responseText['totalPage']){
      var pagetotal=responseText['totalPage'];
      getData(pagetotal);    //重新获取最后一页留言列表数据
      curPage=pagetotal;     //将当前页设置为最后一页
    }else{
      getData(1);                      //如果不存在totalPage元素，则返回第一页
    }
}
//如果提交错误，则显示留言错误消息
function showerror(){
    alert('留言错误');
}
```

这段代码与代码6.5中的示例基本相同，但是这里使用了很多在代码6.5中未曾用到的参数，比如error事件处理函数showerror，用于当产生提交错误时触发，url覆盖了form中的action属性，指定到add.php，type指定为post，datatype指定为json，表示服务器端使用json格式的数据传输，clearForm表示成功提交后清除所有表单域内容，resetForm用于重置表单域内容。

beforeSubmit事件中未进行任何处理，笔者一开始本来想添加一些验证功能，但jQuery.form提供了验证特性，也可以在这里写一些验证代码来验证提交数据的正确性，对于失败的验证，可以直接return false，禁止提交。

success在成功提交表单后触发，在该事件中做了很多工作：

- 关闭fancybox窗口。
- 由于add.php中也返回了一个json数组，包含在responseText中，通过从json数组中提取totalPage，返回当前总页数。
- 调用getData显示最后一页的数据，并将最后一页设置为当前页。

这样每次用户提交了留言数据后，会自动关闭fancybox，并且显示最新的留言信息。

6.2.7 添加留言功能实现

至此，已经实现了留言簿的绝大多数功能，最后来看一看add.php这个服务器端页面的实现方法，它将向客户端返回一个json数组，其中包含在插入新的留言后的最新总页数，以便客户端可以显示这条最新的留言。add.php页面的实现如代码6.15所示。

代码6.15 添加留言功能的实现

```
<?php
//打开会话设置
session_start();
//输入UTF-8文档类型
header('Content-Type: text/html; charset=utf-8');
//包含网站配置文件和通用的函数文件
include_once 'config.inc.php';
```

```
    include_once 'common.function.php';
    //如果包含了提交的数据
    if(isset($_POST['ipt_title'])){
        $record = array(                                    //构造插入数组
              'title'                        =>$_POST ['ipt_title'],
              'name'             =>$_POST ['ipt_name'],
              'content'              =>$_POST ['ipt_content'],
              'time'             =>date("Y-m-d H:i:s")
        );
        $id = $db->insert('guestbook',$record);             //调用insert方法进行插入
        $arr['id']='';
        if($id){
              $arr['id']=$id;                               //返回新插入的数组
        }
        $total = getGuestbookCount();                       //总记录数
        $pageSize = 6;                                      //每页显示数
        $totalPage = ceil($total/$pageSize);                //总页数
        $arr['totalPage']=$totalPage;
        echo json_encode($arr);                             //返回json数组
    }
    ?>
```

与list.php一样，这里首先开始session，并且包含config.inc.php和common.function.php服务器端页面。add.php构造了一个数组，这个数组中的键是来自数据库中的字段名，值是来自表单提交的数据，通过调用db_mysql.php类中的insert方法，将这个数组中的内容作为insert语句的值，插入到表guestbook中，插入成功后会返回插入的id值，然后构造了一个PHP数组，保存了插入的id值和最新的总页数，最后调用json_encode方法将这个PHP数组转换成json格式返回到客户端，从而实现留言的成功提交。

至此，这个基于Ajax效果的留言簿就完成了，最终效果如图6.13所示。

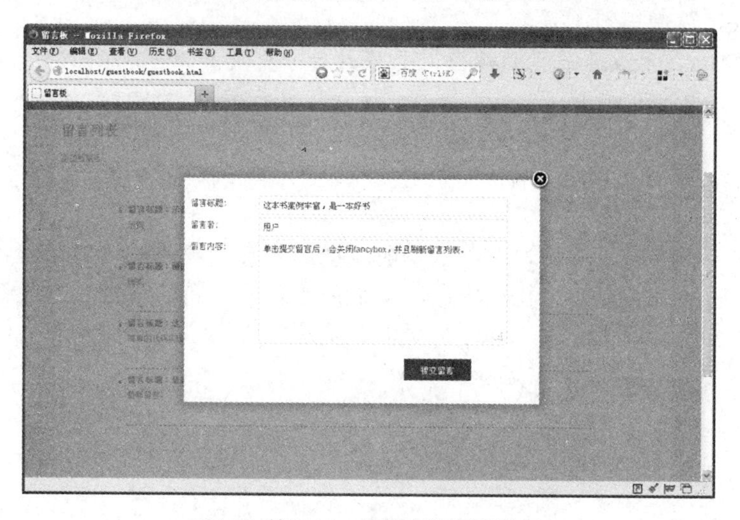

图6.13 基于Ajax的留言簿示例效果

6.3 其他表单插件

除了jQuery.form这个方便易用的插件外，还有很多好用的表单插件，比如jQuery.validatey用来实现表单数据验证、jQuery独具特色的下拉列表插件等，下面介绍一下比较常用的jQuery表单插件。

6.3.1 快速生成表单插件jFormer

使用jQuery.form需要自己构建表单，而通过jFormer可快速创建功能全面、美观易用的表单。图6.14是使用jFormer创建的功能全面的联系人表单。

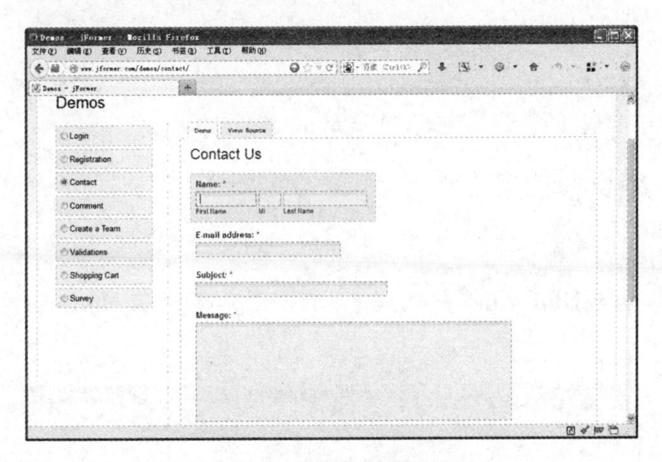

图6.14 jFormer表单效果

jForm的官方网址如下：

```
http://www.jformer.com/
```

jFormer除可以快速生成漂亮、标准兼容的表单外，还包含如下功能：

- 客户端验证
- 服务器端验证
- AJAX 提交
- 可通过 CSS 定制外观
- 验证码支持
- 通用表单模板

可以在jForm的官方网站上下载jForm的最新版本，jForm也提供了详细的介绍文档，以供使用者进行学习，它是一款非常值得研究的表单插件。

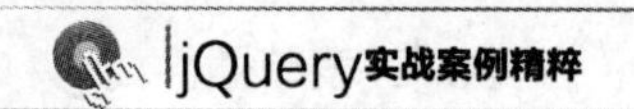

6.3.2 表单美化插件Uniforms

如果觉得自己做的表单不如其他人的表单漂亮美观，可以借助Uniforms这个表单美化插件来实现属于自己的漂亮表单。Uniform可以让标准的表单控件具有自定义的样式效果，并且同一个页面上可以具有多种不同风格的表单样式。Uniform表单应用效果如图6.15所示。

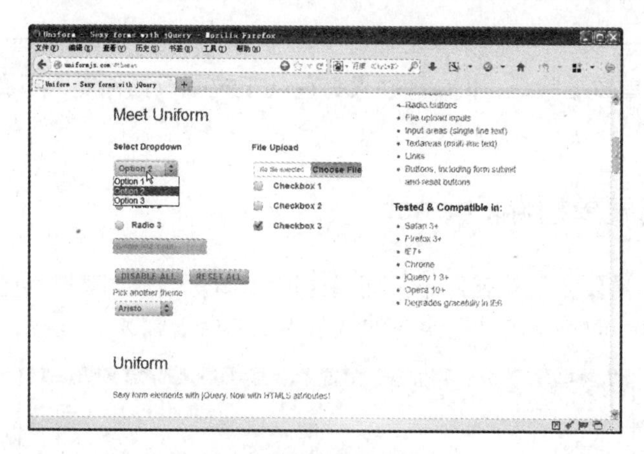

图6.15 Uniform表单效果

Uniform的官方网址如下：

```
http://uniformjs.com/
```

在官网上，可以看到Uniform的文档、多种不同的主题以及Uniform的源代码，如图6.16所示。

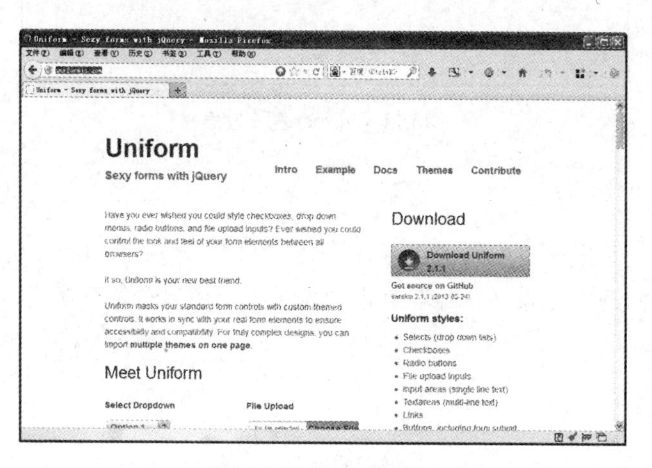

图6.16 Uniform的首页

在该首页上可以直接下载最新的Uniform，可以通过Docs链接查看Uniform的使用文档。通过Themes链接，可以从Uniform网站获取不同的表单主题，轻松地美化自己的表单界面。

6.4 小结

本章讨论了jQuery与表单相关的插件，重点介绍了能够为表单带来Ajax效果的jQuery.form插件的使用。首先讨论了jQuery.form插件的下载方法，详细介绍了jQuery.form的API和参数的作用与用法，并通过一个简单的表单示例演示了如何使用jQuery.form。在6.2小节构建了一个使用Ajax效果的留言簿，介绍了基于Ajax网页的一些页面组成方式，然后从如何创建网站开始，依次讨论了创建前端显示页面、使用jQuery异步请求服务器数据、在前端分页数据、构建弹出式的表单效果、使用jQuery.form创建异步提交表单的效果。本章最后也讨论了其他两个表单插件jFormer和Uniform的使用效果，有兴趣的读者可下载使用。

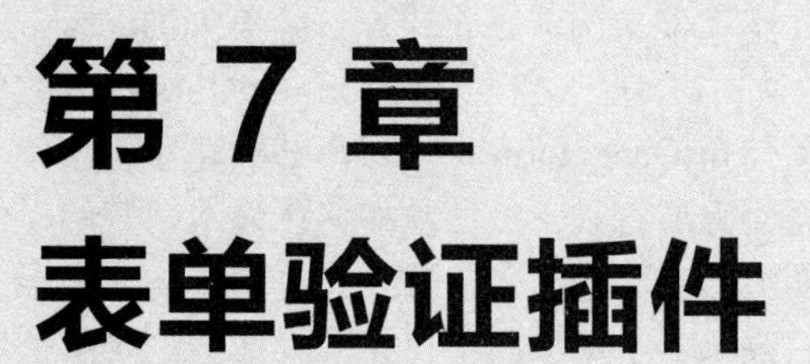

第 7 章 表单验证插件

表单允许用户输入数据，然后发送到服务器端，网站开发人员必须要确保用户输入的数据准确无误，符合数据规则，此时就需要对表单中输入的数据进行验证，表单验证分为两类。

- 客户端验证：在客户端通过JavaScript代码对用户输入的数据进行验证。
- 服务器端验证：当数据被提交到服务器端后，由服务器端代码，比如PHP或ASP.NET进行验证。

一般是根据数据完整性规则合理分配两种验证方式，比如将用户输入的完整性放在客户端验证，而数据的准确性有时候需要匹配其他的业务规则，可以放在服务器端进行验证。

7.1 准备jQuery.validate插件

jQuery的插件库中也包含方便于进行表单验证的插件，将原本需要编写大量验证代码的工作简化了，并且提供了很丰富的提示效果，jQuery.validate是其中比较优秀的一款，有了这款插件，表单验证就变得轻松易用。

7.1.1 下载jQuery.validate插件

对于一个包含表单的网页来说，在客户端，通常需要完成如下验证：

- 用户是否已填写表单中的必填项目
- 用户输入的邮件地址是否合法
- 用户是否已输入合法的日期
- 用户是否在数据域（numeric field）中输入了文本

当用户输出不匹配验证的规则时，一般会在表单输入域旁显示一行提示信息，以告之用户输入了不正确的数据，如图7.1所示。

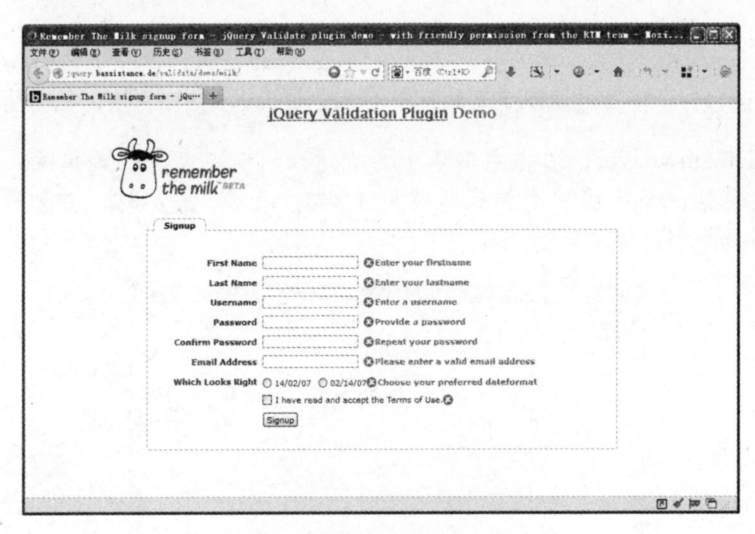

图7.1 表单验证效果示例

可以看到，当用户未在表单中输入数据，或者是输入了不正确的数据，比如没有输入正确格式的Email地址，都会出现错误提示。

jQuery.validate是一款功能强大又可以灵活定制的表单验证插件，其官网地址如下：

```
http://jqueryvalidation.org/
```

在官网上，可以看到jQuery.validate的详细介绍以及下载地址，官网上还包含详细的文档以及使用示例，如图7.2所示。

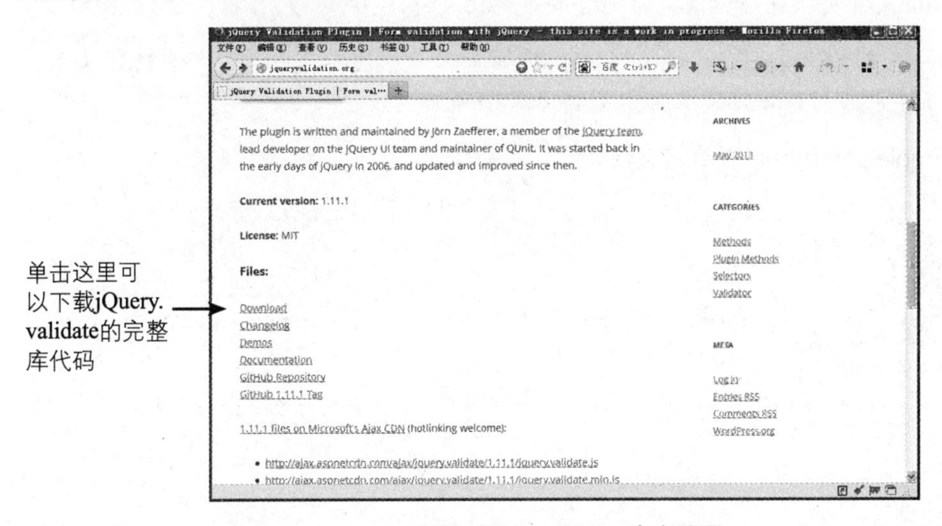

图7.2 jQuery.valdation官方网页

> 注意 jQuery.validate是由jQuery团队中的Jörn Zaefferer编写和维护的，Jörn Zaefferer负责领导jQuery UI团队的开发人员，并维护QUnit。

jQuery.validate当前最新版本是1.11.1，单击Download链接后，下载的压缩包大于700KB，在该压缩包内既包含jQuery validate的源代码，也包含相关的示例文件、语言文件和测试文件。

为了了解jQuery.validate的使用方法，下面在Dreamweaver中创建一个名为FormValidate的网站，在该网站中通过一个简单的示例来了解一下jQuery.validate的使用方法，如下面的步骤所示。

（1）打开Dreamweaver，单击主菜单中的“站点 | 新建站点”菜单项，创建一个名为FormValidate的网站，为了能够支持稍后将要介绍的Ajax验证方式，在这里将网站设置为PHPMySQL服务器模型，如图7.3所示。

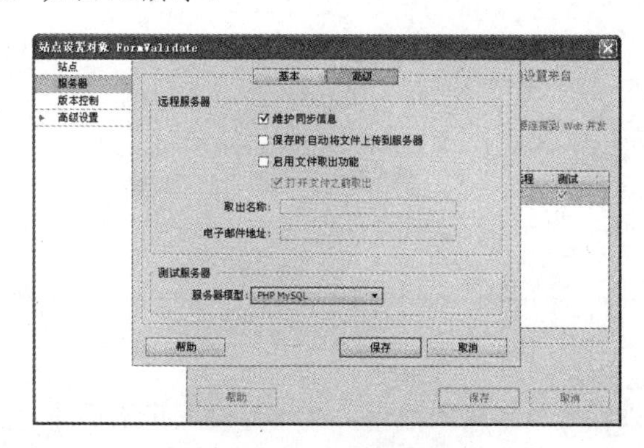

图7.3 创建FormValidate网站

在网站根目录下新建一个名为js的文件夹，将下载的如下3个目录拷贝到该文件夹下。

- dist文件夹：jQuery Validate的分发文件，包含JavaScript库文件和辅助方法文件。
- lib文件夹：包含jQuery库、jQuery.form以及一些其他辅助的JavaScript库文件。
- localization文件夹：包含错误提示消息的本地化文件。

（2）新建一个名为SimpleDemo.html的HTML页面，在该页面上构建一个HTML表单，笔者使用了第6章中创建的留言簿表单，定义如代码7.1所示。

代码7.1 SimpleDemo.html表单定义代码

```
<!DOCTYPE HTML PUBLIC "-//W3C//DTD HTML 4.01 Transitional//EN"
"http://www.w3.org/TR/html4/loose.dtd">
<html>
<head>
<meta http-equiv="Content-Type" content="text/html; charset=utf-8">
<title>简单的表单验证示例</title>
<!--引用定义表单样式的css文件-->
<link rel="stylesheet" type="text/css" href="css/bookstyle.css">
</head>

<body>
<!--留言表单-->
<h2>简单的表单验证示例</h2>
<form id="guestform" action="add.php" method="post">
<div class="form settings">
    <p><span>留言标题:</span>
    <input class="contact" type="text" name="ipt_title" value="" /></p>
    <p><span>留言者:</span>
```

```
        <input class="contact" type="text" name="ipt_name" value="" /></p>
        <p><span>留言内容:</span>
        <textarea class="contact textarea" rows="8" cols="50" name="ipt_
        content"></textarea>
        </p>
        <p style="padding-top: 15px"><span> </span>
        <input class="submit" type="submit" name="contact_submitted" value=
        "提交留言" />
        </p>
      </div>
    </form>
    </body>
    </html>
```

假定因为逻辑的需要，要使得留言标题、留言者和留言的内容都不能为空，可以通过客户端验证来轻松实现。

（3）在HTML的head区，添加如下引用代码，以实现对jQuery、jQuery.Validate和其简体中文语言文件的引用：

```
<!--添加对jQuery库的引用-->
<script type="text/javascript" src="js/lib/jquery-1.9.0.js"></script>
<!--添加对jQuery.Validate验证插件库的引用-->
<script type="text/javascript" src="js/dist/jquery.validate.js"></script>
<!--添加对jQuery.Validate验证插件库简体中文提示语言的引用-->
<script type="text/javascript" src="js/localization/messages_zh.js"></script>
```

（4）在jQuery的页面加载事件中，添加如下代码对guestform表单设置验证规则，以便在提交之前可以对表单的输入进行客户端验证，如代码7.2所示。

代码7.2 使用jQuery.validate添加客户端验证规则

```
<script type="text/javascript">
$(document).ready(function(e) {
    //对表单进行验证，也就是关联表单的验证规则
    $("#guestform").validate({
          rules: {
              //留言标题
                 ipt_title:{
                        required: true,         //不能为空
                        maxlength:20,           //最大长度20字符
                        minlength:5             //最小长度5字符
                 },
                 //留言者
                 ipt_name: {
                        required: true,         //不能为空
                        maxlength:50            //最大长度50字符
                 },
                 //留言内容
                 ipt_content: {
                        required:true,          //不能为空
                        minlength:20,           //最小长度20字符
                 }
          } });
});
</script>
```

validate函数是整个jQuery.validate插件的关键，它将关联表单的提交事件，对于表单中的所有域进行验证，rules对象定义了表单域要使用的验证规则，可以看到jQuery.validate提供了

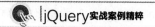

required让文本框不能为空，使用了maxlength和minlength来限制表单的最大长度和最小长度。

至此就完成了表单的验证工作，现在运行这个页面，如果什么也不输入就提交表单，页面上会动态地显示错误提示消息，如果输入的最小长度与最大长度不匹配规则的要求，也会抛出错误提示，如图7.4所示。

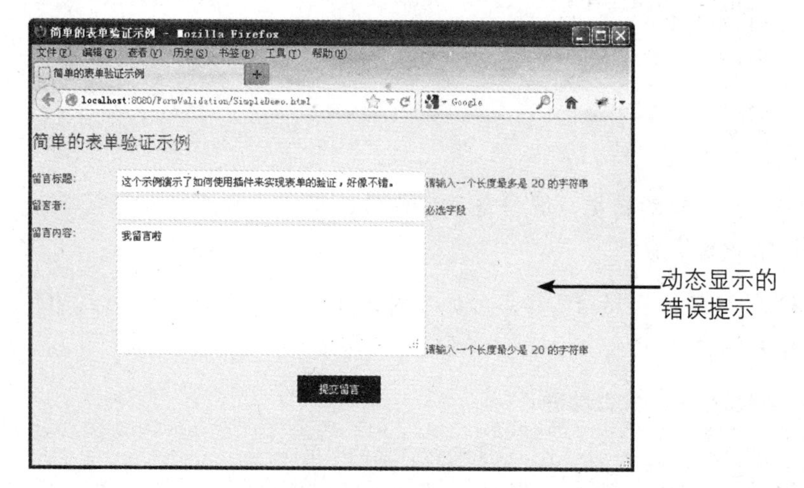

图7.4 表单验证示例效果

7.1.2 参数说明

jQuery.validate提供了两种方式来编写验证规则，一种就是像上一小节示例那样，在validate方法中编写一个rules对象来定义验证规则，另一种是将验证规则写到表单元素的属性中，例如对于留言表单，也可以这样来编写规则，如代码7.3所示。

代码7.3 在HTML声明中编写表单验证规则

```
<form id="guestform" action="add.php" method="post">
  <div class="form settings">
    <p><span>留言标题:</span>
    <!--为表单中的每个元素添加额外的属性，以便validate可以对表单进行验证-->
    <input  type="text" name="ipt_title" value="" class="required"
     minlength="5" maxlength="20" /></p>
    <p><span>留言者:</span>
    <!--为表单中的每个元素添加额外的属性，以便validate可以对表单进行验证-->
    <input  type="text" name="ipt_name"  class="required" maxlength="50"
    /></p>
    <p><span>留言内容:</span>
    <!--为表单中的每个元素添加额外的属性，以便validate可以对表单进行验证-->
    <textarea rows="8" cols="50" name="ipt_content" class="required"
    minlength="20"></textarea>
    </p>
    <p style="padding-top: 15px"><span> </span>
    <input class="submit" type="submit" name="contact_submitted" value=
    "提交留言" />
    </p>
  </div>
</form>
```

可以看到，将class指定为required，表示文本框不能为空，同时分别设置了minlength和maxlength属性，在调用validate方法时，就不用指定rules设置验证规则了，调用如下所示：

```
<script type="text/javascript">
$(document).ready(function(e) {
    //对表单进行验证，也就是关联表单的验证规则
    $("#guestform").validate();
});
</script>
```

可以看到，同样的效果，通过声明式的语法虽然也可以实现，不过笔者仍然愿意选择上一小节中介绍的通过rules指定验证规则，因为用这种方式设定的验证规则更加容易使用，在rules对象中，可以使用键/值对的方式设置验证规则。

jQuery.validate是一个灵活的可扩展的验证框架，必须要先理解两个概念。

- 方法：实现一定的验证逻辑的元素，像email方法用来验证输入的是否为email地址，jQuery.validate提供了一系列的标准方法，也允许用户编写自己的方法。
- 规则：规则可以将方法和元素进行关联，一个元素可以关联一个或多个方法来实现验证。

jQuery.validate提供了如下内置方法，允许用来对元素添加不同的验证类型，如表7.1所示。

表7.1 内置的验证方法

方法名称	描述
required()	必填验证元素
required(dependency-expression)	必填元素依赖于表达式的结果
required(dependency-callback)	必填元素依赖于回调函数的结果
remote(url)	请求远程校验。url 通常是一个远程调用方法
minlength(length)	设置最小长度
maxlength(length)	设置最大长度
rangelength(range)	设置一个长度范围[min,max]
min(value)	设置最小值
max(value)	设置最大值
email()	验证电子邮箱格式
range(range)	设置值的范围
url()	验证URL格式
date()	验证日期格式（类似30/30/2008 的格式，不验证日期准确性只验证格式）
dateISO()	验证ISO 类型的日期格式
dateDE()	验证德式的日期格式（29.04.1994或1.1.2006）
number()	验证十进制数字（包括小数的）
digits()	验证整数
creditcard()	验证信用卡号
accept(extension)	验证相同后缀名的字符串
equalTo(other)	验证两个输入框的内容是否相同
phoneUS()	验证美式的电话号码

这些方法可以直接在rules对象中使用，也可以作为属性定义在表单元素中，下载的

jQuery.validate包中还有一个名为additional-methods.js的文件，它包含更多有用的方法，请参考这个js文件的源代码以获取这些方法的使用信息。

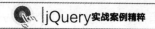

除了前面介绍的validate方法之外，jQuery.validate还包含多个用来完成验证或辅助验证的函数，如表7.2所示。

表7.2 jQuery.validate用于验证的函数列表

函数名称	返回类型	函数描述
validate(options)	Validator对象	验证所选的表单
valid()	Boolean	检查是否验证通过
rules()	Options对象	返回元素的验证规则
rules("add",rules)	Options对象	增加验证规则
rules("remove",rules)	Options对象	删除验证规则
removeAttrs(attributes)	Options对象	删除特殊属性并且返回它们

jQuery.validate还包含几个自定义的选择器，用来选择特定的元素，如表7.3所示。

表7.3 jQuery.validate的自定义选择器

选择器名称	返回类型	选择器描述
:blank	Validator对象	没有值的筛选器
:filled	Array <Element>	有值的筛选器
:unchecked	Array <Element>	没选择的元素的筛选器

可以看到，使用这些选择器，可以快速选择表单中的元素，从而完成进一步的操作。具体的使用方法，可以参考官方文档中的使用示例。

validate函数会返回一个Validator对象类型，这个对象也具有几个公共的方法，使得程序员可以用程序来控制验证的方式，比如使用程序代码来显示错误消息，或者是对单个元素使用程序代码进行验证，方法如表7.4所示。

表7.4 Validator方法列表

方法名称	返回类型	方法描述
form()	Boolean	验证form后返回成功还是失败的布尔结果
element(element)	Boolean	验证单个元素是成功还是失败
resetForm()	undefined	把前面验证的Form恢复到验证前的状态
showErrors(errors)	undefined	显示特定的错误信息
numberOfInvalids(errors)	Number	返回验证后的指定错误的错误个数
setDefaults(defaults)	undefined	改变默认的设置
addMethod (name,method,message)	undefined	返回undefined，添加一个新的验证方法。必须包括一个独一无二的名字、一个JavaScript方法和一个默认的错误信息。
addClassRules(name,rules)	undefined	增加组合验证类型，在一个类里面用多种验证方法比较有用。
addClassRules(rules)	undefined	增加组合验证类型，在一个类里面用多种验证方法比较有用，这个是一下子加多个验证类型。
format (template,argument ,argumentN...)	String	用参数代替模板中的{n}

可以通过validate方法返回一个Validator对象，然后调用Validator的这些方法进行进一步的操作。以numberOfInvalids为例，这个函数将返回错误的个数，可以为validate关联一个invalidHandler事件处理器，在验证无效时，显示错误的域个数，如下面的代码所示：

```
var validator = $(“#myform”).validate({
    invalidHandler: function() {
        $( "#summary" ).text( validator.numberOfInvalids() +
        " 个表单输入域无效" );
    }
});
```

通过validate返回的validator对象，就可以调用更多验证器方法来丰富验证的操作。validate方法是进行表单验证的主要方法，这个方法具有众多的可选项，表7.5列出了这些可选项的作用以及使用方法。

表7.5 validate方法的选项列表

选项名称	描述	使用示例

debug	进行调试模式（表单不提交）	$(".selector").validate
		({
		debug:true
		})
		把调试设置为默认:
		$.validator.setDefaults({
		debug:true
		})

submitHandler	通过验证后运行的函数，里面要加上表单提交的函数，否则表单不会提交	$(".selector").validate({
		submitHandler:function(form) {
		$(form).ajaxSubmit();
		}
		})

ignore	对某些元素不进行验证	$("#myform").validate({ ignore:".ignore" })

rules	自定义规则，key:value形式，key是要验证的元素，value可以是字符串或对象	$(".selector").validate({
		rules:{
		name:"required",
		email:{
		required:true,
		email:true
		}
		}
		})

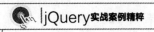

（续表）

<table>
<tr><th>选项名称</th><th>描述</th><th>使用示例</th></tr>
<tr><td>messages</td><td>自定义的提示信息，key:value的形式，key是要验证的元素，值是字符串或函数</td><td>$(".selector").validate({
rules:{
name:"required",
email:{
required:true,
email:true
}
},
messages:{
name:"Name 不能为空”，
email:{
required:” E-mail 不能为空”，
email:” E-mail 地址不正确”
}
}
})</td></tr>
<tr><td>groups:</td><td>对一组元素的验证，用一个错误提示，用errorPlacement确定出错信息的位置</td><td>$("#myform").validate({
groups:{
username:"fname lname"
},
errorPlacement:function(error,element) {
if (element.attr("name") == "fname" || element.attr("name") == "lname")
error.insertAfter("#lastname");
else
error.insertAfter(element);
},
debug:true
})</td></tr>
<tr><td>onsubmit</td><td>Boolean，默认为true，是否提交时验证</td><td>$(".selector").validate({
onsubmit:false
})</td></tr>
<tr><td>onfocusout</td><td>Boolean，默认为true，是否在获取焦点时验证</td><td>$(".selector").validate({
onfocusout:false
})</td></tr>
<tr><td>onkeyup</td><td>Boolean，默认为true，是否在敲击键盘时验证</td><td>$(".selector").validate({
onkeyup:false
})</td></tr>
</table>

（续表）

选项名称	描述	使用示例
onclick	Boolean，默认为true，是否在鼠标点击时验证（一般验证checkbox和radiobox）	$(".selector").validate({ onclick:false })
focusInvalid	Boolean，默认为true，提交表单后,未通过验证的表单(第一个或提交之前获得焦点的未通过验证的表单)会获得焦点	$(".selector").validate({ focusInvalid:false })
focusCleanup	Boolean，默认为false，当未通过验证的元素获得焦点时，移除错误提示（避免和 focusInvalid.一起使用）	$(".selector").validate({ focusCleanup:true })
errorClass	String，默认为error，指定错误提示的css 类名,可以自定义错误提示的样式	$(".selector").validate({ errorClass:"invalid" })
errorElement	String，默认为label，使用什么标签标记错误	$(".selector").validate errorElement:"em" })
wrapper	String，使用什么标签再把上边的errorELement包起来	$(".selector").validate({ wrapper:"li" })
errorLabelContainer	Selector 把错误信息统一放在一个容器里面	$("#myform").validate({ errorLabelContainer:"#messageBox", wrapper:"li", submitHandler:function() { alert("Submitted!") } })

showErrors	可以显示总共有多少个未通过验证的元素	$(".selector").validate({
		showErrors:function(errorMap,errorList) {
		$("#summary").html("Your form contains " + this.numberOfInvalids() + " errors,see details below.");
		this.defaultShowErrors();
		}
		})

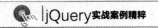

（续表）

选项名称	描述	使用示例
errorPlacement	可以自定义错误的位置	$("#myform").validate({ errorPlacement:function(error,element) { error.appendTo(element.parent("td").next("td")); }, debug:true })
success	要验证的元素通过验证后的动作，如果跟一个字符串，会当做一个css类，也可跟一个函数	$("#myform").validate({ success:"valid", submitHandler:function() { alert("Submitted!") } })

通过表7.5中的描述，可以看到jQuery.validate提供的功能非常灵活，比如可以控制错误消息的内容和样式以及显示的位置等，这是很多网站建设人员经常思考的问题。

7.1.3 表单验证效果展示

jQuery.validate官方网站提供了该插件的各种使用场景，比如将错误信息放在一个单独的容器中，使得用户可以在一个统一的位置查看错误提示，效果如图7.5所示。

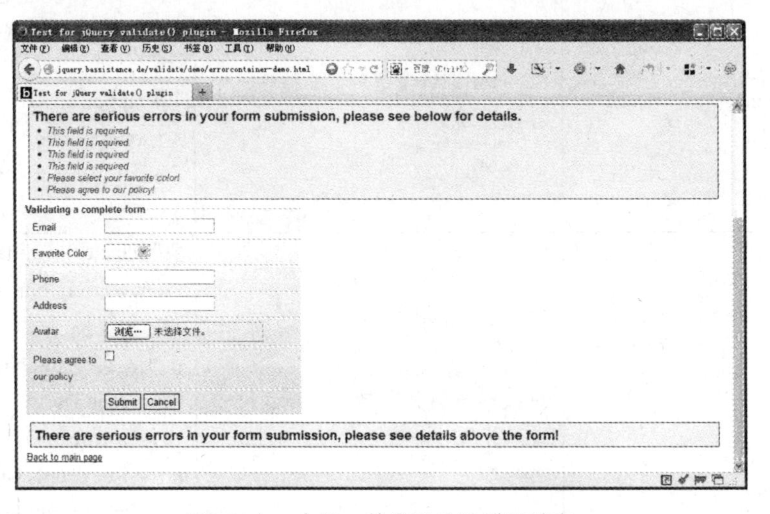

图7.5 在一个统一的位置放置错误消息

要实现这样的效果并不复杂，只需要设置errorContainer、errorLabelContainer以及wrapper就可以实现，这样在验证发现表单域错误时，便能够在指定的erroContainer上显示错误，因此上述示例的核心代码如下所示：

```
//定义用来显示错误消息的容器
var container = $('div.container');
//当提交表单时，进行验证
```

```
var validator = $("#form2").validate({
    errorContainer: container,                    //指定错误消息容器div
    errorLabelContainer: $("ol", container),   //指定错误消息标签的容器
    wrapper: 'li'                                //指定每一个错误消息的包装元素
});
```

在HTML页面上需要定义一个div，div内部包含一个ol元素，即可将错误消息显示在这个ol元素内部，实现自定义的错误消息容器显示。

jQuery.validate官方网站上还包含一些正式环境下的验证示例，比如marketo的注册表单，就是一个非常经典的示例，网址如下所示：

```
http://jquery.bassistance.de/validate/demo/marketo/
```

这个示例使用CSS更改了未经验证通过的表单控件的样式，并且在页面顶部显示当前未通过验证的总个数，如图7.6所示。

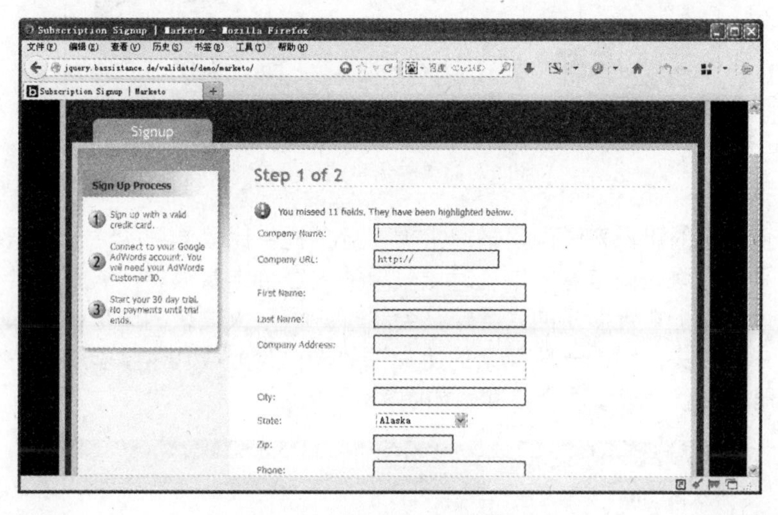

图7.6 marketo注册表单验证示例

marketo的验证代码其实也较简单，它实现了几个自定义的验证方法。在validate方法中，它使用invalidHandler来显示错误消息的个数，并高亮显示未经过验证的表单元素。在本章下一节将详细介绍一个类似marketo的注册表单示例，以使读者深入了解表单验证的具体使用方法。

7.2 带验证功能的用户注册表单

用户注册是网站用来收集用户信息的主要方式，比如各大论坛、人才网站、电子商务网站，都具有用户注册表单，这些表单有的为了吸引用户尽量简单，有的为了获取用户详细的信息会要求用户输入较完善的信息。无论是简单还是复杂的注册表单，客户端验证功能都非常重要，以避免用户输入无效的信息，同时也可以引导用户输入正确的注册信息。本节将实现一个用户注册表单，通过jQuery.validate来实现详细的验证功能。

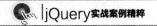

7.2.1 注册表单的结构

对于注册表单来说，可能就只要求用户输入用户名和密码以及Email资料，如图7.7所示的是前程无忧网站的用户注册表单。

图7.7 简单的用户注册表单

但是对于企业级的用户来说，网站通常需要用户提供比较详细的注册信息，并且要求严格进行填写以避免出现虚假信息，这个时候表单的内容会丰富很多，验证的要求也会更加严格。但是在一个页面上放置太多的内容往往会给用户留下太复杂的印象，令人望而却步，这往往会造成用户的流失，因此一般复杂的用户注册表单会分成几个步骤供用户操作，比如卓博网的企业注册表单就分成了两个步骤，如图7.8所示。

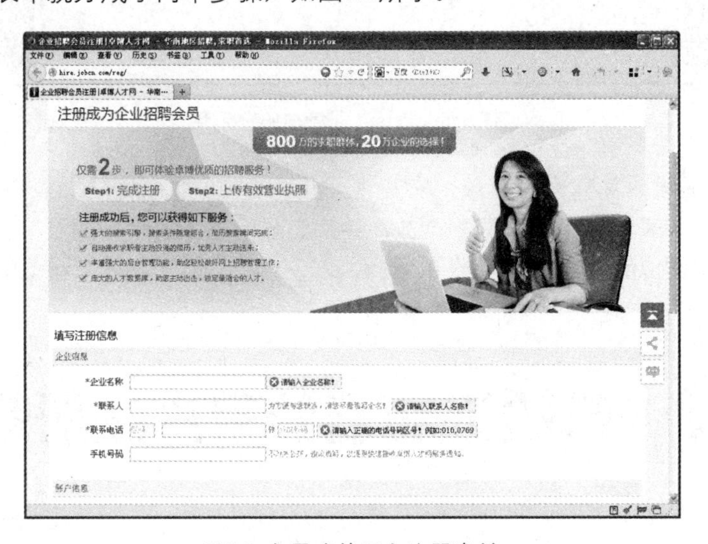

图7.8 向导式的用户注册表单

在这一节的示例中，笔者将构建一个简单的用户登录表单，它包含简单的用户注册信息，即要求用户输入用户名和密码，也包含用户详细的个人信息，比如用户的姓名、住址、电子邮件、博客地址等，然后通过jQuery.validate插件来实现表单提交前的验证工作，效果如图7.9所示。

图7.9 自定义的用户表单示例

在这个示例中可以看到，当提交表单时，它既包含错误的总个数，也包含每个域的详细错误提示，在输入内容后，如果格式不匹配，在退出文本框时表单也会提示格式错误，要求输入正确的格式。

7.2.2 构建注册表单

本节将新建一个名为RegisterForm.html的网页，在这个网页中构建一个如图7.9所示的表单，既可以使用HTML的table元素来构建，也可以通过DIV+CSS来构建，笔者使用DIV+CSS来构建这个简单的表单，HTML定义如代码7.4所示。

代码7.4 表单定义HTML代码

```
<!--在网站内容部分创建一个注册表单-->
<div id="site_content">
    <div id="content">
        <form action="" id="register-form">
        <!--错误信息提示div-->
        <div class="error" style="display:none;margin-top:20px">
          <!--错误提示图标-->
          <img src="images/warning.gif" alt="警告" width="24"
          height="24" style="float:left; margin: -5px 10px 0px 0px; " />
          <!--错误消息的显示位置-->
          <span style="width:500px;height:20px"></span>.<br clear="all"/>
        </div>
        <!--表单结构-->
        <div>
           <h4>登录信息</h4>
           <label>
                 <span>用户名</span>
                 <input id="text_username" name="username" type=
                 "text" value=""/>
           </label>
```

```
            <label>
                 <span>密码</span>
                 <input id="text_password" name="password" type="password"
                 value=""/></label>
            <label>
                <span>再次输入密码</span>
                <input id="text_repassword" name="repassword"
                type="password" value=""/></span>
            </label>
            <h4>个人信息</h4>
            <label>
                 <span>姓名</span>
                 <input id="text_name" name="name" type="text" value=""/>
            </label>
            <label>
                  <span>电子邮件</span>
                  <input id="txt_email" name="email" type="text"
                  value=""/>
            </label>
            <label>
                  <span>个人博客（Url）</span>
                  <input id="blogurl" name="blogurl" type="text"
                  value="http://"/>
            </label>
            <label>
                  <span>电话号码</span>
                  <input id="text_phone" name="phone" type="text"
                  value=""/>
            </label>
            <label>
                 <span>手机号码</span>
                 <input  id="text_mobile" name="mobile" type="text"
                 value=""/>
            </label>
            <label>
                 <span>联系地址</span>
                 <input id="text_addr" name="address" type="text"
                 value=""/>
            </label>
            <label>
                 <span>邮政编码</span>
                 <input id="text_zipcode" name="zipcode" type="text"
                 value=""/>
            </label>
            <div class="wrapper_2">
            <input value="注册" id="send_btn" class="button"
            name="button_13" type="submit" />
            </div>
         </form>
      </div>
   </div>
 </div>
```

由代码可以看到，对于input控件，并没有为其指定声明式的验证规则，所有的验证规则将写在validate方法的rules选项中。在表单的开头也放置了一个class="error"的div元素，在表单验证失败时，会在这个div中显示所有的错误个数，在bookstyle.css样式表文件中，定义了error样式类和表单控制类，如代码7.5所示。

代码7.5 表单和验证消息的CSS样式

```
/*表单的样式*/
#register-form fieldset {
   border:none;
}
/*每一个输入框的样式*/
#register-form label {
   display:block;
   height:26px;
   overflow:hidden;
}
/*输入框的文本提示样式*/
#register-form span {
   float:left;
   width:120px;
}
/*表单的文本输入框样式*/
#register-form input {
   float:left;
   border:1px solid #a4a4a4;
   width:210px;
   padding:1px 5px 1px 5px;
   height:19px;
   font-size:9pt;
}
/*表单的分段标题样式*/
#register-form h4{
   margin:15px 0;
   border-top:#cccccc 1px solid;
   border-bottom:#cccccc 1px solid;
   padding-bottom:10px;
   padding-top:10px;
   font-weight:bold;
}
/*提交按钮的样式*/
#register-form .button {
   float:left;
   margin-left:120px;
   margin-top:14px;
   font-size:9pt;
   height:28px;
}
/*换行样式*/
.wrapper_2 {
   display:block;
   width:100%;          /*宽度100%*/
   overflow:hidden;     /*溢出部分隐藏显示*/*/
```

```
}
/*每一个文本框输入域的错误消息样式*/
label.error {
    display: block;
    color: red;
    font-weight: normal;
}
/*显示总的错误个数的样式*/
div.error {
    color: red;
}
```

在表单的样式定义中，表单中的每个文本域将包含在label元素中，每个文本域的提示消息写在span元素中，可以看到CSS中对表单如何布局进行了全面的控制，同时在CSS中也包含了错误提示类error的定义，使得用户可以控制样式的效果。

注意 对于一个内容丰富的表单，为表单内容进行分类可以使得表单更加清晰易用。

7.2.3 校验表单数据

表单中的每个输入域都必须要先确定验证规则，比如电子邮件地址格式要匹配、博客地址只能输入Url网址、密码最少必须要输入多少个字符等，有了jQuery.validate，这一切都变得比较简单，在RegisterForm.html中，首先要在head区添加对jQuery.validate的插件引用，如下面的代码所示：

```
<meta http-equiv="Content-Type" content="text/html; charset=utf-8">
<title>用户注册表单</title>
<!--表单及页面布局样式文件的引用-->
<link rel="stylesheet" type="text/css" href="css/bookstyle.css">
<!--jQuery库的引用-->
<script type="text/javascript" src="jquery-validation-1.11.1/lib/jquery-
1.9.0.js"></script>
<!--jQuery验证插件的引用-->
<script type="text/javascript" src="jquery-validation-1.11.1/dist/jquery.
validate.js"></script>
<!--简体中文验证消息的引用-->
<script type="text/javascript" src="jquery-validation-1.11.1/localization/
messages_zh.js"></script>
```

在引用jQuery.validate库之后，接下来就可以开始编写验证代码了，主要是对validate方法的调用，并在rules选项中指定验证规则。在这个示例中使用了几个自定义的验证规则方法，这一节主要讨论validate方法的实现，如代码7.6所示。

代码7.6 调用jQuery.validate方法进行验证

```
//开始对表单进行验证
$('#register-form').validate({
     //验证无效时的处理代码
    invalidHandler: function(e, validator) {
```

```
        var errors = validator.numberOfInvalids();          //得到错误总个数
        //如果有错误
        if (errors) {
              var message = errors == 1
                    ? '在开单中有一个错误，已经被高亮显示'
                    : '表单中有 ' + errors + '处错误. 已经被高亮显示';
              $("div.error span").html(message);        //在div上显示错误消息
              $("div.error").show();
        } else {
              $("div.error").hide();       //如果没有错误则隐藏错误消息的显示
        }
    },
/*设置验证规则 */
    rules: {
      //用户名验证方法
      username: {
          required:true,
          stringCheck:true,
          byteRangeLength:[3,15]
      },
        //密码验证方法
        password:{
              required:true,
              isPassword:true
        },
        //重新输入密码验证方法
        repassword:{
              required:true,
              isPassword:true,
              equalTo:"input[name=password]"
        },
        //姓名验证方法
        name:{
           required:true,
           stringCheck:true,
           byteRangeLength:[3,15]
        },
        //博客地址验证方法
        blogurl: {
              required:true,
              url:true,
              defaultInvalid:true
        },
        //电子邮件验证方法
      email:{
         required:true,
          email:true
      },
        //联系电话验证方法
     phone:{
         isTel:true
```

```
        },
       //手机号码验证方法
       mobile:{
            isMobile:true
        },
          //联系地址验证方法
        address:{
            required:true,
            stringCheck:true,
            byteRangeLength:[3,100]
        },
       //邮政编码验证方法
        zipcode:{
            isZipCode:true
        }
    },
    /*设置错误信息*/
    messages: {
        //用户名验证错误消息
        username: {
            required: "请填写用户名",
            stringCheck: "用户名只能包括中文字、英文字母、数字和下划线",
            byteRangeLength: "用户名必须在3~15个字符之间（一个中文字算两个字符）"
        },
         //密码错误消息
         password:{
                required:"请填写密码",
         },
         //重复输入密码的验证错误消息
         repassword:{
                required:"请填写与密码字段相同的密码",
                equalTo:"必须与密码文本框相同的密码"
         },
         //姓名的验证错误消息
        name: {
            required: "请填写您的姓名",
            stringCheck: "姓名只能包括中文字、英文字母、数字和下划线",
        },
         //电子邮件验证错误消息
       email:{
           required: "请输入一个Email地址",
            email: "请输入一个有效的Email地址（格式：example@example.com）"
        },
         //联系电话验证错误消息
        phone:{
           required: "请输入您的联系电话",
        },
        //联系地址验证错误消息
        address:{
           required: "请输入您的联系地址",
           stringCheck: "请正确输入您的联系地址",
```

```
                byteRangeLength: "请核实您的联系地址以便于我们联系您"
            }
        },
        /*设置验证触发事件 */
        focusInvalid: false,          //不对无效的设置焦点
         onkeyup: false,              //在敲击键盘时不进行验证
         /*设置错误信息提示DOM*/
         errorPlacement: function(error, element) {
            error.appendTo(element.parent());
         },
    });
```

代码的实现过程如下所示。

（1）validate方法的invalidHandler选项在验证无效时会被触发，可以看到该事件处理代码中有一个validator参数，也就是一个Validator对象类型，通过调用numberOfInvalids得到验证的个数，然后在class为error的div中显示当前的错误总个数。

（2）接下来定义了rules键值对的对象，rules规则中的每一个键都是表单中一个输入控件的name属性值，值是验证方法，可以是内置的来自jQuery.validate.js中的方法，也可以是additional-methods.js中的验证方法，还可以是用户自行编写的方法。

（3）messages键值对用来定义验证方法失效时的验证消息，它的定义方法与rules类似，每一个用户表单控件中的每一个验证方法后面指定的消息，将覆盖掉默认的消息，可以在这里对验证的消息进行进一步的更改和修正，以便符合特定的表单的需求。

（4）最后设置了验证触发事件，focusInvalid是指在无效时是否为控件获取输入焦点，onkeyup是指在键盘输入时并不会立即验证，仅仅在退出焦点时才会验证。

（5）errorPlacement是设置错误信息提示的DOM位置，在示例中添加到当前元素的父元素内部，也就是每一个input元素所在的父元素，即label元素内部。

经过validate方法的选项设置，可以看到不仅设置了失效时执行的方法，同时定义了验证规则和验证失效时显示的错误消息，并且指定了验证触发的时机和错误消息的显示位置，现在就可以执行这个页面，来查看表单的验证效果了。

7.2.4 自定义的验证规则

在validate中调用了几个并不存在的内置验证方法，这些方法是通过调用Validator对象的addMethod方法添加的，可以参考表7.4中的介绍。addMethod方法的语法如下所示：

```
addMethod(name,method,message)
```

addMethod的参数作用如下。

- name：要添加的验证方法的名字。
- method：是一个函数，这个函数接收value、element和param参数，其中value是元素的值，element是元素本身，param是参数数组。通过这个函数，可以定义元素的值是否符合某些规则，在这个函数中可以定义要验证的表单值的规则。
- message：指定当验证失败时的错误消息。

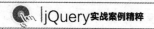

例如，byteRangeLength这个验证方法用来计算字符的大小，它可以对其中包含的中文字符进行统计，定义如代码7.7所示。

代码7.7 自定义的验证方法示例

```
// 验证值的起始范围，其中中文字占两个字节
jQuery.validator.addMethod("byteRangeLength", function(value, element, param) {
    //得到值的长度
    var length = value.length;
    //如果值为中文字符，则长度要加1，即中文有两个字节
    for(var i = 0; i < value.length; i++){
            if(value.charCodeAt(i) > 127){
        length++;
            }
    }
    //验证值的长度是否在传入的起始范围之内
    return this.optional(element) || ( length >= param[0] && length
    <= param[1] );
}, "请确保输入的值在3~15个字节之间(一个中文字算两个字节)");
```

这个自定义规则的实现步骤如下所示。

（1）addMethod方法的第1个参数是字符串byteRangeLength，指定的是验证方法的长度。

（2）addMethod方法的第2个参数，用来编写验证逻辑，这个函数返回一个布尔值，表示验证成功或失败的结果，在示例中验证了值的长度，其中包含中文的长度，通过return语句返回布尔值。

（3）addMethod方法的最后一个参数指定当验证失败时的错误消息。

在RegiserForm.html中除了包含byteRangeLength方法之外，还包含验证电话号码、验证密码、验证手机号码、验证邮政编码以及字符串验证的方法，定义如代码7.8所示。

代码7.8 RegisterForm.html中的自定义验证方法

```
// 字符验证,验证字符串只能包含中文、英文、数字和下划线
jQuery.validator.addMethod("stringCheck", function(value, element) {
        return this.optional(element) || /^[\u0391-\uFFE5\w]+$/.
        test(value);
}, "只能包括中文字、英文字母、数字和下划线");

// 验证值的起始范围，其中中文字占两个字节
jQuery.validator.addMethod("byteRangeLength", function(value, element,
param) {
        //得到值的长度
        var length = value.length;
        //如果值为中文字符，则长度要加1，即中文有两个字节
            for(var i = 0; i < value.length; i++){
                if(value.charCodeAt(i) > 127){
            length++;
                }
            }
            //验证值的长度是否在传入的起始范围之内
```

```
    return this.optional(element) || ( length >= param[0] && length
    <= param[1] );
}, "请确保输入的值在3~15个字节之间(一个中文字算两个字节)");

// 手机号码验证
jQuery.validator.addMethod("isMobile", function(value, element) {
    var length = value.length;
    var mobile = /^(((13[0-9]{1})|(15[0-9]{1}))+\d{8})$/;
    return this.optional(element) || (length == 11 && mobile.
    test(value));
}, "请正确填写您的手机号码（格式：138988888888）");

// 电话号码验证
jQuery.validator.addMethod("isTel", function(value, element) {
    var tel = /^\d{3,4}-?\d{7,9}$/;
    return this.optional(element) || (tel.test(value));
}, "请正确填写您的电话号码（电话号码格式010-12345678）");

//密码验证方法
jQuery.validator.addMethod("isPassword", function( value, element ) {
    var result = this.optional(element) || value.length >= 6 && /\
    d/.test(value) && /[a-z]/i.test(value);
    if (!result) {
          element.value = "";
          var validator = this;
          setTimeout(function() {
                 validator.blockFocusCleanup = true;
                 element.focus();
                 validator.blockFocusCleanup = false;
          }, 1);
    }
    return result;
}, "密码必须输入至少6个字符并且至少包含一个数字和一个字符。");

//一个自定义的方法使得博客url值无效，不显示invalid url消息
jQuery.validator.addMethod("defaultInvalid", function(value, element) {
    return value != element.defaultValue;
}, "");

// 联系电话(手机/电话皆可)验证
jQuery.validator.addMethod("isPhone", function(value,element) {
    var length = value.length;
    var mobile = /^(((13[0-9]{1})|(15[0-9]{1}))+\d{8})$/;
    var tel = /^\d{3,4}-?\d{7,9}$/;
    return this.optional(element) || (tel.test(value) || mobile.test(value));
}, "请正确填写您的联系电话");

// 邮政编码验证
jQuery.validator.addMethod("isZipCode", function(value, element) {
    var tel = /^[0-9]{6}$/;
    return this.optional(element) || (tel.test(value));
```

```
}, "请正确填写您的邮政编码");
```

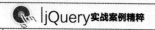

可以看到，这些方法大量使用了正则表达式来实现对用户的输入值的验证，其中包含如下几个验证方法。

- stringCheck：检查值中的字符串只能包括中文、英文、数字和下划线。
- byteRangeLength：检验字符串的长度范围。
- isMobile：检查手机号码的格式。
- isTel：检查联系电话的格式。
- isPassword：检查密码的长度和格式。
- defaultInvalid：一个自定义的方法使得博客url值无效时，不显示无效url的消息。
- isPhone：包含对手机或联系电话的验证。
- isZipCode：邮政编码的验证。

完成了自定义的验证方法之后，就可以在validate的rules参数中调用从而对表单中的值进行验证了。

7.2.5 验证通过，自动提交

表单在验证成功后，为了使表单提交到服务器端，可以在validate方法中关联submitHandler事件，也可以调用setDefaults方法，为submitHandler关联默认的事件，以便在表单验证通过后执行这些代码，在RegisterForm.html中使用了setDefaults，当表单验证通过时，会调用submit方法实现提交，如代码7.9所示。

代码7.9 设置表单的默认自动提交方法

```
/* 设置默认属性 */
$.validator.setDefaults({
   //处理提交事件
   submitHandler: function(form) {
         form.submit();                  //提交表单
         alert("表单已经被提交了");
   }
});
```

可以看到，在setDefaults函数中，为submitHandler事件关联了事件处理代码，submitHandler带有一个当前表单的form参数，通过调用form的submit方法，就完成了表单的提交，使得在表单成功验证后，能够成功提交表单。

7.2.6 最终的用户注册表单效果

运行RegisterForm.html网页，如果不对表单输入任何值，则会显示所有的要求输入的域的提示，并显示错误消息的个数，如果输入的格式错误，比如输入了不正确的Url地址或电子邮件格式，也会抛出错误提示，如图7.10所示。

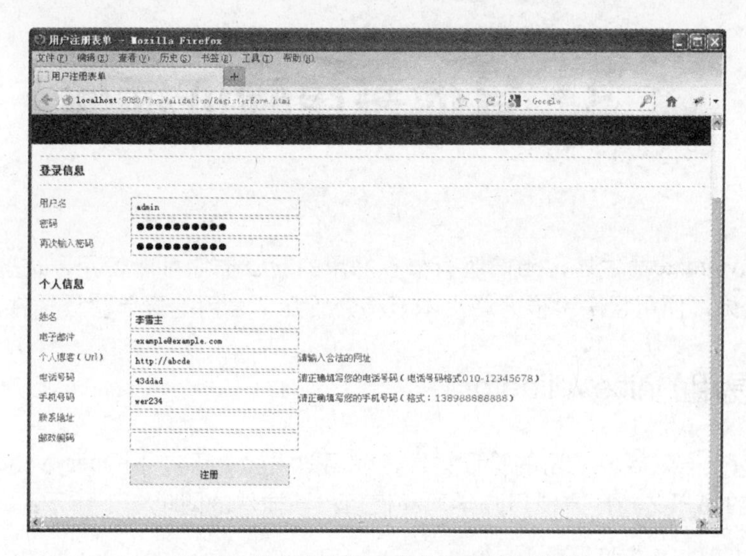

图7.10 输入非法格式的值时的验证效果

当所有的表单输入都正确后，单击“注册”按钮，可以看到表单被成功提交，并且弹出如图7.11所示的提示。

图7.11 成功提交的表单效果

至此，一个使用jQuery.validate插件的表单示例就完成了，如果配上上一节中讨论的jQuery.Form表单插件，可以实现完美的表单效果。

7.3 其他表单验证插件

除了jQuery.validate插件外，当前还有很多好用的验证插件可以使用，这些插件提供了非常漂亮的验证效果，使用起来也很方便，本节将介绍几个常用的表单验证插件。

7.3.1 简单易用的niceValidator

niceValidator是一款简单易用的验证插件，使用效果丝毫不逊于jQuery.validate插件，重要的是它具有中文的API文档，方便用户学习和使用，该插件的网址如下所示：

```
http://niceue.com/validator/
```

可以在网站的“下载”栏中找到niceValidator的多种不同的版本，可单击“下载最新版本”按钮进行下载，如图7.12所示。

图7.12 niceValidator的下载位置

niceValidator的特性如下：

- 自动初始化、自动生成消息、只在需要时验证
- 主题机制、多规则绑定、丰富的事件、随意扩展、国际化支持
- 支持实时验证与显示消息，4种消息类型，上下左右位置随意，提供对外API
- 少量的参数，轻松上手，简单配置就可以定义消息主题
- 规则动态性、分组验证支持、调试支持、通过DOM传递参数且可不用初始化、超强适应能力

niceValidator还可以定义验证效果的主题，验证的效果非常漂亮，使用示例如图7.13所示。

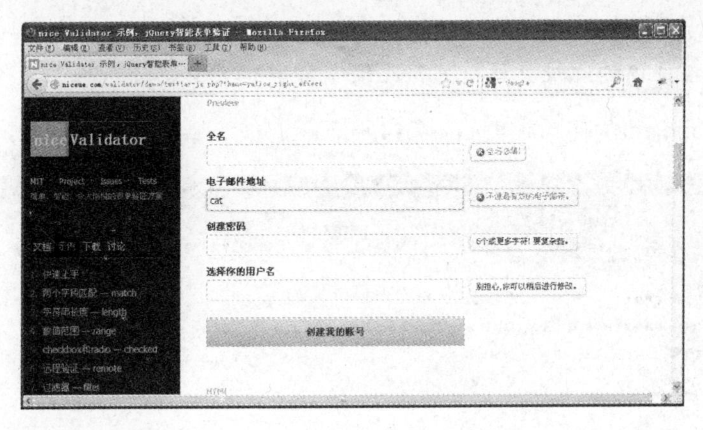

图7.13 niceValidator表单验证效果

niceValidator提供了非常详细的中文使用文档，按照文档的步骤进行简单的操作，就可以创建一个具有类似效果的验证表单。

7.3.2 formValidator表单验证插件

jQuery formValidator是一款非常强大的基于jQuery的表单验证插件，它由中国人开发，因此提供了对多种中文验证方式的支持，比如对中文、英文、数字、整数、实数、Email地址格式、基于HTTP协议的网址格式、电话号码格式、手机号码格式、货币格式、邮政编码、身份证号码、QQ号码、日期等的验证，它提供了灵活的可扩展的代码机制，也可以编写自己的验证方法来实现验证。

jQuery.formValidator表单验证插件的网址如下所示：

```
http://www.yhuan.com/formvalidator/index.html
```

jQuery.formValidator插件的特色如下所示：

- 支持所有类型客户端控件的校验。
- 支持jQuery所有的选择器语法，只要控件有唯一的ID和type属性。
- 支持函数和正则表达式的扩展。提供扩展库formValidatorReg.js，可以自由地添加、修改里面的内容。
- 支持两种校验模式。第一种是文字提示(showword模式)；第二种是弹出窗口提示（showalert模式）。
- 支持多个校验组。如果一个页面有多个提交按钮，分别做不同的提交，提交前要做不同的校验，所以要用到校验组的功能。
- 支持4种状态的信息提示功能，可以灵活地控制4种状态是否显示。第一种刚打开网页的时候进行提示；第二种获得焦点的时候进行提示；第三种失去焦点，校验成功时进行提示；第四种失去焦点，校验失败时进行错误提示。
- 支持自动构建提示层。可以进行精确的定位。
- 支持自定义错误提示信息。
- 支持控件的字符长度、值范围、选择个数的控制。值范围支持数值型和字符型；选

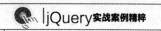

择的个数支持radio、checkbox、select 3种控件。

- 支持两个控件值的比较。目前可以比较字符串和数值型。

jQuery.formValidator的使用效果如图7.14所示。

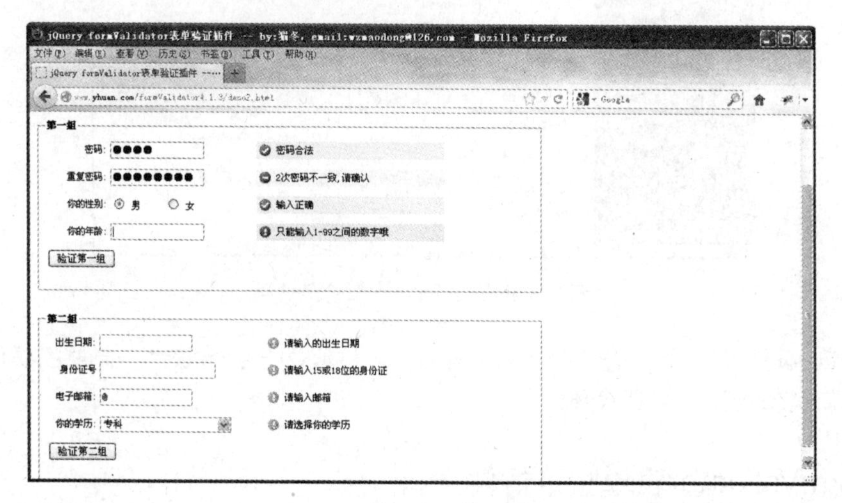

图7.14 表单验证效果示例

jQuery.formValidator还提供了灵活的扩展机制，允许任何人扩展自己的验证逻辑，对于具体的实现方法，建议读者参考官方网站中的介绍。

7.4 小结

本章介绍了jQuery表单验证插件的使用，主要介绍了jQuery.validate插件。首先介绍如何下载jQuery.validate插件，然后介绍jQuery.validate插件的参数和选项，并且通过一个简单的示例介绍了jQuery.validate的使用。接下来构造了一个带验证功能的用户注册表单，首先讨论了注册表单的结构，然后构造HTML表单结构，接下来介绍如何使用jQuery.validate来验证表单上的数据，并且介绍了如何使用jQuery.validate的验证规则，最后讨论了如何自动提交表单。在本章最后介绍了其他几个非常好用的表单插件，比如niceValidator和formValidator插件。

第 8 章 表格插件

相较于HTML的表格，jQuery的表格插件可以提供更多非常灵活的功能，有些类似于桌面应用程序的Grid控件，比如可以对列宽和列高进行调整、可按照表头排序、可以进行分页，等等。目前网上有很多封装好的Web表格控件，例如，Extjs的表格就具有一款功能强大的表格控件，但是Extjs过于庞大，而且难以调试，不便于单独使用，有许多与Extjs表格类似功能的表格控件，Flexigrid就是其中比较流行的一款。

8.1 准备Flexigrid插件

Flexigrid是一款功能强大、使用简单的表格插件，它模仿Extjs中的Grid表格插件，可以满足对表格开发的日常需求。其使用界面如图8.1所示。

信息发布管理

添加 删除 修改

信息编号	信息标题	信息类别	信息热点	发布日期	发布作者
8	新闻资讯	最近新闻	否	2013-06-24 14:30:11	admin
7	计算机软件的行业发展规划	媒体声音	是	2014-05-20 14:29:55	admin
3	软件设计的重要性	最热新闻	否	2009-06-24 13:55:00	admin

20 第 1 页/共 1页 显示 1到 3条，共3条记录

图8.1 Flexigrid使用界面

类似于桌面应用程序中的Grid控件，可以调整Grid的列宽，单击列头可以进行排序，表格的底部具有分页按钮，可以刷新重新显示表格中的数据。本章将介绍Flexigrid的基本使用方法。

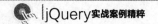

8.1.1 下载Flexigrid插件

Flexigrid是一个轻量级的功能丰富的表格插件，它可加载数据、动态调整列宽、对列排序并且可以通过Ajax技术连接到服务器动态地获取数据，支持基于xml/json的数据源。

Flexigrid的官方网址如下所示：

```
http://flexigrid.info/
```

Flexigrid的官网上包含对于Flexigrid表格插件的基本介绍，同时还有关于Flexigrid插件的一些使用示例，如图8.2所示。

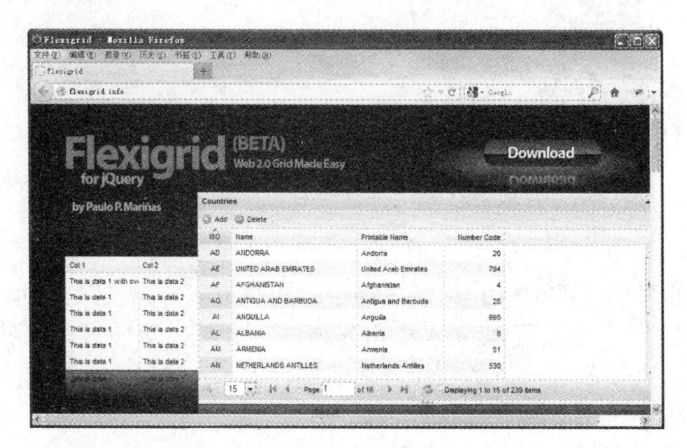

图8.2 Flexigrid官方网站

单击网页右上角的Download按钮，将进入github网站，github网站包含了Flexigrid插件的源代码和示例文件。从github下载到的Flexigrid-master文件夹中包含css和js文件夹，这两个文件夹包含了Flexigrid必须的CSS文件和js文件。demo文件夹中包含Flexigrid示例文件。

Flexigrid的使用非常简单，接下来演示如何在一个网页上使用Flexigrid表格，步骤如下所示。

（1）打开Dreamweaver，新建一个名为FlexigridDemo的网站，该网站将作为本章所有示例的网站，该网站中的页面也会使用到PHP，因此最好将其创建在Apache文件夹下，Dreamweaver网站服务器高级选项的设置如图8.3所示。

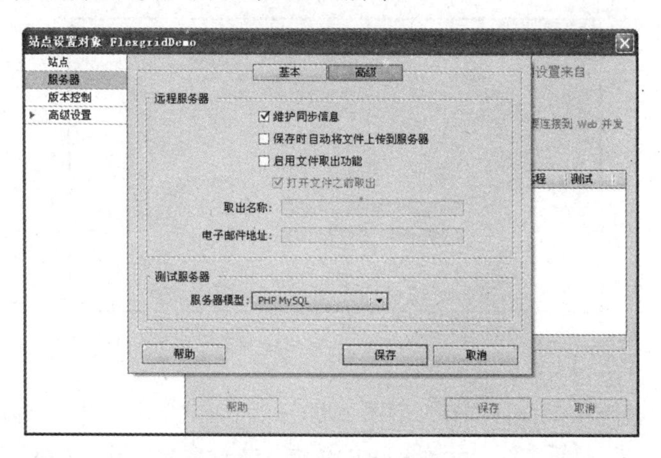

图8.3 创建一个PHP MySQL的网站

（2）将下载的Flexigrid文件夹中的css和js文件夹拷贝到网站根文件夹下，然后新建一个名为SimpleGrid.html的文件，这个文件用来示例一下简单的Flexigrid的使用方法，网站的结构如图8.4所示。

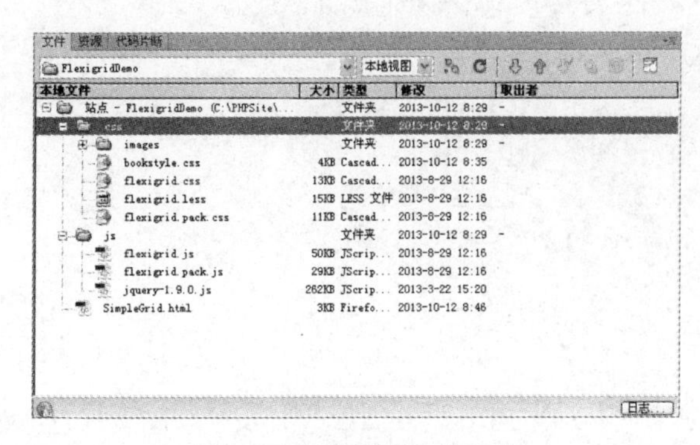

图8.4 示例的网站文件结构

（3）在Dreamweaver中打开SimpleGrid.html文件，在HTML的head区添加CSS和js引用，如代码8.1所示。

代码8.1 添加对js和CSS文件的引用

```
<title>简单的表格示例</title>
<!--Flexigrid表格所需要的CSS引用-->
<link rel="stylesheet" type="text/css" href="css/flexigrid.css">
<!--页面的样式文件-->
<link rel="stylesheet" type="text/css" href="css/bookstyle.css">
<!--页面所需要使用的jQuery库-->
<script type="text/javascript" src="js/jquery-1.9.0.js"></script>
<!--Flexigrid插件的引用-->
<script type="text/javascript" src="js/flexigrid.js"></script>
```

（4）创建一个3行3列的表格，为该表格指定id为flexme1，并且填充一些示例性的单元格内容，如代码8.2所示。

代码8.2 用于显示的表格HTML代码

```
<!--显示HTML表格-->
<table id="flexme1">
   <!--表格列-->
   <thead>
         <tr>
                <th width="100">姓名</th>
                <th width="100">性别</th>
                <th width="100">地址</th>
                <th width="300">联系手机</th>
         </tr>
   </thead>
   <!--表格主体-->
   <tbody>
         <tr>
                <!--表格的单元格内容-->
```

```
                <td>张三李四王五赵六</td>
                <td>男</td>
                <td>中国北京天安门前</td>
                <td>13888888888</td>
            </tr>
            <tr>
                <td>包龙头字希仁</td>
                <td>男</td>
                <td>河北开封县包家装包府</td>
                <td>138888888888</td>
            </tr>
        </tbody>
    </table>
```

（5）在head区添加一行JavaScript代码，使得可以为表格应用Flexigrid表格效果，如代码8.3所示。

代码8.3 应用Flexigrid插件

```
<script type="text/javascript">
$(document).ready(function(e) {
    //为表格应用Flexigrid效果
     $("#flexme1").flexigrid();
});
</script>
```

通过为HTML表格应用flexigrid方法（这个方法并没有附带任何参数）Flexigrid插件会自动将HTML表格的列作为Flexigrid插件的列，将HTML表格的行作为Flexigrid插件的行，运行效果如图8.5所示。

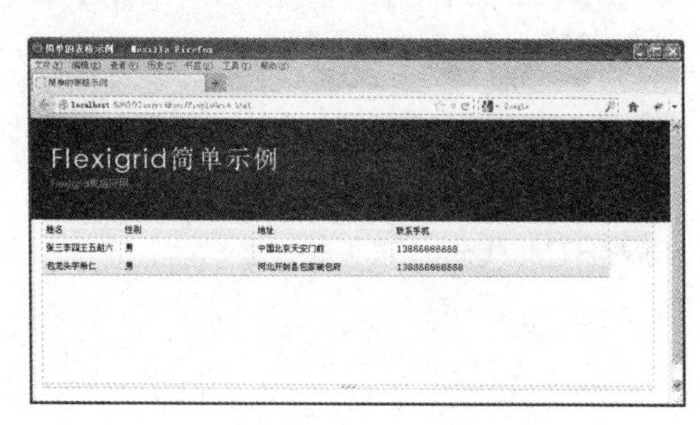

图8.5 Flexigrid表格示例

可以看到，应用了flexigrid函数之后，现在这个普通的HTML表格具有了应用程序的Grid效果，比如可以调整大小、选择行、调整列的宽度，还可以单击列头来隐藏列的显示，如图8.6所示。

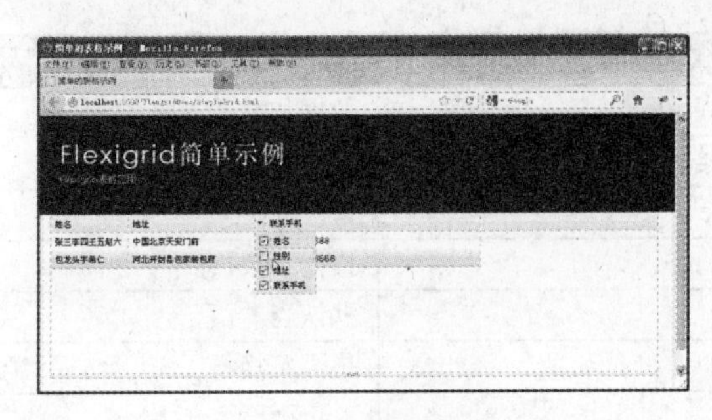

图8.6 选择要隐藏的列

可以看到，flexigrid函数改变了这个HTML表格的行为，使用默认的参数配置显示了这个表格，使其瞬间就具有专业的表格效果。

8.1.2 参数说明

Flexigrid提供了很多参数和API，通过这些参数可以控制Flexigrid的功能，Flexigrid的功能如下：

- 可以调整列的宽度、显示或者是隐藏指定的列
- 可以调节整个表格的大小
- 可以改变列的顺序
- 支持很多的主题风格
- 可以格式化普通的表格为一个Grid表格
- 支持加载多种数据格式，比如xml和json
- 支持分页显示内容
- 支持工具栏的定制
- 支持快速的检索
- 提供了易于使用的API

Flexigrid提供了很多的参数可以控制表格，如果不为flexigrid函数指定任何参数，将使用这些参数配置的默认值，Flexigrid表格的参数及其作用如表8.1所示。

表8.1 Flexigrid参数列表

参数名称	默认值	参数描述
height	200	Flexigrid插件的高度，单位为px
width	'auto'	宽度值，auto表示根据每列的宽度自动计算
striped	true	是否显示斑纹效果，默认是奇偶交互的形式
novstripe	false	否显示垂直分隔条，默认显示
minwidth	30	列的最小宽度
minheight	80	列的最小高度
resizable	false	是否可以调整大小
url	false	ajax方式对应的url地址
method	'POST'	数据发送方式

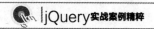

（续表）

参数名称	默认值	参数描述
dataType	'json'	数据加载的类型，可选值有xml和json
errormsg:	'连接错误'	错误提示信息
usepager	false	是否分页
nowrap	true	是否不换行
page	1	默认当前页
nowrap	true	是否不换行
total	1	总页面数
useRp	true	是否可以动态设置每页显示的结果数
rp	25	每页默认的结果数
rpOptions	[10, 15, 20, 25, 40, 100]	可选择设定的每页结果数
title	false	是否包含标题
pagestat	'显示记录从{from}到{to}，总数 {total} 条'	显示当前页和总页面的样式
idProperty	'id'	表格的客户端id属性
pagetext	'Page'	页面文本
outof	'of'	切换文本
findtext	'Find'	查找的文本
params	空白数组	允许添加额外的可选的参数
procmsg	'正在处理数据，请稍候 ...'	正在处理的提示信息
query	''	搜索查询的条件
qtype	''	搜索查询的类别
qop	"Eq"	搜索的操作符
nomsg	'没有符合条件的记录存在'	无结果的提示信息
minColToggle	1	允许显示的最小列数
showToggleBtn	true	是否允许显示隐藏列
hideOnSubmit	true	是否在回调时显示遮盖
showTableToggleBtn	false	是否显示“显示隐藏Grid”的按钮
autoload	true	自动加载，即第一次发起ajax请求
blockOpacity	0.5	透明度设置
onToggleCol	false	当在行之间转换时触发，可在此方法中重写默认实现
onChangeSort	false	当改变排序时触发，可在此方法中重写默认实现
onSuccess	false	成功后触发
onSubmit	false	提交时的触发
addTitleToCell	false	添加标题到单元格
dblClickResize	false	双击单元格时调整尺寸
onDragCol	false	拖动列时触发
onChangeSort	false	更改排序时触发
onDoubleClick	false	双击时触发
showcheckbox	false	是否显示第一列的checkbox（用于全选）

（续表）

参数名称	默认值	参数描述
rowhandler	false	启用行的扩展事件功能，在生成行时绑定事件，如双击、右键等
rowbinddata	false	配合上一个操作，如在双击事件中获取该行的数据
extParam	{}	添加extParam参数可将外部参数动态注册到grid，实现查询等操作
gridClass	bbit-grid	flexigrid的样式
onrowchecked	false	在每一行的checkbox选中状态发生变化时触发某个事件

Flexigrid包含flexigrid方法用来显示表格，除此之外，还包含表8.2中所示的方法。

表8.2 Flexigrid的方法

方法名称	方法描述
flexigrid(p)	根据属性p创建flexigrid
flexReload(p)	根据属性p重新加载flexigrid
flexResize(w,h)	重新指定flexigrid宽度和高度
ChangePage(type)	改变当前页
flexOptions(p)	更新Option
GetOptions	获取Option
getCheckedRows	获取选中的行
flexToggleCol(cid, visible)	重新加载flexigrid
flexAddData(data)	为flexigrid增加数据
noSelect(p)	禁止选中

在Flexigrid中可以定义列的属性，列是由colModel数组定义的，colModel中每一个数组元素都是一个列，每一列又具有表8.3所示的属性。

表8.3 Flexigrid的列属性

属性名称	默认值	类型	描述
display	无	string	显示名称
name	无	string	字段名称
width	无	string	宽度
sortable	false	boolean	是否可排序
process	false	function	处理程序，可格式化单元格
hide	false	boolean	是否隐藏

在Flexigrid中还可以添加工具栏，可以看到图8.1中定义了“添加”、“删除”和“修改”3个工具按钮，这是使用一个名为buttons的数组定义的，buttons数组中的每一个元素都是一个按钮，每一个按钮具有不同的属性，如表8.4所示。

表8.4 Flexigrid的工具栏属性

属性名称	默认值	类型	描述
name	无	string	button的标识
bclass	无	boolean	按钮的样式
onpress	无	function	当button被点击时触发的事件，接受button的name为第一个参数，Grid为第二个参数的一个function
separator	false	boolean	是否分隔符，和前面4个属性互斥，当这个属性设置为True时，输出一个分隔符号，不是一个button

由上面的参数可以看到，Flexigrid不仅可以定义列，还可以在Flexigrid中添加工具栏，而且在表格中进行操作时，会触发相应的事件以便进行关联。

8.1.3 表格效果演示

接下来看一个比较完整的示例，这个示例会将第6章留言簿中的留言列表显示到Flexigrid中，运行的效果如图8.7所示。

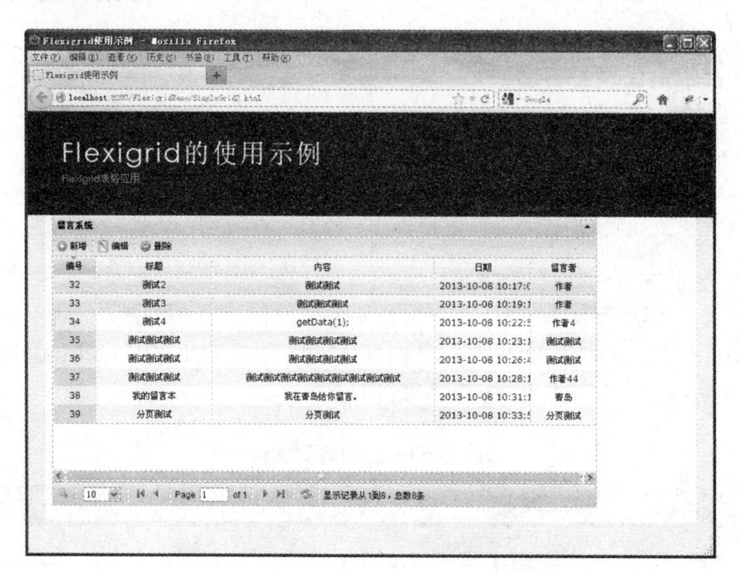

图8.7 在Flexigrid中显示留言列表

在第6章中，留言内容保存在guestbook数据库的guestbook表中，为了能够完成这个示例，需要将第6章中的如下几个文件拷贝到本章的示例网站FlexigridDemo文件夹下。

- config.inc.php：网站配置文件。
- common.function.php：通用的函数文件，其中包含一个用来查询guestbook表获取分页留言内容的通用函数列表。
- db_mysql.php：MySQL的数据库操作类。
- database.inc.php：服务器配置文件，在该文件中修改MySQL服务器的地址。
- list.php：获取留言内容，返回json内容。

在Dreamweaver中打开list.php文件，修改获取留言列表的PHP代码，使其可以输出符合Flexigrid要求的json数据，如代码8.4所示。

代码8.4 list.php获取留言内容

```
<?php
//包含网站配置文件和通用的函数文件
include_once 'config.inc.php';
include_once 'common.function.php';
//获取当前的分页内容
$page=0;
if(isset($_POST['page'])){
  $page = $_POST['page'];
}else{
  $page=1;
}
//获取当前设定的每页显示的记录条数
if(isset($_POST['rp'])){
  $rp = $_POST['rp'];
}else{
  $rp=10;
}
$total = getGuestbookCount();                          //得到当前的记录总数
$mlist= getGuestbookList($page,$rp);                   //获取当前留言的记录的数组
header("Content-type: application/json");              //输出json头
$jsonData = array('page'=>$page,'total'=>0,'rows'=>array());
//构建一个Flexigrid显示的数组

//循环留言记录，构建json数组
foreach($mlist AS  $row){
   $entry = array('id' => $row['id'],
         'cell'=>array(
                'id'       => $row['id'],
                'title'    => $row['title'],
                'content'  => $row['content'],
                'time'     => $row['time'],
                'name'     => $row['name']
         )
   );
   $jsonData['rows'][] = $entry;
}
$jsonData['total'] = count($mlist);
echo json_encode($jsonData);                           //向客户端输出一个json数组
?>
```

代码的实现细节如下面的步骤所示。

（1）首先用PHP的include_once包含config.inc.php和common.function.php文件，config.inc.php是网站配置文件，common.function.php是一些通用的操作留言信息的函数。

（2）接下来获取分页信息，$_POST用来获取POST提交的分页数据，其中page是当前页面，rp是当前每页显示的记录个数。

（3）调用getGuestbookCount获取当前所有留言的记录总条数，然后调用getGuestbookList获取特定页面的记录数。

（4）接下来开始很重要的一部分，首先输出页面类型为application/json类型，然后构建一个数组，这个数组中包含当前的页数、记录的总数和一个键为rows的数组元素，数组中的每一个元素都是一行记录。最后调用json_encode将数组输出为json数组。

在修改list.php文件后，新建一个名为SimpleGrid2.html的文件，首先添加类似代码8.1所示的对js和CSS文件的引用。然后在HTML的body区添加一个空白的HTML表格，用来作为Flexigrid的容器，如下面的代码所示：

```
<div id="content">
  <!--显示HTML表格-->
  <table id="flex1" style="display:none"></table>
</div>
```

接下来在页面的加载事件中，添加引用Flexigrid的代码，定义Flexigrid的列、显示的按钮以及按钮触发的事件，如代码8.5所示。

代码8.5 定义Flexigrid显示留言内容

```
$(document).ready(function(){
     //为flex1空白表格关联flexigrid函数以定义Flexigrid表格
     var grid=$("#flex1").flexigrid({
       width: 760,             //定义宽度
       height: 280,            //定义高度
       url: 'list.php',        //定义Ajax要请求的服务器端的url
       dataType:'json',        //指定数据的格式为json
       //定义留言显示的列
       colModel : [
          {display: '编号', name : 'id', width : 50, sortable : true, align:
           'center', hide: false, toggle : false},
          {display: '标题', name : 'title', width : 150, sortable :false,
          align: 'center' },
          {display: '内容', name : 'content', width : 300,sortable :true,
          align: 'center' },
          {display: '日期', name : 'time', width : 120,sortable:true,align:
          'center' },
          {display: '留言者', name : 'name', width : 80, sortable : true,
          align: 'center' }
          ],
       //定义Flexigrid的工具栏按钮
       buttons : [
          {name: '新增',displayname: '新增',bclass:'add',onpress:toolbarItem},
          {separator: true},
          {name : '编辑',displayname: '编辑',bclass : 'edit',onpress:toolbarItem},
          {separator: true},
          { name: '删除',displayname: '删除',bclass:'delete',onpress:toolbarItem}
          ],
          //定义搜索的栏
          searchitems : [
```

```
            {display: '编号', name : 'id', isdefault: true},
            {display: '标题', name : 'title'},
            {display: '内容', name : 'content'},
            {display: '留言者', name : 'name'}
        ],
        errormsg: '发生异常',           //错误消息
        sortname: "id",                 //搜索字段
        sortorder: "desc",              //排序顺序
        usepager: true,                 //使用分页
        title: '留言系统',              //表格标题
        findtext:'搜索',                //搜索文本
        //分页记录
        pagestat: '显示记录从{from}到{to}，总数{total}条',
        useRp: true,                    //显示结果
        rp: 10,                         //显示每页记录条数
        //记录条数的选项
        rpOptions: [10, 15, 20, 30, 40, 100],
        nomsg: '没有符合条件的记录存在',
        minColToggle: 1,                //允许显示的最小列数
        showTableToggleBtn: true,       //显示伸缩按钮
        autoload: true,                 //允许页面加载时自动加载
        resizable: false,               //允许调整大小
        procmsg: '加载中，请稍等 ...',
        hideOnSubmit: true,             //显示遮照
        blockOpacity: 0.5,              //透明度
        showcheckbox: true,             //显示第一列的checkbox（用于全选）
        gridClass: "bbit-grid",         //默认值"bbit-grid",flexigrid的样式
        rowhandler: false,//启用行的扩展事件功能,在生成行时绑定事件，如双击、右键等
        rowbinddata: true,             //配合上一个操作，如在双击事件中获取该行的数据
        onrowchecked: callme           //复选框选中时调用的事件
    });
});
```

从下面5个部分讨论这个flexigrid的代码组成。

- 首先定义了宽度和高度、通过url指定要请求list.php的数据。dataType指定为json，表示要从服务器端获取json类型的数据。
- colModel部分指定了5个列，display指定显示在表格上的列，name显示来自json中的键名，其余的属性指定列的显示属性。
- 在buttons数组中，定义了3个按钮，用来允许用户新增、修改和删除联系人，在onpress中分别关联了相同的toolbarItem函数。其中bclass用于指定按钮的属性，在flexigrid.css文件中，笔者分别添加了3种样式，以便于可以显示按钮图标。
- 在searchitems数组中，定义了Flexigrid搜索栏要显示的列，以便于用户输入相关字段的值进行搜索。
- 对于Flexigrid的其他部分进行了设置，以便显示正确的内容，可以参考表8.1中的介绍。

最后，需要为事件处理代码编写函数，由于本示例主要是演示Flexigrid的定义效果，因此在这里就不再列出具体的实现代码，运行效果如图8.8所示。

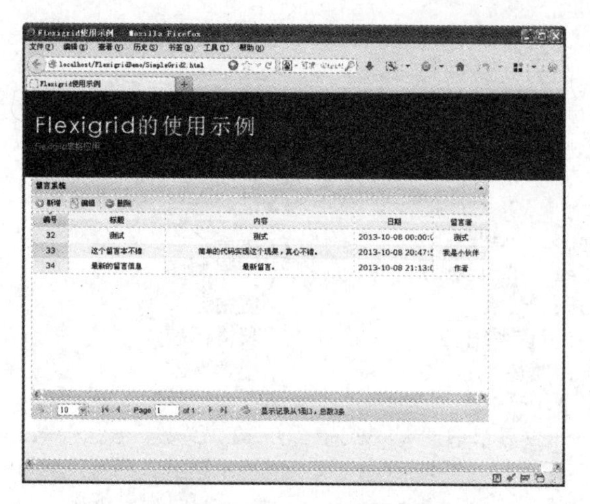

图8.8 留言簿的Flexigrid使用效果

可以看到，Flexigrid让开发人员轻松地拥有Extjs的表格的效果，对于开发网格类的应用来说，是一个特别好的选择。

8.2 开发一个联系人列表页面

这一节将使用Flexigrid来开发一个功能全面的联系人列表页面，它包含联系人的列表、联系人查询、联系人的增/删等操作，所有的功能借助于Flexigrid的功能在单一表格上实现，通过示例的实现过程，可以了解Flexigrid在实际开发中的使用方法。

8.2.1 准备表格显示数据

创建联系人列表实际上也是对数据库的查询、增加和删除的操作，因此在这一节的示例中将在第6章创建的guestbook数据库中新建一个名为contactbook的表，用来保存联系人列表，读者也可以创建一个新的数据库，将联系人列表contactbook表创建在新数据库中。

contactbook表保存联系人的姓名、电话、电子邮件、QQ、MSN等联系资料，创建表的语句如代码8.6所示。

代码8.6 创建表的Create Table代码

```
--
-- 表的结构`contactbook`，保存联系人信息的数据库表
--
CREATE TABLE IF NOT EXISTS `contactbook` (
  `id` int(11) NOT NULL AUTO_INCREMENT,                              --自增字段
  `name` varchar(50) COLLATE utf8_unicode_ci DEFAULT NULL,           --姓名
  `company` varchar(200) COLLATE utf8_unicode_ci DEFAULT NULL,       --公司
```

```
  `job` varchar(50) COLLATE utf8_unicode_ci DEFAULT NULL,          --职位
  `mobile` varchar(20) COLLATE utf8_unicode_ci DEFAULT NULL,       --手机
  `phone` varchar(20) COLLATE utf8_unicode_ci DEFAULT NULL,        --家庭电话
  `office_phone` varchar(20) COLLATE utf8_unicode_ci DEFAULT NULL, --办公电话
  `qq` varchar(50) COLLATE utf8_unicode_ci DEFAULT NULL,           --QQ号码
  `msn` varchar(50) COLLATE utf8_unicode_ci DEFAULT NULL,          --MSN账号
  `email` int(11) DEFAULT NULL,                                 --电子邮件地址
  `birthday` date DEFAULT NULL,                                    --生日
  `address` varchar(500) COLLATE utf8_unicode_ci DEFAULT NULL,     --家庭住址
  `memo` text COLLATE utf8_unicode_ci,                             --备注
  PRIMARY KEY (`id`)
) ENGINE=InnoDB DEFAULT CHARSET=utf8 COLLATE=utf8_unicode_ci AUTO_INCREMENT=1 ;
```

可以在phpMyAdmin中新建一个数据库，将在该数据库中执行这段SQL脚本来创建表，笔者选择了直接在guestbook数据库中创建这个表。

在FlexigridDemo网站中，新建一个名为contactlist.php的PHP文件，用来从contactbook表中获取总记录数和特定分页数及查询条件的联系人记录，如代码8.7所示。

代码8.7 contactbooklist.php获取留言列表

```
<?php
//包含网站配置文件和通用的函数文件
include_once 'config.inc.php';
//获取数据库表的记录总行数
function countRec($fname,$tname,$where) {
    global $db;
   $sql = "SELECT count($fname) FROM $tname $where";
   return $db->getOneField($sql);
}
//声明config.inc.php中定义的全局变量
global $db;
$page = $_POST['page'];                          //获取分页页码
$rp = $_POST['rp'];                              //获取每页记录数
$sortname = $_POST['sortname'];                  //排序字段
$sortorder = $_POST['sortorder'];                //排序顺序
//得到排序字段名和排序顺序
if (!$sortname) $sortname = 'name';
if (!$sortorder) $sortorder = 'desc';
//下面判断用户是否在搜索框中输入了搜索关键字和类型，如果包含则构建WHERE条件查询
         if($_POST['query']!=''){
                $where = "WHERE `".$_POST['qtype']."` LIKE '%".$_
                POST['query']."%' ";
         } else {
                $where ='';
         }
         if($_POST['letter_pressed']!=''){
                $where = "WHERE `".$_POST['qtype']."` LIKE '".$_
                POST['letter_pressed']."%' ";
         }
         if($_POST['letter_pressed']=='#'){
                $where = "WHERE `".$_POST['qtype']."` REGEXP '[[:digit:]]' ";
```

```
        }
$sort = "ORDER BY $sortname $sortorder";          //构建排序字符串
if (!$page) $page = 1;                            //构建分页字符串
if (!$rp) $rp = 10;
$start = (($page-1) * $rp);                       //计算起始分页位置
$limit = "LIMIT $start, $rp";                     //构建分页查询LIMIT子句
//构建SELECT语句查询字符串
$sql = "SELECT id,name,company,job,mobile,phone,office_phone,qq,msn,email,
birthday,address,memo FROM contactbook $where $sort $limit";
$mlist = $db->getList($sql);          //调用getList查询数据库并返回查询数组
$total = countRec('id','contactbook',$where); //获取contactbook的记录总行数
header("Content-type: application/json");                //输出json头
$jsonData = array('page'=>$page,'total'=>0,'rows'=>array());   //构建一个
Flexigrid显示的数组

//循环留言记录，构建json数组
foreach($mlist AS  $row){
    $entry = array('id' => $row['id'],
           'cell'=>array(
                   'id'        => $row['id'],
                   'name'      => $row['name'],
                   'company'   => $row['company'],
                   'job'       => $row['job'],
                   'mobile'    => $row['mobile'],
                   'phone'     => $row['phone'],
                   'office_phone' => $row['office_phone'],
                   'qq'       => $row['qq'],
                   'msn'    => $row['msn'],
                   'email'       => $row['email'],
                   'birthday'    => $row['birthday'],
                   'address'       => $row['address'],
                   'memo'    => $row['memo'],
           )
    );
    $jsonData['rows'][] = $entry;
}
$jsonData['total'] = count($mlist);
echo json_encode($jsonData);                    //向客户端输出一个json数组
?>
```

代码的实现与上一节中的list.php基本类似，不过这里构建了查询排序以及在Fliexigrid中搜索内容时的搜索查询，实现的步骤如下所示。

（1）使用include_once包含config.inc.php，因为在这个包含文件中定义了数据库操作类全局变量$db，简化数据库的操作。countRec函数是一个通用的获取数据库表记录的函数，在后面将会使用这个函数计算contactbook表的记录条数。

（2）接下来开始获取Flexigrid提交的数据，比如page、rp、sortname、sortorder，以及Flexigrid搜索时POST的数据，比如query、qtype等，然后会根据这些Flexigrid内置的提交参数，构建SELECT查询，调用全局变量$db的getList方法，返回一个PHP数组。

（3）根据查询的结果，构建一个json数组，用来向客户端返回联系人数据，这个json数组的定义要匹配Flexigrid的json解析规则。最后调用echo向客户端输出json数组。

至此构建了联系人需要在Flexigrid表格中呈现的数据，在实际应用中，只要匹配这样的规则，就可以让Flexigrid得以显示列表数据。

8.2.2 定义Flexigrid联系人列表

在FlexigridDemo示例网站中，添加一个名为contactbook.html的网页，其布局样式与Simplegrid2.html的示例基本相似，需要首先添加对flexigrid.js以及相关CSS和jQuery库的引用，在页面上也放置了一个id为flex1的空白HTML表格元素。

再为HTML表格调用flexigrid函数设置表格显示部分，基本上与代码8.5中的示例相似，但是示例中更改了colModel属性以及url属性，以便于显示匹配contactooklist.php返回的json结果的列，如代码8.8所示。

代码8.8 contactbook.html显示联系人列表

```
//为flex1空白表格关联flexigrid函数以定义Flexigrid表格
 var grid=$("#flex1").flexigrid({
       width: 760,          //定义宽度
       height: 380,         //定义高度
       url: 'contactbooklist.php',     //定义Ajax要请求的服务器端的url
       dataType:'json',     //指定数据的格式为json
       //定义留言显示的列
       colModel : [
          {display: '编号', name : 'id', width : 50, sortable : true, align:
          'center', hide: false, toggle : false},
          {display: '姓名', name : 'name', width : 150, sortable :false,
          align: 'center' },
          {display: '公司名', name : 'company', width : 300,sortable :true,
          align: 'center' },
          {display: '职位', name : 'job', width : 120,sortable:true,align:
          'center' },
          {display: '手机', name : 'mobile', width : 80, sortable : true,
          align: 'center' },
          {display: '电话', name : 'phone', width : 80,sortable:true,align:
          'center' },
          {display: '公司电话', name : 'office_phone', width : 80, sortable :
          true, align: 'center' },
          {display: 'QQ号', name : 'qq', width : 80,sortable:true,align:
          'center' },
          {display: 'MSN号', name : 'msn', width : 80, sortable : true,
          align: 'center' },
          {display: 'Email', name : 'email', width :
          120,sortable:true,align: 'center' },
          {display: '生日', name : 'birthday', width : 100, sortable : true,
          align: 'center' },
          {display: '地址', name : 'address', width :
          120,sortable:true,align: 'center' },
          {display: '备注', name : 'memo', width : 100, sortable : true,
          align: 'center' },
          ],
       //定义Flexigrid的工具栏按钮
       buttons : [
          {name: '新增',displayname: '新增',bclass:'add',onpress:toolbarItem},
```

```
            {separator: true},
            { name: '删除',displayname: '删除',bclass:'delete',onpress:toolbar
Item}
            ],
            //定义搜索的栏
            searchitems : [
              {display: '编号', name : 'id', isdefault: true},
              {display: '姓名', name : 'name'},
              {display: '公司名', name : 'company'},
              {display: '地址', name : 'address'}
            ],
```

由代码可以看到，url指定的地址为contactbooklist.php，表示将向这个PHP文件提取json数据进行显示，colModel数组根据contactbooklist.php返回的查询结果列设置了显示的列，如果现在运行这个页面，就可以看到Flexigrid正确显示了联系人列表，如图8.9所示。

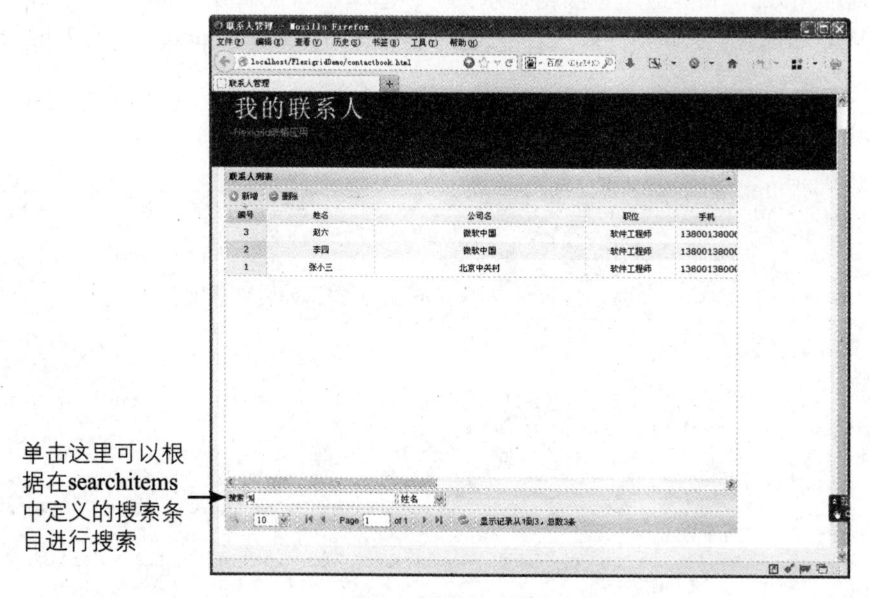

图8.9 联系人列表页面

可以看到，这个列表包含工具栏、联系人列表以及联系人搜索等功能，单击列头可以按指定的列进行排序，单击“搜索”按钮，会显示出搜索框，可以根据searchitems中定义的搜索列进行搜索。

虽然现在已经具有显示联系人列表的功能，但是并没有实现新增、删除的功能，接下来分别介绍如何对联系人进行新增和删除。

8.2.3 添加新联系人

在联系人列表中定义了两个工具栏按钮，当单击“新增”按钮时，将弹出一个窗口，允许用户输入表单数据，然后提交到数据库中，运行效果如图8.10所示。

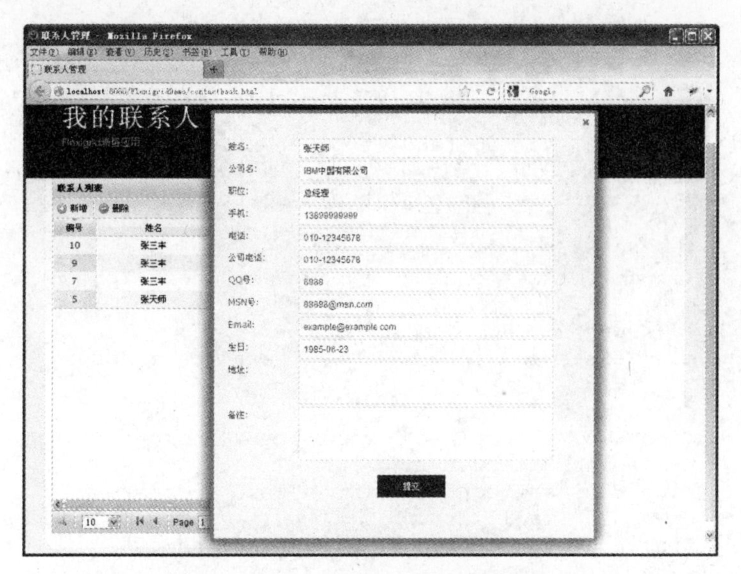

图8.10 单击“新增”按钮弹出添加窗口

由代码8.8可以看到，工具栏按钮的onpress事件的事件处理代码关联到toolbarItem函数，该事件有两个参数，一个是操作的类型，也就是name属性指定的类型，一个是Flexigrid表格自身。代码通过com属性来判断操作的类型，然后调用相应的方法，toolbarItem事件的事件处理代码如下所示：

```
//工具栏单击事件处理代码
function toolbarItem(com, grid) {
    if (com=='删除'){                        //如果是“删除”按钮
      deleteMe(grid);                        //删除行
    }else if (com=='新增'){                  //如果是“新增”按钮
      openDialogAdd();                       //新增按钮
    }
}
```

openDialogAdd函数用来弹出一个表单对话框，该函数调用jQuery的slideDown函数，动态地显示一个隐藏的div，这个隐藏的div中包含输入联系人的表单，这个表单提交时，将向数据库中插入一条记录，并且会刷新Flexigrid，以便显示新插入的联系人，openDialogAdd代码如下。

```
function openDialogAdd(){
    $('#addform').slideDown();              //调用slideDown动态显示一个表单
}
```

addform是一个div元素，在这个div中包含一个表单，如代码8.9所示。

代码8.9 contactbook.html中定义的隐藏的表单div

```
<!--一个隐藏的div，用来设置弹出式表单-->
<div id="addform" style="display: none;" class="popup_wrap">
      <!--联系人表单-->
         <form id="contactform" action="contactbook.php" method="post">
         <div class="form_settings">
             <p><span>姓名:</span>
             <input class="contact" type="text" name="name" value="" /></p>
```

```
            <p><span>公司名:</span>
            <input class="contact" type="text" name="company" value=
            "" /></p>
            <p><span>职位:</span>
            <input class="contact" type="text" name="job" value="" /></p>
            <p><span>手机:</span>
            <input class="contact" type="text" name="mobile" value="" />
            </p>
            <p><span>电话:</span>
            <input class="contact" type="text" name="phone" value="" />
            </p>
            <p><span>公司电话:</span>
            <input class="contact" type="text" name="office_phone" value=
            "" /></p>
            <p><span>QQ号:</span>
            <input class="contact" type="text" name="qq" value="" /></p>
            <p><span>MSN号:</span>
            <input class="contact" type="text" name="msn" value="" /></p>
            <p><span>Email:</span>
            <input class="contact" type="text" name="email" value="" />
            </p>
            <p><span>生日:</span>
            <input class="contact" type="text" name="birthday" value=
            "" /></p>
            <p><span>地址:</span>
            <textarea class="contact textarea" rows="2" cols="50"
            name="address"></textarea>
            <p><span>备注:</span>
            <textarea class="contact textarea" rows="3" cols="50"
            name="memo"></textarea>
            <p style="padding-top: 15px"><span>
            <input class="submit" type="submit" name="contact_submitted"
            value="提交" /> </span>
            </p>
          </div>
        </form>
        <!--显示关闭按钮-->
       <a class="close" id="signin_close" href="javascript:void(0)";
       title="关闭窗口"></a>
</div>
```

可以看到，代码中定义了一个名为addform的div，在div中包含一个名为contactform的表单，这个表单的action提交到contactbook.php，method指定的方法为post，使用jQuery的slideDown就可以显示出这个隐藏的表单，这个表单提交时，使用了第6章介绍的jQuery.form插件的Ajax提交功能，在提交之后会重新刷新Flexigrid表格。

从第6章中插入jquery.form.js文件，在contactbook.html的head部分添加对该js的引用，然后在页面加载事件中添加如下代码，以便为contactform关联Ajax提交特性，如代码8.10所示。

代码8.10 使用jQuery.form异步提交表单

```
$(document).ready(function(e) {
    //设置表单提交按钮事件
    var options = {
        success:       showResponse,   //提交之后的回调函数
        error:         showerror,
        //其他可用的选项
        url:       'addcontact.php',   //覆盖了form的action属性
```

```
        type:      'post',            //'get'或者是'post',覆盖form的method属性
        dataType:  'json',//'xml','script'或'json'(依据服务器返回类型进行设置)
        clearForm: true,               //在成功提交后清除所有的表单域内容
        resetForm: true,               //在成功提交后重置所有的表单域内容
        timeout:   3000
    };
    $('#contactform').ajaxForm(options);          //为表单关联Ajax提交方法
    //表单提交之后触发的事件
    function showResponse(responseText, statusText, xhr, $form)  {
        //关闭表单窗口
        $('#addform').stop().slideUp();
        $("#flex1").flexReload();     //重新刷新Flexigrid，以显示新添加的联系人内容
    }
    //如果提交错误，则显示提交联系人错误消息
    function showerror(){
        alert('联系人提交错误');
    }
});
```

可以看到，在options中，指定了其url为addcontact.php文件，这个PHP文件将用来向MySQL数据库添加数据，当调用成功后，调用了showResponse方法，该方法首先调用slideUp折叠显示表单，最后调用flexReload方法重新加载Flexigrid表格，以更新表格中的数据。

addcontact.php将获取表单中提交的数据，然后调用db_mysql类的insert方法将提交的数据提交到数据库中，如代码8.11所示。

代码8.11 addcontact.php插入联系人代码

```
<?php
session_start();                                              //打开会话设置
header('Content-Type: text/html; charset=utf-8');             //输入UTF-8文档类型
include_once 'config.inc.php';                     //包含网站配置文件和通用的函数文件

//如果包含了提交的数据
if(isset($_POST['name'])){
    $record = array(                               //构造插入数组
        'name'        =>$_POST ['name'],
        'company'     =>$_POST ['company'],
        'job'         =>$_POST ['job'],
        'mobile'      =>$_POST ['mobile'],
        'phone'           =>$_POST ['phone'],
        'office_phone'=>$_POST ['office_phone'],
        'qq'   =>$_POST ['qq'],
        'msn'  =>$_POST ['msn'],
        'email' =>$_POST ['email'],
        'birthday' =>$_POST ['birthday'],
        'email'=>$_POST ['email'],
        'address' =>$_POST ['address'],
        'memo'=>$_POST ['memo'],
    );
    $id = $db->insert('contactbook',$record);    //调用insert方法进行插入
    $arr['id']='';
    if($id){
        $arr['id']=$id;                          //返回新插入记录的id
    }
    $arr['status']="successed";
    echo json_encode($arr);                     //返回json数组
}
?>
```

在代码中，首先调用include_once包含config.inc.php文件，这个文件中包含db_mysql数据库操作类，然后调用$_POST获取表单提交的数据，接下来调用db_mysql的insert方法插入数据，该方法返回新插入的记录，最后构建了一个$arr数组，数组中包含id和status元素。

8.2.4 删除联系人

在Flexigrid中选中一个或多个联系人之后，单击“删除”按钮，Flexigrid将弹出删除确认对话框，单击“确定”按钮后，会将选中的记录删除，如图8.11所示。

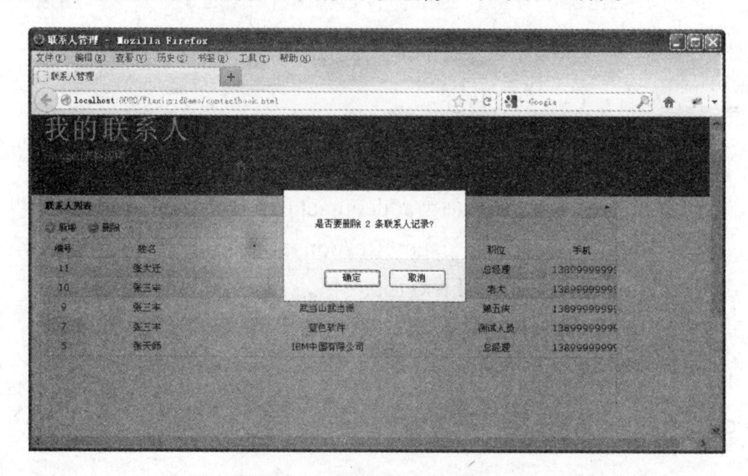

图8.11 删除确认提示框

删除按钮调用deleteMe函数，该函数接收Flexigrid实例名为grid的参数，判断Flexigrid是否选中记录，如果选中了记录，则弹出确认对话框。然后获取选中的id值，最后调用$.ajax异步地提交选中的记录到deletecontact.php，完成删除操作，如代码8.12所示。

代码8.12 deleteMe删除事件处理代码

```
//单击删除时执行的函数代码
function deleteMe(grid){
      //判断当前Flexigrid中是否选中了记录
           if($('.trSelected',grid).length>0){
      //要求用户确认是否删除记录
              if(confirm('是否要删除 ' + $('.trSelected',grid).length +
              ' 条联系人记录?')){
                 var items = $('.trSelected',grid);
                 var itemlist ='';
                 //循环获取要删除的记录的id
                 for(i=0;i<items.length;i++){
                        if(itemlist==''){
                        itemlist+= items[i].id.substr(3);
                        }else
                        {
                           //多个联系人的id之间用逗号分开
                              itemlist+=","+items[i].id.substr(3);
                        }
           }
           $.ajax({                                   //异步地提交记录
              type: "POST",                           //POST提交方式
              dataType: "json",                       //json数据类型
```

```
                url: "deletecontact.php",        //异步提交到deletecontact.php
                data: "id="+itemlist,            //提交的数据
                //插入成功后执行的函数
                success: function(data){
                      alert("记录已经被成功删除了");
                         $("#flex1").flexReload();        //重新刷新Flexigrid表格
                }
            });
        }
        } else {
              return false;
        }
  }
```

在这个事件处理代码中，首先获取Flexigrid表格中已经选中的行，选中的行可通过$('.trSelected',grid)这样的语法获取，然后获取每一行中包含的联系人id，以该id值作为参数，调用$.ajax，异步地将id列表发送到deletecontact.php文件，用来删除联系人，可以看到，在成功删除之后，依然调用了flexReload刷新了联系人列表。

deletecontact.php的实现非常简单，它会获取提交的要删除的数据id列表，然后执行db_mysql类对contactbook表进行删除，实现如代码8.13所示。

代码8.13 deletecontact.php删除数据库中的联系人

```
<?php
    //包含网站配置文件和通用的函数文件
    include_once 'config.inc.php';
    $id = $_POST['id'];                          //获取传递过来的提交参数id
    //调用delete方法删除contactbook中指定的id记录
    $db->delete('contactbook','id in('.$id.')');
    $arr['status']="successed";
    echo json_encode($arr);                         //返回json数组
?>
```

可以看到，代码通过$_POST获取提交的id数组，然后调用db_mysql中的delete方法，删除contactbook表中传过来的id列表中的联系人记录，在成功提交后，会返回一个json数组。

至此，完成了一个使用Flexigrid表格的联系人列表，该列表可以异步地搜索、添加和删除数据，也可以单击对列表进行排序，定制要显示和隐藏的列，可以看到完全具备了一个联系人列表所需要的主要功能。

8.3 其他表格插件

除了Flexigrid表格控件之外，在互联网上还可以找到很多其他有用的表格控件，而且功能不俗，本节将介绍其中具有代表性的表格插件jqGrid和ParamQuery。

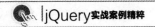

8.3.1 jqGrid表格插件

jqGrid是一款功能强大的基于jQuery的表格插件，它提供了类似于Flexigrid的功能，简单易用、高度可配置，是一款值得一用的表格插件，jqGrid表格的网址如下所示：

```
http://www.trirand.com/blog/
```

在这个页面中，用户可以单击网站导航栏上的Download按钮，下载jqGrid，如图8.12所示。

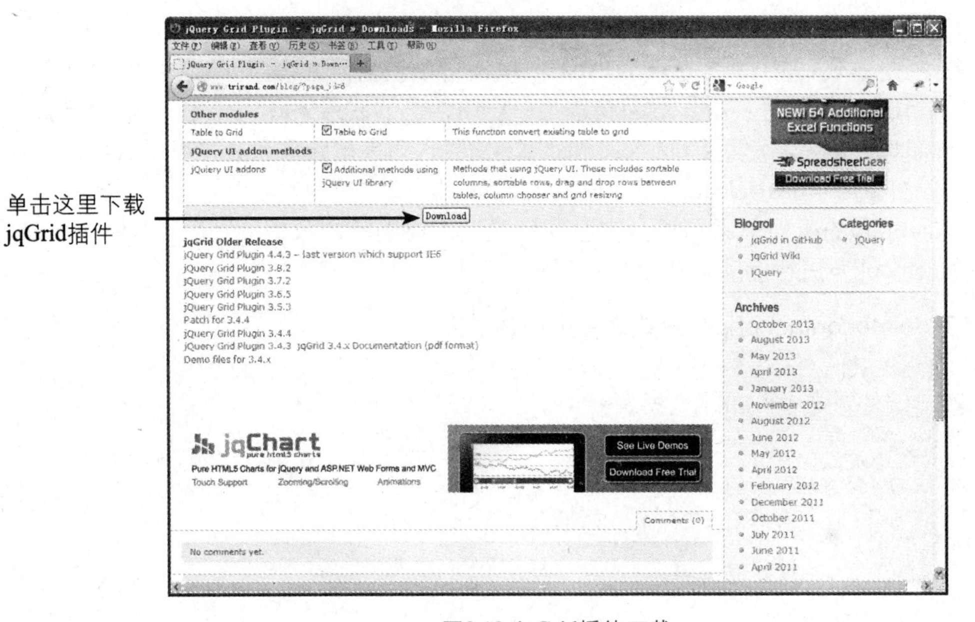

图8.12 jqGrid插件下载

当前jqGrid的最新版本是jqGrid 4.5.4，下载的压缩包是662K左右，解压缩后，可以看到jqGrid的源代码，jqGrid还提供了一个包含其各种功能的在线演示网站，通过该网站可以学习如何使用下载的jqGrid，网址如下所示：

```
http://trirand.com/blog/jqgrid/jqgrid.html
```

jqGrid的主从表功能如图8.13所示。

jqGrid与Flexigrid类似，它提供了Ajax功能异步的提取或操作服务器的数据，因此jqGrid可以与PHP、ASP、Java Servlets、JSP、CodeFusion等服务器端进行通信。它还提供了详细的操作文档，可以在如下网址中找到jqGrid的操作文档：

```
http://www.trirand.com/jqgridwiki/doku.php?id=wiki:jqgriddocs
```

互联网上有很多开发人员编写的使用jqGrid的中文文档，可以参考这些文档学习如何使用这个表格。

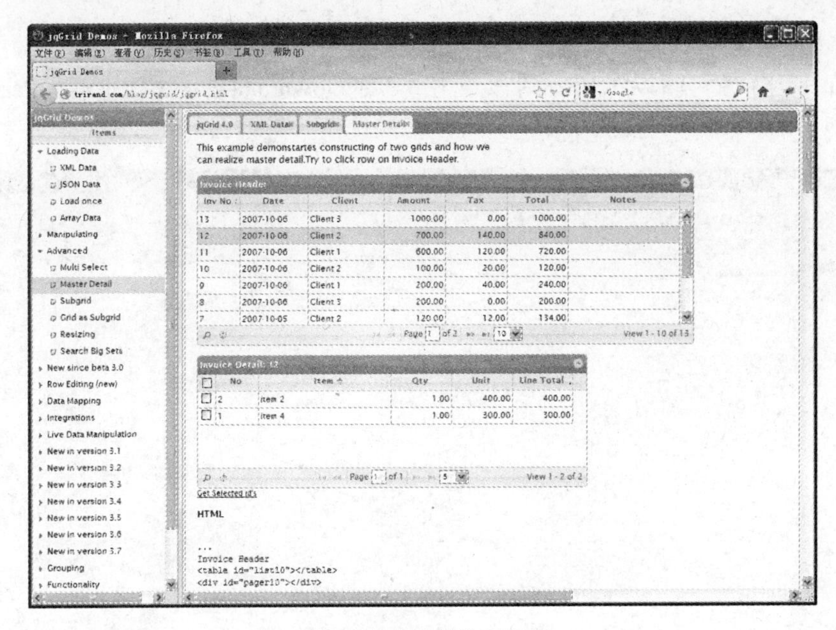

图8.13 jqGrid的使用示例

8.3.2 ParamQuery表格插件

ParamQuery是一种轻量级的jQuery网格插件，它在网页上可以展示类似Excel和Google SpreadSheet效果的表格，主要特性如下。

- Ajax远程排序、分页
- 具有自定义的多行和列的选择
- 隐藏和显示列、列分组
- 重新调整列和表格的大小
- 类似Excel的冻结功能、冻结任意行
- 行的统计功能
- 创建、读取、更新和删除的CRUD操作
- 搜索和过滤功能
- 国际化和本地化功能
- 显示任何格式的数据，如HTML、Array、XML、JSON等
- 虚拟滚动、在线编辑功能
- 自定义列显示和编辑功能
- 主题功能、自定义主题功能
- 完整的键导航功能
- 可以与任何服务器端语言使用，如ASP.NET、MVC3、JSP、JSF、PHP等
- 兼容于所有的浏览器

ParamQuery插件的网址如下：

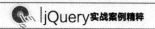

```
http://paramquery.com/
```

ParamQuery当前的版本为1.1.3，可以单击主页的Download链接进行下载，ParamQuery的Demos链接包含ParamGrid的使用示例，分页功能的使用效果如图8.14所示。

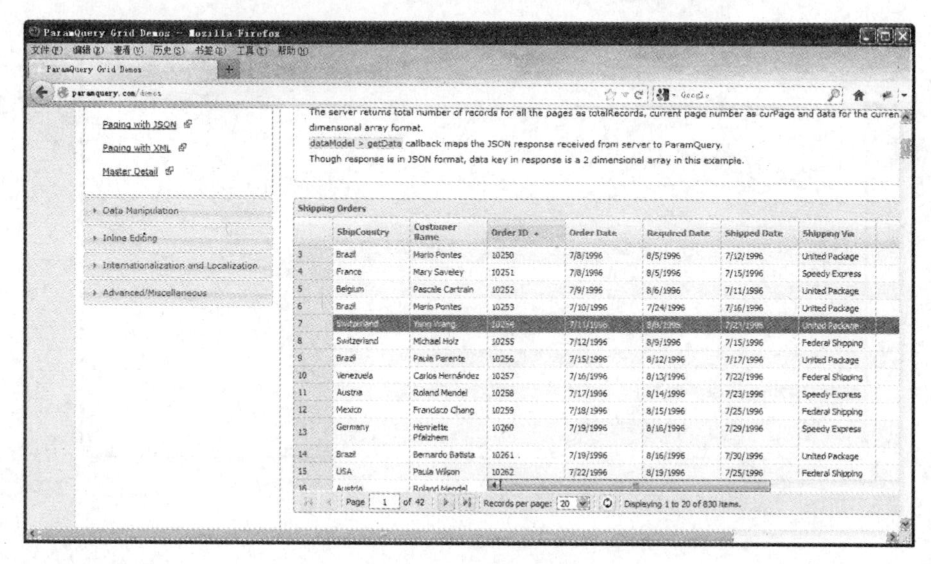

图8.14 ParamQuery的使用效果

8.4 小结

本章讨论了jQuery表格插件的用法，主要介绍了Flexigrid插件的使用。首先讨论了如何下载Flexigrid插件，详细介绍了Flexigrid表格插件的参数，并通过一个简单的留言簿示例介绍了如何使用Flexigrid显示内容。接下来通过一个联系人列表页面，演示了如何用Flexigrid操纵数据库中的联系人数据，首先介绍了创建联系人数据库数据，并且使用PHP代码提取数据库中的数据，然后介绍了如何定义Flexigrid表格，接下来通过工具栏按钮的事件处理代码来添加和删除联系人，最后讨论了添加和删除联系人的具体代码。本章最后介绍了其他两个表格插件jqGrid和ParamQuery的基本功能和下载地址。

第 9 章 树状列表插件

树形控件的作用在网站或应用程序的开发中非常重要，用树状视图可以显示导航栏、人事部门的人事组织结构和复杂的文件夹结构，如图9.1所示是一个经典的源代码树状结构的例子。

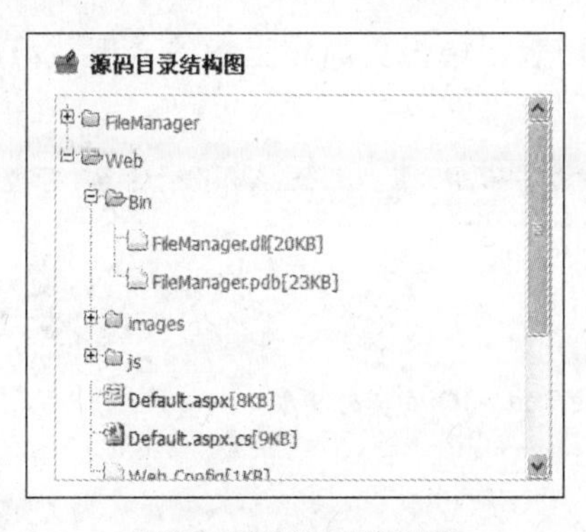

图9.1 树状视图的例子

过去在网页上显示树状结构是非常困难的，需要自行构建树状视图的代码，现在有了第三方的jQuery插件，可以非常轻松地使用由其他开发人员封装好的树状插件。

9.1 准备zTree插件

zTree是由中国人开发的一款功能强大且使用简单的jQuery树状视图插件，zTree利用了jQuery的核心代码来实现大部分Tree控件所具备的功能，它具有如下特性：

- 兼容 IE、FireFox、Chrome 等浏览器

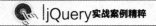

- 在一个页面内可同时生成多个Tree实例
- 支持JSON数据
- 支持一次性静态生成和Ajax异步加载两种方式
- 支持多种事件响应及反馈
- 支持Tree的节点移动、编辑、删除
- 支持任意更换皮肤、个性化图标（依靠css）
- 支持极其灵活的单选框或复选框选择功能
- 简单的参数配置实现灵活多变的功能

zTree是一款遵循MIT许可协议的开源插件，可以自由用到自己的项目中，也可以在zTree的基础上开发自己的功能，重要的是zTree提供了详细的简体中文文档，对于开发中文化的应用来说，十分方便。

9.1.1 下载zTree插件

zTree官网提供了zTree详细的帮助信息和下载地址，可以通过如下网址来访问zTree官网：

```
http://www.ztree.me/
```

zTree当前的版本是v3.5.14版，单击页面右上角的“下载zTree v3.5.14”，将会得到一个760KB左右的压缩包，如图9.2所示。

图9.2 下载zTree插件

下载的zTree插件既包含zTree的源代码，也包含zTree帮助API文档以及演示程序，文件夹结构如下。

- api：zTree的API文档。
- css：zTree插件的样式文件。
- demo：包含中文和英文的演示文档。
- js：zTree插件的源代码文档。

要使用zTree，只需要将js和css文件夹中的文件和样式拷贝到网站相应目录下，然后添加对zTree样式和js文件的引用即可。为了演示zTree的使用方法，接下来在Dreamweaver中创建一个新的名为TreeDemo的网站，本章所有的示例都将在这个网站中进行创建，步骤如下所示。

（1）打开Dreamweaver，单击主菜单中的“站点 | 新建站点”菜单项，新建一个名为TreeDemo的网站，由于在本章中也将要用到PHP+MySQL服务器端提供zTree的数据，因此该网站也要指定为使用服务器端测试，设置窗口如图9.3所示。

（2）将下载的zTree文件夹中的css和js文件夹拷贝到新建的网站根目录下，然后新建一个名为TreeDemo1.html的文件，这个文件将用来演示如何使用zTree显示树状视图的数据，网站文件夹结构如图9.4所示。

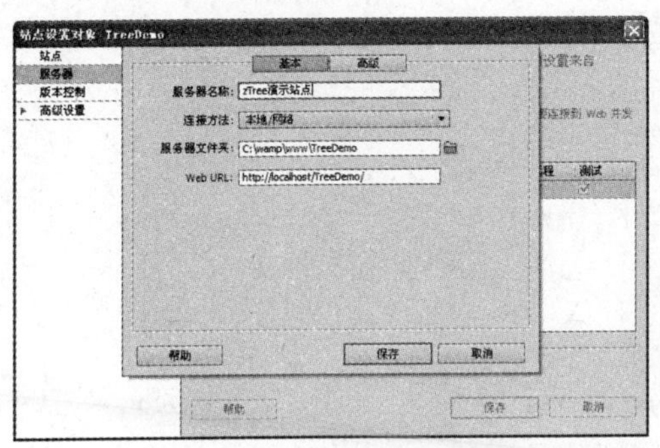

图9.3 新建网站窗口

图9.4 添加对zTree的js和css文件的引用

（3）示例中拷贝了第6章起开始使用的bookstyle.css，以便本书的示例能够提供统一的风格，接下来添加对zTree的js和CSS的引用，在TreeDemo1.html的head区添加如代码9.1所示的引用代码。

代码9.1 添加对js和CSS文件的引用

```
<title>zTree树状视图示例</title>
<!--添加样式表的引用-->
<link rel="stylesheet" type="text/css" href="bookstyle.css">
<link rel="stylesheet" type="text/css" href="css/zTreeStyle/zTreeStyle.css">
<!--添加jQuery引用-->
<script type="text/javascript" src="js/jquery-1.4.4.min.js"></script>
<!--添加对zTree插件的核心引用-->
<script type="text/javascript" src="js/jquery.ztree.core-3.5.js"></script>
<script type="text/javascript">
```

zTreeStyle.css文件是zTree插件本身需要用到的样式定义，接下来是jQuery库文件的引用，最后引用了jquery.ztree.core-3.5.js这个zTree的核心库文件，zTree插件在js文件夹中提供了多个不同的js文件，以便用户只引用所需要的js库，对于不需要的js代码可以不用下载，这样可以提升网页的效率。

（4）接下来定义一个json数组，用来构建zTree的节点，json数组的定义由如下格式组成：

- 每一个节点都有一个name属性，用来指定节点的显示名称。
- 每一个节点都有一个children属性，包含子节点的集合。

- 节点的open属性用来设定节点是展开还是折叠。

除此之外，节点还有很多用来设置其外观的属性，在下一小节讨论参数定义时会详细介绍，示例中的节点数组定义如代码9.2所示。

代码9.2 定义节点Nodes数组

```
//定义settings设置对象
var setting = { };
//定义一个用来显示树状节点的json数组
var zNodes =[
    { name:"父节点1 - 展开", open:true,
          children: [
                 { name:"父节点11 - 折叠",
                        children: [
                               { name:"叶子节点111"},
                               { name:"叶子节点112"},
                               { name:"叶子节点113"},
                               { name:"叶子节点114"}
                        ]},
                 { name:"父节点12 - 折叠",
                        children: [
                               { name:"叶子节点121"},
                               { name:"叶子节点122"},
                               { name:"叶子节点123"},
                               { name:"叶子节点124"}
                        ]},
                 { name:"父节点13 - 没有子节点", isParent:true}
          ]},
    { name:"父节点2 - 折叠",
          children: [
                 { name:"父节点21 - 展开", open:true,
                        children: [
                               { name:"叶子节点211"},
                               { name:"叶子节点212"},
                               { name:"叶子节点213"},
                               { name:"叶子节点214"}
                        ]},
                 { name:"父节点22 - 折叠",
                        children: [
                               { name:"叶子节点221"},
                               { name:"叶子节点222"},
                               { name:"叶子节点223"},
                               { name:"叶子节点224"}
                        ]},
                 { name:"父节点23 - 折叠",
                        children: [
                               { name:"叶子节点231"},
                               { name:"叶子节点232"},
                               { name:"叶子节点233"},
                               { name:"叶子节点234"}
                        ]}
          ]},
    { name:"父节点3 - 没有子节点", isParent:true}
];
```

可以看到，通过name、children、open以及标志是否为父节点的isParent属性，定义了一个节点集合的json数组，children数组中的每个元素又是一个节点，每个节点又包含一个children数组，这样形成了一个树状的层次结构，以便于呈现树状结构。

（5）最后调用zTree的API函数init初始化方法来初始化zTree数组，如代码9.3所示。

代码9.3 初始化zTree树

```
//在页面加载时
$(document).ready(function(){
    //调用zTree的init方法，加载json数组节点
    $.fn.zTree.init($("#treeDemo"), setting, zNodes);
});
```

init方法用来初始化zTree，这个方法是使用zTree显示树状结构必须使用的一个方法，它接收要呈现zTree的DOM容器，示例中是一个ul元素，一个zTree的配置数据，在本示例中是一个空白对象，zNodes是节点数据。该方法返回一个zTree对象。

页面运行的效果如图9.5所示。

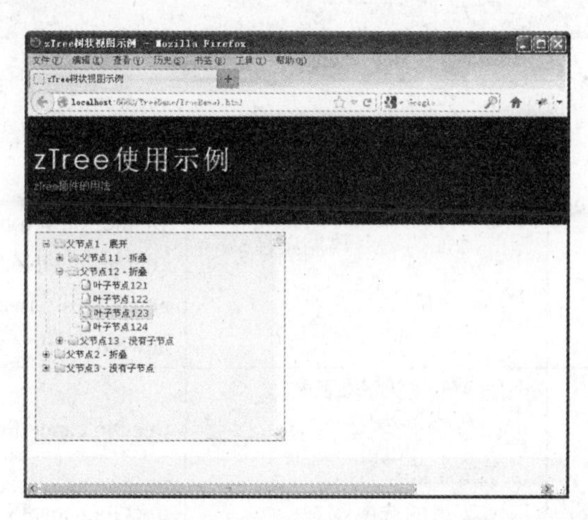

图9.5 简单zTree示例的运行效果

9.1.2 参数说明

由上面的示例可以看到，init是初始化zTree树状视图时必须要调用的一个方法，该方法的语法如下所示：

```
$.fn.zTree.init(obj, zSetting, zNodes)
```

Obj是要调用的DOM对象，也就是一个jQuery选择器，zSetting包含一系列zTree的集合设置，比如同步或异步设置、事件处理回调函数的定义、复选框类型的设置以及编辑的选项设置等。zNodes是一个包含节点数组的json对象数组，该方法返回zTree对象，zTree对象提供了各种方法，允许通过js来操作zTree。

除了init函数外，要获取zTree对象，除了用初始化方法返回一个zTree对象外，还可以调用getZTreeObj方法，返回指定容器的zTree对象。其语法如下所示：

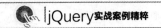

```
$.fn.zTree.getZTreeObj(treeId);
```

treeId是zTree的DOM容器的id，比如在初始化zTree对象后，可以使用如下代码来获取zTree对象：

```
var treeObj = $.fn.zTree.getZTreeObj("tree");
```

在获取zTree对象后，就可以调用zTree对象的各种属性和方法来操纵zTree了。

如果要动态地销毁zTree树状列表，可以调用$.fn.zTree.destroy方法，该方法可以销毁指定treeId 的zTree，也可以销毁当前页面全部的zTree，用法如下面的示例语句所示：

```
$.fn.zTree.destroy("treeDemo");
```

可以看到，通过两个方法可以获取一个zTree对象，当获取到页面上的zTree对象后，就可以调用zTree提供的API函数来操纵zTree了，表9.1提供了zTree常见的函数，更详细的API函数列表，请参考zTree官网上提供的API文档。

表9.1 zTree对象的主要方法列表

方法名称	方法描述	使用示例
setting	zTree对象使用的setting配置数据	

addNodes(parentNode, newNodes, isSilent)	添加新节点。返回值是zTree最终添加的节点数据集合	var treeObj = $.fn.zTree.getZTreeObj("tree");
		var newNodes = [{name:"newNode1"}, {name:"newNode2"}, {name:"newNode3"}];
		newNodes = treeObj.addNodes(null, newNodes);

cancelEditName(newName)	取消节点的编辑名称状态，可以恢复原名称，也可以强行赋给新的名称	treeObj.cancelEditName("test_new_name");
cancelSelectedNode(treeNode)	取消节点的选中状态	treeObj.cancelSelectedNode(nodes[0]);
checkAllNodes(checked)	勾选或取消勾选全部节点	treeObj.checkAllNodes(true);
checkNode(treeNode, checked, checkTypeFlag, callbackFlag)	勾选或取消勾选单个节点	treeObj.checkNode(nodes[i], true, true);
copyNode(targetNode, treeNode, moveType, isSilent)	复制节点	treeObj.copyNode(nodes[0], nodes[1], "before");
destroy(treeId)	销毁 zTreeObj 代表的 zTree	zTreeObj.destroy();

editName(treeNode)	设置某节点进入编辑名称状态	var treeObj = $.fn.zTree.getZTreeObj("tree");
		var nodes = treeObj.getNodes();
		treeObj.editName(nodes[0]);

expandAll(expandFlag)	展开/折叠全部节点	//展开全部节点
		var treeObj = $.fn.zTree.getZTreeObj("tree");
		treeObj.expandAll(true);

（续表）

方法名称	方法描述	使用示例
expandNode(treeNode, expandFlag, sonSign, focus, callbackFlag)	展开/折叠指定的节点	treeObj.expandNode(nodes[0], true, true, true);
getChangeCheckedNodes()	获取输入框勾选状态被改变的节点集合（与原始数据checkedOld对比）	var nodes = treeObj. getChangeCheckedNodes();
getNodes()	获取zTree的全部节点数据	var nodes = treeObj.getNodes();
getSelectedNodes()	获取zTree当前被选中的节点数据集合	

hideNode(treeNode)	隐藏某个节点	//隐藏根节点中第一个节点
		var treeObj = $.fn.zTree.
		getZTreeObj(“tree”);
		var nodes = treeObj.getNodes();
		treeObj.hideNode(nodes[0]);

moveNode(targetNode, treeNode, moveType, isSilent)	移动节点	//将根节点中第二个节点中移动成为第一个节点的前一个节点
		var treeObj = $.fn.zTree.
		getZTreeObj("tree");
		var nodes = treeObj.getNodes();
		treeObj.moveNode(nodes[0], nodes[1],
		"before");

removeChildNodes(parentNode)	清空某父节点的子节点	//清空选中的第一个节点的子节点
		var treeObj = $.fn.zTree.
		getZTreeObj("tree");
		var nodes = treeObj.getSelectedNodes();
		if (nodes && nodes.length>0) {
		treeObj.
		removeChildNodes(nodes[0]);
		}

selectNode(treeNode, addFlag)	选中指定节点	//单独选中根节点中第一个节点
		var treeObj = $.fn.zTree.
		getZTreeObj("tree");
		var nodes = treeObj.getNodes();
		if (nodes.length>0) {
		treeObj.selectNode(nodes[0]);
		}

zTree中的每个节点都是一个独立的JavaScript对象，它具有一系列的属性和方法，比如name属性设置其显示的内容、children数组返回其子节点数组。除此之外，它还有一些方法比如getNextNode或getPreNode等，treeNode对象的属性和方法列表如表9.2所示。

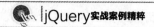

表9.2 treeNode节点的属性和方法列表

名称	类型	描述	示例
checked	Boolean	节点的checkBox/radio的勾选状态	var checked = treeObj.getNodes()[0].checked;
children	Array(JSON)	节点的子节点数据集合	var nodes = treeObj.getNodes()[0].children;
chkDisabled	Boolean	设置节点的 checkbox/radio是否禁用	{ "id":2, "name":"test2", "chkDisabled":true},
click	String	最简单的 click 事件操作。相当于 onclick="..." 的内容。 如果操作较复杂，请使用 onClick 事件回调函数	{ "id":1, "name":"Google CN", "url":"http://g.cn", "click":"alert('test');"},
getCheckStatus	Function()	获取节点checkbox/radio半勾选状态	var halfCheck = treeObj.getNodes()[0].getCheckStatus();
getNextNode	Function()	获取与treeNode节点相邻的后一个节点	var node = sNodes[0].getNextNode();
getParentNode	Function()	获取treeNode节点的父节点	var node = sNodes[0].getParentNode();
getPreNode	Function()	获取与 treeNode 节点相邻的前一个节点	var node = sNodes[0].getPreNode();
halfCheck	Boolean	强制节点的 checkBox / radio 的半勾选状态	{ "id":2, "name":"test2", isParent:true, checked:false, halfCheck:true },
icon	String	节点自定义图标的 URL 路径	//父节点展开折叠时使用相同的图标 { name:"父节点1", icon:"/img/parent.gif"},
iconOpen	String	父节点自定义展开时图标的 URL 路径	//父节点展开/折叠时分别使用不同的图标 { name:"父节点2", iconOpen:"/img/open.gif", iconClose:"/img/close.gif"},
iconClose	String	父节点自定义折叠时图标的 URL路径	{ name:"父节点2", iconOpen:"/img/open.gif", iconClose:"/img/close.gif"},
iconSkin	String	节点自定义图标的 className	{ name:"父节点1", iconSkin:” diy01” },
isHidden	Boolean	判断treeNode节点是否被隐藏	var isHidden = sNodes[0].isHidden;
isParent	Boolean	记录treeNode节点是否为父节点	var isParent = sNodes[0].isParent;
name	String	节点名称	{ "id":1, "name":"test1"},
nocheck	Boolean	设置节点是否隐藏checkbox/radio	{ "id":1, "name":"test1", "nocheck":true},
open	Boolean	记录treeNode节点的展开/折叠状态	var isOpen = sNodes[0].open;
target	String	设置单击节点后在何处打开url	{ "id":1, "name":"test1", "url":"http://myTest.com", "target":"_blank"},
url	String	节点链接的目标 URL	{ "id":1, "name":"Google CN", "url":"http://g.cn"},

最后来看配置部分，在调用init方法初始化zTree时，可以传入一个setting对象，用来配置zTree，在示例代码9.3中，传入的是一个空白的setting对象，setting对象包含了回调设置以及异步获取数据的代码，它允许程序员指定异步Ajax提取数据的设置和当zTree中相关部分触发时的关联事件处理函数。它还包含zTree的呈现等，归纳起来，setting可以由如下子对象组成。

- async对象：包含了zTree的异步操作定义，比如指定异步url、类型（post或get）、数据类型等。
- callback对象：包含在zTree中相关事件触发时的事件处理代码，比如beforeClick、beforeDblClick等。
- check对象：包含单选框和复选框的配置选项，比如自动触发beforeCheck/onCheck事件回调函数的autoCheckTrigger、chkboxType，勾选checkbox对于父子节点的关联关系等。
- data对象：json数据的属性，用来定义zTree的节点相关的特性。
- edit对象：zTree的编辑属性设置。
- view对象：zTree呈现的视图样式，比如showLine表示是否显示线条、showTitle表示是否显示标题等。

更多关于zTree的详细参数介绍，请参考官方网站的API文档：

```
http://www.ztree.me/v3/api.php。
```

9.1.3 树状效果演示

这一节来看一个稍微完整的例子，这个例子演示了如何从PHP服务器端获取json节点数据，显示在zTree插件上，并且演示了如何通过zTree对象来控制树状视图的增加、删除和修改，示例演示了一个比较完整的树状视图的操作范例，实现步骤如下所示。

（1）在TreeDemo网站中，添加一个名为nodeData.php的PHP服务器端文件，这个文件主要用来构建节点的json数组，实现如代码9.4所示。

代码9.4 构建PHP服务器端显示树状数据的json数组

```
[<?php
$pId = "0";                //页面初次加载时，将自动加载0层的节点
$pName = "";               //节点名称
$pLevel = "";              //节点层次
$pCheck = "";              //节点复选框
//得到父项的id值
if(array_key_exists( 'id',$_REQUEST)) {
    $pId=$_REQUEST['id'];
}
//得到当前的层次值
if(array_key_exists( 'lv',$_REQUEST)) {
    $pLevel=$_REQUEST['lv'];
}
//得到当前的节点名称
```

```
if(array_key_exists('n',$_REQUEST)) {
    $pName=$_REQUEST['n'];
}
//判断当前是否选中
if(array_key_exists('chk',$_REQUEST)) {
    $pCheck=$_REQUEST['chk'];
}
//重置
if ($pId==null || $pId=="") $pId = "0";
if ($pLevel==null || $pLevel=="") $pLevel = "0";
if ($pName==null) $pName = "";
else $pName = $pName.".";

//构建4个节点的json对象，返回到客户端
for ($i=1; $i<5; $i++) {
    $nId = $pId.$i;
    $nName = $pName."我的结点".$i;
    echo "{ id:'".$nId.
        "',     name:'".$nName.
          "',   isParent:".(( $pLevel < "2" && ($i%2)!=0)?"true":"false").
          ($pCheck==""?"":((($pLevel < "2" && ($i%2)!=0)?", halfCheck:true":"").
($i==3?", checked:true":""))).")";
    if ($i<4) {
          echo ",";
    }
}
?>]
```

在代码开始部分定义了4个变量，这4个变量将用来获取用户单击树上的节点时的节点信息，$pId为0表示第一次加载顶层节点，如果用户单击某个可以展开的节点，会异步地向nodeData.php文件发送请求，从而获取新的层次节点。

接下来通过$_REQUEST来获取提交的数据，如果表单使用POST提交方式，也可以使用$_POST，否则只能选择$_GET获取提交的数据。在获取到提交的数据后，构建一个具有5个元素的json数组，包含id、name、isParent、halfCheck和checked属性。可以看到，isParent和halfCheck在节点的层次小于2并且节点的序号是偶数节点时，值为true，isParent表示当前节点不是一个叶节点，可以继续单击展开，halfCheck表示强制节点的半选中状态。

（2）新建一个名为TreeAsyncDemo.html的HTML页面，在页面的head区添加对zTree节点的引用，如代码9.5所示。

代码9.5 添加对zTree对象的引用

```
<meta http-equiv="Content-Type" content="text/html; charset=utf-8">
<!--页面的样式表的引用-->
<link rel="stylesheet" type="text/css" href="bookstyle.css">
<!--zTree样式的引用-->
<link rel="stylesheet" href="css/zTreeStyle/zTreeStyle.css" type="text/
css">
<!--jQuery库的引用-->
<script type="text/javascript" src="js/jquery-1.4.4.min.js"></script>
```

```
<!--核心zTree插件库的引用-->
<script type="text/javascript" src="js/jquery.ztree.core-3.5.js"></script>
<!--zTree的单选或复选插件库-->
<script type="text/javascript" src="js/jquery.ztree.excheck-3.5.js">
</script>
<!--zTree的编辑插件库-->
<script type="text/javascript" src="js/jquery.ztree.exedit-3.5.js">
</script>
<title>高级zTree使用示例</title>
```

zTree插件将核心代码进行了分割，在下载的js文件夹中可以看到有一个jquery.ztree.all-3.5.js文件，这个文件包含zTree所有的脚本，但是相应地zTree提供了多个拆分后的版本，分别如下所示：

- 核心包jquery.ztree.core-3.5.js，包含zTree的核心功能。
- 单选或复选扩展包jquery.ztree.excheck-3.5.js，包含单选或复选的相关功能实现。
- 编辑扩展包jquery.ztree.exedit-3.5.js，包含编辑功能相关的扩展。
- exhide扩展包jquery.ztree.exhide-3.5.js，包含显示和隐藏节点的功能。

在示例中，可以看到除了引用了core核心包外，还引用了excheck和exedit功能，表示树状节点既具有选择功能，也包含了编辑功能。

（3）在页面的body区，添加一个ul以便作为zTree节点显示的容器，如代码9.6所示。

代码9.6 定义zTree显示的容器

```
<!--在站点内容部分-->
<div id="site_content">
  <div id="content">
     <!--作为zTree节点的容器-->
    <ul id="treeDemo" class="ztree"></ul>
  </div>
 </div>
```

可以看到，这里使用了ul作为节点显示的容器，zTree的init函数将使用这里指定的id作为参数来初始化zTree的显示。

（4）接下来，开始定制zTree，由于要用到异步提取节点数据，因此需要定义zTree的配置对象setting，示例的配置如代码9.7所示。

代码9.7 定义zTree的配置对象数据

```
//定义zTree的配置对象数据
var setting = {
    //异步加载数据
    async: {
          enable: true,                   //允许异步加载数据
          url:"nodeData.php",             //异步加载数据的url，这个url返回json数组
          ////动态参数对，构建节点提交时的名称，比如name别名为n，level别名为lv
          autoParam:["id", "name=n", "level=lv"],
          otherParam:{"otherParam":"zTreeAsyncTest"},
```

```
            //Ajax请求提交的静态参数键值对
            dataFilter: filter              //用于对 Ajax 返回数据进行预处理的函数
        },
        //呈现时的显示配置设置
        view: {expandSpeed:"",              //不显示zTree节点展开、折叠时的动画效果
          //用于当鼠标移动到节点上时，显示用户自定义控件，显示隐藏状态同zTree内部的编辑、
          删除按钮
            addHoverDom: addHoverDom,
            //用于当鼠标移出节点时，隐藏用户自定义控件，显示隐藏状态同zTree内部的编辑、
            删除按钮
            removeHoverDom: removeHoverDom,
            //设置是否允许同时选中多个节点
            selectedMulti: false
        },
        //允许用户编辑节点
        edit: {
            enable: true                    //允许对节点进行编辑
        },
        //定义数据的格式
        data: {
            simpleData: {
                enable: true                //使用简单数据格式，即简单数组
            }
        },
        //定义zTree事件触发时的回调函数
        callback: {
            beforeRemove: beforeRemove,                 //移除节点之前的事件
            beforeRename: beforeRename                  //重命名节点之前的事件


        }
    };
```

setting对象中分别定义了异步加载数据的async属性、显示配置的view属性、编辑节点的edit属性、数据属性data以及回调函数属性callback。对于异步加载模式的async对象设置，enable指定允许异步加载，autoParam是动态参数，也即根据当前选中的节点的属性提交到nodeData.php，dataFilter允许用户在提交之前对数据进行预处理。

在setting配置中，view用来指定显示或隐藏节点的配置，addHoverDom是指当鼠标移到节点时，可以触发一个事件来更改节点的显示，示例中关联到了addHover，removeHoverDom是指移除节点时的事件，这样就使得鼠标离开时可以执行事件。edit对象用来启用编辑。callback用来为zTree的各种事件关联事件处理代码。

（5）实现在setting中定义的事件处理函数，以便于事件抛出时，可以执行这些事件处理函数来完成结点相关的工作，如代码9.8所示。

代码9.8 配置对象的事件处理代码

```
//在数据被提交之前的事件处理代码
function filter(treeId, parentNode, childNodes) {
    if (!childNodes) return null;
    //循环节点数组
```

```
    for (var i=0, l=childNodes.length; i<l; i++) {
        //替换节点中的非法字符
        childNodes[i].name = childNodes[i].name.replace(/\.n/g, '.');
    }
    //返回节点数组
    return childNodes;
}
//删除节点之前的事件处理代码
function beforeRemove(treeId, treeNode) {
    var zTree = $.fn.zTree.getZTreeObj("treeDemo");       //获取zTree对象实例
    zTree.selectNode(treeNode);                                      //选中节点
    return confirm("确认删除 节点 -- " + treeNode.name + " 吗? ");
    //弹出删除节点的提示信息
}
//重命名节点的事件处理代码
function beforeRename(treeId, treeNode, newName) {
    if (newName.length == 0) {
        alert("节点名称不能为空.");
        return false;
    }
    return true;
}

var newCount = 1;
//鼠标经过节点时的事件处理代码
function addHoverDom(treeId, treeNode) {
    //得到节点span的jQuery对象
    var sObj = $("#" + treeNode.tId + "_span");
    //如果选中了元素
    if ($("#addBtn_"+treeNode.id).length>0) return;
    //则向节点添加按钮
    var addStr = "<span class='button add' id='addBtn_" + treeNode.id
        + "' title='添加新节点' onfocus='this.blur();'></span>";
    sObj.append(addStr);
    var btn = $("#addBtn_"+treeNode.id);
    //为按钮关联事件处理代码
    if (btn) btn.bind("click", function(){
        var zTree = $.fn.zTree.getZTreeObj("treeDemo");
        zTree.addNodes(treeNode, {id:(100 + newCount), pId:treeNode.id,
        name:"新节点" + (newCount++)});
    });
};
//鼠标移出时的事件处理代码
function removeHoverDom(treeId, treeNode) {
    //取消绑定事件并移除元素
    $("#addBtn_"+treeNode.id).unbind().remove();
};
```

在代码中，filter函数会在异步数据提交之前触发，这个函数可以在异步提交之前对提交的数据进行处理，示例代码中对每一个提交的节点name属性，都应用了replace函数滤除了非法字符，并返回这个过滤之后的数组。

beforeRemove和beforeRename在移除节点之前以及重命名节点之前触发，在示例中，beforeRemove在调用之前会弹出提示框，它返回一个布尔值，为true表示允许删除操作，为flase表示不允许进行删除操作。

addHoverDom和removeHoverDom这两个显示相关的函数，用来在鼠标移到节点上时显示操作工具栏，而鼠标移出工具栏时，移除工具栏的显示。

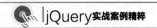

可以看到，在addHoverDom中，添加了一个添加按钮，它将与内置的编辑删除按钮一起进行显示，这让用户有机会对选中的节点进行操作。

（6）将设定好的setting对象作为init方法的参数，调用init方法，初始化zTree节点，实现异步加载的树状列表的显示工作，如代码9.9所示。

代码9.9 调用init方法初始化zTree树状控件

```
$(document).ready(function(){
    $.fn.zTree.init($("#treeDemo"), setting); //调用init方法，传入setting对象
});
```

在init方法中，传入了zTree的容器元素的jQuery选择器，然后传入了前面介绍的配置对象，运行时就得到了一个异步加载的带新增、修改和删除图标功能的树状视图。程序的运行效果如图9.6所示。

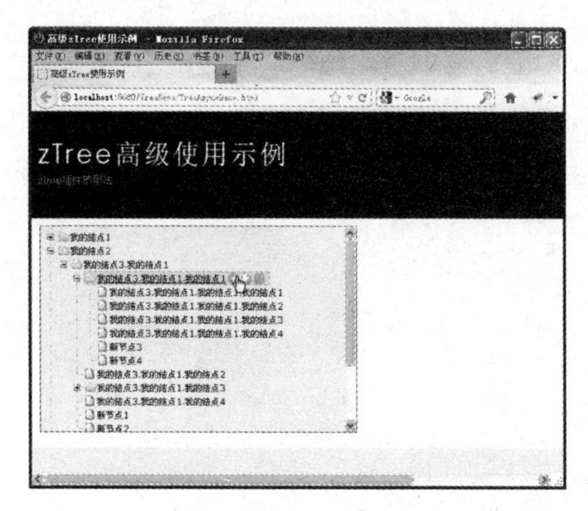

图9.6 zTree使用示例运行效果

9.2 开发一个Web文件管理页面

这一节将开发一个简单的资源管理器页面，网站建设人员一般会使用FTP来管理网站上的文件，比如Dreamweaver的站点管理工具提供了一个远程视图，允许以FTP方式管理远程服

务器上的文件，如图9.7所示。

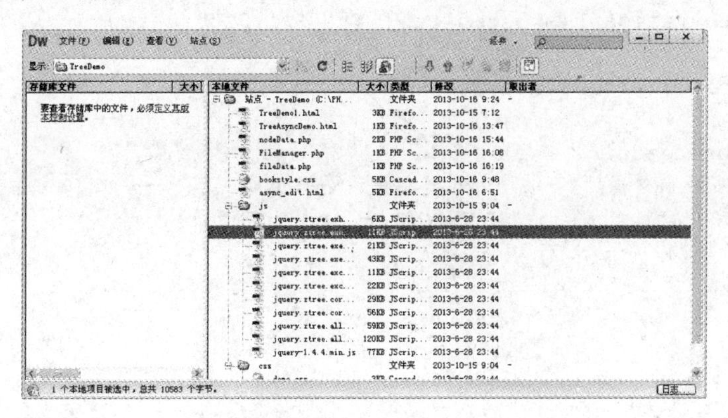

图9.7 远程视图管理文件

如果具有远程服务器上的文件读取权限的话，利用zTree插件，开发人员也可以创建一个基于Web的网站文件管理工具，本节将演示如何使用zTree显示远程站点中的文件列表，相应的文件的上传下载等功能，请读者参考其他Web管理工具的实现。

9.2.1 获取服务器端文件列表

实现Web文件管理工具的第一步是使用PHP服务器端代码获取Web服务器中当前网站文件夹下的文件和文件夹列表，并且用户每次展开一个节点时，都将当前的目录发送给服务器端，异步地提取服务器端的文件和文件夹列表。

PHP服务器端要能够获取用户当前选中的文件夹，然后提取文件夹中的子文件夹和文件。在TreeDemo网站中新建一个名为fileData.php的PHP文件，使用PHP服务器端的文件处理代码来获取文件和文件夹列表，并转换为zTree的节点json数组，如代码9.10所示。

代码9.10 获取服务器端文件和文件夹列表的json数组

```
<?php
$pId = "0";              //页面初次加载时，将自动加载0层的节点
$pName = "";             //节点名称
//得到父项的id值
if(array_key_exists( 'id',$_REQUEST)) {
    $pId=$_REQUEST['id'];
}
//得到当前的节点名称
if(array_key_exists('n',$_REQUEST)) {
    $pName=$_REQUEST['n'];
}
/*检测当前目录值*/
$CurrentPath     = $_POST['path']?$_POST['path']:($_GET['path']?$_
GET['path']:false);
if($CurrentPath===false)
{    //如果没有path数据，则获取当前的文件夹
    $CurrentPath= dirname(__FILE__);
}
```

```
//获取当前的根目录文件夹
$CurrentPath=realpath(str_replace('\\','/',$CurrentPath));
//打开文件夹
$fso=@opendir($CurrentPath);
$i=1;
while ($file=@readdir($fso)) {
    //由于zTree会替换掉\斜线，因此将文件夹替换为/
    $replPath=str_replace('\\','/',$CurrentPath);
    //完整的文件和文件夹路径
    $replfullPath="$replPath/$file";
    $fullpath    = "$CurrentPath/$file";
    //子项id
    $nId = $pId.$i;
    //name显示为文件夹名称，不包含路径
    $nName = $file;
    $is_dir             = @is_dir($fullpath);
    //判断当前完整路径是文件夹的话
    if($is_dir=="1"){
          //如果不是.和..，则显示文件夹，并且isParent为true
          if($file!=".."&&$file!=".")  {
          if($jsonData!=""){
          //构造zTree显示的json数组
          $jsonData=$jsonData.",{ id:'".$nId.
                 "',    name:'".$nName.
                 "',    path:'".$replfullPath.
                 "',    isParent:true}";
          }else{
          $jsonData="{ id:'".$nId.
                 "',    name:'".$nName.
                 "',    path:'".$replfullPath.
                 "',    isParent:true}";
          }
      }
    }
    $i++;
}
$flag_file=0;//检测是否有文件
//在匹配完文件夹之后，接下来提取文件的列表
$fso=@opendir($CurrentPath);
//循环提取文件夹
while ($file=@readdir($fso)) {
    $fullpath= "$CurrentPath\\$file";         //文件的完整路径
    $nId = $pId.$i;                           //子项的id
    $nName = $file;                           //name显示为文件的名称
    $is_dir             = @is_dir($fullpath);
    //如果是文件，构建显示文件的json数组
    if($is_dir=="0"){
          $flag_file++;
          if($jsonData!=""){
          //输出显示文件的json数组
          $jsonData=$jsonData.",{ id:'".$nId.
```

```
                "',     name:'".$nName.
                "',     path:'".$replfullPath.
                "',     isParent:false}";
          }else{
          $jsonData="{ id:'".$nId.
                "',     name:'".$nName.
                "',     path:'".$replfullPath.
                "',     isParent:false}";
          }
     }
     $i++;
     }
@closedir($fso);
echo "[".$jsonData."]"; //输出json
//关闭以释放资源
?>
```

代码的实现过程如下。

（1）考虑到每个父节点在单击时要动态地从服务器端获取该节点的文件和文件夹列表，示例中首先调用了$_REQUEST获取id和n提交数据，重要的是$CurrentPath变量，它表示用户当前单击的目录路径，它使用了$_POST和$_GET进行判断，如果提交数据中不存在这个键，则返回false，如果值为flase，调用dirname返回当前文件的路径。默认情况下，当第一次启动页面时，总是首先显示当前网站文件夹下的文件和文件夹列表，除非用户单击了节点，会展开并动态加载其子文件和文件夹。

（2）接下来开始循环当前文件夹，这里调用了opendir函数，PHP中@用于抑制错误消息，$fso将保存一个目录句柄，可由closedir()、readdir()和rewinddir()使用。示例中，通过循环调用readdir读取目录下的文件和文件夹列表。由于zTree会过滤掉文件夹中的分隔符“\”，因此在循环中调用str_replace将分隔符替换为“/”，这样在获取当前文件夹$CurrentPath时，也进行了替换。

（3）在获取了当前文件夹中径以及id和name的值后，接下来调用is_dir判断路径是否为文件夹，如果变量$is_dir为1表示为文件夹，接下来滤除了表示上一级的“.”和“..”名称，然后构造一个json对象数组，其中自定义的zTree节点属性path保存的是当前的完整路径，isParent为true，表示还可以继续展开。

（4）在构造了文件夹的列表后，接下来使用同样的程序逻辑，只不过判循环is_dir的返回结果为0时，构建一个json数组，由于文件的节点元素会被添加到文件夹的json数组中，因此这里的json格式与文件夹的格式要保持一致。

（5）在关闭了$fso对象后，调用echo输出了变量$jsonData，在客户端产生了json数组值。这样客户端就得到了一个文件和文件列的列表。

至此，PHP服务器端获取文件和文件夹列表的工作就完成了，接下来就来看一看如何使用fileData.php来构造树状列表显示的网页。

9.2.2 定义显示页面

在TreeDemo网站中新建一个名为FileManager.php的网页，在这个网页中，将使用zTree的异步功能向fileData.php请求服务器端文件和文件夹列表的数据，首先添加对zTree插件的引用，如代码9.11所示。

代码9.11 添加对zTree插件库的引用

```
<meta http-equiv="Content-Type" content="text/html; charset=utf-8">
<!--页面的样式表的引用-->
<link rel="stylesheet" type="text/css" href="bookstyle.css">
<!--zTree样式的引用-->
<link rel="stylesheet" href="css/zTreeStyle/zTreeStyle.css" type="text/
css">
<!--jQuery库的引用-->
<script type="text/javascript" src="js/jquery-1.4.4.min.js"></script>
<!--核心zTree插件库的引用-->
<script type="text/javascript" src="js/jquery.ztree.core-3.5.js"></script>
<!--zTree的编辑插件库-->
<script type="text/javascript" src="js/jquery.ztree.exedit-3.5.js">
</script>
<title>高级zTree使用示例</title>
```

在这里仅添加了对core和exedit的引用，exedit包含编辑节点相关的属性和方法，如果需要显示复选框以允许用户进行选择，则还需要添加excheck文件的引用，如果要想简单的话，可以直接引用jquery.ztree.all-3.5.js。

接下来构建zTree要使用的容器，对于功能完善的Web文件管理来说，最好构建一个工具栏，用来对选中的节点文件进行操作，本章仅演示如何使用zTree显示网站服务器上的文件夹列表，读者可以继续完善更多的功能，zTree的容器定义如代码9.12所示。

代码9.12 定义HTML显示容器

```
<body>
<div id="main">
  <div id="header">
     <div id="logo">
        <div id="logo_text">
          <h1><a href="#">Web文件管理器<span class="logo_colour"></span>
          </a></h1>
          <h2>zTree插件的用法</h2>
      </div>
    </div>
  </div>
  <!--在站点内容部分-->
  <div id="site_content">
    <div id="content">
       <!--作为zTree节点的容器-->
      <ul id="treeDemo" class="ztree" style="width:600px;height:500px"></ul>
    </div>
   </div>
```

```
  </div>
</body>
```

HTML的格式与本章前面的示例基本相似，重要的是容器ul元素的定义，这里使用style属性为其重新指定了宽度和高度，也可以通过样式表文件来改变ztree样式类，使用新的宽度和高度。

9.2.3 设置zTree显示效果

在定义了显示服务器端文件列表的PHP和显示页面的HTML之后，接下来开始定义zTree的显示，相信通过9.1.3中的例子，读者已经大概理解了zTree的定义的方法，文件管理器的定义比较简单，仅需要设置其异步的显示方式即可，其定义如代码9.13所示。

代码9.13 定义zTree以显示服务器端文件列表

```
//定义zTree的配置数据
var setting = {
    //异步加载数据
    async: {
          enable: true,                       //允许异步加载数据
          url:"fileData.php",                 //异步加载数据的url，这个url返回json数组
          //动态参数对，构建节点提交时的名称，path是一个自定义的节点属性
          autoParam:["id", "name=n", "path"],
    },
    //呈现时的显示配置设置
    view: {expandSpeed:"fast",
          //设置是否允许同时选中多个节点。
          selectedMulti: false,
    },
    //编辑设置
    edit: {
          enable: false                   //禁止用户编辑节点
    },
    //定义数据的格式
    data: {
              key: {
                     title:"path"
              },
              simpleData: {
              enable: true           //使用简单数据格式，即简单数组
              }
    },
};
```

可以看到，在setting中定义了zTree将要显示的配置，定义内容如下：

- async的异步配置指定enable为true，表示启用异步加载模式，url指向fileData.php，将从该PHP文件中获取服务器端的文件列表。autoParam表示自动提交的参数，参数的值将会根据选择的节点来变化，因此也称为动态参数对。

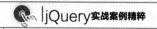

- view视图定义了显示的风格，expandSpeed表示快速显示展开动画，selectedMulti设置为false表示不允许进行多选。
- edit设置是否允许编辑，enable指定为false表示不允许进行编辑。
- data节点定义数据配置，key中指定节点的属性与自动参数的对应关联，比如节点的title属性表示显示链接提示信息，将其设置为path表示显示path属性的内容。simpleData指定使用简单数据格式。

在这个示例中并没有关联节点的添加、删除和编辑图标，一般Web管理器建议用户在单独的工具栏放置这些图标，这样便于用户上传、下载或删除服务器端的文件，最后，在页加载事件中，使用如下代码来初始化zTree插件。

```
$(document).ready(function(){
    //调用init方法，传入setting对象
    $.fn.zTree.init($("#treeDemo"), setting);
});
```

经过简单的zTree代码设置，就完成了Web文件管理器中的文件浏览页面，至于文件的上传、下载和删除功能，建议读者参考一些专门的Web文件管理器的实现。

9.2.4 最终的资源管理器效果

在Dreamweaver中，可以按下键盘上的F12功能键来预览该示例，此时可以看到服务器端的文件列表，如果单击文件夹左侧的展开按钮或者是双击某个文件夹，zTree会向fileData.php发送异步数据请求，获取该节点下的子文件和文件夹的数据，然后展开节点，如图9.8所示。

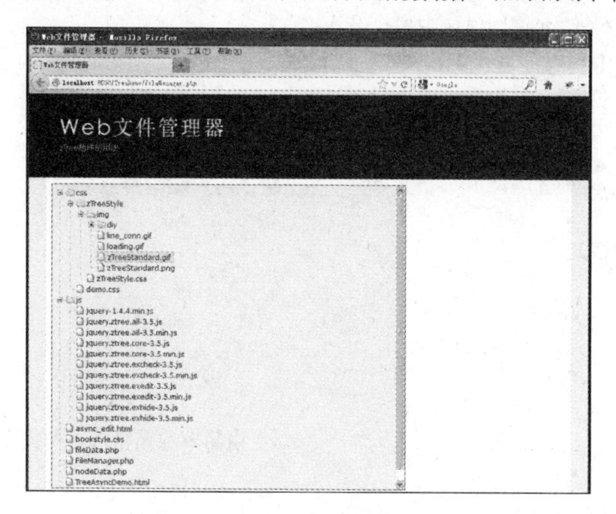

图9.8 服务器端文件列表视图

可以看到，fileManager.php显示了服务器端的文件列表，双击某个节点，就显示该节点下的子文件夹列表，鼠标悬停在节点上时，就会显示该节点的完整的文件或文件夹路径。

如果进一步完善的话，可以添加上传文件、下载文件以及删除文件的功能，zTree分别提供了相应的事件，通过关联事件处理代码，在操作发生时，异步地向服务器端发送操作请求，就可以完成这些操作。

9.3 其他树状列表插件

除zTree之外，国内外也不乏优秀的树状视图插件，比如Treeview也是一个同样强大的用来展示树状视图的插件，而treetable提供了类似资源管理器的listview那样的效果。

9.3.1 Treeview树状插件

Treeview是一个类似zTree的轻量级的树状视图插件，通过它可以非常轻松地创建一个树状列表视图，该插件的网址如下所示：

```
http://bassistance.de/jquery-plugins/jquery-plugin-treeview/
```

打开该网址，可以看到Treeview的下载链接以及演示和文档链接，如图9.9所示。

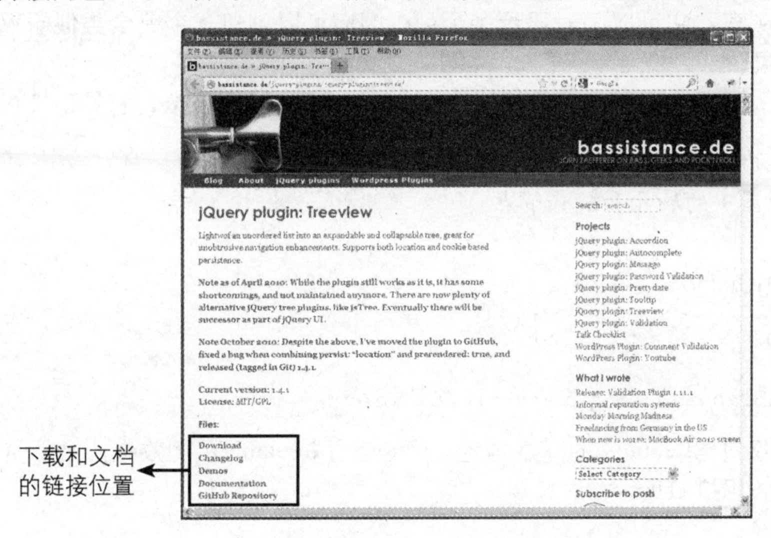

图9.9 Treeview的插件首页

单击页面上的Download按钮，可以下载一个100KB左右的jquery.treeview.zip压缩包，解压缩后，可以看到jquery.treeview相关的插件文件，demo文件夹中包含Treeview的插件示例。Treeview的示例效果页面如图9.10所示。

Treeview的使用也非常简单，例如这个示例仅仅调用了treeview函数，就将ul和li的层次结构显示为树状列表：

```
$(document).ready(function(){
    $("#browser").treeview();           //显示树状视图
});
```

通过参考demo文件夹中的几个示例，可以获取更多关于Treeview插件的使用方法。

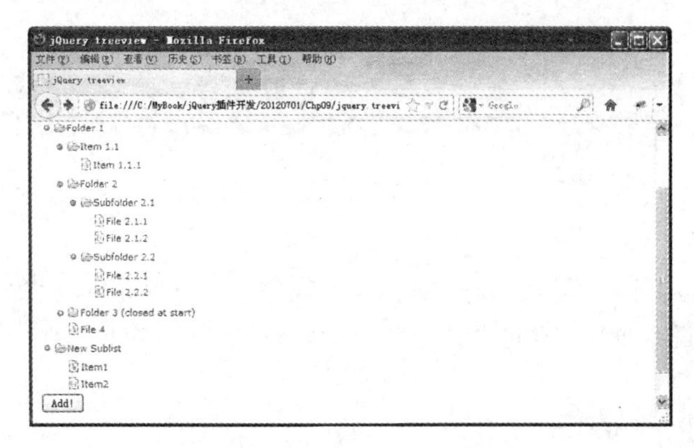

图9.10 Treeview的示例效果

9.3.2 treetable树状列表插件

Treeview和zTree都是显示一个树形结构，一次显示一个列，treetable可以显示一个类似资源管理器那样的树状列表，它可以同时显示多个列，因而可以创建一个完全类似于Windows资源管理器那样的效果。

jQuery treetable在一个HTML表格中显示树状结构，类似一个嵌套的列表，它具有如下特点：

- 可以在一个表格列中显示树状结构
- 类似资源管理器中的展开和折叠节点
- 无限级的深度
- 使用轻量级的jQuery库

treetable的网址如下：

```
http://ludo.cubicphuse.nl/jquery-treetable/
```

在该网站上，不仅包含treetable的下载地址，还包含了treetable示例效果，类似资源管理器的treetable运行效果如图9.11所示。

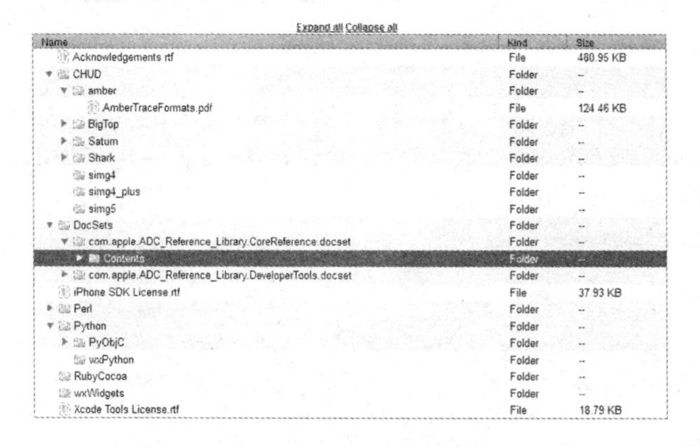

图9.11 treetable显示效果

可以看到，它类似于一个资源管理器的Listview列表，同时可以显示name、kind、size属性的值。treetable将一个HTML表格显示为树状结构，因此需要构建一个HTML表格，并且为每行添加一个data-tt-id属性，然后添加data-tt-parent-id属性指向父行，这样就可以让一个表格具有了父子层次结构，如下面的示例所示：

```
<table>
  <tr data-tt-id="1">
    <td>Parent</td>
  </tr>
  <tr data-tt-id="2" data-tt-parent-id="1">
    <td>Child</td>
  </tr>
</table>
```

接下来调用treetable插件函数，该函数接收options选项参数和force参数，通过options选项参数设置配置参数，在运行时，就可以显示一个示例的树状列表视图了。

9.4 小结

本章介绍了jQuery中显示树状列表的插件，主要介绍了zTree插件的使用。首先介绍如何下载和安装zTree插件，接下来介绍了zTree插件的各种参数，并通过一个示例演示了zTree树状视图的基本使用方法。然后介绍如何使用zTree来实现一个Web文件管理页面，首先讨论了如何使用PHP来获取服务器端的文件列表，然后创建了FileManager.php页面，最后讨论了如何使用zTree来异步获取服务器端文件和文件夹的列表。文章最后还介绍了Treeview和treetable两个树状列表插件。

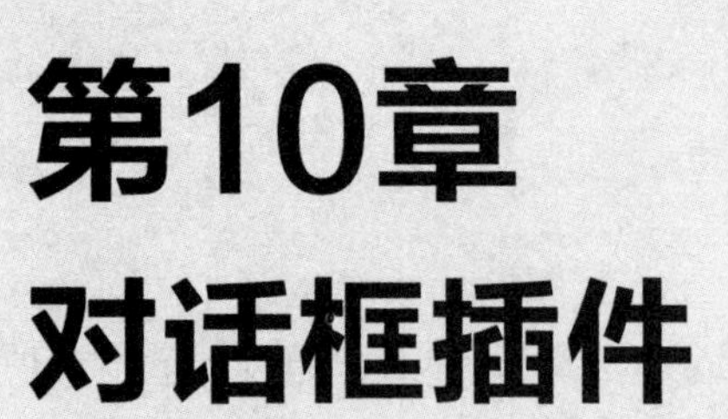

第10章 对话框插件

网页中的对话框通常用来显示一些提示性信息或者用来引导用户完成一系列操作，过去经常使用JavaScript的window.open来打开一个浏览器窗口，但是这往往会被很多安全工具误认为是垃圾小窗口而被阻拦，jQuery的插件库中有一类专门用来实现这类对话框的插件，可以提供非常漂亮的弹出式对话框的效果，如图10.1所示是某儿童玩具网站中忘记密码时的提示框。

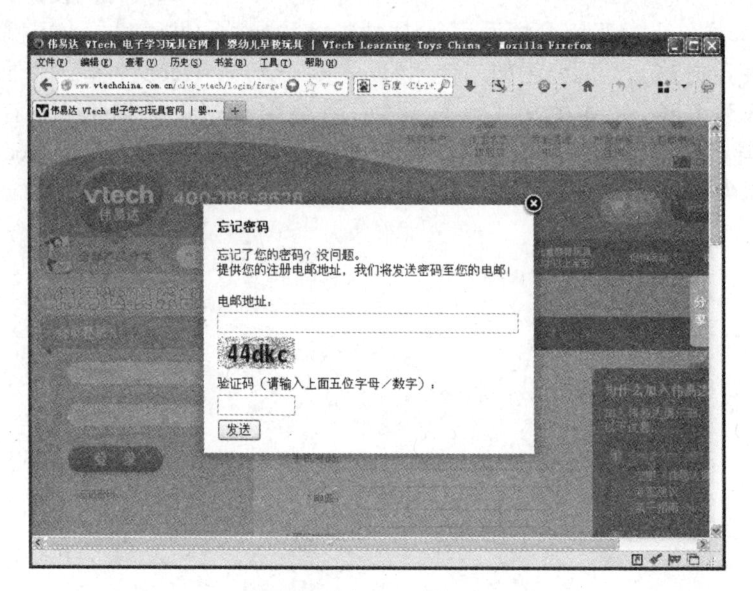

图10.1 弹出式对话框效果

本章将介绍如何利用jQuery的对话框插件来为网页增加效果，主要介绍如何使用FancyBox来实现丰富的弹出式对话框效果。

10.1 使用FancyBox插件

FancyBox是一款基于jQuery的对话框插件，它支持iframe以及Ajax内容，可以显示图片、html文本以及Flash动画，FancyBox可以创建丰富多彩的相册效果，还可以通过CSS创建自定义的外观。

10.1.1 下载FancyBox插件

FancyBox创建了一个浮动在Web页上的弹出式的层，它具有如下特性：

- 可以显示图片、HTML内容、Flash电影、iframe框架页以及Ajax请求内容。
- 通过配置和CSS可以更改其呈现样式。
- 可以分组相关的项，并且可以添加导航按钮。
- 如果添加了鼠标滚动插件，FancyBox支持鼠标滚轮响应。
- 通过使用easing插件支持转场效果。
- 对放大的项可以添加漂亮的下拉阴影。

FancyBox的官方网站包含了该插件的基本介绍以及下载包，网址如下所示：

```
http://fancybox.net/
```

在官方网址，可以看到FancyBox的描述、演示以及API函数的用法，如图10.2所示。

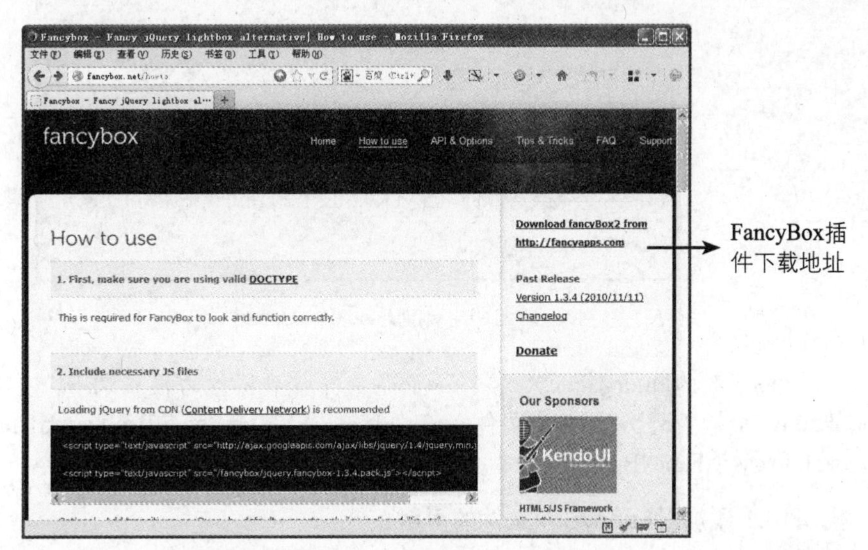

图10.2 FancyBox的官方网站

在首页的底部，可以看到各种FancyBox的图片展示效果，如图10.3所示。

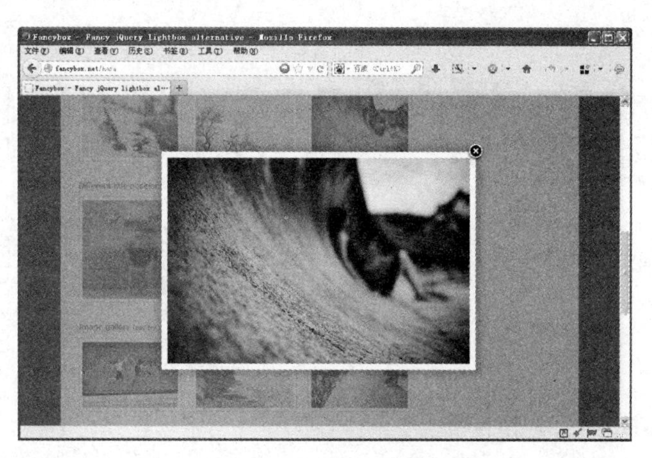

图10.3 FancyBox示例效果

FancyBox当前的版本为1.3.4，从官方网站下载的是一个大于600KB的压缩包，解压缩后就可以引用其中包含的jQuery插件代码来实现自己的弹出式对话框效果了，接下来通过一个简单的示例来看一看如何在网页上应用FancyBox插件，步骤如下所示。

（1）打开Dreamweaver网站，新建一个名为FancyBoxDemo的网站，为了确保在该网站中可以运行PHP服务器端代码，将该网站创建在WAMP服务器端路径下，Dreamweaver站点服务器选项设置如图10.4所示。

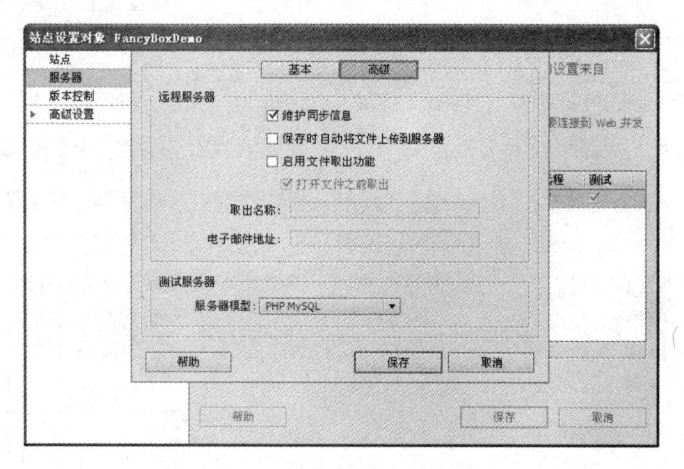

图10.4 创建FancyBoxDemo网站

（2）将下载的jquery.fancybox-1.3.4文件夹拷贝到网站的根目录下，并且将第9章示例中的bookstyle.css拷贝到网站的css文件夹下。新建一个名为FancyBoxDemo1.html的网页，添加对bookstyle.css和FancyBox插件的引用，如代码10.1所示。

代码10.1 添加对FancyBox文件的引用

```
<meta http-equiv="Content-Type" content="text/html; charset=utf-8">
<!--示例样式页面的css-->
<link rel="stylesheet" type="text/css" href="css/bookstyle.css">
<!--FancyBox样式引用-->
<link rel="stylesheet" type="text/css" href="jquery.fancybox-1.3.4/
```

```
fancybox/jquery.fancybox-1.3.4.css">
<!--jQuery插件引用-->
<script type="text/javascript" src="jquery.fancybox-1.3.4/jquery-
1.4.3.min.js"></script>
<!--需要应用转场效果时对easing插件的引用-->
<script type="text/javascript" src="jquery.fancybox-1.3.4/fancybox/jquery.
easing-1.3.pack.js"></script>
<!--需要应用鼠标滚动效果时对mousewheel插件的引用-->
<script type="text/javascript" src="jquery.fancybox-1.3.4/fancybox/jquery.
mousewheel-3.0.4.pack.js"></script>
<!--对FancyBox插件的引用-->
<script type="text/javascript" src="jquery.fancybox-1.3.4/fancybox/jquery.
fancybox-1.3.4.js"></script>
<title>对话框插件使用示例</title>
```

jquery.easing是一个动画插件，该插件弥补了jQuery里动画效果的不足，添加对该插件的引用可以让网页具有更多动画效果。jquery.mousewheel可以添加鼠标滚轮效果，在引入这两个插件后，可以使得FancyBox具有更丰富的动画转场和鼠标滚轮的效果。

（3）新建一个名为images的文件夹，将下载的jquery.fancybox-1.3.4文件夹example子文件夹中的所有图片拷贝到该文件夹中，然后在HTML中添加如下代码来定义二组图片，以供FancyBox插件进行显示，如代码10.2所示。

代码10.2 构建图片组代码

```
<body>
<div id="main">
  <div id="header">
     <div id="logo">
        <div id="logo_text">
          <h1><a href="#">FancyBox使用示例<span class="logo_colour">
          </span></a></h1>
          <h2>FancyBox对话框的应用</h2>
      </div>
    </div>
  </div>
  <div id="site_content">
    <div id="content" style="margin-top:50px">
        <!--图片组1，FancyBox插件使用rel来指定图片组名称-->
        <a class="grouped_elements" rel="group1" href="images/
        1_b.jpg"><img src="images/1_s.jpg" alt=""/></a>
        <a class="grouped_elements" rel="group1" href="images/
        2_b.jpg"><img src="images/2_s.jpg" alt=""/></a>
        <!--图片组2，使用相同的class-->
        <a class="grouped_elements" rel="group2" href="images/3_b.jpg"><img
        src="images/3_s.jpg" alt=""/></a>
        <a class="grouped_elements" rel="group2" href="images/
        4_b.jpg"><img src="images/4_s.jpg" alt=""/></a>
    </div>
  </div>
</div>
</body>
```

HTML中除了构建Logo和标题之外，在内容div部分，使用链接元素a，构建了指向4幅图片的链接，可以看到链接元素内部使用img元素显示小图片，而链接本身指向了大图片。链接使用了一个并不存在的grouped_elements样式类，这个样式类主要供jQuery选择器选择所有相应的元素。rel属性用来为FancyBox设定分组标记录，示例中为图片分了两个组，分别是group1和group2。组就好像是一个相册专辑，一个组与另一个组之间在导航方面会有所隔离。

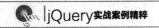

注意 由于id选择器一次只能选中单个元素，而要选中一组元素的话，通常使用CSS类class来实现。

（4）添加fancybox代码为图片列表应用对话框窗口，对图片显示和隐藏应用elastic转场效果，指定进入和弹出的速度，如代码10.3所示。

代码10.3 为图片应用FancyBox插件效果

```
<script type="text/javascript">
  $(document).ready(function(e) {
          $("a.grouped_elements").fancybox({
          'transitionIn'      :      'elastic',    //设置转入动画效果
          'transitionOut'     :      'elastic',    //设置转出动画效果
          'speedIn'           :      600,          //进入的动画时长
          'speedOut'          : 200,               //淡出的动画时长
          'overlayShow' :       false              //不显示遮罩层
    });
});
</script>
```

jQuery选择器$("a.grouped_elements")将获取所有的HTML的a标签，并且具有class为grouped_elements的元素。在fancybox函数内部，设置了对话框的基本属性，其中transitionIn和transitionOut指定进入和进出的动画效果，speedIn和speedOut指定动画进入和转出的速度，而overlayShow设置为false表示不显示动画遮罩层。

至此，使用FancyBox显示对话框的示例就完成了，运行时可以看到一个图片列表，单击其中的某幅图片，就会显示图片放大对话框，并且每个组之间的图片可以通过左右两侧的按钮进行导航，如图10.5所示。

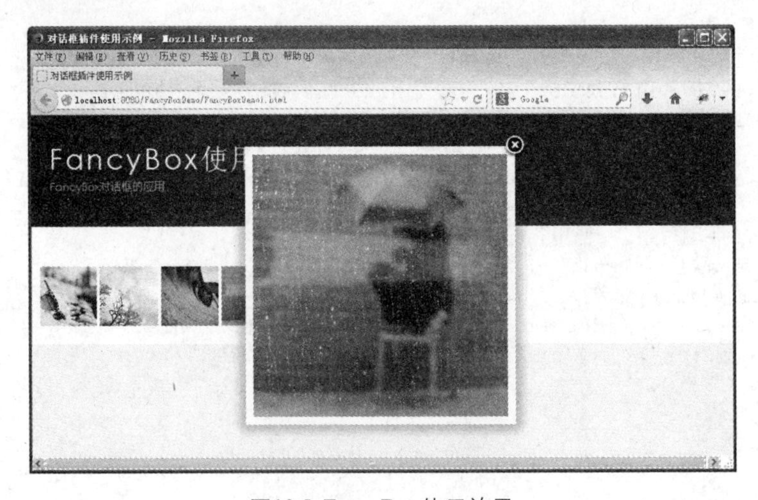

图10.5 FancyBox使用效果

10.1.2 参数说明

由上一节的示例可以看到，通过在一组元素上调用fancybox插件方法，fancybox接收一个配置对象，这个配置对象可以是一个匿名的json对象，它以键/值对的方式来构建FancyBox显示时的效果，其中FancyBox插件的有效属性如表10.1所示。

表10.1 FancyBox的属性列表

属性名称	默认值	属性描述
padding	10	边框和内容之间的间距
margin	20	边框和视口之间的间距
opacity	false	设置为true时，弹出转场时显示透视内容
modal	false	当设置为true时，overlayShow被设置为true并且hideOnOverlayClick、hideOnContentClick、enableEscapeButton被设置为false，显示模式效果
cyclic	false	当设置为true时，图库是循环导航的，允许用户可以持续地按上一页和下一页
scrolling	auto	设置overflow的CSS属性来创建或隐藏滚动条，可以设置为auto、yes或no
width	560	iframe和swf的内容类型的宽度，如果设置了autoDimensions为false也可以设置内联内容
height	340	iframe和swf的内容类型的高度，如果设置了autoDimensions为false也可以设置内联内容
autoScale	true	如果设置为true，FancyBox将自动适应视口内容
autoDimensions	true	对于内嵌的和Ajax视图，重新调整接收元素的视图大小，确保它的尺寸是期望要求的尺寸
centerOnScroll	false	当设置为true时，FancyBox在滚动页面时将居中显示
ajax	{ }	Ajax选项。error和success将被FancyBox覆盖
swf	{wmode: 'transparent'}	swf对象的输入参数
hideOnOverlayClick	true	如果为true，则点击遮罩层关闭fancybox
hideOnContentClick	false	如果为true，则点击播放内容关闭fancybox
overlayShow	true	如果为true，则显示遮罩层
overlayOpacity	0.3	遮罩层的透明度（范围0~1）
overlayColor	#666	遮罩层的背景颜色
titleShow	true	如果为true，则显示标题
titlePosition	outside	设置标题显示的位置，可以设置成outside、inside或over
titleFormat	null	可以自定义标题的格式
transitionIn, transitionOut	fade	设置动画效果，可以设置为elastic、fade或none
speedIn, speedOut	300	fade和elastic动画切换的时间间隔，以毫秒为单位
changeSpeed	300	切换时fancybox尺寸的变化时间间隔（即变化的速度），以毫秒为单位
changeFade	fast	切换时内容淡入淡出的时间间隔（即变化的速度）

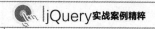

（续表）

属性名称	默认值	属性描述
easingIn, easingOut	swing	为 elastic 动画使用 Easing
showCloseButton	true	如果为true，则显示关闭按钮
showNavArrows	true	如果为true，则显示上一张、下一张导航箭头
enableEscapeButton	true	如果为true，则启用ESC来关闭fancybox
onStart	null	回调函数，加载内容是触发
onCancel	null	回调函数，取消加载内容后触发
onComplete	null	回调函数，加载内容完成后触发
onCleanup	null	回调函数，关闭fancybox前触发
onClosed	null	回调函数，关闭fancybox后触发

除了这些基本的属性之外，FancyBox还提供了很多高级选项，如表10.2所示。

表10.2 FancyBox的高级选项

选项名称	选项描述
type	强制内容的类型，可以设置为image、ajax、iframe、swf或inline
href	强制内容的链接来源
title	强制内容的标题
content	强制内容，可以是HTML数据
orig	设置对象的原始位置和尺寸以便于使用elastic转场效果
index	为手动创建的图库自定义开始的索引

FancyBox具有如下所示的几个公共方法，如表10.3所示。

表10.3 FancyBox的公共方法

选项名称	选项描述
$.fancybox.showActivity	显示加载动画
$.fancybox.hideActivity	隐藏加载动画
$.fancybox.next	显示图库中的下一个项
$.fancybox.prev	显示图库中的上一个项
$.fancybox.pos	根据索引显示其中的一个项
$.fancybox.cancel	取消加载内容
$.fancybox.close	隐藏FancyBox，在iframe中使用parent.$.fancybox.close();
$.fancybox.resize	自动调整FancyBox的高度以匹配内容
$.fancybox.center	将FancyBox显示在视口中间

可以看到，FancyBox提供了很多用来控制弹出式窗口的功能，下一节将通过一个示例来看一看如何使用FancyBox。

10.1.3 使用FancyBox开发网页画廊

接下来看一个FancyBox示例，这个示例演示了如何使用FancyBox的属性特性来创建一个画廊，示例的实现过程如下面的步骤所示。

（1）在FancyBoxDemo示例网站中，新建一个名为PhotoGallery.html的网页，将网页的标题指定为“简单的画廊示例”，然后添加对bookstyle.css以及FancyBox的CSS和js文件的引用，如代码10.4所示。

代码10.4 简单的画廊示例文件引用

```
<meta http-equiv="Content-Type" content="text/html; charset=utf-8">
<title>简单的画廊示例</title>
<!--示例样式页面的CSS-->
<link rel="stylesheet" type="text/css" href="css/bookstyle.css">
<!--FancyBox样式引用-->
<link rel="stylesheet" type="text/css" href="jquery.fancybox-1.3.4/
fancybox/jquery.fancybox-1.3.4.css">
<!--jQuery插件引用-->
<script type="text/javascript" src="jquery.fancybox-1.3.4/jquery-
1.4.3.min.js"></script>
<!--需要应用转场效果时对easing插件的引用-->
<script type="text/javascript" src="jquery.fancybox-1.3.4/fancybox/jquery.
easing-1.3.pack.js"></script>
<!--需要应用鼠标滚动效果时对mousewheel插件的引用-->
<script type="text/javascript" src="jquery.fancybox-1.3.4/fancybox/jquery.
mousewheel-3.0.4.pack.js"></script>
<!--对FancyBox插件的引用-->
<script type="text/javascript" src="jquery.fancybox-1.3.4/fancybox/jquery.
fancybox-1.3.4.js"></script>
```

这里添加了对jquery.easing-1.3.pack.js和fancybox/jquery.mousewheel-3.0.4.pack.js插件的引用，这是为了给图片添加鼠标滚动以及漂亮的转场效果。

（2）在body区添加如下代码，用一组链接a元素，构建一个图片列表，对于每一个图片都添加标题，即设置title属性，以便可以在相册中显示图片的描述性信息，如代码10.5所示。

代码10.5 构建画廊的HTML代码

```
<body>
<div id="main">
  <div id="header">
     <div id="logo">
        <div id="logo_text">
          <!--指定网站的标题-->
          <h1><a href="#">FancyBox画廊<span class="logo_colour"></span>
          </a></h1>
          <h2>FancyBox对话框的应用</h2>
      </div>
    </div>
  </div>
  <div id="site_content">
    <div id="content" style="margin-top:50px">
        <!--FancyBox插件使用rel来指定图片组名称，这里仅设置了一个组，每个元素都指定
了title属性-->
        <a rel="example_group" href="images/1_b.jpg" title="林海雪园，雪中的
```

```
          太阳镜">
                  <img src="images/1_s.jpg" alt=""/></a>
          <a rel="example_group" href="images/2_b.jpg" title="蔚蓝天空，天空中
          的白云朵朵飘">
                  <img src="images/2_s.jpg" alt=""/></a>
          <a rel="example_group" href="images/3_b.jpg" title="美人入睡，美丽的
          姑娘">
                  <img src="images/3_s.jpg" alt=""/></a>
          <a rel="example_group" href="images/4_b.jpg" title="雨中有伞，雨中的
          朦胧">
                  <img src="images/4_s.jpg" alt=""/></a>
          <a rel="example_group" href="images/5_b.jpg" title="悬空视觉，你懂的">
                  <img src="images/5_s.jpg" alt=""/></a>
          <a rel="example_group" href="images/6_b.jpg" title="空中飞人，我真的
          看不懂">
                  <img src="images/6_s.jpg" alt=""/></a>
          <a rel="example_group" href="images/7_b.jpg" title="双龙戏水，有事没
          事别乱蹿">
                  <img src="images/7_s.jpg" alt=""/></a>
          <a rel="example_group" href="images/8_b.jpg" title="佛山无影，桥洞下
          的舞蹈">
                  <img src="images/8_s.jpg" alt=""/></a>
      </div>
    </div>
  </div>
  </body>
```

在代码中，指定了网站的标题，重点是site_content这个div元素中一组图片链接的设置，每个图片链接都指定了title属性，这里将被显示为每一幅图片的标题描述信息。每个链接都指定了一个rel属性，这个属性用来被jQuery选择器选中从而选中图片集合。

（3）在页面加载事件中添加如下代码，为一组图片应用FancyBox效果，如代码10.6所示。

代码10.6 定义FancyBox插件效果

```
<script type="text/javascript">
  $(document).ready(function(e) {
        $("a[rel=example_group]").fancybox({
                'titlePosition'      : 'inside',   //标题显示的位置，在图片内部
                'transitionIn'       : 'elastic',          //进入的转场效果
                'transitionOut'      : 'elastic',          //关闭的转场效果
                'easingIn'           : 'easeInOutBack',    //转场动画效果
                'easingOut'          : 'easeInBounce',     //转场动画效果
                'cyclic'             : 'true',             //循环播放动画
                //设置标题的显示格式
                'titleFormat'        : function(title, currentArray,
                currentIndex, currentOpts) {
                        return '<span id="fancybox-title-over">图片 ' +
                        (currentIndex + 1) + ' / ' +
                         currentArray.length + (title.length ? '   ' +
                         title : '') + '</span>';
```

```
            }
        });
    });
</script>
```

由代码可以看到，jQuery选择器选择a元素，并且使用属性选择器选择rel为example_group的a元素，也就是对图片的链接。titlePosition指定图片的标题显示位置，inside表示标题显示在图片内部。transitionIn指示进入时的转场效果，transitionOut指示退出时的转场效果，easingIn和easingOut用来为transitionIn和transitionOut转场指定转场动画，在设置了动画效果后，转场切换时就可以看到不同的动画轨迹。cyclic指定循环的播放动画，即当播放到最后一张图片时，又从头开始播放图片。titleFormat是一个函数，用来重新定义标题的显示样式，示例中为标题栏添加了图片的索引以及图片总数的提示信息，然后是title标题的显示，构建了更加吸引人的效果。

运行页面后，可以看到图片缩略图的排列显示，如图10.6所示。

图10.6 画廊的缩略图片

当单击某幅图片时，将会弹出放大的图片，可以看到鼠标悬停在左侧中间位置或者是右侧中间位置时，都会显示出导航按钮，如图10.7所示。

图10.7 弹出式的画廊效果

图片的标题信息显示在图片的底部，而且导航按钮允许用户进行上下页面的导航，最有趣的是，用户可以使用鼠标滚轮进行上下页面的导航。

10.2 开发一个弹出式图片上传对话框

上一节的示例演示的画廊，是基于客户端已经定制好的图片，在这一节的示例中，将创建一个更加具有动态效果的画廊，将从服务器端获取相册列表，同时开发一个基于FancyBox示例的图片上传对话框，允许用户上传图片，并且显示最新的相片。

10.2.1 构建相册数据库

这个示例将构建一个从MySQL数据库服务器中获取相册信息，然后使用FancyBox显示的弹出式画廊。打开phpMyAdmin，在数据库标签页，创建一个名为imagelib的数据库，指定整理为utf8_general_ci，点击左侧的数据库导航树，进入该数据库。然后单击右侧的SQL节点，运行如下建表代码创建一个名为images的表，如代码10.7所示。

代码10.7 创建images表的SQL脚本

```
CREATE TABLE IF NOT EXISTS `images` (
  `ID` int(11) NOT NULL AUTO_INCREMENT,              --自动增长的标识符
  `title` varchar(200) DEFAULT NULL,                 --图片标题
  `path` varchar(200) DEFAULT NULL,                  --图片路径
  `memo` varchar(200) DEFAULT NULL,                  --图片备注
  `thumb_path` varchar(200) DEFAULT NULL,            --缩略图路径
  `group_name` varchar(200) DEFAULT NULL,            --相册分组名称
  PRIMARY KEY (`ID`)                                 --主键
) ENGINE=InnoDB  DEFAULT CHARSET=utf8 AUTO_INCREMENT=18 ;
```

可以看到，在数据库表中，可以保存图片的标题、图片路径、缩略图路径、相册分组名称以及图片的备注等信息。

接下来，拷贝第6章中几个访问MySQL的文件。

- db_mysql.php：MySQL数据库访问类。
- database.inc.php：数据库配置文件。
- config.inc.php：网站配置文件。
- common.function.php：通用的配置文件。

修改database.inc.php，将其中的MySQL数据库配置更改为自己的数据库配置，清除common.function.php中的内容，添加如下代码访问images中的图片数据，如代码10.8所示。

代码10.8 查询MySQL数据库，获取图像列表数据

```
<?php
/*
 * 从数据库表中取出图片列表数据
 */
function getImagesList(){
```

```
    global $db;           //声明函数体内使用的$db变量为global全局变量
    //调用getList函数返回SELECT函数的查询结果
    return $db->getList("select id,title,path,memo,thumb_path,group_name
    from images order by id asc");
}
?>
```

可以看到，common.function.php中定义了一个名为getImagesList的函数，这个函数使用全局的db_mysql变量$db，调用其getList方法，传入一个SELECT语句，查询images数据表，返回图像数据。getList将返回一个数组。

新建一个名为imageslist.php的PHP文件，调用common.function.php文件中的getImageList函数，获取图像列表，然后向客户端返回一个json数组，如代码10.9所示。

代码10.9 imageslist.php文件实现代码

```
<?php
session_start();                        //打开会话设置
header('Content-Type: text/html; charset=utf-8');//输入UTF-8文档类型
include_once 'config.inc.php';          //包含网站配置文件和通用的函数文件
include_once 'common.function.php';
$arr['list']= getImagesList();
echo json_encode($arr);                 //返回被json序列化后的数组数据到客户端
?>
```

代码首先开启了session，由于本示例并没有用到session数组，因此可以省略第一行代码，接下来使用include_once包含了config.inc.php和common.function.php这两个必备的文件，然后调用getImagesList方法，返回一个图像列表数组，最后使用json_encode将这个数组转换为json数据发送回客户端。

10.2.2 使用FancyBox显示服务器图像

imageslist.php文件提供了服务器端数据库中包含的图像列表数据，接下来在网页中通过Ajax异步地请求服务器端数据，显示在网页上，然后使用FancyBox显示弹出式图像。

首先新建一个名为ImagesGallery.html的网页，在该网页的head区，添加与代码10.4相同的对js和CSS的文件引用。在body区添加如下代码实现页面的布局，如代码10.10所示。

代码10.10 HTML页面布局代码

```
<div id="main">
  <div id="header">
     <div id="logo">
        <div id="logo_text">
          <!--指定网站的标题-->
          <h1><a href="#">FancyBox画廊<span class="logo_colour"></span>
          </a></h1>
          <h2>FancyBox对话框的应用</h2>
      </div>
    </div>
  </div>
```

```
    <div id="site_content">
      <h3><a id="addphoto" href="#inline1">添加相片</a></h3>
      <div id="content" style="margin-top:50px">
         <!--用于显示图片内容的空白div元素-->
      </div>
    </div>
  </div>
```

可以看到，content这个div中，并没有包含任何HTML元素，它只是一个空白的div，这里的图像数据将使用Ajax技术异步地从服务器端获取，主要是使用$.ajax函数，实现如代码10.11所示。

代码10.11 使用Ajax技术异步获取图像数据

```
//定义默认的画廊分组名
var grpname="group1";
//getImages用来异步地获取图像列表
function getImages(){
    $.ajax({
          type: 'POST',                          //提交类型为POST
          url: 'imageslist.php',                 //请求地址为imageslist.php
          dataType:'json',                       //请求类型为json
          beforeSend:function(){                 //在发送之前显示一个进度条
                $("#content").append("<span id='loading'>加载中...
                </span>");
          },
          //成功获取服务器端的响应后，将向页面上的div中添加元素
          success:function(json){
                $("#content").empty();        //清空div元素
                var str = "";
                var list = json.list;         //得到留言记录列表
                $.each(list,function(index,array){ //遍历json数据列
                    grpname=array['group_name'];
                    //每一条留言构建一个a，在每一个a内部显示详细信息
                       str += '<a style="margin-left:20px" rel="';
                       str+=array['group_name']+'"';
                       str+=' href="';
                       str+=array['path']+'"';
                       str+=' title="';
                       str+=array['title']+'"';
                       str+='  ><img src=';
                       str+=array['thumb_path'];
                       str+='  alt="';
                       str+=array['memo']+'"/>';
                       str+="</a>";
                });
                //将构建的str追加到div元素中
                $("#content").append(str);
          },
          //在成功完成请求后，调用fancybox关联对话框
          complete:function(){
```

```
                fancyimages(grpname);
            },
            //在出现请求错误时提示数据加载失败
            error:function(){
                    alert("数据加载失败");
            }
        });
}
```

在这段代码中，构建了一个名为getImages的函数，这个函数内部，主要是调用$.ajax，异步地向服务器端发送请求，详细实现步骤如下所示。

（1）$.ajax的type指定提交类型为POST，url指向了imageslist.php页面，dataType指定类型为json。beforeSend事件指定在发送请求前，显示“加载中”的进度文本。

（2）当请求成功后，会触发success事件，该事件中包含了一个json数组参数，是从服务器端返回的json数据，示例中调用$.each，循环list中的数据，每次循环都会构建一个链接，链接的属性指向了json数组中的值，这样就构建了一个链接列表，最后调用div的append添加到了div中，以便被FancyBox控件调用。

（3）complete事件在success之后触发，它在成功完成了DOM操作之后，调用函数fancyimages来为链接关联FancyBox，以便显示弹出式的画廊效果。

（4）error事件在Ajax出错时触发，它会简单地显示一条错误消息。

fancyimages函数的实现类似于代码10.6，在此就不再列出其实现，上述代码编写完成后，运行示例页面，应该可以看到如图10.8所示的图像列表。

图10.8 显示服务器端相册的效果

10.2.3 构建上传相片表单

在图10.8所示的页面上可以看到“添加相片”的链接，单击这个链接，将会弹出一个FancyBox窗口，这个窗口中包含一个添加相片的表单，允许用户输入相片的标题、备注并选择大图和缩略图进行上传，如图10.9所示。

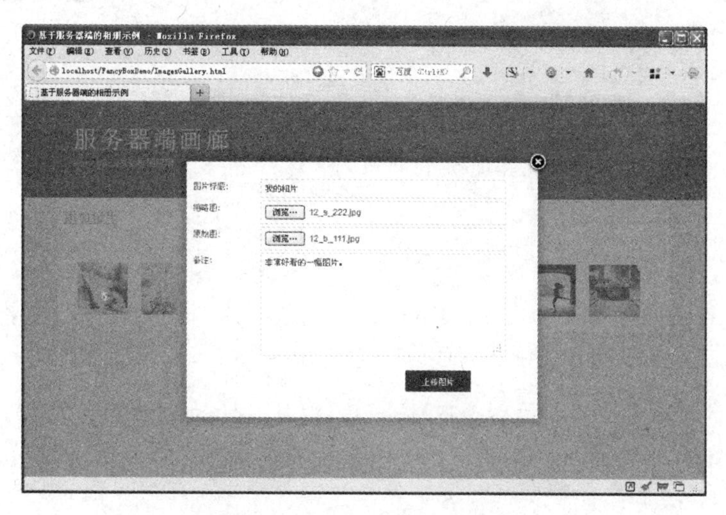

图10.9 上传图片的表单

这个对话框也使用了FancyBox，在FancyBox中显示了一个内嵌的表单，用户在这个表单中输入数据并选择文件后，单击“上传图片”按钮，标题和备注以及上传的文件名信息将保存到数据库中，而图片文件则上传到指定的服务器端文件夹下。

要构建这个上传表单，在HTML页面中首先构建一个隐藏的div元素，在div元素内部创建一个HTML表单，如代码10.12所示。

代码10.12 构建HTML图片上传表单

```
<!--一个隐藏的div，用来设置弹出式表单-->
<div style="display:none">
        <!--弹出式表单的div内容元素-->
          <div id="inline1" style="width:500px;height:350px;overflow:auto;">
            <!--图片上传表单，由于包含文件数据，因此指定了enctype类型-->
        <form id="imagesform" method="post" action="imagesadd.php"
        enctype="multipart/form-data">
        <div class="form_settings">
            <p><span>图片标题:</span>
            <input class="contact" type="text" name="ipt_title" value=
            "" /></p>
            <p><span>缩略图:</span>
            <!--文件编辑框，上传缩略图-->
          <input name="ipt_thumbfile" type="file" size="50">
            <p><span>原始图:</span>
            <!--文件编辑框，上传原始图-->
          <input name="ipt_file" type="file" size="50">
         <p><span>备注:</span>
          <textarea class="contact textarea" rows="8" cols="50"
          name="ipt_memo"></textarea>
          </p>
          <p style="padding-top: 15px"><span> </span>
          <input class="submit" type="submit" name="photo_submitted"
          value="上传图片" /></p>
         </div>
```

```
            </form>
        </div>
    </div>
```

可以看到，表单内容包含在一个display为none的隐藏的div元素中，该div元素内部又包含了一个id为inline1的div，这个div将被FancyBox用来显示其内容。在表单内部包含一个id值为imagesform的表单，由于要上传二进制的图片数据，必须要指定enctype为multipart/form-data，否则PHP服务器端可能获取不到图像数据。在表单内部可以看到两个type为file的input文件选择框，它允许用户选择要上传的原始图片和缩略图片。表单的action指向imagesadd.php页面，这个页面将用来保存来自表单提交的图像数据。

在构造了这个隐藏的div元素之后，接下来为“添加相片”链接关联事件处理代码，该链接的href属性要锚定到id为inline1的div，代码如下所示：

```
<h3><a id="addphoto" href="#inline1">添加相片</a></h3>
```

这样为链接关联FancyBox对话框时，就会显示inline1这个div中的内容，也就是表单。在页面的加载事件中，FancyBox插件的定义如代码10.13所示。

代码10.13 为链接关联FancyBox插件

```
$(document).ready(function(e) {
    //为链接关联fancybox插件
    $("#addphoto").fancybox({
            'titlePosition'          : 'inside',   //标题位于内部
            'transitionIn'           : 'elastic',  //转入和转出的转场动画
            'transitionOut'          : 'elastic'
    });
    getImages();                                   //页面加载时，显示服务器端的图像
});
```

在页面加载事件中，调用了fancybox插件方法，为链接addphoto关联了对话框，其标题titlePosition指定为inside表示显示在对话框内部，transitionIn和transitionOut分别指定为elastic表示弹出式的对话框方式。

可以看到在DOM就绪之后，调用了getImages显示服务器端的图像列表，从而实现页面进入就会显示图片的效果。

10.2.4 上传图片PHP实现

在FancyBoxDemo网站中，新建一个名为imagesadd.php的网页，这个页面将接收客户端发送过来的图片数据，将图片保存到服务器的images文件夹下，并且将图片信息保存到MySQL数据库的images数据表中。

为了处理文件的上传，笔者使用一个通用的上传文件的函数upfile，因为同时要处理原始图片和缩略图片的上传工作，使用这个函数可以节省编写的代码量，该函数的实现如代码10.14所示。

代码10.14 通用的上传文件的函数upfile

```
/* 上传文件函数，$file_var是文件类型的input的名称，$filepath是服务器端的物理路径 */
```

```
function upfile($file_var,$filepath){
    //检查文件是否存在，如不存在则返回false
    if(!is_writable($filepath)){
          echo"$filepath 目录不存在或不可写";
          return false;
          exit;
    }
    //获取文件的名称
    $tofile=$_FILES["$file_var"]['name'];
    //获取文件的类型，在这里可以检测文件的类型，为简化示例进行了省略。
    $Filetype=substr(strrchr($_FILES["$file_var"]['name'],"."),1);
    //得到完整的上传文件名
    ($tofile==='')?($uploadfile = $_FILES["$file_var"]['name']):($uploadfile =
    $tofile);
    //检测上传的文件名是否存在
    if(!($uploadfile==='')){
          //判断指定的文件是否是通过HTTP POST上传的
          if (!is_uploaded_file($_FILES["$file_var"]['tmp_name'])){
                //如果不是HTTP上传的则提示失败
                echo $_FILES["$file_var"]['tmp_name']." 上传失败.";
                return false;
                exit;
          }
        //将上传的临时文件保存到指定的服务器端地址中
          if (!move_uploaded_file($_FILES["$file_var"]['tmp_name'],$filepath.
          '/'.$uploadfile)){
                echo "上传失败。错误信息:\n";
                print_r($_FILES);
                exit;
          }else{
                //如果上传成功则返回true
                return true;
          }
    }else{
          return false;
          echo"无法上传";
    }
}
```

该函数的实现过程如下。

（1）upfile函数的第一个参数$file_var是客户端input控件的name属性值，$filepath则是要保存到服务器的物理路径。代码首先使用is_writable判断要写入的物理路径是否可以写文件，如果不可以写文件的话，则返回false并退出。

（2）接下来调用$_FILES获取客户端上传的文件的名称，保存到$tofile变量中，本来在这里可以进一步检测用户上传的是否为图像文件，但是出于简化的目的在此省略。示例中将上传的文件名保存到$uploadfile中之后，然后判断是否存在上传的文件名，如果存在，首先通过is_uploaded_file函数判断文件是否是通过上传而来，如果文件不是通过HTTP POST方式上传的话，则返回false并退出上传应用。

（3）如果文件名存在且是通过HTTP POST上传的，则调用move_uploaded_file将上传的临时文件保存到目标路径中，如果move_uploaded_file调用失败则退出应用，否则返回true表示成功上传。如果上传的文件名不存在则直接返回false。

可以看到，文件上传主要是$_FILES和move_uploaded_file等PHP文件处理函数的使用，其实现细节比较简单。在定义了这个函数之后，接下来看一看如何获取客户端传递的数据并调用upfile来实现上传文件的保存，实现如代码10.15所示。

代码10.15 保存客户端的上传数据

```
//包含网站配置文件，以便引用全局的$db变量操纵MySQL数据库
include_once 'config.inc.php';
//获取当前的文件所在的物理路径
$CurrentPath= dirname(__FILE__);
//替换物理路径中的斜线为反斜线
$CurrentPath= realpath(str_replace('\\','/',$CurrentPath));
//定义图片上传路径
$CurrentPath=$CurrentPath.'/images';
//获取客户端上传的相片标题和备注
$title=$_POST['ipt_title'];
$memo=$_POST['ipt_memo'];
//获取上传的原始图像名和缩略图图像名
$tofile='images/'.$_FILES["ipt_file"]['name'];
$tothumbfile='images/'.$_FILES["ipt_thumbfile"]['name'];
//调用upfile保存原始图像
if(!(upfile("ipt_file",$CurrentPath))){
    return false;
}
//调用upfile保存缩略图图像
if(!(upfile("ipt_thumbfile",$CurrentPath))){
    return false;
}
//如果包含了提交的数据，则调用insert方法插入数据
if(isset($_POST['ipt_title'])){
    $record = array(                              //构造插入数组
          'title'       =>$title,
          'memo'   =>$memo,
          'path' =>$tofile,
          'thumb_path' =>$tothumbfile,
          'group_name'  =>'group1'
    );
    print_r($record);
    $id = $db->insert('images',$record);     //调用insert方法进行插入
    $arr['id']='';
    if($id){
          $arr['id']=$id;                        //返回新插入的数组
    }
}
//重定向到imagesGallery.html页面
header('Location: imagesGallery.html');
```

代码的实现过程如下。

（1）首先调用include_once包含config.inc.php，以便引用db_mysql对象实例来操纵MySQL数据库。接下来调用了dirname函数，获取常量__FILE__所在的物理路径，__FILE__

会返回当前文件完整的文件名和路径，dirname取其物理路径。然后替换斜线为反斜线，并连接images作为图片上传的路径。

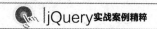

（2）接下来代码调用$_POST返回图片的标题和备注，并调用$_FILES获取图片在服务器上保存的相对路径，以便于将这些数据保存到images数据表中。

（3）代码调用了两次upfile，将上传的图像数据保存到指定的上传路径中。

（4）接下来将获取的客户端数据构建一个名为$record的数组，然后调用$db对象实例的insert方法，将数组插入images表中，最后返回成功插入的id值。

（5）最后调用header函数，重定向imagesGallery.html页面，实现图像页面的刷新。

可以看到，imagesadd.php既实现了将图像数据保存到服务器端文件夹，同时也将提交的图片数据保存到了数据库中，这样imageslist.php就可以获取数据库中的图片，并显示到页面上。

10.2.5 最终的图片上传对话框效果

现在这个基于FancyBox的图片上传示例就完成了，打开imagesGallery.html网页，就会自动从imagelib数据库的images表中获取图像数据，并显示图片画廊。单击缩略图，就会显示FancyBox对话框，可以看到缩略图的提示显示的是图片备注内容。

单击页面上的“添加相片”链接，将会显示如图10.8所示的对话框，允许用户输入图片的标题和备注信息，并且选择原始图片和缩略图，选择完成之后单击“上传图片”按钮，图片将会成功上传并刷新imagesGallery.html网页，从而实现画廊显示的更新。

10.3 其他对话框插件

除了FancyBox插件外，互联网上还有很多非常实用的对话框插件，比如专用于构建确认窗口的jBox以及功能强大的模式对话框jQuery Modal Dialog，它们提供了更加专业的模拟桌面系统的对话框功能。

10.3.1 jqModal对话框插件

jqModal类似于Windows系统中的对话框，它用来显示提醒、确认对话框和模式窗口，具有很强的可定制性，窗口可以进行拖放，它就好像是一个Windows窗口的弹出式对话框，jqModal的官方网址如下：

```
http://dev.iceburg.net/jquery/jqModal/
```

jqModal具有如下特性：

- 用户界面友好，使用HTML+CSS进行布局和外观设置
- 支持多语言，可以定制自己的语言版本

- 可以通过回调函数扩展这个插件
- 简单地支持Ajax远程内容加载
- 多模式支持，包含模式中的模式

可以在jqModal的官方网站上下载这个插件，如图10.10所示。

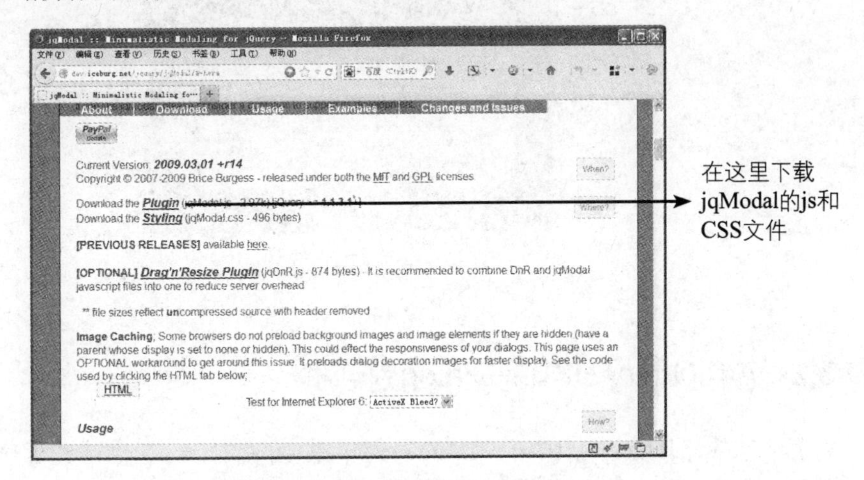

图10.10 在jqModal官网上下载jqModal插件

官网的Examples链接内部包含很多使用jqModal的示例，并提供了详细的描述信息，通过这些信息可以了解jqModal的具体用法，简而言之，jqModal的使用分为3步：

（1）使用一个隐藏的div元素包含要弹出显示的内容，添加对jqModal插件和CSS文件的引用。

（2）jqModal必须要使用$.jqm函数进行初始化，$.jqm提供了很多参数来配置对话框。

（3）调用$.jqmShow函数显示对话框，通常一个事件触发时调用该函数来显示对话框窗口。

比如在HTML页面上有一个div元素，如下所示：

```
<div id="jqModal" class="jqmWindow" style="display: none;"></div>
```

接下来创建一个用来显示对话框的按钮，如下所示：

```
<a href="http://my.ajax/content">打开Ajax内容</a>
```

在页面加载事件中关联如下代码来显示jqModal对话框：

```
<script type="text/javascript">
jQuery().ready(function($){
  //初始化模式对话框
  //加载远程位置的内容
  $('#jqModal').jqm({ajax:'@href'});
  //为按钮关联事件处理代码以显示jqModal
   $('a').live('click',function(){
      $('#jqModal').jqmShow();
  });
});
```

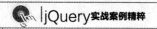

```
</script>
```

可以看到，首先为隐藏的div关联了jqm函数，传入了ajax参数，最后调用jqmShow为按钮关联弹出式代码，jqModal的对话框窗口效果如图10.11所示。

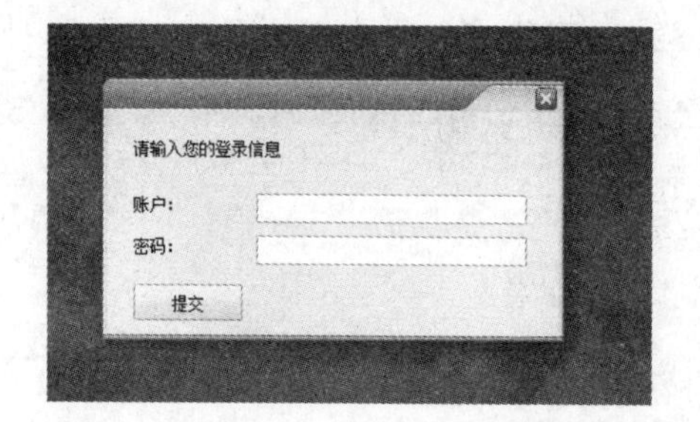

图10.11 jqModal的运行效果

10.3.2 使用jQuery UI中的Dialog对话框

笔者经常使用jQuery UI中的Dialog对话框来完成实际的工作，比如弹出一个删除确认框、显示一个模式窗口允许用户填写表单等，Dialog所在的网址如下所示：

```
http://jqueryui.com/dialog/
```

Dialog插件属于jQuery UI套件中的一个插件，因此可以使用jQuery UI中的主题风格，并且可以利用jQuery UI的主题设计器来设计主题，它的使用方法非常简单，首先构建要用来显示的内容的div，然后调用dialog方法来显示对话框，其使用效果如图10.12所示。

图10.12 jQuery UI中的Dialog使用效果

一个最简单的使用Dialog对话框的示例由如下3个步骤完成。

（1）添加对jQuery UI库和样式的引用。

（2）构建一个用来显示对话框内容的隐藏div。

（3）为按钮或链接关联事件处理代码，调用dialog方法显示对话框。

示例代码10.16演示了如何创建一个简单的对话框。

代码10.16 创建一个简单对话框

```
<html>
<head>
<meta charset="utf-8" />
<title>jQuery UI Dialog最简单的示例</title>
<!--对jQuery UI主题样式的引用-->
<link rel="stylesheet" href="http://code.jquery.com/ui/1.10.3/themes/
smoothness/jquery-ui.css" />
<!--引入jQuery插件库-->
<script src="http://code.jquery.com/jquery-1.9.1.js"></script>
<!--引入jQuery UI库-->
<script src="http://code.jquery.com/ui/1.10.3/jquery-ui.js"></script>
<script>
<!--启动页面时显示对话框-->
$(function() {
  $( "#dialog" ).dialog();
});
</script>
</head>
<body>
<!--对话框内容div-->
<div id="dialog" title="基本的对话框示例" style="display:none">
<p>这是一个使用jQuery UI的对话框示例显示的对话框，还不错吧！</p>
</div>
</body>
</html>
```

可以看到，示例页面首先添加了对jQuery UI库以及样式的引用，然后在HTML的body区创建了隐藏的内容div，最后在页面加载时，在div上调用dialog方法显示对话框，这个示例没有传递任何参数，显示的效果如图10.13所示。

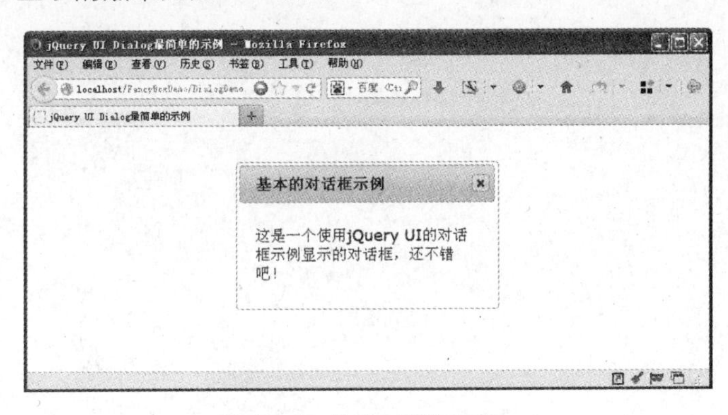

图10.13 基本对话框示例

Dialog还包含了很多有用的配置参数，请参考jQuery UI官方网站中的API文档获取详细的信息。

10.4 小结

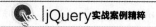

本章介绍了jQuery的对话框插件，重点讨论了FancyBox插件的使用。首先介绍如何下载和使用FancyBox插件，接下来对FancyBox插件的参数列表进行了详细的说明，并通过一个客户端静态图片画廊示例演示了如何使用FancyBox显示多幅图片。接下来通过一个FancyBox对话框图片上传示例，演示了如何使用FancyBox显示服务器端的动态内容，并构建了一个图片上传对话框，允许用户在对话框中上传原始图片和缩略图片，上传到服务器端后进行显示。本章最后也讨论了其他两个对话框插件jqModal和jQuery UI套件中Dialog插件的使用。

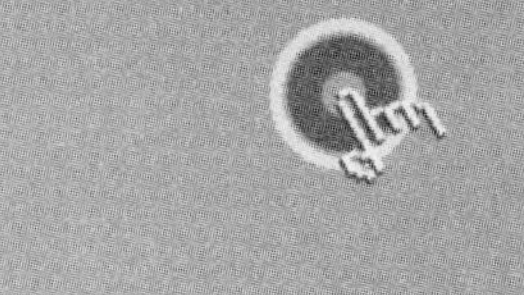

第11章 图片放大器插件

如今，图片在网页中的应用已经非常流行，而基于图片的各类页面插件也是五花八门，种类繁多，功能越来越强大。在以往页面中，通过简单的<img></img>标签来展示一些风景、商品、人物的静态图片的方法目前几乎绝迹了，取而代之的是使用具有透明、幻灯、缩放等动态效果并能完成与用户交互操作的高级图片插件。这些图片插件绝大多数都基于JavaScript脚本语言与jQuery框架开发，安装使用简单快捷，功能效果强大，为绝大多数Web设计人员所接受。

其中，基于jQuery框架的插件库中有一类专门用来操作图片的插件，可以提供十分漂亮的页面图片效果，如图11.1是某购物网站中的图片放大器效果图。

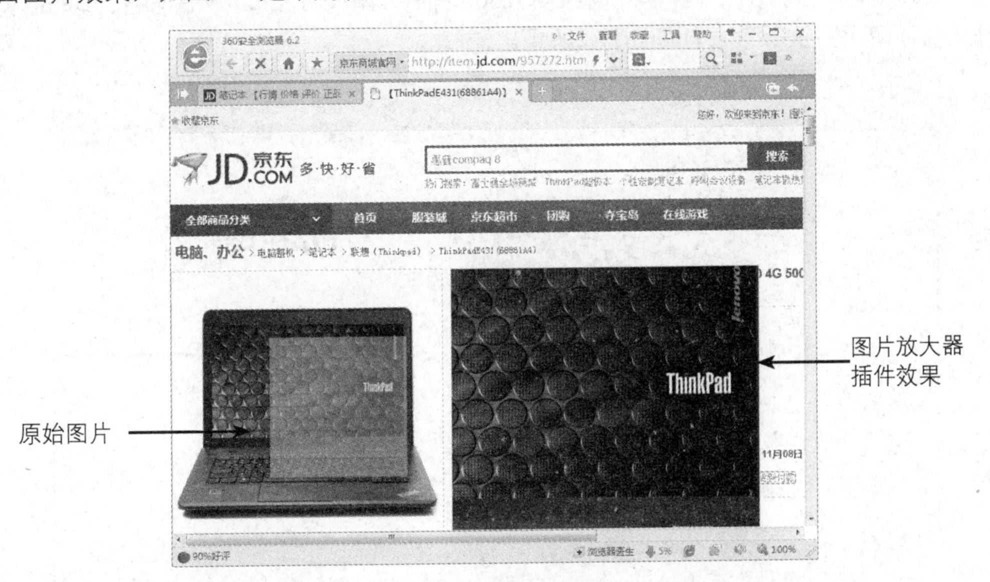

图11.1 图片放大器效果

本章将介绍如何利用基于jQuery框架的图片放大器jQzoom插件来为网页增加效果，主要介绍jQzoom插件参数、如何使用jQzoom插件实现动态网页图片效果以及一些类似的图片放大器插件。

11.1 准备jQzoom插件

jQzoom是一款基于jQuery的图片放大器插件，其功能强大，安装使用简便。jQzoom插件支持标准模式、反转模式、无镜头、无标题的放大，并可以自定义jQzoom插件的窗口位置和渐隐效果，还可以通过CSS创建自定义的外观。

11.1.1 下载jQzoom插件

jQzoom创建一个浮动在页面上的弹出式图片层，它具有如下特性：

- 可以支持多种图片格式：jpg、png、bmp等。
- 通过配置和CSS可以更改其呈现样式。
- 如果添加了鼠标滚动插件，jQzoom支持鼠标滚轮响应。
- 对放大的项可以添加特殊处理效果。
- 支持Ajax请求内容。

jQzoom插件的官方网站包含该插件的基本介绍以及下载包，网址如下：

```
http://www.mind-projects.it/projects/jqzoom/
```

在jQzoom插件官方网站上，可以看到jQzoom插件的基本介绍、产品描述、Demo演示以及API文档及使用方法等信息，如图11.2所示。

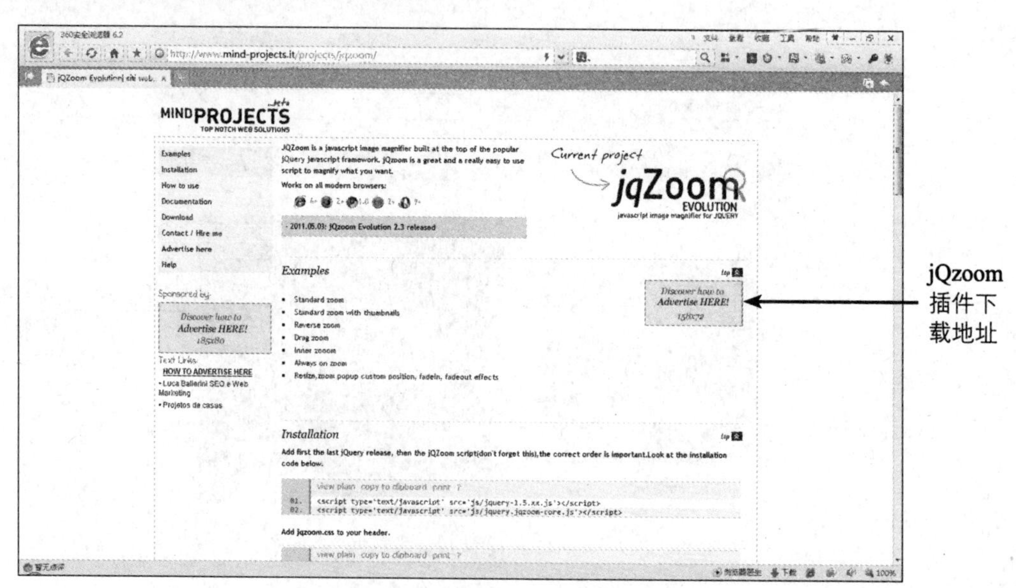

图11.2 jQzoom插件官方网站

在首页的中部，可以看到jQzoom插件的图片放大展示效果，如图11.3所示。

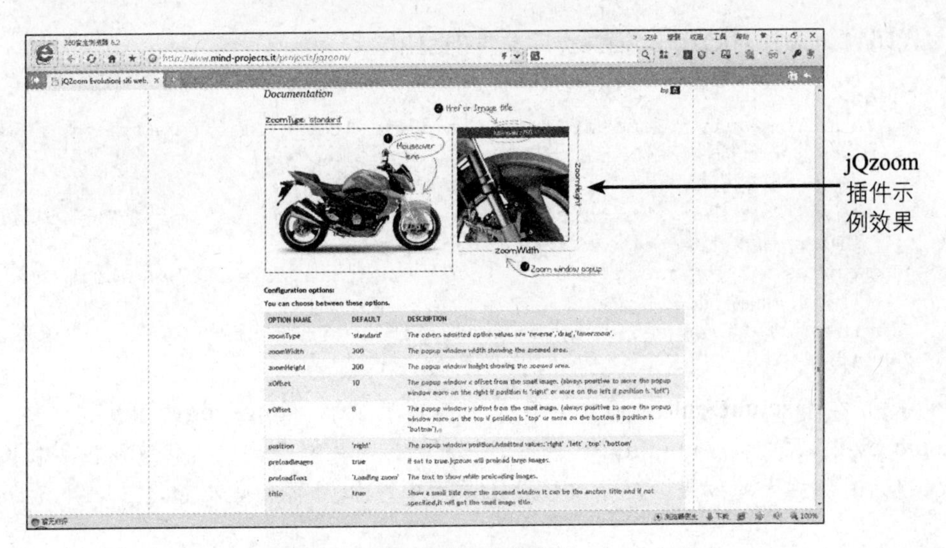

图11.3 jQzoom的示例效果

jQzoom插件当前的最新版本为2.3，从官方网站下载的是一个600KB左右的压缩包，解压缩后就可以引用其中包含的插件类库文件来实现自己的图片放大效果了，接下来通过一系列简单的步骤来看一看如何在网页上快速应用jQzoom插件，如下所示。

（1）打开一款流行的文本编辑器，如UltraEdit、EditPlus等，新建一个名为jQzoomDemo.html的网页，如图11.4所示。

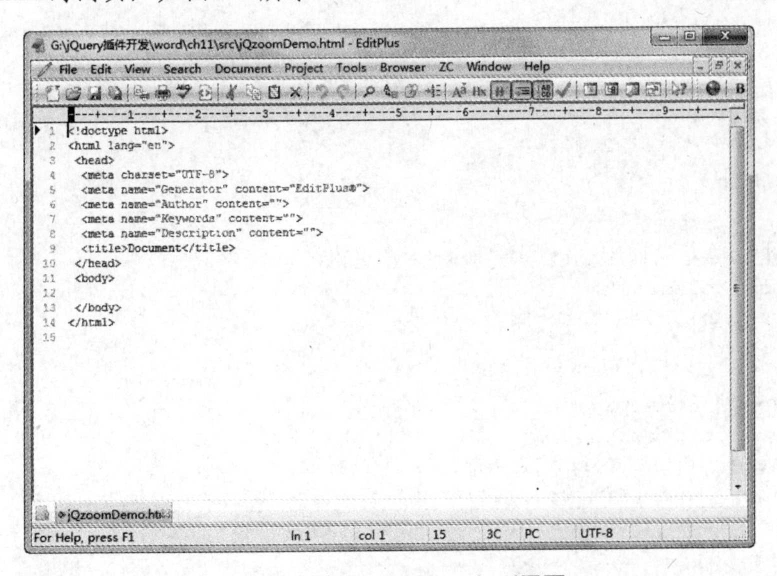

图11.4 创建jQzoomDemo.html网页

（2）打开最新版本的jqzoom_ev-2.3源文件夹，将js脚本文件夹与css样式文件夹拷贝到刚刚创建的jQzoomDemo页面文件目录下，便于页面文件添加引用jQzoom插件类库文件。在jQzoomDemo.html页面文件中添加对jquery-1.6.js类库文件、jquery.jqzoom-core.js类库文件和jquery.jqzoom.css样式文件的引用，如代码11.1所示。

代码11.1 添加对jQzoom插件类库文件的引用

```
<head>
<meta http-equiv="Content-Type" content="text/html; charset=utf-8">
<title>JQzoom插件使用Demo</title>
<!--jQzoom样式引用-->
<link rel="stylesheet" href="css/jquery.jqzoom.css" type="text/css">
<!--jQuery插件引用-->
<script src="js/jquery-1.6.js" type="text/javascript"></script>
<!--对jQzoom插件的引用-->
<script src="js/jquery.jqzoom-core.js" type="text/javascript"></script>
</head>
```

（3）在jQzoomDemo页面文件目录下新建一个名为imgProg的图片文件夹，将下载的jqzoom_ev-2.3源文件夹imgProg子文件夹中的所有图片拷贝到该文件夹中，以供jQzoom插件用于测试图片放大的效果，然后在HTML页面中添加如下代码来定义图片组，如代码11.2所示。

代码11.2 构建jQzoom插件页面文件图片组代码

```
<body>
<div class="clearfix" id="content" style="margin-top:100px;margin-
left:350px; height:500px;width:500px;">
<!—jQzoom插件图片放大效果展示-->
<div class="clearfix">
<a href="imgProd/triumph_big1.jpg" class="jqzoom" rel='gal1'
title="triumph">
<img src="imgProd/triumph_small1.jpg" title="triumph" style="border: 4px
solid #666;">
</a>
<select style="position:absolute;left:800px;top:120px;">
<option>test ie9.0</option>
</select>
</div>
<br/>
<!--图片组，jQzoom插件使用rel来指定图片组名称-->
<div class="clearfix">
<ul id="thumblist" class="clearfix">
<li>
<a
class="zoomThumbActive"
href='javascript:void(0);'
rel="{gallery:'gal1',smallimage:'./imgProd/triumph_small1.
jpg',largeimage:'./imgProd/triumph_big1.jpg'}">
<img src='imgProd/thumbs/triumph_thumb1.jpg'>
</a>
</li>
<li>
<a
href='javascript:void(0);'
rel="{gallery:'gal1',smallimage:'./imgProd/triumph_small2.
jpg',largeimage:'./imgProd/triumph_big2.jpg'}">
<img src='imgProd/thumbs/triumph_thumb2.jpg'>
</a>
</li>
```

```
<li>
<a
href='javascript:void(0);'
rel="{gallery:'gal1',smallimage:'./imgProd/triumph_small3.
jpg',largeimage:'./imgProd/triumph_big3.jpg'}">
<img src='imgProd/thumbs/triumph_thumb3.jpg'>
</a>
</li>
</ul>
</div>
</div>
</body>
```

HTML页面代码中的内容<div>部分，使用链接元素<a>，构建了指向3幅图片的链接，可以看到链接元素内部使用<img>标签显示小图片，而链接本身指向了大图片。可以看到，链接使用了一个zoomThumbActive样式类，这个样式类主要供jQuery框架选择器选择所有相应的元素。而rel属性用来为jQzoom插件设定分组标记录，示例中为图片分了一个组，名称是gal1。组的含义就好像是一个相册专辑，一个组与另一个组之间在导航方面会有所隔离。

这里需要注意的是，由于id选择器一次只能选中单个元素，而要选中一组元素的话，通常使用CSS样式类的class类名来实现。

（4）添加js脚本代码为jQzoom插件进行初始化，设定图片放大器显示模式、镜头模式和预加载图片等效果，如代码11.3所示。

代码11.3 jQzoom插件效果初始化

```
<script type="text/javascript">
$(document).ready(function(){
  $('.jqzoom').jqzoom({
    zoomType:'standard',        // 设定放大器模式为标准模式
    lens:true,                  // 设定放大器镜头模式为真，即使用放大器镜头
    preloadImages:false,        // 设定大图片预加载模式为假，即不使用大图片预加载
    alwaysOn:false              // 设定是否始终打开放大器窗口，此处为否
  });
  // 省略部分代码
});
</script>
```

上述代码通过jQuery框架选择器$('.jqzoom')获取所有具有'.jqzoom'类名的标签，并且具有类名为jqzoom的元素。在jQzoom初始化过程内部，设置以下放大镜的基本属性：

- zoomType属性指定放大镜模式，standard属性值表示原图不使用半透明图层覆盖等特性。
- lens属性指定放大镜镜头模式，true属性值表示使用放大镜镜头。
- preloadImages属性值设置为false表示不使用大图片预加载模式。

至此，使用jQzoom插件显示图片放大镜的示例就完成了，运行时可以看到一个包含3张图片的图片列表，鼠标移动到其中的某幅图片，就会显示大图片，然后鼠标移动到大图片中某处位置，就会在放大镜窗口中显示放大的局部图像，如图11.5所示。

图11.5 jQzoom插件使用效果

11.1.2 参数说明

由上一节的示例可以看到，通过在一组元素上调用jQzoom插件方法，jQzoom插件接收一个配置对象，这个配置对象可以是一个匿名的JSON对象，它提供了以键/值对的方式来构建jQzoom插件显示时的效果，其中jQzoom插件的有效属性如表11.1所示。

表11.1 jQzoom插件的属性列表

属性名称	默认值	属性描述
zoomType	standard	默认值为standard，另一个值为reverse，表示是否将原图不用半透明图层遮盖，值可以为standard、reverse、drag、innerzoom等
zoomWidth	200	默认值为200，表示放大窗口的宽度
zoomHeight	200	默认值为200，表示放大窗口的高度
xOffset	10	默认值为10，表示放大窗口相对于原图的x轴偏移值，可以为负
yOffset	10	默认值为10，表示放大窗口相对于原图的y轴偏移值，可以为负
position	right	默认值为right，表示放大窗口的位置，值还可以是right、left、top、bottom
lens	true	默认值为true，若为false，则不在原图上显示镜头
imageOpacity	0.2	默认值为0.2，当zoomType的值为reverse时，这个参数用于指定遮罩的透明度
title	true	默认值为true，表示放大窗口中显示标题，值可以为a标记的title值，若无，则为原图的title值
showEffect	show	默认值为show，表示显示放大窗口时的效果，值可以为show、fadein
hideEffect	hide	默认值为hide，表示隐藏放大窗口时的效果，值可以为hide、fadeout
fadeinSpeed	fast	默认值为fast，表示放大窗口的渐显速度，可选项为fast、slow、medium
fadeoutSpeed	slow	默认值为slow，表示放大窗口的渐隐速度，可选项为fast、slow、medium
showPreload	true	默认值为true，表示是否显示加载提示Loading zoom，可选项为true、false
preloadText	Loading zoom	默认值为Loading zoom，表示自定义加载提示文本
preloadImages	true	默认值为true，表示是否自定义加载大图片，可选项为true、false
preloadPosition	center	默认值为center，表示加载提示的位置，值也可以为bycss，表示可以通过css指定位置
alwayson	false	默认值为false，表示是否始终打开图片放大器窗口，可选项为true、false

注意 jQzoom插件只有一个常用的公共方法$.(selector).jqzoom()，其功能是加载并显示图片放大器。

11.1.3 使用jQzoom插件开发内嵌式图片放大器

接下来看一个jQzoom插件示例，这个示例演示了如何使用jQzoom插件的属性特性来创建一个内嵌式图片放大器，示例的实现过程如下面的步骤所示。

（1）使用文本编辑器新建一个名为jQzoomInnerDemo.html的网页，将网页的标题指定为“内嵌式jQzoom插件图片放大器应用”，然后添加对jQuery框架类库文件以及jQzoom插件类库文件和CSS样式文件的引用，如代码11.4所示。

代码11.4 添加内嵌式jQzoom插件图片放大器类库引用

```
<!DOCTYPE HTML PUBLIC "-//W3C//DTD HTML 4.01 Transitional//EN" http://www.w3.org/TR/html4/loose.dtd>
<html xmlns="http://www.w3.org/1999/xhtml">
<head>
<meta http-equiv="Content-Type" content="text/html; charset=utf-8">
<title>内嵌式jQzoom插件图片放大器应用</title>
<!-- jQuery插件引用 -->
<script src="js/jquery-1.6.js" type="text/javascript"></script>
<!-- 对jQzoom插件的引用 -->
<script src="js/jquery.jqzoom-core.js" type="text/javascript"></script>
<!-- jQzoom样式引用 -->
<link rel="stylesheet" href="css/jquery.jqzoom.css" type="text/css">
</head>
```

（2）在body区添加如下代码，用一组<li>列表元素，构建一个图片列表，使用<a>与<img>标签组合在一起引用每一张图片，在标签<a>中使用rel属性定义图片文件与HTML页面文件之间的关系，以便于可以在页面中显示图片的描述性信息，如代码11.5所示。

代码11.5 添加内嵌式jQzoom图片放大器HTML代码

```
<body>
<div class="clearfix" id="content" style="margin-top:100px;margin-
left:350px; height:500px;width:500px;">
<div class="clearfix">
<a href="imgProd/triumph_big1.jpg" class="jqzoom" rel='gall'title="triumph">
<img src="imgProd/triumph_small1.jpg" title="triumph" style="border: 4px
solid #666;">
</a>
<select style="position:absolute;left:800px;top:120px;">
<option>test ie9.0</option>
</select>
</div>
<br/>
<!-- jQzoom插件使用rel来指定图片组名称，这里仅设置了一个组 -->
<div class="clearfix">
<ul id="thumblist" class="clearfix">
```

```
<li>
<a class="zoomThumbActive" href='javascript:void(0);'rel="{gallery:'gal1',
smallimage:'./imgProd/triumph_small1.jpg',largeimage:'./imgProd/triumph_big1.
jpg'}">
<img src='imgProd/thumbs/triumph_thumb1.jpg'>
</a>
</li>
<li>
<a href='javascript:void(0);'
rel="{gallery:'gal1',smallimage:'./imgProd/triumph_small2.
jpg',largeimage:'./imgProd/triumph_big2.jpg'}">
<img src='imgProd/thumbs/triumph_thumb2.jpg'>
</a>
</li>
<li>
<a href='javascript:void(0);'rel="{gallery:'gal1',smallimage:'./imgProd/
triumph_small3.jpg',largeimage:'./imgProd/triumph_big3.jpg'}">
<img src='imgProd/thumbs/triumph_thumb3.jpg'>
</a>
</li>
</ul>
</div>
</body>
</html>
<body>
```

以上HTML页面代码中内容<div>部分，使用链接元素<a>，构建了指向3幅图片的链接，在链接元素内部使用<img>标签显示小图片，而链接本身指向了大图片。可以看到，链接使用了一个zoomThumbActive样式类，这个样式类主要供jQuery选择器选择所有相应的元素。而rel属性用来为jQzoom设定分组标记录，示例中为图片分了一个组，名称是gal1。组就好像是一个相册专辑，一个组与另一个组之间在导航方面会有所隔离。

（3）在页面加载事件中，添加如下代码，为图片初始化jQzoom图片放大器效果，如代码11.6所示。

代码11.6 jQzoom插件效果初始化

```
<script type="text/javascript">
$(document).ready(function(){
  $('.jqzoom').jqzoom({
     zoomType:'innerzoom',      // 设定放大器模式为innerzoom模式
     preloadImages:false,       // 设定大图片预加载模式为假，即不使用大图片预加载
    alwaysOn:false              // 设定是否始终打开放大器窗口，此处为否
  });
});
</script>
```

上述代码通过jQuery选择器$('.jqzoom')将获取所有jqzoom类的标签，并且具有类名为jqzoom的元素。在jQzoom内部，设置了放大镜的几个基本属性：

- zoomType属性值指定图片放大器模式。

- innerzoom属性值表示使用内嵌式图片放大器窗口。
- preloadImages属性值设置为false表示不使用大图片预加载模式。
- alwaysOn属性值设定为false表示图片放大器窗口不是始终打开模式，即当鼠标不在图片活动区域移动时，不显示图片放大器窗口。

运行页面时，可以看到内嵌式jQzoom插件图片放大器的显示效果，如图11.6所示。

当鼠标在大图片内部移动时，会在本图窗口内显示图片放大器窗口，因此称其为内嵌式jQzoom插件图片放大器。可以看到，当鼠标悬停在左侧中间位置、右侧中间位置或其他任意位置时，都会显示出局部放大的图片效果，如图11.7所示。

图11.6 内嵌式jQzoom图片放大器应用效果图

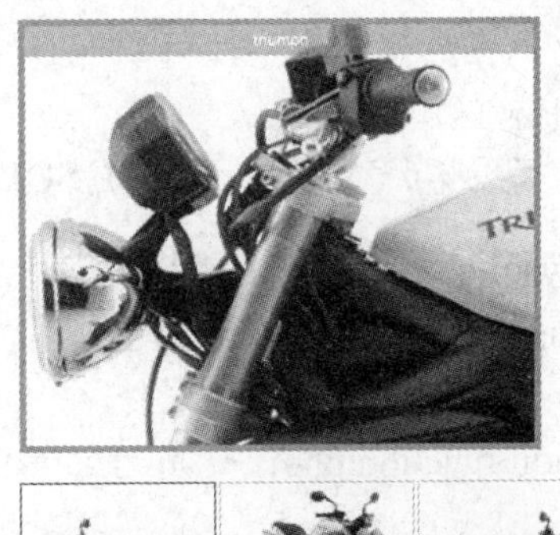

图11.7 内嵌式jQzoom插件图片放大器应用局部放大效果图

可以看到，图片的局部放大效果显示在原始图片的内部，这样网页设计人员的选择就多了一种，设计人员可以根据项目的实际需要选择不同模式的图片放大器。

11.2 开发购物网站商品展示橱窗页面应用

上一节示例中的图片放大器，是基于客户端已经定制好的图片。在这一节的示例中，将创建一个更具动态效果的购物网站商品展示橱窗页面，该示例将会从服务器端获取图片列表，同时利用第10章开发的图片上传对话框，允许用户上传图片，并且显示最新的商品图片。

11.2.1 构建商品图片信息数据库

这个示例将构建一个从MySQL数据库服务器中获取相册信息，然后使用jQzoom插件显示商品展示橱窗及其图片放大器。打开phpMyAdmin，在数据库标签页，创建一个imagelib的数据库，指定字符集为utf8_general_ci，单击左侧的数据库导航树，进入该数据库。然后单击右侧的SQL节点，运行如下代码创建一个名为productimgs的表，如代码11.7所示。

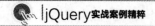

代码11.7 创建productimgs表的SQL脚本

```
CREATE TABLE IF NOT EXISTS `productimgs`(
`ID` int(11) NOT NULL AUTO_INCREMENT,        --自动增长的标识符
`title` varchar(200) DEFAULT NULL,           --图片标题
`path` varchar(200) DEFAULT NULL,            --图片路径
`memo` varchar(200) DEFAULT NULL,            --图片备注
`thumb_path` varchar(200) DEFAULT NULL,      --缩略图路径
`group_name` varchar(200) DEFAULT NULL,      --图片分组名称
PRIMARY KEY (`ID`)                           --主键
)ENGINE=InnoDB  DEFAULT CHARSET=utf8 AUTO_INCREMENT=18;
```

可以看到，在数据库表中，可以保存图片的标题、图片路径、缩略图路径、图片分组名称以及图片的备注等信息。

接下来，拷贝第6章中几个访问MySQL的文件：

- db_mysql.php：MySQL数据库访问类。
- database.inc.php：数据库配置文件。
- config.inc.php：网站配置文件。
- common.function.php：通用的配置文件。

修改database.inc.php文件，将其中的MySQL数据库配置更改为自己的数据库配置，清除common.function.php中的内容，添加以下php代码访问productimgs数据库中的图片数据，具体如代码11.8所示。

代码11.8 查询MySQL数据库，获取图片列表数据

```
<?php
/*
 * 从数据库表中取出图片列表数据
 */
function getImagesList(){
global $db;            // 声明函数体内使用的$db变量为global全局变量
// 调用getList函数返回SELECT函数的查询结果
return $db->getList("select id,title,path,memo,thumb_path,group_name from
productimgs order by id asc");
}
?>
```

由以上代码可以看到，common.function.php中定义了一个名为getImagesList的函数，这个函数使用全局的db_mysql变量$db，调用其getList方法，传入一个SELECT语句，查询productimgs数据表，返回图像数据。getList将返回一个数组。

新建一个名为imageslist.php的PHP文件，调用common.function.php文件中的getImageList函数，获取图像列表，然后向客户端返回一个json数组，如代码11.9所示。

代码11.9 imageslist.php文件实现代码

```
<?php
//打开会话设置
session_start();
//输入UTF-8文档类型
```

```
header('Content-Type: text/html; charset=utf-8');
//包含网站配置文件和通用的函数文件
include_once 'config.inc.php';
include_once 'common.function.php';
$arr['list']= getImagesList();
//返回被json序列化后的数组数据到客户端
echo json_encode($arr);
?>
```

代码首先开启了session，由于本示例并没有用到session数组，因此可以省略第1行代码，接下来使用include_once包含config.inc.php和common.function.php这两个必备的文件，然后调用getImagesList方法，返回一个图像列表数组，最后使用json_encode将这个数组转换为json数据发送回客户端。

11.2.2 使用jQzoom插件显示服务器图像

读者可以参考源代码文件包中的imageslist.php文件，该文件提供了服务器端数据库中包含的图像列表数据，接下来在网页中通过Ajax异步请求服务器端数据，并显示在网页上，然后使用jQzoom显示弹出式图像，具体实现步骤如下。

首先新建一个名为ProductImages.html的网页，在该网页的head区，添加与代码11.4相同的对js和CSS的文件引用。在body区添加如下代码实现页面的布局，如代码11.10所示。

代码11.10 HTML页面布局代码

```
<div id="main">
<div id="header">
<div id="logo">
<div id="logo_text">
<!--指定网站的标题-->
<h2>基于jQzoom的购物网站商品展示橱窗页面</h2>
</div>
</div>
</div>
<!--商品图片加载显示区域-->
<div id=preview>
<!--商品图片橱窗预览层-->
<div class=jqzoom id=spec-n1)">
<img height=350 width=350 src="images/img01.jpg" jqimg="images/img01.jpg">
</div>
<div id=spec-n5>
<!--商品图片橱窗导航按钮-->
<div class=control id=spec-left>
<img src="images/left.gif" />
</div>
<!--商品图片橱窗层-->
<div id=spec-list>
// Ajax方式加载数据库中图片，支持图片加载局部自动刷新
</div>
<!--商品图片橱窗导航按钮-->
```

```
<div class=control id=spec-right>
<img src="images/right.gif" />
</div>
</div>
</div>
<div id="addproductimgs">
<h3><a href="#inline">添加商品图片</a></h3>        //添加商品图片到数据库链接
</div>
</div>
<script type=text/javascript>
$(function(){
$(".jqzoom").jqueryzoom({        //加载jQzoom插件，设定初始化参数
xzoom:400,
yzoom:400,
offset:10,
position:"right",
preload:1,
lens:1
});
$("#spec-list").jdMarquee({
deriction:"left",
width:350,
height:56,
step:2,
speed:4,
delay:10,
control:true,
_front:"#spec-right",
_back:"#spec-left"
});
$("#spec-list img").bind("mouseover",function(){
var src=$(this).attr("src");
$("#spec-n1 img").eq(0).attr({
src:src.replace("\/n5\/","\/n1\/"),
jqimg:src.replace("\/n5\/","\/n0\/")
});
$(this).css({
"border":"2px solid #ff6600",
"padding":"1px"
});
}).bind("mouseout",function(){
$(this).css({
"border":"1px solid #ccc",
"padding":"2px"
});
});
})
</script>
</div>
```

可以看到，spec-list这个div中，并没有包含任何的HTML元素，它只是一个空白的div，

这里的图像数据将使用Ajax技术异步地从服务器端获取，主要是使用$.ajax函数，实现如代码11.11所示。

代码11.11 使用Ajax技术异步获取图像数据

```
//定义默认的商品展示图片分组名
var grpname="group1";
//getImages用来异步地获取图像列表
function getImages(){
    $.ajax({
        type: 'POST',                           //提交类型为POST
        url: 'imageslist.php',                  //请求地址为imageslist.php
        dataType:'json',                        //请求类型为json
        beforeSend:function(){                  //在发送之前显示一个进度条
                $("#content").append("<span id='loading'>加载中...
                </span>");
        },
        //成功获取服务器端的响应后，将向页面上的div中添加元素
        success:function(json){
                $("#content").empty();      //清空div元素
                var str = "";
                var list = json.list;       //得到留言记录列表
                $.each(list,function(index,array){       //遍历json数据列
                    grpname=array['group_name'];
                    //每一条留言构建一个a，在每一个a内部显示详细信息
                      str += '<a style="margin-left:20px" rel="';
                      str+=array['group_name']+'"';
                      str+=' href="';
                      str+=array['path']+'"';
                      str+=' title="';
                      str+=array['title']+'"';
                      str+='  ><img src=';
                      str+=array['thumb_path'];
                      str+='  alt="';
                      str+=array['memo']+'"/>';
                      str+="</a>";
                });
                $("#content").append(str);          //将构建的str追加到div元素中

        },
        //在成功地完成请求后，调用productimages方法加载图片
        complete:function(){
          productimages(grpname);
        },
        //在出现请求错误时提示数据加载失败
        error:function(){
                alert("数据加载失败");
        }
    });
}
```

在这段代码中，构建了一个名为getImages的函数，这个函数内部，主要是调用$.ajax，异步地向服务器端发送请求，详细实现步骤如下所示。

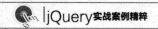

（1）$.ajax的type指定提交类型为POST，url指向了imageslist.php页面，dataType指定类型为json。beforeSend事件指定在发送请求前，显示“加载中”的进度文本。

（2）当请求成功后，会触发success事件，该事件中包含了一个json数组参数，是从服务器端返回的json数据，示例中调用$.each，循环list中的数据，每次循环都会构建一个链接，链接的属性指向了json数组中的值，这样就构建了一个链接列表，最后调用div的append添加到div中，以便jQzoom插件调用。

（3）complete事件在success之后触发，它在成功完成DOM操作之后，调用函数productimages来为链接关联jQzoom，以便显示图片放大器效果。

（4）error事件在Ajax出错时触发，它会简单地显示一条错误消息。

productimages函数的实现类似于代码11.6，在此就不再列出其实现，上述代码编写完成后，运行示例页面，就可以看到如图11.8所示的图像列表。

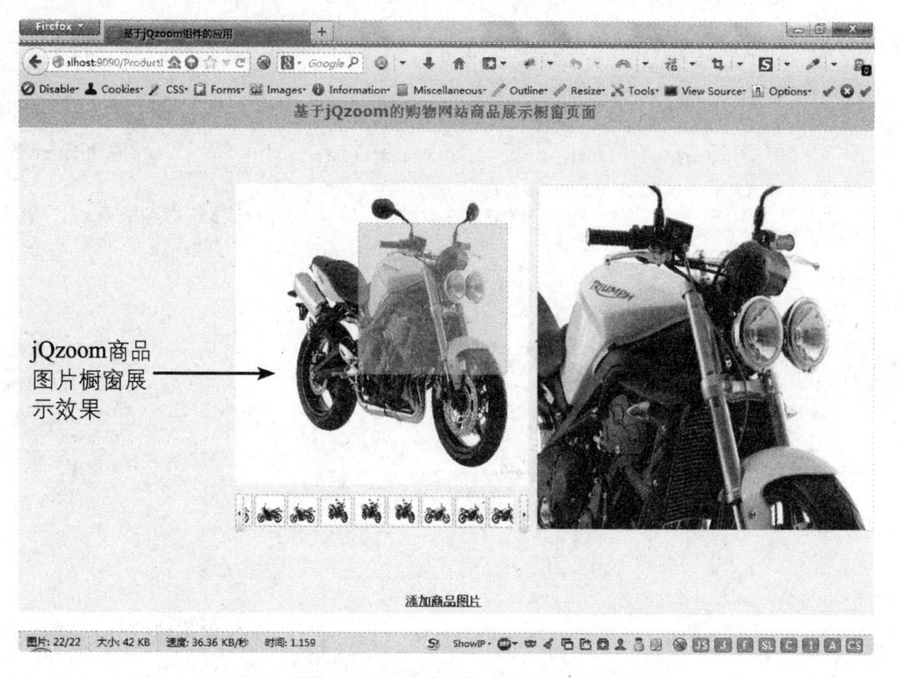

图11.8 基于jQzoom插件的商品图片橱窗效果

11.2.3 构建上传商品图片表单

利用第10章开发的基于FancyBox插件的图片上传功能，添加一个商品图片上传表单，允许用户输入相片的标题、备注并选择大图和缩略图进行上传。

要构建这个上传表单，在HTML页面中首先构建一个隐藏的div元素，在div元素内部创建一个HTML表单，如代码11.12所示。

代码11.12 构建HTML图片上传表单

```
<!-- 一个隐藏的div，用来设置弹出式表单 -->
<div style="display:none">
<!-- 弹出式表单的div内容元素 -->
<div id="inline1" style="width:500px;height:350px;overflow:auto;">
<!-- 商品图片上传表单，由于包含文件数据，因此指定了enctype类型 -->
<form id="imagesform" method="post" action="imagesadd.php"
enctype="multipart/form-data">
<div class="form_settings">
<p>
<span>图片标题:</span>
<input class="contact" type="text" name="ipt_title" value="" />
</p>
<p>
<span>缩略图:</span>
<!-- 文件编辑框，上传缩略图 -->
<input name="ipt_thumbfile" type="file" size="50">
</p>
<p>
<span>原始图:</span>
<!--文件编辑框，上传原始图-->
<input name="ipt_file" type="file" size="50">
</p>
<p>
<span>备注:</span>
<textarea class="contact textarea" rows="8" cols="50" name="ipt_memo">
</textarea>
</p>
<p style="padding-top: 15px">
<span> </span>
<input class="submit" type="submit" name="photo_submitted" value="上传图片"
/>
</p>
</div>
</form>
</div>
</div>
```

可以看到，表单内容包含在一个display为none的隐藏的<div>元素中，该<div>元素内部又包含了一个id为inline1的<div>，这个<div>将被jQzoom用来显示其内容。在表单内部包含一个id值为imagesform的表单，由于要上传二进制的图片数据，必须要指定enctype为multipart/form-data，否则PHP服务器端可能获取不到图像数据。在表单内部可以看到两个type为file的<input>文件选择框，它允许用户选择要上传的原始图片和缩略图片。表单的action指向imagesadd.php页面，这个页面将用来保存来自表单提交的图像数据。

在构造了这个隐藏的<div>元素之后，接下来为“添加相片”链接关联事件处理代码，该链接的href属性要锚定到id为inline1的<div>，代码如下所示。

```
<h3><a id="addproductimages" href="#inline1">添加商品图片</a></h3>
```

这样为链接关联FancyBox对话框时，就会显示inline1这个<div>中的内容，也就是表单。

在页面加载事件中，FancyBox插件的定义如代码11.13所示。

代码11.13 为链接关联FancyBox插件

```
$(document).ready(function(e){
  //为链接关联fancybox插件
  $("#addproductimages").fancybox({
    'titlePosition':'inside',                     //标题位于内部
    'transitionIn':'elastic',                     //转入和转出的转场动画
    'transitionOut':'elastic'
  });
  getImages();                                    //页面加载时，显示服务器端的图像
});
```

在页面加载事件中，调用了fancybox插件方法，为addproductimages链接关联了对话框，其标题titlePosition指定为inside表示显示在对话框内部，transitionIn和transitionOut分别指定为elastic弹入弹出式的对话框方式。

可以看到在DOM就绪之后，调用了getImages显示服务器端的图像列表，从而实现页面进入就会显示商品图片的效果。

11.2.4 商品图片上传功能的PHP实现

在购物网站商品展示橱窗应用中，同样新建一个名为imagesadd.php的页面，这个页面将接收客户端发送过来的图片数据，将图片保存到服务器的images文件夹下，并且将图片信息保存到MySQL数据库的productimgs数据表中。

为了处理文件的上传，借助一个通用的上传文件的函数upfile，因为同时要处理原始图片和缩略图片的上传工作，使用这个函数可以节省编写的代码量，该函数的实现如代码11.14所示。

代码11.14 通用的上传文件函数upfile

```
/* 上传文件函数，$file_var是文件类型的input的名称，$filepath是服务器端的物理路径 */
function upfile($file_var,$filepath){
    //检查文件是否存在，如不存在则返回false
    if(!is_writable($filepath)){
          echo"$filepath 目录不存在或不可写";
          return false;
          exit;
    }
    //获取文件的名称
    $tofile=$_FILES["$file_var"]['name'];
    //获取文件的类型，在这里可以检测文件的类型，为简化示例进行了省略。
    $Filetype=substr(strrchr($_FILES["$file_var"]['name'],"."),1);
    //得到完整的上传文件名
    ($tofile==='')?($uploadfile = $_FILES["$file_var"]['name']):($uploadfile =
$tofile);
    //检测上传的文件名是否存在
    if(!($uploadfile==='')){
          //判断指定的文件是否是通过HTTP POST上传的
          if (!is_uploaded_file($_FILES["$file_var"]['tmp_name'])){
```

```
                //如果不是HTTP上传的则提示失败
                echo $_FILES["$file_var"]['tmp_name']." 上传失败.";
                return false;
                exit;
            }
        //将上传的临时文件保存到指定的服务器端地址中
            if (!move_uploaded_file($_FILES["$file_var"]['tmp_name'],$filepath.'
            /'.$uploadfile)){
                echo "上传失败。错误信息:\n";
                print_r($_FILES);
                exit;
            }else{
                return true;                    //如果上传成功则返回true
            }
    }else{
        return false;
        echo"无法上传";
    }
}
```

该函数的实现过程如下。

（1）upfile函数的第一个参数$file_var是客户端的input控件的name属性值，$filepath则是要保存到服务器的物理路径。代码首先使用is_writable判断要写入的物理路径是否可以写文件，如果不可以写文件的话，则返回false并退出。

（2）接下来调用$_FILES获取客户端上传的文件的名称，保存到$tofile变量中，本来在这里可以进一步检测用户上传的是否为图像文件，但是出于简化的目的在此省略。示例中将上传的文件名保存到了$uploadfile中之后，然后判断是否存在上传的文件名，如果存在，首先通过is_uploaded_file函数判断文件是否是通过上传而来，如果文件不是通过HTTP POST方式上传的话，则返回false并退出上传应用。

（3）如果文件名存在且通过HTTP POST上传，则调用move_uploaded_file将上传的临时文件保存到目标路径中，如果move_uploaded_file调用失败则退出应用，否则返回true表示成功上传。如果上传的文件名不存在则直接返回false。

可以看到，文件上传主要是$_FILE和move_uploaded_file等PHP文件处理函数的使用，其实现细节比较简单。在定义了这个函数之后，接下来看一看如何获取客户端传递的数据并调用upfile来实现上传文件的保存，实现如代码11.15所示。

代码11.15 保存客户端的上传数据

```
//包含网站配置文件，以便引用全局的$db变量操纵MySQL数据库
include_once 'config.inc.php';
//获取当前的文件所在的物理路径
$CurrentPath= dirname(__FILE__);
//替换物理路径中的斜线为反斜线
$CurrentPath= realpath(str_replace('\\','/',$CurrentPath));
//定义图片上传路径
$CurrentPath=$CurrentPath.'/images';
//获取客户端上传的相片标题和备注
```

```
$title=$_POST['ipt_title'];
$memo=$_POST['ipt_memo'];
//获取上传的原始图像名和缩略图图像名
$tofile='images/'.$_FILES["ipt_file"]['name'];
$tothumbfile='images/'.$_FILES["ipt_thumbfile"]['name'];
//调用upfile保存原始图像
if(!(upfile("ipt_file",$CurrentPath))){
return false;
}
//调用upfile保存缩略图图像
if(!(upfile("ipt_thumbfile",$CurrentPath))){
return false;
}
//如果包含了提交的数据，则调用insert方法插入数据
if(isset($_POST['ipt_title'])){
    //构造插入数组
    $record = array(
          'title'=>$title,
          'memo'=>$memo,
          'path' =>$tofile,
          'thumb_path'=>$tothumbfile,
          'group_name'=>'group1'
    );
    print_r($record);
    $id = $db->insert('images',$record);    //调用insert方法进行插入
    $arr['id']='';
    if($id){
          $arr['id']=$id;                   //返回新插入的数组
    }
}
header('Location: imagesGallery.html');     //重定向到imagesGallery.html页面
```

代码的实现过程如下。

（1）调用include_once包含了config.inc.php，以便引用db_mysql对象实例来操纵MySQL数据库。接下来调用了dirname函数，获取常量__FILE__所在的物理路径，__FILE__会返回当前文件完整的文件名和路径，dirname取其物理路径。然后替换斜线为反斜线，并连接images作为图片上传的路径。

（2）调用$_POST返回图片的标题和备注，并调用$_FILES获取图片在服务器上保存的相对路径，以便于将这些数据保存到images数据表中。

（3）代码调用了两次upfile，将上传的图像数据保存到指定的上传路径中。

（4）在获取的客户端数据构建一个名为$record的数组，然后调用$db对象实例的insert方法，将数组插入到images表中，最后返回成功插入的id值。

（5）调用header函数，重定向imagesGallery.html页面，实现图像页面的刷新。

可以看到，imagesadd.php既实现了将图像数据保存到服务器端文件夹，同时也将提交的图片数据保存到了数据库中，这样imageslist.php就可以获取数据库中的图片，并显示到页面上。

11.2.5 基于jQzoom的商品展示橱窗最终效果

现在这个基于FancyBox插件的图片上传示例就完成了，打开ProductImages.html网页，就会自动从imagelib数据库的productimgs表中获取商品图片数据，并基于jQzoom插件在页面中显示商品图片橱窗效果。单击橱窗内的缩略图，就会显示商品的大图片，在鼠标移动区域内，可以在图片放大器窗口内看到商品图片的局部放大效果图，如图11.9所示。

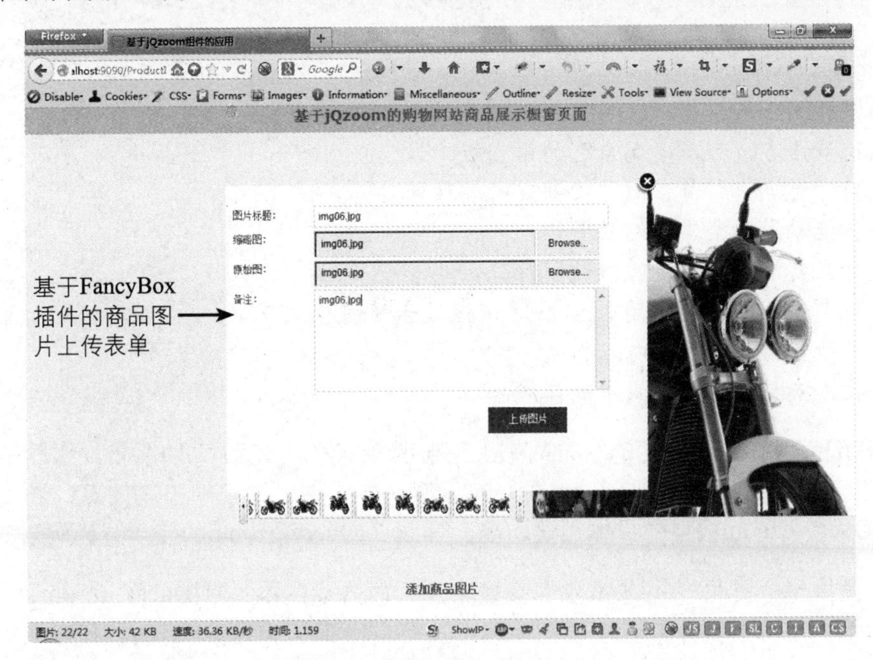

图11.9 商品图片上传表单

单击页面上的“添加商品图片”链接，将会显示如图11.9所示的表单，允许用户输入图片的标题和备注信息，并且选择原始图片和缩略图，选择完成之后单击“上传图片”按钮，商品图片将会成功上传并刷新ProductImages.html网页，从而实现商品展示橱窗显示的更新。

11.3 其他图片放大器插件

除了jQzoom插件外，互联网上还有很多非常实用的图片放大器插件，比如专用于图片缩放的jQuery-gzoom插件以及功能强大到支持任意元素缩放的jQuery AnythingZoomer插件，这些插件也提供了非常专业的图片放大功能。

11.3.1 jQuery-gzoom图片缩放插件

jQuery-gzoom是一款专门基于jQuery图片缩放插件，可以通过单击加号和减号、拖动滑块、鼠标滚轮放大/缩小图片，当单击某张图片时将在一个弹出的lightbox对话框中显示该图片。jQuery-gzoom的官方网址如下：

```
http://lab.gianiaz.com/jquery/gzoom/
```

jQuery-gzoom插件具有如下特性：

- 用户界面友好，使用HTML+CSS进行布局和外观设置。
- 支持多语言，可以定制自己的语言版本。
- 支持通过点击加号、减号按钮实时缩放图片。
- 支持拖动滑动条实时缩放图片。
- 支持鼠标滑轮滚动实时缩放图片。
- 通过点击图片，弹出的lightbox对话框显示该图片。
- 简单地支持Ajax远程内容加载。
- 多模式支持，包含模式中的模式。

可以在jQuery-gzoom插件的官方网站上下载其源代码，如图11.10所示。官网的Examples链接内部包含很多使用jQuery-gzoom插件的示例，并提供了详细的描述信息，通过这些信息可以了解jQuery-gzoom插件的具体用法，简而言之，jQuery-gzoom的使用分为3步：

（1）使用一个隐藏的div元素包含要弹出显示的内容，添加对jQuery-gzoom插件的js脚本文件和CSS样式文件的引用。

（2）jQuery-gzoom插件必须要使用$.gzoom函数进行初始化操作，$.gzoom提供了很多参数来配置对话框。

（3）调用$.setZoom函数显示图片窗口，通常一个事件触发时调用该函数来显示窗口。

比如在HTML页面上有一个div元素如下：

```
<div id="id-gzoom " class="gzoomWindow" style="display: none;"></div>
```

接下来创建一个用来显示对话框的按钮：

```
<a href="http://my.ajax/content">打开jQuery-gzoom图片</a>
```

在页面加载事件中关联如下代码来显示jQuery-gzoom插件图片窗口：

```
<script type="text/javascript">
jQuery().ready(function($){
  //初始化jQuery-gzoom插件
  $zoom = $("#zoom01").gzoom({
    sW: 300,
    sH: 225,
    lW: 1400,
    lH: 1050,
    lighbox : false
  });
```

```
});
</script>
$("#zoom01").setZoom(50);
```

可以看到，首先为隐藏的div关联了gzoom函数，设定初始化参数，最后调用setZoom对隐藏的图片窗口进行显示，jQuery-gzoom插件图片窗口效果如图11.11所示。

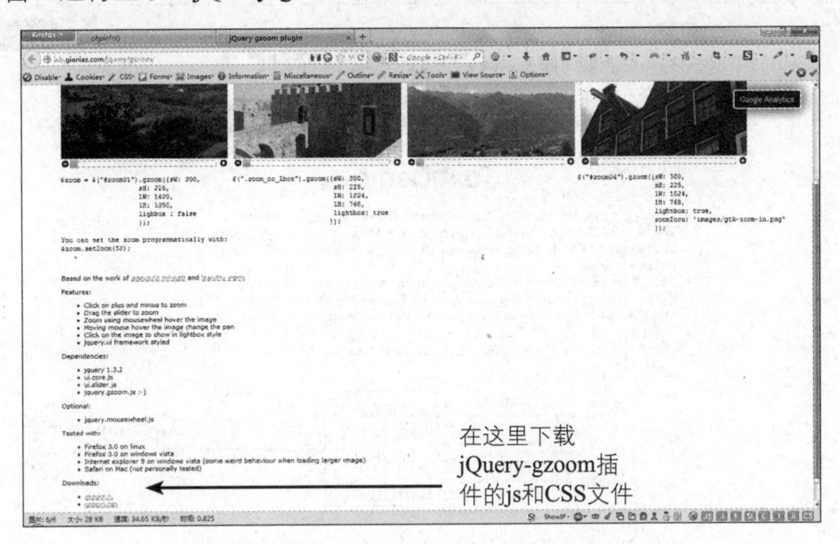

图11.10 在jQuery-gzoom插件官网上下载插件

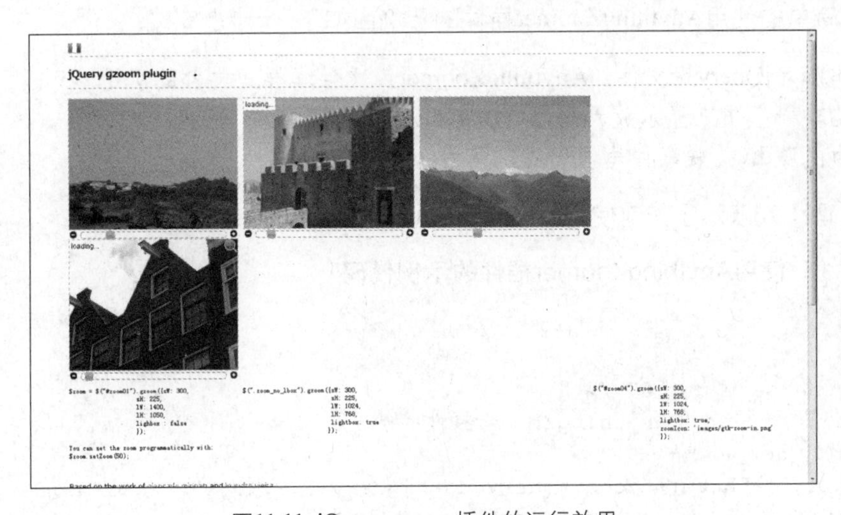

图11.11 jQuery-gzoom插件的运行效果

11.3.2 使用基于jQuery的AnythingZoomer插件

基于jQuery框架的AnythingZoomer插件是一款功能十分强大的放大器插件，如其插件名称所描述的，它几乎可以放大任何东西，在其官网上有演示图片放大、文本放大和日历放大的例子，AnythingZoomer插件所在的演示与下载网址如下：

```
http://css-tricks.com/examples/AnythingZoomer/text.php
```

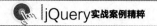

AnythingZoomer插件基于jQuery框架进行开发，它的使用方法与基于jQuery框架的其他插件基本类似。首先构建要用来显示内容的<div>层，然后调用anythingZoomer方法来显示内容，AnythingZoomer插件使用效果如图11.12所示。

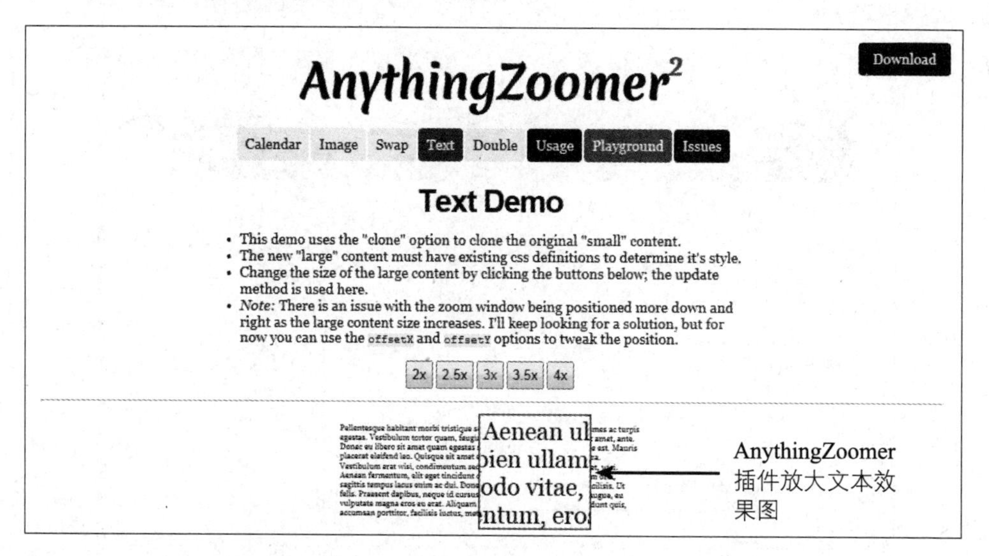

图11.12 基于jQuery的AnythingZoomer插件使用效果

一个最简单的使用AnythingZoomer插件的示例由如下3个步骤完成：

（1）添加对jQuery库文件、AnythingZoomer库文件和样式文件的引用。
（2）构建一个用来显示放大内容的隐藏div层。
（3）为隐藏div关联事件处理代码，调用anythingZoomer方法进行显示。

示例代码11.16演示了如何使用AnythingZoomer插件。

代码11.16 使用AnythingZoomer插件的示例代码

```
<html>
<head>
<meta charset="utf-8" />
<title>基于jQuery的AnythingZoomer插件示例</title>
<!--引入jQuery插件库-->
<script src="http://code.jquery.com/jquery-1.9.1.js"></script>
<script>
<!—初始化AnythingZoomer插件-->
$(function(){
$("#zoom").anythingZoomer();
});
</script>
</head>
<body>
<!--隐藏div层-->
<div id="zoom" class="az-wrap" style="display: none;">
```

```
<span class="az-wrap-inner">
<div class="small az-small">
<div class="az-overly az-overlay">
</div>
<span class="az-small-inner">
<img src="demo/rushmore_small.jpg" alt="small rushmore">
</span>
</div>
<div class="az-zoom az-windowed">
<div class="large az-large">
<img src="demo/rushmore.jpg" alt="big rushmore">
</div>
</div>
</span>
</div>
</body>
</html>
```

可以看到，示例页面首先添加了对jQuery库文件、AnythingZoomer库文件以及样式的引用，然后在HTML的body区创建了隐藏的内容div，最后在页面加载时，在div上调用anythingZoomer方法进行显示，这个示例没有传递任何参数，显示的效果如图11.13所示。

图11.13 AnythingZoomer插件图片放大示例

AnythingZoomer插件还包含很多有用的配置参数，请读者参考其官方网站中的文档与示例获取详细的信息。

11.4 小结

本章介绍了基于jQuery框架的图片放大器插件，重点讨论了jQzoom插件的使用。首先介绍了如何下载和使用jQzoom插件，接下来对jQzoom插件的参数列表进行了详细的说明，并通过一个客户端静态图片示例演示了如何使用jQzoom插件显示图片放大器效果。然后，开发了一个购物网站商品展示橱窗页面应用，借助于第10章开发的FancyBox对话框图片上传示例，演示了如何使用jQzoom插件显示服务器端的商品图片内容，并构建了一个图片上传对话框，允许用户在表单中上传原始图片和缩略图片，上传到服务器端后并进行显示。本章最后介绍了其他几个流行的基于jQuery框架的图片放大器插件的使用方法，以飨读者。

第12章 图片文件上传插件

如今，图片文件上传在Web应用开发中已经是一项必备功能了，而基于文件上传的各类网页插件更是层出不穷，其功能强大，安装使用也越来越方便快捷。在较早的网页开发中，文件上传功能仅仅通过一个“浏览文件”按钮与一个保存文件地址的<input>标签来实现，上传文件的大小也有限制。而目前使用主流的文件上传插件实现文本、图片、音视频文件上传已不是什么难事，而多文件上传、大文件断点续传、文件云存储技术也逐渐成熟，为网站设计开发提供了强大支撑。目前，这些文件上传插件大部分基于JavaScript脚本语言与jQuery框架开发，功能效果先进，安装维护使用简单方便，为广大设计人员所接受。基于jQuery框架的插件库中有一类专门用来实现文件上传功能的插件，可以提供友好高效的交互体检，如图12.1是某社交网站中上传图片的效果图。

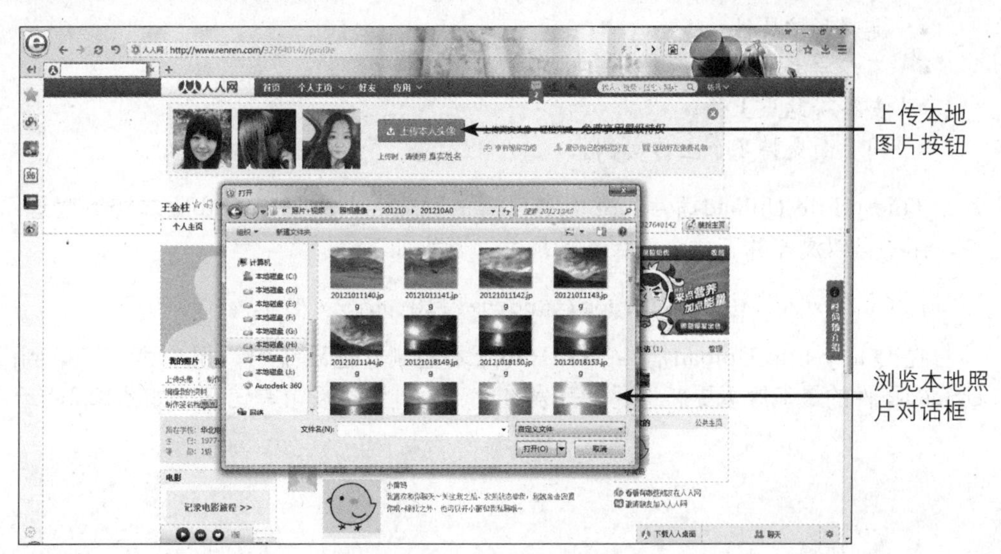

图12.1 网站上传图片效果

本章将介绍如何利用基于jQuery框架的jQuery File Upload图片上传插件来为网页增加效果，主要包括jQuery File Upload插件参数讲解、如何使用jQuery File Upload插件实现文件上传功能，以及一些类似的图片文件上传插件的介绍。

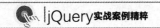

12.1 准备jQuery File Upload插件

jQuery File Upload是一款基于jQuery框架的图片上传插件，支持多文件上传、取消、删除、上传前缩略图预览、列表显示图片大小，支持上传进度条显示，支持各种动态语言开发的服务器端。jQuery File Upload插件允许一次性选择多个文件并将它们同时上传，可以把要上传的文件从桌面或文件管理器中拖到浏览器窗口中进行上传，可以显示单个文件的上传进度，上传过程中还可以通过取消来停止上传过程。它还提供API来设置单独的选项并为各种上传事件定义回调方法。

12.1.1 下载jQuery File Upload插件

jQuery File Upload插件允许用户一次性选择多个文件并将它们同时上传，该插件具有如下显著特性：

- 支持多个文件同时上传。
- 支持拖放上传、显示上次进度、上传可以取消和恢复。
- 可以在客户端缩放图像、支持图像预览。
- 定制和扩展性强。
- 不需要浏览器插件（例如Flash等）。
- 支持跨站点上传。
- 同页面支持多个上传实例。

jQuery File Upload插件的开发者目前把源文件共享到GitHub版本控制管理系统资源库中，用户可以浏览并下载全部版本的插件，网址如下：

```
http://blueimp.github.com/jQuery-File-Upload/
```

在jQuery File Upload插件的GitHub版本控制管理系统中，用户可以了解到jQuery File Upload插件的最新版本更新情况、开发进度、设计人员反馈等信息，如图12.2所示。

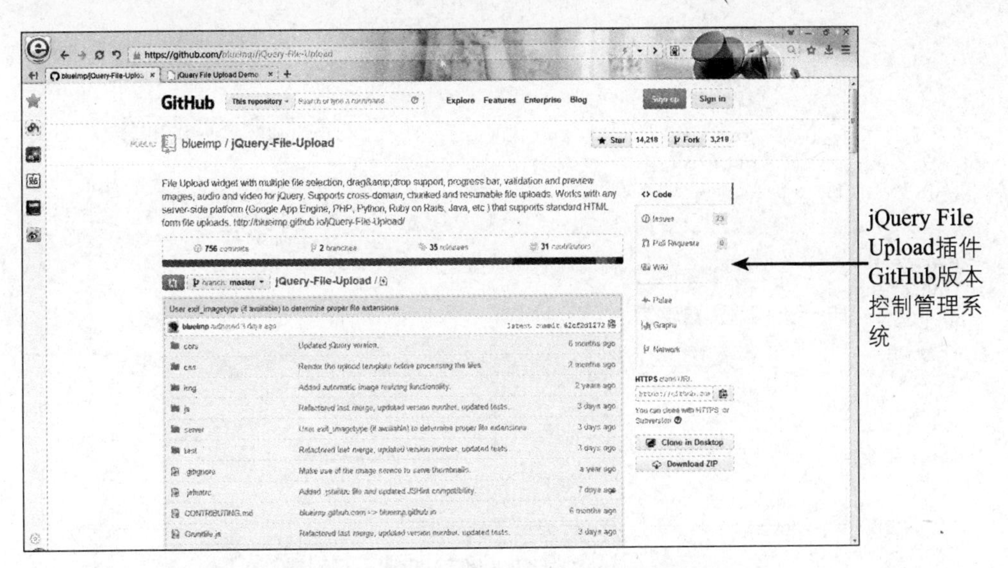

图12.2 jQuery File Upload插件GitHub版本控制管理系统

在该页面中，读者还可以链接到jQuery File Upload插件的Demo网址：

```
https://github.com/blueimp/jQuery-File-Upload
```

在Demo网页上，读者可以看到jQuery File Upload的描述、演示、示例以及API函数的用法，如图12.3所示。

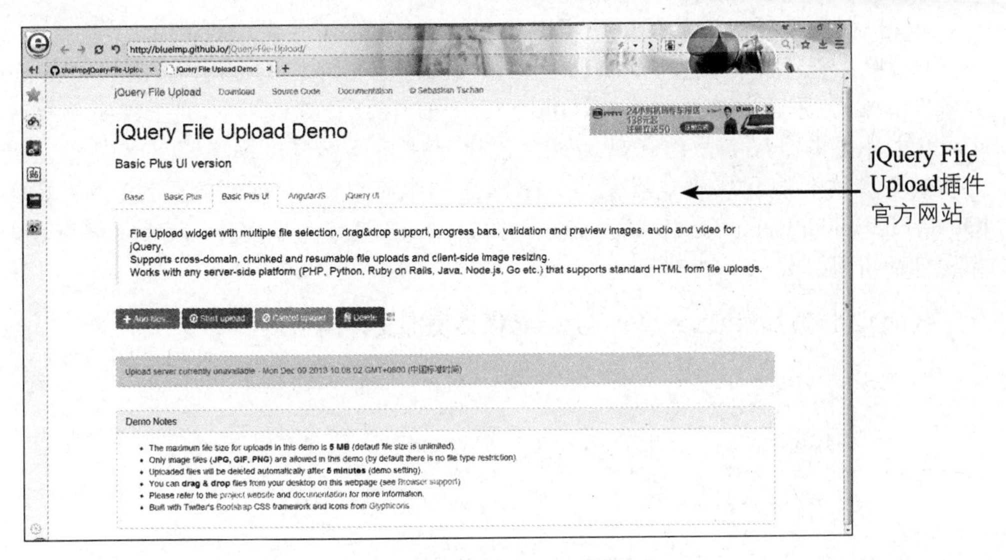

图12.3 jQuery File Upload插件官方网站

在jQuery File Upload插件官方网站首页，其开发人员为用户展示了几种jQuery File Upload插件的样例，分别为基本型（Basic）、基本加强型（Basic Plus）和基本加强UI型（Basic Plus UI）等几种风格，读者可以简单试用一下，如图12.4所示。

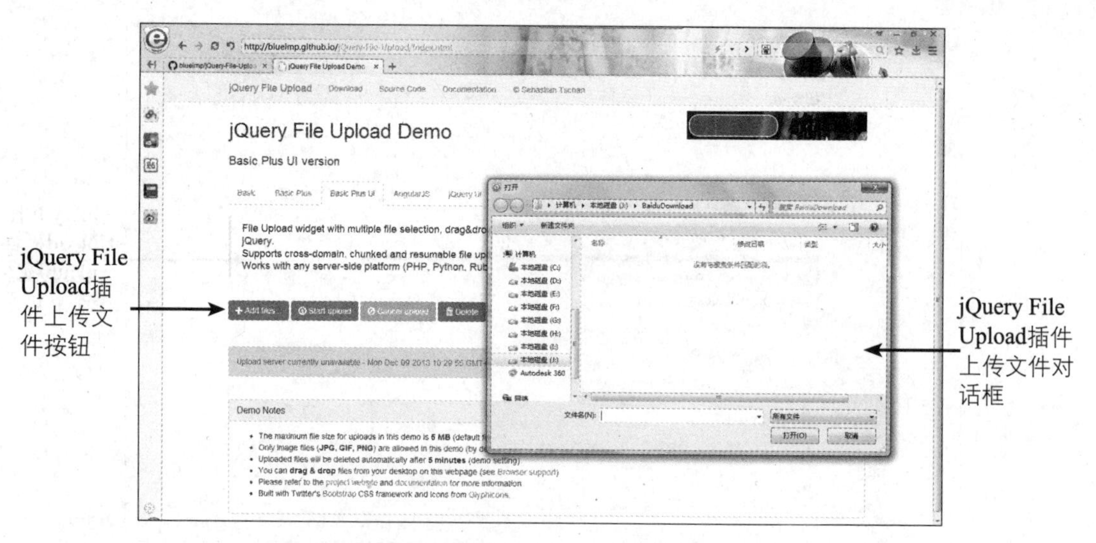

图12.4 jQuery File Upload插件使用效果

jQuery File Upload插件当前的版本为9.5.0，从官方网站下载的是一个114KB的压缩包，解压缩后就可以引用其中包含的插件代码来实现自己的弹出式对话框效果了，接下来通过一系列简单的步骤来看一看如何在网页上快速应用jQuery File Upload插件，步骤如下所示。

（1）打开任一款目前流行的文本编辑器，如UltraEdit、EditPlus等，新建一个名称为jQueryFileUploadDemo.html的网页。

（2）打开最新版本的jQuery File Upload插件源文件夹，将js库文件夹、css样式文件夹、img图片资源文件夹和server文件夹拷贝到刚刚创建的jQueryFileUploadDemo页面文件目录下，便于页面文件添加引用jQuery File Upload的库文件。这里特别需要说明一下，server文件夹中为服务器端代码文件，用于处理插件上传到服务器后的操作，默认情况下上传的图片文件也保存在该目录中，当然用户也可以自定义上传图片文件保存的位置。在jQueryFileUploadDemo.html页面文件中添加对jQuery框架类库文件、jQuery File Upload插件类库文件的引用，如代码12.1所示。

代码12.1 添加对jQuery File Upload插件类库文件的引用

```
<head>
<meta charset="utf-8">
<title>jQuery File Upload Demo</title>
<!-- jQuery 类库文件的引用 -->
<script src="http://ajax.googleapis.com/ajax/libs/jquery/1.10.2/jquery.
min.js"></script>
<!-- jQuery UI widget 类库文件的引用-->
<script src="js/vendor/jquery.ui.widget.js"></script>
<!-- Iframe Transport 类库文件的引用 -->
<script src="js/jquery.iframe-transport.js"></script>
<!-- 基本文件上传插件的引用 -->
<script src="js/jquery.fileupload.js"></script>
<!-- Bootstrap 样式文件的引用 -->.
<link rel="stylesheet" href="http://netdna.bootstrapcdn.com/
```

```
bootstrap/3.0.0/css/bootstrap.min.css">
<!-- 样式表文件引用 -->
<link rel="stylesheet" href="css/style.css">
<!-- 文件上传控件样式文件引用 -->
<link rel="stylesheet" href="css/jquery.fileupload.css">
<!-- Bootstrap JS is not required, but included for the responsive demo
navigation -->
<script src="http://netdna.bootstrapcdn.com/bootstrap/3.0.0/js/bootstrap.
min.js"></script>
</head>
```

（3）由于本例程仅仅作为jQuery File Upload插件的入门介绍，所以在jQueryFileUploadDemo.html页面中就添加一些基本的图片文件上传所需的元素，包括选择文件按钮、文件上传进度条、已上传文件列表和必要的文档说明等，如代码12.2所示。

代码12.2 构建图片文件上传页面代码

```
<body>
  <div class="container">
    <h1>jQuery File Upload Demo</h1>
    <!-- The fileinput-button span is used to style the file input field as
    button -->
    <span class="btn btn-success fileinput-button">
    <i class="glyphicon glyphicon-plus"></i>
    <span>请选择图片文件...</span>
    <!-- The file input field used as target for the file upload widget -->
      <input id="fileupload" type="file" name="files[]" multiple>
    </span>
    <br>
    <!-- 进度条 -->
    <div id="progress" class="progress">
      <div class="progress-bar progress-bar-success"></div>
    </div>
    <!-- 已上传图片文件列表 -->
    <div id="files" class="files"></div>
    <br>
    <div class="panel panel-default">
      <div class="panel-heading">
        <h3 class="panel-title">Demo 文档说明</h3>
      </div>
      <div class="panel-body">
        <ul>
          <li>本例中最大上传图片文件 <strong>5 MB</strong>
          (默认情况下上传文件大小无限制).</li>
          <li>本例程仅仅接受图片格式 (<strong>JPG,GIF,PNG</strong>)文件
          (默认情况下上传文件格式无限制).</li>
          <li>上传文件将会在<strong>5分钟</strong>后被系统默认删除.</li>
          <li>系统支持从桌面<strong>拖&amp;放</strong>文件到页面进行上传
          (参考<a href="https://github.com/blueimp/jQuery-File-Upload/wiki/
          Browser-support">浏览器支持</a>).</li>
          <li>通过 Twitter's <a href="http://twitter.github.com/bootstrap/"
```

```
          >Bootstrap</a> CSS framework and Icons from <a href="http://
          glyphicons.com/">Glyphicons</a>进行构建.</li>
        </ul>
      </div>
    </div>
  </div>
</body>
```

HTML中在首个span部分，使用input元素构建了图片文件上传按钮，该input元素类型为file，设定multiple属性规定输入字段可选择多个值。在上传按钮下面添加了一个进度条，用于显示图片文件上传进度，该进度条的样式由jQuery File Upload插件提供，有兴趣的读者可以研究一下css目录下jquery.fileupload.css样式表文件关于进度条的代码。在页面的后半部分，对jQuery File Upload插件做了概括性的文字说明，描述了一些特点、限制和使用技巧。

（4）页面元素构建好后，添加如下js代码对jQuery File Upload插件进行初始化，完成插件功能与显示效果，如代码12.3所示。

代码12.3 jQuery File Upload插件初始化代码

```
<script type="text/javascript">
$(function() {
//定义图片文件上传服务器链接地址
var url=window.location.hostname==='blueimp.github.io'?'http://jquery-file-
upload.appspot.com/':'server/php/';
$('#fileupload').fileupload({
    url:url,                            //上传服务器链接地址
    dataType:'json',                    //数据类型格式：json
    done:function(e,data) {             //回调函数done处理图片文件上传插件
    $.each(data.result.files,function (index,file) //遍历上传图片文件方法
    {
        $('<p/>').text(file.name).appendTo('#files');
        });
    },
    progressall:function(e,data)     //回调函数progressall处理进度条控件
    {
        var progress=parseInt(data.loaded/data.total *100,10);
        $('#progress.progress-bar').css('width',progress +'%');
    }
    }).prop(                            //jQuery prop方法获取属性值
    'disabled',
    !$.support.fileInput).parent().addClass($.support.
    fileInput?undefined:'disabled');
});
</script>
```

jQuery框架选择器$('#fileupload')获取id值等于fileupload的图片文件上传控件，并通过jQuery File Upload插件定义的fileupload方法进行初始化。在初始化函数内部，对图片文件上传控件的几个关键参数进行了如下定义：

- url参数定义上传服务器链接地址，此处选择为本地服务器目录地址“server/php/”。

- dataType参数定义上传文件的数据类型格式，此处定义为json格式。
- done参数定义图片文件上传回调函数，本函数内部对全部上传文件进行遍历操作并添加文件列表。
- progressall参数定义进度条回调函数，本函数内部对进度条的样式进行了操作。
- 通过jQuery框架的prop方法获取图片文件上传控件disabled属性值并添加了样式风格。

至此，使用jQuery File Upload插件进行图片文件上传的简单示例就完成了，运行后可以看到一个带上传按钮、进度条和文字说明的简单页面，如图12.5所示。

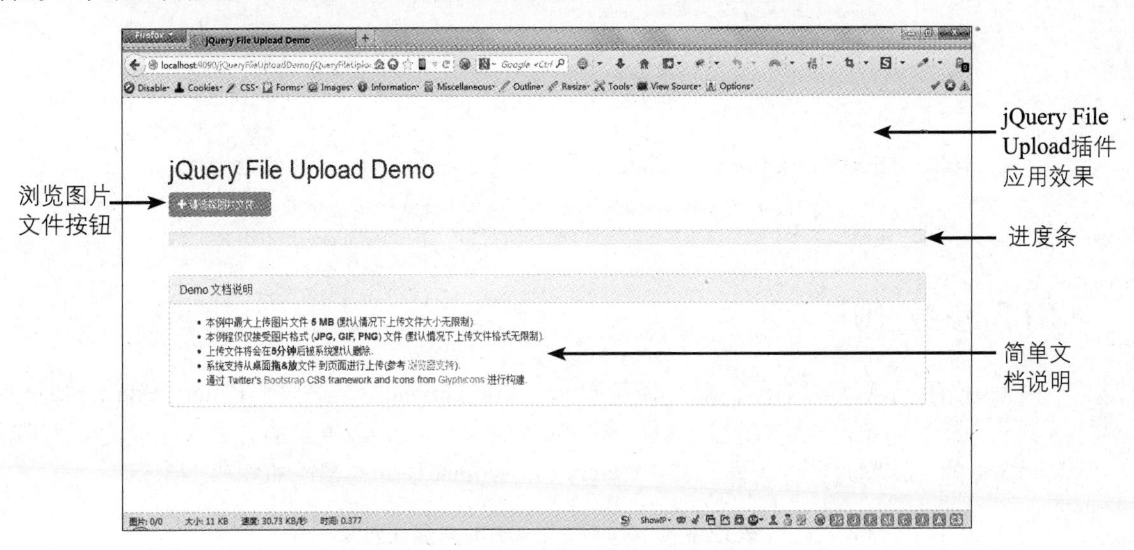

图12.5 jQuery File Upload插件应用效果

用户单击页面中的上传按钮就会打开图片文件浏览对话框，如图12.6所示。用户选择图片后，在图片文件上传的同时进度条根据实际情况进行实时更新，上传成功后图片文件名称会在进度条下面隐藏的上传图片文件列表<div>层自动显示，上传图片文件成功后的页面效果如图12.7所示。

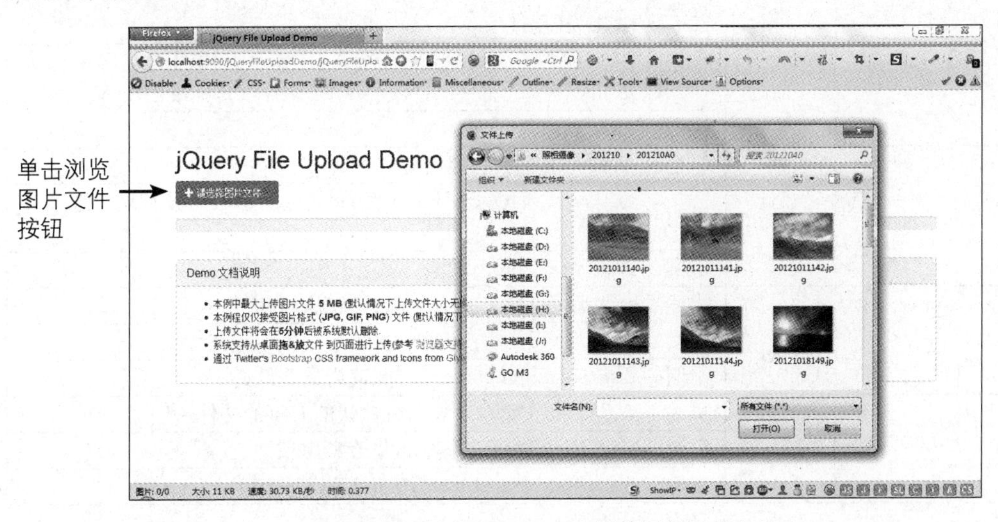

图12.6 jQuery File Upload插件浏览图片文件

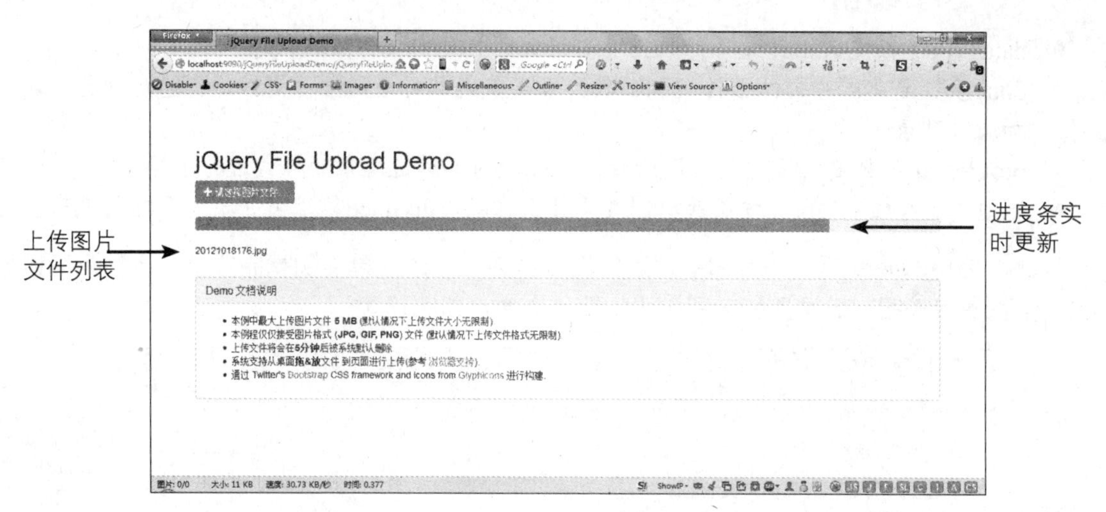

图12.7 jQuery File Upload插件上传图片文件完成页面

12.1.2 参数说明

由上一节的示例可以看到，通过调用jQuery File Upload插件方法，jQuery File Upload插件接收一个配置对象，这个配置对象是一个JSON对象，它以键/值对的方式来构建jQuery File Upload插件的上传图片文件列表，其中jQuery File Upload插件的属性如表12.1所示。

表12.1 jQuery File Upload插件属性列表

属性名称	类型	属性描述与用例	
url	string	描述	将请求包发送到指定的包含该字符串的url地址上
		说明	如果url未定义或为空，它被设置为文件上传表单（如果可用），否则为当前页面url的action属性
		用例	url:'/path/to/upload/handler.json'
type	string	描述	文件上传的HTTP请求方法，可以是POST、PUT或PATCH，默认为POST
		说明	PUT和PATCH仅接受支持XHR文件上传的浏览器，因为iframe传输上传只支持依靠POST文件上传标准的HTML表单
		用例	type:'POST'
dataType	string	描述	从服务器返回的数据类型
		说明	默认情况下jQuery File Upload插件的UI版本设置这个选项为json
		用例	dataType:'json'
dropZone	jQuery Object	描述	放置目标jQuery对象，默认情况下为完整的文档
		说明	设置为null或空的jQuery集合禁用拖放支持
		用例	dropZone:$(document)（此值为默认值）
pasteZone	jQuery Object	描述	粘贴目标jQuery对象，有默认的完整的文件
		说明	设置为null或空的jQuery集合禁用粘贴支持
		用例	pasteZone:$(document)（此值为默认值）

（续表）

属性名称	类型	属性描述与用例	
fileInput	jQuery Object	描述	文件输入字段设定为jQuery对象，用于侦听事件变更
		说明	如果未定义，则设置在插件初始化widget元素的内部文件输入字段；设置为null或空的jQuery集合禁用更改侦听器
		用例	fileInput:$('input:file')
replaceFileInput	boolean	描述	默认情况下，文件输入字段被替换为每个输入字段更改事件的克隆
		说明	该属性是必需的iframe传输队列，可以通过这个选项设置为false来禁用
		用例	replaceFileInput:true（此值为默认值）
paramName	string或array	描述	该文件表单数据的参数名称（请求参数名）
		说明	如果未定义或为空，则该文件输入字段的名称属性被使用，可以是字符串或字符串数组
		用例	paramName:'attachments[]'
formAcceptCharset	string	描述	允许设置为iframe形式上传的可接受charset属性
		说明	如果没有设置，则文件上传表单中可接受的charset属性会被继承使用
		用例	formAcceptCharset:'utf-8'
singleFileUploads	boolean	描述	默认情况下，上传的每个文件单独使用XHR类型请求上传
		说明	设置为false时，上传每一个文件生成一个单独的请求；设置为true（默认值）时，上传多个文件仅生成一个请求来完成
		用例	singleFileUploads:true（此值为默认值）
limitMultiFileUploads	integer	描述	该属性限制一个XHR请求上载的文件数量，该选项设置为一个大于0的整数
		说明	如果singleFileUploads设置为true或limitMultiFileUploadSize被设置，此选项将被忽略
		用例	limitMultiFileUploads:1
limitMultiFileUploadSize	integer	描述	该属性限制一个XHR请求的文件大小
		说明	如果singleFileUploads设置为true，此选项将被忽略
		用例	limitMultiFileUploadSize:1024
sequentialUploads	boolean	描述	将此选项设置为true，所有文件上传请求为顺序发出，而不是同时请求发出
		说明	默认值为false
		用例	sequentialUploads:false
limitConcurrentUploads	integer	描述	为了限制并发上传的数量，这个选项设置为大于0的整数值
		说明	如果sequentialUploads设置为true，此选项将被忽略
		用例	limitConcurrentUploads
forceIframeTransport	boolean	描述	将此选项设置为true，强制以iframe方式进行上传，即使浏览器能够支持XHR方式文件上传
		说明	这对于跨站点的文件上传是有用的，如果服务器端的访问控制Access-Control-Allow-Origin报头不能被设置，则需要在跨站点XHR文件上传服务器端的上传处理程序中进行设置
		用例	forceIframeTransport:false（此值为默认值）

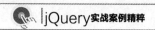

（续表）

属性名称	类型	属性描述与用例	
initialIframeSrc	string	描述	此选项用在仅使用iframe方式传输时，允许覆盖初始源地址的URL
		说明	默认值为javascript:false;
		用例	initialIframeSrc:'javascript:false;'
redirect	string	描述	对于跨域的iframe运输上传，将此选项设置为一个重定向URL的源服务器（托管文件上传表单的服务器）上的位置；如果设置，这个值被作为表单数据上传服务器的一部分
		说明	上传服务器应该将浏览器重定向到这个网址，上传完成后追加上传信息为URL编码的JSON字符串到重定向URL； 例如：通过替换“%S”字符序列
		用例	redirect:'http://example.org/cors/result.html?%s'
redirectParamName	string	描述	发送重定向URL的表单数据的一部分
		说明	如果redirect选项为空，则使用该选项进行设置
		用例	redirectParamName:'redirect-url'
postMessage	string	描述	将此选项设置为上传服务器上的postMessage API的位置，以激活跨域的postMessage上传
		说明	此功能目前只完全由谷歌Chrome浏览器支持
		用例	postMessage:'http://example.org/upload/postmessage.html'
progressInterval	integer	描述	以毫秒为单位来计算触发事件进展最小时间间隔
		说明	默认值为100
		用例	progressInterval:100
bitrateInterval	integer	描述	以毫秒为单位来计算进度比特率的最小时间间隔
		说明	默认值为500
		用例	bitrateInterval:500
formData	array object functiont	描述	随着文件上传发送额外的表格数据可以使用这个选项，它接受具有名称和属性的对象数组、通过函数返回的数组对象、FormData参数对象（通过XHR文件上传）或一个简单对象
		说明	附加表单数据时，多部分选项设置为false

		用例	formData:
			[
			{
			name: 'a',
			value: 1
			},{
			name: 'b',
			value: 2
			}
			]

jQuery File Upload插件还有一些常用回调方法，如表12.2所示。

表12.2 jQuery File Upload插件回调方法

方法名称	方法描述
add	对文件上传请求队列的回调处理方法，只要文件被添加到文件上传控件，该回调方法就会被激活
submit	每个文件上传提交事件的回调处理方法，如果这个回调函数返回false，则不会启动该文件的上传请求
send	每个文件上传请求开始的回调处理方法，如果这个回调函数返回false，文件上传请求被中止
done	上传请求成功完成后的回调处理方法，这个回调等同于通过jQuery的ajax请求成功完成后的回调，如果服务器返回一个错误属性的JSON响应也将被调用
progress	上传进度的事件的回调处理方法
progressall	全局上传进度的回调处理方法
start	回调上传开始的回调处理方法，相当于全局ajaxStart事件（但仅限于文件上传的请求）
stop	回调上传停止的回调处理方法，相当于全局ajaxStop事件（但仅限于文件上传的请求）
change	fileInput集合更改事件的回调处理方法
drop	dropZone属性集合拖放事件的回调处理方法

12.1.3 使用jQuery File Upload插件实现多图片上传

下面实现一个基于jQuery File Upload插件的实例，该实例演示了如何使用jQuery File Upload插件来实现一个多图片同时上传应用，具体实现步骤如下所示。

（1）使用文本编辑器新建一个名为jQueryFileUploadMultiDemo.html的网页，将网页的标题指定为“基于jQuery File Upload插件多图片上传Demo”，然后添加对jQuery框架类库文件以及jQuery File Upload插件的js脚本文件和CSS样式文件的引用，如代码12.4所示。

代码12.4 基于jQuery File Upload插件多图片上传Demo的文件引用

```
<!DOCTYPE HTML>
<html lang="en">
<head>
<meta charset="utf-8">
<title>基于jQuery File Upload多图片上传Demo</title>
<-- 添加jQuery框架支持 -->
<script src="http://ajax.googleapis.com/ajax/libs/jquery/1.10.2/jquery.
min.js"></script>
<!-- 添加jQuery UI widget库文件支持 -->
<script src="js/vendor/jquery.ui.widget.js"></script>
<!-- 添加jQuery图片加载库文件支持 -->
<script src="http://blueimp.github.io/JavaScript-Load-Image/js/load-image.
min.js"></script>
<!-- 添加jQuery图片转Blob对象库文件支持 -->
<script src="http://blueimp.github.io/JavaScript-Canvas-to-Blob/js/canvas-
to-blob.min.js"></script>
<!-- 添加Bootstrap框架支持-->
<script src="http://netdna.bootstrapcdn.com/bootstrap/3.0.0/js/bootstrap.
min.js"></script>
<!一添加jQuery框架对iframe元素上传的支持 -->
```

```
<script src="js/jquery.iframe-transport.js"></script>
<!-- 添加基本图片文件上传插件库 -->
<script src="js/jquery.fileupload.js"></script>
<!-- 添加图片文件上传进度条插件库 -->
<script src="js/jquery.fileupload-process.js"></script>
<!-- 添加图片文件上传预览与自动尺寸修正插件库 -->
<script src="js/jquery.fileupload-image.js"></script>
<!-- 添加文件上传验证插件库 -->
<script src="js/jquery.fileupload-validate.js"></script>
<!-- Bootstrap CSS styles -->
<link rel="stylesheet" href="http://netdna.bootstrapcdn.com/
bootstrap/3.0.0/css/bootstrap.min.css">
<!-- CSS to style the file input field as button and adjust the Bootstrap
progress bars -->
<link rel="stylesheet" href="css/jquery.fileupload.css">
<!-- 本页面CSS styles -->
<link rel="stylesheet" href="css/style.css">
</head>
```

（2）在body区添加如下代码：在首个span部分，使用input元素构建图片文件上传按钮，该input元素类型为file，设定multiple属性规定输入字段可选择多个值；在上传按钮下面添加一个进度条，用于显示图片文件上传进度，该进度条的样式由jQuery File Upload插件提供；在页面的后半部分，对jQuery File Upload插件进行概括性的文字说明，描述一些特点、限制和使用技巧。详细代码如代码12.5所示。

代码12.5 基于jQuery File Upload插件多图片上传Demo的HTML代码

```
<body>
<div class="container">
    <h1>基于jQuery File Upload多图片上传Demo</h1>
      <span class="btn btn-success fileinput-button">
        <i class="glyphicon glyphicon-plus"></i>
        <span>选择多个图片文件...</span>
        <!-- 定义多图片文件上传控件 -->
        <input id="fileupload" type="file" name="files[]" multiple>
      </span>
    <br>
    <br>
    <!--添加全局进度条控件-->
    <div id="progress" class="progress">
        <div class="progress-bar progress-bar-success"></div>
    </div>
    <!--定义隐藏的上传图片文件列表控件-->
    <div id="files" class="files"></div>
    <br>
    <div class="panel panel-default">
        <div class="panel-heading">
            <h3 class="panel-title">Demo 文档说明</h3>
        </div>
        <div class="panel-body">
            <ul>
```

```
                <li>本例中最大上传图片文件 <strong>5 MB</strong> (默认情况下上传
                文件大小无限制).</li>
                <li>本例程仅仅接受图片格式 (<strong>JPG, GIF, PNG</strong>)
                文件 (默认情况下上传文件格式无限制).</li>
                <li>上传文件将会在<strong>5分钟</strong>后被系统默认删除.</li>
                <li>系统支持从桌面<strong>拖&amp;放</strong>文件到页面进行上
                传(参考 <a href="https://github.com/blueimp/jQuery-File-
                Upload/wiki/Browser-support">浏览器支持</a>).</li>
                <li>通过 Twitter's <a href="http://twitter.github.com/
                bootstrap/">Bootstrap</a> CSS framework and Icons from
                <a href="http://glyphicons.com/">Glyphicons</a> 进行构建.</li>
            </ul>
        </div>
    </div>
</div>
</body>
```

（3）在页面加载事件中，使用jQuery File Upload插件方法对多图片文件上传控件进行初始化，并添加具体的页面效果，如代码12.6所示。

代码12.6 基于jQuery File Upload插件多图片上传Demo的初始化

```
<script>
$(function(){
  //定义图片文件上传服务器链接地址
  var url=window.location.hostname==='blueimp.github.io'?'http://jquery-
  file-upload.appspot.com/':'server/php/',  //初始化多图片文件上传控件
  $('#fileupload').fileupload({
    url:url,                                     //上传服务器链接地址
    dataType:'json',                         //数据类型格式: json
    autoUpload:false,                        //设定自动上传参数，此处为false
    acceptFileTypes:/(\.|\/)(gif|jpg|jpeg|png)$/i,
    //设定所接受的图片文件格式: gif/jpg|jpeg/png
    maxFileSize:5000000,                     //设定图片文件大小限制: 不能大于5MB
    //允许图片重新调整尺寸(除Android、Chrome和Opera之外)
    disableImageResize:/Android(?!.*Chrome)|Opera/.test(window.navigator.
    userAgent),
    previewMaxWidth:100,                     //预览图片的最大宽度尺寸
    previewMaxHeight:100,                    //预览图片的最大高度尺寸
    previewCrop:true                         //裁剪预览图片尺寸
  }).on('fileuploadadd',function(e,data){//绑定'fileuploadadd'事件
      data.context=$('<div/>').appendTo('#files');
      //将data参数中上下文数据插入到#files元素
      $.each(data.files,function(index,file){
      //遍历上传图片文件列表并插入文件列表
        var node=$('<p/>').append($('<span/>').text(file.name));
        if(!index){
          node.append('<br>').append(uploadButton.clone(true).data(data));
        }
        node.appendTo(data.context);
      });
  }).on('fileuploadprocessalways',function(e,data){
  //绑定'fileuploadprocessalways'事件
  var index=data.index,
```

```
        file=data.files[index],
        node=$(data.context.children()[index]);
        if(file.preview){
          node.prepend('<br>').prepend(file.preview);
        }
        if(file.error){
          node.append('<br>').append($('<span class="text-danger"/>').text
          (file.error));
        }
        if(index+1===data.files.length){
          data.context.find('button').text('Upload').prop('disabled',!!data.
          files.error);
        }
      }).on('fileuploadprogressall',function(e,data){
      //绑定'fileuploadprogressall'事件
        var progress=parseInt(data.loaded/data.total*100,10);
        $('#progress.progress-bar').css(
          'width',
          progress+'%'
        );
      }).on('fileuploaddone',function(e,data){  //绑定'fileuploaddone'事件
        $.each(data.result.files,function(index,file){
          if(file.url){
            var link=$('<a>').attr('target','_blank').prop('href',file.url);
            $(data.context.children()[index]).wrap(link);
          }else if(file.error){
            var error=$('<span class="text-danger"/>').text(file.error);
            $(data.context.children()[index]).append('<br>').append(error);
          }
        });
      }).on('fileuploadfail',function(e,data){  //绑定'fileuploadfail'事件
        $.each(data.files,function(index,file){
          var error=$('<span class="text-danger"/>').text('File upload failed.');
          $(data.context.children()[index]).append('<br>').append(error);
        });
      }).prop('disabled',!$.support.fileInput).parent().addClass($.support.fil
      eInput?undefined:'disabled');
    });
    </script>
```

jQuery框架选择器$('#fileupload')获取id值等于fileupload的多图片文件上传控件，并通过jQuery File Upload插件定义的fileupload方法进行初始化。在初始化函数内部，对多图片文件上传控件的几个关键参数进行了如下定义：url参数定义上传服务器链接地址，此处选择为本地服务器目录地址“server/php/”；dataType参数定义上传文件的数据类型格式，此处定义为json格式；autoUpload参数定义是否自动完成上传，此处设置为否；acceptFileTypes参数定义接受的图片文件上传格式，此处包括gif/jpg/jpeg/png这4种图片格式；maxFileSize参数定义上传文件大小限制，此处设定为5MB；此外还定义了几个预览图片的参数。

在参数定义之后，通过jQuery框架的on方法绑定几个jQuery File Upload插件事件完成操作，这些事件包括fileuploadadd、fileuploadprocessalways、fileuploadprogressall、fileuploaddone、fileuploadfail，具体事件含义可以参考本章表12.1中的描述，或者参考本章开始jQuery File Upload插件官方网址中给出的文档描述；最后通过jQuery框架的prop方法获取多

图片文件上传控件disabled属性值并添加了样式风格。

至此，使用jQuery File Upload插件进行多图片文件上传的示例就完成了，运行时可以看到一个带上传按钮、进度条和文字说明的简单页面，紧跟进度条下方还包含一个隐藏的图片文件列表层。用户单击页面中的“选择多个图片文件…”按钮就会打开图片文件浏览对话框，如图12.8所示。

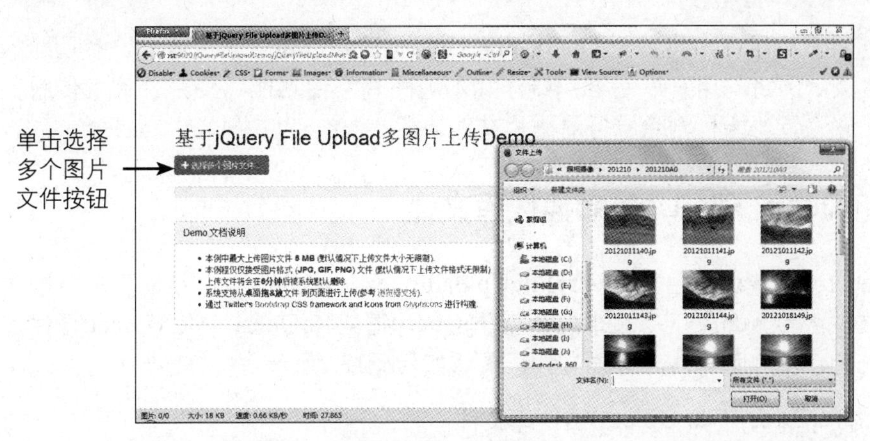

图12.8 基于jQuery File Upload多图片上传Demo选择多个图片效果

用户选择多个图片文件后，在图片文件上传的同时进度条根据实际情况进行实时更新，上传成功后图片文件名称及缩略图会在进度条下面的隐藏的上传图片文件列表<div>层自动显示，多个图片文件上传成功后的页面效果如图12.9所示。

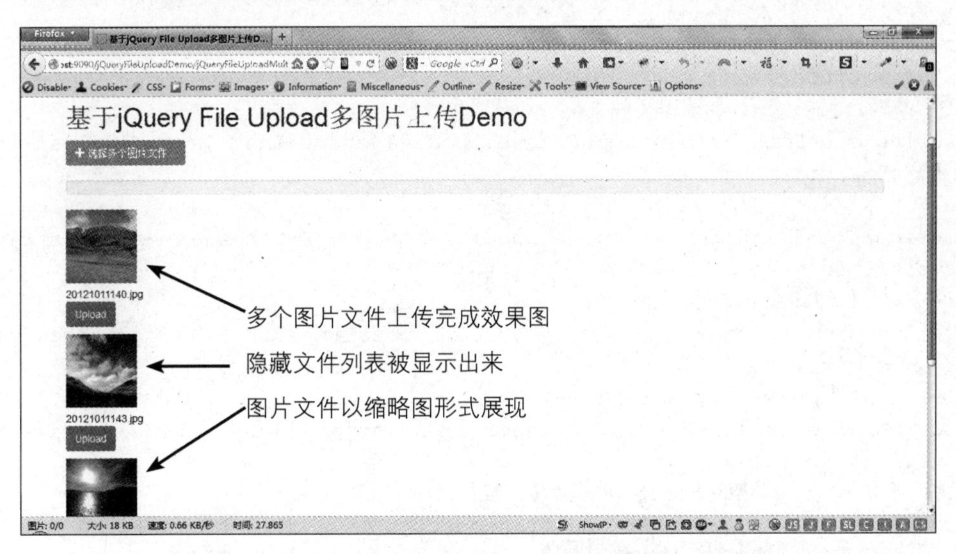

图12.9 基于jQuery File Upload多图片上传Demo上传完成效果

可以看到，jQuery File Upload插件自动把大尺寸图片转换为缩略图进行预览显示，这也是jQuery File Upload插件功能先进与完善的地方，设计人员可以根据实际需要将jQuery File Upload插件应用在自己的项目中。

12.2 开发多功能图片文件上传Web应用

在这一节的示例应用中，将基于jQuery File Upload插件创建一个完整的、多功能的文件上传Web应用，该示例将向用户展示客户端添加本地图片文件功能、图片文件上传服务器功能、终止图片文件上传功能和删除服务器图片文件功能。

12.2.1 添加jQuery File Upload插件库文件

使用文本编辑器新建一个名为jQueryFileUploadIndex.html的网页，将网页的标题指定为“多功能图片文件上传Web应用”。本应用基于jQuery框架和jQuery File Upload插件进行开发，需要添加一些必要的库文件与样式文件，具体如代码12.7所示。

代码12.7 添加jQuery File Upload插件库文件

```
<-- 添加jQuery框架支持 -->
<script src="http://ajax.googleapis.com/ajax/libs/jquery/1.10.2/jquery.
min.js"></script>
<!-- 添加jQuery UI widget库文件 -->
<script src="js/vendor/jquery.ui.widget.js"></script>
<!-- 添加JavaScript-Templates模板引擎支持 -->
<script src="http://blueimp.github.io/JavaScript-Templates/js/tmpl.min.
js"></script>
<!-- 添加jQuery图片加载库文件支持 -->
<script src="http://blueimp.github.io/JavaScript-Load-Image/js/load-image.
min.js"></script>
<!-- 添加jQuery图片转Blob对象库文件支持 -->
<script src="http://blueimp.github.io/JavaScript-Canvas-to-Blob/js/canvas-
to-blob.min.js"></script>
<!-- 添加Bootstrap框架支持-->
<script src="//netdna.bootstrapcdn.com/bootstrap/3.0.0/js/bootstrap.min.
js"></script>
<!-- blueimp Gallery script -->
<script src="http://blueimp.github.io/Gallery/js/jquery.blueimp-gallery.
min.js"></script>
<!-- 添加jQuery框架对iframe元素上传的支持 -->
<script src="js/jquery.iframe-transport.js"></script>
<!-- 添加jQuery框架对文件上传的支持 -->
<script src="js/jquery.fileupload.js"></script>
<!-- 添加jQuery框架对文件上传进度条的支持 -->
<script src="js/jquery.fileupload-process.js"></script>
<!-- 添加图片文件上传预览与自动尺寸修正插件库 -->
<script src="js/jquery.fileupload-image.js"></script>
<!-- 添加文件上传用户界面的支持 -->
<script src="js/jquery.fileupload-ui.js"></script>
```

```
<!-- The main application script -->
<script src="js/main.js"></script>
<!-- Bootstrap styles -->
<link rel="stylesheet" href="http://netdna.bootstrapcdn.com/
bootstrap/3.0.0/css/bootstrap.min.css">
<!-- Generic page styles -->
<link rel="stylesheet" href="css/style.css">
<!-- blueimp Gallery styles -->
<link rel="stylesheet" href="http://blueimp.github.io/Gallery/css/blueimp-
gallery.min.css">
<!-- CSS to style the file input field as button and adjust the Bootstrap
progress bars -->
<link rel="stylesheet" href="css/jquery.fileupload.css">
<link rel="stylesheet" href="css/jquery.fileupload-ui.css">
<!-- CSS adjustments for browsers with JavaScript disabled -->
<noscript><link rel="stylesheet" href="css/jquery.fileupload-noscript.
css"></noscript>
<noscript><link rel="stylesheet" href="css/jquery.fileupload-ui-noscript.
css"></noscript>
```

可以看到，在引用的支持文件中包括jQuery框架类库文件、jQuery File Upload插件类库文件及其相应的样式表文件，其中需要特别指出的是对JavaScript-Templates模板引擎的支持，最后两行代码还添加了浏览器对CSS样式的支持。

12.2.2 客户端添加本地图片文件功能实现

首先，在jQueryFileUploadIndex.html页面中添加本地图片文件上传控件<input>，<input>控件类型为file，控件名称为文件数组files[]，通过multiple关键字开启该控件的多文件上传功能，如代码12.8所示。

代码12.8 客户端添加本地图片文件功能HTML代码

```
<span class="btn btn-success fileinput-button">
<i class="glyphicon glyphicon-plus"></i>
<span>添加本地图片文件...</span>
<input type="file" name="files[]" multiple>
</span>
```

其次，在HTML页面控件定义好后，通过jQuery File Upload插件实现客户端添加本地图片文件功能，此处与本章前文略有不同的是，jQuery File Upload插件引入了JavaScript Template模板引擎技术进行实现，具体如代码12.9所示。

代码12.9 客户端添加本地图片文件功能JS代码

```
<!-- The template to display files available for upload -->
<script id="template-upload" type="text/x-tmpl">
{% for(var i=0,file;file=o.files[i];i++) { %}
<tr class="template-upload fade">
<td>
<span class="preview"></span>                         //上传图片文件预览
```

```
</td>
<td>
<p class="name">{%=file.name%}</p>                              //上传图片文件名称
<strong class="error text-danger"></strong>
</td>
<td>
<p class="size">Processing...</p>
<div class="progress progress-striped active" role="progressbar" aria-
valuemin="0" aria-valuemax="100" aria-valuenow="0">
<div class="progress-bar progress-bar-success" style="width:0%;"></div>
</div>
</td>
<td>
{% if(!i && !o.options.autoUpload) { %}
<button class="btn btn-primary start" disabled>
<i class="glyphicon glyphicon-upload"></i>
<span>开始上传服务器</span>
</button>
{% } %}
{% if(!i) { %}
<button class="btn btn-warning cancel">
<i class="glyphicon glyphicon-ban-circle"></i>
<span>取消上传服务器</span>
</button>
{% } %}
</td>
</tr>
{% } %}
</script>
```

上面这段JS代码实际上通过JavaScript Template模板引擎技术实现了一段完整的HTML页面，这里需要特别说明的主要有以下几点：

- 整段代码虽然是包含在<script></script>标签内的脚本，实际上描述的是一段HTML页面模板，其通过指定<script>标签的type属性为text/x-tmpl，预先告知HTML解释程序先不将其渲染到实际页面中。
- 在标签{%...%}内写入JS代码，通过for循环读取图片文件信息，图片文件信息保存在数组变量o.files[]中，其中变量o通过JavaScript Template模板进行传递。
- 通过if语句对变量i和o.options.autoUpload逻辑值进行判断，决定该图片文件在文件列表中是否包含“开始”和“取消”按钮。

上述代码编写完成后，运行jQueryFileUploadIndex.html示例页面，可以看到如图12.10所示的页面效果。

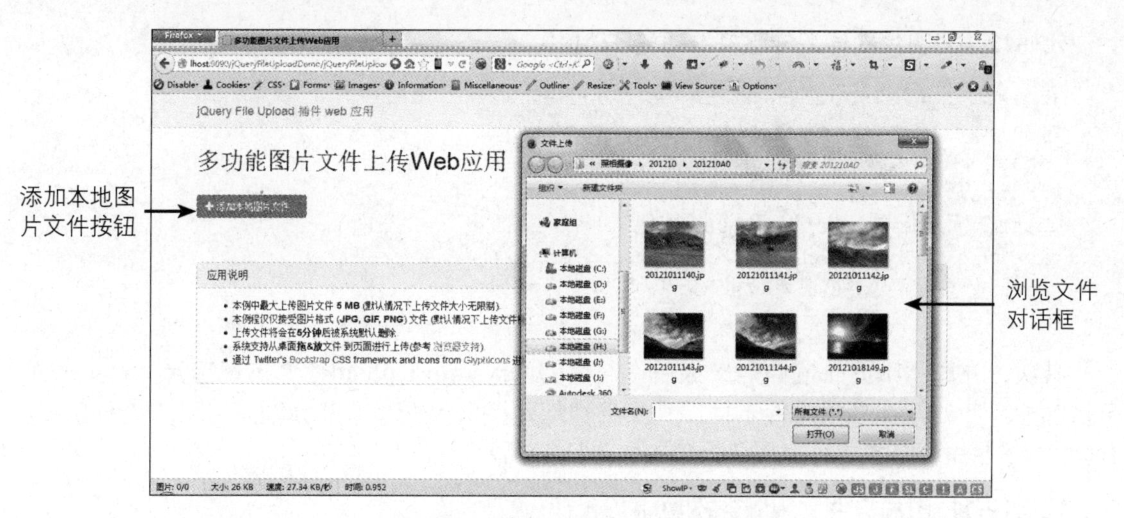

图12.10 客户端添加本地图片文件页面效果

选择多个图片文件打开上传后，上传图片文件以列表形式在页面隐藏区域进行显示，列表内容包括缩略图、文件名称、文件大小与进度条，以及“开始上传服务器”按钮与“取消上传服务器”按钮，最终页面效果如图12.11所示。

图12.11 客户端添加本地图片文件上传效果

12.2.3 图片文件上传服务器功能实现

客户端添加本地图片文件后，本应用将进一步完善图片文件上传至服务器端功能，为了获得更好的用户体验，在上传的同时增加了用户终止上传功能，这样一个比较完整的图片文件上传Web应用就基本实现了。

首先，在jQueryFileUploadIndex.html页面中添加本地图片文件上传服务器控件按钮与终止上传控件按钮，按钮使用<button>控件，上传服务器控件类型为submit，终止上传控件类型为reset，如代码12.10所示。

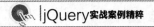

代码12.10 图片文件上传服务器功能HTML代码

```
<button type="submit" class="btn btn-primary start">
<i class="glyphicon glyphicon-upload"></i>
<span>开始上传图片至服务器</span>
</button>
<button type="reset" class="btn btn-warning cancel">
<i class="glyphicon glyphicon-ban-circle"></i>
<span>停止上传服务器图片</span>
</button>
```

其次，在HTML页面控件定义好后，通过jQuery File Upload插件实现图片文件上传服务器功能，此处与客户端上传本地图片文件类似，jQuery File Upload插件引入了JavaScript Template模板引擎技术进行实现，具体如代码12.11所示。

代码12.11 图片文件上传服务器功能JS代码

```
<!-- The template to display files available for download -->
<script id="template-download" type="text/x-tmpl">
{% for (var i=0, file; file=o.files[i]; i++) { %}
<tr class="template-download fade">
<td>
<span class="preview">
{% if (file.thumbnailUrl) { %}
//html 5标签属性download直接定义下载链接
<a href="{%=file.url%}" title="{%=file.name%}" download="{%=file.name%}"
data-gallery>
<img src="{%=file.thumbnailUrl%}">                    //上传图片文件缩略图展示
</a>
{% } %}
</span>
</td>
<td>
<p class="name">
{% if (file.url) { %}
<ahref="{%=file.url%}"title="{%=file.name%}"download="{%=file.name%}"{%=file.
thumbnailUrl?'data-gallery':''%}>
{%=file.name%}                                            //上传图片文件名称
</a>
{% } else { %}
<span>{%=file.name%}</span>                               //上传图片文件名称
{% } %}
</p>
{% if (file.error) { %}
<div>
<span class="label label-danger">错误 </span> {%=file.error%}
//上传图片文件错误提示
</div>
{% } %}
</td>
<td>
```

```
<span class="size">{%=o.formatFileSize(file.size)%}</span>
//上传图片文件大小
</td>
<td>
<button class="btn btn-warning cancel">
<i class="glyphicon glyphicon-ban-circle"></i>
<span>取消上传服务器</span>
</button>
</td>
</tr>
{% } %}
</script>
```

上面这段JS代码通过JavaScript Template模板引擎技术实现了一个完整的HTML页面，主要包括上传图片文件信息展示，这里需要特别说明的主要有以下几点：

（1）整段代码虽然是包含在<script></script>标签内的脚本，实际上描述的是一段HTML页面模板，其通过指定<script>标签的type属性为text/x-tmpl，预先告知HTML解释程序先不将其渲染到实际页面中。

（2）在标签{%...%}内写入JS代码，通过for循环读取图片文件信息，图片文件信息保存在数组变量o.files[]中，数组变量o.files[]包含了图片文件的名称、大小、缩略图链接等关键信息，其中变量o通过JavaScript Template模板进行传递。

（3）增加了HTML 5超链接标签<a>的download属性定义，该属性可以把下载跳转提示转化为文件直接下载的形式。

（4）通过if语句对图片文件链接地址file.url的有效性进行判断，从而增加了上传图片文件错误信息提示。

上述代码编写完成后，运行jQueryFileUploadIndex.html示例页面，可以看到如图12.12所示的页面效果。

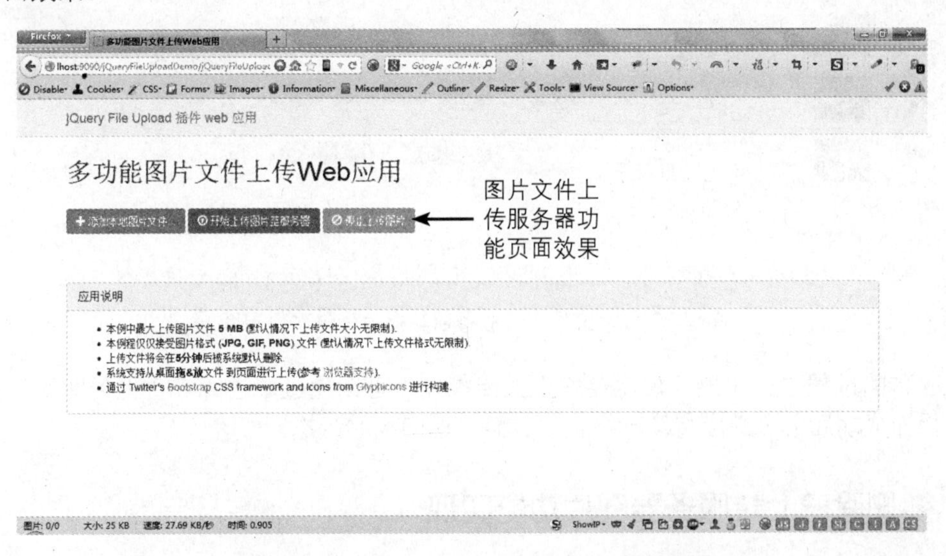

图12.12 图片文件上传服务器功能页面效果图

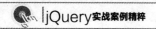

单击“添加本地图片文件”按钮，打开浏览文件对话框，选择多张本地图片打开并上传，页面效果如图12.13所示。

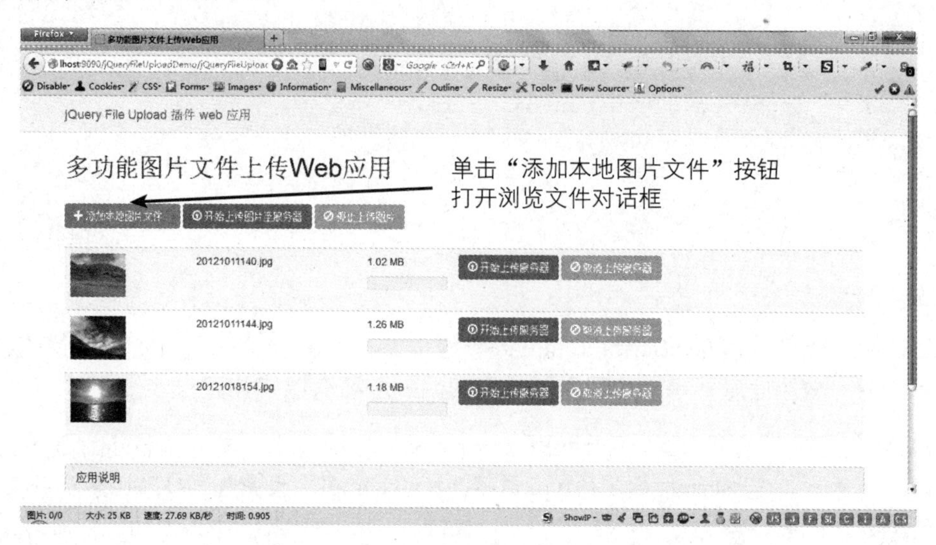

图12.13 图片文件上传服务器功能选择本地图片效果图

单击“开始上传图片至服务器”按钮，应用将自动上传页面中的图片文件至服务器端，上传进度的效果如图12.14所示。

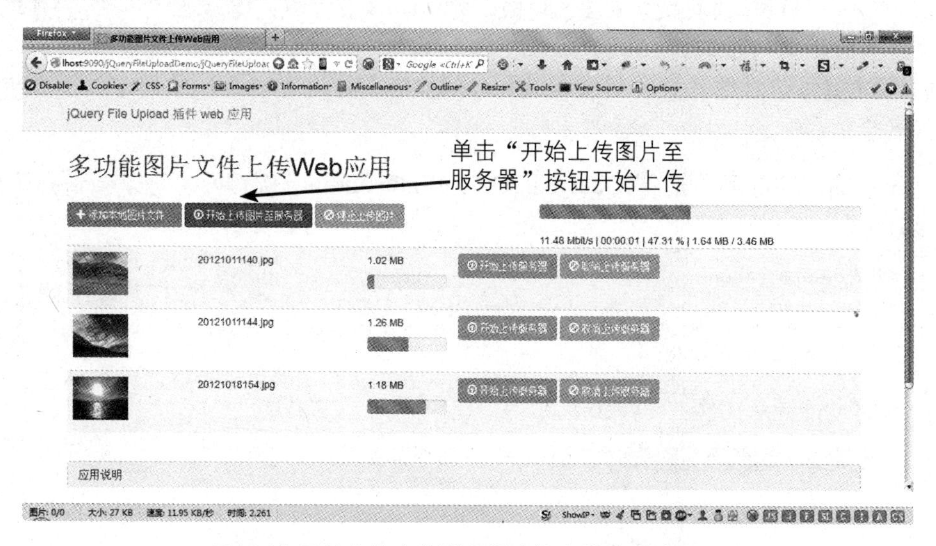

图12.14 图片文件上传服务器功能上传进度效果图

在上传的过程中，如果用户需要终止上传操作，可以通过单击“停止上传图片”按钮来实现，操作成功后上传进度将及时终止，页面将返回初始状态。

12.2.4 删除已上传服务器图片功能实现

本应用在完成图片文件上传至服务器功能的同时，也支持从服务器上删除已上传的图片文件功能。首先，在jQueryFileUploadIndex.html页面中添加删除服务器图片控件按钮，按钮使用<button>控件，类型为button，如代码12.12所示。

代码12.12 删除已上传服务器图片功能HTML代码

```
<button type="button" class="btn btn-danger delete">
<i class="glyphicon glyphicon-trash"></i>
<span>删除服务器图片文件</span>
</button>
```

其次，在HTML页面控件定义好后，通过jQuery File Upload插件实现删除服务器图片文件功能，此处jQuery File Upload插件同样引入了JavaScript Template模板引擎技术来实现，如代码12.13所示。

代码12.13 删除已上传服务器图片功能JS代码

```
<!-- The template to display files available for download -->
<script id="template-download" type="text/x-tmpl">
{% for (var i=0, file; file=o.files[i]; i++) { %}
<tr class="template-download fade">
/* 此处省略部分代码 */
<td>
{% if (file.deleteUrl) { %}
<button class="btn btn-danger delete" data-type="{%=file.deleteType%}"
data-url="{%=file.deleteUrl%}"{% if (file.deleteWithCredentials) { %} data-
xhr-fields='{"withCredentials":true}'{% } %}>
<i class="glyphicon glyphicon-trash"></i>
<span>删除服务器图片文件</span>
</button>
<input type="checkbox" name="delete" value="1" class="toggle">
{% } else { %}
<button class="btn btn-warning cancel">
<i class="glyphicon glyphicon-ban-circle"></i>
<span>取消上传服务器</span>
</button>
{% } %}
</td>
</tr>
{% } %}
</script>
```

上面这段JS代码同样通过JavaScript Template模板引擎技术实现了部分HTML页面，主要包括删除服务器图片文件功能与取消上传服务器功能，大部分代码在前文都有讲解，此处不再赘述。这里需要提一下的是，删除服务器图片文件<button>控件通过data-xhr-fields属性指定为异步操作实现，也就是说删除过程无须刷新整个页面就可以完成。

12.2.5 多功能图片文件上传Web应用最终效果

经过以上步骤，本节基于jQuery File Upload插件的多功能图片文件上传Web应用就完成了，下面对本应用进行总体描述。打开jQueryFileUploadIndex.html网页，单击“添加本地图片文件”按钮打开浏览文件对话框选择图片，如图12.15所示。

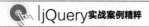

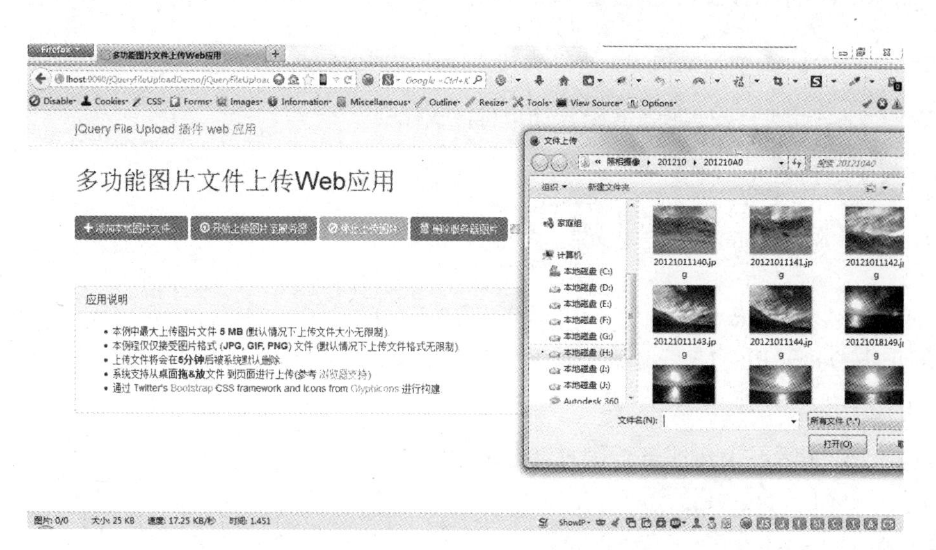

图12.15 多功能图片文件上传Web应用效果图（一）

客户端上传本地图片文件成功后，单击“开始上传图片至服务器”按钮进行图片文件上传，如图12.16所示。

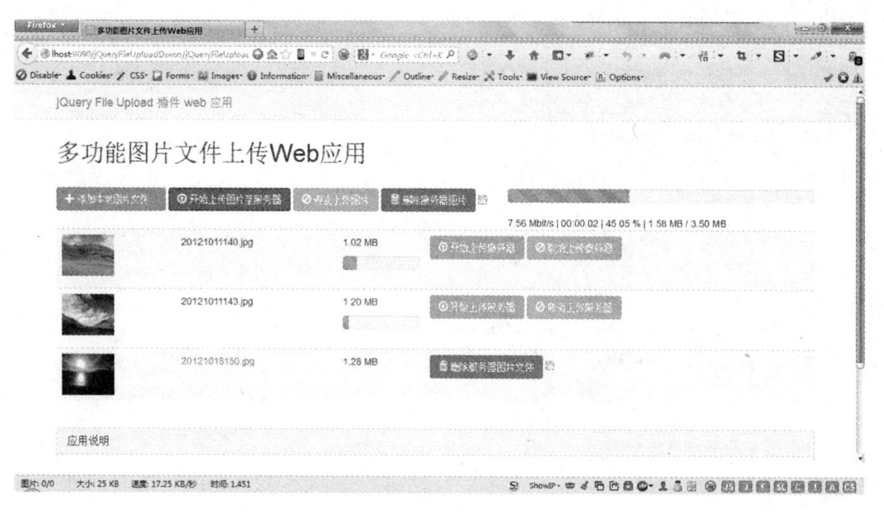

图12.16 多功能图片文件上传Web应用效果图（二）

图片文件上传至服务器成功后，删除按钮自动显示在文件列表条目的最后，并且每个按钮后都有一个复选框，用于选定欲删除的文件，方便用户对服务器端图片进行管理，具体如图12.17所示。在这里顺便提一句，用户可以在服务器端的\server\php\files目录与\server\php\files\thumbnail目录下找到上传的图片文件与相应的缩略图文件，当然也可以通过设置jQuery File Upload插件服务端文件更改上传目录，感兴趣的用户可以尝试一下。

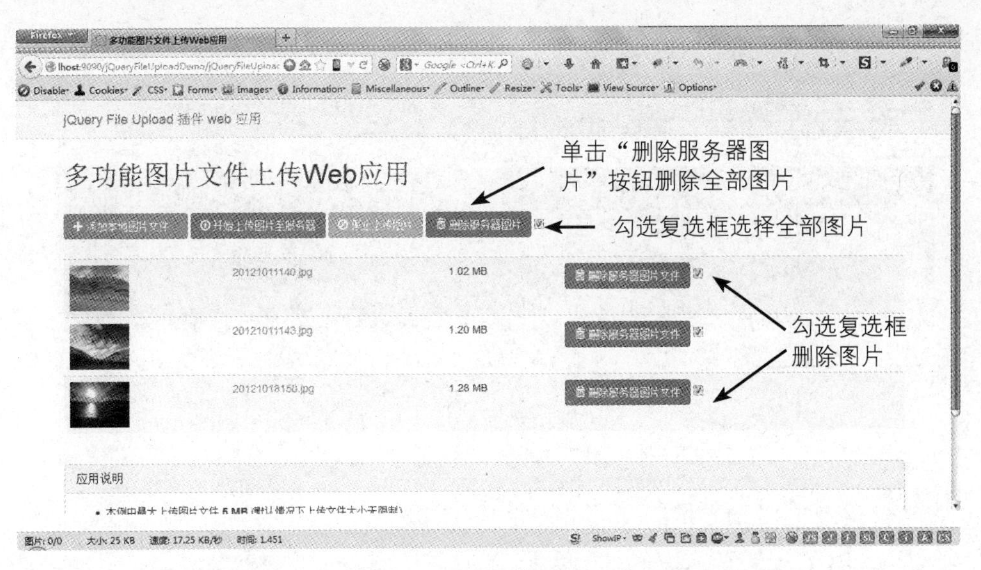

图12.17 多功能图片文件上传Web应用效果图（三）

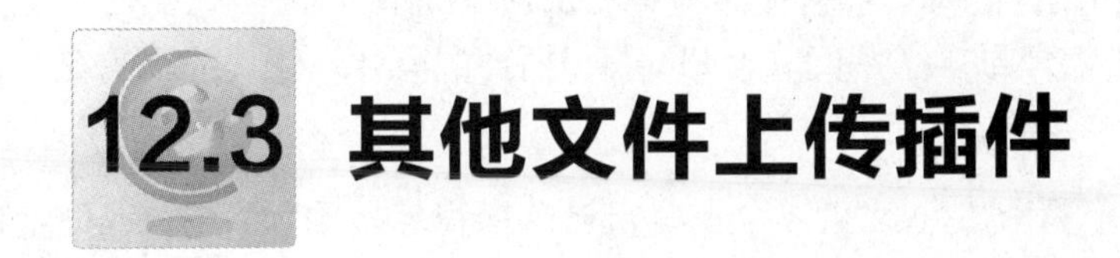

12.3 其他文件上传插件

除了jQuery File Upload插件外，互联网上还有很多其他文件上传插件，比如简单而实用的jQuery Plupload插件以及功能强大的jQuery Uploadify插件，这些插件同样提供了良好的文件上传性能。

12.3.1 使用jQuery Plupload插件上传文件

jQuery Plupload是一款专门基于jQuery框架开发的文件上传插件，该插件在Web浏览器上的应用简单实用，可显示上传进度、图像自动缩略和上传分块，并支持同时上传多个文件。jQuery Plupload的官方网址如下：

```
http://www.plupload.com/index.php
```

jQuery Plupload插件具有如下特性：

- 支持多语言，可以定制自己的语言版本。
- 用户界面友好，使用HTML+CSS进行布局和外观设置。
- 拖放/支持文件目前只能在Firefox和WebKit中使用。
- 图像缩放仅支持Firefox 3.5+版本。
- 简单地支持Ajax远程内容加载。

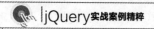

可以在jQuery Plupload的官方网站上下载这个插件，如图12.18所示。

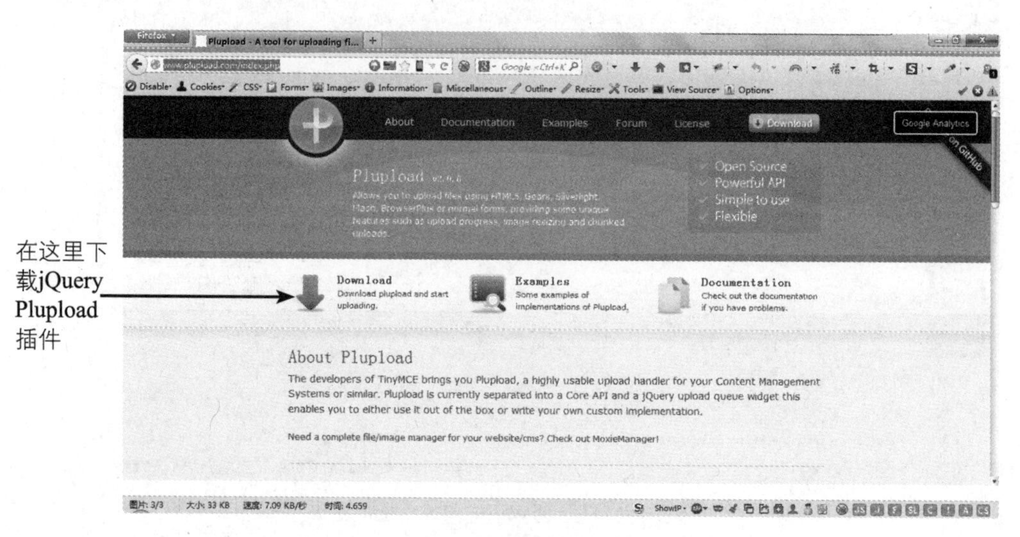

图12.18 jQuery Plupload官网

官网的Examples链接内部包含很多使用jQuery Plupload插件的示例，并提供了详细的描述信息，通过这些信息可以了解jQuery Plupload插件的具体用法，简而言之，jQuery Plupload插件的使用分为3个步骤。

（1）使用一个隐藏的div元素包含要弹出显示的内容，添加对jQuery Plupload插件类库文件和CSS样式文件的引用。

（2）jQuery Plupload需要使用$.pluploadQueue函数进行初始化操作，$.pluploadQueue提供了很多参数来配置上传文件控件。

（3）调用$.submit函数进行文件上传提交。

首先，在HTML页面上有一个div元素：

```
<form>
<div id="uploader">
/* 省略部分代码 */
</div>
</form>
```

然后，通过$.pluploadQueue函数初始化上传文件控件：

```
$("#uploader").pluploadQueue({
  // 基本参数设定
  runtimes : 'gears,flash,silverlight,browserplus,html5',
  url : 'upload.php',
  max_file_size : '20mb',
  chunk_size : '1mb',
  unique_names : true,
  // 自动调整图片尺寸
  resize : {width : 320, height : 240, quality : 90},
  // 设定文件过滤器
```

```
    filters : [
      {title : "Image files", extensions : "jpg,gif,png"},
      {title : "Zip files", extensions : "zip"}
    ],
});
```

最后，通过$.submit函数提交上传文件：

```
$('form').submit(function(e) {
  var uploader = $('#uploader').pluploadQueue();
  /* 省略部分代码 */
  uploader.start();
});
```

jQuery Plupload插件文件上传效果如图12.19所示。

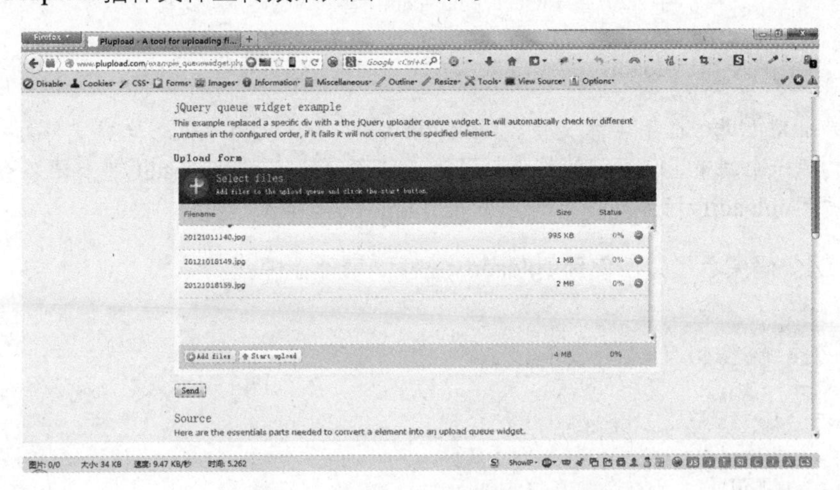

图12.19 jQuery Plupload的运行效果图

12.3.2 使用jQuery Uploadify插件上传文件

基于jQuery框架的Uploadify插件是一款功能十分强大的文件上传插件，主要功能是批量上传文件，Uploadify的下载网址如下：

```
http://www.uploadify.com/
```

jQuery Uploadify插件具有如下特性：

- 支持单文件或多文件上传，可控制并发上传的文件数。
- 通过参数可配置上传文件类型及大小。
- 通过参数可配置是否选择文件后自动上传。
- 通过接口参数和CSS控制外观。
- 在服务器端支持各种语言与之配合使用，如PHP、Java、.NET等。
- 易于扩展，可控制每一步骤的回调函数（onSelect、onCancel等）。

可以在jQuery Uploadify的官方网站上下载这个插件，如图12.20所示。

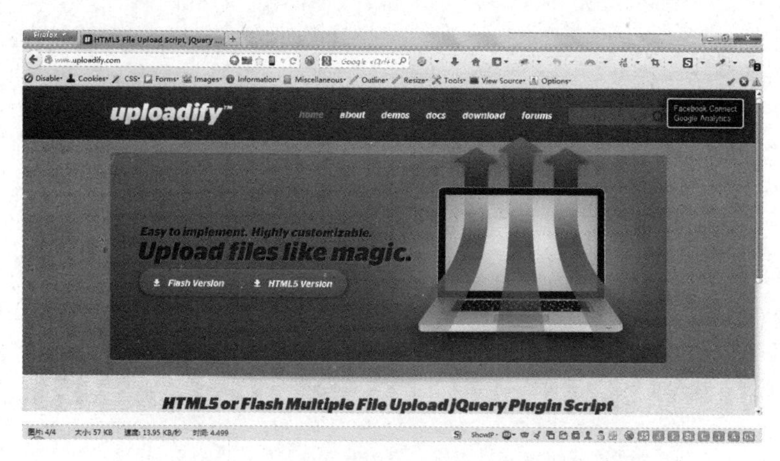

图12.20 基于jQuery的Uploadify官方网站及下载链接

一个最简单的使用Uploadify插件示例有如下3个步骤：

（1）添加对jQuery框架类库文件、Uploadify插件类库文件和CSS样式文件的引用。
（2）构建一个用来上传文件的控件，并为上传文件控件关联uploadify插件事件处理代码。
（3）调用uploadify插件处理后台，默认是uploadify.php页面。

以下示例代码演示了如何使用Uploadify插件的事件处理代码：

```
$(function() {
  $("#file_upload_1").uploadify({
    height:30,
    swf:'/uploadify/uploadify.swf',
    uploader:'/uploadify/uploadify.php',
    width:120
  });
});
```

可以看到，示例代码通过对文件上传控件关联uploadify()方法进行初始化，包括高度与宽度定义、swf定义和后台处理程序定义，效果如图12.21所示。

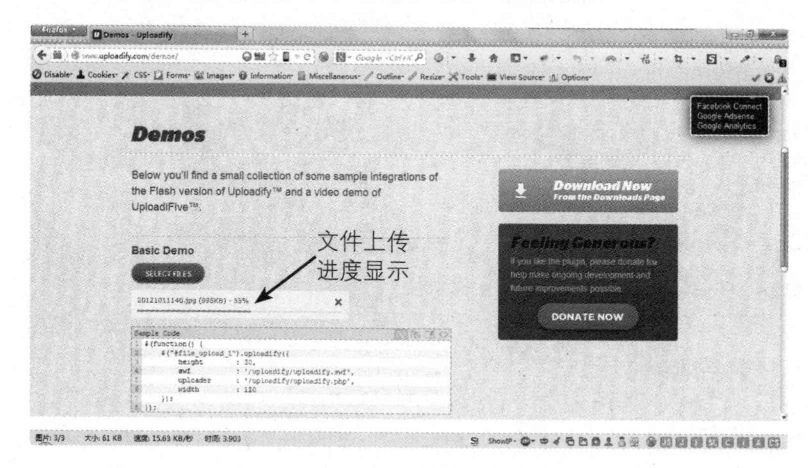

图12.21 Uploadify插件示例效果图

jQuery Uploadify插件还包含很多有用的配置参数，请读者参考其官方网站中的文档与样例获取详细的信息。

12.4 小结

本章介绍了jQuery框架的图片文件上传插件，重点讲解了jQuery File Upload插件的使用。首先介绍了如何下载和使用jQuery File Upload插件，接下来对jQuery File Upload插件的参数列表进行了详细的说明，并通过简单的静态页面示例演示了如何使用jQuery File Upload插件实现图片文件上传。然后，实现了多功能图片文件上传Web应用，演示了如何使用jQuery File Upload插件实现完整的服务器端图片文件上传、终止、删除等功能。本章最后介绍了几款流行的基于jQuery框架的文件上传插件的简单使用方法，供读者参考。

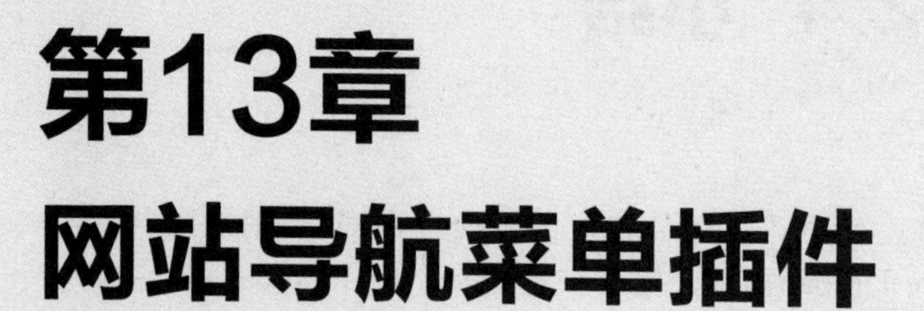

第13章 网站导航菜单插件

网站导航菜单在网站应用开发中是最重要的功能，而基于网站导航的各类菜单插件也是风格多样，功能强大。所谓的网站导航菜单指的是引导用户访问网站的索引、栏目、分类、帮助等布局结构形式的总称。导航一般体现为几级目录，通过它用户可以层层深入地访问网站所有重要内容，所以网站建设过程中要保证网站导航结构清晰，能够使访问者在最短时间内找到自己喜欢的内容。

目前，主流网站导航菜单插件大部分基于JavaScript脚本语言与jQuery框架开发，功能效果优秀，安装使用维护简单快捷，可以提供友好高效的交互体检，为广大设计人员所喜爱。如图13.1是某电商门户网站中包含二级导航菜单的效果图。

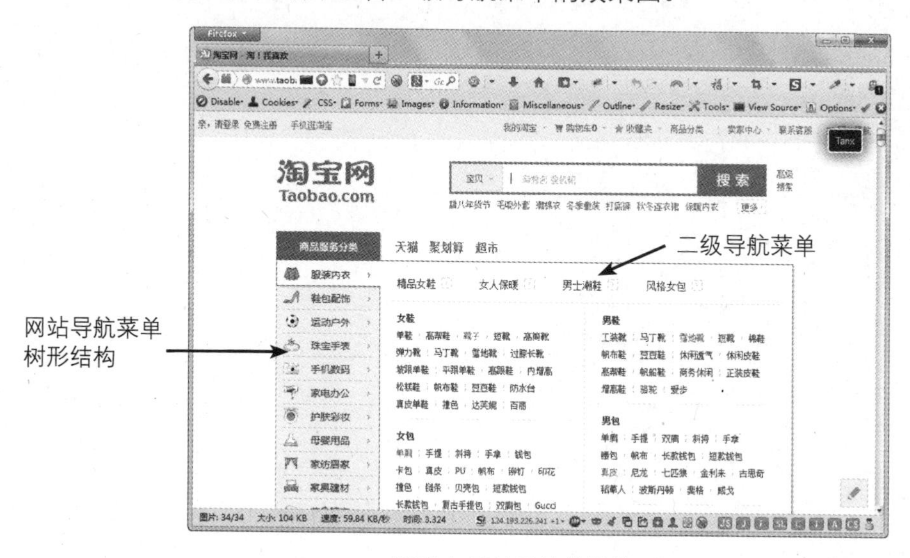

图13.1 网站导航菜单效果图

本章将介绍如何利用基于jQuery框架的jQuery.mmenu网站导航菜单插件来为网页增加效果，主要讨论jQuery.mmenu插件参数、如何使用jQuery.mmenu插件实现页面导航功能以及一些类似的网站导航菜单插件。

13.1 准备jQuery.mmenu插件

jQuery.mmenu是一款基于jQuery框架的抽屉式菜单插件，可用于创建类似移动应用程序外观的光滑导航菜单，设计人员只需要一行JavaScript脚本代码就能在移动网站中添加类似移动应用程序外观的滑动菜单，可谓是既简单又实用。jQuery.mmenu插件常用的设置选项包括抽屉式菜单的位置（左/右）、是否显示菜单项计数器和CSS样式自动切换等，十分容易上手。

13.1.1 下载jQuery.mmenu插件

jQuery.mmenu插件可以创建菜单项数目与菜单级数目均不受限制的光滑导航菜单，它具有如下特性：

- 支持通过SCSS（CSS预处理器）生成的CSS完全响应机制框架
- 能够创建像滑动面板一样的简单菜单
- 菜单可被定位在顶部、右侧和底部或左侧，在后面、前面或旁边的页
- 使用滑动水平或垂直扩展子菜单
- 通过拖动页面离开视口的方式来打开菜单（可选的）
- 支持添加标题、标签、柜台，甚至一个搜索栏
- 支持通过改变背景色进行主题化操作
- 可通过SCSS（CSS预处理器）创建自定义菜单
- 完美支持跨浏览器兼容

jQuery.mmenu插件的官方网址如下：

```
http://mmenu.frebsite.nl/
```

在jQuery.mmenu插件的官网上，读者可以了解jQuery.mmenu插件的最新版本更新情况、使用方法、产品特性、Demo链接、设计人员反馈和联系方式等信息，如图13.2所示。

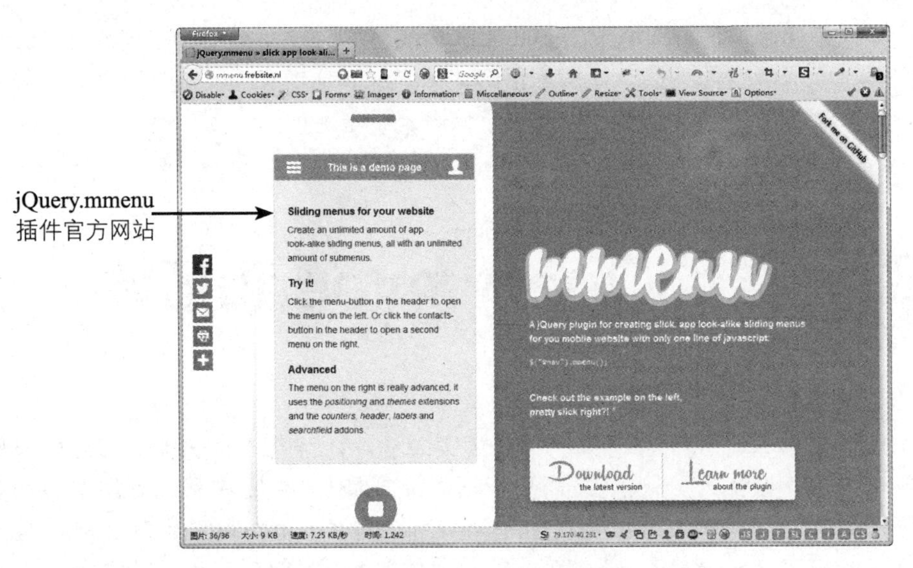

图13.2 jQuery.mmenu插件官方网站

在该页面中，读者还可以链接到jQuery.mmenu插件的下载网址：

```
http://mmenu.frebsite.nl/download.php
```

在打开jQuery.mmenu插件下载网页后，页面会自动打开一个下载对话框，下载文件名为jQuery.mmenu-master.zip的插件压缩包，如果对话框未自动出现，用户仍可以在页面中找到下载链接进行手动下载，如图13.3所示。

图13.3 jQuery.mmenu插件下载页面

jQuery.mmenu插件官方网站为用户简单展示了几种jQuery.mmenu插件的使用方法，分别为基本型（Basics）、扩展加强型（Extensions）、插件型（Addon）与全功能型（All in One）4种风格，读者可以简单浏览一下，如图13.4所示。

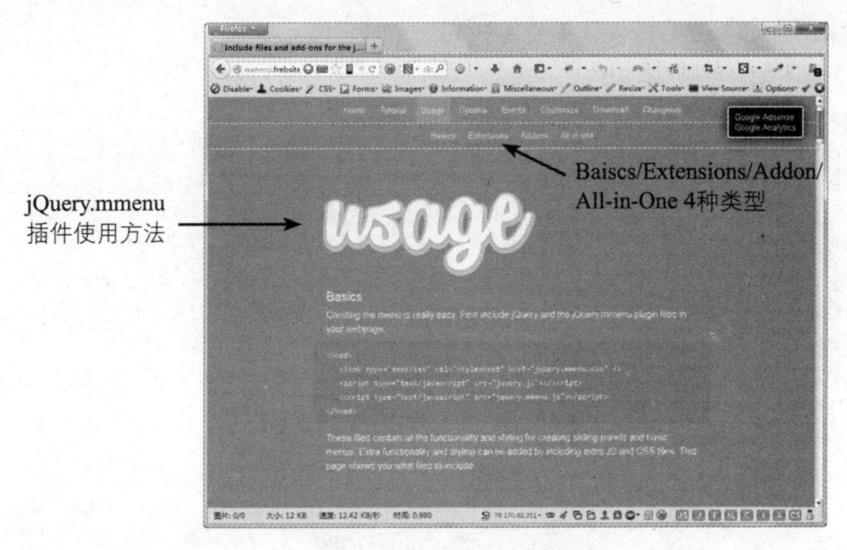

图13.4 jQuery.mmenu插件使用方法

jQuery.mmenu插件当前的版本为4.1，从官方网站下载的是108KB的压缩包，解压缩后就可以引用其中包含的插件代码来实现自己的光滑导航菜单效果了，接下来通过一系列简单的步骤来看一看如何在网页上快速应用jQuery.mmenu插件。

（1）打开任一款目前流行的文本编辑器，如UltraEdit、EditPlus等，新建一个名称为jQuerymmenuDemo.html的网页。

（2）打开最新版本的jQuery.mmenu-master源文件夹，将其中的src文件夹整体复制到刚刚创建的jQuerymmenuDemo页面文件目录下，src文件夹包括js库文件夹、css样式文件夹、scss样式预处理器文件夹，便于页面文件添加引用jQuery.mmenu插件的库文件。这里特别需要说明一下，scss样式预处理器本身就是为了生成CSS而设计的，它的优势在于开发效率高，对于一些样式复杂的站点，用样式预处理器生成代码比手写CSS快得多。在jQuerymmenuDemo.html页面文件中添加对jQuery框架类库文件、jQuery.mmenu插件类库文件的引用，如代码13.1所示。

代码13.1 添加对jQuery.mmenu类库文件的引用

```
<head>
<link type="text/css" rel="stylesheet" href=" src/css/jquery.mmenu.css"/>
<link type="text/css" rel="stylesheet" href="src/css/extensions/jquery.
mmenu.widescreen.css" media="all and (min-width: 900px)"/>
<link type="text/css" rel="stylesheet" href="src/css/extensions/jquery.
mmenu.themes.css" media="all and (min-width: 900px)"/>
<!-- 添加jQuery类库文件 -->
<script type="text/javascript" src=" src/js/jquery.js"></script>
<!-- 添加jQuery mmenu插件类库文件 -->
<script type="text/javascript" src=" src/js/jquery.mmenu.js"></script>
</head>
```

（3）本例程作为jQuery.mmenu插件的简单介绍，仅仅在jQuerymmenuDemo.html页面中添加了菜单项列表和简要的文档说明等，如代码13.2所示。

代码13.2 构建jQuery.mmenu插件菜单页面代码

```
<body>
<div id="page">
<div id="header">
<a href="#menu"></a>Documentation
</div>
<div id="content">
<p>如果你正在读这篇文章，你可能刚刚下载了jQuery.mmenu插件，并渴望更多地了解它。<br/>
如果是这样，这些演示页面不能更有所帮助。它们包括例子、色彩主题，并就如何使用jQuery
Mobile实现它的演示。</p>
<p>此页面有mmenu-widescreen.css文件包括在内。为此，如果你的屏幕大于900px宽，菜单会
一直打开。<br />如果不是，请在标题中的菜单按钮打开菜单。</p><br/>
</div>
<nav id="menu">
<ul>
<li class="Selected"><a href="index.html">Introduction</a></li>
<li><a href="horizontal-submenus.html">Horizontal submenus example</a></li>
<li><a href="vertical-submenus.html">Vertical submenus example</a></li>
<li><a href="photos.html">Photos in sliding panels</a></li>
<li><a href="positions.html">Positioning the menu</a></li>
<li><a href="colors.html">Coloring the menu</a></li>
<li><a href="advanced.html">Advanced example</a></li>
<li><a href="onepage.html">One page scrolling example</a></li>
<li><a href="jqmobile/index.html">jQuery Mobile example</a></li>
</ul>
</nav>
</div>
</body>
```

HTML中通过<ul>与<li>列表标签实现菜单项，其中通过对<li>标签设定class="Selected"实现选定默认菜单项。在页面开始部分，对jQuery.mmenu插件进行了大概性的文字说明，描述了一些特点和使用技巧。

（4）页面元素构建好后，添加如下js代码对jQuery.mmenu插件进行初始化，完成插件功能与显示效果，如代码13.3所示。

代码13.3 jQuery.mmenu插件初始化代码

```
<script type="text/javascript">
$(function() {
  $('nav#menu').mmenu({                          //jQuery.mmenu插件菜单初始化方法
    classes: 'mm-light'                                  //设定菜单样式选项
  });
});
</script>
```

jQuery框架选择器$('nav#menu')获取id值等于menu的菜单列表控件，并通过jQuery.mmenu插件定义的mmenu方法进行初始化，在初始化函数内部，对菜单控件的样式选项作如下设定：classes: 'mm-light'。至此，使用jQuery.mmenu插件开发的简单示例就完成了，运行时可以看到左侧的菜单列表与右侧的简单文档说明，如图13.5所示。

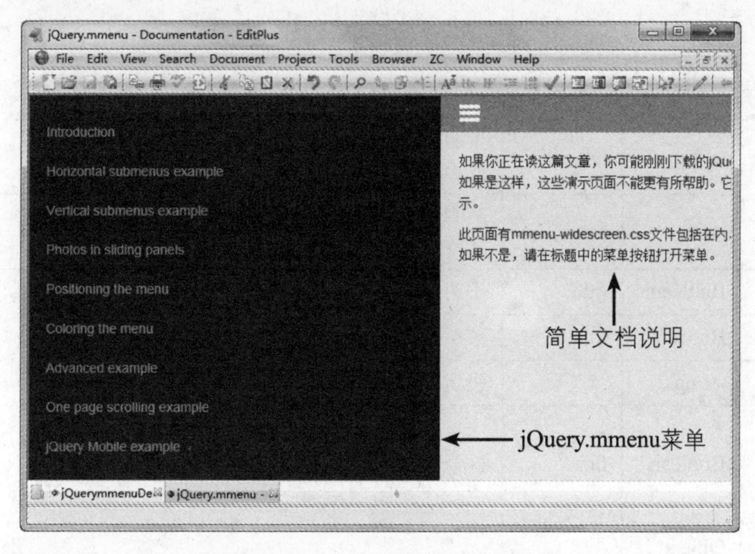

图13.5 jQuery.mmenu插件应用效果

用户单击图13.5页面中的显示/隐藏菜单开关就可以实现菜单的显示与隐藏功能，隐藏菜单的效果如图13.6所示。

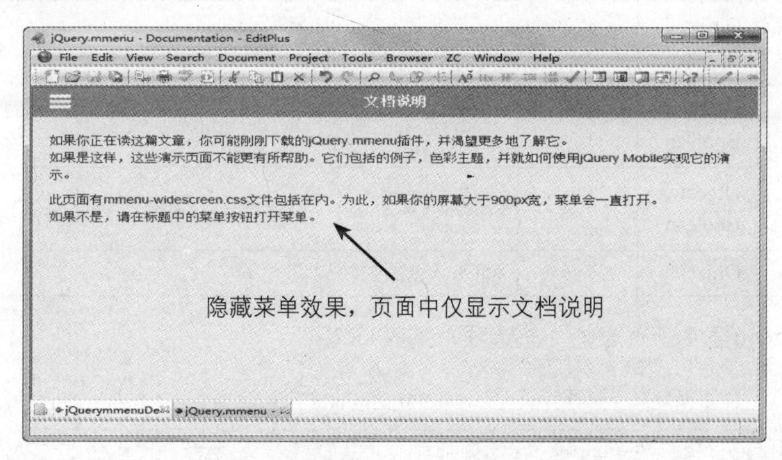

图13.6 jQuery.mmenu插件显示/隐藏菜单功能效果

13.1.2 参数说明

由上一节的示例可以看到，通过调用jQuery.mmenu插件方法并设定其选项，可以实现jQuery.mmenu插件菜单，其中jQuery.mmenu插件的选项如表13.1所示。

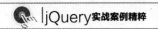

表13.1 jQuery.mmenu插件选项列表

选项名称	类型	默认值	选项描述
position	string	left	菜单相对于页面中的位置，可能的值："顶"，"右"，"底部"或"左"
zposition	string	back	菜单相对于页面z轴方向的位置，可能的值："回来"，"前"或"下一步"
slidingSubmenus	Boolean	true	子菜单项自右滑动；如果为false，子菜单从上一级菜单下面扩展
moveBackground	Boolean	true	菜单打开时，页面是否继承主页面的背景色
classes	string	""	设定要添加到菜单和HTML页面的空间分隔的类名的集合
modal	Boolean	false	通过Boolean变量设定菜单应该被打开的"模式"；基本上，这意味着用户必须关闭菜单没有默认的方式，你必须给自己提供一个近距离按钮
counters	Object Boolean	""	counter选项的映射；counters.add和counters.update选项的布尔值
dragOpen	Object Boolean	""	dragOpen选项的映射；dragOpen.open选项的布尔值
labels	Object Boolean	""	labels选项的映射；labels.collapse选项的布尔值
header	Object Boolean	""	header选项的映射；header.add选项的布尔值
searchfield	Object Boolean	""	search选项的映射；searchfield.add选项的布尔值
onClick	Object	""	onClick选项的映射

jQuery.mmenu插件还有一些补充选项，如表13.2所示。

表13.2 jQuery.mmenu插件补充选项

选项名称	类型	默认值	选项描述
clone	Boolean	false	描述预先扩展到<body>之前是否克隆菜单 如果该选项值为true，菜单id及里面的每一个id将被加上前缀"mm-"，以防止标识重复
preventTabbing	Boolean	true	描述是否阻止按tab键时的默认行为 如果该选项值为false，用户将能够在菜单外使用Tab键，强烈推荐使用其他方式（例如TABguard插件）来阻止其行为
panelClass	String	"Panel"	描述一个html元素（例如<div>）的类名应该被当作一个面板 该选项只有当isMenu选项设置为false时适用
listClass	String	"List"	描述在<ul>元素的类名应该被实现为app-like风格的列表 自动应用到所有的<ul>，如果isMenu选项设置为true
selectedClass	String	"Selected"	描述<li>元素上的类名设定为选中
labelClass	String	"Label"	描述<li>元素上的类名表现为Label形式

（续表）

选项名称	类型	默认值	选项描述
counterClass	String	"Counter"	描述<em>元素上的类名被显示为计数器形式 只有当计数器不会自动添加时适用
pageNodetype	String	"div"	描述页面上的节点类型
panelNodetype	String	"div,ul,ol"	描述面板上的节点类型
pageSelector	String	"body>"+ pageNodetype	描述jQuery选择器页面
transitionDuration	Number	400	描述在CSS转换中使用的毫秒数
dragOpen	Object		描述dragOpen配置选项的映射
labels	Object		描述labels配置选项的映射
header	Object		描述header配置选项的映射

除了以上选项，jQuery.mmenu插件还配置了丰富的事件处理函数，jQuery.mmenu插件所有的事件绑定通过.mmenu命名空间完成，触发一个事件（或绑定一个新的功能）是通过扩展.mmenu命名空间来完成的，下面通过一段简单的示例代码演示jQuery.mmenu插件如何完成事件处理过程。

代码13.4 jQuery.mmenu插件的简单事件处理过程

```
$("#nav").mmenu().on(
  function(){
    alert("The menu has just been opened.");
  }
);
```

表13.3、表13.4和表13.5是jQuery.mmenu插件的全部事件方法列表。

表13.3 jQuery.mmenu插件主菜单<nav>事件方法

选项名称	选项描述
open	以手动方式打开菜单时触发该事件
opening	当菜单打开时触发该事件
opened	当菜单完成开启时触发该事件
close	以手动方式关闭菜单时触发该事件
closing	当菜单被触发关闭时触发该事件
closed	当菜单已经关闭时触发该事件
toggle	当打开和关闭之间切换菜单时触发该事件
setPage($page)	手动通知插件哪个节点应该被考虑将要page时触发该事件

表13.4 jQuery.mmenu插件子菜单<ul>事件方法

选项名称	选项描述
open	以手动方式打开子菜单时触发该事件
close	以手动方式关闭子菜单时触发该事件
toggle	当打开和关闭之间切换子菜单时触发该事件

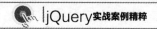

表13.5 jQuery.mmenu插件子菜单<li>事件方法

选项名称	选项描述
setSelected(selected)	触发此事件手动设置或取消可见的“选中”
search(query)	手动执行菜单上的搜索操作时触发此事件

13.1.3 使用jQuery.mmenu插件实现自定义颜色风格导航菜单

接下来实现一个基于jQuery.mmenu插件的实例，该实例演示了如何使用jQuery.mmenu插件来实现一个自定义颜色风格导航菜单应用，具体实现过程如下面的步骤所示。

（1）使用文本编辑器新建一个名为jQuerymmenuColor.html的网页，将网页的标题指定为“基于jQuery.mmenu插件实现自定义颜色风格导航菜单”，然后添加对jQuery框架类库文件以及jQuery.mmenu插件类库文件和CSS样式文件的引用，如代码13.5所示。

代码13.5 基于jQuery.mmenu插件实现自定义颜色风格导航菜单引用文件

```
<!DOCTYPE HTML>
<head>
<meta http-equiv="content-type" content="text/html;charset=utf-8"/>
<meta name="viewport" content="width=device-width initial-scale=1.0
maximum-scale=1.0"/>
<title>基于jQuery.mmenu插件实现自定义颜色风格导航菜单</title>
<!-- 引用本页面样式文件 -->
<link type="text/css" rel="stylesheet" href="demo.css"/>
<!-- 引用jQuery.mmenu样式文件 -->
<link type="text/css" rel="stylesheet" href="src/css/jquery.mmenu.css"/>
<!-- 引用jQuery.mmenu扩展样式文件 -->
<link type="text/css" rel="stylesheet" href="src/css/extensions/jquery.
mmenu.themes.css"/>
<!-- 引用jQuery类库文件 -->
<script type="text/javascript" src="http://ajax.googleapis.com/ajax/libs/
jquery/1.7.2/jquery.min.js"></script>
<!-- 引用jQuery.mmenu插件类库文件 -->
<script type="text/javascript" src="src/js/jquery.mmenu.js"></script>
</head>
```

（2）在body区添加如下代码：在整个页面部分使用一个id等于page的<div>层构建整体页面布局，然后在内部分别定义标题层、内容层、颜色风格列表和平滑导航菜单列表。详细代码如代码13.6所示。

代码13.6 基于jQuery.mmenu插件实现自定义颜色风格导航菜单HTML代码

```
<body>
<div id="page">
<div id="header">
<a href="#menu"></a>基于jQuery.mmenu插件实现自定义颜色风格导航菜单
</div>
<div id="content">
<p>这是一个<strong>自定义颜色风格导航菜单</strong>页面.<br/></p>
```

```
<p>单击头部的菜单按钮打开导航菜单.<br/></p>
<p>本例程实现改变导航菜单颜色如同改变背景颜色一样简单,请查看:<br/></p>
<div id="themes">
<a href="#menu" class="dark">Dark theme <small>(default)</small></a>
<a href="#menu" class="light">Light theme</a>
<a href="#menu" class="army">Army <small>(dark theme with custom
background)</small></a>
<a href="#menu" class="navy">Navy <small>(dark theme with custom
background)</small></a>
<a href="#menu" class="bordeau">Bordeau <small>(dark theme with custom
background)</small></a>
</div>
</div>
<nav id="menu">
<ul>
<li><a href="index.html">Introduction</a></li>
<li><a href="horizontal-submenus.html">Horizontal submenus example</a>
</li>
<li><a href="vertical-submenus.html">Vertical submenus example</a></li>
<li><a href="photos.html">Photos in sliding panels</a></li>
<li><a href="positions.html">Positioning the menu</a></li>
<li class="Selected"><a href="colors.html">Coloring the menu</a></li>
<li><a href="advanced.html">Advanced example</a></li>
<li><a href="onepage.html">One page scrolling example</a></li>
<li><a href="jqmobile/index.html">jQuery Mobile example</a></li>
</ul>
</nav>
</div>
</body>
```

（3）在页面加载事件中，使用jQuery.mmenu插件的.mmenu命名空间对导航菜单进行初始化，并添加具体的页面效果，如代码13.7所示。

代码13.7 基于jQuery.mmenu插件实现自定义颜色风格导航菜单初始化

```
<script type="text/javascript">
$(function(){
  var $menu = $('nav#menu'),$html = $('html');
  $('#themes a').click(function(){
    $menu[this.className=='light'?'addClass':'removeClass']('mm-light');
    $html.removeAttr('class');
    $html.addClass(this.className=='light'?'mm-light':this.className);
  });
  <!-- jQuery.mmenu插件命名空间构造方法 -->
  $menu.mmenu();
});
</script>
```

首先，上述jQuery.mmenu插件初始化代码通过jQuery框架选择器定义了两个变量，分别为$('nav#menu')获取id值等于menu的<nav>控件变量、$('html')获取整个<html>页面的变量；其次，通过对颜色风格列表控件的单击（click）事件定义，实现对菜单背景颜色样式的变换；最后，使用jQuery.mmenu插件的.mmenu命名空间对导航菜单进行初始化。

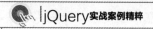

至此，使用jQuery.mmenu插件实现自定义颜色风格导航菜单示例就完成了。运行页面时可以看到一个自定义颜色列表和简单的文档说明，此外在页面左上角还有一个打开导航菜单的按钮，如图13.7所示。

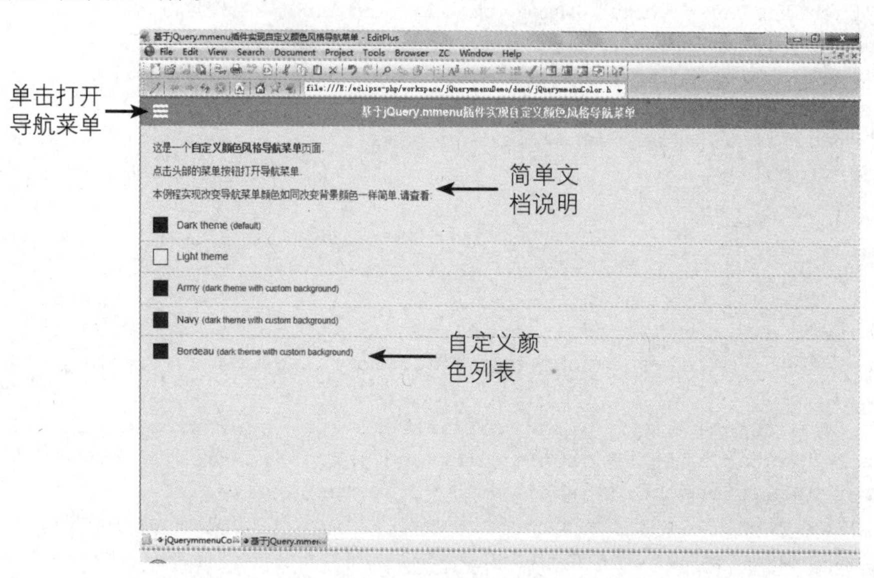

图13.7 基于jQuery.mmenu插件实现自定义颜色风格导航菜单效果图

本例程设定默认菜单颜色样式为Dark theme，用户通过单击Dark theme(default)链接可以打开左侧的导航菜单，如图13.8所示。用户若要选择其他自定义颜色样式，可以通过单击其他颜色样式链接进行变更，例如选择Light theme样式，效果如图13.9所示。

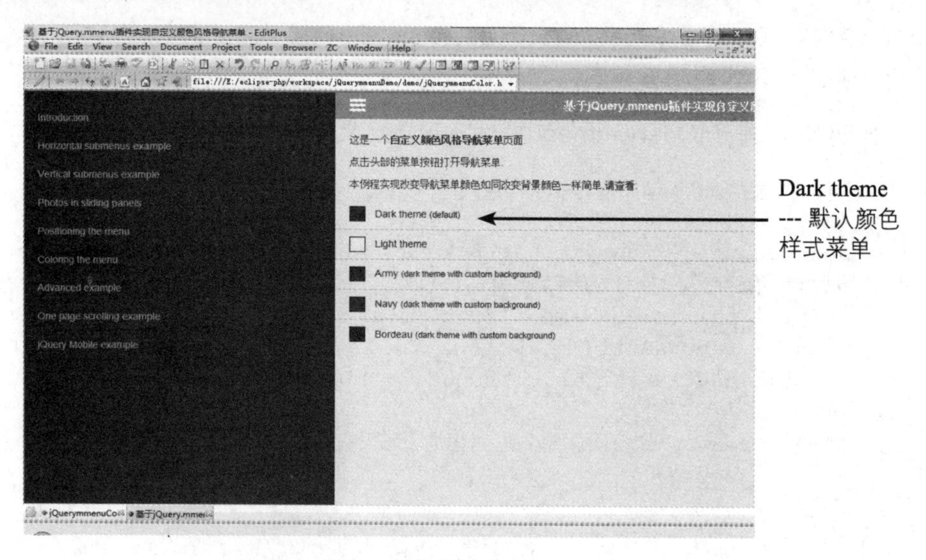

图13.8 打开左侧的导航菜单

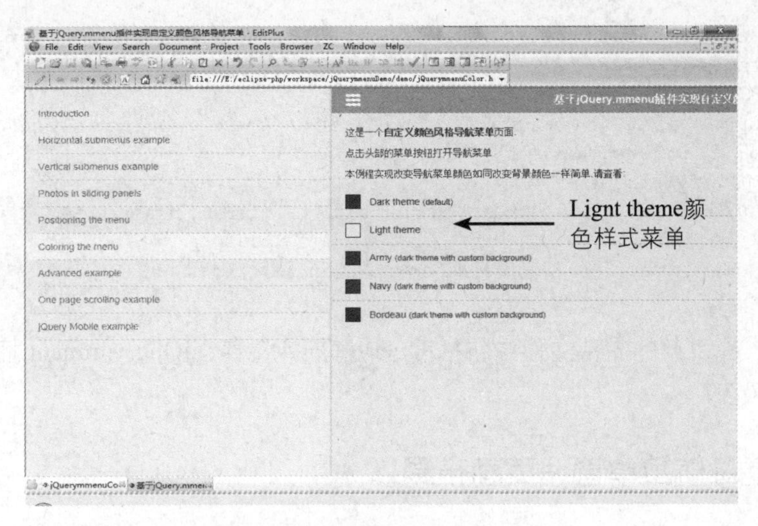

图13.9 选择Light theme样式

13.2 开发网站导航菜单管理Web应用

本节将基于jQuery.mmenu插件开发一个网站导航菜单管理Web应用。该应用能够实现主菜单/子菜单选项管理、菜单位置方向管理与菜单布局管理几大功能，向用户展示了较完整的jQuery.mmenu插件使用方法。

13.2.1 添加jQuery.mmenu插件库文件

使用文本编辑器新建一个名为jQuerymmenuPositions.html的网页，将网页的标题指定为“网站导航菜单管理Web应用”。本应用基于jQuery框架和jQuery.mmenu插件进行开发，需要添加一些必要的库文件与样式文件，具体如代码13.8所示。

代码13.8 添加jQuery.mmenu插件类库文件

```
<-- 添加jQuery.mmenu插件库支持 -->
<head>
<meta http-equiv="content-type" content="text/html;charset=utf-8"/>
<meta name="author" content="www.frebsite.nl"/>
<meta name="viewport"content="width=device-widthinitial-scale=1.0maximum-
scale=1.0 user-scalable=yes"/>
<!-- 引用本页面样式文件 -->
<link type="text/css" rel="stylesheet" href="demo.css"/>
<!-- 引用jQuery.mmenu样式文件 -->
<link type="text/css" rel="stylesheet" href="src/css/jquery.mmenu.css"/>
<!-- 引用jQuery.mmenu positioning 扩展样式文件 -->
```

```
<link type="text/css" rel="stylesheet" href="src/css/extensions/jquery.
mmenu.positioning.css"/>
<!-- 引用jQuery类库文件 -->
<script type="text/javascript" src="http://ajax.googleapis.com/ajax/libs/
jquery/1.7.2/jquery.min.js"></script>
<!-- 引用jQuery.mmenu插件类库文件 -->
<script type="text/javascript" src="src/js/jquery.mmenu.js"></script>
<!-- 页面标题 -->
<title>jQuery.mmenu --- 网站导航菜单管理Web应用</title>
</head>
```

可以看到，在引用的支持文件中包括jQuery框架库文件、jQuery.mmenu插件库文件及其相应的样式表文件。

13.2.2 构建导航菜单管理页面布局

首先，在jQuerymmenuPositions.html页面中添加一个id等于page的<div>层，用于构建整体页面布局；然后，在内部分别定义标题层、内容层、导航菜单管理控件和平滑导航菜单列表，如代码13.9所示。

代码13.9 构建导航菜单管理页面布局代码

```
<body>
<div id="page">
<div id="header">
<a href="#menu"></a>
网站导航菜单管理Web应用
</div>
<div id="content">
<p>这是一个<strong>网站导航菜单管理Web应用</strong>页面.</p>
<p>说明:该页面包含 jquery.mmenu.positioning.css 样式文件.
<br>因此,此页面内的导航菜单能够执行&quot;后退&quot;或者&quot;前进&quot;页面.</p>
<p>请查看页面:</p>
<div style="overflow: hidden; width: 100%;">
<p style="width: 50%; float: left;"><strong>位置:</strong><br/>
<!-- 自定义导航菜单上下左右位置 -->
<!-- 省略部分代码 -->
</p>
<p style="width: 50%; float: left;"><strong>z-位置:</strong><br/>
<!-- 自定义导航菜单z-index轴方向 -->
<!-- 省略部分代码 -->
</p>
</div>
<br/>
<p><a href="#menu">打开导航菜单&raquo;</a></p>
</div>
<nav id="menu">
<!-- 省略部分代码 -->
</nav>
</div>
</body>
```

13.2.3 构建导航菜单结构

为了方便演示，导航菜单整体上采用一级菜单结构，菜单项通过<ul>与<li>列表控件实现，默认选择的菜单项通过selected关键字设定，具体如代码13.10所示。

代码13.10 构建导航菜单结构代码

```
<body>
<div id="page">
<div id="header">
<a href="#menu"></a>
网站导航菜单管理Web应用
</div>
<div id="content">
<!-- 省略部分代码 --></p>
<div style="overflow: hidden; width: 100%;">
<p style="width: 50%; float: left;"><strong>位置:</strong><br/>
<!-- 自定义导航菜单上下左右位置 -->
<!-- 省略部分代码 --></p>
<p style="width: 50%; float: left;"><strong>z-位置:</strong><br/>
<!-- 自定义导航菜单z-index轴方向 -->
<!-- 省略部分代码 --></p>
</div>
<br/>
<p><a href="#menu">打开导航菜单&raquo;</a></p>
</div>
<!-- 定义导航菜单结构 --></p>
<nav id="menu">
<ul>
<li><a href="index.html">Introduction</a></li>
<li><a href="horizontal-submenus.html">Horizontal submenus example</a>
</li>
<li><a href="vertical-submenus.html">Vertical submenus example</a></li>
<li><a href="photos.html">Photos in sliding panels</a></li>
<li class="Selected"><a href="positions.html">Positioning the menu</a>
</li>
<li><a href="colors.html">Coloring the menu</a></li>
<li><a href="advanced.html">Advanced example</a></li>
<li><a href="onepage.html">One page scrolling example</a></li>
<li><a href="jqmobile/index.html">jQuery Mobile example</a></li>
</ul>
</nav>
</div>
</body>
```

13.2.4 导航菜单管理选项设置实现

导航菜单管理功能包括自定义导航菜单位置设定与z-index方向设定，选项设定通过<input type="radio">控件实现，初始默认选项设定通过checked关键字定义，标题通过<label>标签实现，具体如代码13.11所示。

代码13.11 导航菜单管理选项设置代码

```
<body>
<div id="page">
<div id="header">
```

```
<a href="#menu"></a>
网站导航菜单管理Web应用
</div>
<div id="content">
<!-- 省略部分代码 --></p>
<div style="overflow:hidden;width:100%;">
<p style="width:50%;float:left;"><strong>位置:</strong><br/>
<input id="pos1" name="pos" value="top" type="radio"/>
<label for="pos1">顶部</label><br/>
<input id="pos2" name="pos" value="right" type="radio"/>
<label for="pos2">右侧</label><br/>
<input id="pos3" name="pos" value="bottom" type="radio"/>
<label for="pos3">底部</label><br/>
<input id="pos4" name="pos" value="left" type="radio" checked="checked"/>
<label for="pos4">左侧 (默认值)</label>
</p>
<p style="width: 50%; float: left;"><strong>z-位置:</strong><br/>
<input id="zpos1" name="zpos" value="back" type="radio" checked="checked"/>
<label for="zpos1">后退 (默认值)</label><br/>
<input id="zpos2" name="zpos" value="front" type="radio"/>
<label for="zpos2">前进</label><br/>
<input id="zpos3" name="zpos" value="next" type="radio"/>
<label for="zpos3">下一个</label>
</p>
</div>
<br/>
<p>
<a href="#menu">打开导航菜单&raquo;</a>
</p>
</div>
<!-- 定义导航菜单结构 -->
<nav id="menu">
<!-- 省略部分代码 -->
</nav>
</div>
</body>
```

上面这段HTML代码<label>标签通过定义属性for与相关的<input type="radio">控件进行显式绑定，这样用户在单击文本标题的时候，就可以自动选定标题对应的radio控件，十分方便。感兴趣的读者可以参考相关HTML的语法说明。

在HTML页面控件定义好后，通过jQuery.mmenu插件实现客户端添加导航菜单管理选项功能，具体如代码13.12所示。

代码13.12 导航菜单管理选项功能JS代码

```
<script type="text/javascript">
$(function(){
  <!-- 相关jQuery.mmenu插件样式变量定义 -->
  var pos='mm-top mm-right mm-bottom',
  zpos='mm-front mm-next';
  var $html=$('html'),
  $menu=$('nav#menu'),
  $both=$html.add($menu);
  <!-- jQuery.mmenu插件命名空间构造方法 -->
```

```
    $menu.mmenu();
    <!-- 添加position-类名的onChange方法 -->
    $('input[name="pos"]').change(function(){
      $both.removeClass(pos).addClass('mm-'+this.value);
    });
    <!-- 添加z-position-类名的onChange方法 -->
    $('input[name="zpos"]').change(function(){
      $both.removeClass(zpos).addClass('mm-'+this.value);
    });
  });
</script>
```

上面这段JS代码通过jQuery.mmenu插件初始化平滑导航菜单控件，这里需要说明的主要有以下几点：

- 导航菜单页面布局位置样式变量使用jQuery.mmenu插件内部定义好的mm-top、mm-right、mm-bottom关键字。
- 导航菜单页面z-index方向样式变量使用jQuery.mmenu插件内部定义好的mm-front、mm-next关键字。
- 导航菜单控件通过jQuery.mmenu插件命名空间构造方法进行初始化并激活该控件。
- 导航菜单控件通过position-类名的onChange方法进行页面布局位置的设定。
- 导航菜单控件通过z-position-类名的onChange方法进行z-index方向的设定。

13.2.5 网站导航菜单管理Web应用最终效果

经过以上步骤，本节基于jQuery.mmenu插件开发一个网站导航菜单管理的Web应用基本完成，下面对本应用运行效果做一下大致描述。打开jQuerymmenuPositions.html网页，可以看到页面包含导航菜单位置选项控件、z-index方向选项控件、一些关于本应用的简单文档说明以及打开导航菜单的链接，如图13.10所示。

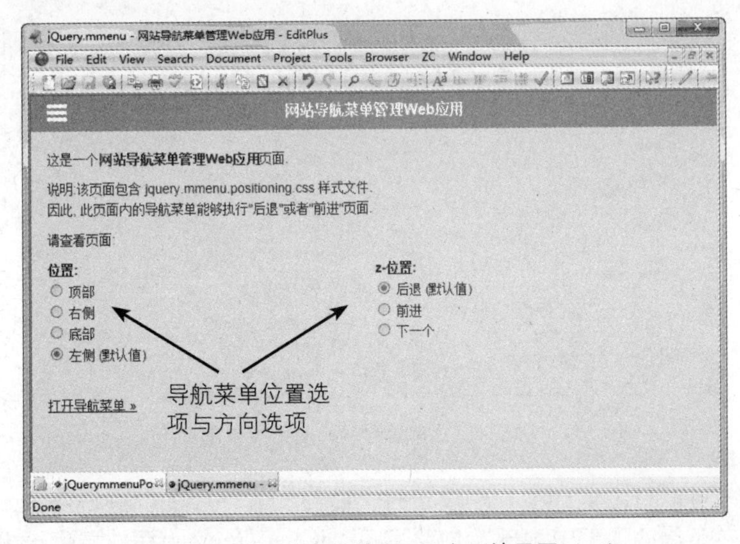

图13.10 网站导航菜单管理Web应用效果图（一）

在网站导航菜单管理Web应用页面的下方，单击“打开导航菜单”链接可以打开本应用定义的平滑导航菜单示例，如图13.11所示。继续返回主页面，在导航菜单位置选项控件中，单击“右侧”控件选项选定新的导航菜单布局位置，然后单击“打开导航菜单”链接再一次打开本应用定义的平滑导航菜单示例，可以看到导航菜单依照用户设定出现在了右侧，如图13.12和13.13所示。

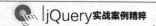

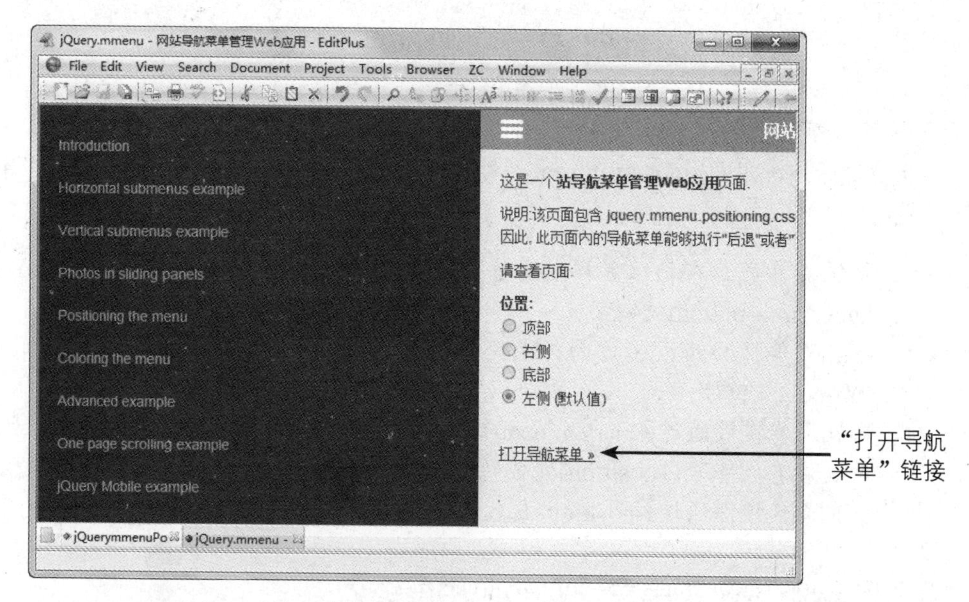

图13.11 网站导航菜单管理Web应用效果图（二）

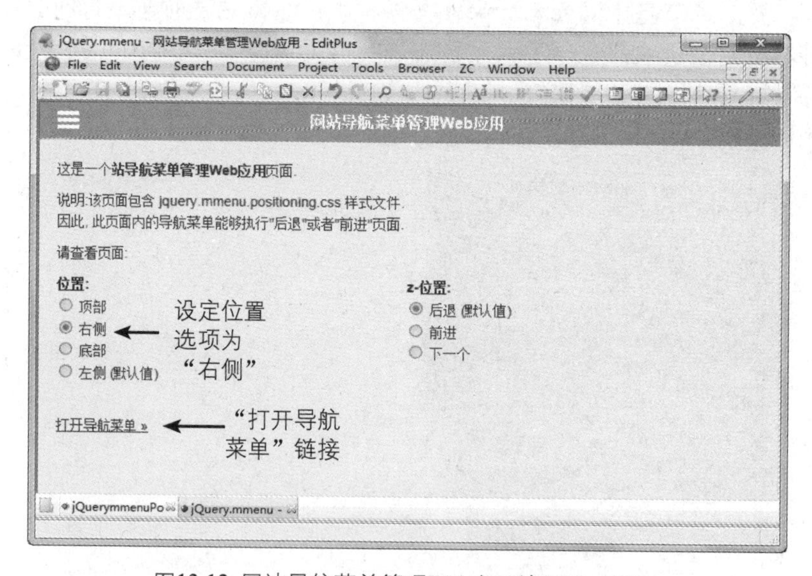

图13.12 网站导航菜单管理Web应用效果图（三）

相应地，用户可以将位置选项分别设定为“顶部”或“底部”进行测试，导航菜单将会相应地出现在页面布局的顶部或底部。由此可见，jQuery.mmenu插件提供给设计人员相当灵活的布局方式，有利于设计人员根据实际项目需要进行自定义选择。

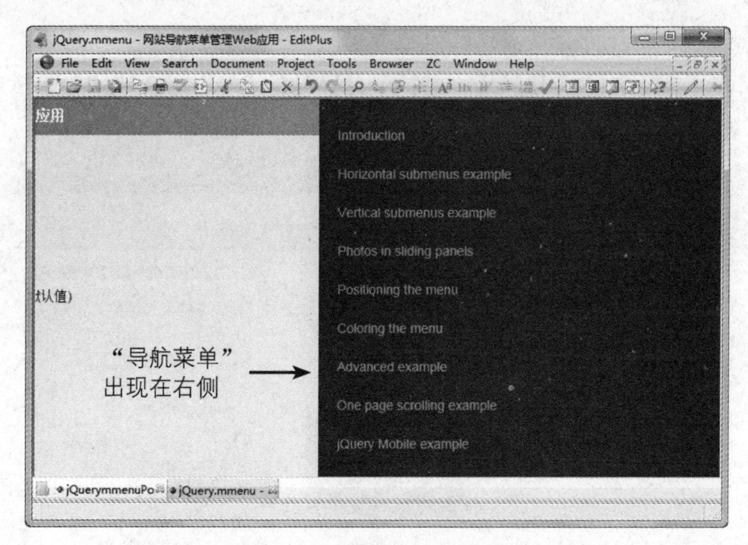

图13.13 网站导航菜单管理Web应用效果图（四）

13.3 其他文件上传插件

除了jQuery.mmenu插件外，互联网上还有很多非常实用的文件上传插件，比如具有颜色渐变消隐功能的Color Fading Menu with jQuery插件以及实现了滑动板和导航互动特效的超炫jQuery插件——Kwicks，这些插件同样提供了完善的导航菜单功能。

13.3.1 使用Color Fading Menu with jQuery插件

Color Fading Menu with jQuery插件是一款专门基于jQuery框架开发的导航菜单插件，该插件可显示颜色渐变消隐的导航菜单，并且支持在菜单背景中使用图片功能，在Web浏览器中应用十分广泛。其中，Color Fading Menu with jQuery插件的官方网址如下：

```
http://css-tricks.com/color-fading-menu-with-jquery/
```

打开Color Fading Menu with jQuery的官方网站，可以看到基于该插件实现的页面的主菜单，如图13.14所示。继续往下浏览可以看到一些文档说明，之后就是这个插件的样例链接地址与源文件下载链接地址，如图13.15所示。

Color Fading Menu with jQuery插件官网中包含示例链接地址，并提供了详细的使用方法，大致上Color Fading Menu with jQuery插件的使用分为以下几个基本步骤。

（1）首先，添加Color Fading Menu with jQuery插件对必要的js库文件和CSS样式文件的引用，这里不再详细举出，读者可以参考Color Fading Menu with jQuery插件源文件。

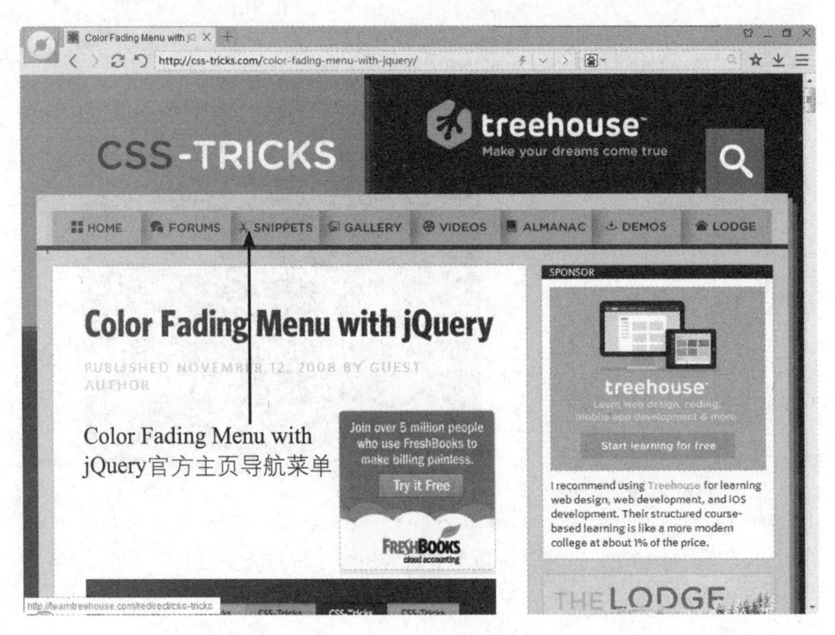

图13.14 Color Fading Menu with jQuery插件主页

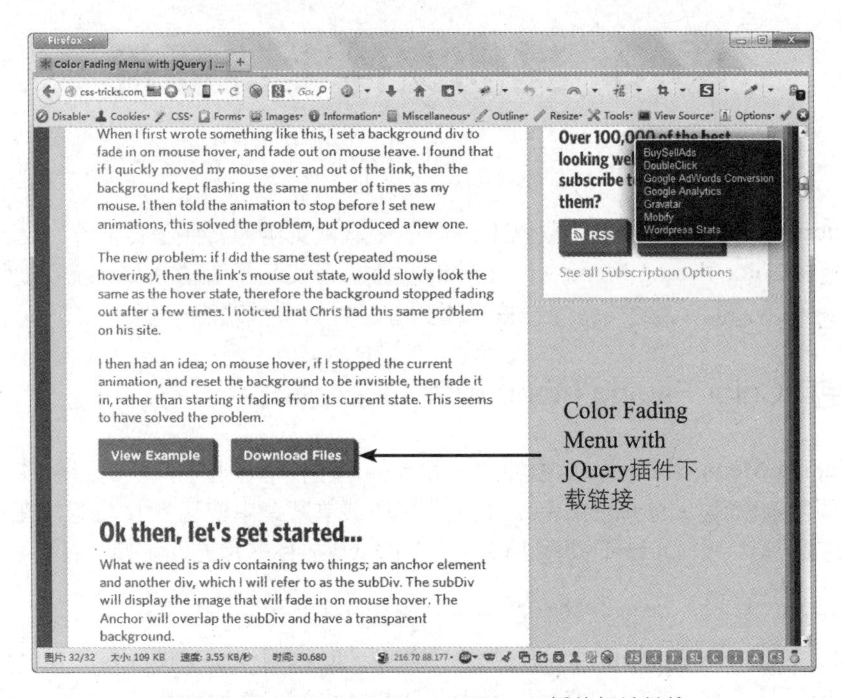

图13.15 Color Fading Menu with jQuery插件相关链接

（2）然后，需要在页面中添加两个必要元素：一个锚元素和一个<div>元素。这里将<div>元素指定为一个subDiv，该subDiv在鼠标悬停的消隐过程中将会显示一个image图像，而锚将重叠subDiv并有透明背景。我们将该subDiv添加到动态使用jQuery框架的<div>元素之中，这样编写代码以减少HTML刷新时的重复计算量。在页面中包含多条链接元素时，这样编写代码是十分必要的。具体如代码13.13所示。

代码13.13 Color Fading Menu with jQuery插件使用之HTML代码

```
<div class="hoverBtn">
<a href="http://css-tricks.com/">Go to CSS-Tricks</a>
</div>
```

以上代码使用一个含有hoverBtn样式类的<div>元素以及一个包含在该<div>元素内并指向CSS-TRICKS网站的超链接元素。

（3）在HTML页面定义好后，引入CSS样式代码，设计人员可以根据项目实际需求修改以下CSS样式代码，具体如代码13.14所示。

代码13.14 Color Fading Menu with jQuery插件使用之CSS代码

```
div.hoverBtn{
position:relative;
  width:100px;
  height:30px;
  background:#000 url(your_background_image.png) repeat-x 0 0 scroll;
}
div.hoverBtn a{
  position:relative;
  z-index:2;
  display:block;
  width:100px;
  height:30px;
  line-height:30px;
  text-align:center;
  color:#000;
  background:transparent none repeat-x 0 0 scroll;
}
div.hoverBtn div{
  display:none;
  position:relative;
  z-index:1;
  width:100px;
  height:30px;
  margin-top:-30px;
  background:#FFF url(your_hover_image.png) none repeat-x 0 0 scroll;
}
```

现在，上文定义的subDiv定位在锚的下面，并且通过编写代码将背景图形应用到相应的<div>元素和subDiv中。

（4）经过以上准备，下面使用jQuery技术实现最关键的逻辑部分。

首先，使用jQuery对象的append方法实现添加subDiv元素，具体如代码13.15所示。

代码13.15 Color Fading Menu with jQuery插件使用之JS代码(一)

```
//当DOM已经完成加载后…
$(function(){
```

```
  //显示悬停<div>元素
  $("div.hoverBtn").show("fast", function(){
    //追加背景<div>元素
    $(this).append("<div></div>");
  });
});
```

这里使用show方法的回调函数进行append操作，这样我们就可以使用this关键字引用每一个div.hoverBtn元素。

（5）然后，需要编写链接的悬停事件来实现字体颜色消隐效果，因此代码应该指定一个悬停颜色。当然，还可以使用REL属性来存储每个锚的初始颜色，这对不同颜色的链接是非常有用的。具体如代码13.16所示。

代码13.16 Color Fading Menu with jQuery插件使用之JS代码(二)

```
//定义悬停颜色变量
var hoverColour="#FFF";
//当DOM已经完成加载后…
$(function(){
  //显示悬停<div>元素
  $("div.hoverBtn").show("fast", function(){
  //追加背景<div>元素
  $(this).append("<div></div>");
  //编写链接的悬停事件代码
  $(this).children("a").hover(function(){
  //存储初始颜色
  if ($(this).attr("rel")==""){
    $(this).attr("rel", $(this).css("color"));
  }
  //背景消隐实现
$(this).parent().children("div").stop().css({"display": "none", "opacity":
"1"}).fadeIn("fast");
  //颜色消隐实现
  $(this).stop().css({"color": $(this).attr("rel")}).animate({"color":
  hoverColour}, 350);
  },function(){
  $(this).parent().children("div").stop().fadeOut("slow");  //背景消隐退出
$(this).stop().animate({"color": $(this).attr("rel")}, 250); //颜色消隐退出
      });
  });
});
```

使用Color Fading Menu with jQuery插件的基本过程就是这样，设计人员可以修改其源文件以满足实际项目的需求。Color Fading Menu with jQuery插件应用效果如图13.16所示。

图13.16 Color Fading Menu with jQuery插件应用效果图

13.3.2 使用基于jQuery的Kwicks滑动板导航菜单插件

基于jQuery框架的Kwicks滑动板导航菜单插件是极具特色的导航菜单插件，主要特点是提供了很强的导航交互功能。下面是Kwicks插件的下载网址，其页面如图13.17所示。

```
http://www.devsmash.com/projects/kwicks
```

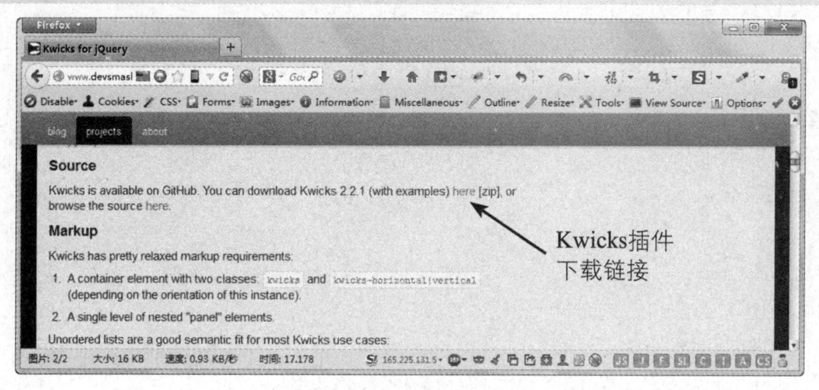

图13.17 Kwicks插件下载地址

Kwicks插件开发最初源自一个MooTools框架特效的端口，随着开发人员的不断努力改进，慢慢演变成一个高度可配置和简便灵活的UI插件。用户可以在Kwicks插件的官方网站上浏览到演示效果，如图13.18所示。

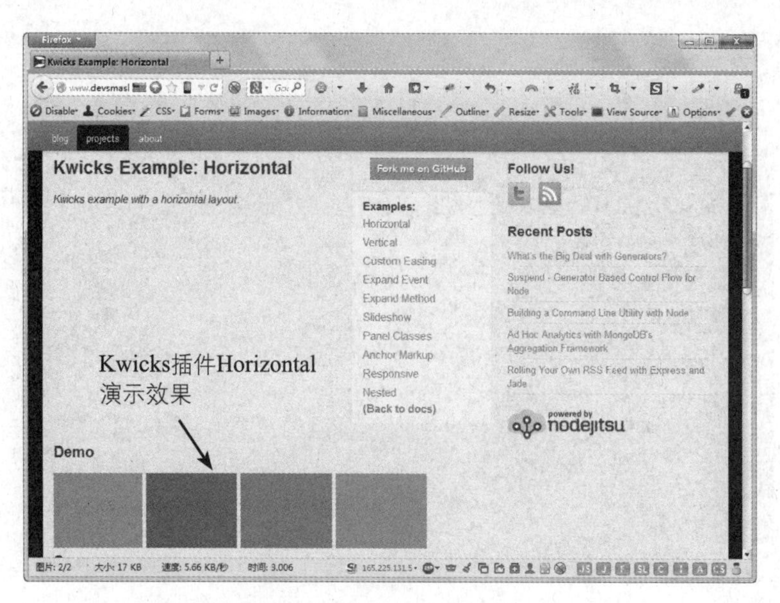

图13.18 Kwicks插件演示效果

最基本的使用Kwicks插件的方法大致分为3个部分，具体如下。

- 添加对jQuery库文件、Kwicks插件库文件和样式文件的引用。
- 构建一个导航菜单控件，并为该控件关联Kwicks插件事件处理代码。
- 调用Kwicks插件后台处理方法，实现导航菜单交互功能。

上面演示了一个Horizontal风格的Kwicks插件样例，通过使用Kwicks插件的样式class='kwicks kwicks-horizontal'来实现，具体如代码13.17所示。

代码13.17 使用Kwicks插件实现Horizontal风格导航菜单

```
<!DOCTYPE html>
<html>
<head>
<title>Kwicks Horizontal Example</title>
//引用Kwicks插件CSS样式类文件
<link rel='stylesheet' type='text/css' href='../jquery.kwicks.css'/>
//自定义CSS样式类
<style type='text/css'>
.kwicks{
  width:515px;
  height:100px;
}
.kwicks > li{
  height:100px;
  /* overridden by kwicks but good for when JavaScript is disabled */
  width:125px;
  margin-left:5px;
  float:left;
}
#panel-1 { background-color: #53b388; }
```

```
    #panel-2 { background-color: #5a69a9; }
    #panel-3 { background-color: #c26468; }
    #panel-4 { background-color: #bf7cc7; }
</style>
</head>
<body>
<ul class='kwicks kwicks-horizontal'>
<li id='panel-1'></li>
<li id='panel-2'></li>
<li id='panel-3'></li>
<li id='panel-4'></li>
</ul>
<script src='js/jquery-1.8.1.min.js' type='text/javascript'></script>
<script src='../jquery.kwicks.js' type='text/javascript'></script>
<script type='text/javascript'>
$().ready(function(){
  $('.kwicks').kwicks({
    maxSize :250,
    behavior:'menu'
  });
});
</script>
</body>
</html>
```

可以看到，示例代码通过<ul><li>列表控件实现导航菜单，通过关联Kwicks插件的kwicks()构造方法进行初始化，并通过对最大尺寸与导航菜单行为样式等属性的定义实现滑动板导航菜单插件效果与用户交互，本例的运行效果如图13.19所示。

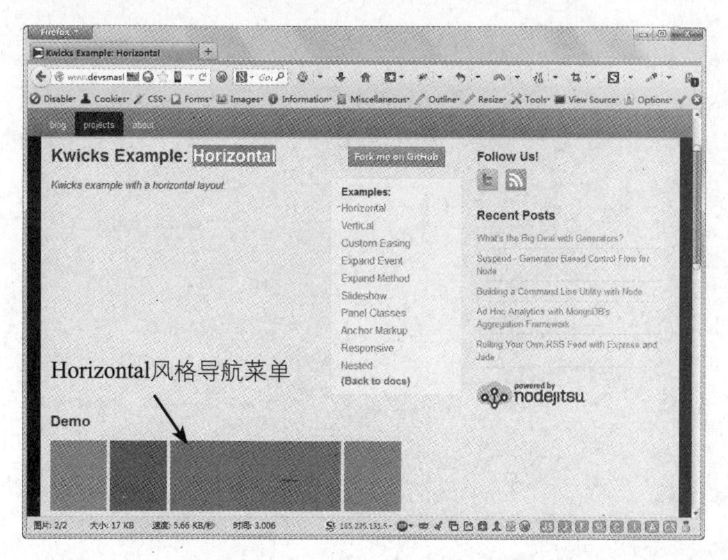

图13.19 Kwicks插件实现Horizontal风格效果

Kwicks插件还包含很多实用的样式风格，感兴趣的读者可以参考其官方网站中的文档与样例获取详细的信息。

13.4 小结

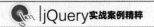

本章介绍了基于jQuery框架的导航菜单插件，重点讨论了jQuery.mmenu插件的使用。首先介绍了如何下载和使用jQuery.mmenu插件，接下来对jQuery.mmenu插件的参数进行了详细的说明，并通过简单的静态页面示例演示了如何使用jQuery.mmenu插件实现导航菜单。然后，开发了一个网站导航菜单管理Web应用，演示了如何使用jQuery.mmenu插件实现完整的导航菜单选项设置等功能。本章最后介绍了两个流行的导航菜单插件（Color Fading Menu with jQuery插件与Kwicks插件）的简单使用方法，以飨读者。

第14章 动画插件

如今，动画插件在动态网站应用开发中扮演着越来越重要的角色，使用动画插件可以使页面效果丰富多彩、传达的信息形象生动，还能增强人机交互的完美体验，是未来互联网技术发展的重要方向之一。动画插件是基于脚本语言的Web应用，一般只要用少量的代码就可以描述一个复杂的动画效果，占用的存储空间很小，非常适合于在Internet上使用。动画插件一般还提供一些自定义功能，用以支持用户扩展。

目前，流行的动画插件大部分基于JavaScript脚本语言与jQuery框架开发，效果功能优异，安装、使用与维护快捷简单，可以提供给用户良好的交互体检，是设计人员增强页面效果的必要手段之一。如图14.1所示是著名的Google网站中展示的动画效果图。

图14.1 网站动画效果图

本章将介绍如何利用基于jQuery框架的Motio动画插件来为网页增加效果，主要包括Motio动画插件参数讲解、如何使用Motio动画插件实现页面动画功能以及一些类似的动画插件介绍。

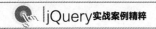

14.1 准备Motio插件

Motio是一款基于jQuery框架的动画插件，它看似简单但功能十分强大，能够创建类精灵化的炫目动画。Motio插件获取一个元素并改变其背景的位置，然后通过Javascript代码来创建动画效果。从本质上来说，Motio插件没有依赖性，但有一个Motio jQuery Plugin版本可供选择使用。

14.1.1 下载Motio插件

Motio插件的官方网址如下：

```
http://darsa.in/motio/
```

在Motio插件的官网中，读者可以看到Motio插件的最新版本更新情况、下载地址、产品介绍、样例链接、产品文档和版权信息等资料，如图14.2所示。

图14.2 Motio插件官方网站

在该页面开始位置，读者就可以看到Motio插件的下载链接，同时还可以找到Motio插件在Github版本库中的链接地址，如下所示：

```
https://github.com/darsain/motio
```

在打开Motio插件的Github版本库后，读者可以找到Motio插件所有版本的更新信息与完整资源库，读者可以根据需要自行进行打包下载。当然，页面中还有版本提交地址，开发人员可以上传提交自行设计的插件，如图14.3所示。

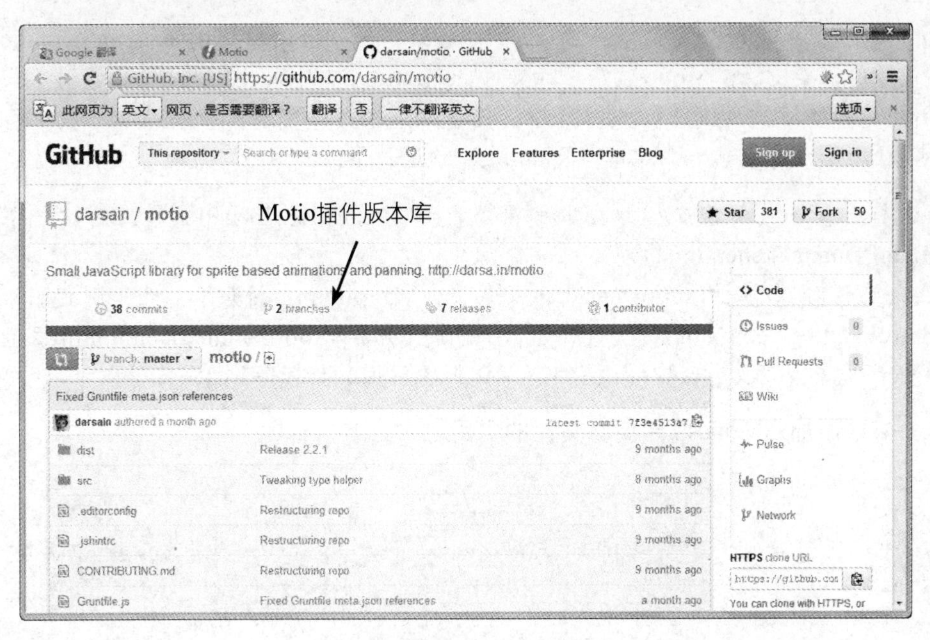

图14.3 Motio插件Github页面

Motio插件官方网站为没有JavaScript和jQuery语言基础的用户提供了jQuery.motio插件版本，jQuery.motio插件版认为jQuery是一个独立的语言，将jQuery框架功能整合进该插件版本，读者可以在其官网上进行下载，如图14.4所示。

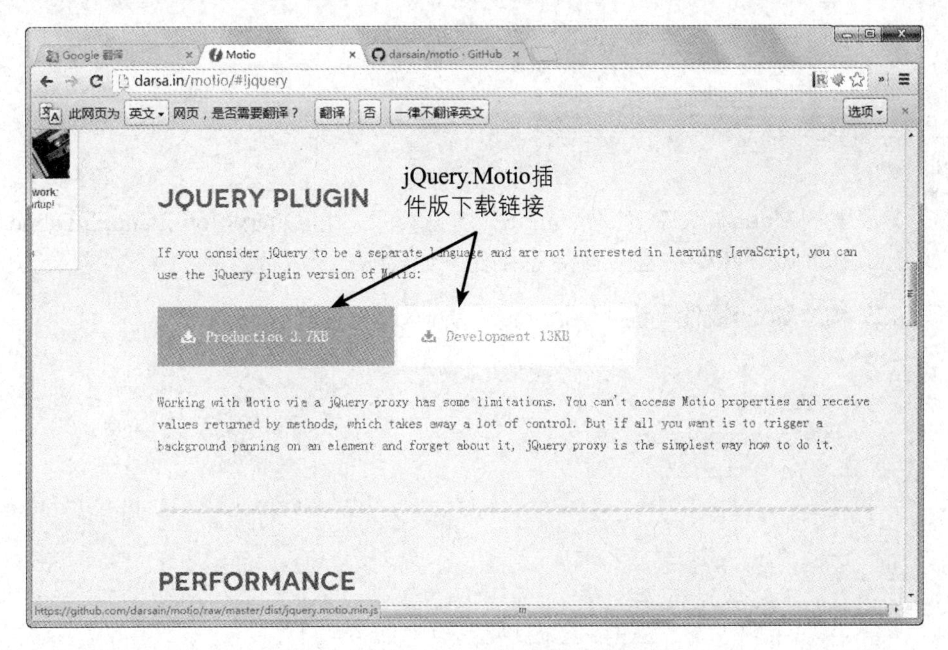

图14.4 jQuery Motio插件版下载链接

Motio插件当前的版本为2.2.1，从官方网站可以下载一个3KB大小的产品版压缩包或一个12KB大小的开发版压缩包，文件名一般为motio-master.zip。用户将压缩包解压缩后就可以得到motio.js、motio.min.js、jquery.motio.js和jquery.motio.min.js这4个类库文件，其中motio.js和

motio.min.js是需要jQuery框架支持的Motio插件类库文件，而jquery.motio.js和jquery.motio.min.js为无需jQuery框架支持的Motio插件类库文件，带min标识的为压缩版文件。设计人员可以根据需要引用这些类库文件来进行设计开发，接下来通过几个简单的步骤来看一看如何在网页上快速应用Motio插件创建一个平盘（Panning）动画效果：

（1）打开任一款目前流行的文本编辑器，如UltraEdit、EditPlus等，新建一个名称为jQueryMotioPanningDemo.html的网页。

（2）打开最新版本的motio-master源文件夹，将motio.min.js类库文件复制到刚刚创建的jQueryMotioPanningDemo.html页面文件目录下。在jQueryMotioPanningDemo.html页面文件中添加对jQuery框架类库文件、Motio插件类库文件的引用，如代码14.1所示。

代码14.1 添加对Motio插件类库文件的引用

```
<!DOCTYPE html>
<head>
  <meta http-equiv="Content-Type" content="text/html; charset=UTF-8">
  <meta charset="utf-8">
  <meta http-equiv="X-UA-Compatible" content="IE=edge,chrome=1">
  <title>Motio Panning</title>
  <meta name="viewport" content="width=device-width">
  <!-- 引用jQuery类库文件 -->
  <script src="jquery.min.js"></script>
  <!-- 引用Motio插件类库文件 -->
  <script src="motio.min.js"></script>
  <!-- 引用本页面JS文件 -->
  <script src="main.js"></script>
  <!-- 引用本页面CSS样式文件 -->
  <link rel="stylesheet" href="main.css">
</head>
```

（3）为了实现Motio插件平盘（panning）动画效果，在jQueryMotioPanningDemo.html页面中添加相应的tab项和<div>平盘动画层等控件，如代码14.2所示。

代码14.2 构建Motio插件平盘（panning）动画效果页面代码

```
<body>
  <!-- tab选项列表 -->
  <ul class="nav nav-tabs">
    <li class="active">
      <a href="http://darsa.in/motio/#panning" data-toggle="tab">Panning</a>
    </li>
  </ul>
  <div class="tab-content examples">
    <!-- Motio插件平盘(panning)动画<div>控件 -->
    <div class="tab-pane active" id="panning">
      <div class="example">
        <div class="frame panning" style="background-position: 314px -347px;"></div>
      </div>
    </div>
```

```
    </div>
</body>
```

HTML中通过<ul>与<li>列表标签实现tab列表选项，其中通过对<li>标签设定class="active"实现选定默认菜单项。然后，通过多个<div>元素的层级嵌套，实现Motio插件平盘（panning）动画控件，最终动画演示将在该控件内展示。

（4）页面元素构建好后，添加CSS代码对Motio插件进行样式美化，完成动画功能与显示效果，如代码14.3所示。

代码14.3 Motio插件CSS样式代码

```
.panning{
  width:auto; // Span to the full width of container
  height:300px;
  background:url('repeating_sky.jpg');
}
```

该段CSS样式代码对动画控件的宽度与高度做了定义，并且对background属性通过url链接定义了一副本地jpg格式图片。

（5）页面元素构建好后，添加js代码对Motio插件进行初始化，完成动画功能与显示效果，如代码14.4所示。

代码14.4 Motio插件初始化代码

```
<script type="text/javascript">
    //Panning
    var panning=new Motio(document.getElementById('panning'), {
      fps: 30,                                    //每秒动画帧数
      speedX: -30                                        //平盘水平方向运动速率
    });
    panning.play(); // Start playing animation
</script>
```

上面js代码通过document.getElementById('panning')获取id值等于'panning'的<div>控件，并通过Motio插件定义的构造方法进行初始化。在初始化函数内部，分别对fps属性和speedX属性进行设定：fps:30；speedX:-30。fps属性表示动画每秒动画帧数，speedX属性表示动画平盘水平方向运动速率。最后，通过Motio插件定义的play方法激活动画。至此，使用Motio插件开发的简单示例就完成了，运行后效果如图14.5所示。

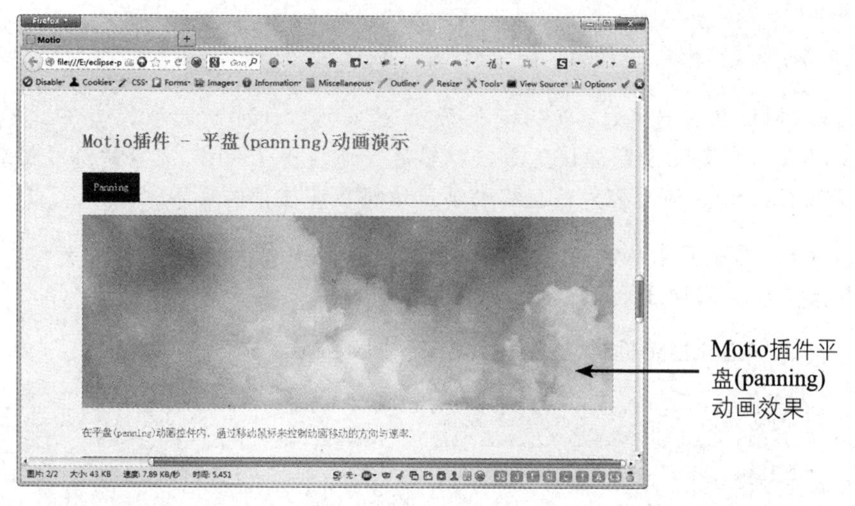
Motio插件 - 平盘(panning)动画演示
Panning
在平盘(panning)动画控件内，通过移动鼠标来控制动画移动的方向与速率。
Motio插件平盘(panning)动画效果

图14.5 Motio插件平盘（panning）动画效果

用户在平盘（panning）动画控件内，通过移动鼠标来控制动画移动的方向与速率，随着鼠标移动的快慢，动画运行的速率也随之改变，用户可以自行进行测试。

14.1.2 参数说明

Motio插件创建新Motio实例对象的方法是使用new关键字，它将创建一个新的Motio实例对象，创建成功后随时可以在程序中使用，具体如下：

```
var motio = new Motio(frame [, options]);
```

- frame

类型：Element

说明：一个对象的动画背景的DOM元素。

举例：var motio=new Motio(document.getElementById('frame')); //本地创建

var motio=new Motio($('#frame')[0]); //通过jQuery创建

- options

类型：Object

说明：Motio选项对象。

默认情况下，一切选项都处于关闭状态，所以调用Motio使用所有默认选项会留下一个死的帧而不会做任何事情。新Motio对象也会暂停，所以如果用户想立即启动动画，必须在事后立即调用.play()方法执行启动动画。Motio插件使用默认选项一般的定义方法如代码14.5所示。

代码14.5 Motio插件默认选项定义示例

```
var panning = new Motio(element, {
    fps:15,                              //定义动画每秒的帧数
```

```
    //Sprite动画定义的默认选项
    frames:0,                    //sprite动画定义的帧数
    vertical:0,                  //通知Motio插件用户正在使用垂直sprite动画图片
    width:0,                     //手动设定动画的宽度(可选的)
    height:0,                    //手动设定动画的高度(可选的)
    // 平盘(panning)动画定义的默认选项
    speedX:0,                    //每秒的水平平盘(panning)动画移动的像素值
    speedY:0,                    //每秒的垂直平盘(panning)动画移动的像素值
    bgWidth:0,                   //背景图片的宽度(可选的)
    bgHeight:0                   //背景图片的高度(可选的)
});
```

Motio插件所有选项的定义如表14.1所示。

表14.1 Motio插件选项列表

选项名称	类型	默认值	选项描述	备注
fps	Int	15	每秒的动画帧，更大的数字意味着更流畅的动画，但较高的CPU负载。最大值为60	此选项可通过.set()方法动态设定
精灵（Sprite）动画模式特定选项				
frames	Integer	null	有多少帧的画面图像，设置此选项触发精灵动画模式。否则Motio处于摇摄模式	
vertical	Boolean	false	告诉Motio您使用的是垂直堆叠的精灵形象	
width	Integer	0	手动设置帧的宽度，这是高度选择性的，因为Motio自动计算出这个值	但如果目前申请Motio的元素是隐藏的，自动计算宽度是不可能的
height	Integer	0	手动设置帧的高度，这是高度选择性的，因为Motio自动计算出这个值	但如果目前申请Motio的元素是隐藏的，自动计算高度是不可能的
平盘（Panning）动画模式特定选项				
speedX	Integer	null	平盘动画X方向每秒像素速度，使用负值向后移动	此选项可通过.set()方法动态设定
speedX	Integer	null	平盘动画Y方向每秒像素速度，使用负值向后移动	此选项可通过.set()方法动态设定
bgWidth	Integer	null	用于平移背景图象的宽度，这是高度选择性的	该选项和bgHeight选项均是Motio插件很重要的选项。Motio插件根据该选项将会判断重置背景位置回到坐标原点（0，0）的时间，以保证背景位置坐标值不会溢出JavaScript规范定的2~53大小的整数上限
bgHeight	Integer	null	用于平移背景图象的宽度，这是高度选择性的	同上
jQuery 插件选型				
startPaused	Boolean	false	默认情况下，通过一个jQuery插件启动自动动画	传递true到这个值将禁止这个选项

Motio插件所有属性的定义如表14.2所示。

表14.2 Motio插件属性列表

属性名称	类型	属性描述
motio.element	Object	Motio插件调用的HTML元素
motio.options	Object	由当前Motio对象所使用的所有选项对象，这实质上是将扩展选项Motio.defaults对象传递给new Motio()方法的操作
motio.width	Integer	宽度的框架，该属性没有得到Motio插件及时更新，所以如果你有<body>上的平移动画或调整窗口大小操作，它不会在这个属性上得到反馈 事实上，在如何平移模式中并不真的永远需要这个属性
motio.height	Integer	高度的框架，该属性没有得到Motio插件及时更新，所以如果你有<body>上的平移动画或调整窗口大小操作，它不会在这个属性上得到反馈 事实上，在如何平移模式中并不真的永远需要这个属性
motio.isPaused	Boolean	此属性为true时Motio暂停，否则返回false
平盘（Panning）模式特定属性		

motio.pos	Object	背景位置属性：
		{
		x: 100,　//水平背景位置
		y: 100,　//垂直背景位置
		}

精灵（Sprite）模式特定属性		
motio.frame	Integer	当前活动帧索引
motio.frames	Integer	全部帧的总数量

除了以上选项与属性，Motio插件还配置相应的方法与事件处理函数，Motio插件提供了少数但又非常有用的方法，如下：

```
var motio = new Motio(frame, options);
// Play method call
motio.play();
```

除非另有规定，所有的方法都返回当前的Motio对象。这意味着，用户可以通过链方法调用任何想要调用的方法：

```
motio.on('frame', callback).set('speedX', 50).play();
```

如果用户使用Motio的jQuery插件版本，可以通过代理调用所有方法：

```
$('#frame').motio('methodName' [, arguments... ]);
```

假定$('#frame')元素已经与Motio对象相关联，在这种情况下可以通过一个jQuery插件调用Motio方法：

```
$('#frame').motio('toEnd', callbackFunction);
```

以下是Motio插件的全部方法的列表，如表14.3所示。

表14.3 Motio插件方法列表

方法名称	方法描述、用例与参数详解		
play	描述	该方法开始播放连续的动画，不停止，直到被其他方法中断	
	用例	motio.play([reverse]);	
	参数	reverse:Boolean 设定该参数值为true则在相反的方向进行动画处理，该参数只有在精灵动画模式下使用	
pause	描述	暂停当前正在运行的动画	
	用例	motio.pause();	
toggle	描述	重新启动已经被暂停的动画	
	用例	motio.toggle();	
toStart	描述	动画的第一帧，并暂停动画。如果第一帧已经激活，它会重复动画的最后一帧。仅在精灵动画模式下起作用	
	用例	motio.toStart([immediate][,callback]);	
	参数	immediate:Boolean	无论是否最后一帧，应立即启动，跳过动画
		Callback:Function	当动画到达结尾时回调被激活 如果中断动画之前到达目的地，回调将不会被激活

		下面为样例：
		motio.toStart(true); //不通过动画直接激活第一帧
		motio.toStart(callback); //执行回调当动画到达帧的结尾
		motio.toStart(true,callback); //以上两种形式组合使用	

toEnd	描述	动画的最后一帧，并暂停动画。如果最后一帧已经激活，它会重复动画的第一帧。仅在精灵动画模式下起作用	
	用例	motio.toEnd([immediate][,callback]);	
	参数	immediate:Boolean	无论是否最后一帧，应立即启动，跳过动画
		Callback:Function	当动画到达最后一帧回调被激活 如果中断动画之前到达目的地，回调将不会被激活

		下面为样例：
		motio.toEnd(true); //不通过动画直接激活最后一帧
		motio.toEnd(callback); //执行回调当动画到达帧的结尾
		motio.toEnd(true,callback); ///以上两种形式组合使用	

to	描述	动画到指定的帧，暂停动画。仅在精灵动画模式下起作用	
	用例	motio.to(frame,[immediate][,callback]);	
	参数	Frame:Integer	动画到达目的地帧索引，从0开始
		immediate:Boolean	无论是否最后一帧，应立即启动，跳过动画
		callback:Function	当动画到达指定帧回调被激活 如果中断动画之前到达目的地，回调将不会被激活

		下面为样例：
		motio.to(2,true); //不通过动画直接激活第3帧
		motio.to(2,callback); //执行回调当动画到达第3帧
		motio.to(2,true,callback); //以上两种形式组合使用	

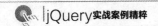

（续表）

方法名称	方法描述、用例与参数详解		
set	描述	改变一个指定选项的值	
	用例	motio.set(name,value);	
	参数	name:String	要更改的选项的名称
		value:Mixed	新的选项值
		只有这些选项可以动态改变： fps speedX speedY 举例：motio.set('speedX',100);	
on	描述	注册一个或多个Motio事件的回调函数	
	用例	motio.on(eventName,callback);	
	参数	eventName:Mixed	事件的名称，或回调映射对象
		callback:Mixed	回调函数，或回调函数的数组

		举例：
		//基本用法
		motio.on('frame', function () {});
		//多个事件，一个回调函数
		motio.on('play pause', function () {});
		//多个事件，多个回调函数
		motio.on('play pause', [
		function () {},
		function () {}
		]);
		//回调映射对象
		motio.on({
		play: function () {},
		frame: [
		function () {},
		function () {}
		]
		});	

off	描述	删除一个、多个或从一个Motio事件中删除所有的回调	
	用例	motio.off(eventName,[callback]);	
	参数	eventName:String	事件名称
		callback:Mixed	回调函数，或被删除的一个数组回调函数，省略删除所有回调

		举例：
		//从一个加载事件中删除一个回调函数
		motio.off('load', fn1);
		//从多个事件中删除一个回调函数
		motio.off('load move', fn1);
		//从多个事件中删除多个回调函数
		motio.off('load move', [fn1, fn2]);
		//从加载事件中删除所有回掉函数
		motio.off('load');	

destroy	描述	暂停动画，重置背景位置到坐标(0,0)点	
	用例	motio.destroy();	

最后，Motio插件还提供了几个事件处理函数，用户可以通过.on()或.off()方法来注册一些Motio插件事件的回调函数，如下所示：

```
var motio = new Motio(frame, options);
motio.on('play pause', fn);                    //注册一个多事件的回调函数
motio.play();                                  //开始执行动画
```

Motio插件的通用参数为this关键字，在所有的回调中通过这个值触发事件的Motio对象，如下：

```
motio.on('frame', function (eventName){
   console.log(eventName); // 'frame'
   console.log(this.frame); // frame index
});
```

表14.4是Motio插件的全部事件的列表。

表14.4 Motio插件事件列表

事件名称	事件描述
pause	该事件当动画暂停时触发
play	该事件动画恢复时触发
frame	该事件触发每一个动画帧

14.1.3 使用Motio插件实现精灵(Sprite)模式动画

接下来实现一个基于Motio插件的实例，该实例演示了如何使用Motio插件来实现一个精灵（Sprite）模式动画页面应用，具体实现过程如下面的步骤所示。

（1）使用文本编辑器新建一个名为jQueryMotioSpriteDemo.html的网页，将网页的标题指定为“基于Motio插件实现精灵（Sprite）模式动画”，然后添加对jQuery库文件以及Motio插件的js库文件和CSS样式文件的引用，如代码14.6所示。

代码14.6 基于Motio插件实现精灵（Sprite）模式动画引用文件

```
<!DOCTYPE HTML>
<head>
  <meta http-equiv="Content-Type" content="text/html; charset=UTF-8">
  <meta charset="utf-8">
  <meta http-equiv="X-UA-Compatible" content="IE=edge,chrome=1">
  <meta name="viewport" content="width=device-width">
  <meta name="description" content="Small JavaScript library for simple but
  powerful sprite based animations and panning.">
  <title>基于Motio插件实现精灵(Sprite)模式动画</title>
  <!-- 引用jQuery库文件 -->
  <script src="jquery.min.js"></script>
  <!-- 引用Motio插件库文件 -->
  <script src="motio.min.js"></script>
  <!-- 引用本页面JS文件 -->
  <script src="main.js"></script>
```

```
  <!-- 引用本页面CSS样式文件 -->
  <link rel="stylesheet" href="main.css">
</head>
```

（2）为了实现Motio插件精灵（Sprite）动画效果，在jQueryMotioSpriteDemo.html页面中添加相应的tab项和<div>精灵动画层等控件，如代码14.7所示。

代码14.7 基于Motio插件实现精灵（Sprite）模式动画HTML代码

```
<body>
  <!-- tab选项列表 -->
  <ul class="nav nav-tabs">
    <li class="active">
      <a href="http://darsa.in/motio/#sprite" data-toggle="tab">Sprite</a>
    </li>
  </ul>
  <div class="tab-content examples">
    <!-- Motio插件精灵(Sprite)动画<div>控件 -->
    <div class="tab-pane active" id="sprite">
      <div class="example">
        <div class="frame sprite" style="background-position:-2750px 0px;"></div>
      </div>
      <p>鼠标经过图像激活Sprite动画,鼠标移出图像暂停Sprite动画.</p>
    </div>
  </div>
</body>
```

HTML中通过<ul>与<li>列表标签实现tab列表选项，其中通过对<li>标签设定class="active"实现选定默认菜单项。然后，通过多个<div>元素的层级嵌套，实现Motio插件精灵（Sprite）动画控件，最终动画演示将在该控件内展示。

（3）页面元素构建好后，添加如下CSS代码对Motio插件进行样式美化，完成动画功能与显示效果，如代码14.8所示。

代码14.8 基于Motio插件实现精灵（Sprite）模式动画CSS代码

```
.sprite{
  width:auto; // Span to the full width of container
  height:300px;
  background:url('sprite-ani.jpg');
}
```

该段CSS样式代码对动画控件的宽度与高度做了定义，并且对background属性通过url链接定义了精灵动画需要的jpg格式图片素材。

（4）页面元素构建好后，添加如下js代码对Motio插件进行初始化，完成动画功能与显示效果，如代码14.9所示。

代码14.9 基于Motio插件实现精灵（Sprite）模式动画初始化代码

```
<script type="text/javascript">
  var $example=$('#sprite.example');
  var frame=$example.find('.frame')[0];
  var motio=new Motio(frame,{
```

```
    fps:10,                          //定义fps值等于10
    frames:14                        //定义frames值等于14
  });

  //当鼠标进入动画控件内时，激活动画；当鼠标离开动画控件时，暂停/停止动画；
  $example.on('mouseenter mouseleave',function(event){
    motio[event.type==='mouseenter'?'play':'pause']();
  });
</script>
```

上面js代码通过$('#sprite.example')获取id值为example的<div>控件，该控件嵌套在id值为sprite的<div>控件内，并通过jQuery框架的find方法查找类名为'.frame'的元素，然后通过Motio插件定义的构造方法进行初始化。在初始化函数内部，分别对fps属性和frames属性进行设定：fps:10；frames:14。fps属性表示动画每秒动画帧数，frames属性表示动画所包含的帧数总和。最后，通过Motio插件定义的on方法激活动画，在on方法内通过定义鼠标进入和鼠标离开事件来实现激活或暂停动画功能。至此，使用Motio插件开发的精灵（Sprite）模式动画示例就完成了，暂停动画与激活动画时效果如图14.6和图14.7所示。

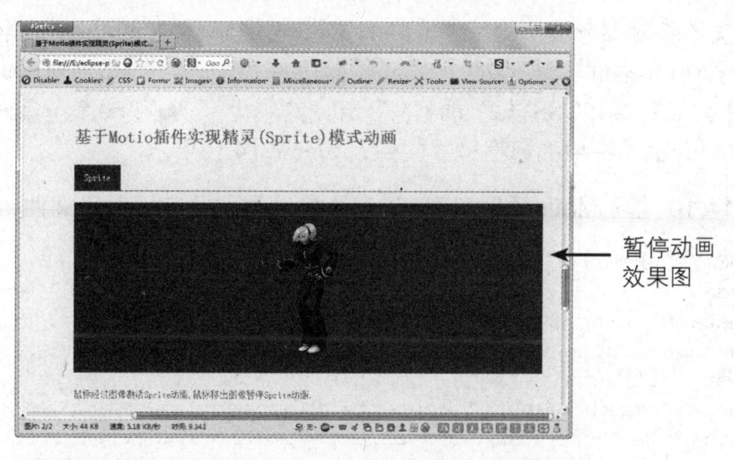

图14.6 基于Motio插件实现精灵（Sprite）模式暂停动画效果

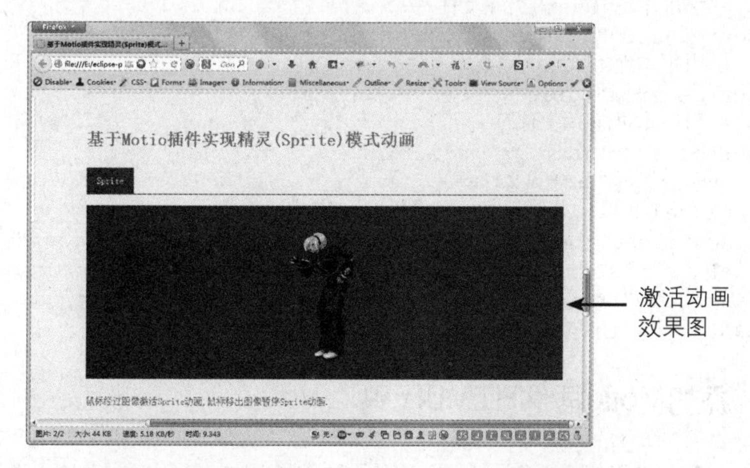

图14.7 基于Motio插件实现精灵（Sprite）模式激活动画效果

14.2 开发360度全景动画网页应用

本节将基于Motio插件开发一个360度全景动画网页应用。360度全景动画网页应用是一种模拟数码相机对实物场景进行多角度环视拍摄虚拟展示技术。全景动画网页应用通过模拟广角表现手段以及三维模型等形式，尽可能多地表现出实物场景的真实状态，最终将二维的平面图模拟成虚构的三维空间状态图以呈现给用户。Motio插件360度全景模式借助全景拍摄技术应运而生，是完全基于JavaScript脚本语言与jQuery框架开发的，可以提供给用户安装到网页应用之中。

14.2.1 添加Motio插件库文件

使用文本编辑器新建一个名为jQueryMotioCircviewDemo.html的网页，将网页的标题指定为“基于Motio插件实现360度全景动画网页应用”，然后添加对jQuery框架类库文件以及Motio插件类库文件和CSS样式文件的引用。其中为了实现360度全景动画效果，CSS样式文件选用了Motio插件提供的远程样式文件，如代码14.10所示。

代码14.10 基于Motio插件实现360度全景动画网页应用引用文件

```
<!DOCTYPE HTML>
<head>
  <meta http-equiv="Content-Type" content="text/html; charset=UTF-8">
  <meta charset="utf-8">
  <meta http-equiv="X-UA-Compatible" content="IE=edge,chrome=1">
  <meta name="viewport" content="width=device-width">
  <meta name="description" content="Small JavaScript library for simple but
  powerful sprite based animations and panning.">
  <title>基于Motio插件实现360度全景动画网页应用</title>
  <!-- 引用本地jQuery类库文件 -->
  <script src="jquery.min.js"></script>
  <!-- 引用本地Motio插件类库文件 -->
  <script src="motio.min.js"></script>
  <!-- 引用本页面JS文件 -->
  <script src="main.js"></script>
  <!-- 引用远程CSS样式文件 -->
  <link rel="stylesheet" href="http://darsa.in/motio/css/normalize.css">
  <link rel="stylesheet" href="http://darsa.in/motio/css/font-awesome.css">
  <link rel="stylesheet" href="http://darsa.in/motio/css/ospb.css">
  <link rel="stylesheet" href="http://darsa.in/motio/css/main.css">
</head>
```

14.2.2 添加Motio插件HTML代码

在jQueryMotioCircviewDemo.html页面中添加相应的tab项和<div>动画层等控件，具体如代码14.11所示。

代码14.11 基于Motio插件实现360度全景动画网页应用HTML代码

```
<body>
  <section data-point="examples" data-title="Examples">
    <h2>基于Motio插件实现360度全景动画网页应用</h2>
    <!-- tab选项列表 -->
    <ul class="nav nav-tabs">
      <li class="active">
        <a href="http://darsa.in/motio/#circview" data-toggle="tab">360度全景动画</a>
      </li>
    </ul>
    <!-- 嵌套<div>层元素实现动画控件定义 -->
    <div class="tab-pane active" id="circview">
      <div class="example">
        <div class="frame circview" style="background-position:-240px 0px;"></div>
      </div>
      <p>鼠标经过图层控件激活360度全景动画</p>
      <p>通过鼠标移动方向从左至右或从右至左选择360度全景动画的旋转视角方向</p>
      <pre>
        <code data-language="javascript" class="rainbow">
          <span class="keyword">var</span>$example<span class="keyword operator">=
          </span><span class="selector">$</span>(<span class="string">
          '#circview.example'</span>);
          <span class="keyword">var</span>exampleLeft<span class="keyword
          operator">=</span> $example.<span class="function call">offset
           </span>().left;
          <span class="keyword">var</span>exampleWidth<span class="keyword
          operator">=</span> $example.<span class="function call">width</span>();
          <span class="keyword">var</span>frame<span class="keyword operator">=
          </span> $example.<span class="function call">find</span>(<span
          class="string">'.frame'</span>)[<span class="constant +
          numeric">0</span>];
          <span class="keyword">var</span>motio<span class="keyword operator">
          =</span><span class="keyword">new</span> <span class="entity
          function">Motio</span>(frame,{frames:<span class="constant numeric">18
          </span>});
          <span class="comment">// Activate frame based on the cursor position
          </span>$example.
          <span class="function call">on</span>
          (<span class="string">'mousemove'</span>,
          <span class="storage function">function</span>(event){motio.
          <span class="function call">to</span>(Math.
          <span class="function call">floor</span>
          (motio.frames/exampleWidth<span class="keyword operator">*
          </span>(event.pageX<span class="keyword operator">-
          </span>exampleLeft)),
          <span class="constant language">true</span>);});
        </code>
      </pre>
    </div>
  </section>
```

```
</body>
```

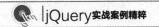

HTML中通过<ul>与<li>列表标签实现tab列表选项，其中通过对<li>标签设定class="active"实现选定默认菜单项。然后，通过多个<div>元素的层级嵌套，实现Motio插件360度全景动画控件，最终动画演示将在该控件内展示。

14.2.3 添加Motio插件CSS代码

页面元素构建好后，添加如下CSS代码对Motio插件进行样式美化，具体如代码14.12所示。

代码14.12 基于Motio插件实现360度全景动画网页应用CSS代码

```
.circview{
  width:auto; // Span to the full width of container
  height:300px;
  background:url('circview.jpg');
}
```

该段CSS样式代码对动画控件的宽度与高度进行了定义，并且对background属性通过url链接定义了360度全景动画需要的jpg格式图片素材。

14.2.4 执行Motio插件初始化代码

页面元素构建好后，添加如下js代码对Motio插件进行初始化，完成动画功能与显示效果，具体如代码14.13所示。

代码14.13 基于Motio插件实现360度全景动画网页应用初始化代码

```
<script type="text/javascript">
  var $example=$('#circview.example');               //定义circview控件id
  var exampleLeft=$example.offset().left;            //定义circview控件偏移量
  var exampleWidth=$example.width();                 //定义circview控件宽度
  var frame=$example.find('.frame')[0];              //查询circview控件动画帧

  //初始化Motio插件
  var motio=new Motio(frame,{
    frames:18
  });

  //通过鼠标操作激活动画帧
  $example.on('mousemove',function(event){
  motio.to(Math.floor(motio.frames/exampleWidth*(event.pageX-
    exampleLeft)),true);
  });
</script>
```

上面js代码通过$('# circview.example')获取id值为example的<div>控件，该控件嵌套在id值为circview的<div>控件内，并通过jQuery框架的find方法查找类名为'.frame'的元素，然后通过Motio插件定义的构造方法进行初始化。在初始化函数内部，对frames属性设定，即frames:18，frames属性表示动画所包含的帧数总和。最后，通过Motio插件定义的on方法激活动画，在on方法内通过定义鼠标进入和鼠标离开事件来实现激活或暂停动画功能，通过计算鼠标位置及偏移量设定全景动画旋转角度和方向。

14.2.5 基于Motio插件实现360度全景动画最终效果

至此，使用Motio插件开发的360度全景动画网页应用示例就完成了，激活动画、旋转方向与暂停动画效果如图14.8、图14.9、图14.10与图14.11所示。

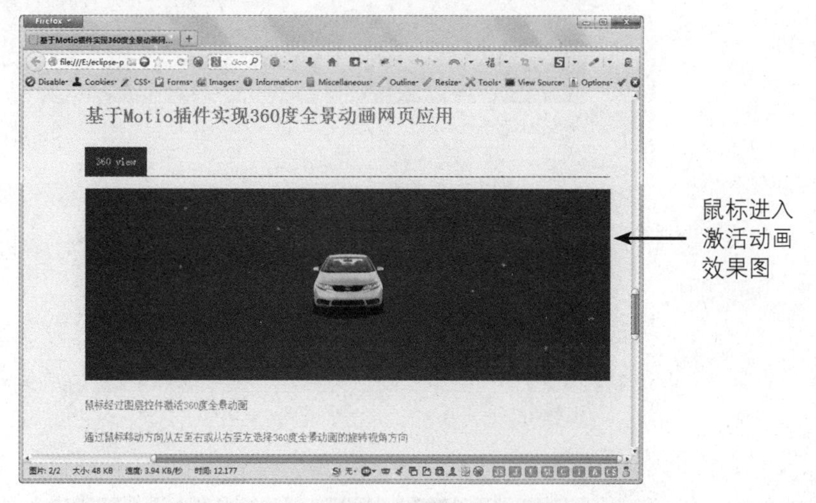

图14.8 基于Motio插件实现360度全景动画网页应用激活动画效果

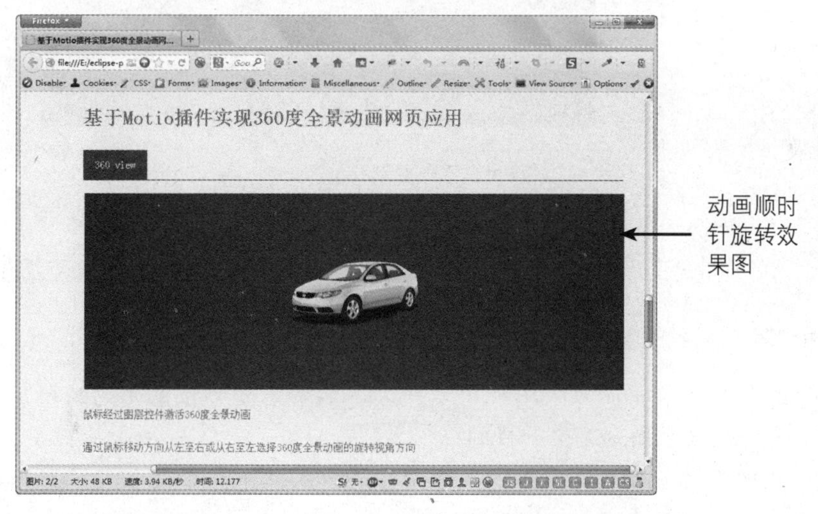

图14.9 基于Motio插件实现360度全景动画网页应用动画顺时针旋转效果

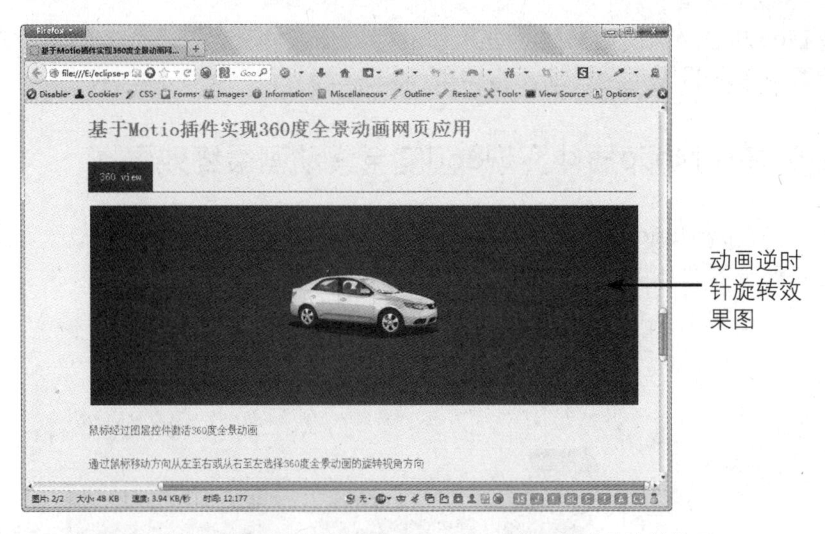

图14.10 基于Motio插件实现360度全景动画网页应用动画逆时针旋转效果

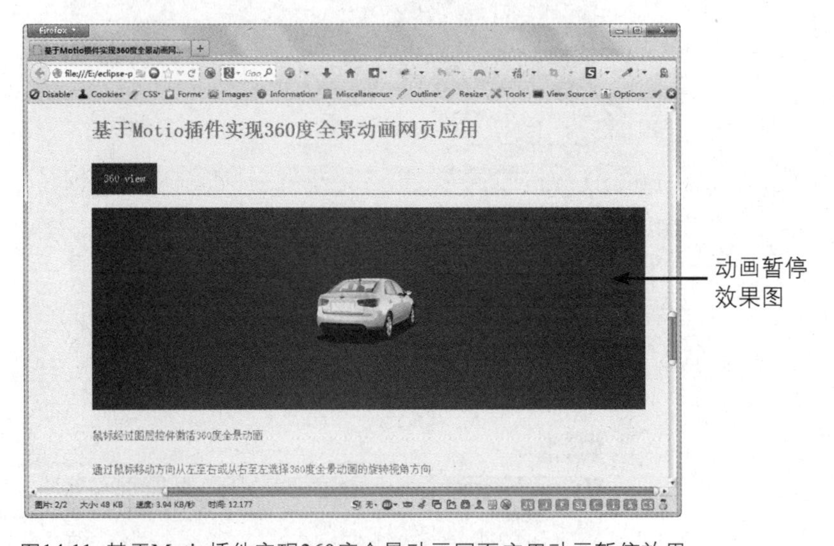

图14.11 基于Motio插件实现360度全景动画网页应用动画暂停效果

相比较于一般的效果图，360度全景动画网页具有如下优点：

- 避免了一般平面效果图视角单一，不能带来全方位感受的缺憾，网页播放动画效果与一般全景图是完全一样的；
- 互动性强，用户可以从任意一个角度互动性地观察场景，最真实地感受场景实物特点；
- 全面展示了360度球型范围内的实物特征；可在页面中使用鼠标顺时针或逆时针旋转，观看场景实物的各个方向。

Motio插件设计开发的360度全景动画模式最大程度地满足了设计人员制作网页动画的需要，设计人员可以根据实际项目的需求，将Motio插件应用到页面场景中。

14.3 其他动画插件——制作背景动画的jAni插件

除了Motio插件外，互联网上还有很多非常实用的动画插件，本节再介绍一个功能简单实用、用于制作背景动画的jAni插件

jAni插件是一个基于jQuery框架开发的制作背景动画的插件。总体上说，jAni是一个简单且实用的插件，它可以让你制作动画的背景图像，本质上讲是一种替代的动画GIF。jAni插件自身有两个优势：第一，它使用GIF动画格式作为背景素材，支持几乎所有浏览器中的JavaScript脚本语言或附加标记语言，一个GIF动画只允许256色，设计人员可以控制动画的任何方式；第二，jAni插件支持以任意速度加载一个长的垂直图像，并通过设置改变其背景的位置，这样就可以更多地控制动画行为。其中，jAni插件的官方网址如下：

```
http://www.ajaxblender.com/jani.html
```

用户打开jAni插件的官方网站，可以看到其源代码下载链接、Demo链接演示以及一个基于该插件实现的样例，如图14.12所示。

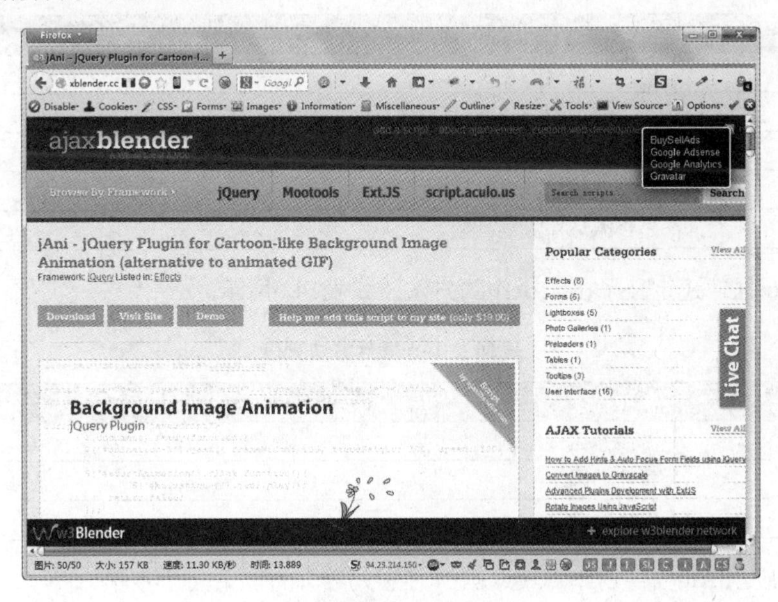

图14.12 jAni插件主页

继续往下浏览可以看到关于该插件的文档说明、特性、使用方法介绍等信息。总体上讲，jAni插件具有以下特性：

- 完全轻量级的js代码库。
- 可以轻松整合到网页应用中。

- 支持完全用户自定义的CSS样式设定。
- 支持全部主流浏览器。

jAni插件官网中还详细说明了jAni所支持的一些属性和方法，与大多数jQuery插件一样，其初始化工作通过同名的命名空间.jani()来完成，如代码14.14所示。

代码14.14 jAni一般初始化方法

```
<script type="text/javascript">
$(document).ready(function(){
  $("#animation-1").jani({
    frameWidth:100,                              //定义单个帧的宽度
    frameHeight:100,                             //定义单个帧的高度
    speed:100,                                   //定义动画速度
    totalFrames:19                               //定义总帧数
  });
  /*省略部分代码*/
});
</script>
```

在上述代码中，用户可以看到在初始化方法内部，定义了一些属性，包括动画帧的长宽尺寸、速度以及总帧数，jAni插件的全部属性如表14.5所示。

表14.5 jAni插件属性列表

事件名称	事件描述
frameWidth	单个动画帧的宽度
frameHeight	单个动画帧的高度
speed	动画帧的运行速度
totalFrames	整个动画帧的数目
loop	是否循环播放动画帧，默认值为true

同样，jAni插件还定义了执行操作的方法，如表14.6所示。

表14.6 jAni插件方法列表

事件名称	事件描述
jani.play()	激活并运行动画
jani.pause()	暂停动画
jani.stop()	停止动画

在页面中应用jAni插件制作背景动画的方法大致分为以下几个步骤。

（1）首先，在页面<head></head>标签内添加对jQuery框架类库文件与jAni插件类库文件的引用，以及CSS样式文件的定义：

```
<head>
<script type="text/javascript" src="jquery-1.3.2.min.js"></script>
<script type="text/javascript" src="jani.js"></script>
</head>
```

（2）在页面<body></body>标签内添加一个空的<div>元素，用于在文档中显示动画：

```
<body>
  /*省略部分代码*/
  <div id="animation-1"></div>
  /*省略部分代码*/
</body>
```

（3）在HTML页面定义好后，引入CSS样式代码，设计人员可以根据项目实际需求修改以下CSS样式代码：

```
<style type="text/css">
  .animation-1{
    background:url(images/sample-animation.gif) no-repeat left top;
  }
</style>
```

其中背景动画素材通过url链接定义background属性值来完成。

（4）经过以上准备，通过jQuery方法初始化jAni插件，如代码14.15所示。

代码14.15 jAni插件使用之JS代码

```
//jAni插件初始化方法
<script type="text/javascript">
  $(document).ready(function(){
    $("#animation-1").jani({
        frameWidth:100,                              //定义单个帧的宽度
        frameHeight:100,                             //定义单个帧的高度
        speed:100,                                   //定义动画速度
        totalFrames:19                               //定义总帧数
      });
    $(" #animation-1 ").jani.play();                 //激活并运行jAni插件动画
  });
</script>
```

使用jAni插件的基本过程就是这样，其页面效果如图14.13、图14.14与图14.15所示。

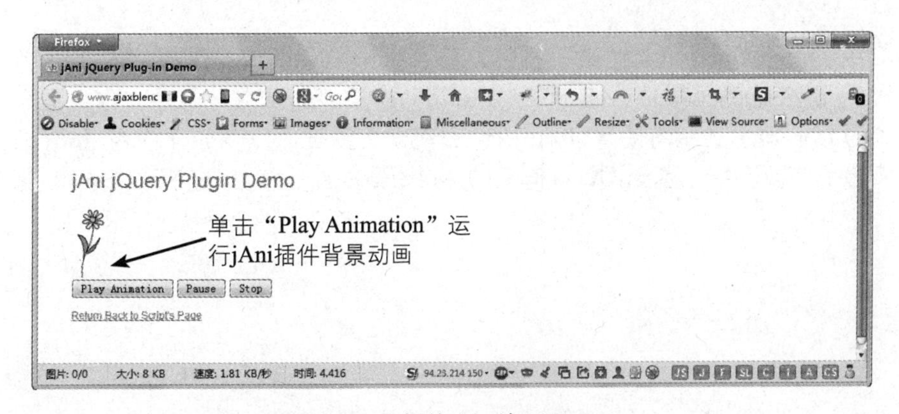

图14.13 jAni插件应用效果图（一）

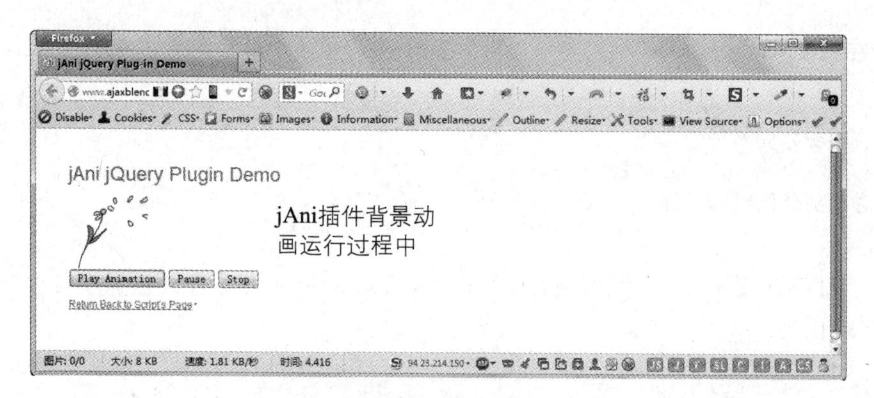

图14.14 jAni插件应用效果图（二）

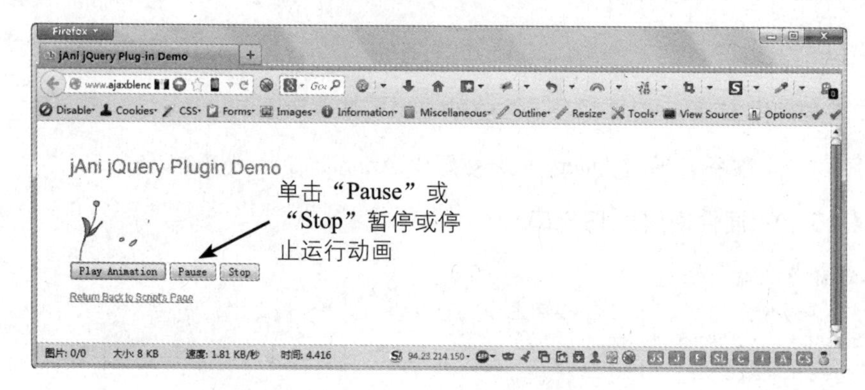

图14.15 jAni插件应用效果图（三）

14.4 小结

本章介绍了基于jQuery框架的动画插件，重点讨论了Motio动画插件的使用。首先介绍了如何下载和使用Motio动画插件，接下来对Motio动画插件的属性、方法与事件进行了详细的说明，并通过示例演示了如何使用Motio插件实现网页动画，以及如何使用Motio插件包含的功能。本章最后简要介绍了基于jQuery框架的jAni动画插件的特性与使用方法，以飨读者。

第15章 可拖放的布局插件

随着Web技术的快速发展，互联网技术已经由被动接受型的Web 1.0框架全面进入用户交互型的Web 2.0框架了。在Web 2.0框架下，Web页面技术具有清晰的语义和严格的结构，相比之下，传统采用表格布局的页面所带来的缺点表现得越来越明显。随着Web 2.0技术的逐渐成熟、页面元素可拖放技术的出现，动态网页布局技术逐渐成为主流，这也是未来互联网技术的发展趋势。如今，已经有越来越多的动态网站使用了可拖放的页面布局技术，同时也有很多的大型门户网站采用该技术对原有网站进行了重构。

实际上，可拖放的页面布局技术源自于早期桌面应用程序开发设计的理念，如为广大程序员所熟知的微软公司Visual Studio系列开发套件，通过其在设计开发桌面应用程序用户界面时，可拖放控件技术就得到了完美体现，提供了友好的用户体检。如图15.1所示的是Visual Studio开发工具设计图。

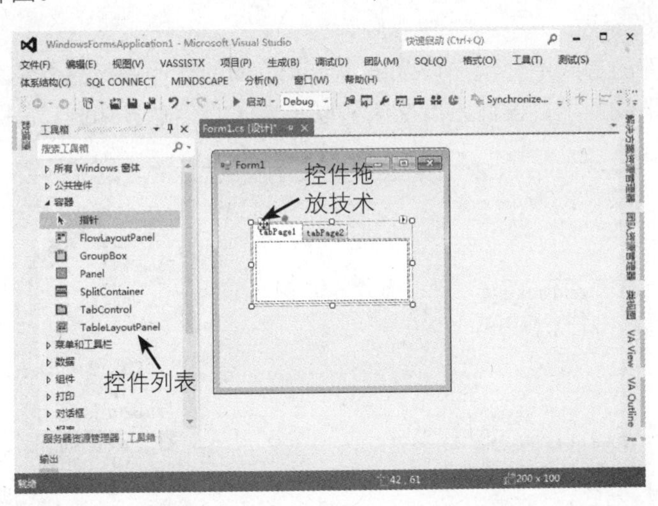

图15.1 Visual Studio开发工具设计图

本章将介绍如何利用基于jQuery的gridster.js可拖放布局插件来为网页增加效果，主要包括gridster.js可拖放布局插件参数讲解、如何使用gridster.js可拖放布局插件实现页面布局功能以及一些类似的可拖放布局插件介绍。

15.1 准备gridster.js可拖放布局插件

gridster.js是一款基于jQuery框架的可拖放布局插件，可用来构建直观的可拖放的布局，支持多列布局，该插件还可以动态地添加和删除表格中的元素。gridster.js插件与其他的插件不太一样的地方在于其处理拖放的元素支持不同大小，并且支持多列的网格布局，会自动根据位置进行排序和调整。

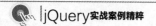

15.1.1 下载gridster.js插件

gridster.js插件非常适合用于开发具有创意的应用，它可以帮助设计人员将任何html元素转换为网格组件。gridster.js插件具有如下主要特性：

- 只依赖jQuery框架开发。
- 支持元素的添加和删除。
- 拥有测试用例，可以查看不同浏览器的测试结果。
- 比较适合开发益智游戏。
- 提供丰富的文档帮助。

gridster.js插件的官方网址如下：

```
http://gridster.net/
```

在gridster.js插件的官网中，用户可以链接到gridster.js插件的产品介绍、Demo演示、使用方法、在线文档、下载地址、设计人员反馈和联系方式等信息，如图15.2所示。

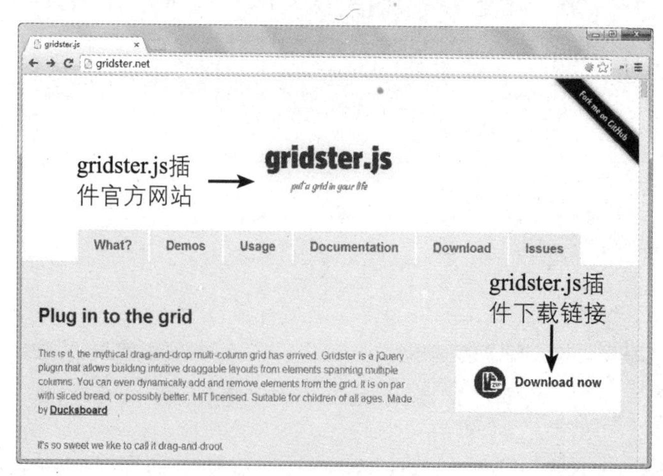

图15.2 gridster.js插件官方网站

在图15.2所示的页面中，读者还可以看到gridster.js插件在GitHub资源库中的下载链接图标——Download now，单击该图标会自动打开一个文件下载对话框，下载名称为ducksboard-gridster.js-v0.2.1-2-gb6ec352.zip（该名称随着gridster.js插件版本的更新会有变化）的gridster.js插件压缩包，如图15.3所示。

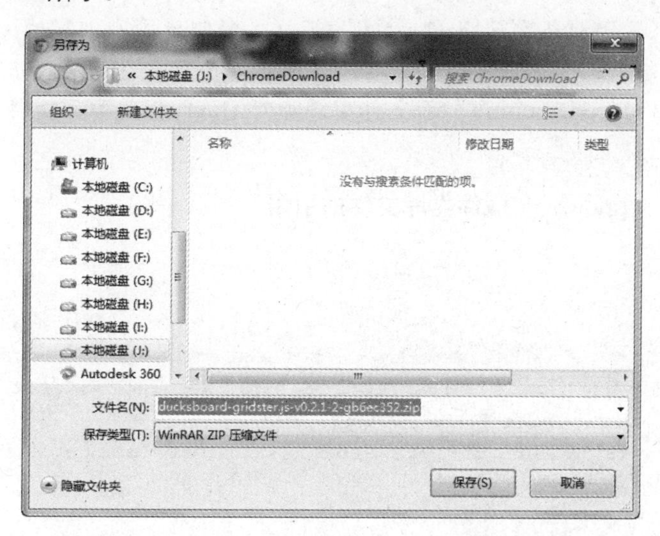

图15.3 下载GitHub资源库中的gridster.js插件压缩包

在gridster.js插件下载链接的下方，其官方网站为用户演示了一个简单的可拖放布局Demo样例，如图15.4所示。

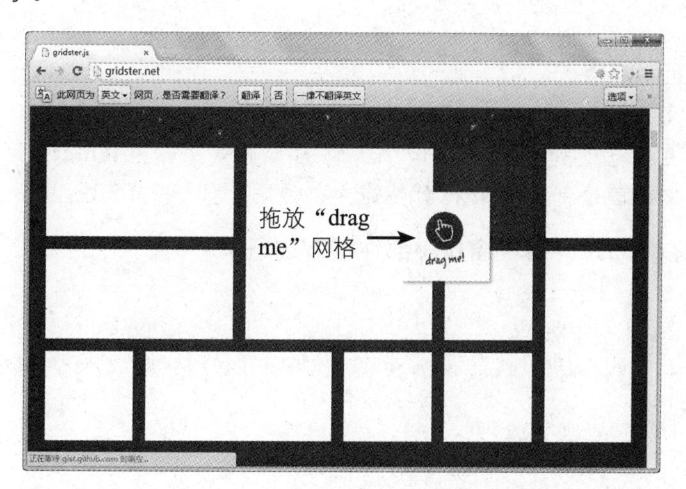

图15.4 gridster.js插件可拖放布局Demo样例

gridster.js插件当前的版本为v0.2.1，从官方网站下载的是一个104KB的压缩包，解压缩后就可以引用其中包含的插件代码来实现自己的可拖放布局网页效果了。接下来通过应用gridster.js插件开发一个动态添加可拖放窗口小部件的Web页面应用，下面演示使用gridster.js插件的方法，具体步骤如下。

（1）打开任一款目前流行的文本编辑器，如UltraEdit、EditPlus等，新建一个名称为jQueryGridsterAddWidgetsDyn.html的网页。

（2）打开最新版本的gridster.js插件源文件夹，将其中的dist文件夹（按照一般开发习惯，dist表示插件开发包的发布版）中的jquery.gridster.css样式文件复制到刚创建的jQueryGridsterAddWidgetsDyn页面文件目录下的css文件夹内；同样地，将dist文件夹中的jquery.gridster.js类库文件复制到同一目录下新建的js文件夹内。另外，由于gridster.js插件仅仅由jQuery框架支持，因此还需要将jQuery.js类库文件复制到刚刚创建的js文件夹内。以上做法的目的是将类库文件与样式文件分开管理，便于后期项目文件增多时进行有效的管理。在jQueryGridsterAddWidgetsDyn.html页面文件中添加对jQuery框架类库文件、gridster.js插件类库文件的引用，如代码15.1所示。

代码15.1 添加对gridster.js插件类库文件的引用

```
<!DOCTYPE html>
<html>
  <head>
    <meta http-equiv="Content-Type" content="text/html; charset=utf-8">
    <title>动态添加可拖放小部件的gridster.js插件Web页面应用</title>
    <!-- 引用gridster.js插件CSS样式文件 -->
    <link rel="stylesheet" type="text/css" href="css/jquery.gridster.css">
    <!-- 引用页面CSS样式文件 -->
    <link rel="stylesheet" type="text/css" href="css/demo.css">
    <!-- 引用jQuery框架类库文件 -->
    <script type="text/javascript" src="js/jquery.js"></script>
    <!-- 引用gridster.js插件类库文件 -->
    <script src="js/jquery.gridster.js" type="text/javascript"
    charset="utf-8"></script>
  </head>
  //省略页面<body>部分代码
</html>
```

（3）为了实现动态添加可拖放窗口小部件的页面效果，在jQueryGridsterAddWidgets Dyn.html页面中添加窗口小部件列表和简要的文档说明，如代码15.2所示。

代码15.2 构建gridster.js插件窗口小部件HTML代码

```
<body style="">
  <h1>动态添加可拖放小部件的gridster.js插件Web页面应用</h1>
  <p>通过gridster.js插件的add_widget方法创建一个添加小部件的网格,其中小部件的位置(行,
  列)没有指定.</p>
  <!-- 定义小部件<ul>、<li>列表 -->
  <div class="gridster ready">
    <ul style="position:relative;height:325px;">
      <li data-col="1" data-row="1" data-sizex="1" data-sizey="2" class="gs-w"
      style="display: list-item;">0</li>
      <li data-col="2" data-row="1" data-sizex="3" data-sizey="2" class="gs-w"
      style="display: list-item;">1</li>
      <li data-col="5" data-row="1" data-sizex="3" data-sizey="2" class="gs-w"
      style="display: list-item;">2</li>
      <li data-col="8" data-row="1" data-sizex="2" data-sizey="1" class="gs-w"
      style="display: list-item;">3</li>
      <li data-col="8" data-row="2" data-sizex="4" data-sizey="1" class="gs-w"
```

```
        style="display: list-item;">4</li>
        <li data-col="12" data-row="1" data-sizex="1" data-sizey="2" class="gs-w"
        style="display: list-item;">5</li>
        <li data-col="10" data-row="1" data-sizex="2" data-sizey="1" class="gs-w"
        style="display: list-item;">6</li>
        <li data-col="1" data-row="3" data-sizex="3" data-sizey="2" class="gs-w"
        style="display: list-item;">7</li>
        <li data-col="4" data-row="3" data-sizex="1" data-sizey="1" class="gs-w"
        style="display: list-item;">8</li>
        <li data-col="5" data-row="3" data-sizex="2" data-sizey="2" class="gs-w"
        style="display: list-item;">9</li>
        <li data-col="7" data-row="3" data-sizex="1" data-sizey="3" class="gs-w"
        style="display: list-item;">10</li>
      </ul>
    </div>
  </body>
```

在页面开始部分，对本应用进行了概括性的文字说明，描述了一些特点和方法；然后通过<ul>与<li>列表标签实现窗口小部件定义，其中通过对<li>标签的data-col与data-row属性定义了窗口小部件初始状态的行列布局位置，data-sizex与data-sizey属性定义了窗口小部件长和宽的尺寸；class="gs-w"通过引用gridster.js插件的样式类定义了窗口小部件的外观；这些窗口小部件是通过使用HTML静态语言添加的，还不具备可拖放功能。

（4）页面静态窗口小部件构建好后，需添加以下js代码对gridster.js插件进行初始化操作，具体如代码15.3所示。

代码15.3 构建gridster.js插件窗口小部件初始化代码

```
  <script type="text/javascript" id="code">
    var gridster;
    <-- 初始化函数 -->
    $(function(){
        gridster=$(".gridster>ul").gridster({// gridster.js插件命名空间构造函数
          widget_margins: [5, 5],              // widget_margins属性
          widget_base_dimensions: [100,55]    // widget_base_dimensions属性
        }).data('gridster');                          // 向<ul>元素附加数据
      //此处省略部分代码
    });
  </script>
```

以上代码执行了以下操作：

- jQuery框架选择器$(".gridster>ul")方法获取class类等于.gridster的<div>控件内的<ul>列表控件，并通过gridster.js插件定义的.gridster()构造方法进行初始化。
- 在初始化函数内部，对可拖放布局的窗口小部件属性选项做如下设定：widget_margins:[5,5]；widget_base_dimensions:[100,55]。其中widget_margins属性定义了窗口小部件水平和垂直方向的边间距；widget_base_dimensions定义了窗口小部件初始宽度和高度的像素尺寸。
- 最后通过jQuery框架的.data()方法向<ul>元素附加数据gridster。

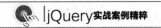

此时的动态添加可拖放窗口小部件页面效果如图15.5所示。

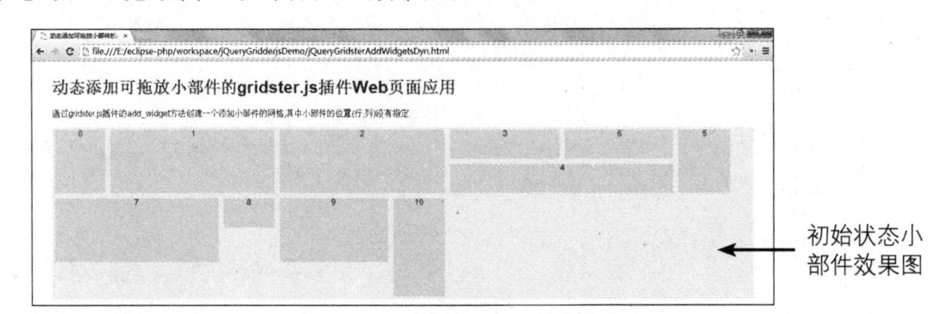

图15.5 gridster.js插件动态添加可拖放小部件效果图(一)

在以上gridster.js插件初始化完成之后，通过向初始化代码添加一个数组实现对附加窗口小部件的定义，然后通过gridster.js插件的add_widget()方法操作该数组实现动态添加窗口小部件的功能，具体实现方法如代码15.4所示。

代码15.4 gridster.js插件动态添加小部件JS代码

```
<script type="text/javascript" id="code">
  var gridster;
  <-- 初始化函数 -->
  $(function(){
    gridster=$(".gridster>ul").gridster({  // gridster.js插件命名空间构造函数
      widget_margins: [5,5],                // widget_margins属性
      widget_base_dimensions: [100,55]      // widget_base_dimensions属性
    }).data('gridster');                          // 向<ul>元素附加数据
    <-- 动态添加小部件 -->
    var widgets=[                                 // 通过列表数组定义附加小部件
      ['<li>0</li>', 1, 2],
      ['<li>1</li>', 3, 2],
      ['<li>2</li>', 3, 2],
      ['<li>3</li>', 2, 1],
      ['<li>4</li>', 4, 1],
      ['<li>5</li>', 1, 2],
      ['<li>6</li>', 2, 1],
      ['<li>7</li>', 3, 2],
      ['<li>8</li>', 1, 1],
      ['<li>9</li>', 2, 2],
      ['<li>10</li>', 1, 3]
    ];
    <-- 通过gridster.js插件add_widget方法动态添加小部件 -->
    $.each(widgets, function(i,widget){
      gridster.add_widget.apply(gridster,widget)
    });
  });
</script>
```

从以上代码可以看到，在附加窗口小部件列表数组定义好后，通过jQuery框架的each()方法遍历该列表数组，在遍历每一个列表数组元素的同时，应用gridster.js插件的add_widget()方

法实现动态添加可拖放窗口小部件。在这里同时应用到jQuery框架的apply()方法，该方法实现将列表数组元素添加到之前定义好的<ul>元素之中。其中，apply()的具体使用方法可以参考jQuery框架在线文档，这里不再赘述。

至此，使用gridster.js插件开发的动态添加可拖放窗口小部件的Web页面应用就完成了，运行后通过与图15.5对比，可看到动态添加的窗口小部件的效果，具体如图15.6所示。

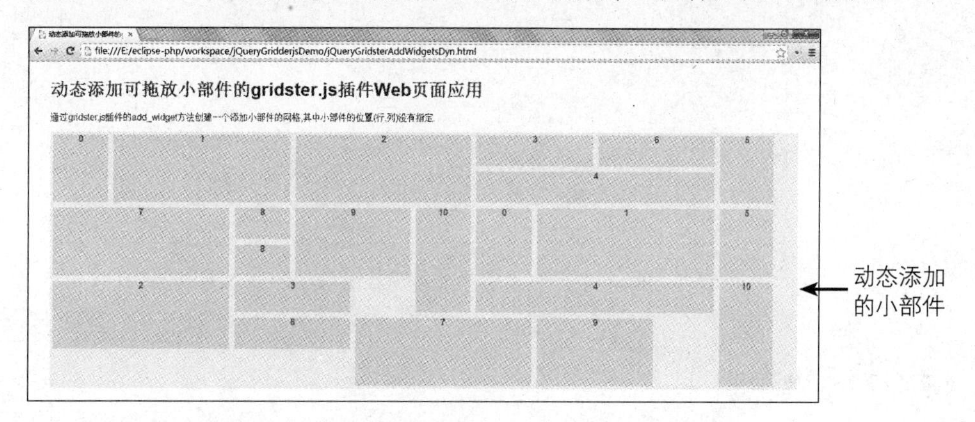

图15.6 gridster.js插件动态添加可拖放窗口小部件效果图(二)

用户可以通过单击页面中任一个小部件进行拖放，gridster.js插件实现了窗口小部件拖放布局的自动重新排列，具体如图15.7和图15.8所示。

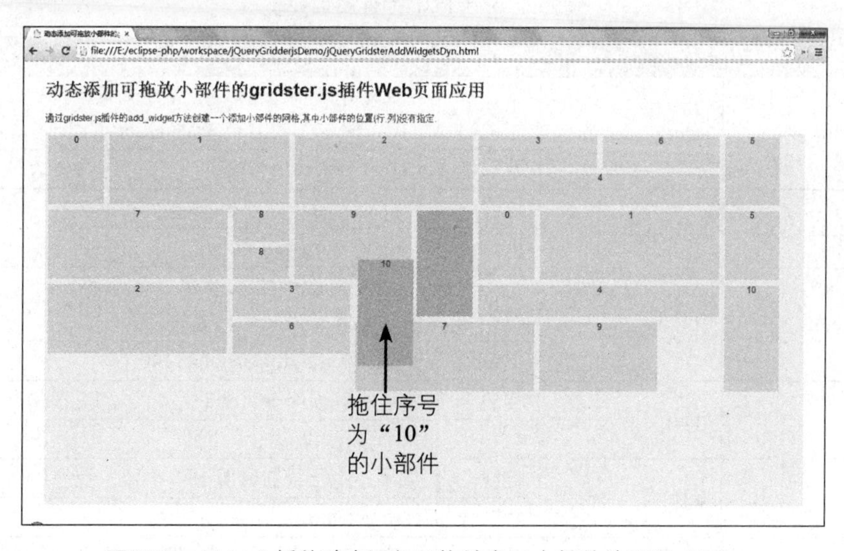

图15.7 gridster.js插件动态添加可拖放窗口小部件效果图（三）

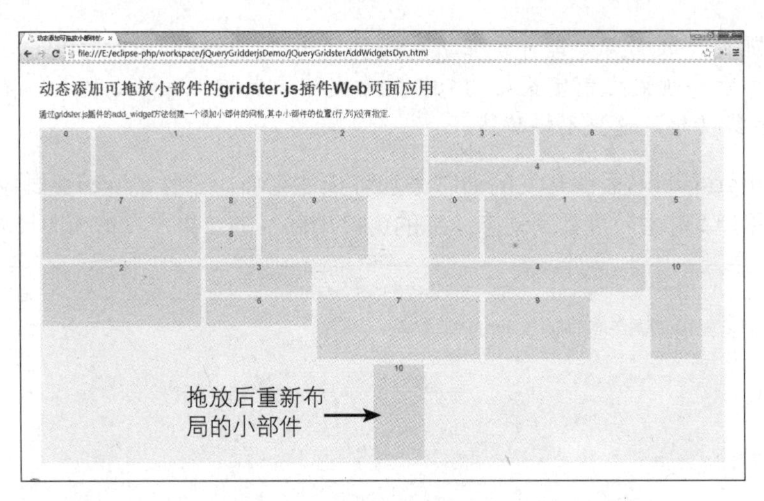

图15.8 gridster.js插件动态添加可拖放窗口小部件效果图（四）

15.1.2 参数说明

由上一小节的示例可以看到，通过调用gridster.js插件方法并设定其属性，可以实现gridster.js插件可拖放布局，其中gridster.js插件的属性如表15.1所示。

表15.1 gridster.js插件属性列表

属性名称	类型	属性描述	
widget_selector	string	描述	定义哪些元素是窗口小部件。可以是一个CSS选择器的字符串或HTML元素的jQuery的集合
		默认值	widget_selector:"li"
widget_margins	[int,int]	描述	窗口小部件的水平和垂直边间距
		默认值	widget_margins:[10,10]
slidingSubmenus	[int,int]	描述	以像素为单位的基本窗口小部件的尺寸。第一个数值是宽度，第二个数值是高度
		默认值	widget_base_dimensions:[140,140]
extra_rows	int	描述	除了那些已经被计算过的，添加更多的行到网格中
		默认值	extra_rows:0
extra_cols	int	描述	除了那些已经被计算过的，添加更多的列到网格中
		默认值	extra_cols:0
max_cols	Object int	描述	创建列的最大数目。设置为null表示禁用
		默认值	max_cols:null
min_cols	int	描述	创建列的最小数目
		默认值	min_cols:1
min_rows	int	描述	创建行的最小数目
		默认值	min_rows:15
max_size_x	Boolean	描述	一个窗口小部件可以跨越的最大列数
		默认值	max_size_x:false

（续表）

属性名称	类型	属性描述	
autogenerate_stylesheet	Boolean	描述	如果设置为true，所有部件根据所需CSS样式自动放置在各自的行和列位置上并注入到文档的<head>中。用户可以将其设置为false，并通过数据属性写自己的CSS样式来定位行和列位置
		默认值	autogenerate_stylesheet:true
avoid_overlapped_widgets	Boolean	描述	避免让窗口小部件从DOM加载中重叠。非常有用的属性，如果用户从数据库加载窗口小部件的位置，可能会导致不一致
		默认值	avoid_overlapped_widgets:true
serialize_params	Object	描述	当函数调用序列化方法时，为每个窗口小部件返回序列化的数据 该函数传递以下参数：col、row、size_x和size_y

		默认值	serialize_params:function($w,wgd){
			return {
			col: wgd.col,
			row: wgd.row,
			size_x:wgd.size_x,
			size_y: wgd.size_y
			}
			}

draggable.start	Object	描述	拖动开始时的回调函数
		默认值	draggable.start:function(event, ui){}
draggable.drag	Object	描述	鼠标拖动过程中的回调函数
		默认值	draggable.drag:function(event, ui){}
draggable.stop	Object	描述	拖动停止时的回调函数。
		默认值	draggable.stop:function(event, ui){}
resize.enabled	Boolean	描述	设置为true，以使拖动和拖放控件调整大小 此设置不会影响到resize_widget方法
		默认值	resize.enabled:false
resize.axes	[int,int,string]	描述	窗口小部件的轴在其定义范围内的可以调整大小
		默认值	resize.axes:['x', 'y', 'both']
resize.handle_class	string	描述	使用缩放句柄的CSS样式类名
		默认值	resize.handle_class:'gs-resize-handle'
resize.handle_append_to	string Boolean	描述	设置有效的CSS选择器附加到可调整大小的句柄。如果值为false将附加到窗口小部件
		默认值	resize.handle_append_to:''
resize.max_size	[Infinity,Infinity]	描述	在调整大小时限制窗口小部件的尺寸。 数组的值应该是整数：[max_cols_occupied，max_rows_occupied]
		默认值	resize.max_size:[Infinity, Infinity]
resize.start	Object	描述	调整大小时开始执行的回调函数。
		默认值	resize.start:function(e, ui, $widget) {}

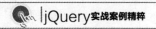

（续表）

属性名称	类型	属性描述	
resize.resize	Object	描述	调整大小过程中执行的回调函数
		默认值	resize.resize:function(e, ui, $widget) {}
resize.stop	Object	描述	调整大小结束时执行的回调函数
		默认值	resize.stop:function(e, ui, $widget) {}
collision.on_overlap_start	Object	描述	当一个widget第一次进入一个新的网格单元时执行的回调函数
		默认值	collision.on_overlap_start:function(collider_data){}
collision.on_overlap	Object	描述	当一个widget第一次进入一个新的网格单元过程中执行的回调函数
		默认值	collision.on_overlap:function(collider_data){}
collision.on_overlap_stop	Object	描述	当一个widget离开第一次进入的新网格单元时执行的回调函数
		默认值	collision.on_overlap_stop:function(collider_data){}

gridster.js插件提供了一系列方法用语实现可拖放布局窗口小部件的功能，下面对这些方法进行说明。

（1）add_widget方法，具体如表15.2所示。

表15.2 gridster.js插件方法——add_widget

方法名称	方法描述			
.add_widget	语法	.add_widget(html,[size_x],[size_y],[col],[row])		
	描述	通过给定的HTML创建一个新的widget，并将其添加到网格中		
	参数名称	html	类型	String|HTMLElement
			描述	HTMLElement对象的字符串，表示将要被添加的窗口小部件
		sizc_x	类型	Number
			描述	窗口小部件占用的行数，默认数值为1
		size_y	类型	Number
			描述	窗口小部件占用的列数，默认数值为1
		col	类型	Number
			描述	窗口小部件布局开始的列数
		row	类型	Number
			描述	窗口小部件布局开始的行数
	返回值	returns	返回通过jQuery所包含的HTMLElement对象被创建的窗口小部件	

（2）resize_widget方法，具体如表15.3所示。

表15.3 gridster.js插件方法 —— resize_widget

<table>
<tr><th>方法名称</th><th colspan="4">方法描述</th></tr>
<tr><td rowspan="11">.resize_widget</td><td>语法</td><td colspan="3">.resize_widget($widget,[size_x],[size_y],[reposition],[callback])</td></tr>
<tr><td>描述</td><td colspan="3">改变窗口小部件尺寸。宽度被限定为当前窗口小部件的宽度</td></tr>
<tr><td rowspan="8">参数名称</td><td rowspan="2">$widget</td><td>类型</td><td>HTMLElement</td></tr>
<tr><td>描述</td><td>由jQuery框架方法获取的HTMLElement对象的字符串，表示将要被改变尺寸的窗口小部件</td></tr>
<tr><td rowspan="2">size_x</td><td>类型</td><td>Number</td></tr>
<tr><td>描述</td><td>当前窗口小部件的行数，默认值为当前的size_x</td></tr>
<tr><td rowspan="2">size_y</td><td>类型</td><td>Number</td></tr>
<tr><td>描述</td><td>当前窗口小部件的行数，默认值为当前的size_y</td></tr>
<tr><td rowspan="2">reposition</td><td>类型</td><td>Boolean</td></tr>
<tr><td>描述</td><td>当该参数被设定为false时，即使窗口小部件右侧没有足够空间，也不会将其向左移动</td></tr>
<tr><td>返回值</td><td>returns</td><td colspan="2">返回通过jQuery所包含的HTMLElement对象被改变尺寸的窗口小部件</td></tr>
</table>

（3）remove_widget方法，具体如表15.4所示。

表15.4 gridster.js插件方法 —— remove _widget

<table>
<tr><th>方法名称</th><th colspan="4">方法描述</th></tr>
<tr><td rowspan="7">.remove _widget</td><td>语法</td><td colspan="3">.remove_widget(el,[callback])</td></tr>
<tr><td>描述</td><td colspan="3">从当前网格布局中移除窗口小部件</td></tr>
<tr><td rowspan="4">参数名称</td><td rowspan="2">el</td><td>类型</td><td>HTMLElement</td></tr>
<tr><td>描述</td><td>由jQuery框架方法获取的HTMLElement对象的字符串，表示将要被移除的窗口小部件</td></tr>
<tr><td rowspan="2">callback</td><td>类型</td><td>function</td></tr>
<tr><td>描述</td><td>当窗口小部件被移除时激活的回调函数</td></tr>
<tr><td>返回值</td><td>returns</td><td colspan="2">返回Gridster.js插件CSS样式类实例</td></tr>
</table>

（4）serialize方法，具体如表15.5所示。

表15.5 gridster.js插件方法 —— serialize

<table>
<tr><th>方法名称</th><th colspan="4">方法描述</th></tr>
<tr><td rowspan="5">.serialize</td><td>语法</td><td colspan="3">.serialize([$widgets])</td></tr>
<tr><td>描述</td><td colspan="3">创建一个布局中的全部窗口小部件的当前位置的对象数组</td></tr>
<tr><td rowspan="2">参数名称</td><td rowspan="2">$widgets</td><td>类型</td><td>HTMLElement</td></tr>
<tr><td>描述</td><td>将要被执行serialize方法的由jQuery框架方法获取的HTMLElements对象集合</td></tr>
<tr><td>返回值</td><td>returns</td><td colspan="2">返回将要被编码为JSON字符串的对象的集合</td></tr>
</table>

（5）serialize_changed方法，具体如表15.6所示。

表15.6 gridster.js插件方法 —— serialize_changed

方法名称	方法描述		
.serialize_changed	语法	.serialize_changed()	
	描述	创建一个改变当前布局中的全部窗口小部件位置的对象数组	
	返回值	returns	返回将要被编码为JSON字符串的对象的集合

（6）enable方法，具体如表15.7所示。

表15.7 gridster.js插件方法 —— enable

方法名称	方法描述		
.enable	语法	.enable()	
	描述	允许拖放功能	
	返回值	returns	返回Gridster.js插件CSS样式类实例

（7）disable方法，具体如表15.8所示。

表15.8 gridster.js插件方法 —— disable

方法名称	方法描述		
. disable	语法	.disable()	
	描述	禁止拖放功能	
	返回值	returns	返回Gridster.js插件CSS样式类实例

15.1.3 基于gridster.js插件实现动态缩放可拖放布局应用

这一小节使用gridster.js插件实现一个动态缩放可拖放布局页面应用，该应用演示了如何实现窗口小部件在获取鼠标焦点后，自动进行动态缩放并重新布局的过程，具体实现如下。

（1）使用文本编辑器新建一个名为jQueryGridsterExpandableWidgets.html的网页，将网页的标题指定为“基于gridster.js插件实现动态缩放可拖放布局应用”，然后添加对jQuery类库文件以及gridster.js插件类库文件和CSS样式文件的引用，如代码15.5所示。

代码15.5 基于gridster.js插件实现动态缩放可拖放布局应用引用文件

```
<!DOCTYPE html>
<html>
  <head>
    <meta http-equiv="Content-Type" content="text/html; charset=utf-8">
    <title>动态添加可拖放小部件的gridster.js插件Web页面应用</title>
    <!-- 引用jQuery框架类库文件 -->
    <script type="text/javascript" src="js/jquery.js"></script>
    <!-- 引用gridster.js插件类库文件 -->
    <script src="js/jquery.gridster.js" type="text/javascript"
    charset="utf-8"></script>
    <!-- 引用gridster.js插件CSS样式文件 -->
    <link rel="stylesheet" type="text/css" href="css/jquery.gridster.css">
    <!-- 引用页面CSS样式文件 -->
```

```
    <link rel="stylesheet" type="text/css" href="css/demo.css">
  </head>
  //省略页面<body>部分代码
</html>
```

（2）为了实现动态缩放可拖放窗口小部件布局的页面效果，在jQueryGridsterExpandableWidgets.html页面中添加窗口小部件列表和简要的文档说明，如代码15.6所示。

代码15.6 基于gridster.js插件实现动态缩放可拖放布局应用HTML代码

```
<body style="">
  <h1>基于gridster.js插件实现动态缩放可拖放布局页面应用</h1>
  <p>当鼠标经过窗口小部件时,使用gridster.js插件的resize_widget方法实现动态缩放.</p>
  <!-- 定义窗口小部件<ul>、<li>列表 -->
  <div class="gridster ready">
    <ul style="height: 330px; position: relative;">
      <li data-row="1" data-col="1" data-sizex="1" data-sizey="1"
      class="gs-w">0</li>
      <li data-row="1" data-col="2" data-sizex="1" data-sizey="1"
      class="gs-w">1</li>
      <li data-row="1" data-col="3" data-sizex="1" data-sizey="1"
      class="gs-w">2</li>
      <li data-row="1" data-col="4" data-sizex="1" data-sizey="1"
      class="gs-w">3</li>
      <li data-row="2" data-col="1" data-sizex="1" data-sizey="1"
      class="gs-w">4</li>
      <li data-row="2" data-col="2" data-sizex="1" data-sizey="1"
      class="gs-w">5</li>
      <li data-row="2" data-col="3" data-sizex="1" data-sizey="1"
      class="gs-w">6</li>
      <li data-row="2" data-col="4" data-sizex="1" data-sizey="1"
      class="gs-w">7</li>
      <li data-row="3" data-col="1" data-sizex="1" data-sizey="1"
      class="gs-w">8</li>
      <li data-row="3" data-col="2" data-sizex="1" data-sizey="1"
      class="gs-w">9</li>
      <li data-row="3" data-col="3" data-sizex="1" data-sizey="1"
      class="gs-w">10</li>
      <li data-row="3" data-col="4" data-sizex="1" data-sizey="1"
      class="gs-w">11</li>
    </ul>
  </div>
</body>
```

在页面开始部分，对本应用进行了大概性的文字说明，描述了实现本应用所使用的具体方法；然后通过<ul>与<li>列表标签实现窗口小部件定义，其中通过<li>标签的data-col与data-row属性定义了窗口小部件初始状态的行列布局位置，data-sizex与data-sizey属性定义了窗口小部件的长和宽的尺寸，此处长和宽的尺寸均为1；class="gs-w"通过引用gridster.js插件的样式类定义了窗口小部件的外观；这些窗口小部件是通过使用HTML静态语言添加的，还不具备可拖放功能。

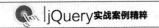

（3）页面静态窗口小部件创建好后，需添加以下js代码对gridster.js插件进行初始化操作，具体如代码15.7所示。

代码15.7 基于gridster.js插件实现动态缩放可拖放布局应用初始化代码

```
<script type="text/javascript" id="code">
  var gridster;
  <-- 初始化函数 -->
  $(function(){
    gridster=$(".gridster>ul").gridster({  // gridster.js插件命名空间构造函数
      widget_margins: [5, 5],              // widget_margins属性
      widget_base_dimensions: [100, 100],  // widget_base_dimensions属性
      helper: 'clone'                      // 对鼠标拖动的对象进行“克隆”操作
    }).data('gridster');                          // 向<ul>元素附加数据
    //此处省略部分代码
  });
</script>
```

以上代码执行了以下操作：

- jQuery框架选择器$(".gridster>ul")方法获取class类等于.gridster的<div>控件内的<ul>列表控件，并通过gridster.js插件定义的.gridster()构造方法进行初始化。
- 在初始化函数内部，对可拖放布局的窗口小部件属性选项做如下设定：widget_margins:[5,5]；widget_base_dimensions:[100,100]。其中widget_margins属性定义了窗口小部件水平和垂直方向的边间距；widget_base_dimensions定义了窗口小部件初始宽度和高度的像素尺寸。
- 通过设定jQuery UI Draggable插件的helper属性值为clone，对鼠标拖动的对象进行“克隆”操作，实际上可以理解为在鼠标拖放的过程中，拖动的窗口小部件为“副本”。
- 最后通过jQuery框架的.data()方法向<ul>元素附加数据gridster。

此时动态缩放可拖放布局应用的页面效果如图15.9所示。

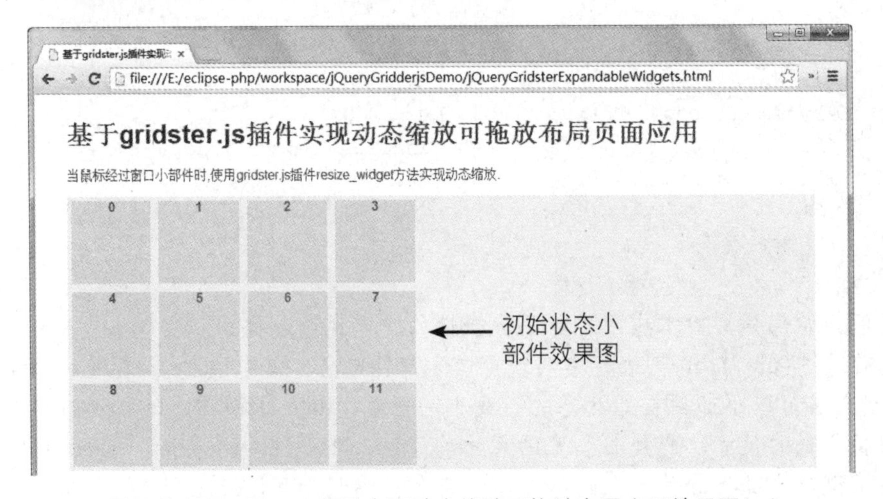

图15.9 基于gridster.js插件实现动态缩放可拖放布局应用效果图(一)

在以上gridster.js插件初始化完成之后，通过向初始化代码内添加mouseenter（鼠标进入事件）和mouseleave（鼠标离开事件）事件处理过程函数，实现动态缩放可拖放窗口小部件的功能，具体实现方法如代码15.8所示。

代码15.8 基于gridster.js插件实现动态缩放可拖放布局应用JS代码

```
<script type="text/javascript" id="code">
  var gridster;
  <-- 初始化函数 -->
  $(function(){
    gridster=$(".gridster>ul").gridster({  // gridster.js插件命名空间构造函数
      widget_margins: [5, 5],              // widget_margins属性
      widget_base_dimensions: [100, 100],  // widget_base_dimensions属性
      helper: 'clone'                      // 对鼠标拖动的对象进行“克隆”操作
    }).data('gridster');                          // 向<ul>元素附加数据
    // 编写鼠标移动事件处理窗口小部件缩放过程
    gridster.$el.on('mouseenter', '> li', function(){
    // 鼠标进入窗口小部件事件处理函数
      gridster.resize_widget($(this), 3, 3);      // 放大窗口小部件3倍
    }).on('mouseleave', '> li', function(){// 鼠标离开窗口小部件事件处理函数
      gridster.resize_widget($(this), 1, 1); // 缩小窗口小部件恢复到原始大小
    });
  });
</script>
```

从以上代码可以看到，在窗口小部件初始化之后，通过gridster对象的el属性获取窗口小部件对象，然后依次编写mouseenter和mouseleave事件处理过程函数。在mouseenter事件处理函数中，通过gridster.js插件的resize_widget方法将窗口小部件尺寸放大3倍；而在mouseleave事件处理函数中，通过同样的resize_widget方法将窗口小部件尺寸恢复到原始大小，从而实现了窗口小部件在可拖放布局中的动态缩放与重新布局。

至此，基于gridster.js插件实现动态缩放可拖放布局应用就完成了，运行后通过与图15.9进行对比可看到动态缩放的窗口小部件的运行效果，具体如图15.10所示。

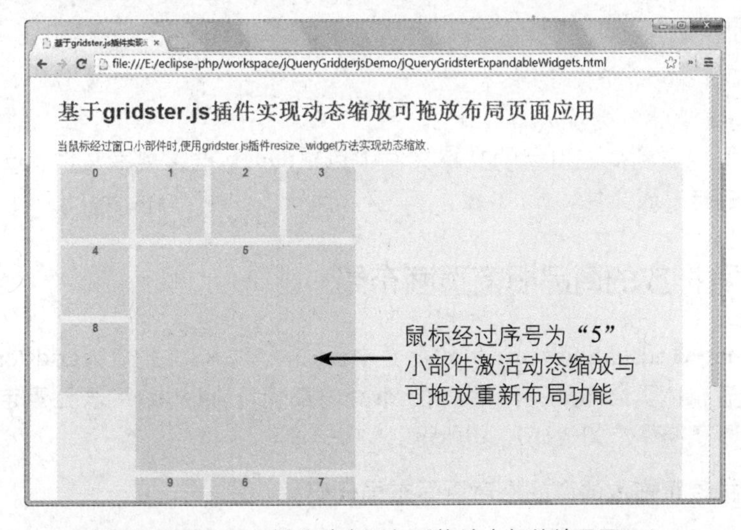

图15.10 gridster.js插件动态添加可拖放小部件效果图(二)

15.2 开发一个可拖放的商品橱窗页面

本节将基于gridster.js插件开发一个可拖放的商品橱窗页面，该页面除了能够向用户提供商品外观、用途与使用方法等信息之外，还支持用户在页面中对商品进行拖放布局，很好地完成了人机交互功能，并通过对这个样例的开发过程，向设计人员较为全面演示了gridster.js插件的应用方法。

15.2.1 添加gridster.js插件库文件

使用文本编辑器新建一个名为jQueryGridsterShowcase.html的网页，将网页的标题指定为"基于gridster.js插件可拖放的商品橱窗页面"。本应用基于jQuery框架和gridster.js插件进行开发，需要添加一些必要的类库文件与CSS样式文件，具体如代码15.9所示。

代码15.9 添加jQuery框架与gridster.js插件类库文件

```
<!DOCTYPE html>
<html>
  <head>
    <meta http-equiv="Content-Type" content="text/html; charset=utf-8">
    <title>基于gridster.js插件可拖放的商品橱窗页面</title>
    <!-- 引用gridster.js插件CSS样式文件 -->
    <link rel="stylesheet" type="text/css" href="css/jquery.gridster.css">
    <!-- 引用页面CSS样式文件 -->
    <link rel="stylesheet" type="text/css" href="css/demo.css">
    <!-- 引用jQuery框架类库文件 -->
    <script type="text/javascript" src="js/jquery.js"></script>
    <!-- 引用gridster.js插件类库文件 -->
    <script src="js/jquery.gridster.js" type="text/javascript"
    charset="utf-8"></script>
  </head>
  //省略页面<body>部分代码
</html>
```

从以上代码可以看到，在引用的支持文件中包括jQuery框架类库文件、gridster.js插件类库文件及其相应的样式表文件。

15.2.2 构建可拖放的商品橱窗页面布局

首先，在jQueryGridsterShowcase.html页面中添加一个CSS样式值为gridster ready的<div>层元素，用于构建整体页面布局；然后，在<div>内部使用<ul><li>列表元素定义了用于展示商品图片信息的橱窗控件，如代码15.10所示。

代码15.10 构建可拖放的商品橱窗页面布局代码

```
<body style="">
```

```
    <h1>基于gridster.js插件可拖放的商品橱窗页面</h1>
    <p>提示信息:用户可以通过拖放对商品图片进行重新布局</p>
    <!-- 定义商品窗口小部件<ul>-<li>列表橱窗 -->
    <div class="gridster ready">
      <ul style="height: 330px; position: relative;">
        <li data-row="1" data-col="1" data-sizex="2" data-sizey="2" class="gs-w">
          <header>Thinkpad E330</header>
          <img src="images/001.jpg">
          <p>ThinkPad E330(6277ALC) 14英寸笔记本电脑(i3-3110 4G 500G 1G独显 WIN8)</p>
        </li>
        <li data-row="1" data-col="4" data-sizex="2" data-sizey="2" class="gs-w">
          <header>Sony SVF14</header>
          <img src="images/002.jpg">
          <p>索尼(SONY) SVF14系列 14.0英寸笔记本电脑(i5-4200U 4G 500G GT740
          2G独显 D刻 Linux 白)</p>
        </li>
        <li data-row="2" data-col="7" data-sizex="2" data-sizey="2" class="gs-w">
          <header>Acer A608</header>
          <img src="images/003.jpg">
          <p>宏碁(acer)W505 14.0英寸超薄本(i5-3337U 4G 500G GT710M 2G独显 Win8)</p>
        </li>
      </ul>
    </div>
    <!-- 定义商品橱窗窗口小部件CSS样式 -->
    <style type="text/css">
      .gridster li header{
        background: #999;
        display: block;
        font-size: 20px;
        line-height: normal;
        padding: 4px 0 6px;
        margin-bottom: 20px;
        cursor: move;
      }
</body>
```

从上面的代码可以看到，在包含商品图片信息的<li>元素内，依次定义了以下内容：

- 通过使用<header>标签定义了可拖放的商品标题区域。
- 通过使用<img>标签引用了本体商品图片。
- 通过使用<p>标签对商品信息做出简单描述。

15.2.3 可拖放的商品橱窗页面布局初始化

页面静态商品橱窗窗口小部件创建好后，需添加以下js代码对gridster.js插件进行初始化操作，具体如代码15.11所示。

代码15.11 可拖放的商品橱窗页面布局初始化代码

```
<script type="text/javascript" id="code">
  var gridster;
  <-- 初始化函数 -->
  $(function(){
```

```
    //此处省略部分代码
    gridster=$(".gridster>ul").gridster({  // gridster.js插件命名空间构造函数
      widget_margins: [5, 5],         // widget_margins属性
      widget_base_dimensions: [100, 100],// widget_base_dimensions属性
      draggable:{                         // draggable属性
      handle: 'header',                   // 定义可拖放区域
        //此处省略部分代码
      }
    }).data('gridster');                          // 向<ul>元素附加数据
    //此处省略部分代码
  });
</script>
```

以上代码执行了以下操作：

- jQuery框架选择器$(".gridster>ul")方法获取class类等于.gridster的<div>控件内的<ul>列表控件，并通过gridster.js插件定义的.gridster()构造方法进行初始化。
- 在初始化函数内部，对可拖放布局的窗口小部件属性选项做如下设定：widget_margins:[5,5]；widget_base_dimensions:[100,100]。其中widget_margins属性定义了窗口小部件水平和垂直方向的边间距；widget_base_dimensions定义了窗口小部件初始宽度和高度的像素尺寸。
- 对gridster.js插件draggable属性进行定义，具体是通过定义handle参数值为header，指定了窗口小部件的可拖放区域在其头部，此处的header对应页面布局代码中的<header>元素，具体参见代码15.10。
- 最后通过jQuery框架的.data()方法向<ul>元素附加数据gridster。

此时可拖放的商品橱窗页面布局效果如图15.11与图15.12所示。

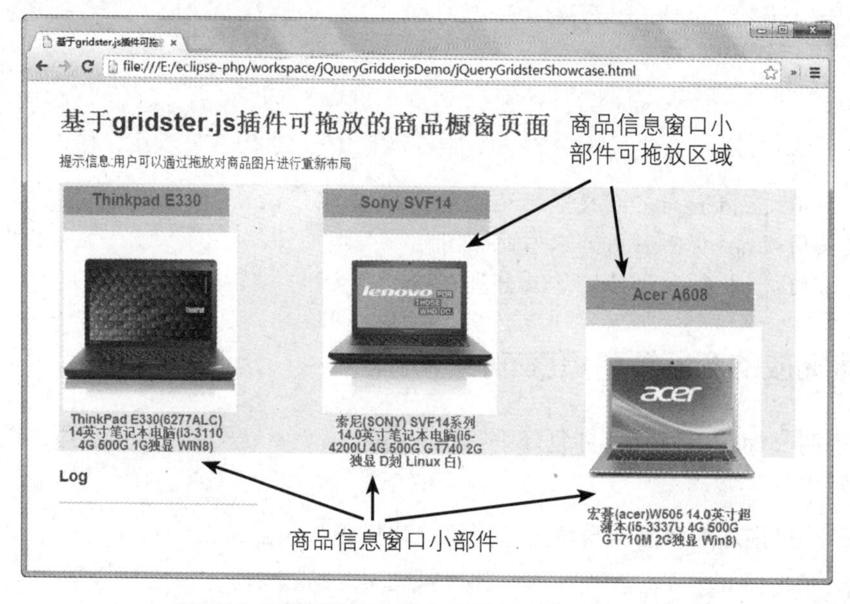

图15.11 可拖放的商品橱窗页面布局效果图（一）

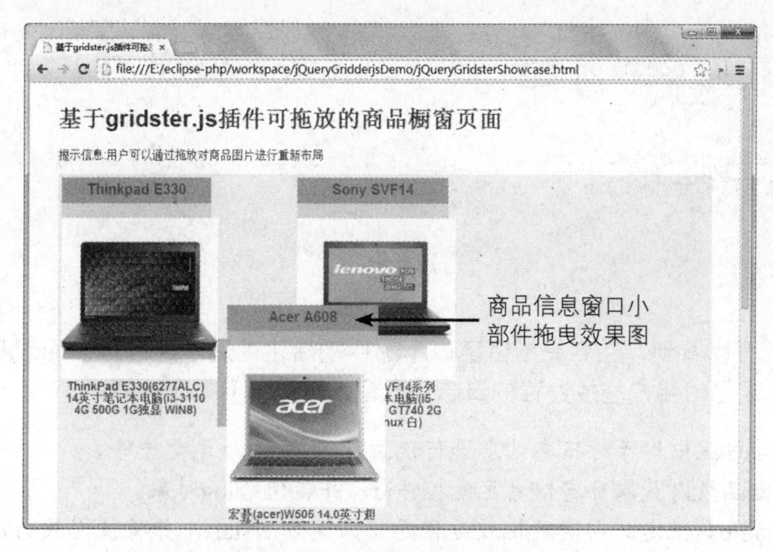

图15.12 可拖放的商品橱窗页面布局效果图（二）

15.2.4 应用gridster.js插件回调方法增强商品橱窗页面功能

在本章15.1.2小节中，介绍了gridster.js插件的一些回调方法，这些回调方法在实际开发中十分有用，能够实现一些很特别的功能。下面通过在初始化代码内对draggable属性的回调方法进行编程，增强可拖放的商品橱窗页面布局的功能，具体实现方法如代码15.12所示。

代码15.12 基于gridster.js插件实现动态缩放可拖放布局应用JS代码

```
<body>
  //此处省略部分代码
  <h3>拖动过程日志</h3>
  <div id="log"></div>                          // 定义拖动过程日志信息<div>元素控件
  //此处省略部分代码
<script type="text/javascript" id="code">
  var gridster;
  <-- 初始化函数 -->
  $(function(){
    var log = document.getElementById('log');      // 获取日志信息id
    gridster=$(".gridster>ul").gridster({  // gridster.js插件命名空间构造函数
      widget_margins: [5, 5],              // widget_margins属性
      widget_base_dimensions: [100, 100],  // widget_base_dimensions属性
      draggable:{                                 // draggable属性
        handle: 'header',                         // 定义可拖放区域
        start:function(e, ui, $widget){           // 拖放过程开始回调方法
          log.innerHTML = 'START position: ' + ui.position.top +' '
          + ui.position.left + "<br >" + log.innerHTML;
        },
        drag:function(e, ui, $widget){            // 拖放过程回调方法
          log.innerHTML = 'DRAG offset: ' + ui.pointer.diff_top +' '
          + ui.pointer.diff_left + "<br >" + log.innerHTML;
        },
        stop:function(e, ui, $widget){            // 拖放过程停止回调方法
```

```
            log.innerHTML = 'STOP position: ' + ui.position.top +' '
            + ui.position.left + "<br >" + log.innerHTML;
          }
        }
      }).data('gridster');                                    // 向<ul>元素附加数据
      //此处省略部分代码
      });
    });
</script>
<body>
```

从以上代码可以看到，在商品橱窗窗口小部件初始化之后，通过对draggable属性的回调方法进行编程实现了对用户拖放过程的日志信息记录，具体有以下内容：

- 定义拖动过程中用于对日志信息进行记录显示的<div>元素控件。
- 在初始化函数内获取日志信息元素控件id，并赋值给log对象。
- 在draggable属性定义内实现拖放过程开始回调方法start，并将被拖放的窗口小部件的开始位置数值、边距数值等信息回写到日志信息控件内。
- 在draggable属性定义内实现拖放过程回调方法drag，并将被拖放的窗口小部件的位置数值、边距数值等信息回写到日志信息控件内。
- 在draggable属性定义内实现拖放过程停止回调方法stop，并将被拖放的窗口小部件停止的位置数值、边距数值等信息回写到日志信息控件内。

13.2.5 可拖放的商品橱窗页面布局最终效果

经过以上步骤，本节基于gridster.js插件开发的可拖放的商品橱窗页面布局就完成了，下面对其运行效果进行大致演示。打开jQueryGridsterShowcase.html网页，可以看到如图15.13所示的页面效果，当选择任一件商品进行拖放操作时，页面中的日志信息会根据鼠标移动位置自动进行更新。

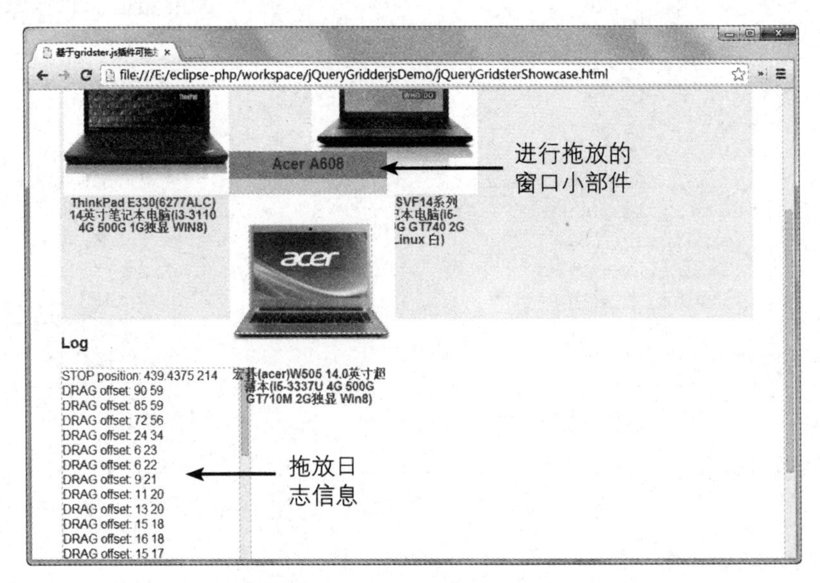

图15.13 可拖放的商品橱窗页面布局效果图（三）

当用户的拖放操作完成时，商品橱窗页面会根据用户的操作结果重新进行布局，其效果如图15.14所示。

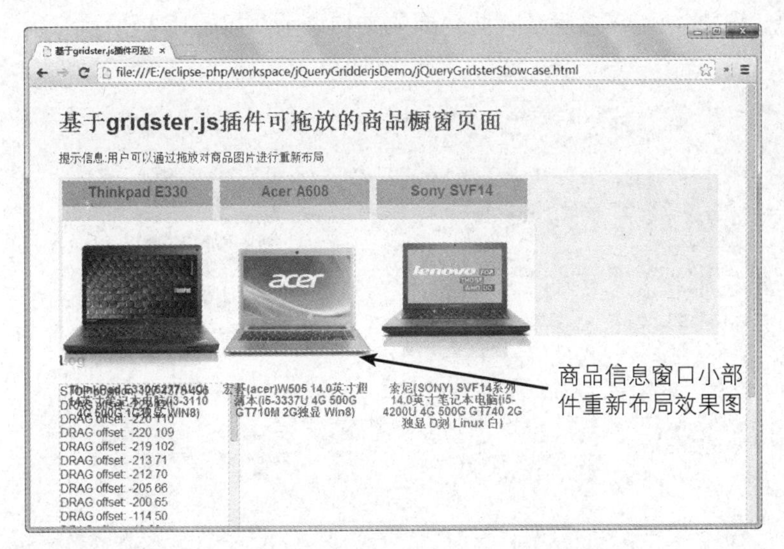

图15.14 可拖放的商品橱窗页面布局效果图（四）

由此可见，gridster.js插件提供了相当灵活的可拖放窗口小部件的布局模式，设计人员可以根据项目实际需要进行选择。

15.3 其他可拖放布局插件

除了gridster.js插件外，互联网上还有很多非常实用的基于jQuery框架的可拖放布局插件，比如用于创建瀑布流式的Masonry布局插件以及实现了可视化页面布局的Layoutit插件，这些插件同样提供了强大的可拖放布局功能。

15.3.1 使用Masonry布局插件

Masonry是一款非常强大的基于jQuery框架的动态网格瀑布流式布局插件，可以帮助开发人员快速开发出类似剪贴画的界面效果。Masonry插件与CSS样式中float效果不太一样的地方在于float是先水平排列，然后再垂直排列，而使用Masonry插件则垂直排列元素，然后将下一个元素放置到网格中的下一个开发区域。使用这种效果可以最小化处理不同高度的元素在垂直方向的间隙，自然也就形成了十分美观的瀑布流式页面布局。其中，Masonry插件的官方网址如下：

```
http://masonry.desandro.com/
```

打开Masonry插件的官方网站，用户就可以看到基于该插件实现的页面中各个导航链接的瀑布流式布局，其中有Masonry插件类库文件下载链接、文档压缩包下载链接、Masonry插件在GitHub资源库中的地址链接以及一些简要的文档说明，如图15.15所示。

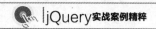

图15.15 Masonry插件主页及下载链接

继续往下浏览可以看到Masonry插件的安装说明、快速入门手册与其版权信息等内容，如图15.16所示。

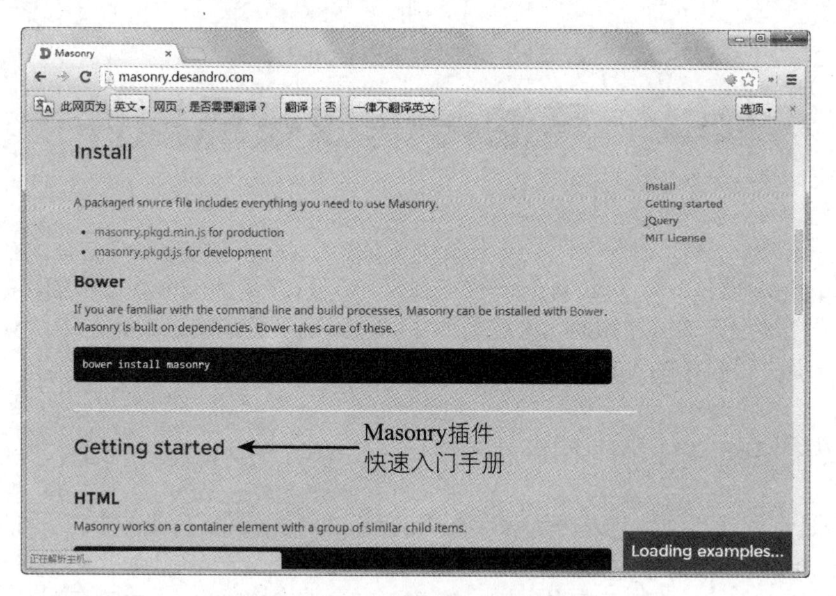

图15.16 Masonry插件主页信息

Masonry插件官网中提供了快速入门手册，并有详细的使用介绍，大致上Masonry插件的使用分为以下几个基本步骤。

（1）首先，添加Masonry插件必要的类库文件和CSS样式文件的引用，这里不再详细举出，读者可以参考Masonry插件源文件。

（2）在页面中定义一系列CSS样式类值为item的<div>元素，通过该<div>元素实现可拖放的窗口小部件页面布局，具体如代码15.13所示。

代码15.13 Masonry插件使用之HTML代码

```
<div id="container">
  <div class="item">...</div>
  <div class="item w2">...</div>
  <div class="item">...</div>
</div>
```

（3）在HTML页面定义好后，引入CSS样式代码，设计人员可以根据项目实际需求修改以下CSS样式代码，具体如代码15.14所示。

代码15.14 Masonry插件使用之CSS代码

```
.item { width: 25%; }
.item.w2 { width: 50%; }
```

（4）经过以上准备，下面使用jQuery技术实现对Masonry插件的初始化，具体如代码15.15所示。

代码15.15 Masonry插件使用之JS初始化

```
//当DOM已经完成加载后…
var container=document.querySelector('#container');      // 获取窗口小部件id
var msnry=new Masonry(container,{                        // Masonry插件初始化
  // Masonry插件选项值
  columnWidth:200,
  itemSelector:'.item'
});
```

以上代码通过JavaScript脚本语言的querySelector方法获取页面代码中定义的窗口小部件对象id，然后使用Masonry插件的命名空间构造方法进行初始化，在初始化方法内部设定了Masonry插件的选项值。本例中设定了两个选项，即columnWidth:200与itemSelector:'.item'，其中columnWidth选项描述窗口小部件的列宽数值，itemSelector选项定义了窗口小部件选择器的CSS样式类名称。Masonry插件还包含其他一些有用的选项，用户可以参考Masonry插件文档说明。

（5）另外，Masonry插件还支持在HTML代码内进行初始化功能，该方法无须编写JavaScript代码。具体做法是通过对包含窗口小部件的容器组件添加CSS样式类名为js-masonry关键字，并将各选项值添加到data-masonry-options属性内来实现，如代码15.16所示。

代码15.16 Masonry插件使用之HTML初始化

```
//当DOM已经完成加载后…
<div id="container" class="js-masonry" data-masonry-options='{"columnWidth
":200,"itemSelector":".item"}'>
```

以上就是使用Masonry插件进行开发的简单流程，设计人员可以修改其源文件以满足实际项目的需求。Masonry插件开发的动态网格瀑布流式布局效果如图15.17所示。

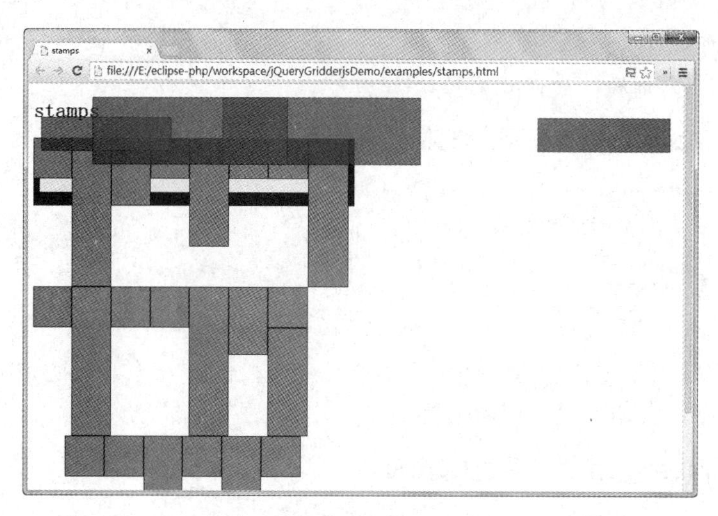

图15.17 Masonry插件应用效果图

15.3.2 使用可视化页面布局Layoutit插件

基于jQuery框架的Layoutit插件是一款极具特色的在线可视化页面布局工具，通过它可以简单而快速地搭建Bootstrap响应式布局，操作基本使用拖动方式来完成，而元素都是基于Bootstrap框架集成的，所以这款工具快捷方便的特点很适合网页设计师和前端开发人员使用。

Layoutit插件的官方下载网址如下：

```
http://www.layoutit.com
```

其官方网页如图15.18所示。

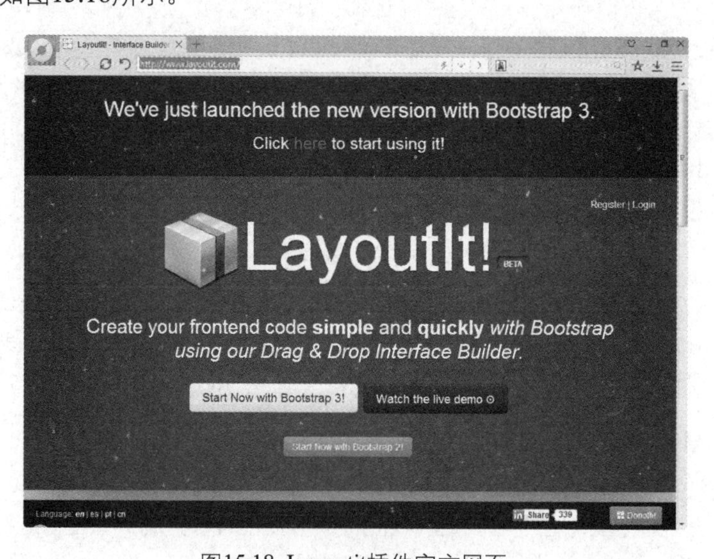

图15.18 Layoutit插件官方网页

同时，Layoutit插件的开发小组也将其源代码放到了GitHub资源库中以供设计人员下载使用，下面是Layoutit插件的GitHub资源库下载网址：

```
https://github.com/justjavac/layoutit
```

其GitHub资源库下载页面如图15.19所示。

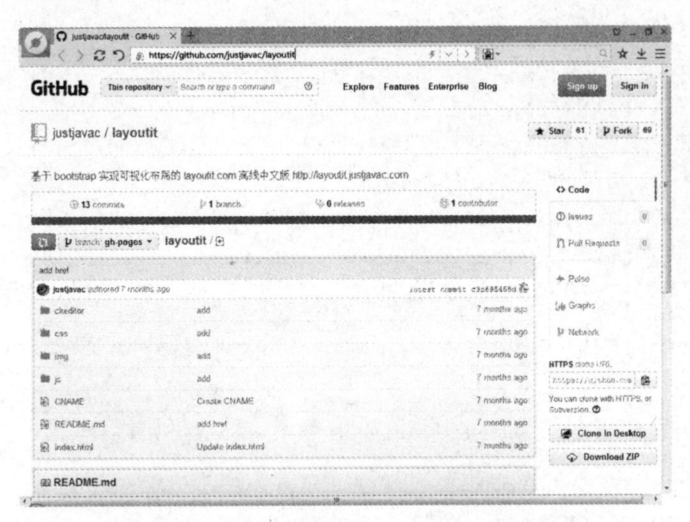

图15.19 Layoutit插件GitHub资源库下载页面

最新版的Layoutit可视化布局插件提供给设计人员一些新增功能，具体如下：

- HTML 5自动保存。
- 开启元素立即编辑模式。
- 增加撤销。
- 重做跟踪操作功能。
- 加入ckeditor弹出编辑器。

经过以上关于Layoutit插件的简略介绍，下面向用户展示使用Layoutit插件最基本的步骤，总体上可以分为3部分。

- 添加对jQuery类库文件、Layoutit插件类库文件和样式文件的引用。
- 构建可视化布局所需的所有页面控件，并为该控件关联Layoutit插件事件处理代码。
- 调用Layoutit插件后台处理方法，实现可视化页面布局功能。

现在，演示一个通过使用Layoutit插件实现的可视化页面布局样例，该样例涵盖了Layoutit插件大部分属性和方法的应用，其页面代码如15.17所示。

代码15.17 使用Layoutit插件实现可视化页面布局HTML代码

```
<!DOCTYPE html>
<html>
<head>
<meta charset="utf-8">
<meta name="viewport" content="width=device-width, initial-scale=1.0">
<meta http-equiv="Content-Type" content="text/html; charset=UTF-8">
<meta name="title" content="LayoutIt! - Bootstrap可视化布局系统">
<meta name="description" content="LayoutIt!可拖放排序在线编辑的Bootstrap可视化
布局系统">
```

```
<meta name="keywords" content="可视化,布局,系统">
<title>Bootstrap可视化布局系统</title>
<!-- 引入本地CSS样式文件 -->
<link href="css/bootstrap-combined.min.css" rel="stylesheet">
<link href="css/layoutit.css" rel="stylesheet">
<!-- 引入本地jQuery类库文件、Layoutit类库文件、ckeditor类库文件 -->
<script type="text/javascript" src="js/bootstrap.min.js"></script>
<script type="text/javascript" src="js/jquery-ui.js"></script>
<script type="text/javascript" src="js/jquery.ui.touch-punch.min.js">
</script>
<script type="text/javascript" src="js/jquery.htmlClean.js"></script>
<script type="text/javascript" src="ckeditor/ckeditor.js"></script>
<script type="text/javascript" src="ckeditor/config.js"></script>
<!-- 引入页面JS文件 -->
<script type="text/javascript" src="js/scripts.js"></script>
</head>
<body style="min-height: 660px; cursor: auto;" class="edit">
<div class="navbar navbar-inverse navbar-fixed-top">
  <div class="navbar-inner">
  //此处省略部分页面布局代码
  <div class="container-fluid">
    <div class="row-fluid clearfix">
      <div class="span12 column ui-sortable">
        //页面布局代码
        <div class="box box-element ui-draggable" style="display: block; ">
        <a href="#close" class="remove label label-important">
        <i class="icon-remove icon-white"></i>删除</a> <span class="drag label">
        <i class="icon-move"></i>拖动</span> <span class="configuration">
        <button type="button" class="btn btn-mini" data-target="#editorModal"
        role="button" data-toggle="modal">编辑</button> <a class="btn btn-
        mini" href="#" rel="well">嵌入</a> </span>
        <div class="preview">概述</div>
          <div class="view">
            <div class="hero-unit" contenteditable="true">
              <p>一种风，只流浪在一座山谷；</p>
              <p>一道堤，只护住一湾星河。</p>
              <p>每次仰望星空，我总是闭上眼，</p>
              <p>因为最美的一颗不在天上。</p>
            </div>
          </div>
        </div>
      </div>
    </div>
</div>
</body>
</html>
```

页面布局代码定义好后，引用Layoutit插件方法执行页面布局初始化工作，其初始化代码如代码15.18所示。

代码15.18 使用Layoutit插件实现可视化页面布局初始化代码

```
<!DOCTYPE html>
$(document).ready(function(){
  $("body").css("min-height", $(window).height() - 90);
```

```
    //此处省略部分JS代码
    $(".sidebar-nav .box").draggable({         // 编写可视化页面布局控件拖放方法代码
      connectToSortable: ".column",// 定义connectToSortable属性，实现按列排序功能
      helper: "clone",                       // 定义helper属性，实现控件拖放“克隆”功能
      handle: ".drag",                       // 定义handle属性为“拖放”事件
      start: function(e,t){                  // 定义拖放“开始”事件
        if (!startdrag) stopsave++;
        startdrag = 1;
      },
      drag: function(e, t){                  // 定义拖放“过程”事件
        t.helper.width(400)
      },
      stop: function(){                      // 定义拖放“停止”事件
        handleJsIds();
        if(stopsave>0) stopsave--;
        startdrag = 0;
      }
    });
    //此处省略部分JS代码
    initContainer();                         // 执行Layoutit插件初始化
    //此处省略部分JS代码
  })
```

以上Layoutit插件初始化定义中，包含一些该插件基本的属性与方法的定义，在这些属性与方法定义好后，通过initContainer初始化方法激活可视化页面布局。由于篇幅限制，以上代码中省略了一些功能重复或无关的部分，具体Layoutit插件样例的演示效果如图15.20所示。

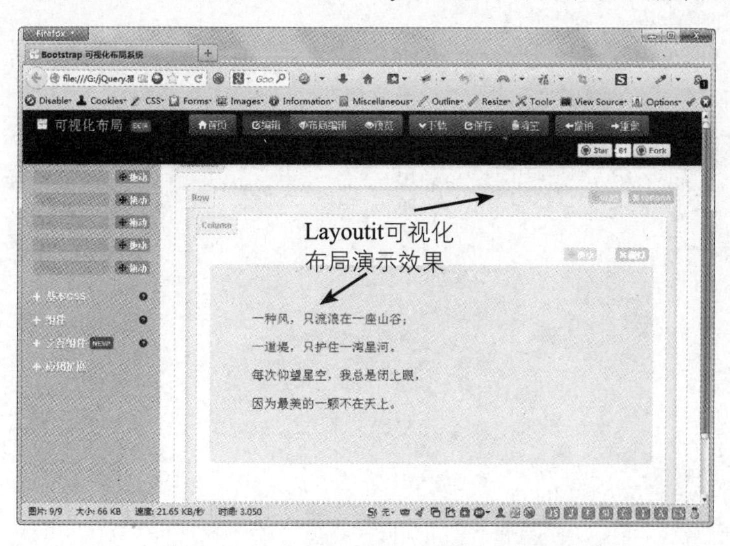

图15.20 Layoutit可视化布局演示效果

Layoutit插件还包含很多很实用的属性与方法，感兴趣的请读者可以参考其官方网站中的文档与样例获取详细信息。

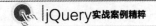

15.4 小结

本章介绍了基于jQuery框架的可拖放布局插件，重点讨论了gridster.js可拖放布局插件的使用。首先介绍了如何下载和使用gridster.js插件，接下来对gridster.js可拖放布局插件的参数列表进行了详细说明，并通过简单的静态页面示例演示了如何使用gridster.js插件实现可拖放布局页面。然后，开发了一个可拖放的商品橱窗页面应用，演示了如何使用gridster.js插件实现完整的可拖放页面布局功能。本章最后介绍了两个流行的可拖放布局插件，即Masonry瀑布流式布局插件与Layoutit可视化布局插件，以飨读者。

第16章 页面便条插件

或许大多数读者都不会在意“便条”这个不起眼的小工具，其实它在日常工作生活中扮演着非常重要的角色，离开了它处理许多事情可能还真不太方便。如果我们有什么事情要告诉另一方，或委托他人办什么事，再或者需要提醒自己有件必须要按时完成的重要工作，写张便条是最简单但也最实用的方法。便条的内容大多是临时性的询问、留言、通知、要求、请示等，往往只用一两句话即可，其写好后可放置在特定的位置，譬如办公桌上、门窗上或专用的留言板上，已达到提醒通知的关键作用。

如今，伴随着互联网技术的发展，开发设计人员将纸质便条的概念移植到网页开发之中，开发出许多款样式多变、传达信息形象、人机交互体验良好的页面便条插件，大大丰富了互联网技术元素的功能。这些页面便条插件大部分都是基于JavaScript脚本语言开发的，一般只要用不多的代码就可以描述一个功能齐全的便条效果，占用的存储空间很小，安装、使用与维护快捷简单，非常适合于Web开发使用。如图16.1所示是多款页面便条的效果图。

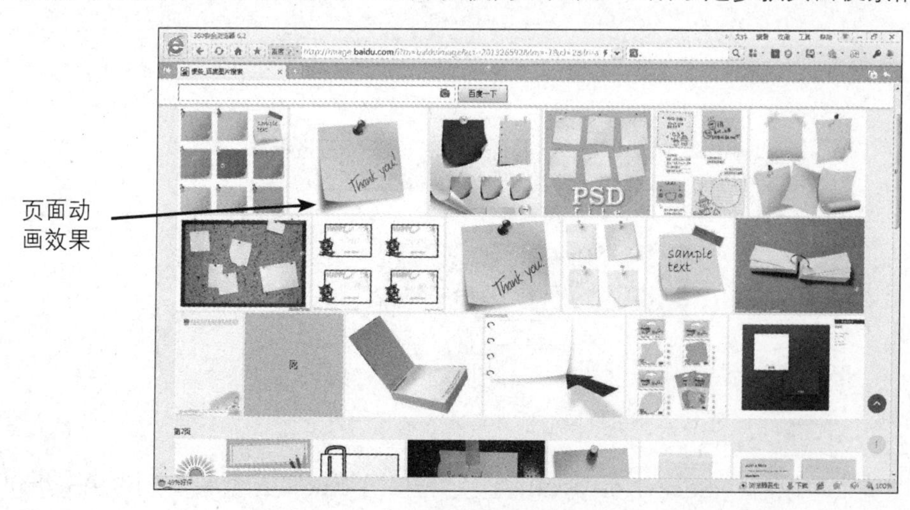

图16.1 页面便条效果图

本章将介绍如何利用基于jQuery框架的jStickyNote页面便条插件来为网页增加效果，主要介绍jStickyNote页面便条插件参数、如何使用jStickyNote插件实现页面便条功能，以及一些类似的页面便条插件。

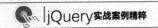

16.1 准备jStickyNote页面便条插件

jStickyNote是一款基于jQuery框架的页面便条插件，其使用方法简单、功能效果突出，能够完美模拟桌面便条风格那样“贴”在网站页面上的特效。jStickyNote插件可以设置便条大小、拖曳的位置和便条中文字的颜色，拖动的便条会显示在其他便条之上。

16.1.1 下载jStickyNote页面便条插件

jStickyNote插件的官方网址如下：

```
http://tympanus.net/codrops/2009/10/30/jstickynote-a-jquery-plugin-for-creating-sticky-notes/
```

在jStickyNote插件的官网上，读者可以看到jStickyNote插件的产品介绍与一个样例演示，如图16.2所示。

图16.2 jStickyNote插件官方网站（一）

继续向下浏览，可以看到jStickyNote插件的特性介绍、Demo演示链接与源代码压缩包下载地址，如图16.3所示。

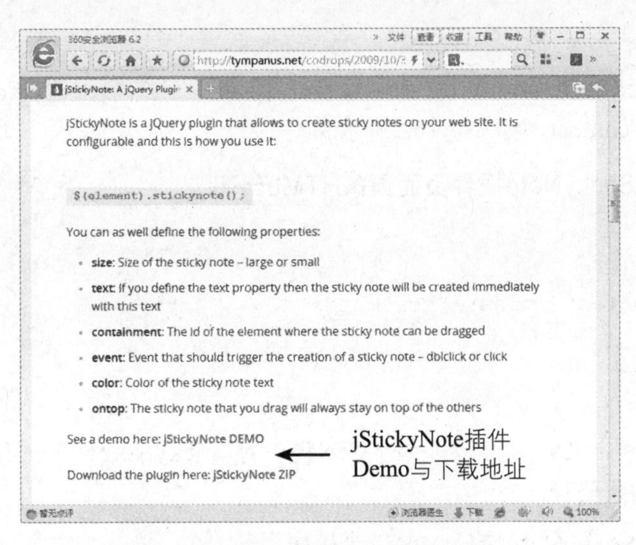

图16.3 jStickyNote插件官方网站（二）

用户从jStickyNote插件官方网站可以下载到一个大约150KB的源代码压缩包，文件名一般为jstickynote.zip。用户解压缩后就可以得到jStickyNote插件演示Demo的完整源代码，其中包括其所需jQuery框架支持的几个类库文件，以及jStickyNote插件类库文件与CSS样式文件。

接下来通过几个简单的步骤来看一下如何快速应用jStickyNote插件开发一个最简单的页面便条，具体方法如下。

（1）打开任一款目前流行的文本编辑器，如UltraEdit、EditPlus等，新建一个名称为jStickyNoteDemo.html的网页。

（2）打开jStickyNote插件源代码文件夹，将其中包含的jQuery框架库文件全部复制到刚刚创建的jStickyNoteDemo.html页面文件目录下。在jStickyNoteDemo.html页面文件中添加对jQuery框架类库文件、jStickyNote插件类库文件的引用，并将该页面标题命名为“基于jQuery的jStickyNote页面便条插件应用”，如代码16.1所示。

代码16.1 添加对jStickyNote插件类库文件的引用

```
<!DOCTYPE html>
<head>
  <title>基于jQuery的jStickyNote页面便条插件应用</title>
  <meta http-equiv="Content-Type" content="text/html; charset=UTF-8"/>
  <meta name="description" content="jStickyNote - jQuery StickyNote
  Plugin"/>
  <meta name="keywords" content="jquery, plugin, sticky note"/>
  <!-- 引用页面CSS样式文件 -->
  <link rel="stylesheet" type="text/css" href="css/style.css"
  media="screen"/>
  <!-- 引用jQuery类库文件 -->
  <script type="text/javascript" src="jquery-1.3.2.js"></script>
  <script type="text/javascript" src="ui.core.js"></script>
  <script type="text/javascript" src="ui.draggable.js"></script>
  <!-- 引用jStickyNote插件类库文件 -->
  <script src="jquery.stickynote.js" type="text/javascript"></script>
```

```
</head>
```

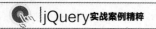

（3）在jStickyNoteDemo.html页面中添加一个<div>层元素，将其id值定义为content，class样式类名定义为content，如代码16.2所示。

代码16.2 构建jStickyNote插件页面便条HTML代码

```
<body>
  // 省略部分代码
  <div id="content" class="content">
  </div>
  // 省略部分代码
</body>
```

（4）HTML元素定义好后，添加如下CSS代码对jStickyNote插件进行样式美化，完成页面便条显示效果，如代码16.3所示。

代码16.3 编写jStickyNote插件CSS样式代码

```
body{
  background: #fcfef4 url(bg.png) repeat-x top left;
  font-family: arial;
  padding:0px;
  margin:0px;
}
.content{
  position:absolute;
  top:105px;
  left:0px;
  right:0px;
  padding:0px;
  margin:0px;
  height:550px;
}
```

（5）页面元素构建好后，添加如下js代码对jStickyNote插件进行初始化，完成页面便条功能，如代码16.4所示。

代码16.4 jStickyNote插件初始化代码

```
$(function(){
  $("#content").stickynote({
    size:'large',                        // 定义size属性为大尺寸页面便条
    text:'一个简单的页面便条插件!',       // 定义text属性，用于显示页面便条文本
    containment:'content',// 定义containment属性，表示页面便条可拖放的页面区域元素id
    event:'dblclick'            // 定义event属性，表示激活页面便条事件为鼠标双击事件
  });
});
```

上面js代码通过jQuery框架方法$("#content")获取id值等于content的<div>元素，并通过jStickyNote插件定义的构造方法进行初始化。在初始化函数内部，分别对size属性、text属性、containment属性和event属性进行设定。size:'large'，定义size属性为大尺寸页面便条；text

属性用于显示页面便条文本；containment:'content'，定义页面便条可拖放区域的页面元素id；event:'dblclick'，定义激活页面便条事件为鼠标双击事件。至此，使用jStickyNote插件开发的简单页面便条示例就完成了，运行后效果如图16.4和图16.5所示。

图16.4 jStickyNote插件页面便条效果（一）

图16.5 jStickyNote插件页面便条效果（二）

16.1.2 参数说明

jStickyNote插件初始化方法使用其命名空间方法——stickynote()，并在该过程中定义其属性。具体语法如下：

```
$(element).stickynote({
    //属性定义…
});
```

其中，jStickyNote插件可以配置的属性如表16.1所示。

表16.1 jStickyNote插件属性列表

属性名称	类型	属性描述
size	String	定义页面便条的大小尺寸，large为“大尺寸”或者small为“小尺寸”
text	String	定义页面便条中显示的文本
containment	String	定义页面便条可以拖动的元素id
event	String	定义激活页面便条的事件，单击或者双击事件
color	String	定义页面便条文本的颜色
ontop	Boolean	描述用户拖动的页面便条是否始终显示在其他便条之上，true（真）表示“是”

16.1.3 使用jStickyNote插件实现大小尺寸页面便条

这一小节将实现一个基于jStickyNote插件的大小尺寸页面便条实例，该实例向用户演示如何使用jStickyNote插件的size属性，具体过程如下所示。

（1）使用文本编辑器新建一个名为jStickyNoteSizeDemo.html的网页，将网页的标题指定为“基于jQuery的jStickyNote插件实现大小尺寸页面便条”，然后添加对jQuery框架类库文件以及jStickyNote插件类库文件和CSS样式文件的引用，如代码16.5所示。

代码16.5 添加对jStickyNote插件库文件的引用

```
<!DOCTYPE html>
<head>
  <title>基于jQuery的jStickyNote插件实现大小尺寸页面便条</title>
  <meta http-equiv="Content-Type" content="text/html; charset=UTF-8"/>
  <meta name="description" content="jStickyNote - jQuery StickyNote
  Plugin"/>
  <meta name="keywords" content="jquery, plugin, sticky note"/>
  <!-- 引用jQuery类库文件 -->
  <script type="text/javascript" src="jquery-1.3.2.js"></script>
  <script type="text/javascript" src="ui.core.js"></script>
  <script type="text/javascript" src="ui.draggable.js"></script>
  <!-- 引用jStickyNote插件类库文件 -->
  <script src="jquery.stickynote.js" type="text/javascript"></script>
  <!-- 引用页面CSS样式文件 -->
  <link rel="stylesheet" type="text/css" href="css/style.css"
  media="screen"/>
</head>
```

（2）在jStickyNoteSizeDemo.html页面中添加相关的HTML页面元素，用于创建页面便条插件，如代码16.6所示。

代码16.6 构建jStickyNote插件页面便条HTML代码

```
<body>
  // 省略部分代码
  <div class="header"></div>
  // 打开页面便条列表按钮
  <ul class="demos">
```

```
      <li id="testclick">Large页面便条</li>
      <li id="testsmall">Small页面便条</li>
    </ul>
    // 页面便条显示区域
    <div id="content" class="content">
    </div>
    // 省略部分代码
</body>
```

（3）HTML元素定义好后，添加如下CSS代码对jStickyNote插件大小尺寸页面便条风格进行定义，完成其显示效果，如代码16.7所示。

代码16.7 编写jStickyNote插件CSS样式代码

```
body{
  // 省略部分代码
}
  .header{
  position:absolute;
  top:0px;
  left:0px;
  background:transparent url(header.png) no-repeat top left;
  width:100%;
  height:104px;
}
.content{                                    // 页面便条拖放区域CSS样式定义
  position:absolute;
  top:105px;
  left:0px;
  right:0px;
  padding:0px;
  margin:0px;
  height:550px;
}
ul.demos{                                    // 页面便条列表按钮CSS样式定义
  list-style-type:none;
  position:absolute;
  top:100px;
  right:2px;
  padding:0px;
  margin:0px;
  z-index:9999;
}
ul.demos li{                                 // 页面便条列表按钮CSS样式定义
  background-color:#3C3C3C;
  display:inline;
  color:#FEFEE7;
  font-weight:bold;
  float:left;
  padding:2px 4px 2px 4px;
  margin:2px;
```

```
    -moz-border-radius:0px 0px 5px 5px;            // 浏览器兼容性设置
    -webkit-border-bottom-left-radius: 5px;        // 浏览器兼容性设置
    -webkit-border-bottom-right-radius: 5px;-khtml-border-bottom-left-radius:
    5px;   // 浏览器兼容性设置
    -khtml-border-bottom-right-radius: 5px;        // 浏览器兼容性设置
    -moz-box-shadow: 0 1px 3px #777;               // 页面元素阴影效果设置
    cursor:pointer;
    border:1px solid #ECEDD5;
    border-top:none;
}
```

（4）页面元素构建好后，添加如下js代码对jStickyNote插件进行初始化，完成页面便条功能，如代码16.8所示。

代码16.8 jStickyNote插件初始化代码

```
$(function(){
    $("#content").stickynote({
        size:'large',                       // 定义size属性为大尺寸页面便条
        text:'一个简单的页面便条插件!',       // 定义text属性，用于显示页面便条文本
        containment:'content',// 定义containment属性，表示页面便条可拖放的页面区域元素id
        event:'dblclick'            // 定义event属性，表示激活页面便条事件为鼠标双击事件
    });
    $("#testclick").stickynote({
        size:'large',                       // 定义size属性为大尺寸页面便条
        text:'Large(大尺寸)页面便条',
        containment:'content'               // 定义页面便条可拖放区域
    });
    $("#testsmall").stickynote({
        size:'small',               // 定义size属性为小尺寸页面便条，small为默认值
        text:'Small(小尺寸)页面便条',
        containment:'content'               // 定义页面便条可拖放区域
    });
});
```

上面的js代码分别实现了3个页面便条的初始化工作。

- 通过jQuery框架方法$("#content")获取id值等于content的<div>元素，并通过jStickyNote插件定义的构造方法进行初始化。在初始化函数内部，分别对size属性、text属性、containment属性和event属性进行设定。size:'large'，定义size属性为大尺寸页面便条；text属性用于显示页面便条文本；containment:'content'，定义页面便条可拖放区域的页面元素id；event:'dblclick'，定义激活页面便条事件为鼠标双击事件。
- 通过jQuery框架方法$("#testclick")获取id值等于testclick的<div>元素，并通过jStickyNote插件定义的构造方法进行初始化。在初始化函数内部，分别对size属性、text属性和containment属性进行设定。size:'large'，定义size属性为大尺寸页面便条；text属性用于显示页面便条文本；containment:'content'，定义页面便条可拖放区域的页面元素id。
- 通过jQuery框架方法$("#testsmall")获取id值等于testsmall的<div>元素，并通过jStickyNote插件定义的构造方法进行初始化。在初始化函数内部，分别对size属性、

text属性和containment属性进行设定。size:'small'，定义size属性为小尺寸页面便条，其中small为默认值，因此此处也可以不设定；text属性用于显示页面便条文本；containment:'content'，定义页面便条可拖放区域的页面元素id。

至此，使用jStickyNote插件实现大小尺寸页面便条的工作就完成了，运行时大小尺寸页面便条效果如图16.6与图16.7所示。

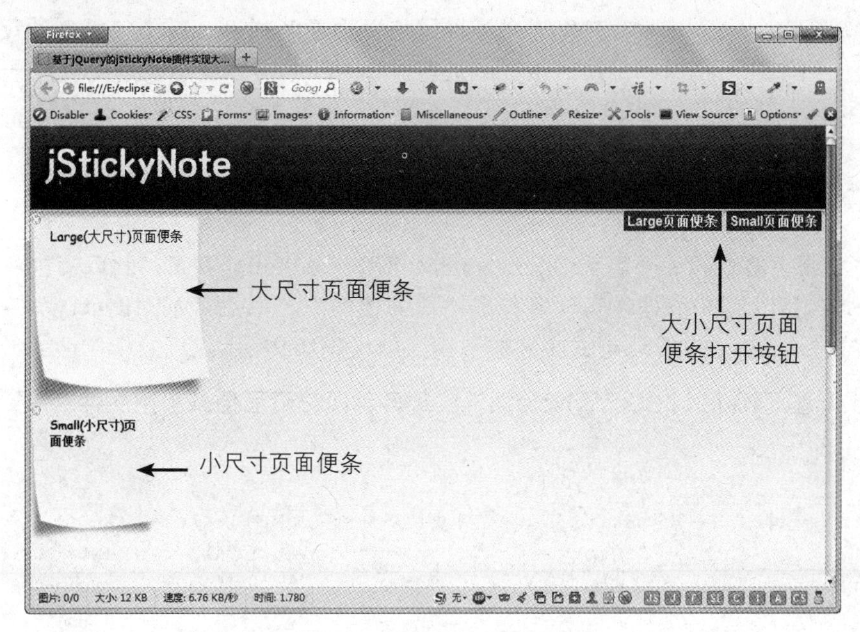

图16.6 jStickyNote插件页面便条效果（三）

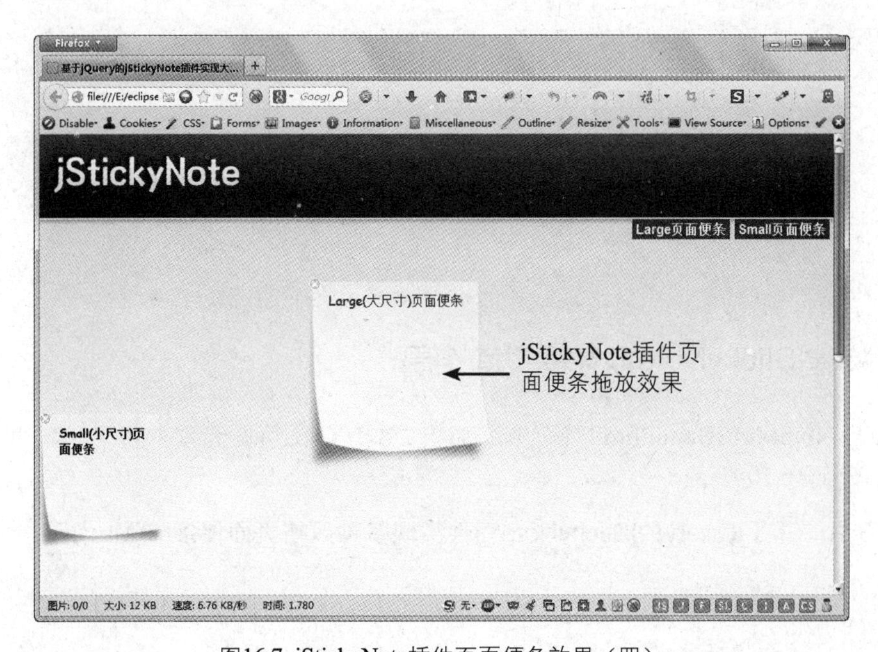

图16.7 jStickyNote插件页面便条效果（四）

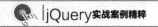

16.2 开发多种风格页面便条

本节将基于jStickyNote插件开发一个多种风格页面便条样例，其中包括多种尺寸大小风格、多种颜色字体风格和保持置顶风格等。这些jStickyNote插件的功能是完全基于JavaScript脚本语言与jQuery框架开发而成的，用户可以将其应用到网页制作之中。

16.2.1 添加jStickyNote插件库文件

使用文本编辑器新建一个名为jStickyNoteMultiDemo.html的网页，将网页的标题指定为“基于jQuery的jStickyNote插件实现多种风格页面便条”，然后添加对jQuery类库文件以及jStickyNote插件类库文件和CSS样式文件的引用，如代码16.9所示。

代码16.9 基于jQuery的jStickyNote插件实现多种风格页面便条引用文件

```
<!DOCTYPE html>
<head>
  <title>基于jQuery的jStickyNote插件实现多种风格页面便条</title>
  <meta http-equiv="Content-Type" content="text/html; charset=UTF-8"/>
  <meta name="description" content="jStickyNote - jQuery StickyNote
  Plugin"/>
  <meta name="keywords" content="jquery, plugin, sticky note"/>
  <!-- 引用jQuery类库文件 -->
  <script type="text/javascript" src="jquery-1.3.2.js"></script>
  <script type="text/javascript" src="ui.core.js"></script>
  <script type="text/javascript" src="ui.draggable.js"></script>
  <!-- 引用jStickyNote插件类库文件 -->
  <script src="jquery.stickynote.js" type="text/javascript"></script>
  <!-- 引用页面CSS样式文件 -->
  <link rel="stylesheet" type="text/css" href="css/style.css"
  media="screen"/>
</head>
```

16.2.2 构建jStickyNote插件库页面布局

在jStickyNoteMultiDemo.html页面中添加相关的HTML页面元素，用于创建页面便条插件，具体如代码16.10所示。

代码16.10 基于jQuery的jStickyNote插件实现多种风格页面便条HTML代码

```
<body>
  // 省略部分代码
  <div class="header"></div>
  // 打开页面便条列表按钮
  <ul class="demos">
```

```
      <li id="testclick">Large页面便条</li>
      <li id="testmedium">Medium页面便条</li>
      <li id="testsmall">Small页面便条</li>
      <li id="testcolor">彩色字体页面便条</li>
      <li id="testontop">置顶页面便条</li>
      <li><a href="#about">关于本页</a></li>
    </ul>
    // 页面便条显示区域
    <div id="content" class="content">
    </div>
    // 文档说明部分
    <div class="about" id="about">
      <div class="text">
        <h1>说明</h1>
        <p>欢迎使用jStickyNote插件多种风格页面便条!</p>
        <p>在这里，用户可以看到如何使用jStickyNote插件的一些例子。默认情况下，你可以简
        单地对上述区域双击，将出现一个简单的预定义便条。</p>
        <p>用户可以拖动灰色内容区域来移动此便条。</p>
        <p>用户单击便条左上角的十字将其删除。</p>
      </div>
    </div>
</body>
```

HTML元素定义好后，添加如下CSS代码对jStickyNote插件页面便条风格进行定义，如代码16.11所示。

代码16.11 基于jQuery的jStickyNote插件多种风格页面便条CSS样式代码

```
body{
  // 省略部分代码
}
.header{
  position:absolute;
  top:0px;
  left:0px;
  background:transparent url(header.png) no-repeat top left;
  width:100%;
  height:104px;
}
.content{                                         // 页面便条拖放区域CSS样式定义
  position:absolute;
  top:105px;
  left:0px;
  right:0px;
  padding:0px;
  margin:0px;
  height:550px;
}
ul.demos{                                         // 页面便条列表按钮CSS样式定义
  list-style-type:none;
  position:absolute;
```

```
    top:100px;
    right:2px;
    padding:0px;
    margin:0px;
    z-index:9999;
  }
  ul.demos li{                                  // 页面便条列表按钮css样式定义
    background-color:#3C3C3C;
    display:inline;
    color:#FEFEE7;
    font-weight:bold;
    float:left;
    padding:2px 4px 2px 4px;
    margin:2px;
    -moz-border-radius:0px 0px 5px 5px;         // 浏览器兼容性设置
    -webkit-border-bottom-left-radius: 5px;     // 浏览器兼容性设置
    -webkit-border-bottom-right-radius: 5px;-khtml-border-bottom-left-
    radius: 5px;  // 浏览器兼容性设置
    -khtml-border-bottom-right-radius: 5px;     // 浏览器兼容性设置
    -moz-box-shadow: 0 1px 3px #777;            // 页面元素阴影效果设置
    cursor:pointer;
    border:1px solid #ECEDD5;
    border-top:none;
  }
  .about{                                       // 页面便条说明文档css样式定义
    position:absolute;
    top:655px;
    left:0px;
    width:100%;
    height:400px;
    background:transparent url(about.png) repeat-x top left;
    border-top:2px solid #ccc;
  }
  .about .text{
    width:80%;
    margin:5px 2% 10px 2%;
    height:380px;float:left;
    color:#FCFEF3;
    font-weight:bold;
    font-size: 11px;
    text-align:justify;
  }
  .about .text h1{
    border-bottom: 1px dashed #ccc;
  }
```

16.2.3 jStickyNote插件库页面初始化

页面元素构建好后，添加如下js代码对jStickyNote插件进行初始化，完成多种风格页面便条功能，如代码16.12所示。

代码16.12 基于jQuery的jStickyNote插件多种风格页面便条初始化代码

```
$(function(){
```

```
    $("#content").stickynote({
      size:'large',                         // 定义size属性为大尺寸页面便条
      text:'一个简单的页面便条插件!',       // 定义text属性，用于显示页面便条文本
      containment:'content',                // 定义containment属性，表示页面便条可拖放
      的页面区域元素id
      event:'dblclick'                      // 定义event属性，表示激活页面便条事件为鼠标
      双击事件
    });
    $("#testclick").stickynote({
      size:'large',                         // 定义size属性为大尺寸页面便条
      text:'Large - 大尺寸页面便条!',
      containment:'content'                 // 定义页面便条可拖放区域
    });
    $("#testmedium").stickynote({
      size:'medium',                        // 定义size属性为中尺寸页面便条
      text:'Medium - 中尺寸页面便条!',
      containment:'content'
    });
    $("#testsmall").stickynote({
      size:'small',                 // 定义size属性为小尺寸页面便条，small为默认值
      text:'Small - 小尺寸页面便条! ',
      containment:'content'                 // 定义页面便条可拖放区域
    });
    $("#testcolor").stickynote({
      size:'large',
      color:'#FF0000',                      // 定义页面便条文本颜色，此处为红色
      text:'Color - 彩色页面便条!',
      containment:'content'
    });
    $("#testontop").stickynote({
      size:'large',
      text:'OnTop - 置顶页面便条!',
      containment:'content',
      ontop:true                            // 定义页面便条置顶属性，此处为true
    });
  });
```

上面js代码分别实现了6个页面便条的初始化工作，有些内容在前文16.1小节中做过说明，下面对几个新风格的页面便条进行讲解。

- 通过jQuery框架方法$("#testmedium")获取id值等于testmedium的<div>元素，并通过jStickyNote插件定义的构造方法进行初始化。在初始化函数内部，分别对size属性、text属性和containment属性进行设定。size:'medium'，定义size属性为中尺寸页面便条；text属性用于显示页面便条文本；containment:'content'，定义页面便条可拖放区域的页面元素id。
- 通过jQuery框架方法$("#testcolor")获取id值等于testcolor的<div>元素，并通过jStickyNote插件定义的构造方法进行初始化。在初始化函数内部，分别对size属性、text属性、containment属性和color属性进行设定。size:'large'，定义size属性为大尺寸页面便条；text属性用于显示页面便条文本；containment:'content'，定义页面便条可拖放区域的页面元素id；color:'#FF0000'，定义页面便条文本颜色为红色。
- 通过jQuery框架方法$("#testsmall")获取id值等于testsmall的<div>元素，并通过

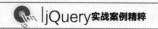

jStickyNote插件定义的构造方法进行初始化。在初始化函数内部，分别对size属性、text属性、containment属性和ontop属性进行设定。size:'small'，定义size属性为小尺寸页面便条，其中small为默认值，因此此处也可以不设定；text属性用于显示页面便条文本；containment:'content'，定义页面便条可拖放区域的页面元素id；ontop:true，定义页面便条置顶属性，此处属性值为true即表示进行置顶操作。

16.2.4 基于jQuery的jStickyNote插件多种风格页面便条最终效果

至此，使用jStickyNote插件开发的多种风格页面便条样例就完成了，各种不同风格的页面便条效果如图16.8和图16.9所示。

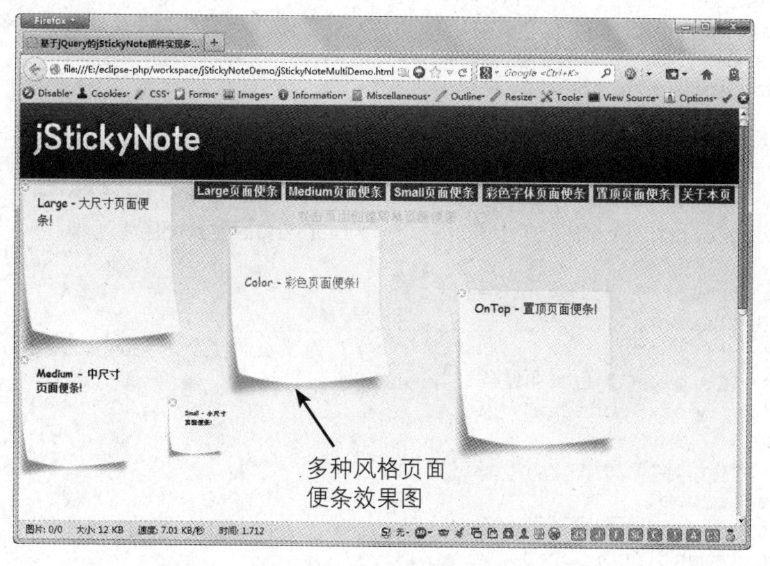

图16.8 基于jStickyNote插件多种风格页面便条效果图（一）

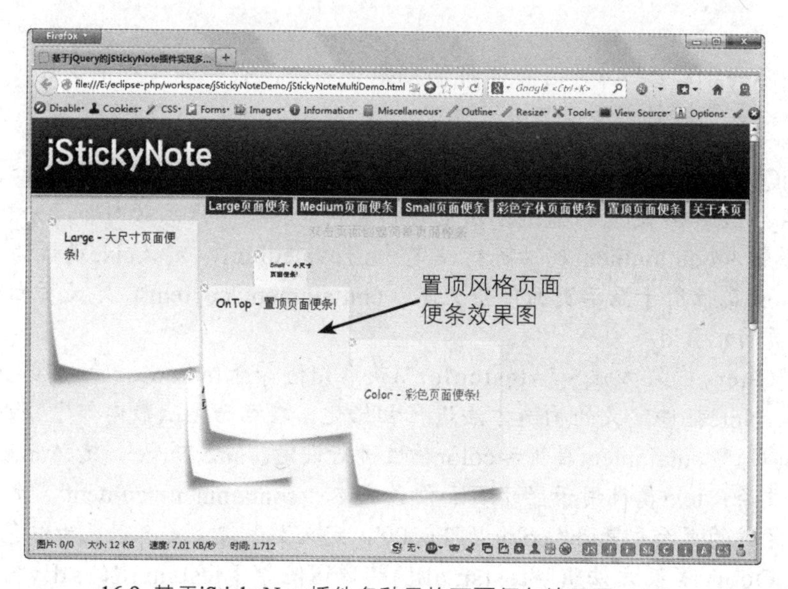

16.9 基于jStickyNote插件多种风格页面便条效果图（二）

jStickyNote插件各种风格的页面便条功能丰富了网页制作的手段，设计人员可以根据实际项目的需求，将jStickyNote插件应用到页面功能之中。

16.3 其他页面便条插件——StickyNotes页面便条

除了jStickyNote插件外，互联网上还有一些简单实用的页面便条插件，本节介绍一个基于jQuery框架与CSS 3技术制作的StickyNotes页面便条插件。

StickyNotes插件一共具有6种风格的页面便条效果，在页面中应用StickyNotes插件制作的方法大致分为以下步骤。

（1）在页面<head></head>标签内添加对jQuery框架类库文件与StickyNotes插件的CSS样式定义，如代码16.13所示。

代码16.13 StickyNotes插件使用之文件引用

```
<head>
<!-- 引用jQuery类库文件 -->
<script type="text/javascript" src="jquery-1.3.2.min.js"></script>
<!-- 远程调用Google API提供的Reenie+Beanie -  CSS样式代码 --!>
<link href="http://fonts.googleapis.com/css?family=Reenie+Beanie:regular"
rel="stylesheet" type="text/css">
</head>
```

（2）在页面<body></body>标签内添加HTML页面元素，用于在页面中创建导航列表菜单与页面便条插件，如代码16.14所示。

代码16.14 StickyNotes插件使用之HTML代码

```
<body>
/*省略部分代码*/
  <ol>
    <li><strong>风格#1</strong></li>
    <li><a href="step2.html">风格#2</a></li>
    <li><a href="step3.html">风格#3</a></li>
    <li><a href="step4.html">风格#4</a></li>
    <li><a href="step5.html">风格#5</a></li>
  </ol>
  <ul>
    <li>
      <a href="#">
        <h2>Title #1</h2>
        <p>Text Content #1</p>
      </a>
    </li>
```

```
      <li>
        <a href="#">
          <h2>Title #2</h2>
          <p>Text Content #2</p>
        </a>
      </li>
      <li>
        <a href="#">
          <h2>Title #3</h2>
          <p>Text Content #3</p>
        </a>
      </li>
      <li>
        <a href="#">
          <h2>Title #4</h2>
          <p>Text Content #4</p>
        </a>
      </li>
      <li>
        <a href="#">
          <h2>Title #5</h2>
          <p>Text Content #5</p>
        </a>
      </li>
      <li>
        <a href="#">
          <h2>Title #6</h2>
          <p>Text Content #6</p>
        </a>
      </li>
      <li>
        <a href="#">
          <h2>Title #2</h2>
          <p>Text Content #2</p>
        </a>
      </li>
      <li>
        <a href="#">
          <h2>Title #7</h2>
          <p>Text Content #7</p>
        </a>
      </li>
      <li>
        <a href="#">
          <h2>Title #8</h2>
          <p>Text Content #8</p>
        </a>
      </li>
    </ul>
  /*省略部分代码*/
  </body>
```

（3）在HTML页面定义好后，引入CSS样式代码，设计人员可以根据项目实际需求修改以下CSS样式代码，具体如代码16.15所示。

代码16.15 StickyNotes插件使用之CSS代码

```
<style type="text/css">
*{
  margin:0;
  padding:0;
}
body{
  font-family:arial,sans-serif;
  font-size:100%;
  margin:3em;
  background:#666;
  color:#fff;
}
h2,p{
  font-size:100%;
  font-weight:normal;
}
ul,li{
  list-style:none;
}
ul{
  overflow:hidden;
  padding:3em;
}
ul li a{
  text-decoration:none;
  color:#000;
  background:#ffc;
  display:block;
  height:10em;
  width:10em;
  padding:1em;
  -moz-box-shadow:5px 5px 7px rgba(33,33,33,1);
  -webkit-box-shadow: 5px 5px 7px rgba(33,33,33,.7);
  box-shadow: 5px 5px 7px rgba(33,33,33,.7);
}
ul li{
  margin:1em;
  float:left;
}
ul li h2{
  font-size:140%;
  font-weight:bold;
  padding-bottom:10px;
}
ul li p{
  font-family:"Reenie Beanie",arial,sans-serif;
  font-size:180%;
}
ul li a{
  -webkit-transform: rotate(-6deg);
  -o-transform: rotate(-6deg);
  -moz-transform:rotate(-6deg);
}
```

```
ul li:nth-child(even) a{
  -o-transform:rotate(4deg);
  -webkit-transform:rotate(4deg);
  -moz-transform:rotate(4deg);
  position:relative;
  top:5px;
}
ul li:nth-child(3n) a{
  -o-transform:rotate(-3deg);
  -webkit-transform:rotate(-3deg);
  -moz-transform:rotate(-3deg);
  position:relative;
  top:-5px;
}
ul li:nth-child(5n) a{
  -o-transform:rotate(5deg);
  -webkit-transform:rotate(5deg);
  -moz-transform:rotate(5deg);
  position:relative;
  top:-10px;
}
ol{text-align:center;}
ol li{display:inline;padding-right:1em;}
ol li a{color:#fff;}
</style>
```

StickyNotes插件主要是通CSS3样式类渲染完成的，其不同风格的页面效果如图16.10、图16.11和图16.12所示。

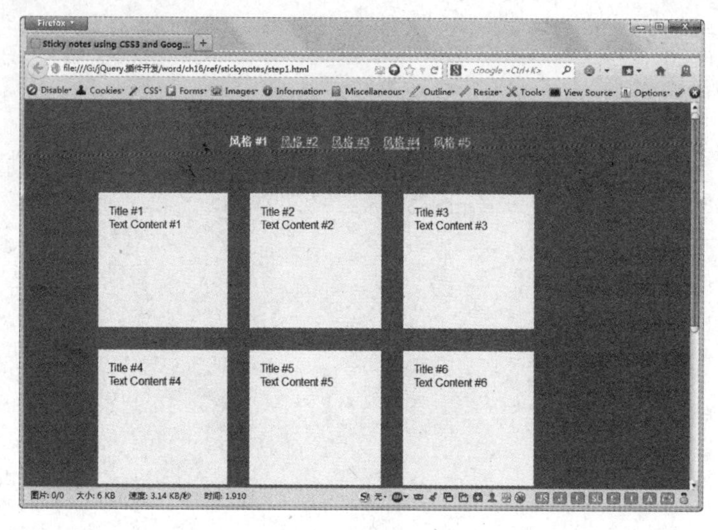

图16.10 StickyNotes插件应用效果图（一）

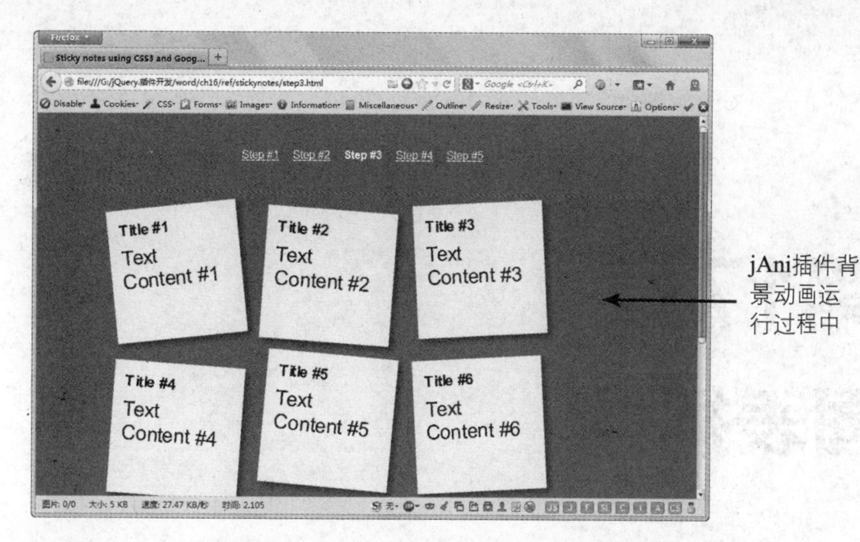

图16.11 StickyNotes插件应用效果图（二）

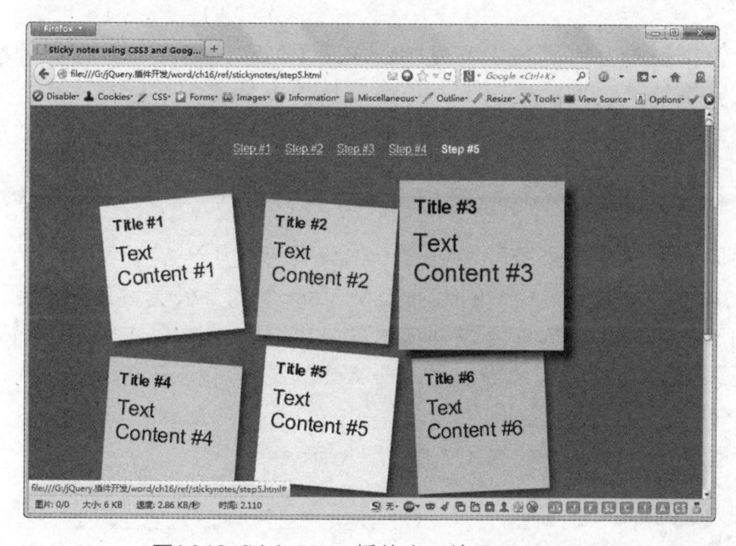

图16.12 StickyNotes插件应用效果图（三）

16.4 小结

本章介绍了基于jQuery框架的jStickyNote，重点讨论了jStickyNote便条插件的使用方法。首先介绍了如何下载和使用jStickyNote便条插件，接下来对jStickyNote插件的属性进行了详细的说明，并通过示例演示了如何使用jStickyNote插件开发页面便条样例，本章最后简要介绍了基于jQuery框架与CSS3技术的页面便条插件StickyNotes的使用方法，以飨读者。

第17章 图表插件

在一些专业性很强的互联网技术开发中，Web图形和图表是一种很好的数据展现形式。根据经验，在有大量统计数据的情况下，传统表格数据的表现形式往往会让用户陷入没有头绪、无法获取所需信息的困难之中。而以图表方式提供的数据表现形式，就可以达到简单易懂、一目了然的良好效果。因此，利用好Web图形和图表，是开发高性能Web应用的必备手段之一。

实际上，借助图形和图表来统计数据是一项具有悠久历史的统计技术。在早期桌面应用程序的开发中，如为广大用户所熟知的微软公司Office系列办公套件，就对图形和图表统计技术提供了完美的产品实现。但随着互联网技术的发展，传统桌面应用早已经无法满足用户需要，因此许多互联网研发公司陆续推出了基于Web的图形和图表产品，这些产品均提供了良好的性能与用户体验，并在不断进化完善中。例如，著名的Alexa.com网站就应用了大量的图形与图表来统计互联网各类海量数据，如图17.1所示。

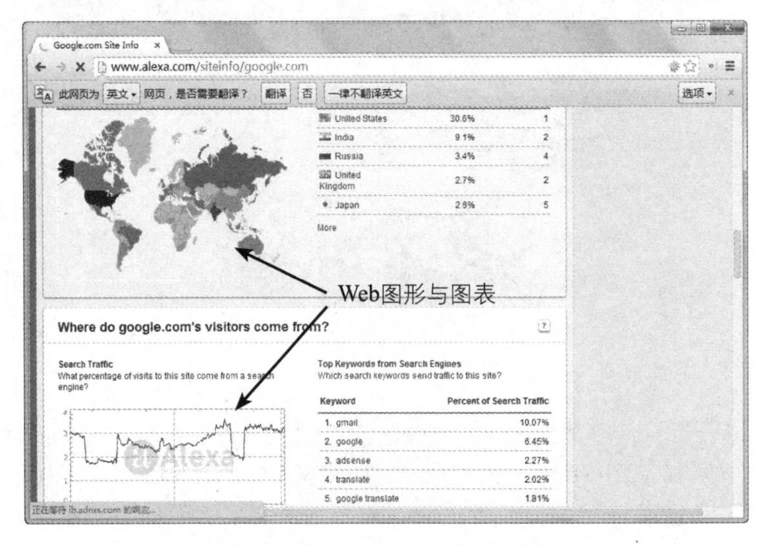

图17.1 Alexa.com网站的图形与图表

本章将介绍如何利用基于jQuery框架的jqChart图表插件来为网页增加效果，主要介绍jqChart图表插件参数、如何使用jqChart图表插件开发页面应用以及一些类似的图表插件。

17.1 准备jqChart图表插件

jqChart是一款基于jQuery框架的图表插件，可用绘制各种Web图表，包括各种形状的曲线图、折线图、柱状图、饼状图等，同时还支持动态地添加、编辑和删除图表对象，可以说是一款功能齐全、性能突出的Web图表插件。

17.1.1 下载jqChart图表插件

jqChart图表插件采用纯HTML 5标准与jQuery框架设计开发，支持跨浏览器兼容性、移动设备终端、视网膜准备等功能，其图表可以导出为图像或PDF格式便于本地存储。可以说，jqChart图表插件具有先进的图表展示功能。

jqChart图表插件具有如下主要特性：

- 只依赖jQuery框架开发
- 采用纯HTML 5的画布渲染，高性能典范
- 最大的支持图表快速反应和修复功能
- 拥有先进的数据可视化控件：图表、仪表、地理地图等
- 跨浏览器支持：使用IE6+、火狐、Chrome、Opera、Safari等浏览器测试
- 支持苹果iOS系统和Android移动设备
- 针对移动设备支持全触控操作
- 提供丰富的文档帮助

jqChart图表插件的官方网址如下：

```
http://www.jqchart.com/
```

在jqChart图表插件的官网中，用户可以浏览jqChart插件的产品介绍、Sample演示案例、文档使用说明、源代码下载链接、使用版权与产品注册信息（jqChart图表插件非完全免费使用）、设计人员反馈和支持等信息，如图17.2所示。

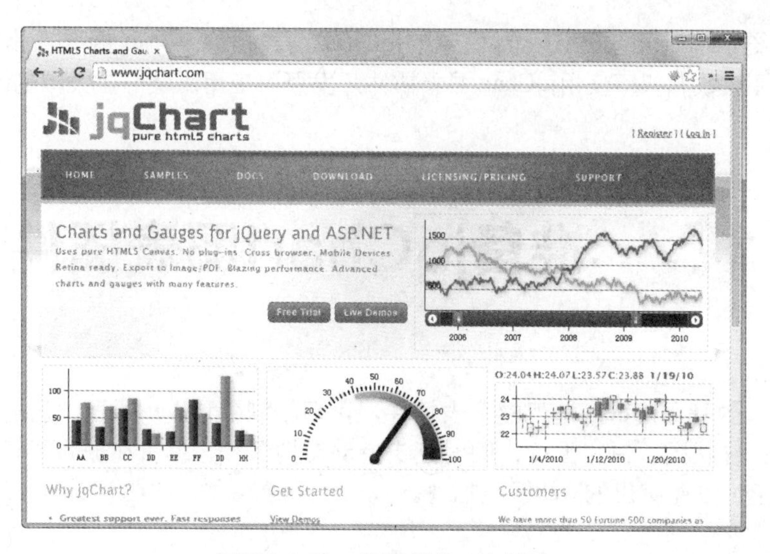

图17.2 jqChart图表插件官方网站

在图17.2所示的页面中，读者还可以看到jqChart图表插件的多款演示样例，如曲线图、柱状图、分时图、仪表盘等，它们均是经常使用的图形图表插件。单击DOWNLOAD下载链接，进入jqChart图表插件下载页面，如图17.3所示。

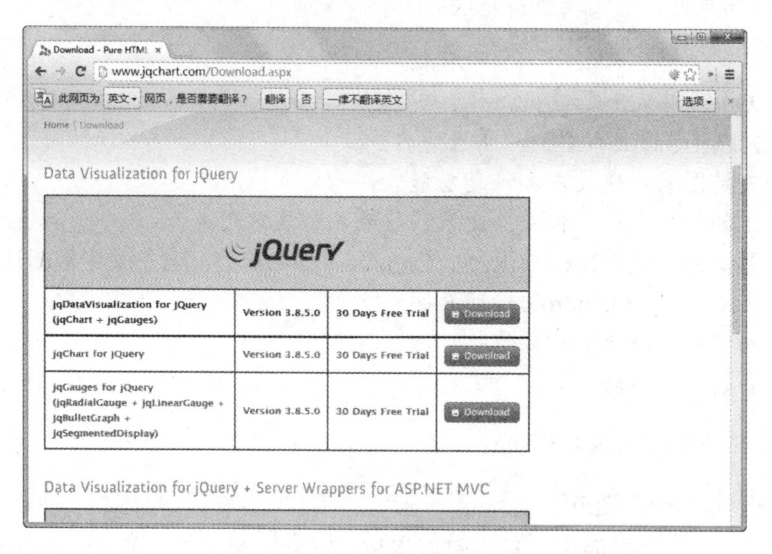

图17.3 jqChart图表插件下载页面

在jqChart图表插件下载页面，读者可以浏览到多个不同功能版本的下载链接，可以选择所需的版本进行下载。一般进行Web开发的话，可以选择jqChart for jQuery版本，该版本是支持jQuery框架的开发包，最新版本号是Version 3.8.5.0，有30天有效试用期。

在jqChart图表插件官方网站首页右上方，为用户演示了一个模拟股指K线图的Demo样例。从示例演示图中，可以看到图中包含坐标系、双曲线、数据点参数信息、图像曲线缩放及局部放大等元素，基本上股指K线图应该包含的功能元素都涵盖其中了，如图17.4所示。

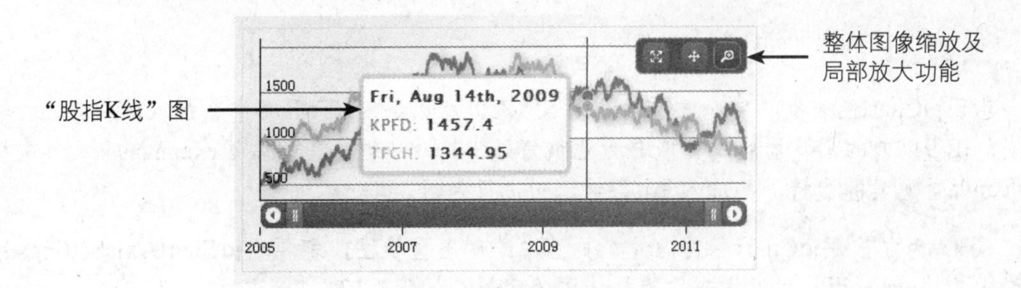

图17.4 jqChart图表插件官网首页“股指K线”样例

jqChart图表插件当前的版本为v3.8.5.0，从官方网站选择jqChart for jQuery版本下载的是一个169KB的压缩包，解压缩后就可以引用其中包含的jqChart插件类库文件来实现自己的图表插件网页功能了。现在，通过应用jqChart图表插件开发一个简单的柱状图应用，演示一下使用jqChart图表插件的方法，具体步骤如下。

（1）打开任一款目前流行的文本编辑器，如UltraEdit、EditPlus等，新建一个名称为jqChartAxisSettings.html的网页。

（2）打开最新版本的jqChart图表插件源文件夹，将其中的js、css和theme 3个文件夹复制到刚刚创建的jqChartAxisSettings.html页面文件目录下。其中，js文件夹包含jQuery框架类库文件和jqChart图表插件类库文件，css文件夹包含jqChart图表插件样式文件，theme文件夹包含jQuery-UI框架库的smoothness样式资源文件。将库文件与样式文件分开管理，便于后期项目文件增多时能够进行有效管理。在jqChartAxisSettings.html页面文件中添加对jQuery框架类库文件、jqChart图表插件类库文件的引用，如代码17.1所示。

代码17.1 添加jqChart图表插件类库文件的引用

```
<!DOCTYPE html PUBLIC "-//W3C//DTD XHTML 1.0 Transitional//EN"
"http://www.w3.org/TR/xhtml1/DTD/xhtml1-transitional.dtd">
<html xmlns="http://www.w3.org/1999/xhtml">
<head>
    <meta http-equiv="Content-Type" content="text/html; charset=utf-8">
    <title>基本柱状图应用 - 基于HTML5 jqChart图表插件</title>
    <!-- 引用jqChart图表插件CSS样式文件 -->
    <link rel="stylesheet" type="text/css" href="css/jquery.jqChart.css" />
    <!-- 引用jqRangeSlider插件CSS样式文件 -->
    <link rel="stylesheet" type="text/css" href="css/jquery.jqRangeSlider.css" />
    <!-- 引用jQuery-UI框架smoothness 风格CSS样式文件 -->
    <link rel="stylesheet" type="text/css" href="themes/smoothness/jquery-
    ui-1.8.21.css" />
    <!-- 引用jQuery框架类库文件 -->
    <script src="js/jquery-1.5.1.min.js" type="text/javascript"></script>
    <!-- 引用jqChart图表插件类库文件 -->
    <script src="js/jquery.jqChart.min.js" type="text/javascript"></script>
    <!-- 引用jqRangeSlider插件类库文件 -->
    <script src="js/jquery.jqRangeSlider.min.js" type="text/javascript">
    </script>
    <!-- IE浏览器类型判断-->
    <!--[if IE]>
    <script lang="javascript" type="text/javascript" src="js/excanvas.js">
      </script>
```

```
    <![endif]-->
</head>
```

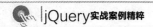

由于jqChart图表插件完全支持HTML 5标准，所以针对HTML 5中新加入的<canvas>绘图元素，IE 9以前的浏览器版本可能会无法很好地支持，所以这里引入了excanvas.js文件来提供对<canvas>元素的支持，并加入了if条件语句进行判断。

（3）为了应用jqChart图表插件在页面中绘制出柱状图，需要在jqChartAxisSettings.html页面中构建一个<div>元素用来作为柱状图的容器，如代码17.2所示。

代码17.2 构建jqChart图表插件柱状图应用HTML代码

```
<body>
  <div>
    <h3>基于jqChart图表插件的基本柱状图应用</h3>
    <div id="jqChart" style="width: 500px; height: 300px;">
    </div>
    // 省略部分代码
  </div>
</body>
```

（4）在页面静态元素构建好后，需添加以下js代码对jqChart图表插件进行初始化操作，如代码17.3所示。

代码17.3 添加jqChart图表插件柱状图应用初始化代码

```
<script lang="javascript" type="text/javascript">
  $(document).ready(function(){
    $('#jqChart').jqChart({                       // jqChart图表插件命名空间构造函数
      title: {text: '柱状图应用 - 坐标轴设定'},          // jqChart图表标题
      axes: [                                         // 坐标轴参数设定
        {
          location: 'left',                           // 坐标轴位置，设定在左
          minimum: 10,                                // 坐标轴坐标最小值，值为10
          maximum: 100,                               // 坐标轴坐标最大值，值为100
          interval: 10                                // 坐标轴坐标间距
        }
      ],
      series: [                                       // jqChart图表类型设定
        {
          type: 'column',                     // 图表类型参数，'column'表示柱状图
          data: [['a', 70], ['b', 40], ['c', 85], ['d', 50], ['e', 25], ['f', 40]]
          // 柱状图参数，数组类型
        }
      ]
    });
  });
</script>
```

以上js代码执行了以下操作：

- 在页面文档开始加载时，通过jQuery框架选择器$('#jqChart')方法获取id值等于jqChart的<div>元素，并通过jqChart图表插件定义的jqChart()构造方法进行初始化。
- 在初始化函数内部，定义柱状图的title参数，title可以理解为柱状图的标题。

- 在初始化函数内部，设定axes坐标轴参数。location:'left'，表示坐标轴位置在“左”；minimum:10，表示坐标轴坐标最小值为10；maximum:100，表示坐标轴坐标最大值为100；interval:10，表示坐标轴坐标间隔为10。
- 在初始化函数内部，设定series图表类型参数。type:'column'，表示图表类型为柱状图；data参数用于设定柱状图数据，数据采用二维数组形式['a',70]，第一个参数表示该柱状图名称，第二个参数表示具体数值。

经过以上步骤，基于jqChart图表插件的基本柱状图应用的代码就编写完成了。默认状态下，jqChart图表插件提供了激活与关闭图表数据、跟踪鼠标位置显示数据点信息等公共功能，设计人员无需在编写用户代码过程中进行设定。基本柱状图应用运行效果如图17.5、图17.6和图17.7所示。

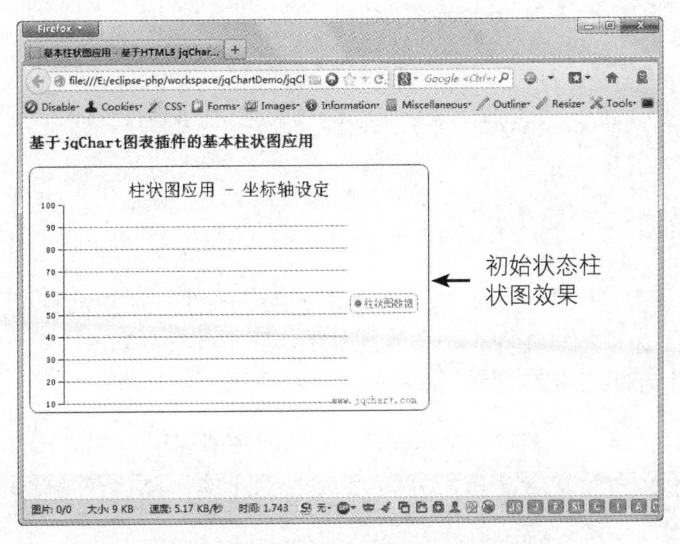

图17.5 jqChart图表插件基本柱状图应用效果图（一）

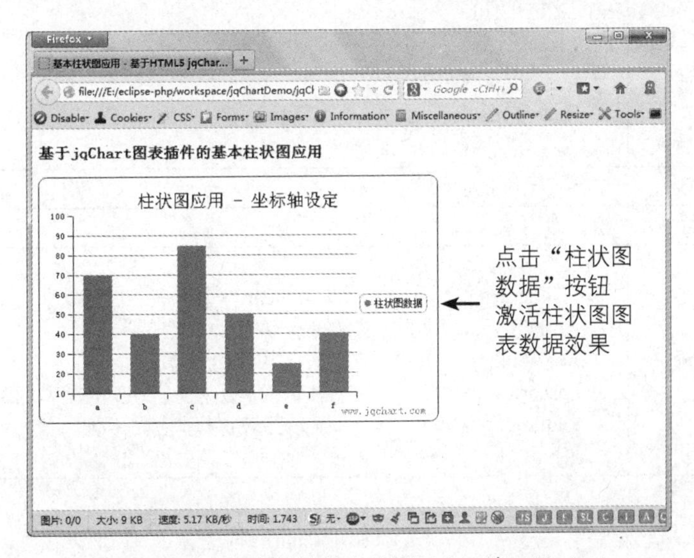

图17.6 jqChart图表插件基本柱状图应用效果图（二）

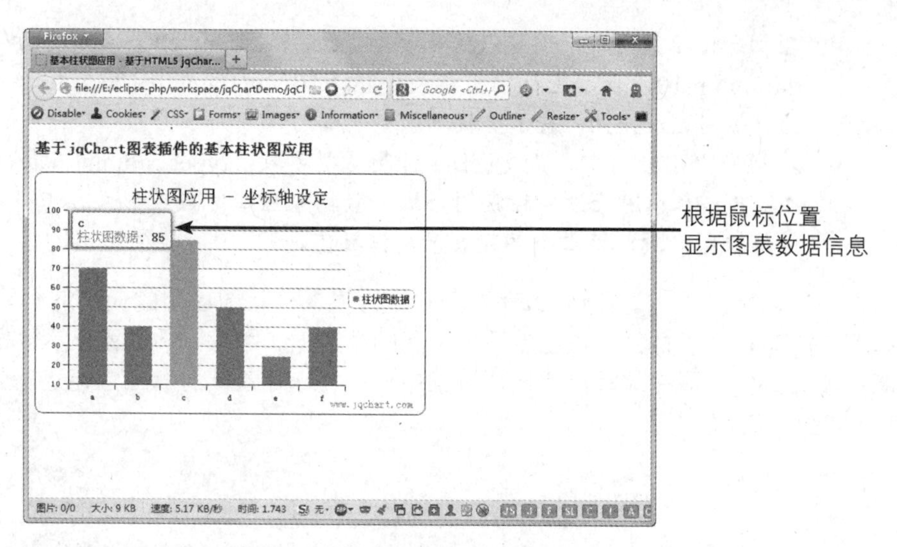

图17.7 jqChart图表插件基本柱状图应用效果图（三）

17.1.2 参数说明

由上一小节的示例可以看到，通过调用jqChart图表插件方法并设定其属性参数，可以开发页面图表应用，下面详细讲述jqChart图表插件的方法与属性参数。

jqChart图表插件的属性参数如表17.1所示。

表17.1 jqChart图表插件属性参数列表

<table>
<tr><th>属性参数名称</th><th colspan="2">属性参数描述</th></tr>
<tr><td rowspan="4">title</td><td>描述</td><td>该参数属性表示图表顶部的标题</td></tr>
<tr><td>类型</td><td>字符串或者组合结构体</td></tr>
<tr><td rowspan="2">用例</td><td>title: 'Chart Title'</td></tr>
<tr><td>var title : {
text: 'Chart Title',
font: '40px sans-serif'　　// 字体设置
}</td></tr>
<tr><td rowspan="3">border</td><td>描述</td><td>该参数属性描述图表边框</td></tr>
<tr><td>类型</td><td>组合结构体</td></tr>
<tr><td>用例</td><td>border : {
visible: true,　　// Boolean类型，表示图表边框是否可见
strokeStyle: ‘red’，　// 表示图表边框颜色
lineWidth: 4,　　// 表示图表边框厚度
cornerRadius: 12,　　// 表示图表边框4个顶角的圆弧曲率
padding: 6　　// 表示图表边框内边距数值
}</td></tr>
</table>

（续表）

<table>
<tr><th>属性参数名称</th><th colspan="2">属性参数描述</th></tr>
<tr><td rowspan="4">background</td><td>描述</td><td>该参数属性描述图表背景颜色</td></tr>
<tr><td>类型</td><td>字符串或者组合结构体</td></tr>
<tr><td rowspan="2">用例</td><td>background: 'red'</td></tr>
<tr><td>background : {
type: 'linearGradient',   // 表示图表背景颜色线性渐变
x0: 0,   // 起点x坐标
y0: 0,   // 起点y坐标
x1: 0,   // 终点x坐标
y1: 1,   // 终点y坐标
colorStops: [// 颜色设定值
{ offset: 0, color: '#d2e6c9' },   // 起点颜色
{ offset: 1, color: 'white' }   // 终点颜色
]
}</td></tr>
<tr><td rowspan="3">tooltips</td><td>描述</td><td>该参数属性用于显示图表数据点信息的消息提示框</td></tr>
<tr><td>类型</td><td>组合结构体</td></tr>
<tr><td>用例</td><td>tooltips : {
disabled : false,   // 表示是否禁用消息框
type: 'normal',   // 消息提示框类型
borderColor: 'auto',   // 边框颜色
snapArea: 25,   // 表示显示消息提示框快照的区域
highlighting: true,   // 表示该数据点是否需要被高亮显示
highlightingFillStyle: 'rgba(204, 204, 204, 0.5)',   // 高亮显示填充颜色风格
highlightingStrokeStyle: 'rgba(204, 204, 204, 0.5)' // 高亮显示笔触颜色风格
}</td></tr>
<tr><td rowspan="3">crosshairs</td><td>描述</td><td>该参数属性定义十字线连接数据点对应的轴值。默认情况下，十字线被禁用</td></tr>
<tr><td>类型</td><td>组合结构体</td></tr>
<tr><td>用例</td><td>crosshairs : {
enabled: true,   // 表示是否禁用十字线
hLine: { strokeStyle: '#cc0a0c' }, // 表示水平十字线笔触颜色
vLine: { strokeStyle: '#cc0a0c' } // 表示垂直十字线笔触颜色
}</td></tr>
<tr><td rowspan="3">shadows</td><td>描述</td><td>该参数属性用于显示图表阴影效果</td></tr>
<tr><td>类型</td><td>组合结构体</td></tr>
<tr><td>用例</td><td>shadows : {
enabled: true,   // 表示是否允许阴影效果
shadowColor: 'gray',   // 表示阴影颜色
shadowBlur: 10,   // 表示阴影效果
shadowOffsetX: 3,   // 表示阴影X轴方向偏移值
shadowOffsetY: 3   // 表示阴影Y轴方向偏移值
}</td></tr>
</table>

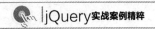

（续表）

属性参数名称	属性参数描述	
animation	描述	该参数属性用于显示图表动画效果
	类型	组合结构体

	用例	animation : {
		enabled : true, // 表示是否允许动画效果
		delayTime : 1, // 表示动画效果延迟时间
		duration : 2 // 表示动画效果持续时间
		}

watermark	描述	该参数属性用于显示图表水印效果
	类型	组合结构体
	用例	watermark : { text: 'Copyright Information', // 表示水印文本 fillStyle: 'red', // 表示水印文本颜色 font: '16px sans-serif', // 表示水印文本字体 hAlign: 'right', // 表示水印文本水平位置 vAlign: 'bottom' // 表示水印文本垂直位置 },

jqChart图表插件有一些非常重要的属性参数，譬如axes坐标轴属性、series:type图表类型属性和data数据点属性等，都是设计图表时必须要使用的，下面分别对这些属性参数进行说明。

jqChart图表插件的axes属性是用来描述图表坐标轴的参数，图表插件根据它来绘制图表内的数据点曲线图形，每个图表（除了饼图）都包含绘图区域的轴，大部分的图表使用X和Y轴作图。jqChart图表插件的Axes属性参数如表17.2所示。

表17.2 jqChart图表插件 —— axes属性参数列表

类型名称	类型描述	
Category Axis	描述	该类型坐标轴用于表示一组沿轴离散值的分组数据，它定义了一组沿图表轴出现的标签

	用例	axes:[
		{
		type: 'category', // 坐标轴类型
		location: 'bottom', // 坐标轴位置
		categories: ['Cat 1', 'Cat 2', 'Cat 3', 'Cat 4', 'Cat 5', 'Cat 6'] //坐标轴标签
		}
		]

Linear Axis	描述	该类型称为直线坐标轴，映射数值的最小值和最大值沿图表轴之间均匀。默认情况下，它决定了最小值、最大值和间隔值，以适应屏幕上的所有图表元素。用户也可以显式地设置这些属性的特定值

	用例	axes:[
		{
		type: 'linear', // 坐标轴类型
		location: 'left', // 坐标轴位置
		minimum: 10, // 坐标轴最小值
		maximum: 100, // 坐标轴最大值
		interval: 10 // 坐标轴间隔
		}
		]

（续表）

<table>
<tr><th>类型名称</th><th colspan="2">类型描述</th></tr>
<tr><td rowspan="2">DateTime Axis</td><td>描述</td><td>该类型称为时间坐标轴，映射时间值的最小值和最大值沿图表轴之间均匀。默认情况下，它决定了图表数据的最小值、最大值和间隔值，以适应屏幕上所有的图表数据元素。用户也可以显式地设置这些属性的特定值</td></tr>
<tr><td>用例</td><td>axes:[
{
type: 'dateTime', // 坐标轴类型
location: 'bottom',
minimum: new Date(2013, 1, 4),
maximum: new Date(2013, 1, 18),
interval: 1,
intervalType: 'days' // 'years' | 'months' | 'weeks' | 'days' | ‘minutes’ | 'seconds' | 'millisecond'
}
]</td></tr>
</table>

jqChart图表插件的series:type属性是用来描述图表类型的参数，图表插件根据它来绘制不同风格类型的图表。jqChart图表插件的series:type属性参数如表17.3所示。

表17.3 jqChart图表插件 —— series:type属性参数列表

<table>
<tr><th>类型名称</th><th colspan="2">类型描述</th></tr>
<tr><td rowspan="2">Area Chart</td><td>描述</td><td>该类型基于折线图、面积图之轴和线之间的区域，重点使用不同的颜色和纹理来表现。其通常强调随时间变化的程度，并还显示部分与整体的关系</td></tr>
<tr><td>用例</td><td>series: [
{
type: 'area', // 图表类型
title: 'Area 1',
fillStyle: '#418CF0',
data: [
['A', 56], ['B', 30], ['C', 62],['D', 65], ['E', 40], ['F', 36], ['G', 70] // 数据点数组
]
}
]</td></tr>
<tr><td rowspan="2">Bar Chart</td><td>描述</td><td>该类型称为条形图，说明了各个项目之间的比较。其图表矩形条为了更加注重比较值（而不太注重时间）而呈水平显示，并与长度成正比</td></tr>
<tr><td>用例</td><td>series: [
{
type: 'bar', // 图表类型
title: ‘Bar 1’，
fillStyle: ‘#418CF0’，
data: [
['A', 56], ['B', 30], ['C', 62], ['D', 65], ['E', 40], ['F', 36], ['G', 70] // 数据点数组
]
}
]</td></tr>
</table>

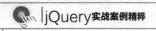

（续表）

类型名称	类型描述	
Column Chart	描述	该类型称为柱状图，使用列（垂直矩形）的顺序来显示。与其他类别相比，其具有单独的参考值

	用例	series: [
		{
		type: 'column', // 图表类型
		title: ‘Column 1’，
		fillStyle: ‘#418CF0’，
		data: [
		['A', 56], ['B', 30], ['C', 62], ['D', 65], ['E', 40], ['F', 36], ['G', 70]] // 数据点数组
		}
		]

Line Chart	描述	该类型称为折线图（或线图），是所有图类型中最普通的一个成员，其原理是通过数据点连接线来显示定量信息，折线图往往说明随着时间推移的趋势

	用例	series: [
		{
		type: 'line', // 图表类型
		title: ‘Line 1’，
		fillStyle: ‘#418CF0’，
		data: [
		['A', 56], ['B', 30], ['C', 62], ['D', 65], ['E', 40], ['F', 36], ['G', 70]] // 数据点数组
		}
		]

Pie Chart	描述	该类型称为饼图、圆图、扇形图、分段图等，并且是最广泛使用的图表类型之一。饼图是将圆分成扇区、显示百分比或相对值来进行相互比较，有助于分析统计数据类型的整体趋势

	用例	series: [
		{
		type: 'pie', // 图表类型
		labels: { // 图表字体风格
		stringFormat: ‘%.1f%%’，
		valueType: ‘percentage’，
		font: ‘15px sans-serif’，
		fillStyle: ‘white’
		},
		explodedRadius: 10, // 饼图半径
		explodedSlices: [5], // 饼图分割区域数量
		data: [// 数据点数组
		[‘United States’，65], [‘United Kingdom’，58], [‘Germany’，30],
		[‘India’，60], [‘Russia’，65], [‘China’，75]
		]
		}
		]

Range Chart	描述	该类型称为范围图表，其通过绘制每个数据点两个Y值，每个Y值都会被绘制成折线图的数据范围，Y值之间的范围内可以被填充颜色或图像

	用例	series: [
		{
		type: 'range', // 图表类型
		title: ‘Series 1’，
		data: [// 数据点数组
		[‘A’，33, 43], [‘B’，57, 62], [‘C’，13, 30],
		[‘D’，12, 40], [‘E’，35, 70], [‘F’，7, 30], [‘G’，24, 30]
		]
		}
		]

（续表）

类型名称	类型描述	
Scatter Chart	描述	该类型称为散点图，用来显示两组值之间的相关性，散点图经常被用于定性实验数据和科学数据建模。一般散点图通常不与时间相关的数据组合使用（因为线路图更适合此种情况）

	用例	series: [
		{
		type: 'scatter', // 图表类型
		title: ‘Scatter’,
		data: [
		[1, 62], [2, 60], [3, 68], [4, 58], [5, 52], [6, 60], [7, 48]// 数据点数组
		]
		}
		]

Spline Chart	描述	该类型称为样条曲线图表，其通过一系列数据点的相对位置来绘制并拟合成曲线折线图表

	用例	series: [
		{
		type: 'spline', // 图表类型
		title: ‘Spline 1’,
		fillStyle: ‘#418CF0’,
		data: [
		[‘A’, 56], [‘B’, 30], [‘C’, 62], [‘D’, 65], [‘E’, 40], [‘F’, 36],
		[‘G’, 70] // 数据点数组
		]
		}
		]

Stock Chart	描述	该类型称为股票图，其通常用来说明股票价格，包括股票的打开、关闭、高/低价格点等。同时，这种类型的图表也可用于分析科学数据，因为每个系列的数据均可以显示高值、低值、开盘值和收盘值。股票图的开盘值显示在左侧，并且在右侧显示收盘值

	用例	series: [
		{
		type: 'stock', // 图表类型
		data: data // 数据点数组，一般通过编程获取
		}
		]

Trendline Chart	描述	该类型称为趋势线图表，是用来描述数据趋势的图表系列。例如：向上倾斜的线可以表示在数月内销售数值增加的趋势。趋势线一般用于预测问题的研究，因此又称为回归分析

	用例	series: [
		{
		type: 'trendline', // 图表类型
		title: ‘Trendline’,
		data: data, // 数据点数组，一般通过编程获取
		trendlineType: ‘linear’, // 趋势线类型，值为linear 或者 exponential
		}
		]

以上就是jqChart图表插件属性参数的说明，其中还有一些不常使用的属性参数没有在此列举，感兴趣的读者可以阅读jqChart图表插件官网上的产品文档进行了解。

17.1.3 基于jqChart图表插件实现分类-折线图表应用

这一小节使用jqChart图表插件实现一个分类-折线图表应用，该应用演示了将jqChart图表插件中分类图、折线图组合使用的方法，具体实现过程如下。

（1）使用文本编辑器新建一个名为jqChartBasicChart.html的网页，将网页的标题指定为“基于jqChart图表插件实现分类-折线图表应用”，然后添加对jQuery类库文件以及jqChart图表插件类库文件和CSS样式文件的引用，如代码17.4所示。

代码17.4 基于jqChart图表插件实现分类-折线图表应用引用文件

```
<!DOCTYPE html PUBLIC "-//W3C//DTD XHTML 1.0 Transitional//EN"
"http://www.w3.org/TR/xhtml1/DTD/xhtml1-transitional.dtd">
<html xmlns="http://www.w3.org/1999/xhtml">
<head>
    <meta http-equiv="Content-Type" content="text/html; charset=utf-8">
    <title>基于jqChart图表插件实现分类-折线图表应用 -基于HTML5 jqChart图表插件
    </title>
    <!-- 引用jqChart图表插件CSS样式文件 -->
    <link rel="stylesheet" type="text/css" href="css/jquery.jqChart.css" />
    <!-- 引用jqRangeSlider插件CSS样式文件 -->
    <link rel="stylesheet" type="text/css" href="css/jquery.jqRangeSlider.css"
    />
    <!-- 引用jQuery-UI框架smoothness风格CSS样式文件 -->
    <link rel="stylesheet" type="text/css" href="themes/smoothness/jquery-
    ui-1.8.21.css" />
    <!-- 引用jQuery框架类库文件 -->
    <script src="js/jquery-1.5.1.min.js" type="text/javascript"></script>
    <!-- 引用jQuery MouseWheel类库文件 -->
    <script src="js/jquery.mousewheel.js" type="text/javascript"></script>
    <!-- 引用jqChart图表插件类库文件 -->
    <script src="js/jquery.jqChart.min.js" type="text/javascript"></script>
    <!-- 引用jqRangeSlider插件类库文件 -->
    <script src="js/jquery.jqRangeSlider.min.js" type="text/javascript">
    </script>
    <!-- IE浏览器类型判断-->
    <!--[if IE]>
    <script lang="javascript" type="text/javascript" src="js/excanvas.js">
      </script>
    <![endif]-->
</head>
```

（2）使用jqChart图表插件在页面中绘制分类图与折线图，需要在jqChartBasicChart.html页面中构建一个<div>元素用来作为分类图与折线图的容器，如代码17.5所示。

代码17.5 构建jqChart图表插件实现分类-折线图表应用HTML代码

```
<body>
  <div>
    <h3>基于jqChart图表插件实现分类-折线图表应用</h3>
    <div id="jqChart" style="width: 500px; height: 300px;">
```

```
        </div>
        // 省略部分代码
    </div>
</body>
```

（3）在页面静态元素构建好后，需添加以下js代码对jqChart图表插件进行初始化操作，具体如代码17.6所示。

代码17.6 添加jqChart图表插件分类-折线图表应用初始化代码

```
<script lang="javascript" type="text/javascript">
  $(document).ready(function () {
    $('#jqChart').jqChart({                     // jqChart图表插件命名空间构造函数
      title: { text: '分类-折线图表应用' },     // jqChart图表标题
        axes: [                                 // 坐标轴参数设定
          {
            type: 'category',                   // 坐标轴类型，设定为分类坐标
            location: 'bottom',                 // 坐标轴位置，设定在底部
            zoomEnabled: true                   // 支持图表缩放功能
          }
        ],
        series: [                               // jqChart图表类型设定
          {
          type: 'column',                       // 图表类型参数，'column'表示柱状图
          data: [['A', 46], ['B', 35], ['C', 68], ['D', 30], ['E', 27], ['F', 85],
          ['D', 43], ['H', 29]]                 // 数据点数组
        },{
          type: 'line',                         // 图表类型参数，'line'表示折线图
          data: [['A', 69], ['B', 57], ['C', 86], ['D', 23], ['E', 70], ['F', 60],
          ['D', 88], ['H', 22]]                 // 数据点数组
        }
      ]
    });
  });
</script>
```

以上js代码执行了以下操作：

- 在页面文档开始加载时，通过jQuery框架选择器$('#jqChart')方法获取id值等于jqChart的<div>元素，并通过jqChart图表插件定义的jqChart()构造方法进行初始化。
- 在初始化函数内部，定义分类-折线图的title参数，title定义图表的标题。
- 在初始化函数内部，设定axes坐标轴参数。type:'category'，表示坐标轴类型为分类坐标；location:'bottom'，表示坐标轴位置在“底部”；zoomEnabled:true，表示图表支持缩放。
- 在初始化函数内部，设定series图表类型参数。type:'column'，表示图表类型为柱状图；data参数用于设定柱状图数据，数据采用二维数组形式['A',46]，第一个参数表示该分类柱状图名称，第二个参数表示具体数值。
- 在初始化函数内部，设定series图表类型参数。type:'line'，表示图表类型为折线图；data参数用于设定折线图数据，数据采用二维数组形式['A',69]，第一个参数表示该折线图名称，第二个参数表示具体数值。

经过以上步骤，基于jqChart图表插件实现分类-折线图表应用的代码就编写完成了。该应用在jqChart图表插件初始化函数内部，通过定义图表类型参数为柱状图（column）与折线图（line）的组合形式，实现了两种图形曲线的合集，其运行效果如图17.8、图17.9和图17.10所示。

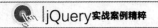

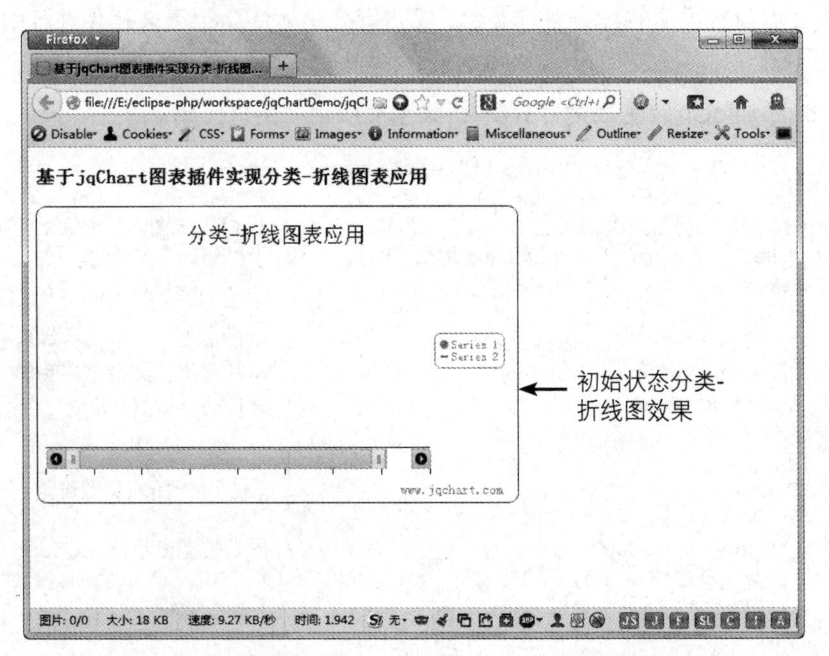

图17.8 基于jqChart图表插件实现分类-折线图表应用效果图（一）

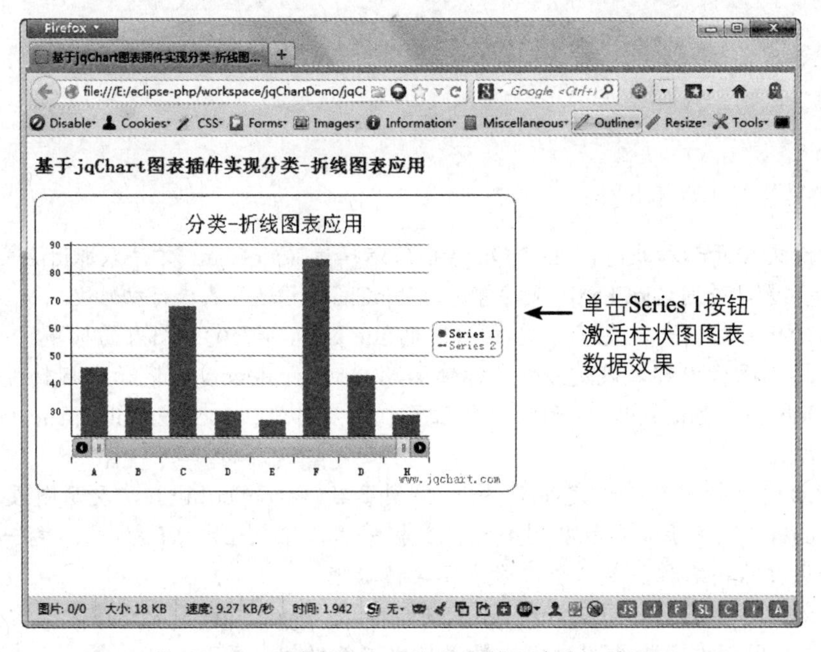

图17.9 基于jqChart图表插件实现分类-折线图表应用效果图（二）

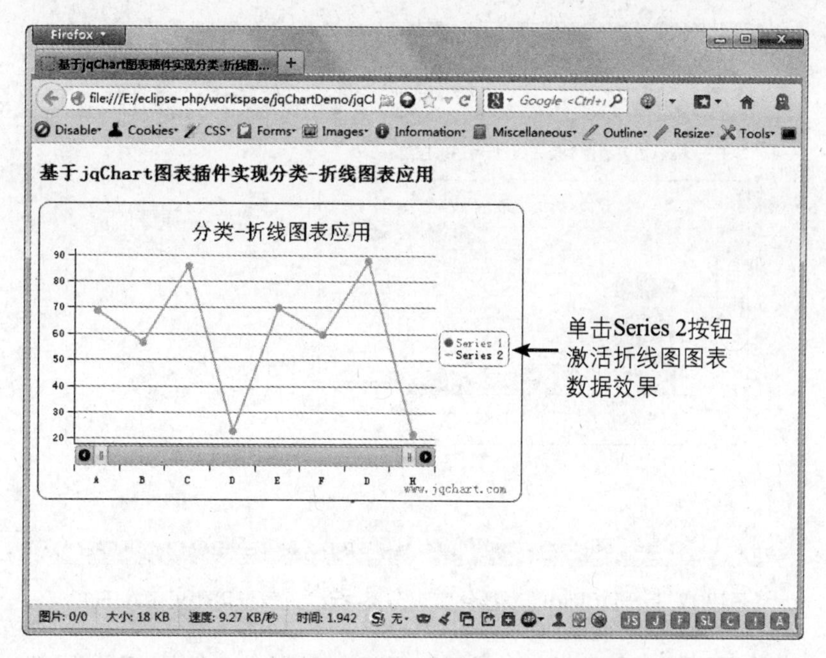

图17.10 基于jqChart图表插件实现分类-折线图表应用效果图（三）

由上两张图可见，柱状图与折线图可以通过Series按钮激活与关闭。当然，jqChart图表插件支持多个图表数据的同时显示，以实现组合图表数据的功能。分类-折线图表效果如图17.11所示。

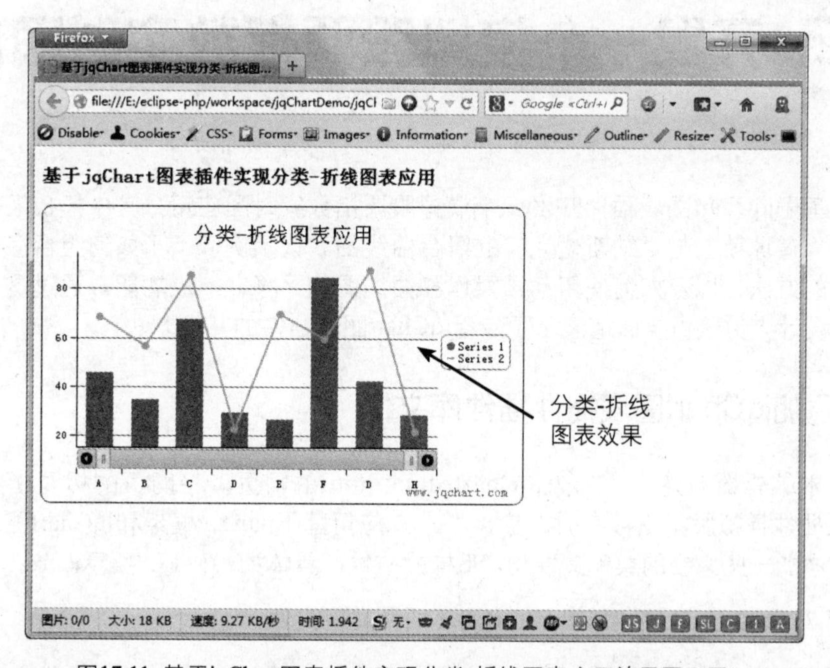

图17.11 基于jqChart图表插件实现分类-折线图表应用效果图（四）

由于之前在jqChart图表插件初始化过程中，设定了zoomEnabled属性为true，所以本应用支持图表的局部放大功能，其效果如图17.12所示。

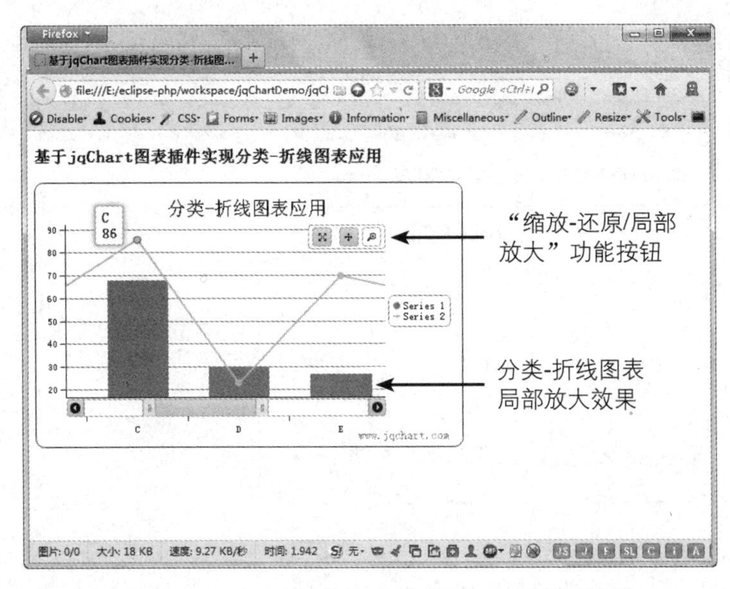

图17.12 基于jqChart图表插件实现分类-折线图表应用效果图（五）

当鼠标移动到图形的右上角时，会显示如图17.12所示的“缩放-还原/局部放大”功能按钮，用户可以单击操作浏览曲线图表。

17.2 开发一个模拟股票指数实时图应用

本节将基于jqChart图表插件开发一个模拟股票指数实时图应用，其中模拟了美国主要两大股指——“道琼斯”与“纳斯达克”的组合曲线图。该示例演示了如何组合多个实时股票指数曲线图的方法，以及如何使用动画操作和曲线图的平移、缩放功能。通过这个样例的开发过程，向设计人员较为全面地演示了应用jqChart图表插件的开发方法。

17.2.1 添加jqChart图表插件插件库文件

使用文本编辑器新建一个名为jqChartStock.html的网页，将网页的标题指定为“基于jqChart图表插件模拟股票指数实时图应用”。本应用基于jQuery框架和jqChart图表插件进行开发，需要添加一些必要的类库文件与CSS样式文件，具体如代码17.7所示。

代码17.7 添加jQuery框架与jqChart图表插件类库文件

```
<!DOCTYPE html PUBLIC "-//W3C//DTD XHTML 1.0 Transitional//EN"
"http://www.w3.org/TR/xhtml1/DTD/xhtml1-transitional.dtd">
<html xmlns="http://www.w3.org/1999/xhtml">
<head>
    <meta http-equiv="Content-Type" content="text/html; charset=utf-8">
```

```
    <title>基于jqChart图表插件模拟股票指数实时图应用 -基于HTML5 jqChart图表插件
    </title>
    <!-- 引用jqChart图表插件CSS样式文件 -->
    <link rel="stylesheet" type="text/css" href="css/jquery.jqChart.css" />
    <!-- 引用jqRangeSlider插件CSS样式文件 -->
    <link rel="stylesheet" type="text/css" href="css/jquery.jqRangeSlider.css" />
    <!-- 引用jQuery-UI框架smoothness风格CSS样式文件 -->
    <link rel="stylesheet" type="text/css" href="themes/smoothness/jquery-
    ui-1.8.21.css" />
    <link rel="stylesheet" type="text/css" href="css/prettify.css" />
    <!-- 引用jQuery框架类库文件 -->
    <script src="js/jquery-1.5.1.min.js" type="text/javascript"></script>
    <!-- 引用jQuery MouseWheel类库文件 -->
    <script src="js/jquery.mousewheel.js" type="text/javascript"></script>
    <!-- 引用jqChart图表插件类库文件 -->
    <script src="js/jquery.jqChart.min.js" type="text/javascript"></script>
    <!-- 引用jqRangeSlider插件类库文件 -->
    <script src="js/jquery.jqRangeSlider.min.js" type="text/javascript">
    </script>
    <script src="js/jquery.cycle.all.min.js" type="text/javascript"></script>
    <script src="js/prettify.js" type="text/javascript"></script>
    <!-- IE浏览器类型判断-->
    <!--[if IE]>
    <script lang="javascript" type="text/javascript" src="js/excanvas.js">
    </script>
    <![endif]-->
</head>
```

17.2.2 构建股票指数实时图页面布局

使用jqChart图表插件在页面中绘制股票指数实时图时，需要在jqChartStock.html页面中构建一个<div>元素作为股票指数实时图的容器，如代码17.8所示。

代码17.8 构建基于jqChart图表插件模拟股票指数实时图应用HTML代码

```
<body>
  <div>
    <h3>基于jqChart图表插件模拟股票指数实时图应用</h3>
    <div id="jqChart" style="width: 500px; height: 300px;">
    </div>
    // 省略部分代码
  </div>
</body>
```

17.2.3 模拟股票指数实时图初始化操作

在页面元素股票指数实时图容器构建好后，需添加以下js代码对jqChart图表插件进行初始化操作，具体如代码17.9所示。

代码17.9 添加jqChart图表插件模拟股票指数实时图应用初始化代码

```
<script lang="javascript" type="text/javascript">
  // 添加日期函数
```

```
    function addDays(date, value) {
      var newDate = new Date(date.getTime());
      newDate.setDate(date.getDate() + value);
      return newDate;
    }
    // 产生随机数函数
    function round(d) {
      return Math.round(100 * d) / 100;
    }
    // 定义全局变量
    var data1 = [];                          // 日期数组变量
    var data2 = [];                          // 日期数组变量
    var yValue1 = 50;             // Y坐标变量
    var yValue2 = 200;            // Y坐标变量
    // 定义全局起点日期
    var date = new Date(2013, 0, 1);
    // 通过随机数函数生成随机股票指数数据
    for (var i = 0; i < 200; i++) {
      yValue1 += Math.random() * 10 - 5;
      data1.push([date, round(yValue1)]);
      yValue2 += Math.random() * 10 - 5;
      data2.push([date, round(yValue2)]);
      date = addDays(date, 1);
    }
    // HTML文档初始化过程
    $(document).ready(function() {
      // 定义背景参数，linearGradient渐变风格
      var background = {
  type: 'linearGradient',
        x0: 0,
        y0: 0,
        x1: 0,
        y1: 1,
        colorStops: [
          { offset: 0, color: '#d2e6c9' },
          { offset: 1, color: 'white' }
        ]
      };
      // jqChart图表插件命名空间构造函数
      $('#jqChart').jqChart({
        title: '模拟股票指数实时图应用',          // jqChart图表标题
        legend: {                                // jqChart图表legend属性参数
          title: '激活/关闭'
        },
        border: {
          strokeStyle: '#6ba851'                 // jqChart图表边框颜色
        },
        background: background,                  // jqChart图表背景
        animation: {                             // jqChart图表动画参数
          duration: 2                            // jqChart图表动画持续时间
        },
        tooltips
        : {                                      // jqChart图表消息提示框
          type: 'shared'
        },
```

```
      shadows: {                                    // jqChart图表阴影效果
        enabled: true
      },
      crosshairs: {                                 // jqChart图表十字线
        enabled: true,
        hLine: false,
        vLine: {
          strokeStyle: '#cc0a0c'
        }
      },
      axes: [                                   // jqChart图表坐标轴定义
        {
          type: 'dateTime',                     // jqChart图表坐标轴类型为时间轴
          location: 'bottom',                   // 坐标轴位置为底部
          zoomEnabled: true                     // 支持缩放功能
        }
      ],
      series: [                                 // jqChart图表类型设定
        {
          title: '道琼斯',
          type: 'line',                         // 图表类型参数，'line'表示折线图
          data: data1,                          // 数据点数据源
          markers: null
        },{
          title: '纳斯达克',
          type: 'line',                         // 图表类型参数，'line'表示折线图
          data: data2,                          // 数据点数据源
          markers: null
        }
      ]
    });
    // 绑定消息提示框数据信息过程函数
    $('#jqChart').bind('tooltipFormat', function (e, data) {
      if ($.isArray(data) == false) {
        var date = data.chart.stringFormat(data.x, "ddd, mmm dS, yyyy");
        var tooltip = '<b>' + date + '</b><br />' + '<span style="color:' + data.
        series.fillStyle + '">' + data.series.title + ': </span>' + '<b>'
        + data.y + '</b><br />';
        return tooltip;
      }
      var date = data[0].chart.stringFormat(data[0].x, "ddd, mmm dS, yyyy");
      var tooltip = '<b>' + date + '</b><br />' + '<span style="color:' +
      data[0].series.fillStyle + '">' + data[0].series.title + ': </span>' +
      '<b>' + data[0].y + '</b><br />' + '<span style="color:' + data[1].
      series.fillStyle + '">' + data[1].series.title + ': </span>' + '<b>' +
      data[1].y + '</b><br />';
      return tooltip;
    });
  });
</script>
```

以上js代码执行了以下操作：

- 编写js自定义函数addDays()用来实现获取日期功能。
- 编写js自定义函数round()用来实现获取随机数。

- 定义一些全局变量，通过日期函数、随机数函数以及for循环语句生成随机股票指数数据，用于模拟股票指数曲线图，并将这些随机生成的数据保存在定义好的全局变量（yValue1，yValue2，data）之中。
- 在页面文档开始加载时，定义具有linearGradient渐变风格背景参数。
- 在页面文档开始加载时，通过jQuery选择器$('#jqChart')方法获取id值等于jqChart的<div>元素，并通过jqChart图表插件定义的.jqChart()构造方法进行初始化。
- 在初始化函数内部，定义模拟股票指数实时图的title参数，title定义实时图的标题。
- 在初始化函数内部，定义模拟股票指数实时图的border参数，用来描述jqChart图表边框颜色。
- 在初始化函数内部，定义模拟股票指数实时图的background参数，通过序号4的操作，用background变量对其赋值。
- 在初始化函数内部，定义模拟股票指数实时图的animation参数，用来确定jqChart图表动画效果持续时间。
- 在初始化函数内部，定义模拟股票指数实时图的tooltips参数，通过后面的绑定消息提示框函数来获取格式化的信息提示。
- 在初始化函数内部，定义模拟股票指数实时图的shadows参数，shadows定义实时图的阴影效果。
- 在初始化函数内部，定义模拟股票指数实时图的crosshairs参数，crosshairs定义实时图的十字线，此处hLine:false表示取消水平十字线，该处设计是依据股票指数特点而定的。
- 在初始化函数内部，设定axes坐标轴参数：type:'dateTime'，表示坐标轴类型为时间轴坐标；location:'bottom'，表示坐标轴位置在“底部”；zoomEnabled:true，表示图表支持缩放。
- 在初始化函数内部，设定series图表类型参数，即type:'line'，表示两个图表类型均为折线图；data参数用于设定折线图数据，数据源采用定义好的全局变量。
- 在初始化函数最后，通过绑定函数对消息提示框数据信息进行格式化，并提供给tooltips参数使用。

17.2.4 模拟股票指数实时图应用最终效果

经过以上步骤，基于jqChart图表插件模拟股票指数实时图应用就完成了。该应用在jqChart图表插件初始化函数内部定义了两个图表类型参数为折线图（line）的组合形式，实现了“道琼斯”指数与“纳斯达克”指数的合集，其运行效果如图17.13所示。当鼠标在图表框内曲线上移动时，会显示红色的十字线，该数据点的信息将会以消息提示框的形式展现给用户，如图17.14所示。

通过单击“激活/关闭”按钮关闭“道琼斯”股指曲线图，单独显示“纳斯达克”股指曲线图，并通过右上角的“缩放-还原/局部放大”功能按钮，将其中一段曲线局部放大显示，其效果如图17.15所示。

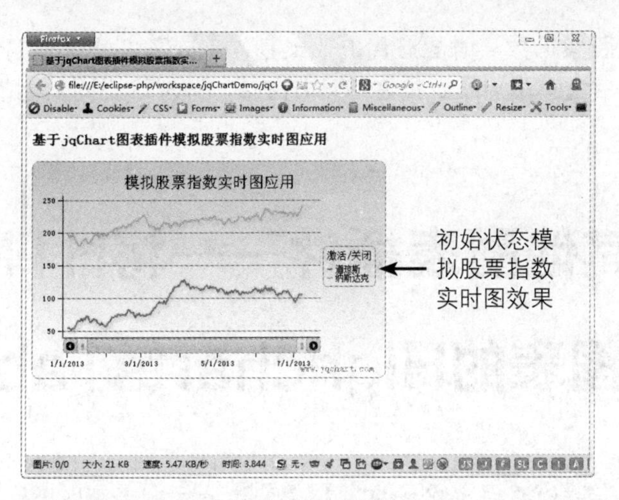

图17.13 基于jqChart图表插件模拟股票指数实时图应用效果图（一）

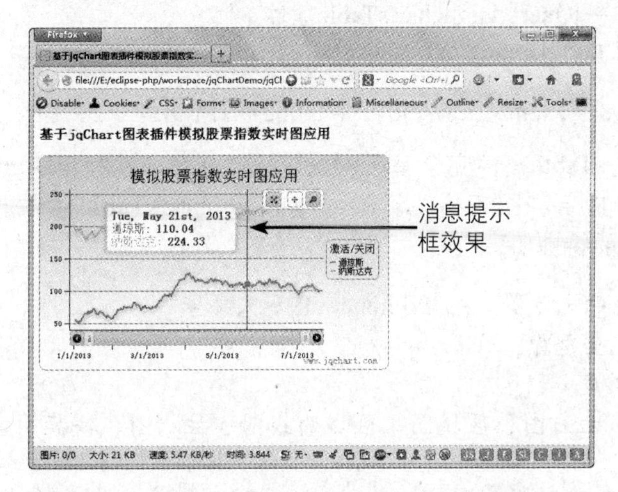

图17.14 基于jqChart图表插件模拟股票指数实时图应用效果图（二）

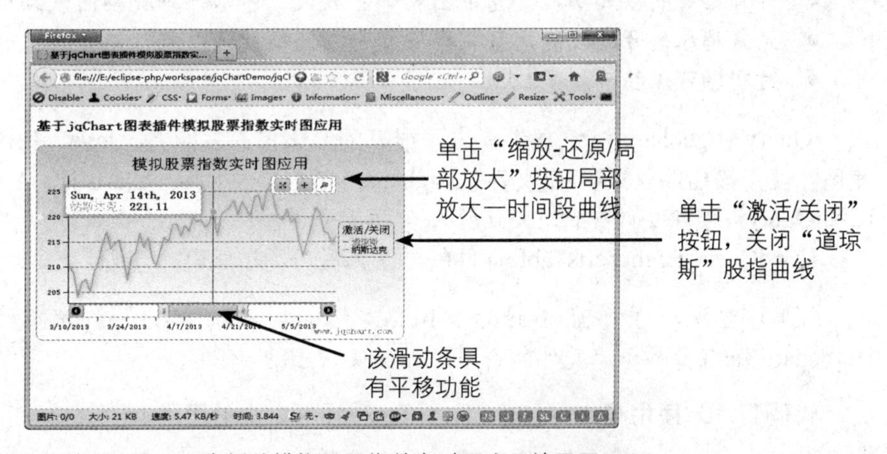

图17.15 基于jqChart图表插件模拟股票指数实时图应用效果图（三）

另外，图17.15中的滑动条具有平移股指曲线的功能，用户可以自行测试。至此，基于

jqChart图表插件模拟股票指数实时图应用的效果基本完成了，感兴趣的读者可以依照前面几个样例的编写方法，结合jqChart图表插件的官方文档，开发出不同功能的图表插件应用。

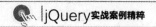

17.3 其他图表插件——将HTML表格转化为图表的HighchartsTable插件

除了jqChart图表插件外，互联网上还有很多非常实用的基于jQuery框架的图表插件，这些插件同样提供了强大的在线图表应用功能。下面介绍一个能够将HTML表格元素直接转化为图表样式的插件 —— jQuery HighchartsTable插件。

jQuery HighchartsTable插件的官方网址如下：

```
http://pmsipilot.github.io/jquery-highchartTable-plugin/
```

jQuery HighchartsTable插件完全基于jQuery框架开发，其利用Highcharts功能将HTML数据表格无损地转换成各种图表格式。jQuery HighchartsTable插件是一个制作图表的纯JavaScript类库，其主要特性如下。

- 兼容当今所有的浏览器，包括iPhone、IE和火狐等
- 对个人用户完全免费
- 纯JavaScript类库
- 支持直线图、曲线图、区域图、区域曲线图、柱状图、饼装图、散布图等大部分的图表类型
- 鼠标移动到图表的某一数据点上有提示信息
- 具有良好的放大功能，选中图表部分放大，可以详细观察图表细节
- 无需特殊的开发技能，只需要设置一下选项就可以制作适合自己的图表
- 时间轴可以精确到毫秒

jQuery HighchartsTable插件提供了很好的跨语言开发能力，Java、PHP、ASP.NET都可以使用。使用该插件只需要3个文件：Highcharts的核心文件highcharts.js、A Canvas Emulator for IE和jQuery框架库文件或者MooTools框架类库文件。

使用jQuery HighchartsTable插件的方法大致分为以下几个步骤。

（1）首先，在页面<head></head>标签内添加对jQuery框架类库文件与jQuery HighchartsTable插件类库文件的引用，如代码17.10所示。

代码17.10 使用jQuery HighchartsTable插件之文件引用

```
<head>
<script src="jquery.min.js" type="text/javascript"></script>
<script src="highcharts.js" type="text/javascript"></script>
```

```
<script src="jquery.highchartsTable.js" type="text/javascript"></script>
</head>
```

（2）在页面<body></body>标签内添加HTML页面元素，设置一些属性表，例如图表类型或者渲染图，用于在页面中创建表格。该表格名称在<thead>中定义，对应值在<tbody>中定义，每个<tr><td>表格中包含一个具体数值，如代码17.11所示。

代码17.11 使用jQuery HighchartsTable插件之HTML代码

```
<body>
  /*省略部分代码*/
  <table class="highchart" data-graph-container-before="1" data-graph-
    type="column">
      <thead>
        <tr>
        <th>Month</th>
        <th>Sales</th>
       <th>Benefits</th>
    </tr>
    </thead>
      <tbody>
        <tr>
        <td>January</td>
        <td>8000</td>
      <td>2000</td>
      </tr>
        <tr>
        <td>February</td>
        <td>12000</td>
        <td>3000</td>
      </tr>
      /*省略部分代码*/
    </tbody>
  </table>
  /*省略部分代码*/
</body>
```

其页面HTML代码执行效果如图17.16所示。

Column example

Month	Sales	Benefits
January	8000	2000
February	12000	3000
March	18000	4000
April	2000	-1000
May	500	-2500

图17.16 jQuery HighchartsTable插件静态页面效果图

（3）在HTML页面元素定义好后，引入js代码对jQuery HighchartsTable插件执行初始化操作，具体如代码17.12所示。

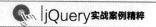

代码17.12 使用jQuery HighchartsTable插件之JS代码

```
$(document).ready(function() {
  $('table.highchart').highchartTable();
});
```

jQuery HighchartsTable插件初始化完成后，其页面效果如图17.17所示。

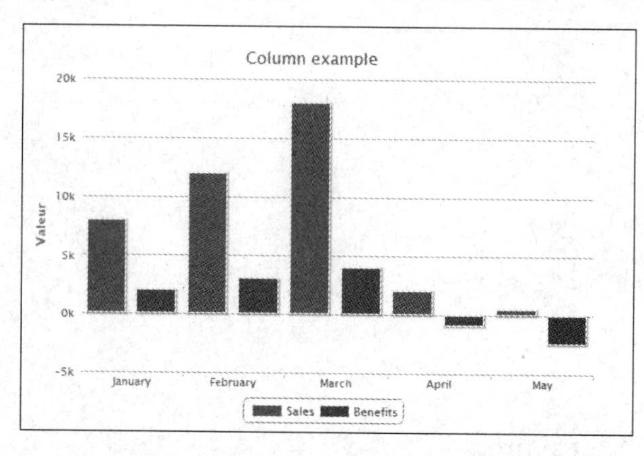

图17.17 jQuery HighchartsTable插件动态页面效果图

从图17.17中可以看到，jQuery HighchartsTable插件将HTML表格中<thead>元素中的名称直接转换为柱状图中X坐标轴的参数名称，将<tbody>中每个<tr><td>表格中的数值转换为柱状图中Y轴的数值，且每一组<thead>与每一组<tbody>的数据一一对应。对于设计人员来说，jQuery HighchartsTable插件使用起来真是非常简单快捷。感兴趣的读者可以浏览官网上的Demo与文档，进一步学习jQuery HighchartsTable插件的使用方法。

17.4 小结

本章介绍了基于jQuery框架的图表插件，重点讨论了jqChart图表插件的使用。首先介绍了如何下载和使用jqChart图表插件，接下来对jqChart图表插件的参数列表进行了详细的说明，并通过简单的静态页面示例演示了如何使用jqChart图表插件实现各种图表功能。然后，开发了一个模拟股票指数实时图应用，演示了如何使用jqChart图表插件实现完整的图表功能。本章最后介绍了jQuery HighchartsTable图表插件的简单使用方法，以飨读者。

第18章 多媒体插件

如今，浏览在线音乐与视频网站如家常便饭，不知不觉就已经成为年轻人网络生活不可或缺的组成部分。往往一首热门流行歌曲在电台反复播放之前，可能就已经在网络上广为人知了。而热门电视剧在电视台播出的时候，视频网站也在紧随其后同步播放，极大地方便了晚到家的年轻上班族。视频网站上还有一些网友自拍上传的精彩视频，一经公开就在网络上迅速窜红，成为年轻人茶余饭后的谈资。由此可见，网络多媒体早已经是大行其道，成为互联网大家族中非常重要的一员。

其实以上这一切现象，都离不开网络多媒体技术在IT业内的迅猛发展。网络多媒体技术是一门综合的、跨学科的技术，它综合了计算机技术、网络技术、通信技术以及多种信息科学领域的技术成果，目前已经成为世界上发展最快和最富有活力的高新技术之一。网页上实现的多媒体音视频技术绝大多数都以插件的形式存在，这些插件大部分都是基于JavaScript脚本语言开发的，一般只要少量的代码就可以提供一个功能齐全的多媒体插件，非常适合于Web开发使用。

如图18.1所示是某在线音乐网站音乐播放器的页面图。

图18.1 某在线音乐网站

本章将介绍一款基于jQuery框架的jPlayer多媒体插件来为网页增加效果，主要介绍jPlayer多媒体插件的参数、如何使用jPlayer多媒体插件实现页面多媒体播放器功能以及一些类似的多媒体插件。

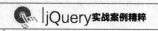

18.1 准备jPlayer多媒体插件

jPlayer是一款基于jQuery框架的多媒体插件，其使用方法简单、功能特点突出，能够完美实现网页多媒体播放器效果。jPlayer插件是基于纯JavaScript脚本语言编写的、支持HTML5标准的、完全免费和开源的多媒体插件。作为jQuery插件中的一员，使用jPlayer插件可以在你的网页上轻松加入跨平台的音乐和视频。通过jPlayer插件的API，设计人员可以构想出具有创意的影音解决方案，并通过实践开发出具有先进功能的网络多媒体应用，同时相当于为jPlayer多媒体插件改进与创新贡献出自己的一份力量。

18.1.1 下载jPlayer多媒体插件

jPlayer插件的官方网址如下：

```
http://www.jplayer.org/
```

在jPlayer插件的官网页面，用户可以看到jPlayer插件的产品介绍、样例演示链接、源代码下载链接、开发向导链接、支持文档以及网站版权信息等内容，如图18.2所示。

图18.2 jPlayer多媒体插件官方网站（一）

用户继续向下浏览，可以看到jPlayer插件的特性介绍、浏览器支持、Demo演示链接与源代码压缩包下载地址，如图18.3所示。

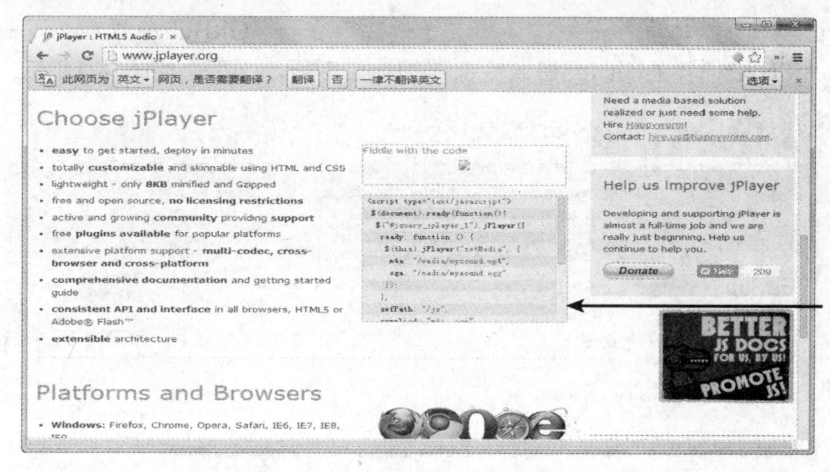

图18.3 jPlayer多媒体插件官方网站（二）

jPlayer插件具有很好的跨浏览器支持性，全面兼容目前的各款主流浏览器，下面是几种操作系统所支持的浏览器。

- Windows：Firefox、Chrome、Opera、Safari、IE6、IE7、IE8、IE 9+
- OSX：Safari、Firefox、Chrome、Opera
- iOS：Mobile Safari、iPad、iPhone、iPod Touch
- Android：Android 2.3 Browser+

目前来看，jPlayer多媒体插件是一个很不错的选择，它具有以下优秀的特性，全方位支持设计人员开发：

- 上手容易，安装部署简单快捷
- 支持完全可定制和可换肤的HTML和CSS
- 超轻量级开发包，只有8KB大小的gzip压缩包
- 自由联盟和开放源码支持，无许可限制
- 积极的和不断增长的开源社区提供支持
- 可用于流行平台，提供免费外挂支持
- 广泛的平台支持：多编解码器、跨浏览器和跨平台
- 提供全面的文档和入门指南
- 所有浏览器下具有一致的API接口、HTML5标准或Adobe®Flash™标准
- 可扩展的体系结构，方便开发人员完善改进

jPlayer多媒体插件所支持的媒体格式如下。

- HTML 5：mp3、mp4(AAC/H.264)、ogg(Vorbis/Theora)、webm(Vorbis/VP8)、wav
- Flash：mp3、mp4(AAC/H.264)、rtmp、flv

用户从jPlayer多媒体插件官方网站可以下载到一个大约40KB的库文件压缩包，最新版文件名为jQuery.jPlayer.2.5.0.zip。用户解压缩后就可以得到jPlayer插件完整的库文件源代码，其中包括其所需jQuery框架支持的几个类库文件，以及jPlayer插件的几个类库文件。

同时，jPlayer多媒体插件开发方还将其源代码提交到了GitHub资源库，便于设计人员学习交流使用。jPlayer插件的GitHub资源库链接地址如下所示，页面如图18.4所示。

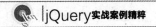

```
https://github.com/happyworm/jPlayer
```

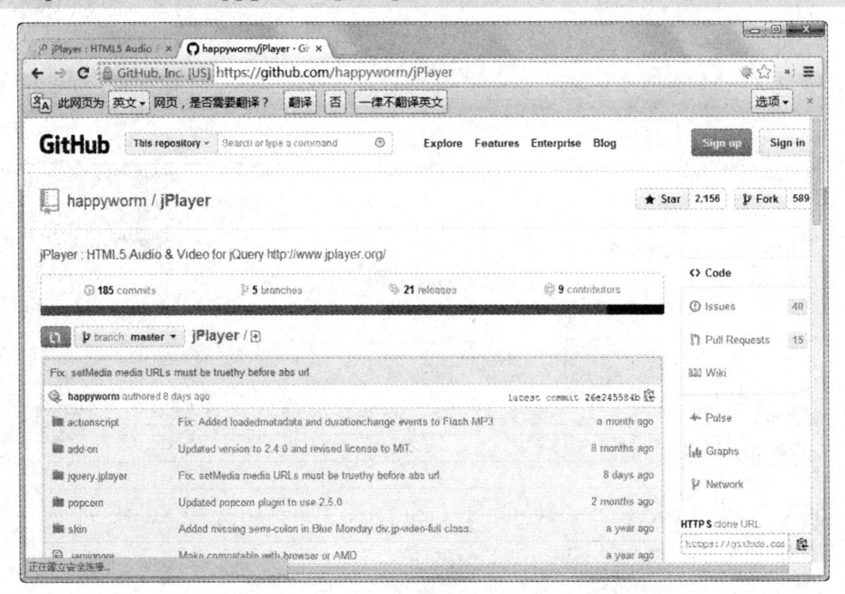

图18.4 jPlayer多媒体插件GitHub页面

接下来通过几个简单的步骤来看一下如何快速应用jPlayer多媒体插件开发一个简单的音乐播放器，具体方法如下。

（1）打开任一款目前流行的文本编辑器，如UltraEdit、EditPlus等，新建一个名称为jPlayerAudioDemo.html的网页。

（2）打开jPlayer插件源代码文件夹，将其中包含的jQuery框架全部库文件复制到刚刚创建的jPlayerAudioDemo.html页面文件目录下。在jPlayerAudioDemo.html页面文件中添加对jQuery框架类库文件、jPlayer插件类库文件的引用，并将该页面标题命名为“基于jQuery的jPlayer音乐播放器应用”，如代码18.1所示。

代码18.1 添加对jPlayer插件类库文件的引用

```
<!DOCTYPE html>
<head>
  <meta http-equiv="Content-Type" content="text/html; charset=utf-8" />
  <title>基于jQuery的jPlayer音乐播放器应用</title>
  <!-- 引用页面CSS样式文件 -->
  <link href="skin/blue.monday/jplayer.blue.monday.css" rel="stylesheet"
  type="text/css" />
  <!-- 引用jQuery类库文件 -->
  <script type="text/javascript" src="js/jquery.min.js"></script>
  <!-- 引用jPlayer插件类库文件 -->
  <script type="text/javascript" src="js/jquery.jplayer.min.js"></script>
</head>
```

（3）在jPlayerAudioDemo.html页面中添加相关HTML页面元素，用于构建页面音乐播放器，如代码18.2所示。

代码18.2 构建jPlayer插件播放器页面HTML代码

```
<body>
  // 省略部分代码
  <div id="jquery_jplayer_1" class="jp-jplayer"></div>
  <div id="jp_container_1" class="jp-audio">
    <div class="jp-type-single">
    <div class="jp-gui jp-interface">
      <ul class="jp-controls">
        <li><a href="javascript:;" class="jp-play" tabindex="1">播放</a></li>
        <li><a href="javascript:;" class="jp-pause" tabindex="1">暂停</a></li>
        <li><a href="javascript:;" class="jp-stop" tabindex="1">停止</a></li>
        <li><a href="javascript:;" class="jp-mute" tabindex="1" title="mute"
        >静音</a></li>
        <li><a href="javascript:;" class="jp-unmute" tabindex="1" title="unmute"
        >解除静音</a></li>
        <li><a href="javascript:;" class="jp-volume-max" tabindex=
        "1" title="max volume">最大音量</a></li>
      </ul>
      <div class="jp-progress">
        <div class="jp-seek-bar">
          <div class="jp-play-bar"></div>
        </div>
      </div>
      <div class="jp-volume-bar">
        <div class="jp-volume-bar-value"></div>
      </div>
      <div class="jp-time-holder">
        <div class="jp-current-time"></div>
        <div class="jp-duration"></div>
        <ul class="jp-toggles">
          <li><a href="javascript:;" class="jp-repeat" tabindex="1" title="repeat"
          >重复</a></li>
          <li><a href="javascript:;" class="jp-repeat-off" tabindex="1" title="repeat off"
          >关闭重复</a></li>
        </ul>
      </div>
    </div>
    <div class="jp-title">
      <ul>
        <li>jPlayer - 音乐播放器</li>
      </ul>
    </div>
  </div>
</body>
```

（4）页面元素构建好后，添加如下js代码对jPlayer插件进行初始化，完成音乐播放器功能，如代码18.3所示。

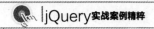

代码18.3 添加jPlayer插件初始化代码

```
$(document).ready(function(){
  $("#jquery_jplayer_1").jPlayer({
    ready: function(){
      $(this).jPlayer("setMedia", {
        mp3:http://www.jplayer.org/audio/mp3/TSP-01-Cro_magnon_man.mp3
      });
    },
    swfPath: "js",
    supplied: "mp3",
    wmode: "window",
    smoothPlayBar: true,
    keyEnabled: true
  });
});
```

上面js代码通过jQuery框架方法$("# jquery_jplayer_1")获取id值等于jquery_jplayer_1的<div>元素，并通过jPlayer插件定义的构造方法进行初始化。在初始化函数内部，分别对ready属性、text属性、swfPath属性、supplied属性、wmode属性、smoothPlayBar属性和keyEnabled属性进行设定。至此，使用jPlayer插件开发的简单音乐播放器示例就完成了，运行后效果如图18.5所示。

图18.5 jPlayer插件音乐播放器效果

18.1.2 参数说明

jPlayer多媒体插件初始化方法使用其命名空间方法.jPlayer()，并在该过程中定义其属性。具体语法如下：

```
$(id).jPlayer({
  //属性定义…
  Object:options
}):jQuery
```

其中，jPlayer多媒体插件可以配置的关键属性如下。

（1）ready

- 功能：定义绑定到$ jPlayer.event.ready事件的事件处理函数。
- 用法：引用当前实例，使用$(this)方法。
- 默认值：未定义。
- 说明：一般情况下，建议使用函数$(this).jPlayer("setMedia",media）的实例来链接有效的URL。
- 备注：该事件处理函数定义在排除JavaScript代码和Flash代码之间产生竞争的情况下，确保了在JavaScript代码执行之后Flash函数定义的存在，该事件处理函数绑定在.jPlayer命名空间之下。

（2）swfPath

- 功能：定义jPlayer的jplayer.swf文件的路径。
- 用法：$(this).jPlayer({swfPath:"/js/banana.swf"})。
- 默认值：字符串，例如js等。
- 说明：开发人员可选择将SWF文件使用一个替代的相对路径、绝对路径或服务器根目录的相对路径等任意一种方式。
- 注意：该swfPath选项可能是一个路径或URL，以扩展名为.swf文件的SWF文件。注意不要重命名.swf扩展名，独立斜线书写方式“MYPATH/”与“MYPATH”是一样的，给出的URL必须符合标准的URL编码规则等。
- 备注：用户可以通过闪光灯方法测试swfPath路径是否正确，使用构造函数选项jPlayer({solution:"flash,HTML"})放在一个HTML 5浏览器上，不正确的swfPath将产生$.jPlayer.event.error错误类型。

（3）solution

- 功能：定义了HTML和Flash解决方案的优先顺序。
- 用法：$(this). jPlayer({solution:"HTML,flash"})
- 默认值：字符串，例如"HTML,flash"等。
- 说明：第一个默认值使用HTML，第二个默认值使用flash；交换顺序为"flash,HTML"，第一个默认值使用flash，第二个默认值使用HTML。
- 注意：根据所提供的格式，jPlayer可以使用如下复合解决方案，例如使用jPlayer作为一个媒体播放器，语法为{supplied:"MP3,奥加,M4V"}，这样播放视频媒体格式与音频媒体格式可以同时在HTML的解决方案中进行播放。当然，虽然用户可以指定如上的解决方案，但jPlayer多媒体插件不建议用户这样编写代码。
- 备注：通过jPlayer选择的解决方案取决于用户浏览器种类与多媒体格式的选项。

（4）supplied

- 功能：定义提供给jPlayer的格式。该命令定义的优先级，最左边的格式是最高的。格式正确的是较低的优先级。
- 用法：$(this). jPlayer({supplied:"media"})。
- 默认值：字符串，例如"MP3,oga"等。

- 多媒体格式：必备音频格式（mp3或m4a）、重要的视频格式（M4V）、对应格式（webma、webmv、oga、ogv、wav、fla、flv、rtmpa、rtmpv）。
- 说明：solution优先主导supplied所提供格式的优先级，jPlayer的工作原理是找到由supplied所提供的第一个正在工作的格式。
- 注意：对所提供的所有选项格式必须使用.jPlayer("setMedia",media)命令。用户必须给所有可提供的选项中定义音频格式或视频格式。
- 备注：通过jPlayer获取的格式取决于用户的浏览器和solution选项，所对应的格式提供给改进的HTML 5浏览器所支持的媒体。

（5）size

- 对象：设置被恢复的屏幕模式的大小。
- 默认值：取决于音频或视频格式是否提供。视频默认值时使用被提供这两种媒体类型。

（6）sizeFull

- 对象：设置全屏模式的大小。
- 默认值：取决于音频或视频格式是否提供。当音频或视频格式均提供时，默认为视频格式。

（7）smoothPlayBar

- 功能：播放条宽度在250ms内平滑变化的动画，该变化不是一个阶跃变化。
- 默认值：false:Boolean。
- 说明：持续时间短的媒体获益最大，因为它们的阶跃变化是最大的。
- 备注：250ms的动画周期几乎同时匹配HTML和Flash支持的所有solution方案中的时间更新类事件。

注意 其他还有很多属性，这里省略了，读者如果想深入了解这款插件，可参见官方资料。

jPlayer多媒体插件的方法是以$(id).jPlayer()的形式发送方法名来实现操作控制的，所有jPlayer方法通过jPlayer("option",key,value)这样一种快捷方式或别名的方式来改变jPlayer的属性值。jPlayer多媒体插件可以使用的主要方法如下。

（1）$(id).jPlayer("setMedia",Object:media):jQuery

- 功能描述：这个方法用来定义播放的媒体。媒体参数是一个对象，它的属性具有不同定义的编码格式和海报图像。
- 说明：在jPlayer插件能够执行其他例如.jPlayer("play")这样的方法之前，必须使.jPlayer("setMedia",media)方法定义多媒体参数。
- 注意：所有媒体的URL会被转换为它们各自的绝对URL。即使是用户提供的相对URL，转换后的URL也将会存储在event.jPlayer.status.media对象中。
- 参数：定义媒体格式的URL或海报图像。
- 格式：mp3 、m4a、m4v、webma、webmv、oga、ogv、fla、flv、wav、poster

示例代码如代码18.4所示。

代码18.4 jPlayer多媒体插件.jPlayer("setMedia",media)方法

```
$("#jpId").jPlayer({
  ready:function(){
    $(this).jPlayer("setMedia",{
      m4a:"m4a/elvis.m4a",
      oga:"oga/elvis.oga",
      webma:"webm/elvis.webm"
    });
  },
  supplied:"webma,m4a,oga"
);
```

（2）$(id).jPlayer("clearMedia"):jQuery

- 功能描述：这个方法用来清除播放的媒体和停止播放媒体。
- 说明：在此命令使用之后，诸如.jPlayer("play")方法的播放命令将会被忽略，直到新的媒体文件被.jPlayer("setMedia",media)方法这样的命令使用之后才会重新恢复操作。
- 注意：如果当前媒体文件正在下载过程中，则下载文件将会被停止。

代码示例如下：

```
$("#jpId").jPlayer("clearMedia");
```

（3）$(id).jPlayer("load"):jQuery

- 功能描述：这个方法用来在播放命令执行之前进行预加载媒体的操作。
- 说明：此命令允许在通过setMedia设置媒体文件之后，选择性地进行预加载媒体文件的操作。
- 注意：如果打算应用jPlayer("play",[time])命令进行播放操作，则不需要进行load加载操作，直接play播放即可。

代码示例如下：

```
$("#jpId").jPlayer("load");
```

（4）$(id).jPlayer("play",[Number:time]):jQuery

- 功能描述：这个方法用来执行播放媒体的操作。该方法可以认为与.jPlayer("setMedia", media)方法功能相同。
- 说明：此命令如果设置time参数，媒体文件将会从该时间开始播放；如果没有time参数，媒体文件将会从头开始播放。
- 注意：.jPlayer("play",0)命令将会强制媒体从开始播放，即使该媒体可能已经播放到某个时间点了。
- 参数time：[可选项]定义新的媒体播放开始时间点。

代码示例如代码18.5所示。

代码18.5 jPlayer多媒体插件$(id).jPlayer("play",[Number:time])方法

```
$("#jpId").jPlayer({
```

```
    ready: function() { // The $.jPlayer.event.ready event
      $(this).jPlayer("setMedia", { // Set the media
        m4v: "m4v/presentation.m4v"
      }).jPlayer("play"); // Attempt to auto play the media
    },
    ended: function() { // The $.jPlayer.event.ended event
      $(this).jPlayer("play"); // Repeat the media
    },
    supplied: "m4v"
  );
  $("#jumpToTime").click( function() {
    $("#jpId").jPlayer("play", 42); // Begins playing 42 seconds into the media.
  });
```

除以上方法之外，jPlayer多媒体插件还提供了一些不太常用的属性与方法，感兴趣的用户可以打开jPlayer插件的官方网站进行参考，网址如下：

```
http://www.jplayer.org/latest/developer-guide/#jPlayer-option-solution
```

18.1.3 使用jPlayer多媒体插件开发视频播放器

这一小节将实现一个基于jPlayer多媒体插件的视频播放器应用，通过该应用向用户演示如何使用jPlayer插件的基本属性，具体过程如下所示。

（1）打开任一款目前流行的文本编辑器，如UltraEdit、EditPlus等，新建一个名称为jPlayerVideoDemo.html的网页。

（2）打开jPlayer插件源代码文件夹，将其中包含的jQuery框架全部库文件复制到刚刚创建的jPlayerVideoDemo.html页面文件目录下。在jPlayerVideoDemo.html页面文件中添加对jQuery框架类库文件、jPlayer插件类库文件的引用，并将该页面标题命名为“基于jQuery的jPlayer视频播放器应用”，如代码18.6所示。

代码18.6 添加对jPlayer插件库文件的引用

```
<!DOCTYPE html>
<head>
  <meta http-equiv="Content-Type" content="text/html; charset=utf-8" />
  <title>基于jQuery的jPlayer视频播放器应用</title>
  <!-- 引用页面CSS样式文件 -->
  <link href="skin/blue.monday/jplayer.blue.monday.css" rel="stylesheet"
  type="text/css" />
  <!-- 引用jQuery类库文件 -->
  <script type="text/javascript" src="js/jquery.min.js"></script>
  <!-- 引用jPlayer插件类库文件 -->
  <script type="text/javascript" src="js/jquery.jplayer.min.js"></script>
</head>
```

（3）在jPlayervideoDemo.html页面中添加相关HTML页面元素，用于构建页面音乐播放器，如代码18.7所示。

代码18.7 构建jPlayer插件播放器页面HTML代码

```
<body>
```

```
    // 省略部分代码
    <h3>基于jQuery的jPlayer视频播放器应用</h3>
    <div id="jquery_jplayer_1" class="jp-jplayer"></div>
    <div id="jp_container_1" class="jp-video">
      <div class="jp-type-single">
      <div class="jp-gui jp-interface">
        <ul class="jp-controls">
          <li><a href="javascript:;" class="jp-play" tabindex="1" title="播放"
          >播放</a></li>
          <li><a href="javascript:;" class="jp-pause" tabindex="1" title="暂停"
          >暂停</a></li>
          <li><a href="javascript:;" class="jp-stop" tabindex="1" title="停止"
          >停止</a></li>
          <li><a href="javascript:;" class="jp-mute" tabindex="1" title="静音"
          >静音</a></li>
          <li><a href="javascript:;" class="jp-unmute" tabindex="1" title=
          "还原音量">还原音量</a></li>
          <li><a href="javascript:;" class="jp-volume-max" tabindex="1" title=
         "最大音量">最大音量</a></li>
        </ul>
        <div class="jp-progress">
          <div class="jp-seek-bar">
            <div class="jp-play-bar"></div>
          </div>
        </div>
        <div class="jp-volume-bar">
          <div class="jp-volume-bar-value"></div>
        </div>
        <div class="jp-time-holder">
          <div class="jp-current-time"></div>
          <div class="jp-duration"></div>
          <ul class="jp-toggles">
            <li><a href="javascript:;" class="jp-full-screen" tabindex="1" \
            title="全屏">全屏</a></li>
            <li><a href="javascript:;" class="jp-restore-screen"
            tabindex="1" title="还原屏幕">还原屏幕</a></li>
            <li><a href="javascript:;" class="jp-repeat" tabindex="1"
            title="repeat">重复</a></li>
            <li><a href="javascript:;" class="jp-repeat-off" tabindex="1"
            title="repeat off">关闭重复</a></li>
          </ul>
        </div>
      </div>
      <div class="jp-title">
        <ul>
          <li>jPlayer - 视频播放器</li>
        </ul>
      </div>
    </div>
  </body>
```

（4）页面元素构建好后，添加如下js代码对jPlayer插件进行初始化，完成视频播放器功能，如代码18.8所示。

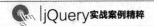

代码18.8 添加jPlayer插件初始化代码

```
$(document).ready(function(){
  $("#jquery_jplayer_1").jPlayer({
    ready: function(){
      $(this).jPlayer("setMedia",{
        m4v: "http://www.jplayer.org/video/m4v/Big_Buck_Bunny_Trailer.m4v",
        ogv: "http://www.jplayer.org/video/ogv/Big_Buck_Bunny_Trailer.ogv",
        webmv: "http://www.jplayer.org/video/webm/Big_Buck_Bunny_Trailer.webm",
        poster: "http://www.jplayer.org/video/poster/Big_Buck_Bunny_
        Trailer_480x270.png"
      });
    },
    swfPath: "js",
    supplied: "webmv, ogv, m4v",
    size:{
      width: "640px",
      height: "360px",
      cssClass: "jp-video-360p"
    },
    smoothPlayBar: true,
    keyEnabled: true
  });
});
```

上面js代码通过jQuery框架方法$("#jquery_jplayer_1")获取id值等于jquery_jplayer_1的<div>元素，并通过jPayer插件定义的构造方法进行初始化。在初始化函数内部，分别对ready属性、swfPath属性、supplied属性、size属性、smoothPlayBar属性和keyEnabled属性进行设定。至此，使用jPlayer插件开发的视频播放器示例就完成了，运行后效果如图18.6和图18.7所示。

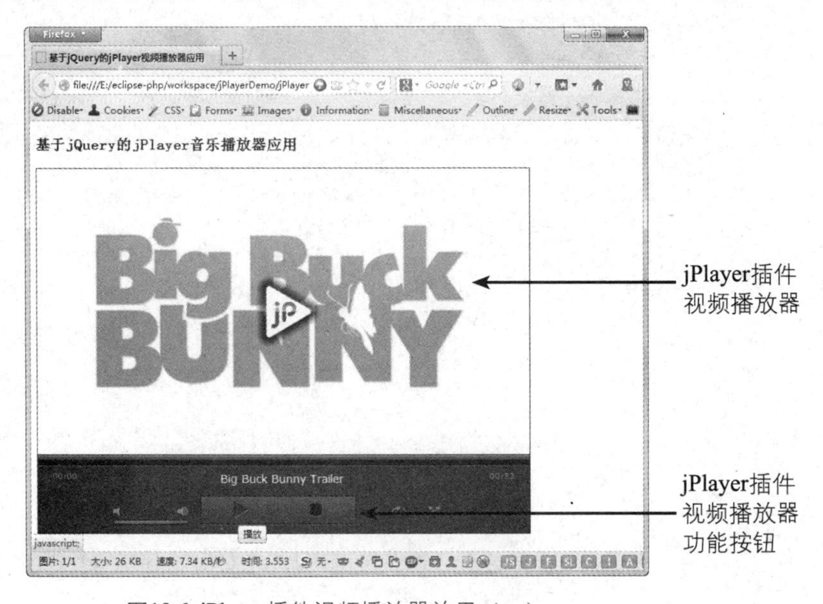

图18.6 jPlayer插件视频播放器效果（一）

图18.7 jPlayer插件视频播放器效果（二）

18.2 开发在线视频播放网页

本节将基于jPlayer插件开发一个在线视频播放网页，其中包括视频播放列表等常见功能。这些jPlayer插件的功能是完全基于JavaScript脚本语言与jQuery框架开发而成的，用户可以将其应用到视频网页制作之中。

18.2.1 添加jPlayer插件库文件

使用文本编辑器新建一个名为jPlayerMultiVideo.html的网页，将网页的标题指定为“基于jPlayer插件的在线视频播放网页”，然后添加对jQuery类库文件以及jPlayer插件类库文件和CSS样式文件的引用，如代码18.9所示。

代码18.9 基于jPlayer插件的在线视频播放网页引用文件

```
<!DOCTYPE html>
  <head>
  <meta http-equiv="Content-Type" content="text/html; charset=utf-8" />
  <title>基于jPlayer插件的在线视频播放网页</title>
  <!-- 引用页面CSS样式文件 -->
  <link href="skin/blue.monday/jplayer.blue.monday.css" rel="stylesheet"
  type="text/css" />
  <link href="css/prettify-jPlayer.css" rel="stylesheet" type="text/css">
```

```
  <link href="css/jplayer.pink.flag.css" rel="stylesheet" type="text/css">
  <!-- 引用jQuery类库文件 -->
  <script type="text/javascript" src="js/jquery.min.js"></script>
  <!-- 引用jPlayer插件类库文件 -->
  <script type="text/javascript" async="" src="js/ga.js"></script>
  <script type="text/javascript" async="" src="js/load.js"></script>
  <script type="text/javascript" src="js/jquery.jplayer.min.js"></script>
  <script type="text/javascript" src="js/jplayer.playlist.min.js"></script>
  <script type="text/javascript" src="js/jquery.jplayer.inspector.js">
  </script>
   <script type="text/javascript" src="js/themeswitcher.js"></script>
</head>
```

18.2.2 构建在线视频播放网页页面布局

在jPlayerMultiVideo.html页面中添加相关的HTML页面元素，用于创建在线视频播放网页控件元素，具体如代码18.10所示。

代码18.10 基于jPlayer插件的在线视频播放网页HTML代码

```
<body>
  // 省略部分代码
  <h3>基于jPlayer插件的在线视频播放网页</h3>
  <div id="jquery_jplayer_1" class="jp-jplayer"></div>
  <div id="jp_container_1" class="jp-video">
    <div class="jp-type-single">
    <div class="jp-gui jp-interface">
    <ul class="jp-controls">
      <li><a href="javascript:;" class="jp-previous" tabindex="1" title="上一个"
      >上一个</a></li>
      <li><a href="javascript:;" class="jp-play" tabindex="1" title="播放">播放
      </a></li>
      <li><a href="javascript:;" class="jp-next" tabindex="1" title="下一个">
      下一个</a></li>
      <li><a href="javascript:;" class="jp-pause" tabindex="1" title="暂停">
      暂停</a></li>
      <li><a href="javascript:;" class="jp-stop" tabindex="1" title="停止">停止
      </a></li>
      <li><a href="javascript:;" class="jp-mute" tabindex="1" title="静音">静音
      </a></li>
      <li><a href="javascript:;" class="jp-unmute" tabindex="1" title="还原音量"
      >还原音量</a></li>
      <li><a href="javascript:;" class="jp-volume-max" tabindex="1" title=
      "最大音量">最大音量</a></li>
    </ul>
    <div class="jp-progress">
      <div class="jp-seek-bar">
        <div class="jp-play-bar"></div>
      </div>
    </div>
```

```
        <div class="jp-volume-bar">
          <div class="jp-volume-bar-value"></div>
        </div>
        <div class="jp-time-holder">
          <div class="jp-current-time"></div>
          <div class="jp-duration"></div>
          <ul class="jp-toggles">
            <li><a href="javascript:;" class="jp-full-screen" tabindex="1"
            title="全屏">全屏</a></li>
            <li><a href="javascript:;" class="jp-restore-screen" tabindex="1"
            title="还原屏幕">还原屏幕</a></li>
            <li><a href="javascript:;" class="jp-shuffle" tabindex="1" title=
            "随机播放"style="">随机播放</a></li>
            <li><a href="javascript:;" class="jp-shuffle-off" tabindex="1"
            title="关闭随机播放" style="display: none;">关闭随机播放</a></li>
            <li><a href="javascript:;" class="jp-repeat" tabindex="1"
            title="repeat">重复</a></li>
            <li><a href="javascript:;" class="jp-repeat-off" tabindex=
            "1"title="repeat off">关闭重复</a></li>
          </ul>
        </div>
      </div>
      <!-- 定义播放列表 -->
      <div class="jp-playlist">
        <ul style="display:block;">
          <li class="jp-playlist-current">
            <div>
                  <a href="javascript:;" class="jp-playlist-item-remove"
style="display:none;">×</a><span class="jp-free-media">(<a class="jp-
playlist-item-free" href="http://www.jplayer.org/video/m4v/Big_Buck_
Bunny_Trailer.m4v"tabindex="1">m4v</a> | <a class="jp-playlist-item-
free" href="http://www.jplayer.org/video/ogv/Big_Buck_Bunny_Trailer.ogv"
tabindex="1">ogv</a> | <a class="jp-playlist-item-free" href="http://www.
jplayer.org/video/webm/Big_Buck_Bunny_Trailer.webm" tabindex="1">webmv</a>)</
span><a href="javascript:;" class="jp-playlist-item jp-playlist-current"
tabindex="1">Big Buck Bunny Trailer <span class="jp-artist">by Blender
Foundation</span></a></div></li><li><div><a href="javascript:;"class="jp-
playlist-item-remove" style="display: none;">×</a><ahref="javascript:;"
class="jp-playlist-item" tabindex="1">Finding Nemo Teaser <span class="jp-
artist">by Pixar</span></a></div></li><li><div><a href="javascript:;"
class="jp-playlist-item-remove" style="display: none;">×</a><a
href="javascript:;" class="jp-playlist-item" tabindex="1">Incredibles Teaser
<span class="jp-artist">by Pixar</span>
              </a>
            </div>
          </li>
        </ul>
        </div>
          <div class="jp-title">
            <ul>
          <li>jPlayer - 视频播放器</li>
```

```
    </ul>
  </div>
  </div>
</body>
```

18.2.3 基于jPlayer插件的在线视频播放网页初始化

页面元素构建好后，添加如下js代码对jPlayer插件进行初始化，完成在线视频播放网页功能，如代码18.11所示。

代码18.11 基于jPlayer插件的在线视频播放网页初始化代码

```
$(document).ready(function(){
  new jPlayerPlaylist({                                    // 初始化播放列表
    jPlayer: "#jquery_jplayer_1",
    cssSelectorAncestor: "#jp_container_1"
  },
  [{
    title:"Big Buck Bunny Trailer",
    artist:"Blender Foundation",
    free:true,
    m4v: "http://www.jplayer.org/video/m4v/Big_Buck_Bunny_Trailer.m4v",
    ogv: "http://www.jplayer.org/video/ogv/Big_Buck_Bunny_Trailer.ogv",
    webmv: "http://www.jplayer.org/video/webm/Big_Buck_Bunny_Trailer.webm",
    poster:"http://www.jplayer.org/video/poster/Big_Buck_Bunny_
    Trailer_480x270.png"
  },{
    title:"Finding Nemo Teaser",
    artist:"Pixar",
    m4v: "http://www.jplayer.org/video/m4v/Finding_Nemo_Teaser.m4v",
    ogv: "http://www.jplayer.org/video/ogv/Finding_Nemo_Teaser.ogv",
    webmv: "http://www.jplayer.org/video/webm/Finding_Nemo_Teaser.webm",
    poster: "http://www.jplayer.org/video/poster/Finding_Nemo_Teaser_640x352.
    png"
  },{
    title:"Incredibles Teaser",
    artist:"Pixar",
    m4v: "http://www.jplayer.org/video/m4v/Incredibles_Teaser.m4v",
    ogv: "http://www.jplayer.org/video/ogv/Incredibles_Teaser.ogv",
    webmv: "http://www.jplayer.org/video/webm/Incredibles_Teaser.webm",
    poster: "http://www.jplayer.org/video/poster/Incredibles_Teaser_640x272.
    png"
  }],{                                                 // 初始化jPlayer插件
    swfPath: "js",
    supplied: "webmv, ogv, m4v",
    smoothPlayBar: true,
    keyEnabled: true
  });
    $("#jplayer_inspector_1").jPlayerInspector({jPlayer:$("#jquery_    jplayer_1")});
});
```

上面的js代码通过new jPlayerPlaylist()方法初始化播放列表插件，其中包括定义id值为"#jquery_jplayer_1"的jPlayer插件播放控件与id值为"#jp_container_1"的CSS样式选择器父级控件，并通过jPayer插件定义的构造方法进行初始化。在初始化函数内部，分别对swfPath属性、supplied属性、smoothPlayBar属性和keyEnabled属性进行设定。至此，基于jPlayer插件开发的在线视频播放网页示例就完成了，运行后效果如图18.8与图18.9所示。

图18.8 基于jPlayer插件开发的在线视频播放网页效果（一）

图18.9 基于jPlayer插件开发的在线视频播放网页效果（二）

jPlayer多媒体插件丰富了制作音视频网页的手段，设计人员可以根据实际项目的需求，将jPlayer插件各种效果应用到页面功能之中。

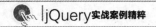

18.3 其他多媒体插件——jQuery Media Plugin插件

除jPlayer插件之外，互联网上还有一些功能丰富的多媒体插件，本节将介绍基于jQuery框架的jQuery Media Plugin多媒体插件。

jQuery Media Plugin是一款基于jQuery框架的网页媒体播放器插件。该插件支持大部分的网络多媒体播放器和多媒体格式，比如Flash、Windows Media Player、Real Player、Quicktime、MP3、Silverlight、PDF等，同时其对浏览器的兼容也很好，完全支持IE6+、firefox、chrome等主流浏览器。

jQuery Media Plugin插件根据当前的脚本配置，自动将a标签替换成div，并生成object、embed或iframe代码，至于生成object还是embed，jQuery Media Plugin会根据当前平台自动判别，因此兼容性方面非常出色。在页面中应用jQuery Media Plugin插件制作的方法大致分为以下几个步骤。

（1）首先，在页面<head></head>标签内添加对jQuery框架类库文件与jQuery Media Plugin插件类库文件的引用，如代码18.12所示。

代码18.12 jQuery Media Plugin插件使用之文件引用

```
<head>
<script type="text/javascript" src="js/jquery.min.js"></script>
<script type="text/javascript" src="js/jquery.media.js"></script>
</head>
```

（2）在页面<body></body>标签内添加HTML页面元素，用于在页面中创建多媒体播放插件，如代码18.13所示。

代码18.13 jQuery Media Plugin插件使用之HTML代码

```
<body>
/*省略部分代码*/
<a class="media" href="sample.mov">My Quicktime Movie</a>
<a class="media" href="sample.swf">My Flash Movie</a>
<a class="media" href="sample.wma">My Audio File</a>
/*省略部分代码*/
</body>
```

（3）在HTML页面定义好后，可以添加一些jQuery Media Plugin插件的option参数完成初始化工作，如代码18.14所示。

代码18.14 jQuery Media Plugin插件使用之初始化代码(一)

```
$('.media').media({
  width: 450,
```

```
    height: 250,
    autoplay: true,
    src: 'myBetterMovie.mov',
    attrs: { attr1: 'attrValue1', attr2: 'attrValue2' },
    params: { param1: 'paramValue1', param2: 'paramValue2' },
    caption: false
});
```

jQuery Media Plugin插件还支持通过脚本对象或者jQuery Metadata Plugin来配置参数，具体如代码18.15所示。

代码18.15 jQuery Media Plugin插件使用之初始化代码(二)

```
// 设置全局默认值
$.fn.media.defaults = {
  preferMeta: 1,              // 如果为true,则标记的meta值优先于脚本对象
  autoplay: 0,                // 标准化的跨播放器设置
  bgColor: '#000000,          // 背景颜色
  params: {},   // 作为param元素添加到object标记中；作为属性添加到embed标记中
  attrs: {},                  // 作为属性添加到object以及embed中
  flashvars: {},              // 作为flashvars参数或属性添加到flash中
  flashVersion: '8',          // 需要的最低flash版本
  // 默认的flash视频和mp3播放器，可以参考网址：http://jeroenwijering.
  com/?item=Flash_Media_Player
  flvPlayer: 'mediaplayer.swf',
  mp3Player: 'mediaplayer.swf',
  // Silverlight选项，可以参考网址：http://msdn2.microsoft.com/en-us/library/
  bb412401.aspx
  silverlight: {
    inplaceInstallPrompt: 'true',   // 在适当的位置显示安装提示
    isWindowless: 'true',           // 无窗口模式
    framerate: '24',                // 最大帧速率
    version: '0.8',                 // Silverlight版本
    onLoad: null,                   // onLoad回调函数
    initParams: null,               // 对象初始化参数
    userContext: null               // 传到load回调函数的参数
  }
};
```

jQuery Media Plugin多媒体插件还有一些常用的选项参数与使用方法，感兴趣的读者可以参考其官方网址：

```
http://jquery.malsup.com/media/
```

经过以上步骤，jQuery Media Plugin插件设计多媒体播放器网页应用的过程就基本完成了，用户可以根据实际项目需要开发出风格多样的页面多媒体播放器效果，jQuery Media Plugin多媒体播放插件的实际页面效果如图18.10所示。

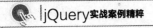

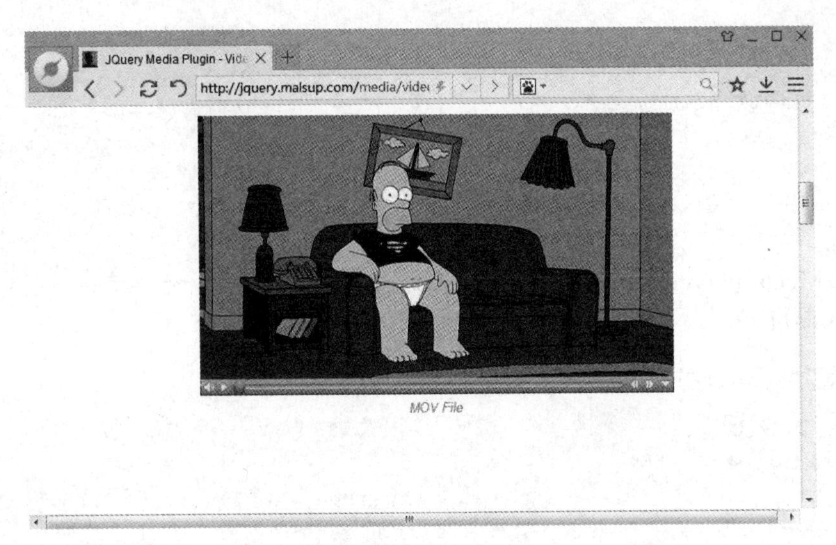

图18.10 jQuery Media Plugin多媒体播放插件应用效果

18.4 小结

本章介绍了基于jQuery框架的jPlayer多媒体插件，重点讨论了jPlayer插件的使用方法。首先介绍了如何下载和使用jPlayer插件，接下来对jPlayer插件的属性和方法进行了详细的说明，并通过示例演示了如何使用jPlayer插件开发网页多媒体播放器应用。本章最后简要介绍了一款基于jQuery框架的jQuery Media Plugin多媒体播放插件的使用方法，以飨读者。

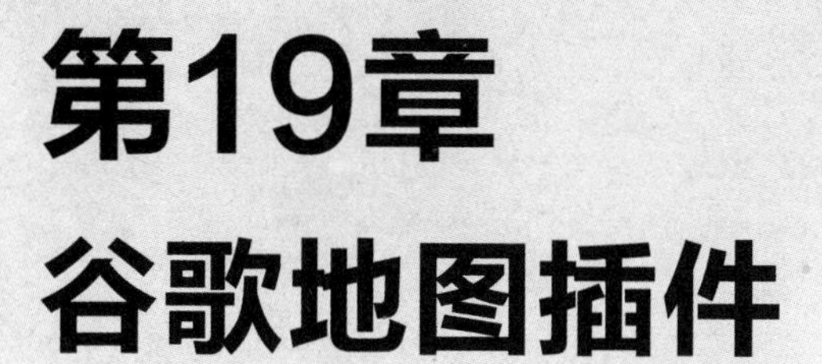

第19章 谷歌地图插件

如今，在线互联网地图应用产品已经成为广大用户的必备工具之一。这些产品提供了功能强大的Web地图服务（Web Map Service，WMS），其利用具有地理空间位置信息的数据制作地图，并将地图定义为地理数据可视的表现形式。

一般来讲，Web地图服务大致上定义了3种操作规范：第一种称为返回服务级元数据，它是对服务信息内容和要求参数的一种描述；第二种称为返回一个地图影像，其地理空间参考和大小参数是明确定义了的；第三种可返回显示在地图上的某些特殊要素的信息。这些操作能够根据用户的请求返回相应的地图，包括PNG/GIF/JPEG等栅格形式或者是SVG/WEB CGM等矢量形式，这些都是由WMS所支持网络协议HTTP，以及由URL所定义与支持的操作完成的。

另外，主流WMS均支持API（Application Programming Interface，应用程序编程接口）操作。使用Web地图服务API，开发者可以非常方便地调用在线地图中的资源，实现各种各样的地图第三方应用，下面介绍几个开放了API的互联网地图。

- Google Maps API：Google Maps API基于Google Maps，能够使用JavaScript将Google Maps嵌入到网页中。API 提供了大量实用工具用以处理地图，并通过各种服务向地图添加内容，从而使用户能够在自己的网站上创建功能强大的地图应用程序。Google Maps API支持交通地图和卫星地图，有中文语言版本，其地标文件KML格式已经成为在线地图的标准格式，Google Earth和Google Maps都支持KML。目前在国际和国内的应用都非常广泛，提到互联网地图的应用，基本上不能不提Google Maps API。
- Microsoft Virtual Earth API：基于Virtual Earth的API，英文版，其例子和显示效果非常丰富，预览效果后可以查看相关源代码，可惜目前不支持中国地图的开发。
- Yahoo Maps API：基于Yahoo Maps，和微软地图一样，也仅支持英文，不支持中国地图的开发。Yahoo地图提供基于Flash、Ajax和Map Image 3种形式的开发接口，功能较为齐全，显示效果不错。
- MapABC API：基于MapABC的国内地图供应商，Google地图的中国数据就是使用MapABC，但其API接口和Google的并不相同，其API的开放性和灵活性不如Google地图API。

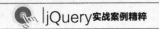

- MapBar API：基于MapBar的国内地图供应商，其数据供百度地图使用。

例如，谷歌地图是Google公司提供的电子地图服务，包括局部详细的卫星照片。此款服务可以提供含有政区/交通/商业信息的矢量地图、不同分辨率的卫星照片以及可以用来显示地形和等高线地形视图。它在各类平台均有应用，操作简单方便。其页面效果如图19.1所示。

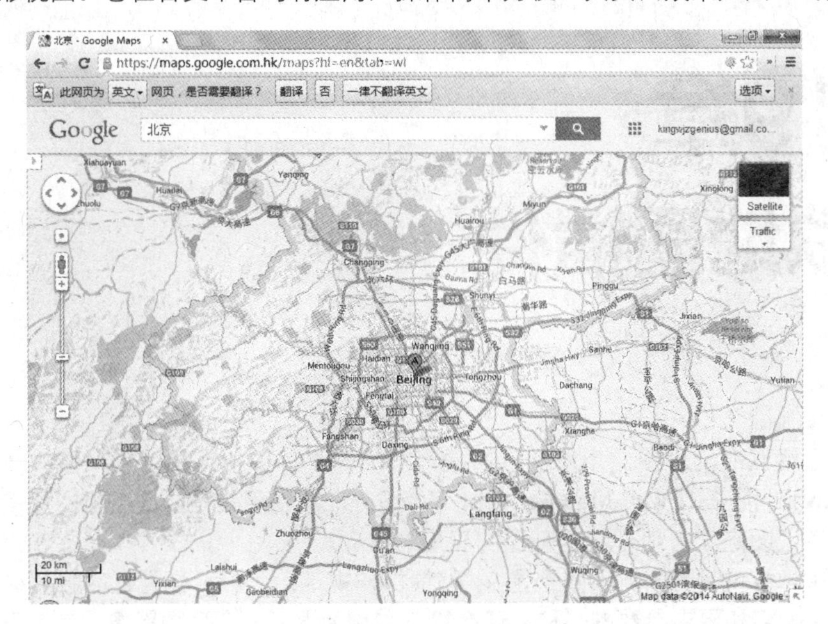

图19.1 Google Map地图服务效果图

本章将介绍如何利用基于jQuery框架的Gmap3地图插件来为网页增加效果，主要介绍Gmap3地图插件参数、如何使用Gmap3地图插件开发页面应用以及一些类似的地图插件。

19.1 准备Gmap3地图插件

Gmap3是一款基于jQuery框架的地图插件，此插件将Google Map API中的常用方法封装好了，使用一段很少的代码就可代替以往要很长的代码才能实现的功能，此外，该插件还能使用Google Map API中的所有原始方法。至于Google地图API，它能让设计人员使用JavaScript脚本语言将Google地图嵌入到自主开发的网页之中，由于Gmap3对Google Map API进行了完美封装，因此通过Gmap3地图插件可以更加方便地使用Google地图。

19.1.1 下载Gmap3地图插件

Gmap3地图插件基于jQuery框架设计开发，采用纯JavaScript脚本语言，支持跨浏览器兼容性、移动设备终端等功能，允许用户精细地操纵地图标记及其相关对象，以自定义数据与可用的每个事件相关联。可以说，Gmap3地图插件具有高效的操作功能和完美的地图展示功能。

总之，Gmap3地图插件具有如下主要特性：

- 基于纯JavaScript脚本语言与jQuery框架开发设计。
- 采用纯HTML 5标准的画布渲染，高性能典范。
- 最大程度上支持地图快速反应和恢复功能。
- 跨浏览器支持：使用IE6+、火狐、Chrome、Opera、Safari等浏览器测试。
- 支持苹果iOS系统和Android移动设备。
- 针对移动设备支持全触控操作。

Gmap3地图插件的官方网址如下：

```
http://gmap3.net/
```

在Gmap3地图插件的官网中，用户可以浏览到Gmap3插件的产品介绍、Demos演示案例、文档使用说明、源代码下载链接、使用版权与产品注册信息、用户论坛、设计人员反馈和支持等信息，如图19.2所示。

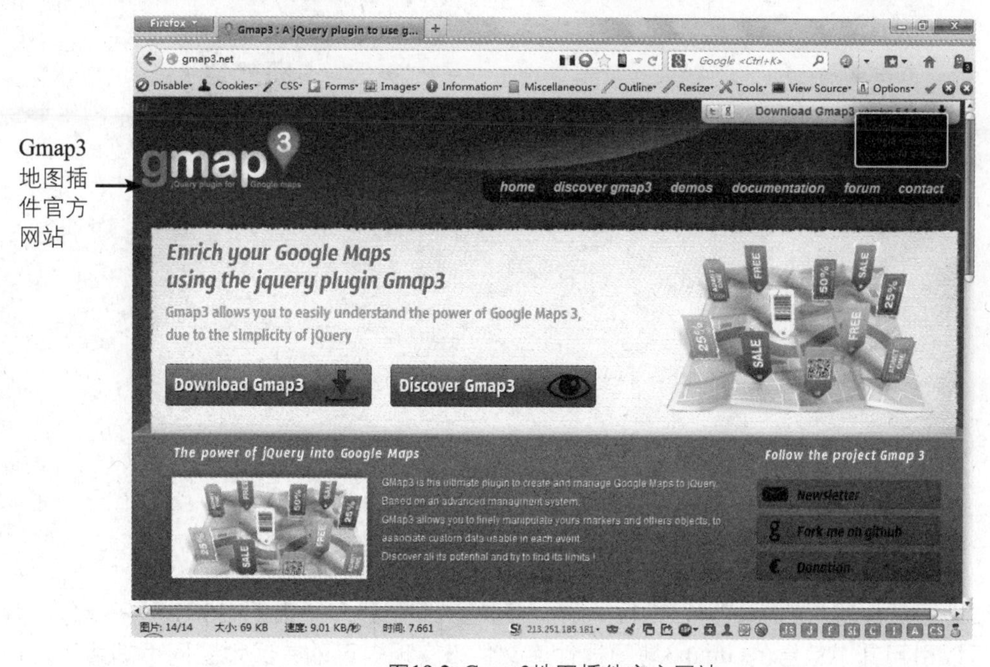

图19.2 Gmap3地图插件官方网站

在图19.2所示的页面中，用户可以看到Gmap3地图插件的Demos链接、文档链接、下载链接与用户论坛链接等非常实用的链接地址。单击其中的Download Gmap3下载链接，会直接打开Gmap3地图插件下载对话框，用户直接将名为gmap3v5.1.1.zip的压缩包保存在本地电脑设备中就可以使用了，如图19.3所示。

在Gmap3地图插件官方页面，用户还可以链接到其在GitHub资源库中的页面，Gmap3地图插件开发方将该插件各个历史版本及相关资料共享在GitHub资源库中供全世界的设计人员学习、交流与使用，其页面如图19.4所示。

图19.3 Gmap3地图插件下载对话框

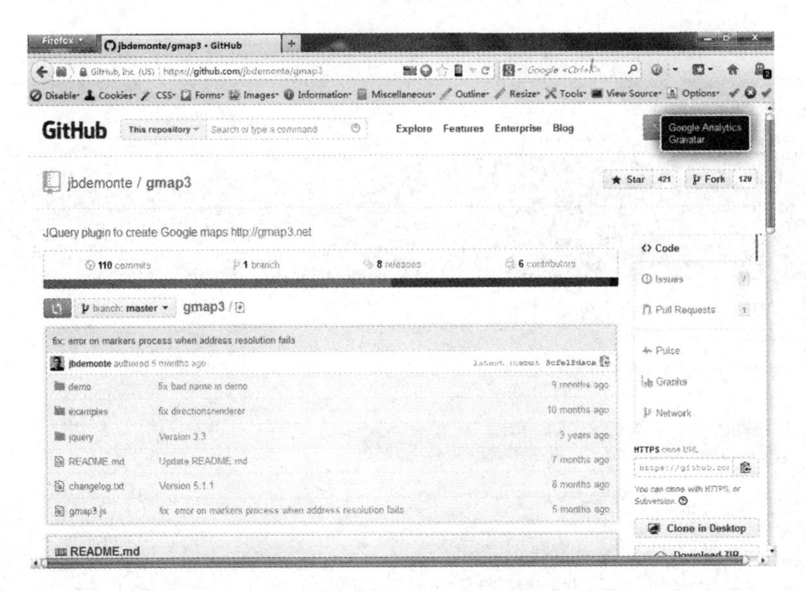

图19.4 Gmap3地图插件GitHub资源库页面

Gmap3地图插件当前的版本为v5.1.1，从官方网站下载的是一个大约430KB的压缩包，解压缩后就可以引用其中包含的Gmap3地图插件库文件来实现自己的在线地图网页功能了。现在，通过Gmap3地图插件开发一个简单的在线地图应用，演示一下使用Gmap3地图插件的方法，具体步骤如下。

（1）打开任一款目前流行的文本编辑器，如UltraEdit、EditPlus等，新建一个名称为jGmap3SimpleDemo.html的网页。

（2）Gmap3地图插件需要jQuery框架与Google Map API的支持，用户需要在页面文件头部分引用以上两个框架的类库文件，具体如代码19.1所示。

代码19.1 添加Gmap3地图插件类库文件的引用

```
<!DOCTYPE html PUBLIC "-//W3C//DTD XHTML 1.0 Transitional//EN"
"http://www.w3.org/TR/xhtml1/DTD/xhtml1-transitional.dtd">
<html xmlns="http://www.w3.org/1999/xhtml">
<head>
    <meta http-equiv="Content-Type" content="text/html; charset=utf-8">
    <title>基于Gmap3地图插件的简单在线地图应用</title>
    <!-- 引用jQuery框架类库文件 -->
    <script src="js/jquery-1.5.1.min.js" type="text/javascript"></script>
     <!-- 引用Google Map API类库 -->
    <script type="text/javascript" src="http://maps.google.com/maps/api/js?sen
    sor=false&amp;language=en">
    <!-- 引用Gmap3地图插件类库文件 -->
    <script type="text/javascript" src="js/gmap3.min.js"></script>
</head>
```

由于Gmap3地图插件需要Google Map API的支持，而Google地图将其库文件以在线的方式提供了支持，因此需要在页面文件头部分引用Google Map API在线地址。

（3）在以上库文件引用完成后，需要在jGmap3SimpleDemo.html页面中构建一个<div>元素作为地图插件的容器，如代码19.2所示。

代码19.2 构建Gmap3地图插件应用HTML代码

```
<body>
  <div>
    // 省略部分代码
    <h3>基于Gmap3地图插件的简单区域标记应用</h3>
    <div id="my_map" class="gmap3"></div>
    // 省略部分代码
  </div>
</body>
```

注意 Google Map应用不支持无长宽尺寸的地图插件容器，换句话说就是需要设计人员定义好width与height参数，这里最好的方法就是通过CSS样式文件来定义。

（4）在页面静态元素构建好后，需添加以下CSS样式代码对Gmap3地图插件容器的外观进行设定，具体如代码19.3所示。

代码19.3 添加Gmap3地图插件容器外观CSS样式代码

```
.gmap3{
  margin: 20px auto;
  border: 1px dashed #C0C0C0;
  height: 350px;
  width: 600px;
}
```

（5）在页面框架元素构建好后，需添加以下js代码对Gmap3地图插件进行初始化操作，具体如代码19.4所示。

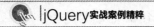

代码19.4 添加Gmap3地图插件应用初始化代码

```
<script type="text/javascript">
  $(function(){
    $("#my_map").gmap3({                    // Gmap3地图插件命名空间构造函数
      circle:{                              // Gmap3地图插件circle参数
        options:{                           // Gmap3地图插件circle参数具体选项
          center:[37.772323,-122.214897],   // circle参数center选项
          radius:2500000,                   // circle参数radius选项
          fillColor:"#008BB2",              // circle参数fillColor选项
          strokeColor:"#005BB7"             // circle参数strokeColor选项
        }
      }
    },"autofit");
  });
</script>
```

以上js代码执行了以下操作：

- 在页面文档开始加载时，通过jQuery框架选择器$("#my_map")方法获取id值等于my_map的<div>元素，并通过Gmap3地图插件定义的.gmap3()命名空间构造函数进行初始化；
- 在初始化函数内部，定义Gmap3地图插件circle参数，circle表示地图中的圆环标记，使用该参数可以在地图中标记出方圆半径一段公里数的区域。
- 针对circle参数，具体设定以下options选项：
  - ♦ center:[37.772323,-122.214897]，表示该圆环的坐标“中心”，此处坐标中心X、Y值采用经纬度数值；
  - ♦ radius:2500000，表示该圆环的半径数值，单位为“米”；
  - ♦ fillColor:"#008BB2"，表示该圆环区域内的填充颜色；
  - ♦ strokeColor:"#005BB7"，表示该圆环边界的画笔颜色；
- 在初始化函数内部，设定autofit参数表示地图大小进行自适应操作。

经过以上步骤，基于Gmap3地图插件的简单区域标记应用的代码就编写完成了，该应用运行效果如图19.5所示。

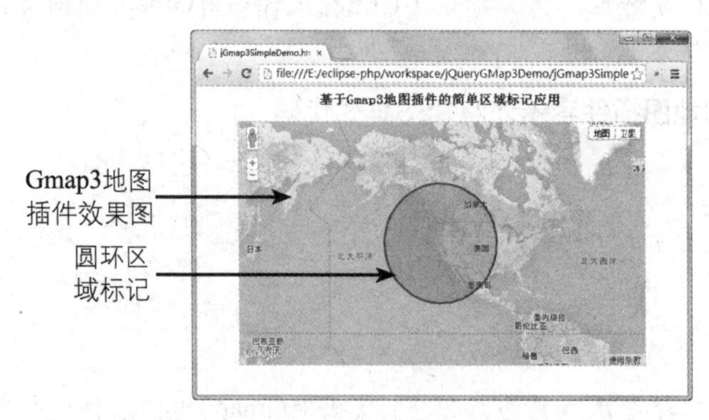

图19.5 基于Gmap3地图插件的简单区域标记应用效果图

19.1.2 参数说明

由上一小节的示例可以看到，通过调用Gmap3地图插件方法参数，可以开发在线Google地图应用，下面向读者详细讲述Gmap3地图插件的方法参数。

（1）Map类方法参数，如表19.1所示。

表19.1 Gmap3地图插件Map类方法参数

<table>
<tr><th>方法参数名称</th><th colspan="2">方法参数描述</th></tr>
<tr><td rowspan="5">map</td><td>描述</td><td>该方法参数用来显示Google.maps.Map</td></tr>
<tr><td>类型</td><td>Google.maps.Map</td></tr>
<tr><td>参数</td><td>options:Google.maps.MapOption</td></tr>
<tr><td>说明</td><td>如果定义该参数，options.center将会被转换为Google.maps.LatLng</td></tr>
<tr><td>用例</td><td>$("#test").gmap3({
    map:{
        address:"Beijing,China P.R.C.",
        options:{
            zoom:4,
            mapTypeId:google.maps.MapTypeId.SATELLITE,
            mapTypeControl:true,
            mapTypeControlOptions:{
            style:google.maps.MapTypeControlStyle.DROPDOWN_MENU
            },
        navigationControl:true,
        scrollwheel:true,
        streetViewControl:true
        }
    }
});</td></tr>
<tr><td rowspan="5">destroy</td><td>描述</td><td>该方法参数用来删除Google.maps.Map</td></tr>
<tr><td>类型</td><td>Google.maps.Map</td></tr>
<tr><td>参数</td><td>None</td></tr>
<tr><td>说明</td><td>在删除Map之前，总是要删除它的<div>元素</td></tr>
<tr><td>用例</td><td>$('#test').gmap3();
setTimeout(function(){
    $('#test').gmap3('destroy').remove();
},5000);</td></tr>
<tr><td>default</td><td>描述</td><td>该方法参数通过.gmap3()修改Gmap3地图插件的属性值</td></tr>
</table>

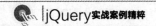

（2）Overlays类方法参数，如表19.2所示。

表19.2 Gmap3地图插件Overlays类方法参数

方法参数名称	方法参数描述	
infowindow	描述	该方法参数用来添加一个infowindow
	类型	infowindow
	参数	options:{google.maps.InfoWindowOptions}

	用例	$("#test1").gmap3({
		infowindow:{
		address:" Beijing,China P.R.C.",
		options:{
		content:"Hello World !"
		},
		events:{
		closeclick: function(infowindow){
		alert("closing : " + infowindow.getContent());
		}
		}
		}
		});

circle	描述	该方法参数用来添加一个google.maps.Circle
	类型	google.maps.Circle
	参数	options:{google.maps.InfoWindowOptions}
	说明	如果定义该参数，options.center将会被转换为Google.maps.LatLng

	用例	$("#test").gmap3({
		circle:{
		options:{
		center:[37.772323,-122.214897],
		radius:250,
		fillColor:"#008BB2",
		strokeColor:"#005BB7"
		},
		events:{
		click:function(circle){
		circle.setOptions({
		fillColor:"#FFAF9F",
		strokeColor:"#FF512F"
		});
		}
		},
		callback:function(){
		$(this).gmap3('get').setZoom(15);
		}
		}
		});

（续表）

<table>
<tr><th>方法参数名称</th><th colspan="2">方法参数描述</th></tr>
<tr><td rowspan="7">overlay</td><td>描述</td><td>该方法参数用来在Google Map中添加用户自定义覆盖</td></tr>
<tr><td rowspan="3">参数</td><td>content:{string} or {jQuery}，覆盖内容</td></tr>
<tr><td>pane:{google.maps.MapPanes}，添加到覆盖上的层，默认值为floatPane（可选的）</td></tr>
<tr><td>offset:{object}，便宜的位置（可选的）
x:{integer}
y:{integer}</td></tr>
<tr><td>说明</td><td>这个函数创建一个通用的google.maps.OverlayView，其中包含一个div元素。参数的内容将要被插入到该元素中</td></tr>
<tr><td>用例</td><td>var pos = [44.797916, -93.278046];
$("#test").gmap3({
    marker:{
        latLng: pos
    },
    overlay:{
        atLng: pos,
        options:{
          content:'<div style="color:#000000;border:1px solid #FF0000;''background-color: #00FF00;width:200px;line-height:20px;'+'height:20px;text-align:center">Hello World !</div>',
        offset:{
            y:-32,
            x:12
        }
    }
    }
});</td></tr>
<tr style="display:none"></tr>
<tr><td rowspan="4">rectangle</td><td>描述</td><td>该方法参数用来添加一个google.maps.Rectangle</td></tr>
<tr><td>参数</td><td>options:{google.maps.RectangleOptions}</td></tr>
<tr><td>说明</td><td>options.bounds被转换为google.maps.LatLngBounds</td></tr>
<tr><td>用例</td><td>$("#test").gmap3({
    rectangle:{
        options:{
            bounds: {n:40.780, e:-73.932, s:40.742, w:-73.967},
            fillColor : "#F4AFFF",
            strokeColor : "#CB53DF",
            clickable: true
    },
    events:{
        click: function(rectangle){
            rectangle.setOptions({
            fillColor : "#FFAF9F",
            strokeColor : "#FF512F"
        });
    }
},
callback: function(){
    $(this).gmap3('get').setZoom(12);
}
}
});</td></tr>
</table>

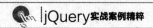

（续表）

方法参数名称	方法参数描述	
polyline	描述	该方法参数用来添加一个google.maps.Polyline
	参数	options:{google.maps.PolylineOptions}
	说明	如果定义该参数，options.path将会被转换为Google.maps.LatLng

	用例	$("#test").gmap3({
		map:{
		options:{
		center:[0, -180],
		zoom:2
		}
		},
		polyline:{
		options:{
		strokeColor: "#FF0000",
		strokeOpacity: 1.0,
		strokeWeight: 2,
		path:[
		[37.772323, -122.214897],
		[21.291982, -157.821856],
		[-18.142599, 178.431],
		[-27.46758, 153.027892]
		]
		}
		}
		});

polygon	描述	该方法参数用来添加一个google.maps.Polygon
	参数	options:{google.maps.PolygonOptions}
	说明	如果定义该参数，options.path将会被转换为Google.maps.LatLng

	用例	$("#test").gmap3({
		map:{
		options:{
		center:[0, -180],
		zoom:2
		}
		},
		polygon:{
		options:{
		strokeColor: "#FF0000",
		strokeOpacity: 1.0,
		strokeWeight: 2,
		path:[
		[37.772323, -122.214897],
		[21.291982, -157.821856],
		[-18.142599, 178.431],
		[-27.46758, 153.027892]
		]
		}
		}
		});

maker	描述	该方法参数用来添加一个google.maps.Maker(s)
	参数	options:{google.maps.MakerOptions}

	用例	$("#test").gmap3({
		marker:{
		address: "Haltern am See, Weseler Str. 151"
		},
		map:{
		options:{
		zoom:14
		}
		}
		});

（3）Layers类方法参数，如表19.3所示。

表19.3 Gmap3地图插件Layers类方法参数

方法参数名称	方法参数描述	
trafficLayer	描述	该方法参数用来允许添加一个google.maps.TrafficLayer
	参数	无

	用例	$("#test").gmap3({
		map:{
		options:{
		center:[34.04924594193164, -118.24104309082031],
		zoom: 13
		}
		},
		trafficlayer:{}
		});

bicyclinglayer	描述	该方法参数用来允许添加一个google.maps.BicyclingLayer
	参数	无

	用例	$("#test").gmap3({
		map:{
		options:{
		center:[34.04924594193164, -118.24104309082031],
		zoom: 13
		}
		},
		bicyclinglayer:{}
		});

groundoverlay	描述	该方法参数用来允许添加一个google.maps.GroundOverlay
	参数	options:{object} url:{string}，表示用来显示图片的url地址 bounds:{google.maps.LatLngBounds} opts:{google.maps.GroundOverlayOptions}

	用例	$("#test").gmap3({
		map:{
		options:{
		center: [40.740,-74.18],
		zoom: 12
		}
		},
		groundoverlay:{
		options:{
		url: "http://www.lib.utexas.edu/maps/historical/newark_nj_1922.jpg",
		bounds:{
		ne:{lat:40.765641, lng:-74.139235},
		sw:{lat:40.716216, lng:-74.213393}
		},
		opts:{
		opacity: 0.8
		}
		},
		events:{
		click:function(overlay){
		alert('clicked on '+ overlay.url);
		}
		}
		}
		});

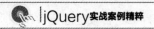

（续表）

方法参数名称	方法参数描述	
kmllayer	描述	该方法参数用来允许添加一个google.maps.KmlLayer
	参数	options:{object} url:{string}，表示用来显示kml文件的url地址 opts:{google.maps.KmlLayerOptions}

	用例	$("#test").gmap3({
		map:{
		options:{
		center:{lat:40.65,lng:-73.95},
		zoom:12
		}
		},
		kmllayer:{
		options:{
		url: "http://gmap3.net/kml/rungis-desc.kml",
		opts:{
		suppressInfoWindows: true
		}
		},
		events:{
		click:function(kml, event){
		alert(event.featureData.description);
		}
		}
		}
		});

（4）Street View类方法参数，如表19.4所示。

表19.4 Gmap3地图插件Street View类方法参数

方法参数名称	方法参数描述	
streetviewpanorama	描述	该方法参数用来允许添加一个google.maps.StreetViewPanorama到<div>元素
	参数	divId:{string}，目标<div>元素的id值（可选的）
		options:{object} container:{string|node|jQuery} opts:{google.maps.StreetViewPanoramaOptions}

	用例	var fenway = new google.maps.LatLng(42.345573,-71.098326);
		$("#test").gmap3({
		map:{
		options:{
		zoom: 14,
		mapTypeId: google.maps.MapTypeId.ROADMAP,
		streetViewControl: true,
		center: fenway
		}
		},
		streetviewpanorama:{
		options:{
		container:$(document.createElement("div")).addClass("googlemap").
		insertAfter($("#test")),
		opts:{
		position:fenway,
		pov:{
		heading:34,
		pitch:10,
		zoom:1
		}
		}
		}
		}
		});

（5）Tools类方法参数，如表19.5所示。

表19.5 Gmap3地图插件Tools类方法参数

<table>
<tr><th>方法参数名称</th><th colspan="2">方法参数描述</th></tr>
<tr><td rowspan="4">panel</td><td>描述</td><td>该方法参数用来在map中添加一个固定的<div>元素</td></tr>
<tr><td rowspan="2">参数</td><td>divId:{string}，目标<div>元素的id值（可选的）</td></tr>
<tr><td>content:{string|jQuery}，fix panel的内容
left:{integer}，左边位置（可选的）
right:{integer}，右边位置（可选的）
top:{integer}，顶部位置（可选的）
bottom:{integer}，底部位置（可选的）
center:{bool}，如果为true，panel会被水平居中（可选的）
middle:{bool}，如果为true，panel会被垂直居中（可选的）</td></tr>
<tr><td>用例</td><td>$('#test1').gmap3({
panel:{
options:{
content:'<div id="panel-box">'+'<div id="lat-north" class="line"><div class="name">North</div><div class="value"></div></div>'+'<div id="lng-east" class="line"><div class="name">East</div><div class="value"></div></div>'+'<div id="lat-south" class="line"><div class="name">South</div><div class="value"></div></div>'+'<div id="lng-west" class="line"><div class="name">West</div><div class="value"></div></div>'+'</div>',
middle: true,
right: true
}
},
map:{
options:{
zoom:5
},
events:{
bounds_changed: function(map){
var bounds = map.getBounds();
var ne = bounds.getNorthEast();
var sw = bounds.getSouthWest();
$("#lat-north").find(".value").html(ne.lat());
$("#lng-east").find(".value").html(ne.lng());
$("#lat-south").find(".value").html(sw.lat());
$("#lng-west").find(".value").html(sw.lng());
}
}
}
});</td></tr>
</table>

以上就是Gmap3地图插件方法参数的说明，其中还有一些方法参数没有在此列举，感兴趣的读者可以阅读Gmap3地图插件官网上的产品文档。

19.1.3 基于Gmap3地图插件实现在线地图搜索功能应用

本小节使用Gmap3地图插件实现一个在线地图搜索功能应用，该应用演示了在Google地图中搜索地名的方法，具体实现过程如下。

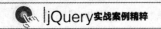

（1）使用文本编辑器新建一个名为jGmap3SearchDemo.html的网页，将网页的标题指定为“基于Gmap3地图插件实现在线地图搜索功能应用”，Gmap3地图插件需要jQuery框架与Google Map API的支持，用户需要在页面文件头部分引用以上两个框架的库文件，具体如代码19.5所示。

代码19.5 添加Gmap3地图插件类库文件的引用

```
<!DOCTYPE html PUBLIC "-//W3C//DTD XHTML 1.0 Transitional//EN"
"http://www.w3.org/TR/xhtml1/DTD/xhtml1-transitional.dtd">
<html xmlns="http://www.w3.org/1999/xhtml">
<head>
    <meta http-equiv="Content-Type" content="text/html; charset=utf-8">
    <title>基于Gmap3地图插件实现在线地图搜索功能应用</title>
    <!-- 引用jQuery框架类库文件 -->
    <script type="text/javascript" src="js/jquery-1.8.3.min.js"></script>
    <!-- 引用Google Map API类库 -->
    <script src="http://maps.googleapis.com/maps/api/js?sensor=false"
    type="text/javascript"></script>
    <!-- 引用Gmap3地图插件类库文件 -->
    <script type="text/javascript" src="js/gmap3.min.js"></script>
    <!-- 引用jQuery框架autocomplete功能类库文件 -->
    <script type="text/javascript" src="js/jquery-autocomplete.js"></script>
    <!-- 引用jQuery框架autocomplete功能CSS样式文件 -->
    <link rel="stylesheet" type="text/css" href="css/jquery-autocomplete.
    css"/>
</head>
```

由于Gmap3地图插件需要Google Map API的支持，而Google地图将其库文件以在线的方式提供了支持，因此需要在页面文件头部分引用Google Map API在线地址。

（2）在以上库文件引用完成后，需要在jGmap3SearchDemo.html页面中构建一个<div>元素作为地图插件的容器，如代码19.6所示。

代码19.6 构建Gmap3地图插件应用HTML代码

```
<body>
  <div>
    // 省略部分代码
    <h3>基于Gmap3地图插件实现在线地图搜索功能应用</h3>
    <input type="text" id="address" size="60">            // 搜索功能输入框
    <div id="test" class="gmap3"></div>
    // 省略部分代码
  </div>
</body>
```

（3）在页面静态元素构建好后，需添加以下CSS样式代码对Gmap3地图插件容器外观进行设定，具体如代码19.7所示。

代码19.7 添加Gmap3地图插件容器外观CSS样式代码

```
*{
  font-family: verdana;
  font-size: 12px;
}
body{
  text-align:center;
}
```

```
  .gmap3{
   margin: 20px auto;
   border: 1px dashed #C0C0C0;
   width: 1000px;
   height: 500px;
 }
 .ui-menu .ui-menu-item{
   text-align: left;
   font-weight: normal;
 }
 .ui-menu .ui-menu-item a.ui-state-hover{
   border: 1px solid red;
   background: #FFBFBF;
   color: black;
   font-weight:bold;
 }
```

（4）在页面框架元素构建好后，需添加以下js代码对Gmap3地图插件进行初始化操作，具体如代码19.8所示。

代码19.8 添加Gmap3地图插件应用初始化代码

```
<script type="text/javascript">
$(function(){
  $("#test").gmap3();                                    // Gmap3地图插件初始化
  $("#address").autocomplete({                           // 搜索输入自动完成功能
    source:function(){                                   // 自动完成功能输入源定义
      $("#test").gmap3({
        getaddress:{
          address:$(this).val(),
          callback:function(results){
            if(!results) return;
            $("#address").autocomplete("display",results,false);
          }
        }
      });
    },
    cb:{
      cast:function(item){
        return item.formatted_address;
      },
      select:function(item){
        $("#test").gmap3({
        clear:"marker",
          marker:{
            latLng:item.geometry.location
          },
          map:{
            options:{
              center: item.geometry.location
            }
          }
        });
      }
    }
  }).focus();
});
</script>
```

以上js代码执行了以下操作：

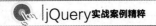

- 在页面文档开始加载时，通过jQuery框架选择器$("#test")方法获取id值等于test的<div>元素，并通过Gmap3地图插件定义的gmap3()命名空间构造函数进行初始化。
- 针对搜索输入框使用jQuery UI Framework的autoComplete功能添加自动完成功能。
- 根据搜索输入的内容对Google Map进行定位操作，并设置其焦点。

经过以上步骤，基于Gmap3地图插件实现在线地图搜索功能应用的代码就编写完成了，该应用运行效果如图19.6、图19.7和图19.8所示。

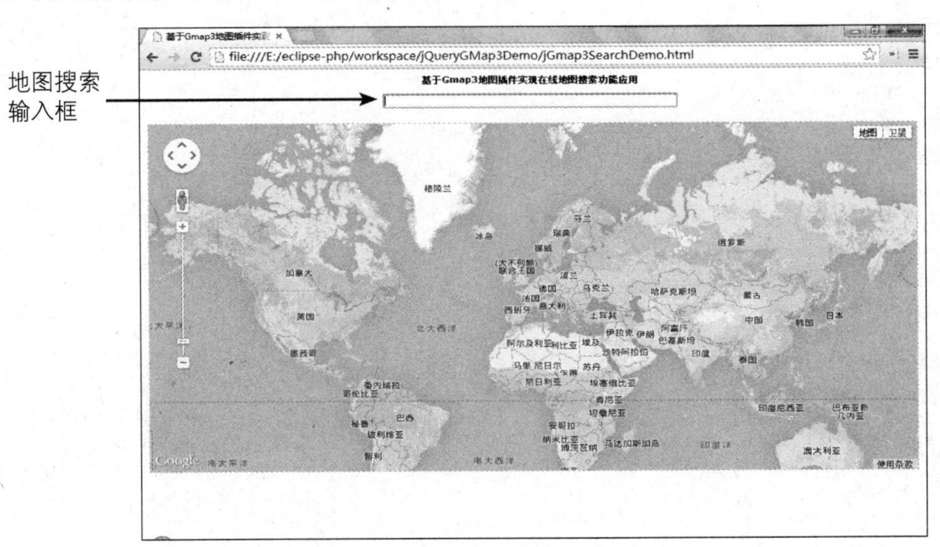

图19.6 基于Gmap3地图插件实现在线地图搜索功能应用效果图（一）

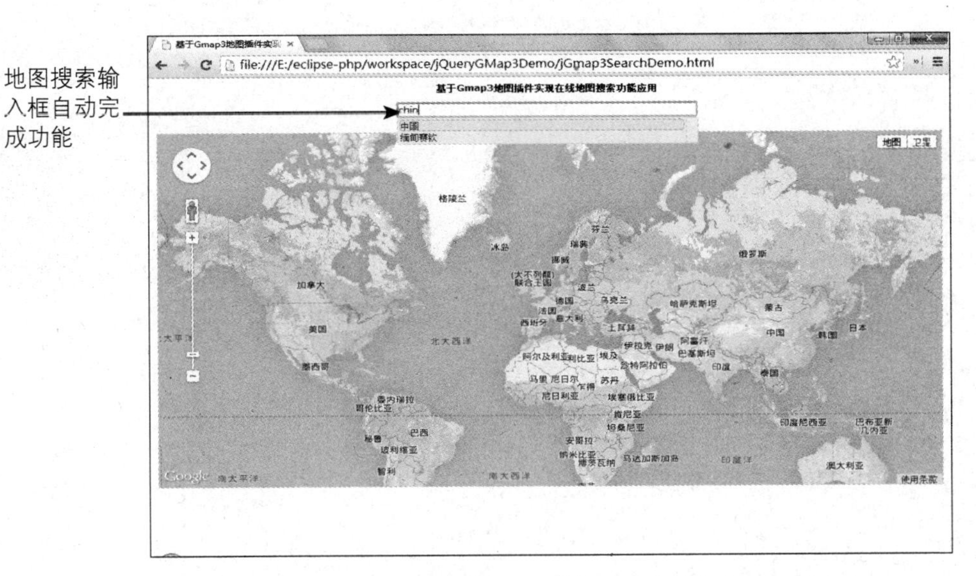

图19.7 基于Gmap3地图插件实现在线地图搜索功能应用效果图（二）

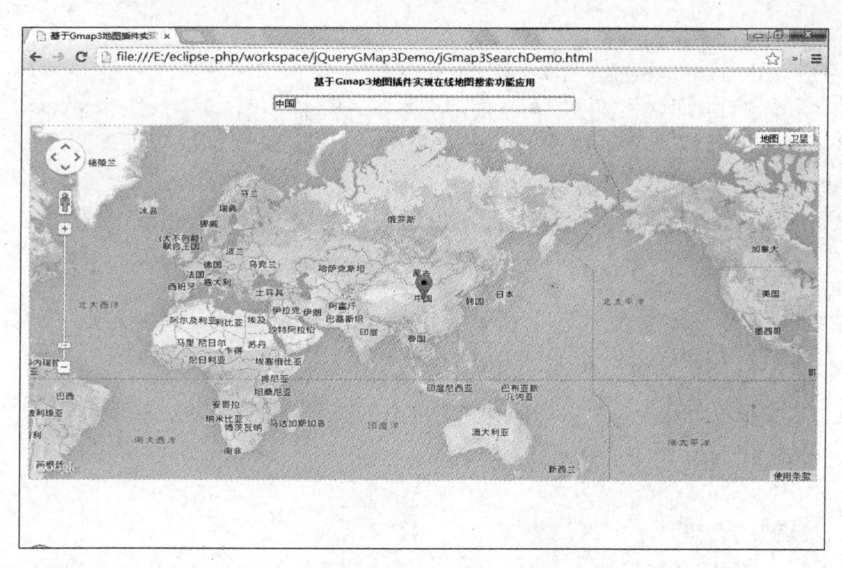

图19.8 基于Gmap3地图插件实现在线地图搜索功能应用效果图（三）

19.2 基于Gmap3地图插件实现集群功能应用

这一小节使用Gmap3地图插件实现一个在线地图集群功能应用，该应用演示了在Google地图中搜索全部“麦当劳连锁店”的方法，具体实现过程如下。

（1）使用文本编辑器新建一个名为jGmap3ClusterDemo.html的网页，将网页的标题指定为“基于Gmap3地图插件实现集群功能应用”，Gmap3地图插件需要jQuery框架与Google Map API类库的支持，用户需要在页面文件头部分引用以上两个框架的类库文件，具体如代码19.9所示。

代码19.9 添加Gmap3地图插件类库文件的引用

```
<!DOCTYPE html PUBLIC "-//W3C//DTD XHTML 1.0 Transitional//EN"
"http://www.w3.org/TR/xhtml1/DTD/xhtml1-transitional.dtd">
<html xmlns="http://www.w3.org/1999/xhtml">
<head>
    <meta http-equiv="Content-Type" content="text/html; charset=utf-8">
    <title>基于Gmap3地图插件实现集群功能应用</title>
    <!-- 引用jQuery框架类库文件 -->
    <script type="text/javascript" src="js/jquery-1.6.1.min.js"></script>
    <!-- 引用Google Map API类库文件 -->
    <script src="http://maps.googleapis.com/maps/api/js?sensor=false"
```

```
    type="text/javascript"></script>
    <!-- 引用Gmap3地图插件类库文件 -->
    <script type="text/javascript" src="js/gmap3.min.js"></script>
    <script type="text/javascript" src="mcdo.js"></script>
</head>
```

由于Gmap3地图插件需要Google Map API类库的支持，而Google地图将其库文件以在线的方式提供了支持，因此需要在页面文件头部分引用Google Map API类库在线地址。

（2）在以上库文件引用完成后，需要在jGmap3ClusterDemo.html页面中构建一个<div>元素用来作为地图插件的容器，如代码19.10所示。

代码19.10 构建Gmap3地图插件应用HTML代码

```
<body>
  <div>
    // 省略部分代码
    <h3>基于Gmap3地图插件实现集群功能应用</h3>
    <div id="googleMap"></div>
    // 省略部分代码
  </div>
</body>
```

（3）在页面静态元素构建好后，需添加以下CSS样式代码对Gmap3地图插件容器外观进行设定，具体如代码19.11所示。

代码19.11 添加Gmap3地图插件容器外观CSS样式代码

```
<style>
/* 定义整体页面容器CSS样式 */
#container{
  position:relative;
  height:700px;
}
/* 定义地图容器CSS样式 */
#googleMap{
  border:1px dashed #C0C0C0;
  width:75%;
  height:700px;
}
/* 定义cluster集群CSS样式 */
.cluster{
  color:#FFFFFF;
  text-align:center;
  font-family:Verdana;
  font-size:14px;
  font-weight:bold;
  text-shadow:0 0 2px #000;
  -moz-text-shadow: 0 0 2px #000;
  -webkit-text-shadow: 0 0 2px #000;
}
.cluster-1{
```

```
  background:url(images/m1.png) no-repeat;
  line-height:50px;
  width:50px;
  height:40px;
}
.cluster-2{
  background:url(images/m2.png) no-repeat;
  line-height:53px;
  width:60px;
  height:48px;
}
.cluster-3{
  background:url(images/m3.png) no-repeat;
  line-height:66px;
  width:70px;
  height: 56px;
}
/* infobulle */
.infobulle{
  overflow: hidden;
  cursor: default;
  clear: both;
  position: relative;
  height: 34px;
  padding: 0pt;
  background-color: rgb(57, 57, 57);
  border-radius: 4px 4px;
  -moz-border-radius: 4px 4px;
  -webkit-border-radius: 4px 4px;
  border: 1px solid #2C2C2C;
}
.infobulle .bg{
  font-size:1px;
  height:16px;
  border:0px;
  width:100%;
  padding: 0px;
  margin:0px;
  background-color:#5E5E5E;
}
.infobulle .text{
    color:#FFFFFF;
    font-family: Verdana;
    font-size:11px;
    font-weight:bold;
    line-height:25px;
    padding:4px 20px;
    text-shadow:0 -1px 0 #000000;
    white-space: nowrap;
    margin-top: -17px;
}
```

```
.infobulle.drive .text{
  background: url(images/drive.png) no-repeat 2px center;
  padding:4px 20px 4px 36px;
}
.arrow{
  position: absolute;
  left: 45px;
  height: 0pt;
  width: 0pt;
  margin-left: 0pt;
  border-width: 10px 10px 0pt 0pt;
  border-color: #2C2C2C transparent transparent;
  border-style: solid;
}
</style>
```

（4）在页面框架元素构建好后，需添加以下js代码对Gmap3地图插件进行初始化操作，具体如代码19.12所示。

代码19.12 添加Gmap3地图插件应用初始化代码

```
<script type="text/javascript">
$(function(){
  $("#googleMap").gmap3({                              // Gmap3地图插件初始化
    map:{
      options:{
        center:[46.578498,2.457275],
        zoom:7,
        mapTypeId: google.maps.MapTypeId.TERRAIN
      }
    },
    marker:{
      values:macDoList,
      cluster:{
        radius:100,
        // This style will be used for clusters with more than 0 markers
        0:{
          content:"<div class='cluster cluster-1'>CLUSTER_COUNT</div>",
          width:53,
          height:52
        },
        // This style will be used for clusters with more than 20 markers
        20:{
          content:"<div class='cluster cluster-2'>CLUSTER_COUNT</div>",
          width:56,
          height:55
        },
        // This style will be used for clusters with more than 50 markers
        50:{
          content:"<div class='cluster cluster-3'>CLUSTER_COUNT</div>",
          width:66,
```

```
            height:65
          },
          events:{
            click:function(cluster){
              var map=$(this).gmap3("get");
              map.setCenter(cluster.main.getPosition());
              map.setZoom(map.getZoom()+1);
            }
          }
        },
        options:{
          icon:new google.maps.MarkerImage("http://maps.gstatic.com/mapfiles/icon_
          green.png")
        },
        events:{
          mouseover:function(marker, event, context){
            $(this).gmap3({
              clear:"overlay"
            },{
              overlay:{
                latLng:marker.getPosition(),
                options:{
                 content:"<div class='infobulle"+(context.data.drive?
                 "drive":"")+"'>"+
                  "<div class='bg'></div>"+"<div class='text'>"+context.ata.
                  city+"("+context.data.zip+")</div>"+
                  "</div>"+"<div class='arrow'></div>",
                  offset:{
                    x:-46,
                    y:-73
                  }
                }
              }
            });
          },
          mouseout:function(){
            $(this).gmap3({clear:"overlay"});
          }
        }
      }
    });
  });
</script>
```

经过以上步骤，基于Gmap3地图插件实现集群功能应用的代码就编写完成了，该应用运行效果如图19.9、图19.10和图19.11所示。

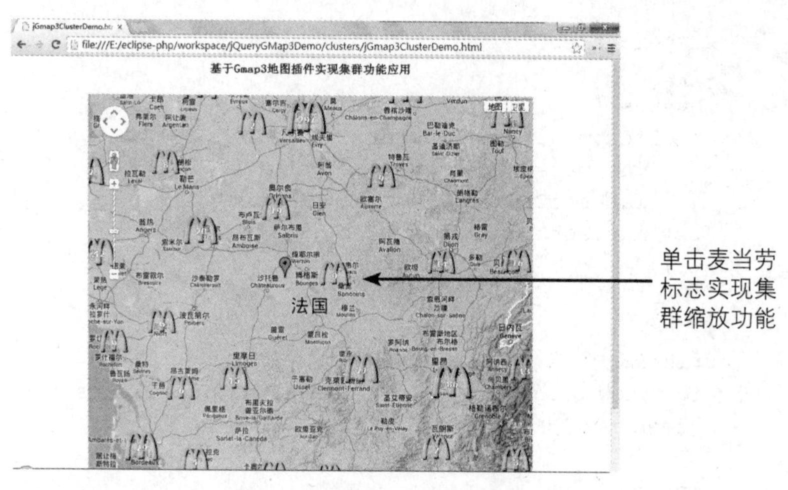

图19.9 基于Gmap3地图插件实现集群功能应用效果图（一）

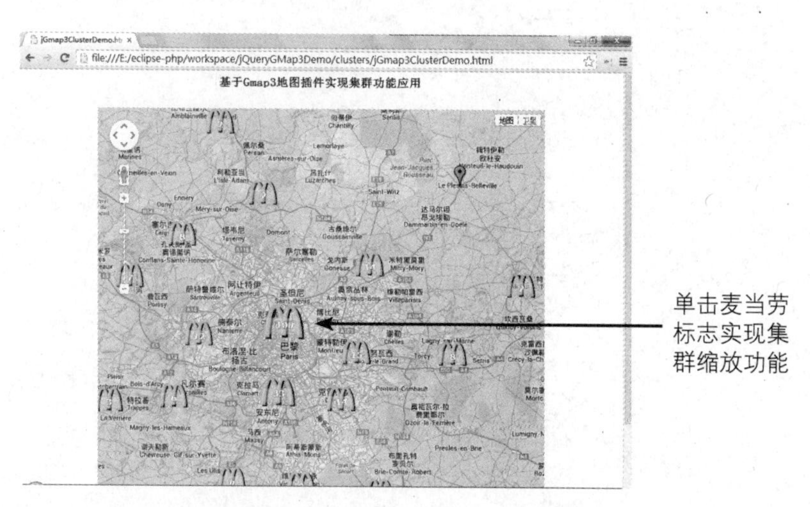

图19.10 基于Gmap3地图插件实现集群功能应用效果图（二）

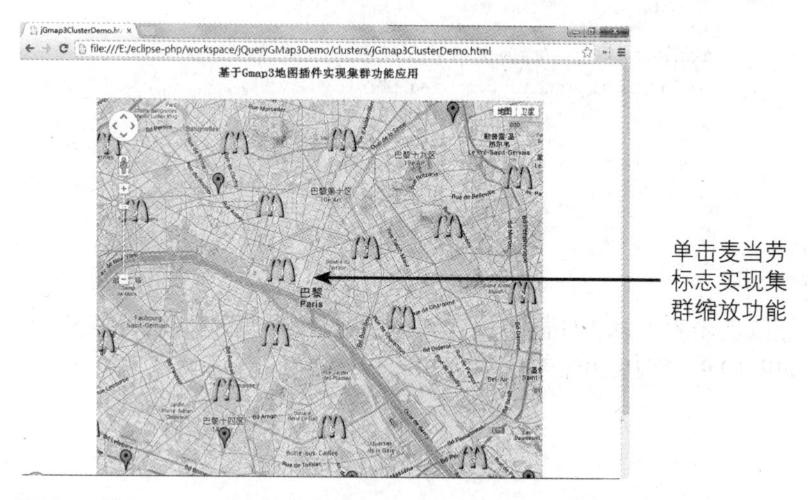

图19.11 基于Gmap3地图插件实现集群功能应用效果图（三）

19.3 其他地图插件——mageMapster插件

除了Gmap3地图插件外，互联网上还有很多非常实用的基于jQuery框架的地图插件，这些插件同样提供了强大的在线地图应用功能。本节将介绍一款简单灵活、功能强大的地图插件——ImageMapster插件。

ImageMapster插件的官方网址如下：

```
http://www.outsharked.com/imagemapster/
```

ImageMapster是一款能让传统的在线地图更加灵活生动的jQuery插件，是可以无须使用flash启动的HTML图像映射。使用ImageMapster插件可以选择地图中的任何区域并且高亮显示，能以多种方式操作地图。该插件提供了多种强悍的内置方法，比如改变选中区域的边框颜色、添加淡入淡出效果等。除此之外，它的特点在于用户交互性很强，可以在地图中添加tooltip提示与用户进行交互。选择地图中区域时也可以对其进行分组，也可自动设置地图显示的大小。

ImageMapster插件提供了很好的跨语言开发能力，Java、PHP、ASP.NET都可以使用。使用该插件只需要很少的类库文件：一个是ImageMapster插件的核心文件jquery.imagemapster.js或者jquery.imagemapster.min.js；另一个就是jQuery框架类库文件。

使用ImageMapster插件的方法大致分为以下几个步骤。

（1）首先，在页面<head></head>标签内添加对jQuery框架类库文件与ImageMapster插件类库文件的引用，如代码19.13所示。

代码19.13 使用ImageMapster插件之文件引用

```
<head>
<script src="jquery.min.js" type="text/javascript"></script>
<script src="jquery.imagemapster.js" type="text/javascript"></script>
</head>
```

（2）在页面<body></body>标签内添加HTML页面元素，通过构建一个<div>元素用来作为地图插件的容器，如代码19.14所示。

代码19.14 使用ImageMapster插件之HTML代码

```
<body>
  /*省略部分代码*/
    <h3>基于ImageMapster地图插件实现地图高亮显示应用</h3>
    <div id="myImageMapster"></div>
  /*省略部分代码*/
</body>
```

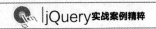

（3）在HTML页面元素定义好后，引入js代码对ImageMapster插件执行初始化操作，具体如代码19.15所示。

代码19.15 使用ImageMapster插件之JS代码

```
$(document).ready(function(){
  $(myImageMapster).mapster({
    fillColor:'000000'              //填充颜色设置
    fillOpacity:0.2                 //不透明度，值为0~1
    stroke:true                     //轮廓描边，当鼠标悬停或显示高亮时给所在区域描边
    strokeColor:'ff0000'                   //轮廓的描边颜色
    strokeOpacity:1                        //轮廓描边的不透明度
    strokeWidth:1                          //轮廓描边的宽度
    fade:true                              //当鼠标悬停显示高亮时使用颜色衰减效果
    fadeDuration:150                       //淡入（渐现）效果的衰减时间，以毫秒为单位
    isSelectable:true | false              //地图或地图上的某个区域能被选择或取消选择
    isDeselectable:true | false            //地图或地图上的某个区域能被取消选择
    staticState:null|true|false      //地图或地图上的某个区域能永久保持被选择或取消选择的状态
  });
});
```

ImageMapster插件初始化完成后，其页面效果如图19.12所示。

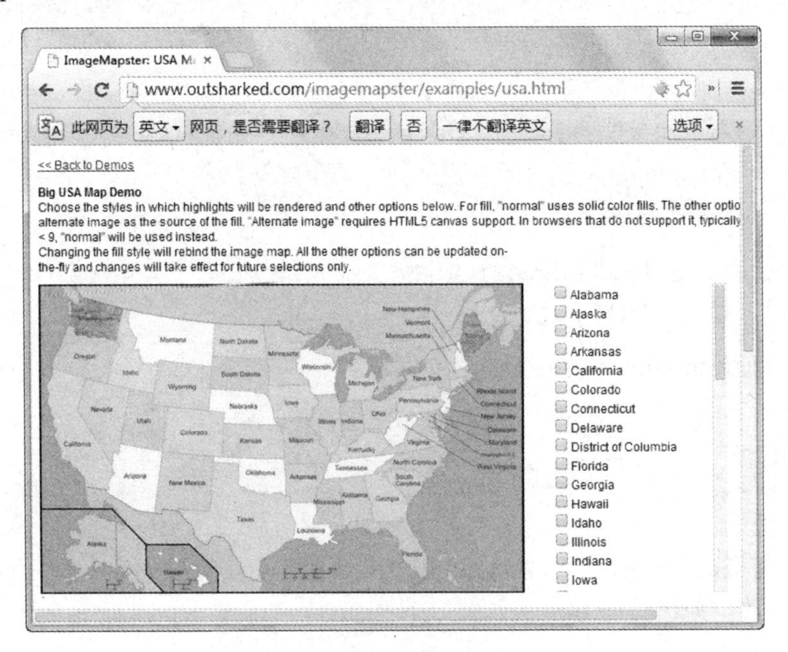

图19.12 ImageMapster插件页面效果图（一）

在图19.12页面右侧有一列地图区域复选框列表，用户可以试着勾选其中若干项，观察地图区域高亮显示功能，页面效果如图19.13所示。

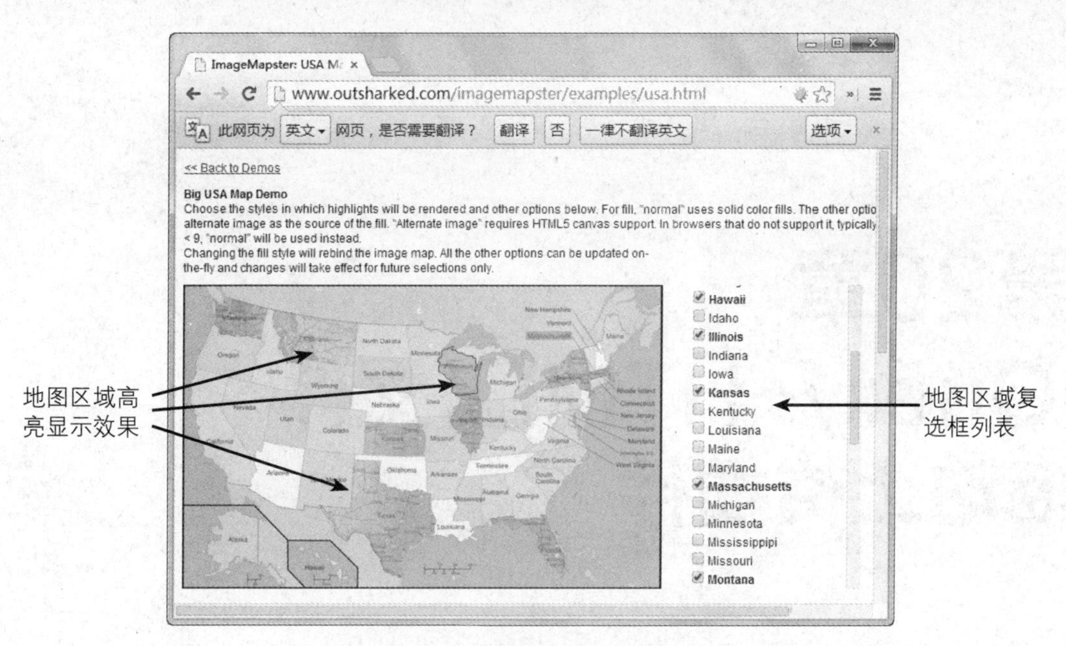

图19.13 ImageMapster插件页面效果图（二）

对于设计人员来讲，ImageMapster插件实现地图区域高亮显示功能非常简单高效。感兴趣的读者可以浏览官网上的Demo与文档，进一步学习ImageMapster插件的使用方法。

19.4 小结

本章介绍了基于jQuery框架的地图插件，重点讨论了Gmap3地图插件的使用。首先介绍了如何下载和使用Gmap3地图插件，接下来对Gmap3地图插件的参数列表进行了详细的说明，并通过简单的静态页面示例演示了如何使用Gmap3地图插件实现各种功能。然后，开发了一个基于Gmap3地图插件实现集群功能应用，演示了如何使用Gmap3地图插件实现完整的Google Map功能。本章最后介绍了基于jQuery框架的ImageMapster插件的简单使用方法，抛砖引玉，以飨读者。

第20章 jQuery+HTML5文件拖动上传插件

如今，互联网已全面进入Web 2.0时代，但业内有一件不得不说的大事儿就是HTML5标准的来势汹汹了。作为下一代互联网标准的重要组成部分，HTML5标准是备受广大技术人员、设计者、互联网爱好者的期待和瞩目，大家都在热议HTML5标准究竟能带来什么。

HTML5标准针对页面拖放技术做了规定，完全支持dataTransfer对象和拖放图片、超链接、文本等元素的事件，同时增加了draggable属性，支持把一个或多个文件从桌面拖放到网页上的功能。其中，draggable属性是不可继承的，因此元素的子元素不会自动变成可拖放的；而dataTransfer对象的files属性支持用户把文件从桌面的文件夹中拖放到网页上。譬如，在邮件客户端会支持用户把附件拖放进邮件内容中的操作，又或者在在线图库应用中支持用户将本地照片拖放进页面并直接上传服务器的功能，还有很多将来可以实现的功能在此就不一一列举了。当然，在用户拖动一个可拖放的元素时，浏览器会随着拖动的光标移动显示一个元素的虚影等特效，实现起来自然也不在话下。可以说，这种从桌面端到Web端的无缝交互无疑是Web 2.0开发的一大亮点。

从HTML5现有标准能够被各大浏览器无差别支持这一点上，就能看出业界对HTML5的欢迎与喜爱程度，估计其在未来几年内会达到相对普及的程度。当然，HTML5标准如何在未来的市场上体现出强大的竞争力，还需拭目以待。

腾讯QQ邮箱实现了文件拖放上传的功能，效果如图20.1所示。

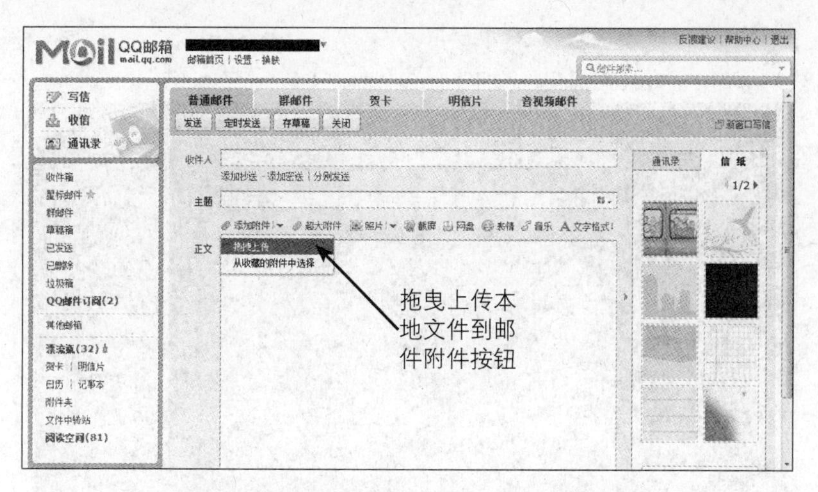

图20.1 腾讯QQ邮箱文件拖放上传功能效果图

本章将介绍如何利用基于jQuery框架的jQuery HTML5 Uploader拖曳文件上传插件来为网页增加效果，主要包括jQuery HTML5 Uploader插件参数讲解、如何使用jQuery HTML5 Uploader插件实现拖曳文件上传功能等内容。

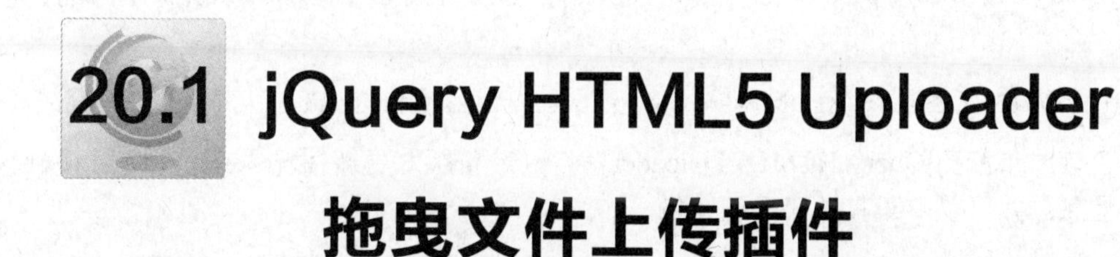

20.1 jQuery HTML5 Uploader 拖曳文件上传插件

jQuery HTML5 Uploader是一款轻量级的基于jQuery框架的拖曳文件上传插件，可以用来直接从电脑桌面系统中拖放文件到浏览器页面上，同时实现上传的功能，目前该插件支持大部分主流浏览器，如IE 9、Firefox和Chrome等。

20.1.1 下载jQuery HTML5 Uploader插件

jQuery HTML5 Uploader拖曳文件上传插件的官方网址如下：

```
http://www.igloolab.com/jquery-html5-uploader/
```

打开该网址，用户可以看到jQuery HTML5 Uploader插件的简要说明、下载链接、使用方法、样例演示等信息，如图20.2所示。

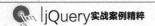

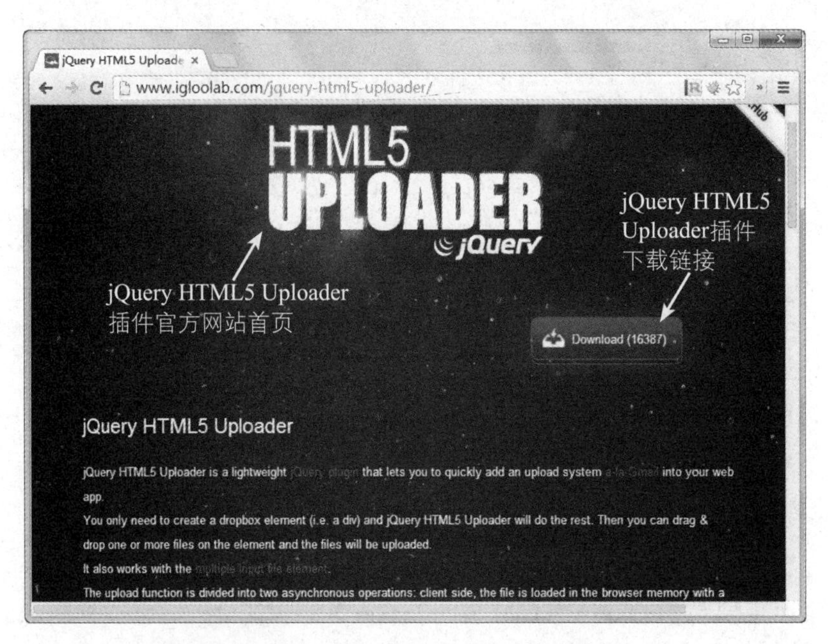

图20.2 jQuery HTML5 Uploader插件官方网站

在jQuery HTML5 Uploader插件官方首页的右上角有该插件在GitHub资源库中的链接地址：

```
https://github.com/MicheleBertoli/jquery-html5-uploader
```

用户可以了解到jQuery HTML5 Uploader插件的最新版本更新情况、开发进度、设计人员反馈等信息，并可以下载其源代码压缩包，如图20.3所示。

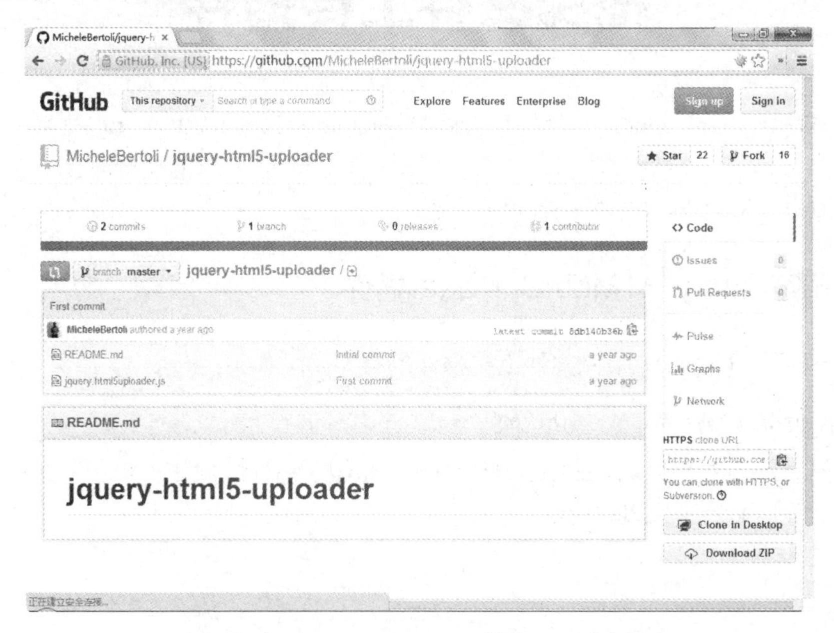

图20.3 jQuery HTML5 Uploader插件GitHub资源库

20.1.2 jQuery HTML5 Uploader插件特性

jQuery HTML5 Uploader插件允许你一次性选择一个或多个文件同时拖曳进行上传，其具有如下主要特性：

- 支持多个文件同时上传
- 支持拖放上传
- 支持图像预览
- 定制和扩展性强
- 支持浏览器兼容性
- 支持跨站点上传

20.1.3 jQuery HTML5 Uploader插件参数说明

jQuery HTML5 Uploader文件拖动上传插件提供了较为丰富的方法属性参数配置，可完成多种文件拖动上传表现形式，具体参数设定如下。

- name：上传字段标识。
- postUrl：文件数据处理URL链接地址。
- onClientAbort：读取操作终止时调用。
- onClientError：出错时调用。
- onClientLoad：读取操作成功时调用。
- onClientLoadEnd：无论是否成功，读取完成时调用；该方法通常在onload和onerror后调用。
- onClientLoadStart：读取将要开始时调用。
- onClientProgress：数据在读取过程中周期性调用。
- onServerAbort：post操作结束时调用。
- onServerError：错误发生时调用。
- onServerLoad：post操作成功时调用。
- onServerLoadStart：post数据将要开始时调用。
- onServerProgress：数据正在被post的过程中周期性调用。
- onServerReadyStateChange：一个JavaScript功能对象无论任何时候readyState属性变化时调用；callback由用户界面现成调用。
- onSuccess：当post操作成功完成时调用该方法，调用成功后ReadyState状态值等于4，同时HttpStatus状态值等于200；该方法对于从服务器返回信息是非常有用的。

20.1.4 使用jQuery HTML5 Uploader插件实现文件拖曳上传

jQuery HTML5 Uploader插件当前的版本为1.1，从官方网站下载的是一个3KB的压缩包，解压缩后就可以引用其中包含的jquery.html5uploader.min.js类库文件来实现拖曳上传文件功能了，接下来通过一系列简单的步骤来看一看如何在网页上快速应用jQuery HTML5 Uploader插件。

（1）打开任一款目前流行的文本编辑器，如UltraEdit、EditPlus等，新建一个名称为jQueryHTML5UploaderDemo.html的网页。

（2）打开最新版本的jQuery HTML5 Uploader插件源文件夹，将jquery.html5uploader.min.js类库文件复制到刚刚创建的jQueryFileUploadDemo页面文件目录下，便于页面文件添加引用jQuery HTML5 Uploader插件类库文件。然后，在jQueryHTML5UploaderDemo.html页面文件中添加对jQuery框架类库文件、jQuery HTML5 Uploader插件类库文件的引用，如代码20.1所示。

代码20.1 添加对jQuery HTML5 Uploader插件类库文件的引用

```
<head>
<meta charset="utf-8">
<title>基于jQuery HTML5 Uploader插件实现文件拖曳上传应用</title>
<!-- jQuery 类库文件 -->
<script type="text/javascript" src="http://ajax.googleapis.com/ajax/libs/
jquery/1.5.2/jquery.min.js"></script>
<!-- jQuery HTML5 Uploader插件类库文件-->
<script type="text/javascript" src="js/jquery.html5uploader.min.js">
</script>
</head>
```

（3）由于本例程仅仅作为jQuery HTML5 Uploader插件的入门介绍，所以在jQueryHTML5UploaderDemo.html页面中添加一些基本的文件上传所需的元素，包括应用标题、选择文件按钮与输入框等，如代码20.2所示。

代码20.2 构建jQuery HTML5 Uploader插件文件上传页面代码

```
<body>
  // 省略部分代码
  <h3>基于jQuery HTML5 Uploader插件实现文件拖曳上传应用</h3>
  <!-- 在页面上添加一个拖曳层 -->
  <div id="dropbox"></div>
  <!-- 在页面上添加文件选择控件 -->
  <input id="multiple" type="file" multiple>
  // 省略部分代码
</body>
```

在上面的页面代码中，实现了一个<div>元素的拖曳层控件和一个<input type="file">的文件浏览控件，其中拖曳层控件用于放置拖曳上传的文件。

（4）页面元素构建好后，添加如下js代码对jQuery HTML5 Uploader插件进行初始化，完成文件上传功能与显示效果，具体如代码20.3所示。

代码20.3 jQuery HTML5 Uploader插件初始化代码

```
<script type="text/javascript">
$(function(){
  $("#dropbox, #multiple").html5Uploader({
    // jQuery HTML5 Uploader插件初始化过程
    name: "foo",                    // jQuery HTML5 Uploader插件name属性
  postUrl: "bar.php"          // jQuery HTML5 Uploader插件文件上传服务器端地址
});
```

```
});
</script>
```

上面的js代码中，通过jQuery框架选择器$("#dropbox, #multiple")获取id值等于dropbox的拖曳层控件与id值等于multiple的文件浏览控件，并通过jQuery HTML5 Uploader插件定义的html5Uploader()方法进行初始化。在初始化函数内部，对拖曳文件上传控件的几个关键参数进行了如下定义：name参数定义文件上传上传数组的名称；postUrl参数定义拖曳文件上传提交服务器端的地址，此处定义为php文件格式。

至此，使用jQuery HTML5 Uploader插件进行拖曳文件上传的简单示例就完成了，运行后可以看到一个带上传按钮、拖曳区域和文字说明的简单页面，如图20.4与图20.5所示。

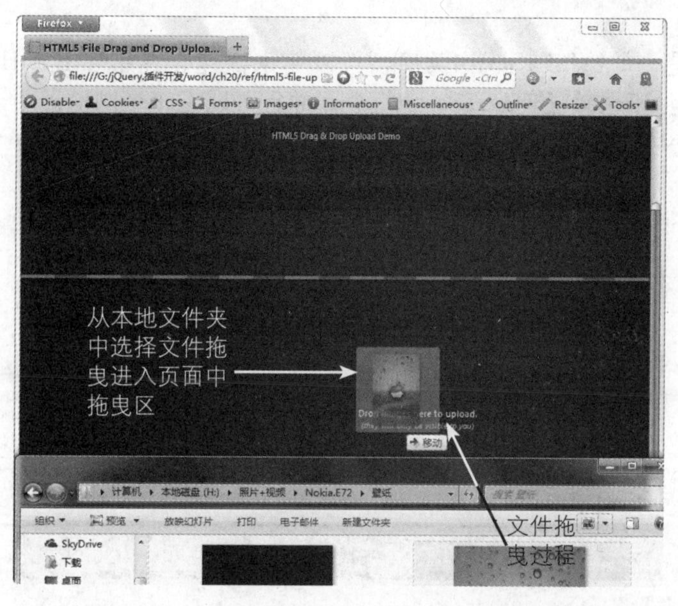

图20.4 jQuery HTML5 Uploader插件应用效果（一）

图20.5 jQuery HTML5 Uploader插件应用效果（二）

可以看到，jQuery HTML5 Uploader插件自动将图片转换为缩略图进行预览显示，这也是jQuery HTML5 Uploader插件性能优势的体现，设计人员可以根据实际需要将jQuery HTML5 Uploader插件应用在自己的项目之中。

20.2 拖曳式文件上传FileDrop.js插件

FileDrop.js是一个纯JavaScript类库，可以用来快速创建拖曳式的HTML5文件上传界面。FileDrop.js插件不依赖任何JavaScript框架，并且可以在多个浏览器中运行，包括IE 6+、Firefox与Chrome等主流浏览器。

20.2.1 下载FileDrop.js插件

FileDrop.js插件的官方网址如下：

```
http://filedropjs.org/
```

打开该网址，用户可以了解到FileDrop.js插件的特性介绍、下载链接、使用说明、Demo链接等信息，如图20.6所示。

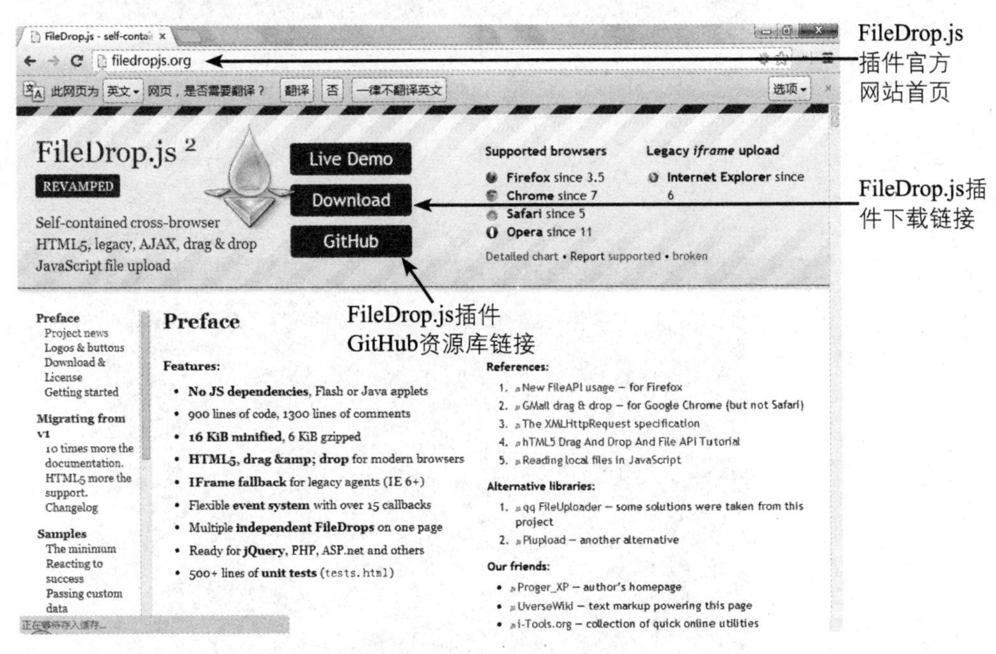

图20.6 FileDrop.js插件官方网站

在FileDrop.js插件官方首页下载链接的下方，有该插件在GitHub资源库中的链接地址：

```
https://github.com/ProgerXP/FileDrop
```

用户可以从GitHub中了解到FileDrop.js插件的最新版本更新情况、开发进度、设计人员反馈等信息，并可以下载其源代码压缩包，如图20.7所示。

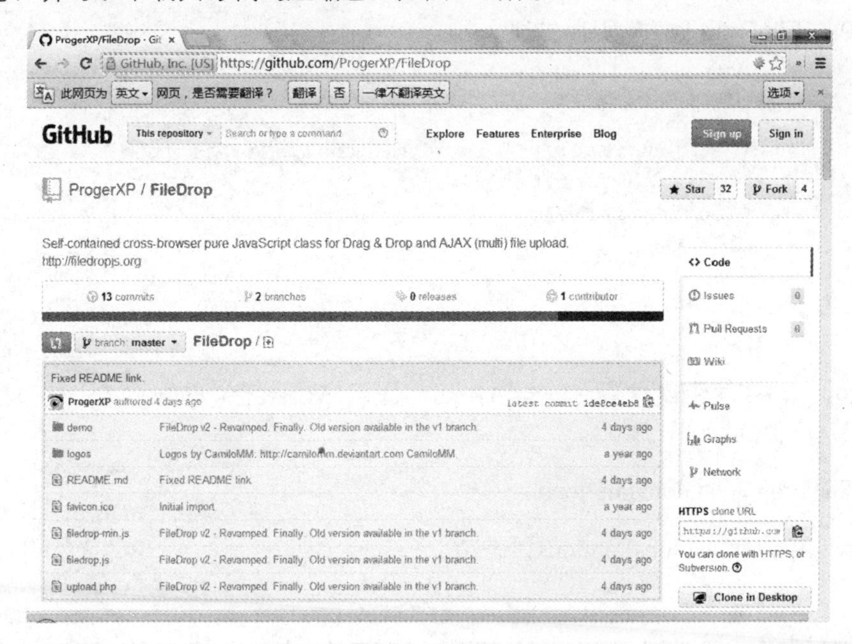

图20.7 FileDrop.js插件GitHub资源库

20.2.2 FileDrop.js插件特性

FileDrop.js插件具有以下显著特性。

- 跨浏览器支持：支持Firefox 3.6、Internet Explorer 6+、Google Chrome 7+、Apple Safari 5和Opera 11等
- 插件无需其他JavaScript框架支持、无需Flash或Java小部件支持
- 插件全部900行代码，500行测试代码，1300行注释
- Zip压缩文件大小16KB，gzipped压缩文件大小6KB
- HTML5标准下拖放实现，支持大多数主流浏览器
- 支持IE 6+下iFrame控件
- 支持超过15个灵活的事件回调函数
- 支持单页面多个独立的文件拖放操作
- 支持jQuery、PHP、ASP.NET等语言

20.2.3 FileDrop.js插件方法参数说明

FileDrop.js插件的全部功能是通过window.fd对象实现的，而该对象包括global options、utility functions和classes（主要就是FileDrop本身）等重要组成部件。一般来说，window.fd

对象是在FileDrop.js插件库文件（filedrop.js或filedrop-min.js）中定义的，因此如果需要使用window.fd对象，则需要在页面文件头中引用filedrop.js或filedrop-min.js脚本文件，具体如代码20.4所示。

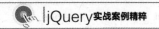

代码20.4 FileDrop.js插件引用方法

```
<html>
<head>
<script type="text/javascript" src="filedrop.js"></script>
<script type="text/javascript">
  window.fd={logging:false};
</script>
</head>
// 省略部分代码
</html>
```

FileDrop插件在使用自身事件的同时，还允许用户在自定义的拖放或上传过程中通过拦截来重写默认事件的处理程序。

（1）FileDrop插件Global options

window.fd中设置的Global options如表20.1所示。

表20.1 FileDrop插件Global options列表

名称	属性描述
logging	表示将所有的事件调用记录到控制台（如果存在该调用）
hasConsole	表示console.log、info、warn和dir是否可用
onObjectCall	表示如果设置必须是一个函数的话，该参数将会调用每一个被激活的事件。用户可以参考callAllOfObject()的工作原理
all	表示该页面内的全部DropHandle对象都会被实例化
isIE6	测试IE浏览器版本，IE6+版本将会返回true，否则返回false
isChrome	测试是否是Chrome浏览器版本
nsProp	事件命名空间中的函数对象属性名称，参考funcNS()、splitNS()、DropHandle的事件

（2）FileDrop插件Global functions

window.fd中设置的Global functions如表20.2所示。

表20.2 FileDrop插件Global functions列表

名称	属性描述
randomID	产生随机ID
uniqueID	产生随机DOM节点ID
byID	通过ID属性检索其DOM元素或者返回其自身ID
isTag	function(element,tag) 检查给定的对象是否是正确的DOM节点，如果tag通过了检查还要检查DOM节点是否是同一个tag（区分大小写），返回true或者false
newXHR	创建新的XMLHttpRequest对象

（续表）

名称	属性描述
isArray	检查给定值是否是本地数组对象
toArray	function(value,skipFirst) 转换给定值到一个数组
addEvent	function(element,type,callback) 添加一个事件监听到一个DOM元素
stopEvent	停止事件的传播与默认浏览活动
setClass	function(element,className,append) 添加或移除一个DOM对象的HTML类
hasClass	function(element,className) 确定给定的元素是否包含className字类属性，接受DOM元素或ID字符串，返回true或false
classRegExp	通过正则表达式测试给定的HTML类型字符串，来找出其中是否包含给定词语
extend	function(child,base,overwrite) 将基础对象的属性复制到该对象的子对象
toBinary	用于转换通过FileReader读取的字符串到正确的原生二进制数据，该参数仅仅支持IE 9版本以上的IE浏览器
callAll	function(list,args,obj) 调用在给定的参数和对象上下文条件下的每一个回调函数的处理程序
callAllOfObject	function(obj,event,args) 调用通过事件名称参数被附加给FileDrop对象的事件处理程序
appendEventsToObject	function(events,funcs) 根据传递的参数附加事件侦听器来给定对象与事件的属性
previewToObject	function(events,funcs) 根据传递参数预先考虑事件侦听器来给定对象与事件的属性
addEventsToObject	function(obj,prepend,args) 根据传递的参数以给定的对象与事件属性添加事件侦听器
funcNS	function(func,ns) 添加了命名空间标识符的函数对象
splitNS	提取命名空间标识符的字符串

（3）FileDrop class

此对象定义在window.fd之中，其别名为window.FileDrop，具体如代码20.5所示。

代码20.5 FileDrop.js插件FileDrop class

```
new FileDrop(zone,opt);
// Example:
new FileDrop(document.body,{zoneClass:'with-filedrop'});
```

FileDrop.js插件还提供了许多实用的方法参数，感兴趣的读者可以参考其官方网站提供的文档，里面有完整且详细的描述。

20.2.4 使用FileDrop.js插件实现文件拖曳上传

从FileDrop.js文件拖曳上传插件官方网站下载的最新版源代码包是一个184KB的压缩包，

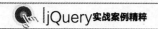

解压缩后就可以引用其中包含的filedrop.js或filedrop.min.js类库文件来实现HTML5页面拖曳上传文件功能了，接下来通过一系列简单的步骤来看一看如何在网页上快速应用FileDrop.js文件拖曳上传插件。

（1）打开任一款目前流行的文本编辑器，如UltraEdit、EditPlus等，新建一个名称为FileDropDemo.html的网页。

（2）打开最新版本的FileDrop.js插件源文件夹，将filedrop.js或filedrop.min.js类库文件复制到刚刚创建的FileDropDemo.html页面文件目录下，便于页面文件添加引用FileDrop.js插件类库文件。然后，在FileDropDemo.html页面文件中添加对FileDrop.js类库文件的引用，如代码20.6所示。

代码20.6 添加对FileDrop.js插件库文件的引用

```
<html>
<head>
<meta charset="utf-8">
<title>基于FileDrop.js插件实现文件拖曳上传应用</title>
<!-- 引用FileDrop.js插件类库文件-->
<script type="text/javascript" src="filedrop.js"></script>
<script type="text/javascript" src="js/filedrop.min.js"></script>
// 省略部分代码
</head>
```

（3）添加FileDrop.js插件文件上传页面CSS样式，如代码20.7所示。

代码20.7 添加FileDrop.js插件文件上传页面CSS样式代码

```
<head>
// 省略部分代码
<style type="text/css">
  /* Essential FileDrop zone element configuration: */
  .fd-zone{
    position: relative;
    overflow: hidden;
    /* The following are not required but create a pretty box: */
    width: 15em;
    margin: 0 auto;
    text-align: center;
  }

  /* Hides <input type="file"> while simulating "Browse" button: */
  .fd-file{
    opacity: 0;
    font-size: 118px;
    position: absolute;
    right: 0;
    top: 0;
    z-index: 1;
    padding: 0;
    margin: 0;
    cursor: pointer;
    filter: alpha(opacity=0);
    font-family: sans-serif;
```

```
    }

    /* Provides visible feedback when use drags a file over the drop zone: */
    .fd-zone.over{ border-color: maroon; background: #eee; }
  </style>
  </head>
```

（4）由于本例程仅仅作为FileDrop.js插件的基本介绍，所以在FileDropDemo.html页面中只添加一些基本的拖曳文件上传所需的元素，如代码20.8所示。

代码20.8 构建FileDrop.js插件文件上传页面HTML代码

```
<body>
  <noscript style="color: maroon">
    <h2>JavaScript is disabled in your browser. How do you expect FileDrop to
  work?</h2>
  </noscript>
  <h2 style="text-align: center">
    基于<a href="http://filedropjs.org">FileDrop</a>插件实现文件拖曳上传应用
  </h2>
  <!-- A FileDrop area. Can contain any text or elements, or be empty.
  Can be of any HTML tag too, not necessary fieldset. -->
  <fieldset id="zone">
    <legend>Drop a file inside&hellip;</legend>
    <p>Or click here to <em>Browse</em>..</p>
    <!-- Putting another element on top of file input so it overlays it and
    user can interact with it freely. -->
    <p style="z-index: 10; position: relative">
      <input type="checkbox" id="multiple">
      <label for="multiple">Allow multiple selection</label>
    </p>
  </fieldset>
  // 省略部分代码
</body>
```

上面的页面代码中，实现了一个<fieldset>元素的拖曳层控件和一个隐藏的<input type="file">的文件浏览控件，其中拖曳层控件用于放置拖曳上传的文件。

（5）页面元素构建好后，添加如下js代码对FileDrop.js插件进行初始化，完成文件上传功能与显示效果，具体如代码20.9所示。

代码20.9 FileDrop.js插件初始化代码

```
<script type="text/javascript">
var options = {iframe: {url: 'upload.php'}};
var zone = new FileDrop('zone', options);  // FileDrop.js插件初始化过程
zone.event('send', function(files){
  files.each(function(file){
    file.event('done', function(xhr){
      alert('Done uploading ' + this.name + ', response:\n\n' + xhr.responseText);
    });
    file.sendTo('upload.php');
  });
});
zone.event('iframeDone', function(xhr){
```

```
    alert('Done uploading via <iframe>, response:\n\n' + xhr.responseText);
  });
  fd.addEvent(fd.byID('multiple'), 'change', function(e){
    zone.multiple(e.currentTarget || e.srcElement.checked);
  });
  </script>
```

上面js代码中，通过new FileDrop('zone',options)获取id值等于zone的拖曳层控件，设置options选项参数定义服务器端操作的upload.php文件，并完成FileDrop.js插件初始化工作；然后依次定义了FileDrop.js插件的几个事件：send事件描述了当一个文件准备通过拖放发送时激活的事件；iframeDone事件描述了当一个文件上传服务器成功后激活的事件；最后，通过FileDrop对象的.addEvent()方法添加multiple事件控制多文件上传。

至此，使用FileDrop.js插件进行拖曳文件上传的简单示例就完成了，运行时可以看到一个带文件浏览链接、拖曳区域和文字说明的简单页面，如图20.8与图20.9所示。

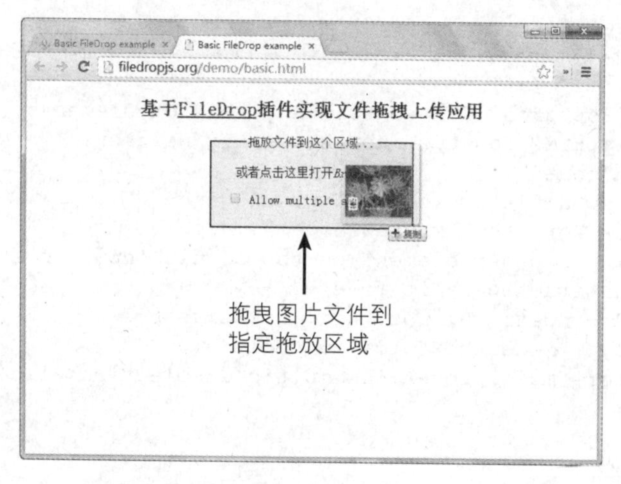

图20.8 FileDrop.js插件应用效果（一）

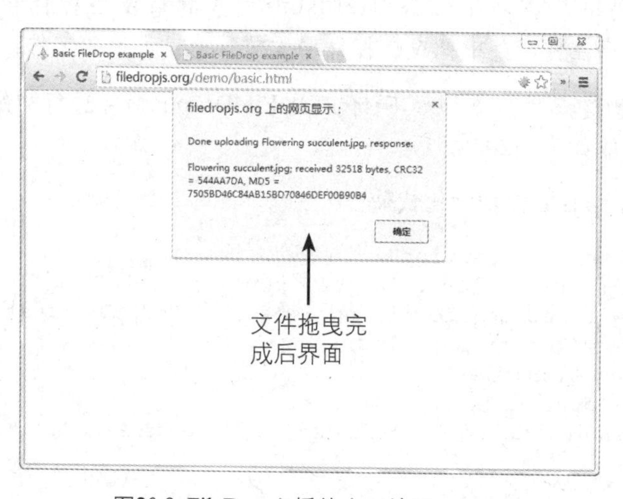

图20.9 FileDrop.js插件应用效果（二）

可以看到，用户将图片拖放进页面指定的拖曳区后，FileDrop.js插件自动将图片上传到服务器中，这就是FileDrop.js插件在HTML5标准下的优势体现，设计人员可以根据实际需要将FileDrop.js插件应用在自己的项目之中。

20.3 开发图片拖曳上传Web应用

在这一节的示例应用中，将基于jQuery框架、HTML5标准与FileDrop.js插件创建一个完整的、多功能的图片拖曳上传Web应用。该示例图片将会有预览和进度条，全部都由客户端控制，图片都保存在服务器上的目录中，当然设计人员也可以根据需要增强相关功能。

20.3.1 HTML5文件上传功能

使用HTML5标准上传文件综合使用了3种技术，包括全新的File Reader API、Drag&Drop API以及AJAX技术（包含二进制的数据传输）。下面是对一个HTML5文件的简单描述：

- 用户拖放一个或者多个文件到浏览器窗口。
- 浏览器在Drap&Drop API的支持下将会触发一个事件以及相关的其他信息，包括一个拖曳文件列表等。
- 浏览器使用File Reader API以二进制方式读取文件，保存在内存中。
- 浏览器内置的AJAX技术使用XMLHttpRequest对象的sendAsBinary方法，将文件数据发送到服务器端。

目前，HTML标准下的文件上传功能在IE10+、Firefox和Chrome上可以正常工作，未来将发布的主流浏览器也会支持这些功能。

20.3.2 图片拖曳上传HTML代码

打开任一款目前流行的文本编辑器，如UltraEdit、EditPlus等，新建一个名称为HTML5DragFileUpload.html的网页。将网页的标题命名为“jQuery+HTML5图片拖曳上传Web应用”。本应用基于jQuery开发框架、HTM5标准和FileDrop.js插件进行开发，需要添加一些必要的类库文件、样式文件和HTML代码，具体如代码20.10所示。

代码20.10 图片拖曳上传HTML代码

```
<!DOCTYPE html>
<html>
<head>
  <meta charset="utf-8" />
  <title>jQuery+HTML5图片拖曳上传Web应用</title>
  <!-- 本地CSS 样式表文件 -->
  <link rel="stylesheet" href="assets/css/styles.css" />
```

```
    <!-- 判断IE浏览器版本 -->
    <!--[if lt IE 9]>
      <script src="http://html5shiv.googlecode.com/svn/trunk/html5.js"></script>
    <![endif]-->
  </head>
  <body>
    <header>
      <h1>jQuery+HTML5图片拖曳上传Web应用</h1>
    </header>
    <div id="dropbox">
      <span class="message">将图片文件拖放到此进行上传<br/>
        <i>(仅仅对用户本身可见)</i>
      </span>
    </div>
    <footer>
      <h2>基于jQuery和PHP的HTML5文件上传应用</h2>
        <a class="tzine" href="http://tutorialzine.com/2011/09/html5-file-upload-
        jquery-php/">Read &amp; Download on</a>
    </footer>
    <-- 添加jQuery框架支持 -->
    <script src="http://code.jquery.com/jquery-1.6.3.min.js"></script>
    <-- 添加FileDrop.js插件支持 -->
    <script src="assets/js/jquery.filedrop.js"></script>
    <-- 本地js文件 -->
    <!-- The main script file -->
    <script src="assets/js/script.js"></script>
  </body>
  </html>
```

可以看到，在引用的支持文件中包括jQuery框架类库文件、FileDrop.js插件类库文件和本地相应的js文件与CSS样式文件，以及对IE浏览器版本的判断支持。代码中和FileDrop.js插件有关唯一元素是id值为dropbox的<div>层元素，通过js脚本语言将FileDrop.js插件传入这个元素。FileDrop.js插件将会判断一个文件是否被拖放到上面，当发现有错误的时候信息<span>的内容将会被更新（例如，当浏览器不支持和这个应用有关的HTML5 API的时候）。

当用户拖放一个文件到上述的<div id="dropbox">拖放区域时，通过jQuery代码逻辑将会自动生成一个预览区，如代码20.11所示。

代码20.11 图片拖曳上传预览HTML代码

```
<div class="preview done">
  <span class="imageHolder">
    <img src=""/>
    <span class="uploaded"></span>
  </span>
  <div class="progressHolder">
    <div class="progress"></div>
  </div>
</div>
```

以上代码片断包含了一个图片预览和一个进度条，整个预览含有名称为preview done的

CSS样式类，可以让名称为uploaded的<span>元素得以显示，而这个<span>将有绿色的背景标识，通过颜色的不同来暗示上传是否已成功完成。

20.3.3 图片拖曳上传CSS代码

为了尽量让HTML页面美观，添加一些CSS样式表进行修饰，具体如代码20.12所示。

代码20.12 图片拖曳上传CSS样式表

```
/*------------------------- Dropbox Element --------------------------*/
#dropbox{
  background:url('img/background.jpg');
  border-radius:2px;
  position: relative;
  margin:64px auto 92px;
  min-height: 320px;
  overflow: hidden;
  padding-bottom:32px;
  width:800px;
  box-shadow:0 0 4px rgba(0,0,0,0.3) inset,0 -3px 2px rgba(0,0,0,0.1);
}
// 省略部分代码
/*------------------------- Image Previews -------------------------*/
#dropbox .preview{
  width:360px;
  height: 240px;
  float:left;
  margin: 64px 0 0 64px;
  position: relative;
  text-align: center;
}
// 省略部分代码
/*------------------------- Progress Bars -------------------------*/
#dropbox .progressHolder{
  position: absolute;
  background-color:#252f38;
  height:12px;
  width:100%;
  left:0;
  bottom: 0;
  box-shadow:0 0 2px #000;
}
#dropbox .progress{
  background-color:#2586d0;
  position: absolute;
  height:100%;
  left:0;
  width:0;
  box-shadow: 0 0 1px rgba(255, 255, 255, 0.4) inset;
  -moz-transition:0.25s;
```

```
    -webkit-transition:0.25s;
    -o-transition:0.25s;
    transition:0.25s;
  }
  #dropbox .preview.done .progress{
    width:100% !important;
  }
```

CSS类名称为.progress的<div>是绝对定位的，修改width大小来形成一个自然进度的标识，使用0.25s的transition，用户会看到一个动画的增量效果。

20.3.4 图片拖曳上传JS代码

实际文件拖曳上传功能是通过FileDrop.js插件来完成的，具体是调用并设置fallback参数，另外还需要写PHP脚本处理服务器端的文件上传功能。

首先编写一个辅助功能来接受一个文件对象（一个特别的由浏览器创建的对象，包含名称、路径和大小），以及预览用的标签；然后调用FileDrop.js插件进行图片拖曳上传功能初始化操作，具体如代码20.13所示。

代码20.13 图片拖曳上传js代码

```
$(function(){
  var dropbox = $('#dropbox'), message = $('.message', dropbox);
  dropbox.filedrop({                          // FileDrop,js插件初始化操作
    // The name of the $_FILES entry:
    paramname:'pic',
    maxfiles: 5,                              // 最多文件上传个数
    maxfilesize: 2,                                 // 最大文件上传限制2MB
    url: 'post_file.php',                           // 服务器端处理文件
    uploadFinished:function(i,file,response){
      $.data(file).addClass('done');
      // 处理服务器端post_file.php文件返回的JSON对象数据
    },
    error:function(err,file){
      switch(err){
        case 'BrowserNotSupported':
          showMessage('当前用户浏览器不支持HTML5文件上传功能!');
        break;
        case 'TooManyFiles':
          alert('选择文件太多,请选择5个文件以内进行上传!');
        break;
        case 'FileTooLarge':
          alert(file.name+'大小超过限制!请上传2MB以内文件');
        break;
        default:
        break;
      }
    },
    // 当每个上传发生之前调用此事件
```

```
    beforeEach:function(file){
      if(!file.type.match(/^image\//)){
        alert('仅仅图片格式文件可以上传!');
        // 返回值false将会导致文件上传被拒绝
        return false;
      }
    },
    // 当上传开始时调用此事件
    uploadStarted:function(i,file,len){
      createImage(file);
    },
    // 当上传进程中调用此事件
    progressUpdated:function(i,file,progress){
      $.data(file).find('.progress').width(progress);
    }
  });
  // 定义预览用HTML模板
  var template = '<div class="preview">'+
                 '<span class="imageHolder">'+'<img/>'+'
                  <span class="uploaded"></span>'+'</span>'+'
                 <div class="progressHolder">'+
                     '<div class="progress"></div>'+
                   '</div>'+
                 '</div>';
  // 定义创建图像函数过程
  function createImage(file){
    var preview = $(template),
    image = $('img', preview);
    var reader = new FileReader();
    image.width = 100;
    image.height = 100;
    reader.onload = function(e){
      // e.target.result控制DataURL,该DataURL用于图片文件源地址
      image.attr('src',e.target.result);
    };
    // 读取文件DataURL,当完成时会激活上面的onload函数
    reader.readAsDataURL(file);
    message.hide();
    preview.appendTo(dropbox);
    // 进行图片文件预览,使用jQuery's $.data()
    $.data(file,preview);
  }
});
```

上面这段JS代码通过FileDrop.js插件实现了拖放文件上传功能，这里需要特别说明的主要有以下几点。

- 通过定义dropbox变量指定拖放区对象；
- 通过FileDrop.js插件初始化拖放区对象变量dropbox；
- 在初始化函数内部，定义FileDrop.js插件的相关参数：

- ◆ paramname:'pic'，定义文件格式为图片格式；
- ◆ maxfiles:5，定义最多文件上传个数；
- ◆ maxfilesize:2，定义最大文件上传限制2MB；
- ◆ url: 'post_file.php'，定义服务器端处理文件。
- 在初始化函数内部，定义FileDrop.js插件的相关事件：
  - ◆ uploadFinished:function(i,file,response)，定义上传完毕后回调处理事件过程；
  - ◆ error:function(err,file)，定义错误事件处理过程；
  - ◆ beforeEach:function(file)，当每个上传发生之前调用此事件；
  - ◆ uploadStarted:function(i,file,len)，当上传开始时调用此事件；
  - ◆ progressUpdated:function(i,file,progress)，当上传进程中调用此事件。
- 通过template变量定义预览用HTML模板；
- 定义createImage()创建图片函数。

经过以上js代码，每一个正确的图片文件被拖放到id值为“dropbox”的<div>拖放区中后，都会被上传到服务器端post_file.php文件进行处理。

20.3.5 图片拖曳上传服务器端PHP代码

服务器端的PHP代码与常规的表单上传没有太大区别，这也就意味着用户可以简单地提供fallback来重用这些后台功能，具体如代码20.14所示。

代码20.14 图片拖曳上传服务器端PHP代码

```
$(function(){
$demo_mode = false;
$upload_dir = 'uploads/';
$allowed_ext = array('jpg','jpeg','png','gif');

if(strtolower($_SERVER['REQUEST_METHOD']) != 'post'){
  exit_status('Error! Wrong HTTP method!');
}

if(array_key_exists('pic',$_FILES) && $_FILES['pic']['error'] == 0 ){
  $pic = $_FILES['pic'];
  if(!in_array(get_extension($pic['name']),$allowed_ext)){
    exit_status('Only '.implode(',',$allowed_ext).' files are allowed!');
  }
  if($demo_mode){
    // File uploads are ignored. We only log them.
    $line = implode('       ', array( date('r'), $_SERVER['REMOTE_ADDR'],
    $pic['size'], $pic['name']));
    file_put_contents('log.txt', $line.PHP_EOL, FILE_APPEND);
    exit_status('Uploads are ignored in demo mode.');
  }
  // Move the uploaded file from the temporary directory to the uploads
  folder:
    if(move_uploaded_file($pic['tmp_name'], $upload_dir.$pic['name'])){
```

```
        exit_status('File was uploaded successfuly!');
      }
    }

    exit_status('Something went wrong with your upload!');
    // Helper functions
    function exit_status($str){
      echo json_encode(array('status'=>$str));
      exit;
    }

    function get_extension($file_name){
      $ext = explode('.', $file_name);
      $ext = array_pop($ext);
      return strtolower($ext);
    }
```

这段PHP代码运行了一些http协议检查，并且验证了上传文件扩展名，由于服务器端不想保存任何文件，所以就将上传文件直接删除了。

20.3.6 图片拖曳上传Web应用最终效果

上述代码编写完成后，用户运行html5dragfileupload.html示例页面，可以看到如图20.10所示的页面效果。

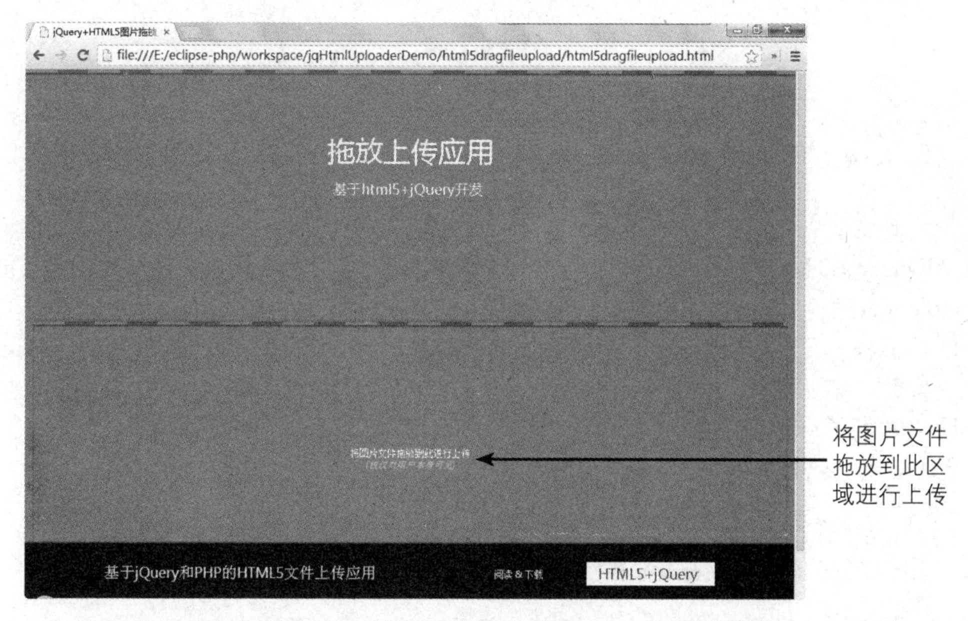

图20.10 图片拖曳上传Web应用页面效果（一）

用户在桌面系统中使用鼠标选择多个图片文件拖曳到上图中指定的区域中并释放鼠标按键后，就可以完成图片拖放上传服务器的功能，最终页面效果如图20.11所示。

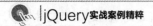

图20.11 图片拖曳上传Web应用页面效果（二）

20.4 小结

本章首先介绍了HTML5标准下的jQuery HTML5 Uploader拖曳文件上传插件，重点讨论了jQuery HTML5 Uploader插件的参数、事件与使用方法，并完成了一个基于jQuery HTML5 Uploader插件实现的文件拖曳上传应用。然后，介绍了一个纯JavaScript类库的FileDrop.js插件，该插件可以用来快速创建拖曳式的HTML5文件上传界面，重点讨论了FileDrop.js插件的参数、事件与使用方法，并完成了一个基于FileDrop.js插件实现的文件拖曳上传应用。最后，开发了一个基于HTML5标准、jQuery框架、FileDrop.js插件与PHP语言的图片拖曳上传Web应用，以飨读者。

第21章 jQuery+HTML5音视频播放器

HTML5标准的逐渐成熟完善是近年来Web技术最大的飞跃。其实HTML5标准并非仅仅用来展现Web内容，从更深层意义上理解，它也将Web技术提升到一个完整成熟的应用平台，在这个全新的平台上，以往的音频、视频、动画、人机交互等内容都将被标准化。随着HTML的不断发展与完善，各大主流浏览器都已经或即将支持HTML5标准。在这样不可阻挡的大潮流的推动下，以前一贯坚持独立标准的微软也已经把HTML5纳入到IE 9的核心之中，并表示将继续全力支持并投入HTML5标准的发展。

以往很多平时喜欢上网看视频、玩游戏的网友经常抱怨不爽，因为网上好多视频和游戏都需要安装Flash插件，并且速度慢得出奇。HTML5标准的出现解决了这一难题，HTML5提供了音频视频的标准接口，实现了无须任何插件支持的功能，只需用户浏览器支持相应的HTML5标签即可。难怪业内都坚信HTML5标准是Flash的终结者！目前，IE 9+、Safari、Firefox和Chrome等主流浏览器均支持HTML5标准，用户可以免除Flash插件安装的繁琐而直接在网页中播放音视频。

如图21.1所示是YouTube视频网站的HTML5视频播放器页面。

图21.1 HTML5视频播放器

本章将介绍基于jQuery框架与HTML5标准的音视频播放器插件的应用，主要包括MediaElement.js音视频播放器插件的参数讲解、如何使用MediaElement.js插件实现HTML5页面音视频播放器功能以及一些HTML5音视频技术的介绍。

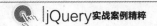

21.1 准备MediaElement.js音视频播放器插件

MediaElement.js音视频播放器插件是一个HTML5音频和视频的解决方案，该插件支持使用HTML5的音频和视频标签及其CSS生成音视频播放器。而对于老的浏览器，MediaElement.js插件使用自定义的Flash或Silverlight播放器来模拟HTML5音视频技术。总体来说，MediaElement.js是一款支持众多应用的音视频播放器插件，包括jQuery、Wordpress、Drupel、Joomla等，同时还完全兼容目前主流浏览器（IE 9+、Safari、Firefox和Chrome等）。

21.1.1 下载MediaElement.js音视频播放器插件

MediaElement.js音视频播放器插件的官方网址如下：

```
http://www.mediaelementjs.com/
```

在MediaElement.js插件的官网页面，用户可以看到MediaElement.js插件的产品介绍、样例演示链接、源代码下载链接、开发向导链接、官方博客链接、支持文档以及网站版权信息等内容，如图21.2所示。

图21.2 MediaElement.js音视频播放器插件官方网站（一）

继续向下浏览，可以看到MediaElement.js插件的特性介绍、浏览器支持与Demo演示链接等信息，如图21.3所示。

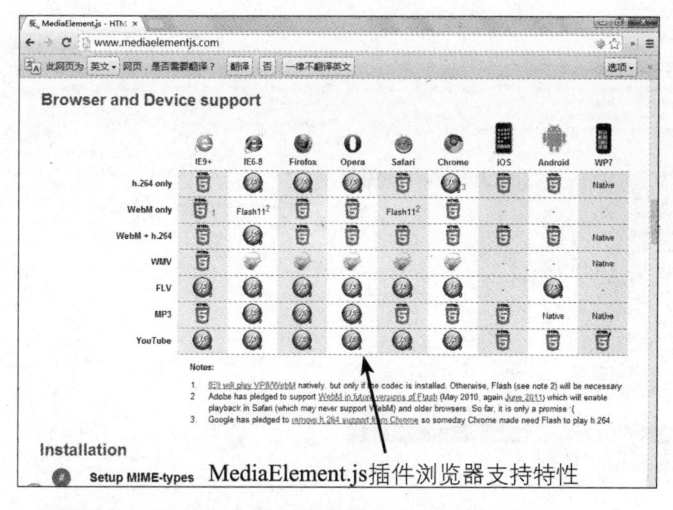

图21.3 MediaElement.js音视频播放器插件官方网站（二）

目前来看，MediaElement.js音视频播放器插件是一个很不错的选择，MediaElement.js插件具有以下优秀的特性，全方位支持设计人员开发：

- 自由联盟和开放源码支持，无许可限制
- 上手容易，安装部署简单快捷
- 使用纯HTML与CSS开发
- 完全支持HTML5标准下的<audio>与<video>标签
- 广泛的平台支持：多编解码器、跨浏览器和跨平台
- 全面支持WordPress、Drupal、Joomla、jQuery、BlogEngine.NET、ruby gem、plone、typo3等流行Web技术
- 为早期浏览器的Adobe®Flash™标准与Silverlight技术提供一致的API接口
- 可扩展的体系结构，方便开发人员完善改进
- 积极的和不断增长的开源社区提供支持
- 提供全面的文档和入门指南

MediaElement.js音视频播放器插件具有很好的跨浏览器支持性，全面兼容目前的各款主流浏览器与设备，下面是浏览器支持情况。

- Windows：Firefox、Chrome、Opera、Safari、IE 9+
- Windows Phone：Windows Phone Browser
- iOS：Mobile Safari、iPad、iPhone、iPod Touch
- Android：Android 2.3 Browser+

MediaElement.js音视频播放器插件官方网站还提供了相当丰富的API文档与样例说明，具体如图21.4所示。

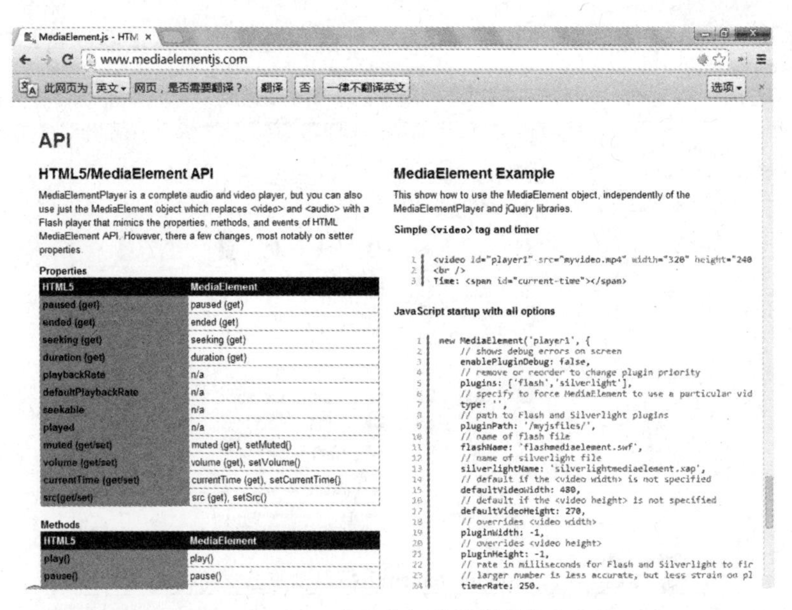

图21.4 MediaElement.js音视频播放器插件官方网站（三）

用户从MediaElement.js插件官方网站可以下载一个大约10MB大小的源文件压缩包，最新版文件名为johndyer-mediaelement-2.13.2.zip。用户解压缩后就可以得到MediaElement.js插件完整的源代码，其中包括其所需jQuery框架支持的类库文件、MediaElement.js插件的相关类库文件以及MediaElement.js插件的全部资源文件。

同时，MediaElement.js插件开发方还将其源代码提交到了GitHub资源库，便于设计人员学习、交流和使用。MediaElement.js插件的GitHub资源库链接地址如下所示，页面如图21.5所示。

```
https://github.com/johndyer/mediaelement/
```

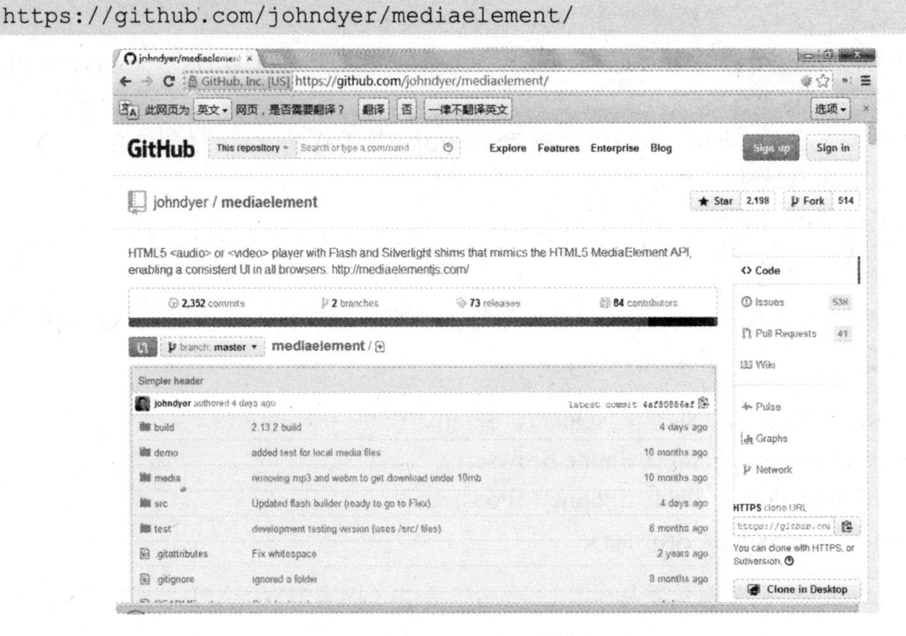

图21.5 MediaElement.js音视频播放器插件GitHub页面

接下来通过几个简单的步骤来看一下如何快速应用MediaElement.js音视频播放器插件开发一个简单的播放器应用，具体方法如下。

（1）打开任一款目前流行的文本编辑器，如UltraEdit、EditPlus等，新建一个名称为MediaElementJSDemo.html的网页。

（2）打开MediaElement.js插件源代码文件夹，将其中包含的build文件夹与media文件夹全部复制到刚刚创建的MediaElementJSDemo.html页面文件目录下。其中build文件夹包含了使用MediaElement.js插件所必需的类库文件支持，media文件夹包含了几个官方提供的免费音视频资源文件。将MediaElementJSDemo.html页面标题命名为“基于MediaElement.js插件的HTML5播放器应用”，如代码21.1所示。

代码21.1 添加对MediaElement.js插件类库文件的引用

```
<!DOCTYPE html>
<head>
  <meta http-equiv="Content-Type" content="text/html; charset=utf-8"/>
  <title>基于MediaElement.js插件的HTML5播放器应用</title>
  <script src="build/jquery.js"></script>
  <script src="build/mediaelement.js"></script>
  <script src="testforfiles.js"></script>
</head>
```

（3）在MediaElementJSDemo.html页面中添加相关HTML页面元素，用于构建页面播放器，如代码21.2所示。

代码21.2 构建MediaElement.js插件播放器页面HTML代码

```
<body>
  // 省略部分代码
  <h1>MediaElement.js - 基于MediaElement.js插件的HTML5播放器应用</h1>
  <p>这仅仅是一个支持 Flash/Silverlight Shim 的早期浏览器页面</p>
  <p>本页面无需任何一款 codec 解码器插件也可以播放音视频文件</p>
  <p>仅仅是一个简单测试，不提供音视频播放器功能</p>
  // MP4视频
  <h2>MP4 video (as src)</h2>
  <video width="360" height="300" id="player1" src="media/echo-hereweare.
  mp4" type="video/mp4" controls="controls"></video>
  <br>
  // 暂停/重启播放功能
  <input type="button" id="pp" value="toggle"/>
  // 时间轴
  <span id="time"></span>
  // 省略部分代码
</body>
```

（4）页面元素构建好后，添加如下js代码对MediaElement.js插件进行初始化，完成HTML5视频播放器功能，如代码21.3所示。

代码21.3 添加MediaElement.js插件初始化代码

```
<script>
```

```
    MediaElement(
      'player1',                              // 音视频播放器id
      {
        success:function(me)                       // success回调过程函数
        {
          me.play();                               // 自动开始播放
          me.addEventListener(                     // 添加事件监听函数
            'timeupdate',
            function(){
              document.getElementById('time').innerHTML=me.currentTime;
              // 绑定视频时间到页面控件
            },
            false
          );
          document.getElementById('pp')['onclick']=function(){
          // 绑定暂停/重启播放功能页面控件
            if(me.paused)
              me.play();
            else
              me.pause();
          };
        }
      }
    );
    </script>
```

上面js代码通过MediaElement.js插件的命名空间方法进行初始化。其中，具体初始化过程包括：定义了音视频播放器控件的页面id值为player1；通过success回调过程函数完成了视频自动播放功能；并在success回调过程函数中完成绑定视频时间到页面控件、绑定控制视频暂停和重启播放的页面控件等操作。至此，使用MediaElement.js插件开发的HTML5音视频播放器示例就完成了，运行时效果如图21.6所示。

图21.6 MediaElement.js音视频播放器插件效果

21.1.2 参数说明

MediaElement.js音视频播放器插件初始化方法使用其命名空间方法——MediaElement()，并在该过程中定义其属性，具体语法如代码21.4所示。

代码21.4 MediaElement.js音视频播放器插件初始化语法

```
MediaElement(
  //属性定义…
  Object:options
):jQuery
```

其中，HTML5标准与MediaElement.js音视频播放器插件均提供了类似的可配置的关键属性，具体对比如表21.1所示。

表21.1 HTML5与MediaElement.js音视频播放器插件参数对比

HTML5参数名称	MediaElement.js插件参数名称
paused (get)	paused (get)
ended (get)	ended (get)
seeking (get)	seeking (get)
duration (get)	duration (get)
playbackRate	N/A
defaultPlaybackRate	N/A
seekable	N/A
played	N/A
muted (get/set)	muted (get), setMuted()
volume (get/set)	volume (get), setVolume()
currentTime (get/set)	currentTime (get), setCurrentTime()
src(get/set)	src (get), setSrc()

同时，HTML5标准与MediaElement.js音视频播放器插件均提供了类似的过程方法函数，具体方法对比如表21.2所示。

表21.2 HTML5与MediaElement.js音视频播放器插件方法对比

HTML5方法名称	MediaElement.js插件方法名称
play()	play()
pause()	pause()
load()	load()
N/A	stop()*

HTML5标准并没有提供stop方法，MediaElement.js插件提供了该方法，如果要实现停止功能，可以使用pause方法进行代替操作。

最后，HTML5标准与MediaElement.js音视频播放器插件均提供了类似的事件处理函数，具体事件对比如表21.3所示。

表21.3 HTML5与MediaElement.js音视频播放器插件事件对比

HTML5事件名称	MediaElement.js插件事件名称
loadeddata	loadeddata
progress	progress
timeupdate	timeupdate
seeked	seeked
canplay	canplay
play	play
playing	playing
pause	pause
loadedmetadata	loadedmetadata
ended	ended

除以上属性之外，MediaElement.js插件还提供了一些不太常用的属性与方法，感兴趣的用户可以访问MediaElement.js插件的官方网站参考学习：

```
http://www.mediaelementjs.com/#options
```

21.1.3 使用MediaElement.js插件模仿WMP播放器

这一小节将实现一个基于MediaElement.js音视频播放器插件的模仿Windows Media Player（WMP）播放器的应用，通过该应用向用户演示如何使用MediaElement.js插件的基本属性和方法，具体过程如以下步骤所示。

（1）打开任一款目前流行的文本编辑器，如UltraEdit、EditPlus等，新建一个名称为MediaElementJSWMPDemo.html的网页。

（2）打开MediaElement.js插件源代码文件夹，将其中包含的build文件夹与media文件夹全部复制到刚刚创建的MediaElementJSWMPDemo.html页面文件目录下。其中build文件夹包含了使用MediaElement.js插件所必需的类库文件支持，media文件夹包含了几个官方提供的免费音视频资源文件。将MediaElementJSWMPDemo.html页面标题命名为“基于MediaElement.js插件模仿WMP的HTML5播放器应用”，如代码21.5所示。

代码21.5 添加对MediaElement.js插件类库文件的引用

```
<!DOCTYPE html>
<head>
  <meta http-equiv="Content-Type" content="text/html; charset=utf-8"/>
  <title>基于MediaElement.js插件模仿WMP的HTML5播放器应用</title>
  <script src="build/jquery.js"></script>
  <!-- 该插件用于提供模拟WMP播放器支持 -->
  <script src="build/mediaelement-and-player.min.js"></script>
  <script src="testforfiles.js"></script>
  <link rel="stylesheet" href="build/mediaelementplayer.min.css"/>
  <!-- 模拟WMP播放器皮肤CSS样式类 -->
  <link rel="stylesheet" href="build/mejs-skins.css"/>
```

```
</head>
```

（3）在MediaElementJSWMPDemo.html页面中添加相关HTML页面元素，用于构建页面播放器，如代码21.6所示。

代码21.6 构建MediaElement.js插件播放器页面HTML代码

```
<body>
  // 省略部分代码
  <h1>MediaElementPlayer.js - 基于MediaElement.js插件模仿WMP的HTML5播放器应用</h1>
  <p>模拟 Windows Media Player 播放器样例</p>
  <p>通过为 video 标签添加 CSS 样式类 class="mejs-myskin" 实现WMP播放器皮肤</p>
  <p>"mejs-myskin" 样式名在 mejs-skins.css 文件中定义</p>
  // WMP风格播放器
  <h2>Windows Media Player(WMP) 风格播放器</h2>
  // HTML5 video 标签定义
  <video class="mejs-wmp" width="640" height="360" // CSS样式类、宽度与高度定义
    src="media/echo-hereweare.mp4"                 // MP4资源文件地址
    type="video/mp4"                               // 播放器资源类型定义
    id="player1"                                   // 播放器id定义
    poster="media/echo-hereweare.jpg"              // 图片资源海报地址
    controls="controls"                            // 播放器控制定义
    preload="none">                                // 是否预加载
  </video>
  // 省略部分代码
</body>
```

（4）页面元素构建好后，添加如下js代码对MediaElement.js插件进行初始化，完成模仿WMP视频播放器功能，如代码21.7所示。

代码21.7 添加MediaElement.js插件初始化代码

```
<script>
$('audio,video').mediaelementplayer({
  success:function(player,node){
  $('#'+node.id+'-mode').html('mode:'+player.pluginType);
  }
});
</script>
```

上面js代码通过MediaElement.js插件的mediaelementplayer方法进行初始化。其中，具体初始化过程包括：通过对<video>标签调用mediaelementplayer方法进行初始化；通过success回调过程函数定义播放器节点参数；通过对节点参数id值连接字符串'-mode'操作，并使用jQuery的$.html方法定义播放器插件类型。至此，使用MediaElement.js插件模仿WMP开发的HTML5播放器示例就完成了，运行时效果如图21.7所示。

图21.7 MediaElement.js插件模仿WMP播放器效果

21.2 基于MediaElement.js插件事件处理播放器应用

本节将基于MediaElement.js音视频播放器插件开发一个事件处理播放器应用页面。通过本示例应用，用户可以全面了解MediaElement.js插件的事件处理过程与使用方法，并可以将这些事件处理方法应用到HTML5播放器页面开发之中。

21.2.1 添加MediaElement.js插件库文件

使用文本编辑器新建一个名为MediaElementJSEventsDemo.html的网页，将网页的标题指定为“HTML5 MediaElement—基于MediaElement.js插件事件处理的播放器应用”，然后添加对jQuery框架类库文件以及MediaElement.js插件类库文件和CSS样式文件的引用，如代码21.8所示。

代码21.8 添加对MediaElement.js插件类库文件的引用

```
<!DOCTYPE html>
<head>
  <meta http-equiv="Content-Type" content="text/html; charset=utf-8"/>
  <title>HTML5 MediaElement - 基于MediaElement.js插件事件处理的播放器应用</title>
```

```
    <script src="build/jquery.js"></script>
    <!-- 该插件用于提供事件处理支持 -->
    <script src="build/mediaelement-and-player.min.js"></script>
    <script src="testforfiles.js"></script>
    <link rel="stylesheet" href="build/mediaelementplayer.min.css"/>
</head>
```

21.2.2 构建事件处理播放器页面布局

在MediaElementJSEventsDemo.html页面中添加相关的HTML页面元素，用于创建事件处理播放器页面控件元素，具体如代码21.9所示。

代码21.9 基于MediaElement.js插件事件处理的播放器应用HTML代码

```
<body>
  // 省略部分代码
  <h1>HTML5 MediaElement - 基于MediaElement.js插件事件处理的播放器应用</h1>
  <h2>Events - 事件处理样例</h2>
  // HTML5 <video>标签与资源文件定义
  <video width="640" height="360" id="player1">
    <source src="media/echo-hereweare.mp4" type="video/mp4" title="mp4">
    <source src="media/echo-hereweare.webm" type="video/webm" title="webm">
    <source src="media/echo-hereweare.ogv" type="video/ogg" title="ogg">
    <p>Your browser leaves much to be desired.</p>
  </video>
  // 事件处理日志输出
  <div id="output">
  </div>
  <span id="player1-mode"></span>
</body>
```

上面HTML页面代码中，通过一个<div>元素定义了MediaElement.js插件事件处理过程的日志输出控件，用于将用户操作回显在页面中。

21.2.3 事件处理播放器页面初始化

页面元素构建好后，添加如下js代码对MediaElement.js插件进行初始化，完成事件处理播放器应用页面功能，如代码21.10所示。

代码21.10 基于MediaElement.js插件事件处理的播放器应用初始化代码

```
<script>
$('video').mediaelementplayer({              // MediaElement.js插件初始化
  success:function(media,node,player){
    // 定义MediaElement.js插件事件变量数组
    var events=[
      'loadstart',
      'loadeddata',
      'play',
      'pause',
```

```
        'ended',
        'progress',
        'timeupdate',
        'seeked',
        'volumechange'
      ];
      for(var i=0,il=events.length;i<il;i++){
        var eventName=events[i];
        media.addEventListener(events[i],function(e){
          $('#output').append($('<div>'+e.type+'</div>'));
        });
      }
    }
  });
</script>
```

上面js代码通过MediaElement.js插件的mediaelementplayer方法进行初始化。其中，具体初始化过程如下：通过对<video>标签调用mediaelementplayer方法初始化；通过success回调过程函数定义播放器资源和节点参数；定义MediaElement.js插件的事件变量数组，包括如loadstart、loadeddata、play、pause、ended、progress、timeupdate、seeked、volumechange等事件；通过for循环与addEventListener方法对播放器事件进行监听；通过jQuery方法将事件过程日志回显在页面<div id="output">控件内。至此，基于MediaElement.js插件事件处理的播放器应用页面就完成了，其运行时效果如图21.8与图21.9所示。

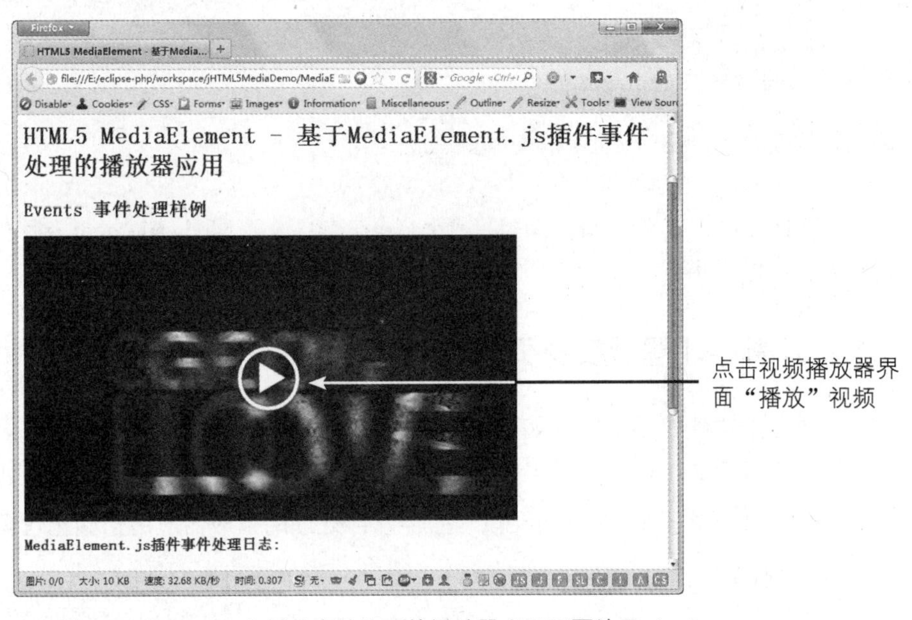

图21.8 基于MediaElement.js插件事件处理的播放器应用页面效果（一）

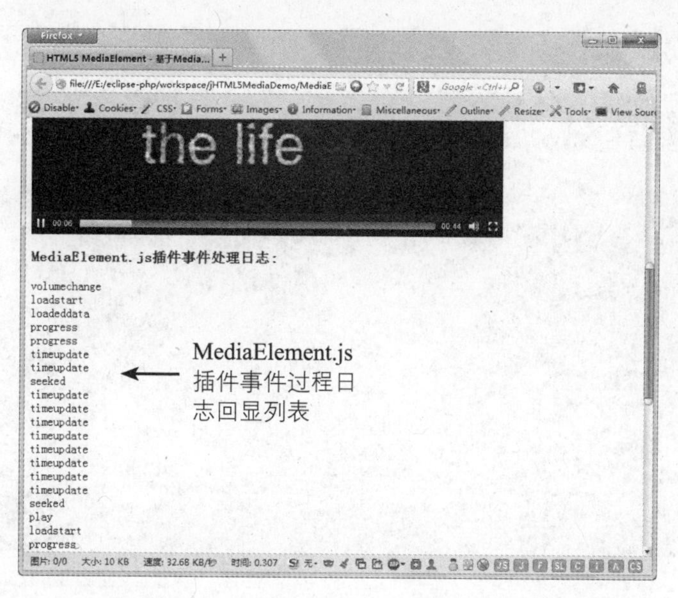

图21.9 基于MediaElement.js插件事件处理的播放器应用页面效果（二）

MediaElement.js音视频播放器插件是HTML5标准下功能十分强大的开发利器，设计人员可以根据实际项目的需求，将MediaElement.js插件各种效果应用到HTML5页面功能之中。

21.3 其他jQuery+HTML5音视频插件

除MediaElement.js音视频播放器插件之外，互联网上还有一些功能丰富的音视频插件。本小节将介绍基于JavaScript的video.js音视频播放器插件。

video.js是一个基于JavaScript的HTML5音视频播放器插件，当浏览器不支持该插件时其自动切换成Flowplayer网页播放器。video.js插件支持H.264、Theora OGG和Google WebM等网络多媒体格式，它没有依赖任何JavaScript框架，支持全屏播放和音量控制。video.js插件外观皮肤完全采用CSS控制，没有用到任何图片资源。

21.3.1 下载video.js音视频播放器插件

video.js音视频播放器插件的官方网址如下：

```
http://www.videojs.com/
```

在video.js插件的官网页面上，用户可以看到video.js插件的产品介绍、设计说明、源代码下载链接、API文档链接、官方博客链接以及网站版权信息等内容，如图21.10所示。

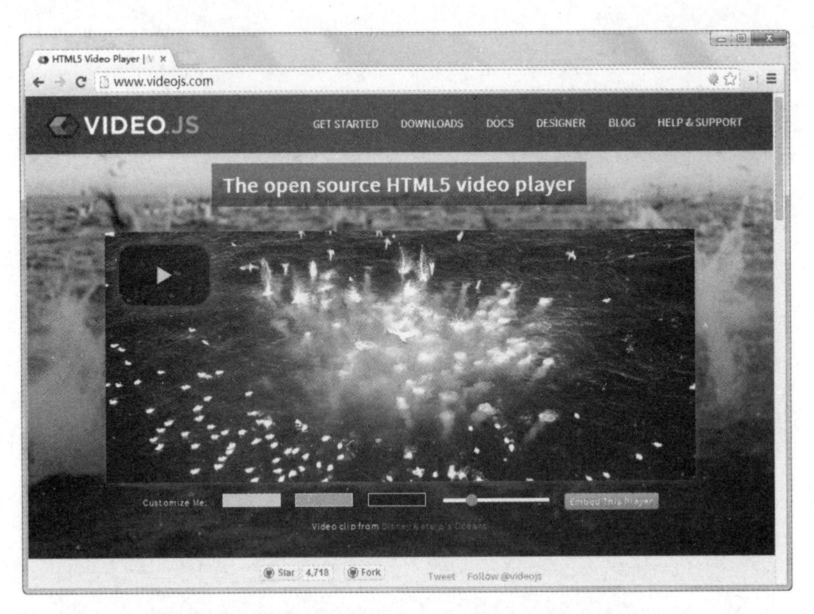

图21.10 video.js音视频播放器插件官方网站

同时，video.js插件开发方还将其源代码提交到了GitHub资源库，便于设计人员学习、交流和使用。video.js插件的GitHub资源库链接地址如下所示，页面如图21.11所示。

```
https://github.com/videojs/video.js
```

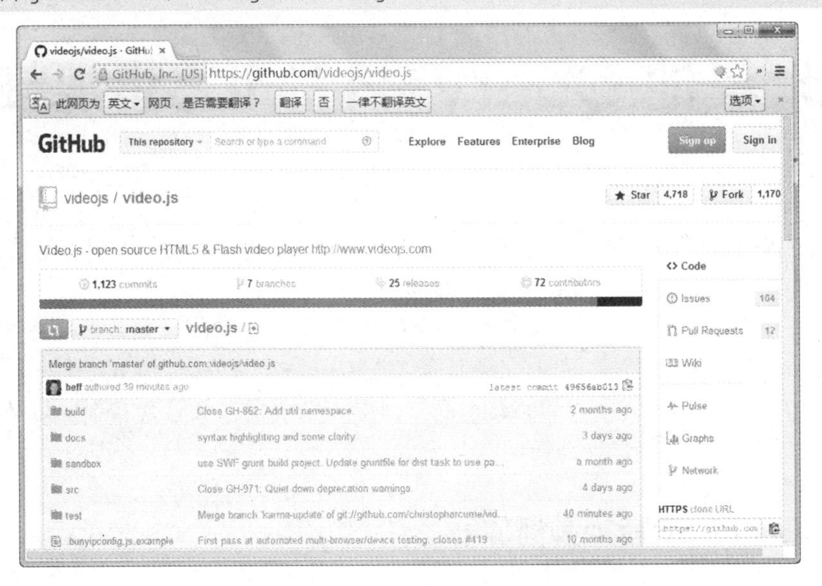

图21.11 video.js音视频播放器插件GitHub页面

目前来看，video.js音视频播放器插件是一款性能优秀的插件，具有以下特性来支持开发：

- 自由与开放源码、轻量级
- 没有使用图片的轻量级插件

- 100％使用CSS换肤
- 不依附于其他脚本库
- 使用方便
- 易于理解和扩展
- 浏览器之间的一致外观
- 全屏幕和窗口模式
- 音量控制
- 被迫退回到闪存（即使是不支持的来源）

21.3.2 参数说明

video.js音视频播放器插件初始化方法使用其命名空间方法 —— videojs()，并在该过程中定义其属性。具体语法如代码21.11所示。

代码21.11 video.js音视频播放器插件初始化语法

```
videojs(
  //属性定义…
  Object:options
)
```

其中，video.js插件提供的可配置属性如下。

（1）controls

- 定义：该控制选项设置播放器是否具有控制功能与用户交互功能。
- 说明：如果不控制启动视频播放的唯一方法是使用自动播放属性或通过API设置。
- 语法如代码21.12所示。

代码21.12 video.js音视频播放器插件controls属性语法

```
<video controls...>
or
{"controls":true}
```

（2）autoplay

- 定义：设置是否自动播放视频。
- 说明：如果自动播放为true，视频将尽快开始加载页面播放（无须用户进行任何交互）。
- 备注：该属性不支持Apple iOS设备，因为其用户必须通过触摸与单击操作才能启动视频播放功能。
- 语法如代码21.13所示。

代码21.13 video.js音视频播放器插件autoplay属性语法

```
<video autoplay...>
or
{"autoplay":true}
```

（3）preload

- 定义：预加载属性通知浏览器中的视频数据是否应该开始，只要视频标签被加载下载。属性值为auto、metadata（元数据）或none。
- 属性值说明：'auto'，立即启动加载的视频（如果浏览器支持该属性）；'metadata'，加载视频，其中包括视频的持续时间和尺寸的信息，只有metadata（元数据）；'none'，不预先加载任何视频数据，等待直到用户单击播放开始下载。
- 语法如代码21.14所示。

代码21.14 video.js音视频播放器插件preload属性语法

```
<video preload...>
or
{"preload":"auto"}
```

（4）poster

- 定义：该属性设置显示视频开始播放前的影像。
- 说明：通常是视频或自定义标题画面的框架，一旦用户单击播放则图像将会消失。
- 语法如代码21.15所示。

代码21.15 video.js音视频播放器插件poster属性语法

```
<video poster="myPoster.jpg"...>
or
{"poster":"myPoster.jpg"}
```

（5）loop

- 定义：该属性使得视频重新播放直到结束。
- 语法如代码21.16所示。

代码21.16 video.js音视频播放器插件loop属性语法

```
<video loop...>
or
{"loop":"true"}
```

（6）width

- 定义：width属性设置视频的显示宽度。
- 语法如代码21.17所示。

代码21.17 video.js音视频播放器插件width属性语法

```
<video width="640"...>
or
{"width":640}
```

（7）height

- 定义：height属性设置视频的显示高度。
- 语法如代码21.18所示。

代码21.18 video.js音视频播放器插件height属性语法

```
<video height="360"...>
or
{"height":360}
```

21.3.3 使用video.js插件实现网页视频播放器应用

这一小节将实现一个基于video.js插件的网页视频播放器应用，通过该应用向用户演示如何使用video.js插件的基本属性和方法，具体过程如以下步骤所示。

（1）打开任一款目前流行的文本编辑器，如UltraEdit、EditPlus等，新建一个名称为videojsDemo.html的网页。

（2）打开video.js插件源代码文件夹，将其中包含的video.js、video-js.css和video-js.swf等文件全部复制到刚刚创建的videojsDemo.html页面文件目录下。然后将videojsDemo.html页面标题命名为“HTML5 Video Player-基于video.js插件的网页视频播放器应用”，并将上面几个文件包含进页面头部，具体如代码21.19所示。

代码21.19 添加对video.js插件类库文件的引用

```
<!DOCTYPE html>
<head>
  <title>Video.js | HTML5 Video Player - 基于video.js插件的网页视频播放器应用
  </title>
  <!-- CSS样式文件 -->
  <link href="video-js.css" rel="stylesheet" type="text/css">
  <!-- video.js类库文件必须放置在<head>头部 -->
  <script src="video.js"></script>
</head>
```

（3）在videojsDemo.html页面中添加相关HTML页面元素，用于构建页面播放器，如代码21.20所示。

代码21.20 构建video.js插件播放器页面HTML代码

```
<body>
  <h1>基于video.js插件的网页视频播放器应用</h1>
  <video
    id="example_video_1"
    class="video-js vjs-default-skin"
    controls preload="none"
    width="640"
    height="264"
    poster=http://video-js.zencoder.com/oceans-clip.png
    data-setup="{}">
    <source src="http://video-js.zencoder.com/oceans-clip.mp4" type='video/
    mp4'/>
    <source src="http://video-js.zencoder.com/oceans-clip.webm" type='video/
    webm'/>
    <source src="http://video-js.zencoder.com/oceans-clip.ogv" type='video/
```

```
    ogg'/>
    <!-- Tracks need an ending tag thanks to IE 9 -->
    <track kind="captions" src="demo.captions.vtt" srclang="en"
    label="English"></track>
    <!-- Tracks need an ending tag thanks to IE 9 -->
    <track kind="subtitles" src="demo.captions.vtt" srclang="en"
    label="English"></track>
  </video>
</body>
```

（4）页面元素构建好后，添加如下js代码对videojsDemo.js插件进行初始化，完成网页视频播放器功能,如代码21.21所示。

代码21.21 添加video.js插件初始化代码

```
<script>
  videojs.options.flash.swf="video-js.swf";        // 定义视频资源文件链接
</script>
```

至此，使用video.js音视频播放器插件开发的网页视频播放器应用就完成了，运行时效果如图21.12和图21.13所示。

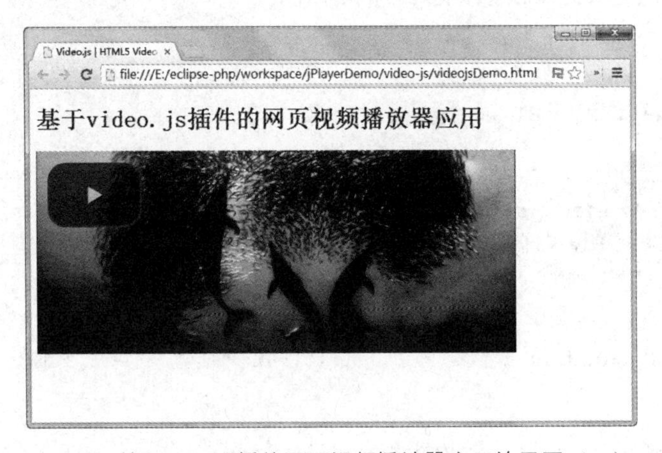

图21.12 基于video.js插件网页视频播放器应用效果图（一）

图21.13 基于video.js插件网页视频播放器应用效果图（二）

21.4 小结

本章介绍了基于jQuery+HTML5的MediaElement.js音视频播放器插件，重点讨论了MediaElement.js插件的使用方法。首先介绍了如何下载和使用MediaElement.js插件，接下来对MediaElement.js插件的属性、方法和事件进行了详细的说明，并通过示例演示了如何使用MediaElement.js插件开发HTML5网页播放器应用。最后，简单介绍了一款基于HTML5的video.js音视频播放器插件，并基于该插件实现了一个网页视频播放器应用，以飨读者。

第22章 jQuery+HTML5绘图程序

HTML5标准新实现的绘图功能是Web技术的重大突破之一。借助全新的<canvas>标签，允许开发人员直接在HTML页面上用JavaScript脚本进行绘图，全面颠覆了传统的使用静态图片、SVG、VML与Flash等技术实现的网页绘图效果。开发人员通过HTML5实现的各种绘图，如曲线、图表、图饼等，用户将更加方便地从页面中获取数据信息、对页面绘图进行动态调整并修改绘图数据参数，实现人机实时交互。目前，各大主流浏览器都已经或即将支持HTML5标准，通过这些主流浏览器实现绘图操作自然不在话下。

HTML5中新引入的<canvas>元素使得Web开发人员在无须借助任何第三方插件（如Flash、Silverlight）的情况下，可以直接使用JavaScript脚本在HTML页面中进行绘图。最初，该技术由苹果公司开发的Webkit Framework引入并实现，并成功运用在Safari浏览器之中。目前，canvas已经成为HTML5标准中事实上最重要的元素之一，已经全面被IE 9.0+、Firefox、Safari、Chrome和Opera等流行浏览器所支持，基于canvas的绘图完全填补了传统网页绘图功能上的缺陷，极大地弥补了其性能上的不足，使得Dashboard、2D/3D网页游戏等Web应用技术得到了质的提升。

如图22.1所示是著名的HTML5在线绘图应用网站 —— DeviantArt Muro的主页。

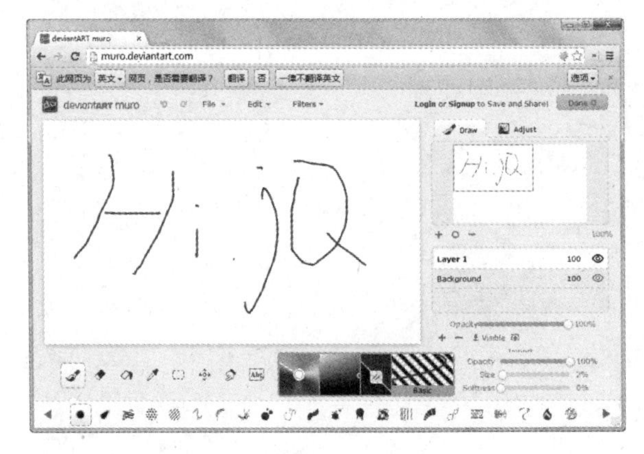

图22.1 HTML5绘图网站DeviantArt Muro主页

本章将介绍基于jQuery框架与HTML5标准的网页绘图应用jquery.deviantartmuro插件，主要介绍jquery.deviantartmuro插件的下载方法和参数、如何使用jquery.deviantartmuro插件实现HTML5页面绘图功能以及一些HTML5标准下Canvas（画布）技术绘图操作的介绍。

22.1 准备jquery.deviantartmuro绘图插件

jquery.deviantartmuro插件是一个基于jQuery框架的HTML5绘图应用，其提供各种便捷包装的嵌入式API为HTML5绘图应用提供支持，允许为第三方HTML5网站提供图像绘制和编辑功能。总体来说，jquery.deviantartmuro插件是一款支持HTML5绘图应用的功能强大的开发工具，设计人员可以使用JavaScript脚本与CSS样式文件（如jQuery方法、各种CSS样式过滤器）将网页图像传递给deviantART Muro应用并允许用户编辑这些图像，然后手动将保存的图像数据回传到该页面。jquery.deviantartmuro插件支持jQuery、WordPress、Drupel、Joomla等框架，同时其还完全兼容目前的主流浏览器（IE 9+、Safari、Firefox和Chrome等）。

22.1.1 下载jquery.deviantartmuro绘图插件

jquery.deviantartmuro绘图插件的官方网址如下：

```
http://deviantart.github.io/jquery.deviantartmuro/
```

在jquery.deviantartmuro绘图插件的官网页面，用户可以看到jquery.deviantartmuro插件的产品介绍、样例演示链接、源代码下载链接、开发向导链接、官方博客链接、支持文档以及网站版权信息等内容，如图22.2和图22.3所示。

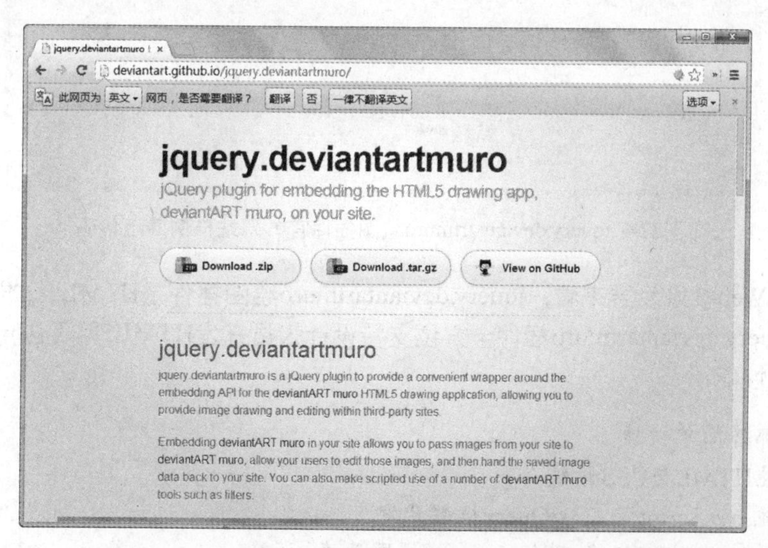

图22.2 jquery.deviantartmuro绘图插件官方网站（一）

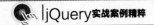

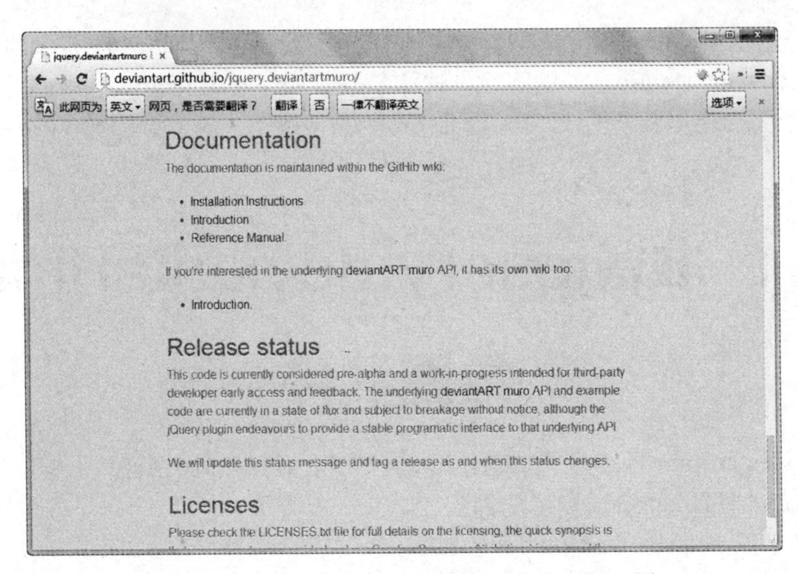

图22.3 jquery.deviantartmuro绘图插件官方网站（二）

用户在jquery.deviantartmuro绘图插件官方网站主页中还可以看到一个样例的演示代码，如图22.4所示。

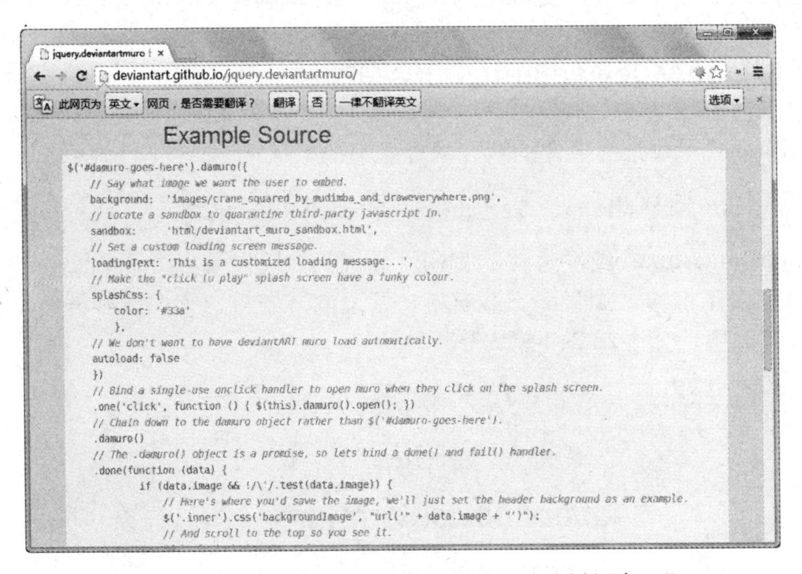

图22.4 jquery.deviantartmuro绘图插件官方网站样例演示代码

从目前的Web技术发展来看，jquery.deviantartmuro绘图插件是HTML5标准下绘图应用的杰出代表，jquery.deviantartmuro插件全方位支持设计人员开发HTML5网页应用，其具有以下显著的特点与性能：

- 安装部署简单快捷
- 使用纯HTML与CSS开发
- 基于纯JavaScript语言与jQuery框架开发
- 完全支持HTML5标准下的<canvas>绘图元素

- 广泛的平台支持：多编解码器、跨浏览器和跨平台
- 全面支持WordPress、Drupal、Joomla、jQuery、BlogEngine.NET、ruby gem、plone、typo3等流行Web应用
- 可扩展的体系结构，方便开发人员完善改进
- 积极的和不断增长的开源社区提供支持
- 提供全面的文档和入门指南

jquery.deviantartmuro绘图插件具有很好的跨浏览器支持性，全面兼容目前的各款主流浏览器与设备，下面是浏览器支持情况。

- Windows：Firefox、Chrome、Opera、Safari、IE 9+
- Windows Phone：Windows Phone Browser
- iOS：Mobile Safari、iPad、iPhone、iPod Touch
- Android：Android 2.3 Browser+

jquery.deviantartmuro绘图插件官方网站还提供了相当丰富的API参考文档与样例说明，具体网址如下：

```
https://github.com/deviantART/jquery.deviantartmuro/wiki/Reference
```

用户从jquery.deviantartmuro绘图插件官方网站可以下载到一个大约1MB的源文件压缩包，最新版文件名为deviantART-jquery.deviantartmuro-1.0.2-0-ge678e3b.zip。用户解压缩后就可以得到jquery.deviantartmuro插件完整的源代码，其中包括其所需jQuery框架支持的类库文件、jquery.deviantartmuro插件的相关类库文件以及jquery.deviantartmuro插件的全部资源文件。

同时，jquery.deviantartmuro插件开发方还将其源代码提交到了GitHub资源库，便于设计人员学习、交流和使用。jquery.deviantartmuro插件的GitHub资源库链接地址如下所示，页面如图22.5所示。

```
https://github.com/deviantART/jquery.deviantartmuro
```

其中，jquery.deviantartmuro绘图插件的GitHub资源库为设计人员提供了一个基本的安装使用步骤，具体如下：

- 从GitHub资源库下载最新的jquery.deviantartmuro绘图插件
- 复制jquery.deviantartmuro.js文件到用户的JavaScript目录
- 在用户应用目录中新建HTML5网页
- 在HTML页面代码中安装jquery.deviantartmuro.js库文件
- 通过jquery.deviantartmuro插件的damuro()实例方法初始化功能

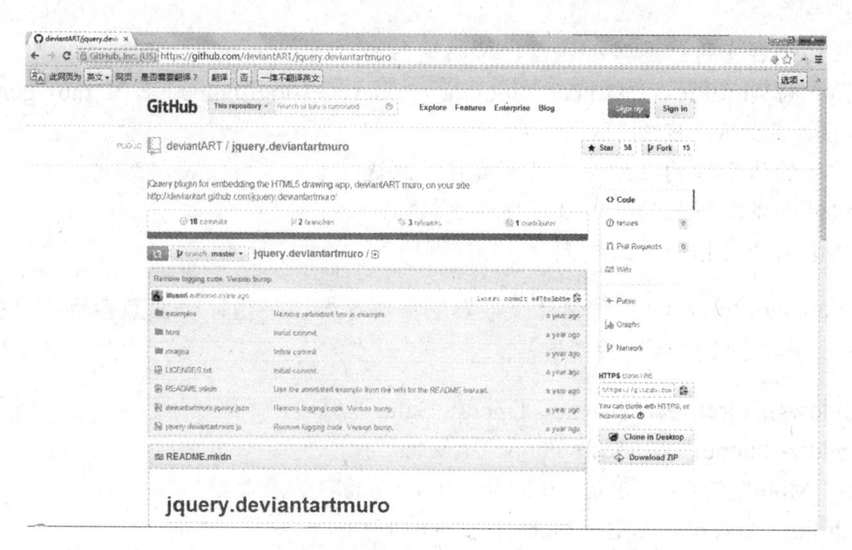

图22.5 jquery.deviantartmuro绘图插件GitHub页面

接下来通过几个简单的步骤来看一下如何快速应用jquery.deviantartmuro绘图插件开发一个简单的HTML5绘图应用，具体方法如下。

（1）打开任一款目前流行的文本编辑器，如UltraEdit、EditPlus等，新建一个名称为jquerydeviantartmuroDemo.html的网页。

（2）打开jquery.deviantartmuro插件源代码文件夹，将其中包含的jquery.deviantartmuro.js类库文件复制到刚刚创建的jquerydeviantartmuroDemo.html页面文件目录下。将jquerydeviantartmuroDemo.html页面标题命名为“基于jquery.deviantartmuro插件的HTML5绘图应用”，添加对jQuery框架与jquery.deviantartmuro插件类库文件的引用，如代码22.1所示。

代码22.1 添加对jquery.deviantartmuro插件类库文件的引用

```
<!DOCTYPE html>
<head>
<meta http-equiv="Content-Type" content="text/html; charset=utf-8">
<title>基于jquery.deviantartmuro插件的HTML5绘图应用</title>
<!-- 添加jQuery框架类库支持 -->
<script src="http://ajax.googleapis.com/ajax/libs/jquery/1.8.0/jquery.min.
js"></script>
<!-- 添加jquery.deviantartmuro插件类库支持 -->
<script src="jquery.deviantartmuro.js"></script>
<!-- 引入页面JavaScript脚本文件 -->
<script src="example.js"></script>
</head>
```

（3）在jquerydeviantartmuroDemo.html页面中添加相关HTML页面元素与CSS样式代码，用于构建页面控件，如代码22.2所示。

代码22.2 构建jquery.deviantartmuro插件绘图页面HTML代码

```
<style>
#damuro-goes-here { width: 900px; height: 600px; }
```

```
.damuro-splash-text {
  font-family: "Helvetica Neue", Helvetica, Arial, sans-serif;
  font-weight: bold;
  font-size: 36px;
  background-color: #9e9;
  opacity: 0.8;
  padding: 6px 12px;border: 6px #5a5 solid;
  border-radius: 12px;
}
.damuro-splash-view:hover .damuro-splash-text {
  background-color: #e9e;
  border-color: #a5a;
}
body {
  background-position: top center;
  /* background-size: contain; Since our example page is light on content,
  this rule makes it go a little nuts */
  background-repeat: no-repeat;
}
</style>
<body>
  // 省略部分代码
  <h1>基于jquery.deviantartmuro插件的HTML5绘图应用</h1>
  <h3>嵌入式 deviantART muro 插件应用, 基于 jQuery 框架开发</h3>
  <p>Blah blah description.</p>
  <div id="damuro-goes-here">
  // jquery.deviantartmuro绘图控件
  </div>
  <div id="status">
  // 状态控件
  </div>
</body>
```

（4）页面元素构建好后，添加如下js代码对jquery.deviantartmuro插件进行初始化，完成HTML5页面绘图功能，如代码22.3所示。

代码22.3 添加jquery.deviantartmuro插件初始化代码

```
<script>
(function (window,$,undefined){
  "use strict";
  // 初始化jquery.deviantartmuro绘图插件
  $('#damuro-goes-here').damuro({
    background:'images/crane_squared_by_mudimba_and_draweverywhere.png',
    splashText: 'Click to load in deviantART muro.',
    splashCss:{
      color:'#33a'
  },
  autoload:false
})
.one('click',function(){$(this).damuro().open();})  // 定义单击（click）事件
```

```
    .damuro()                                           // 初始化方法
    .done(function(data){                               // 初始化成功事件回调函数
      if(data.image&&!/\'/.test(data.image)){
        $('body').css('backgroundImage',"url('" + data.image + "')");
      }
      $(this).hide().damuro().remove();
    })
    .fail(function(data){                               // 初始化失败事件回调函数
      $(this).hide().damuro().remove();
      if(data.error){
        $('body').append('<p>All aboard the fail whale: ' + data.error + '.</p>');
      }
      else
      {
        $('body').append("<p>Be that way then, don't edit anything.</p>");
      }
    });
    })(window, jQuery);
    </script>
```

上面js代码通过jquery.deviantartmuro插件的命名空间方法进行初始化。其中，具体初始化过程包括：通过调用damuro()方法初始化jquery.deviantartmuro绘图插件；通过jQuery事件的one方法为绘图方法添加'click'单击事件处理程序，用于改变加载jquery.deviantartmuro插件的提示文本；通过done回调过程函数处理初始化成功后的绘图操作；通过fail回调过程函数完成初始化失败后的各种异常处理操作。至此，使用jquery.deviantartmuro绘图插件开发的HTML5页面绘图应用就完成了，运行时效果如图22.6与图22.7所示。

图22.6 jquery.deviantartmuro绘图插件页面效果（一）

图22.7 jquery.deviantartmuro绘图插件页面效果（二）

22.1.2 参数说明

jquery.deviantartmuro绘图插件初始化方法使用其命名空间方法——damuro()，并在该过程中定义其属性。具体语法如代码22.4所示。

代码22.4 jquery.deviantartmuro绘图插件初始化语法

```
// jquery.deviantartmuro绘图插件语法
$(selector).damuro():jQuery
// 为指定HTML页面控件创建和附加新的deviantART muro插件
$(selector).damuro(settings);
$(selector).damuro(settings,done_callback,fail_callback);
```

其中，jquery.deviantartmuro绘图插件提供了很多的可配置的属性。

（1）background

- 定义：设置背景，用于jquery.deviantartmuro绘图插件的背景画布。
- 描述：该属性可以被设置为图像的URL地址链接。如果用户想设置一个空白的画布，也可以使用white、offwhite、black和clear为预设值，或为CSS样式的RGBA提供一个颜色（255，255，255，1.0）的语法。
- 备注：如果背景设置为图像，其会自动被用来作为启动画面的CSS背景图像，用户可以通过设置splashCss和相关属性，如设置backgroundImage属性覆盖此行为。

（2）autoload

- 定义：是否自动加载jquery.deviantartmuro绘图插件绘图功能。
- 描述：如果设置为true（默认值），jquery.deviantartmuro插件将从页面开始时就立即

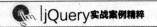

加载。如果设置为false，则需要设计人员手动调用$(element).damuro()方法进行加载。

（3）width：背景画布的宽度。

（4）height：背景画布的高度。

（5）canvasWidth：构造jquery.deviantartmuro绘图插件最初画布的宽度尺寸。

（6）canvasHeight：构造jquery.deviantartmuro绘图插件最初画布的高度尺寸。

（7）stashFolder：文件夹将图形保存到Sta.sh名称，默认值为Drawings。

（8）splashText：闪屏时使用的文本。

jquery.deviantartmuro绘图插件提供的方法函数如下。

（1）$('...').damuro().open()或$(selector).damuro().open()

- 定义：加载jquery.deviantartmuro绘图插件嵌入对象并显示加载的启动画面。
- 描述：一旦加载完成，该方法就会自动调用jquery.deviantartmuro绘图插件的iframe元素并发送任何排队的命令并查询。如果自动加载的constructor属性被设置为true（默认值），该方法会被自动调用。
- 返回值：可被链接的damuro()对象。
- 详细示例如下：

```
$('.muro-embed').one('click',function(){
  $(this).damuro().open();
});
```

（2）$('...').damuro().close()或$(selector).damuro().close()

- 描述：关闭jquery.deviantartmuro绘图插件，卸载iframe元素内容，并恢复"splash"闪屏启动画面。
- 详细示例如下：

```
$('.muro-embed').damuro().fail(function(data){
  if(data.type==='cancel'){
    $(this).one('click',function(){
      $(this).damuro().open();
    })
    .damuro().close();
  }
});
```

（3）$('...').damuro().remove ()或$(selector).damuro().remove()

- 描述：从DOM中删除jquery.deviantartmuro绘图插件并使用垃圾收集方法从内存中自动清除各种资源。
- 详细示例如下：

```
$('.damuro-embed').damuro().done(function(data){
  if(data.image){
    // Do my saving
  }
```

```
    // Clean up the embed now we're finished.
    $(this).damuro().remove();
  });
```

（4）$('...').damuro().command()

$(selector).damuro().command(command,arguments)
$(selector).damuro().command(command,arguments,done_callback,fail_callback);

- 描述：发送一个命令到嵌入式jquery.deviantartmuro绘图插件。
- 备注：具体有关哪些命令可用文档，请参考官方API文档。
- 详细示例如下：

```
// Bind a hander to a button so that it sends a command to apply the Sobel filter to a layer
$('.filter-button').click(function(){
  $('.damuro-embed')
  .damuro()
  .command(
    'filter',
    {
      filter:'Sobel',
      layer:'Background'
    }
  );
});

// The same but with a callback on completion
$('.filter-button').click(function(){
  $('.damuro-embed')
  .damuro()
  .command(
    'filter',
    {
      filter:'Sobel',
      layer:'Background'
    },
    function(data){
      alert("The filter was applied.");
    },
    function(data){
      alert("There was an error applying the filter: " + data.error);
    }
  );
});
```

除以上属性之外，jquery.deviantartmuro绘图插件还提供了一些不太常用的属性、方法与事件，感兴趣的用户可以参考jquery.deviantartmuro插件的官方网站，网址如下：

```
https://github.com/deviantART/embedded-deviantART-muro/wiki/API-Reference
```

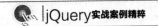

22.1.3 使用jquery.deviantartmuro绘图插件开发Sandbox绘图应用

这一小节将实现一个基于jquery.deviantartmuro绘图插件的Sandbox绘图应用，通过该应用向用户演示如何使用jquery.deviantartmuro绘图插件的基本属性、方法与事件处理过程，具体过程如以下步骤所示。

（1）打开任一款目前流行的文本编辑器，如UltraEdit、EditPlus等，新建一个名称为jquerydeviantartmuroSandbox.html的网页。

（2）打开jquery.deviantartmuro插件源代码文件夹，将其中包含的jquery.deviantartmuro.js类库文件复制到刚刚创建的jquerydeviantartmuroSandbox.html页面文件目录下。将jquerydeviantartmuroSandbox.html页面标题命名为“基于jquery.deviantartmuro插件的Sandbox绘图应用”，添加对jQuery框架与jquery.deviantartmuro插件类库文件的引用，如代码22.5所示。

代码22.5 添加对jquery.deviantartmuro插件类库文件的引用

```
<!DOCTYPE html>
<head>
<meta http-equiv="Content-Type" content="text/html; charset=utf-8">
<title>基于jquery.deviantartmuro插件的Sandbox绘图应用</title>
<!-- 添加jQuery框架类库支持 -->
<script src="http://ajax.googleapis.com/ajax/libs/jquery/1.8.0/jquery.min.
js"></script>
<!-- 添加jquery.deviantartmuro插件类库支持 -->
<script src="jquery.deviantartmuro.js"></script>
</head>
```

（3）在jquerydeviantartmuroSandbox.html页面中添加相关HTML页面元素与CSS样式代码，用于构建页面控件，如代码22.6所示。

代码22.6 构建jquery.deviantartmuro插件绘图页面HTML代码

```
<style>
  body {
    background-position: top center;
    /* background-size: contain; Since our example page is light on content,
    this rule makes it go a little nuts */
    background-repeat: no-repeat;
    margin: 0;
  }
</style>
<body>
  // 省略部分代码
</body>
```

（4）页面元素构建好后，添加如下js代码对jquery.deviantartmuro插件进行初始化，完成Sandbox绘图应用，如代码22.7所示。

代码22.7 添加jquery.deviantartmuro插件初始化代码

```
<script>
```

```
(function (window,undefined){
  "use strict";
  // 预定义对象数组
  var options={};
  // ***** SITE CONFIG: Set your default variables here.
  // 文档参考链接地址:
  // :http://github.com/deviantART/embedded-deviantART-muro/wiki/Embed-
  Options-Reference
  // Uncomment to set default background image layer for your site.
  // This MUST point at an image on your sandbox domain or that you have
  // valid cross-domain access to from your sandbox, otherwise browsers
  // WILL NOT allow the data to be read.
  // options.background = 'http://somewhere.on.my.domain/fancy_background.
  png';
  // Uncomment to set default Sta.sh folder to save drawings to.
  // options.stash_folder = 'My Embedded Drawings';
  // ***** END OF SITE CONFIG: No changes below this point.
  // 定义正则表达式变量
  var match,
  plus=/\+/g,
  search=/([^&=]+)=?([^&]*)/g,
  decode=function(s){
    return decodeURIComponent(s.replace(plus," "));
  },
  query=window.location.search.substring(1);
  // 借助正则表达式，通过循环查询匹配字符串
  while(match=search.exec(query)){
    options[decode(match[1])]=decode(match[2]);
  }
  // 定义窗体属性对象
  window.muroOptions=options;
  // 定义窗体文档对象，并创建"script"元素
  var document=window.document,
  el=document.createElement("script"),
  buster=Math.round(new Date().getTime()/(options.vm?1:3600000));
  // 为"script"元素资源链接赋值
  el.src="http://st.deviantart."+(options.vm?"lan":"com")+"/css/muro_
  embed"+(options.vm?"":"_jc")+".js?"+buster;
  // 为"body"元素附加"script"元素资源内容
  document.getElementsByTagName("body")[0].appendChild(el);
})(window);
</script>
```

首先，上面js代码借助正则表达式通过循环验证匹配定义窗体属性对象。然后，通过js脚本方法为窗体文档<body>元素附加完整Sandbox绘图应用。至此，使用jquery.deviantartmuro插件开发的Sandbox绘图应用就完成了，运行时效果如图22.8、图22.9和图22.10所示。

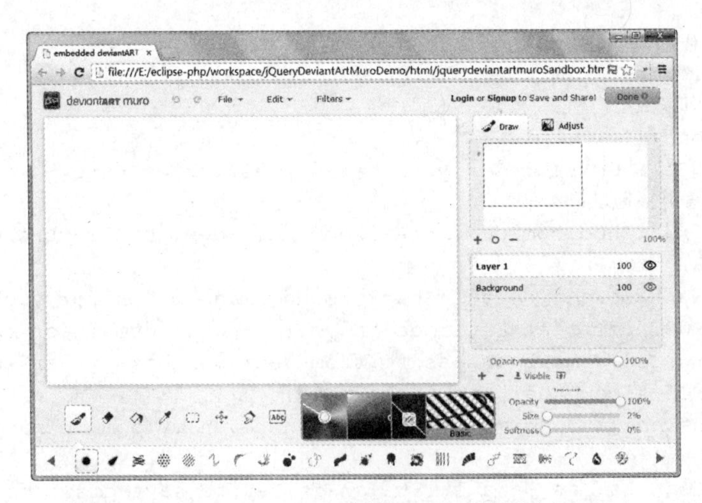

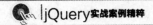

图22.8 jquery.deviantartmuro插件Sandbox绘图应用（一）

图22.9 jquery.deviantartmuro插件Sandbox绘图应用（二）

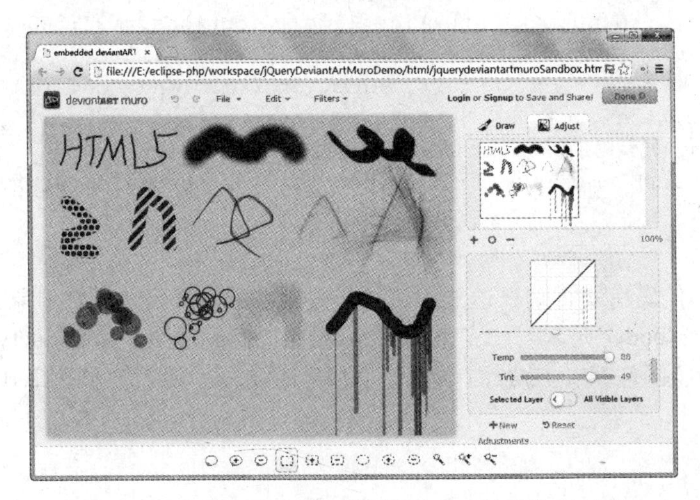

图22.10 jquery.deviantartmuro插件Sandbox绘图应用（三）

22.2 基于HTML5的Canvas绘图初级应用

本节将初步介绍基于HTML标准的Canvas（画布）绘图应用的原理与方法。通过这些应用，用户可以全面了解HTML5的Canvas（画布）绘图的属性定义、方法使用与事件处理过程，并将其应用到HTML5开发之中。

22.2.1 Canvas（画布）简介

<canvas>是HTML5标准中新出现的标签，像所有的DOM对象一样，它有自己本身的属性、方法和事件，其中最关键的就是其绘图方法，通过JavaScript脚本语言能够调用它来进行绘图操作。最先Canvas（画布）技术在苹果公司的Mac OS X Dashboard应用上被引入并在Safari浏览器上得到实现。在这之后，基于Gecko核心的浏览器也支持这个新的元素，例如著名的Firefox浏览器。如今，<canvas>标签已是HTML5标准规范的重要组成部分。

22.2.2 Canvas（画布）技术基本知识

（1）<canvas>标签和SVG以及VML之间的差异

<canvas>标签和SVG以及VML之间的一个重要的不同之处是：<canvas>有一个基于JavaScript的绘图API，而SVG和VML使用一个XML文档来描述绘图。这两种方式在功能上是等同的，任何一种都可以用另一种来模拟。从表面上看它们很不相同，可是每一种都有强项和弱点。例如，SVG绘图很容易编辑，只要从其描述中移除元素即可。要从同一图形的一个<canvas>标记中移除元素，往往需要擦掉并重新绘制它。

（2）<canvas>标签自身包含的属性，如表22.1所示。

表22.1 <canvas>标签属性列表

属性名称	类型	属性描述
height	pixels	设置 canvas 的高度
width	pixels	设置 canvas 的宽度

（3）<canvas>标签支持HTML5中的标准属性，如表22.2所示。

表22.2 <canvas>标签支持的HTML5标准属性列表

属性名称	类型	属性描述
accesskey	character	规定访问元素的键盘快捷键
class	classname	规定元素的类名（用于规定样式表中的类）

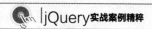

（续表）

属性名称	类型	属性描述
contenteditable	true/false	规定是否允许用户编辑内容
contextmenu	menu_id	规定元素的上下文菜单
data-yourvalue	value	创作者定义的属性 HTML文档的创作者可以定义他们自己的属性 必须以“data-”开头
dir	ltr/rtl	规定元素中内容的文本方向
draggable	true/false/auto	规定是否允许用户拖动元素
hidden	hidden	规定该元素是无关的 被隐藏的元素不会显示
id	id	规定元素的唯一id
item	empty/url	用于组合元素
itemprop	url group value	用于组合项目
lang	language_code	规定元素中内容的语言代码
spellcheck	true/false	规定是否必须对元素进行拼写或语法检查
style	style_definition	规定元素的行内样式
subject	id	规定元素对应的项目
tabindex	number	规定元素的tab键控制次序
title	text	规定有关元素的额外信息

（4）<canvas>标签绘图初步

大多数Canvas绘图API都没有定义在<canvas>元素本身上，而是定义在通过画布的getContext()方法获得的一个“绘图环境”上下文对象中。

Canvas API也使用了路径的表示法。但是，路径由一系列的方法调用来定义，而不是描述为字母和数字的字符串，比如调用beginPath()和arc()方法。一旦定义了路径，其他的方法，诸如fill()等，都是对此路径操作。绘图环境的各种属性（例如fillStyle）说明了这些操作的使用方法。

Canvas API非常紧凑的一个原因是它没有对绘制文本提供任何支持，如果要把文本加入到一个<canvas>图形，必须自己绘制好后再用位图图像合并它，或者在<canvas>上方使用CSS定位来覆盖HTML5文本。

（5）<canvas>标签context上下文环境对象

context一般习惯翻译成“上下文环境”，设计人员只要理解context是一个封装了很多绘图功能的对象就可以了，获取这个对象的方法如下：

```
var context=canvas.getContext("2D");
```

也许这个2D名称使得读者会联想到激动人心的3D技术，但是很遗憾地告诉大家HTML5标准还没有完全实现3D功能服务。

（6）Canvas技术绘制图像的时候有如下两种方法：

```
context.fill()                    //填充
context.stroke()                  //绘制边框
```

在进行图形绘制前，要设置好绘图的style样式，如下所示：

```
context.fillStyle                                    //填充的样式
context.strokeStyle                                  //边框样式
context.lineWidth                                    //图形边框宽度
```

Canvas技术绘制图像的颜色表示方式如下。

- 直接用颜色名称："red"、"green"、"blue"
- 十六进制颜色值："#EEEEFF"
- rgb(1-255,1-255,1-255)
- rgba(1-255,1-255,1-255,透明度)

其实，Canvas绘图技术和GDI技术是如此的相像，可以预见，设计人员若用过GDI编程应该很快就能上手。

22.3 Canvas（画布）技术初级应用

22.3.1 Canvas（画布）技术绘制矩形应用

Canvas（画布）技术绘制矩形应用 的方法如下：

```
context.fillRect(x,y,width,height)或strokeRect(x,y,width,height)
```

- x：矩形起点横坐标（坐标原点为canvas的左上角，确切地说是原始原点）
- y：矩形起点纵坐标
- width：矩形长度
- height：矩形高度

示例代码如代码22.8所示。

代码22.8 Canvas（画布）技术绘制矩形应用示例代码

```
<script>
function drawRect(id){
  var canvas = document.getElementById(id);
  if(canvas == null)
    return false;
  var context = canvas.getContext("2d");
  // 如不设置fillStyle，默认fillStyle=black
  context.fillRect(0,0,90,90);
  //如不设置strokeStyle，默认strokeStyle=black
  context.strokeRect(100,0,120,120);
```

```
    // 设置纯色
    context.fillStyle = "red";
    context.strokeStyle = "blue";
    context.fillRect(0,90,120,120);
    context.strokeRect(90,90,120,120);
    // 设置透明度，透明度值在闭区间[0,1]内，值越低，越透明，值≥1时为纯色，值≤0时为完全透明
    context.fillStyle = "rgba(255,0,0,0.5)";
    context.strokeStyle = "rgba(255,0,0,0.8)";
    context.fillRect(240,0,90,90);
    context.strokeRect(240,120,90,90);
}
</script>
```

示例效果如图22.11所示。

图22.11 Canvas（画布）技术绘制矩形应用效果

22.3.2 Canvas（画布）技术清除矩形区域应用

Canvas（画布）技术清除矩形区域的方法如下：

```
context.clearRect(x,y,width,height)
```

- x：清除矩形起点横坐标
- y：清除矩形起点纵坐标
- width：清除矩形宽度
- height：清除矩形高度

示例代码如22.9所示。

代码22.9 Canvas（画布）技术清除矩形区域应用示例代码

```
<script>
function drawClearRect(id){
    var canvas=document.getElementById(id);
    if(canvas==null)
        return false;
    var context=canvas.getContext("2d");
    // 如不设置fillStyle，默认fillStyle=black
```

```
    context.fillRect(0,0,90,90);
    // 如不设置strokeStyle，默认strokeStyle=black
    context.strokeRect(90,0,120,120);
    // 设置纯色
    context.fillStyle="red";
    context.strokeStyle="blue";
    context.fillRect(0,90,120,120);
    context.strokeRect(90,90,120,120);
    // 设置透明度，透明度值在闭区间[0,1]内，值越低，越透明，值>=1时为纯色，值<=0时为完全透明
    context.fillStyle="rgba(255,0,0,0.5)";
    context.strokeStyle="rgba(255,0,0,0.8)";
    context.fillRect(240,0,90,90);
    context.strokeRect(240,120,90,90);
    context.clearRect(50,50,240,120);
}
</script>
```

示例效果如图22.12所示。

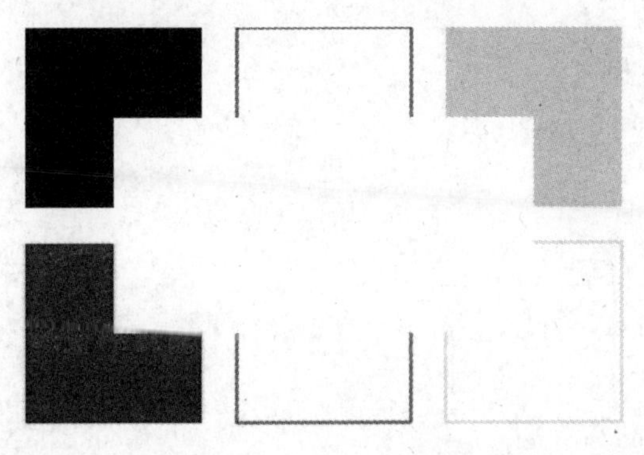

图22.12 Canvas（画布）技术清除矩形区域应用效果

22.3.3 Canvas（画布）技术绘制圆弧应用

Canvas（画布）技术绘制圆弧的方法如下：

```
context.arc(x,y,radius,starAngle,endAngle,anticlockwise)
```

- x：圆心的x坐标
- y：圆心的y坐标
- straAngle：开始角度
- endAngle：结束角度
- anticlockwise：是否逆时针ture值表示逆时针，false值表示顺时针，而且无论是逆时针还是顺时针，角度都沿着顺时针扩大，如图22.13所示。

示例代码如22.10所示。

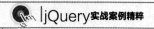

代码22.10 Canvas（画布）技术绘制圆弧应用示例代码

```
<script>
function draw0(id){
  var canvas=document.getElementById(id);
  if(canvas==null){
    return false;
  }
  var context=canvas.getContext('2d');
  context.beginPath();
  context.arc(200,150,100,0,Math.PI*2,true);
  // 如果不关闭路径，路径会一直保留下去，当然也可以利用这个特点做出意想不到的效果
  context.closePath();
  context.fillStyle='rgba(0,255,0,0.25)';
  context.fill();
}
</script>
```

示例效果如图22.14所示。

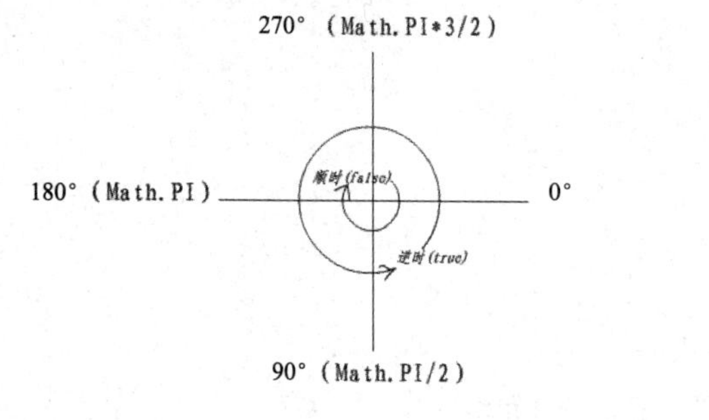

图22.13 Canvas（画布）技术圆弧anticlockwise属性

图22.14 Canvas（画布）技术绘制圆弧应用效果

22.3.4 Canvas（画布）技术绘制路径应用

Canvas（画布）技术绘制路径的方法如下：

```
context.beginPath()或context.closePath()
```

以下代码通过closePath和beginPath来实现，结合fill stroke下画出来的两个1/4弧线达到实验效果，示例代码如代码22.11所示。

代码22.11 Canvas（画布）技术绘制路径应用示例代码

```
<script>
function drawPath(id){
  var canvas=document.getElementById(id);
  if(canvas==null){
    return false;
  }
```

```
    var context=canvas.getContext('2d');
    var n=0;
    // 左侧1/4圆弧
    context.beginPath();
    context.arc(100,150,50,0,Math.PI/2,false);
    context.fillStyle='rgba(255,0,0,0.25)';
    context.fill();
    context.strokeStyle='rgba(255,0,0,0.25)';
    context.closePath();
    context.stroke();
    // 右侧1/4圆弧
    context.beginPath();
    context.arc(300,150,50,0,Math.PI/2,false);
    context.fillStyle='rgba(255,0,0,0.25)';
    context.fill();
    context.strokeStyle='rgba(255,0,0,0.25)';
    context.closePath();
    context.stroke();
    }
</script>
```

示例效果如图22.15所示。

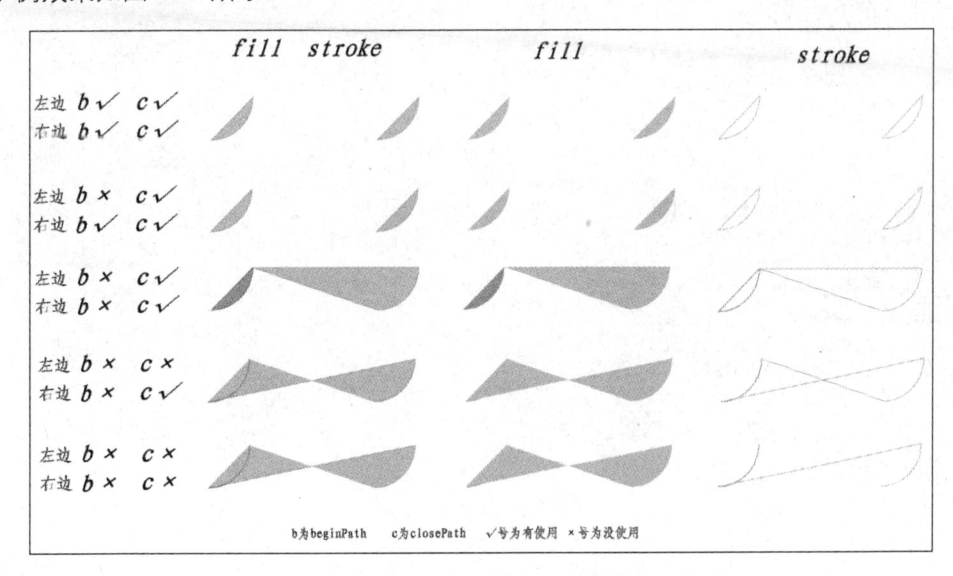

图22.15 Canvas（画布）技术绘制路径应用效果

总结：

- 系统默认绘制第一个路径的开始点为beginPath；
- 如果画完前面的路径没有重新指定beginPath，那么画其他路径的时候会将前面最近指定的beginPath后的全部路径重新绘制；
- 每次调用context.fill()的时候会自动把当次绘制的路径的开始点和结束点相连，接着填充封闭的部分。

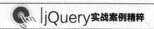

22.3.5 Canvas（画布）技术绘制线段应用

Canvas（画布）技术绘制线段的方法如下：

```
context.moveTo(x,y)或context.lineTo(x,y)
```

- x：x坐标
- y：y坐标

说明：

- 每次画线都从moveTo的点到lineTo的点
- 如果没有moveTo，那么第一次lineTo的效果和moveTo一样
- 每次lineTo后如果没有moveTo，那么下次lineTo的开始点为前一次lineTo的结束点

示例代码如22.12所示。

代码22.12 Canvas（画布）技术绘制线段应用示例代码

```
<script>
function drawLine(id){
  var canvas=document.getElementById(id);
  if(canvas==null)
    return false;
  var context=canvas.getContext("2d");
  context.beginPath();
  context.strokeStyle="rgb(250,0,0)";
  context.fillStyle="rgb(250,0,0)"
  // 第一次使用lineTo的时候和moveTo功能是一样的
  context.lineTo(100,100);
  // 之后的lineTo会以上次lineTo的节点为开始
  context.lineTo(200,200);
  context.lineTo(200,100);
  // 移动到新的起始点
  context.moveTo(200,50);
  context.lineTo(100,50);
  context.stroke();
}
</script>
```

示例效果如图22.16所示。

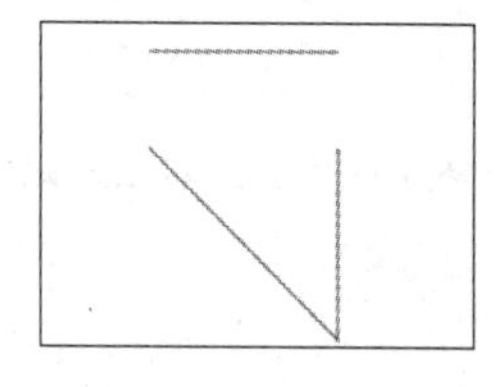

图22.16 Canvas（画布）技术绘制线段应用效果

22.3.6 Canvas（画布）技术绘制贝塞尔（Bezier）曲线与二次样条曲线应用

贝塞尔（Bezier）曲线方法如下：

```
context.bezierCurveTo(cp1x,cp1y,cp2x,cp2y,x,y)
```

- cp1x：第一个控制点x坐标
- cp1y：第一个控制点y坐标
- cp2x：第二个控制点x坐标
- cp2y：第二个控制点y坐标
- x：终点x坐标
- y：终点y坐标

二次样条曲线方法如下：

```
context.quadraticCurveTo(qcpx,qcpy,qx,qy)
```

- qcpx：二次样条曲线控制点x坐标
- qcpy：二次样条曲线控制点y坐标
- qx：二次样条曲线终点x坐标
- qy：二次样条曲线终点y坐标

示例代码如代码22.13所示。

代码22.13 Canvas（画布）技术绘制贝塞尔（Bezier）曲线与二次样条曲线应用示例代码

```
<script>
function drawBezierQuadratic(id){
  var canvas=document.getElementById(id);
  if(canvas==null){
    return false;
  }
  var context=canvas.getContext("2d");
  context.moveTo(50,50);
  context.bezierCurveTo(50,50,150,50,150,150);
  context.stroke();
  context.quadraticCurveTo(150,250,250,250);
  context.stroke();
}
</script>
```

示例效果如图22.17所示。

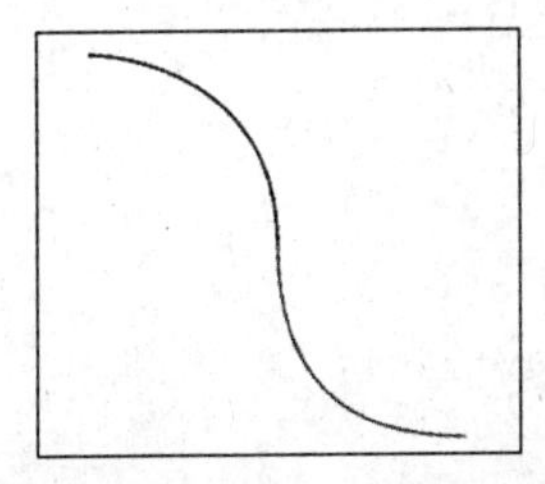

图22.17 Canvas（画布）技术绘制贝塞尔（Bezier）曲线与二次样条曲线应用效果

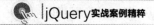

22.4 Canvas（画布）技术综合应用——绘制花样

本样例通过Canvas（画布）技术绘制一个花样图案，其中涉及一些数学函数知识，在此就不作深入解析，感兴趣的读者可以参考相关数学书籍。下面详细介绍如何使用Canvas（画布）技术绘制花样，具体如代码22.14所示。

代码22.14 Canvas（画布）技术绘制花样应用示例代码

```
<script>
function drawSketch(id){
  // 获取Canvas绘图id值
  var canvas=document.getElementById(id);
  if(canvas==null)
    return false;
  // 获取绘图上下文对象
  var context=canvas.getContext("2d");
  // 设置绘图上下文对象属性
  context.fillStyle="#EEEEFF";
  context.fillRect(0,0,450,350);
  var n=0;
  var dx=50;
  var dy=50;
  var s=150;
  // 开始路径
  context.beginPath();
  // 设置绘图上下文对象风格属性
  context.fillStyle='rgb(100,255,100)';
  context.strokeStyle='rgb(0,0,100)';
  // 定义数学函数
  var x=Math.sin(0);
  var y=Math.cos(0);
  var dig=Math.PI/15*11;
  // 借助数学函数通过Canvas技术绘图
  for(var i=0;i<30;i++){
    var x=Math.sin(i*dig);
    var y=Math.cos(i*dig);
    context.lineTo(dx+x*s,dy+y*s);
  }
  // 关闭路径
  context.closePath();
  // 填充图案
  context.fill();
  context.stroke();
```

```
}
</script>
```

示例效果如图22.18所示。

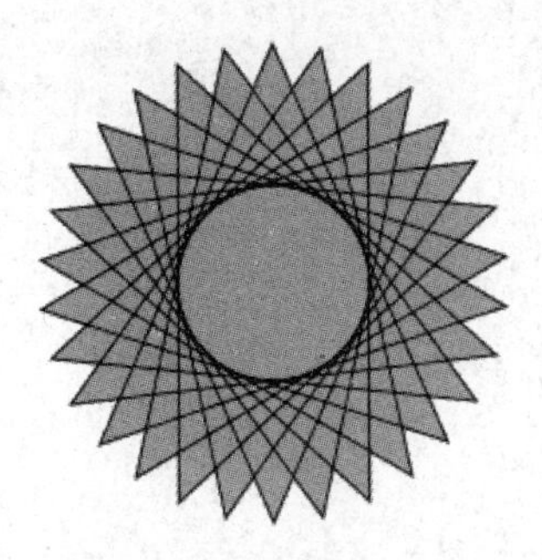

图22.18 Canvas（画布）技术绘制花样应用效果

22.5 Canvas（画布）技术综合应用——绘制复杂图样

本样例通过Canvas（画布）技术绘制一个复杂图样，其中涉及比较复杂的数学函数知识，在此就不作深入解析，感兴趣的读者可以参考相关数学函数书籍。下面详细介绍如何使用Canvas（画布）技术绘制复杂图样，具体如代码22.15所示。

代码22.15 Canvas（画布）技术绘制复杂图样应用示例代码

```
<script>
function drawSketchPlus(id){
  // 获取Canvas绘图id值
  var canvas=document.getElementById(id);
  if(canvas==null){
    return false;
  }
  // 获取绘图上下文对象
  var context=canvas.getContext("2d");
  // 设置绘图上下文对象属性
  context.fillStyle="#EEEFF";
  context.fillRect(0,0,450,350);
  var n=0;
  var dx=150;
  var dy=150;
  var s=100;
```

```
    // 开始路径
    context.beginPath();
    // 设置绘图上下文对象风格属性
    context.globalCompositeOperation='and';
    context.fillStyle='rgb(100,255,100)';
    // 定义数学函数
    var x=Math.sin(0);
    var y=Math.cos(0);
    var dig=Math.PI/15*11;
    // 借助数学函数通过Canvas技术绘制复杂图样
    context.moveTo(dx,dy);
    for(var i=0;i<30;i++) {
      var x=Math.sin(i*dig);
      var y=Math.cos(i*dig);
      context.bezierCurveTo(dx+x*s,dy+y*s-100,dx+x*s+100,dy+y*s,dx+x*s,dy+y*s);
    }
    // 关闭路径
    context.closePath();
    // 填充图案
    context.fill();
    context.stroke();
}
</script>
```

示例效果如图22.19所示。

图22.19 Canvas（画布）技术绘制复杂图样应用效果

22.6 Canvas（画布）技术综合应用——图形变换

图形变换主要用到以下3个方法。

- 平移方法：context.translate(x,y)，x表示坐标原点向x轴方向平移x；y表示坐标原点向y轴方向平移y。
- 缩放方法：context.scale(x,y)，x表示x坐标轴按x比例缩放；y表示y坐标轴按y比例缩放。
- 旋转方法：context.rotate(angle)，其中angle表示坐标轴旋转x角度（角度变化模型和画圆的模型一样）。

本样例通过Canvas（画布）技术绘制图形变换操作，具体如代码22.16所示。

代码22.16 Canvas（画布）技术绘制图形变换应用示例代码

```
<script>
function drawTrans(id){
  // 获取Canvas绘图id值
  var canvas=document.getElementById(id);
  if(canvas==null)
    return false;
  // 获取绘图上下文对象
  var context=canvas.getContext("2d");
  //保存了当前context的状态
  context.save();
  // 设置绘图上下文对象属性
  context.fillStyle="#EEEEFF";
  context.fillRect(0,0,450,350);
  context.fillStyle = "rgba(255,0,0,0.5)";
  // Canvas技术平移/缩放/旋转操作
  context.translate(100,100);
  context.scale(0.5,0.5);
  context.rotate(Math.PI/4);
  context.fillRect(0,0,100,100);
  // 恢复到刚刚保存的状态,保存恢复只能使用一次
  context.restore();
  // 保存了当前context的状态
  context.save();
  context.fillStyle="rgba(255,0,0,0.5)";
  // Canvas技术平移/缩放/旋转操作
  context.translate(100,100);
  context.rotate(Math.PI/4);
  context.scale(0.5,0.5);
  context.fillRect(0,0,100,100);
  // 恢复到刚刚保存的状态
  context.restore();
  // 保存了当前context的状态
  context.save();
  context.fillStyle="rgba(255,0,0,0.5)";
  // Canvas技术平移/缩放/旋转操作
  context.scale(0.5,0.5);
  context.translate(100,100);
  context.rotate(Math.PI/4);
  context.fillRect(0,0,100,100);
  // 恢复到刚刚保存的状态
```

```
    context.restore();
    // 保存了当前context的状态
    context.save();
    context.fillStyle="rgba(255,0,0,0.5)";
    // Canvas技术平移/缩放/旋转操作
    context.scale(0.5,0.5);
    context.rotate(Math.PI/4);
    context.translate(100,100);
    context.fillRect(0,0,100,100);
    // 恢复到刚刚保存的状态
    context.restore();
    // 保存了当前context的状态
    context.save();
    context.fillStyle="rgba(255,0,0,0.5)";
    // Canvas技术平移/缩放/旋转操作
    context.rotate(Math.PI/4);
    context.translate(100,100);
    context.scale(0.5,0.5);
    context.fillRect(0,0,100,100);
    // 恢复到刚刚保存的状态
    context.restore();
    // 保存了当前context的状态
    context.save();
    context.fillStyle="rgba(255,0,0,1)";
    // Canvas技术平移/缩放/旋转操作
    context.rotate(Math.PI/4);
    context.scale(0.5,0.5);
    context.translate(100,100);
    context.fillRect(0,0,100,100);
  }
</script>
```

示例效果如图22.20所示。

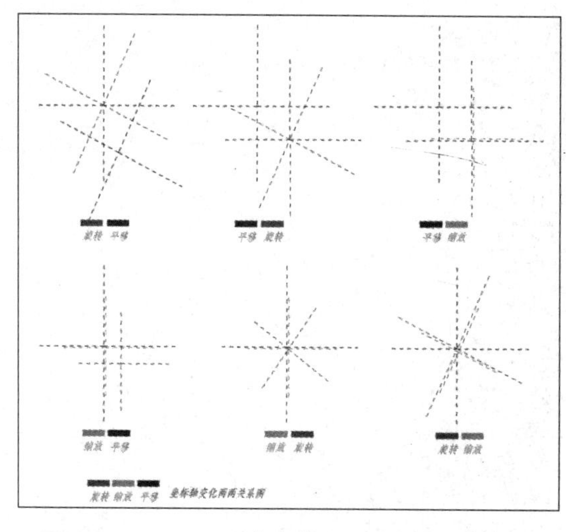

图22.20 Canvas（画布）技术图形变换应用效果

HTML5标准下Canvas（画布）技术是功能强大的网页绘图利器，设计人员可以根据实际项目的需求，将其各种应用效果添加到HTML5页面展示之中。

22.7 小结

本章介绍了基于jQuery+HTML5的绘图程序。首先，讨论了jquery.deviantartmuro绘图插件的使用方法，包括如何下载和使用jquery.deviantartmuro插件，jquery.deviantartmuro插件的属性、方法和事件的详细说明，并通过示例演示了如何使用jquery.deviantartmuro插件开发HTML5网页绘图应用。最后，重点介绍了HTML5标准下Canvas（画布）技术绘图操作的基本原理、方法与应用实例，为广大Web技术设计人员打开了全新的开发之窗。